Schadenversicherungsmathematik

Heinz-Willi Goelden · Klaus Th. Hess ·
Martin Morlock · Klaus D. Schmidt ·
Klaus J. Schröter

Schadenversicherungsmathematik

Springer Spektrum

Heinz-Willi Goelden
Fakultät Informatik/Mathematik
Ostbayerische Technische
Hochschule Regensburg
Regensburg, Deutschland

Klaus D. Schmidt
Institut für Mathematische Stochastik
Technische Universität Dresden
Dresden, Deutschland

Klaus Th. Hess
Institut für Mathematik
Universität Rostock
Rostock, Deutschland

Klaus J. Schröter
Fachbereich Betriebswirtschaft
Hochschule Kaiserslautern,
Campus Zweibrücken
Zweibrücken, Deutschland

Martin Morlock
Fachbereich Wirtschaftswissenschaften
Universität Gießen
Gießen, Deutschland

ISBN 978-3-662-48859-1
ISBN 978-3-662-48860-7 (eBook)
DOI 10.1007/978-3-662-48860-7

Die Deutsche Nationalbibliothek verzeichnet diese Publikation in der Deutschen Nationalbibliografie; detaillierte bibliografische Daten sind im Internet über http://dnb.d-nb.de abrufbar.

Springer Spektrum

Planung: Dr. Annika Denkert

Springer Spektrum ist eine Marke von Springer DE.
Springer DE ist Teil der Fachverlagsgruppe Springer Science+Business Media
(www.springer-spektrum.de)

Vorwort

Das vorliegende Buch ist aus Lehrveranstaltungen hervorgegangen, die die Autoren in den letzten Jahren im Auftrag der Deutschen Aktuar–Akademie (DAA) zur Vorbereitung auf die Prüfungen der Deutschen Aktuarvereinigung (DAV) zum Grundwissen Schadenversicherungsmathematik gehalten haben. Es gibt einen umfassenden Überblick über die vier Gebiete

- Risikomodelle,
- Tarifierung,
- Reservierung sowie
- Risikoteilung

und zeigt auch Querverbindungen zwischen diesen Gebieten auf. Dabei liegt der Schwerpunkt auf der Darstellung und der Einordnung der vielen einzelnen Fragestellungen und natürlich auf einer sauberen Argumentation im Rahmen der mathematischen Stochastik.

Jeder der vier Teile dieses Buches enthält eine Auswahl von Aufgaben mit Musterlösungen. Die Aufgaben beruhen auf den von der DAV zum Grundwissen Schadenversicherungsmathematik in den Jahren 2007–2015 gestellten Klausuren und erscheinen hier mit freundlicher Genehmigung durch die DAV. Die Klausuraufgaben und die von ihren Autoren vorgeschlagenen Musterlösungen wurden für dieses Buch unter Berücksichtigung der Weiterentwicklung der Lehrveranstaltungen der DAA überarbeitet. Dabei wurde auf elementare Rechnungen weitgehend verzichtet, obwohl auch sie für die vollständige und nachvollziehbare Lösung einer Klausuraufgabe natürlich ausgeführt werden müssen.

August 2015

Heinz–Willi Goelden
Klaus Th. Hess
Martin Morlock
Klaus D. Schmidt
Klaus J. Schröter

Inhaltsverzeichnis

Teil II Tarifierung

Teil III Reservierung

Anhang

Einleitung

Der Begriff *Schadenversicherung* ist ein Oberbegriff für eine Vielzahl von Versicherungszweigen. Die Schadenversicherung umfasst alle Zweige der *Sachversicherung* (die sich entweder auf versicherte Sachen wie *Hausrat*, *Wohngebäude*, *Kraftfahrzeug* oder auf Schadenursachen wie *Erdbeben*, *Feuer*, *Frost*, *Hagel*, *Sturm*, *Überschwemmung* oder auf beides beziehen), aber sie umfasst auch Versicherungszweige wie die *Betriebsunterbrechungsversicherung* oder die *Transportversicherung* sowie sämtliche Arten der *Haftpflichtversicherung*.

In allen Versicherungszweigen besteht das erste Problem in der Bestimmung ausreichender Prämien. In der Schadenversicherung stehen hierfür, neben den Vertragsdaten, im Wesentlichen nur die Schadendaten der Vergangenheit zur Verfügung, während biometrische Daten oder Zinserwartungen, die zentraler Bestandteil der Prämienkalkulation in der Lebens-, Pensions- oder Krankenversicherung sind, in der Schadenversicherung ohne Bedeutung oder allenfalls von untergeordneter Bedeutung sind.

Aufgrund der Eigenarten der verfügbaren Daten stellen sich in der Schadenversicherung in besonderem Maße zwei weitere Probleme:

Zum einen können, je nach Versicherungszweig, die Schadendaten sehr volatil sein, und damit stellt sich das Problem der *Rückversicherung*, durch die sich ein Versicherungsunternehmen für den seltenen Fall sehr vieler oder sehr großer Schäden schützen kann. Die Rückversicherung ist ein Beispiel für das allgemeine Prinzip der *Risikoteilung*, die auch zwischen Versicherungsnehmer und Versicherungsunternehmen oder zwischen verschiedenen Rückversicherern vereinbart werden kann.

Zum anderen kann sich, wiederum je nach Versicherungszweig, die Abwicklung einzelner Schäden über viele oder sehr viele Jahre erstrecken, und damit stellt sich das Problem der *Reservierung* von Anteilen der Prämien für die zukünftige Regulierung eingetretener Schäden.

H.-W. Goelden et al., *Schadenversicherungsmathematik*, DOI 10.1007/978-3-662-48860-7_1

Gegenstand der *Schadenversicherungsmathematik* sind daher Verfahren der Tarifierung, der Reservierung und der Risikoteilung in der Schadenversicherung. Diese Verfahren beziehen sich in der Regel auf einen Bestand von Risiken in einem bestimmten Versicherungszweig. Die meisten Verfahren haben einen heuristischen Ursprung; sie beruhen also auf mehr oder weniger plausiblen Überlegungen, wie man auf der Grundlage verfügbarer Daten Prämien oder Reserven bestimmen und gegebenenfalls eine Teilung von Risiken organisieren kann.

Mit der Heuristik allein ist es aber nicht getan, denn die Anzahl und die Höhen zukünftiger Schäden sind ungewiss, und diese Ungewissheit muss in versicherungsmathematischen Verfahren berücksichtigt werden. Damit kommt unweigerlich die Stochastik ins Spiel: Zukünftige Schadendaten werden als Zufallsvariable angesehen und es gilt, die Wahrscheinlichkeitsverteilungen und die Abhängigkeiten zwischen diesen Zufallsvariablen geeignet zu beschreiben, also ein *Risikomodell* zu formulieren. Mit Hilfe eines solchen stochastischen Modells ist es möglich, trotz der mit Unsicherheit behafteten zukünftigen Schadendaten Prämien und Reserven so zu bestimmen, dass sie mit großer Wahrscheinlichkeit ausreichend sind.

Das vorliegende Buch vermittelt einen Überblick über wichtige Verfahren und Modelle der Schadenversicherungsmathematik. Es ist in vier Teile gegliedert:

Teil I behandelt *Risikomodelle*, wie sie in der Tarifierung und der Risikoteilung verwendet werden. Im Wesentlichen geht es hier um die Modellierung des Gesamtschadens eines Bestandes und um die Berechnung, Abschätzung oder Approximation seiner Wahrscheinlichkeitsverteilung. Dabei unterscheidet man zwischen der individuellen Betrachtungsweise, die sich auf die Risiken des Bestandes bezieht, und der kollektiven Betrachtungsweise, die sich auf die Schäden des Bestandes bezieht.

Teil II ist der *Tarifierung* gewidmet. Die vier Schritte der Tarifierung sind die Bestimmung von Risikomerkmalen, die Auswahl von Tarifmerkmalen, die Bildung homogener Tarifklassen und schließlich die Bestimmung von Prämien für die einzelnen Tarifklassen. Im letzten dieser Schritte werden vielfach Ausgleichsverfahren für multivariate Daten verwendet, und mit Hilfe von Prämienprinzipien können Sicherheitszuschläge bestimmt werden. Daneben gibt es eine Reihe von Verfahren zur Risikoselektion auf der Grundlage der Schadenerfahrung der einzelnen Risiken.

Teil III befasst sich mit der *Reservierung*. Den Kern bildet die Darstellung der gebräuchlichsten Verfahren zur Prognose zukünftiger Versicherungsleistungen für bereits eingetretene Schäden und der Vergleich dieser Verfahren. Diese Basisverfahren besitzen im Kern eine einheitliche Struktur und lassen sich durch einfache stochastische Modelle begründen. In einigen etwas spezielleren Modellen ist es außerdem möglich, auch den Prognosefehler zu quantifizieren.

Teil IV betrifft die *Risikoteilung*. Von Risikoteilung spricht man, wenn ein Risiko nicht vollständig transferiert wird oder ein Teil eines übernommenen Risikos weitertransferiert wird; im ersten Fall liegt eine Selbstbeteiligung des Versicherungsnehmers vor und im zweiten Fall eine Rückversicherung. Neben der Darstellung der wichtigsten Formen der Risikoteilung in der Erst- oder Rückversicherung wird auch beschrieben, wie sich eine Risikoteilung auf die Risikomodelle auswirkt. Abschließend werden Verfahren erläutert, mit denen Prämien für Rückversicherungsverträge bestimmt werden können.

Jeder dieser vier Teile schließt mit einer Auswahl von Aufgaben mit Musterlösungen, die auf Klausuren der Deutschen Aktuarvereinigung (DAV) zum Grundwissen Schadenversicherungsmathematik beruhen und für dieses Buch bearbeitet wurden.

Entsprechend der Zielsetzung dieses Buches, das nur einen Überblick über die Schadenversicherungsmathematik geben soll, wird auf die Ausführung von Beweisen weitgehend verzichtet; für interessierte Leser gibt es umfangreiche Hinweise auf die Literatur.

In diesem Buch wird der Begriff *positiv* im Sinne von ≥ 0 und der Begriff *strikt positiv* im Sinne von > 0 verwendet.

Teil I

Risikomodelle

1 Grundlagen

Wir betrachten einen Bestand von Risiken und den Gesamtschaden des Bestandes, der sich in einem zukünftigen Versicherungsjahr einstellt.

In diesem Kapitel stellen wir einige allgemeine Überlegungen zum Gesamtschaden eines Bestandes an.

Wir beginnen mit einer Diskussion der Bedeutung der Verteilung des Gesamtschadens für die Bestimmung einer ausreichenden Prämie für den Bestand und der Wahrscheinlichkeit dafür, dass eine gegebene Prämie für den Bestand nicht ausreichend ist (Abschnitt 1.1). Wir untersuchen dann am Beispiel der Ungleichung von Cantelli den Zusammenhang zwischen der Bestimmung einer ausreichenden Prämie und der Wahrscheinlichkeit des Ruins (Abschnitt 1.2) und geben einige Verfahren zur Approximation der Verteilung des Gesamtschadens an (Abschnitt 1.3).

Abschließend beschreiben wir mit der individuellen und der kollektiven Betrachtungsweise zwei grundlegende Möglichkeiten der Darstellung des Gesamtschadens, die es gestatten, Eigenschaften der Verteilung des Gesamtschadens aus denen der Verteilung der Schadenhöhen und der Anzahl der Schäden abzuleiten (Abschnitt 1.4).

Diese beiden Möglichkeiten der Darstellung des Gesamtschadens sind Gegenstand der nachfolgenden Kapitel, in denen wir die Eigenschaften des Gesamtschadens in einem individuellen Modell (Kapitel 2) und im kollektiven Modell (Kapitel 3–5) untersuchen.

1.1 Gesamtschaden

Wir stellen den *Gesamtschaden* eines Bestandes von Risiken in einem zukünftigen Versicherungsjahr durch eine Zufallsvariable

H.-W. Goelden et al., *Schadenversicherungsmathematik*, DOI 10.1007/978-3-662-48860-7_2

$$S$$

dar. Die Verteilung des Gesamtschadens ist für die Bestimmung einer Prämie

$$H[S]$$

für den Gesamtschaden von Bedeutung und sie dient auch der Berechnung, Abschätzung oder Approximation der Wahrscheinlichkeit

$$P\Big[S > H[S]\Big]$$

des Ruins, also der Wahrscheinlichkeit dafür, dass eine gegebene Prämie $H[S]$ für den Gesamtschaden S nicht ausreichend ist.

1.2 Ungleichung von Cantelli

Eine erste, wenn auch sehr grobe, Information über die Verteilung des Gesamtschadens S liefert die Ungleichung von Cantelli:

1.2.1 Lemma (Ungleichung von Cantelli). *Für alle $c \in (0, \infty)$ gilt*

$$P\Big[S \geq E[S] + c\Big] \leq \frac{\text{var}[S]}{c^2 + \text{var}[S]}$$

Die Ungleichung von Cantelli liefert obere Schranken für die Überschreitungswahrscheinlichkeiten des Gesamtschadens, die für die Kalkulation der Prämie für den Bestand von Bedeutung sind.

Wir bezeichnen
- $E[S]$ als *Nettoprämie* für den Bestand,
- c als *Sicherheitszuschlag* für den Bestand und
- $E[S] + c$ als (*Risiko*–)*Prämie* für den Bestand.

Des Weiteren bezeichnen wir das Ereignis

$$\Big\{S > E[S] + c\Big\}$$

als *Ruin* unter dem Sicherheitszuschlag c und nennen

$$P\Big[S > E[S] + c\Big]$$

die *Wahrscheinlichkeit des Ruins*. Dies ist die Wahrscheinlichkeit dafür, dass die Prämie für den Bestand nicht ausreichend ist. Wegen

$$P\Big[S > E[S] + c\Big] \leq P\Big[S \geq E[S] + c\Big] \leq \frac{\text{var}[S]}{c^2 + \text{var}[S]}$$

liefert die Ungleichung von Cantelli, in Abhängigkeit vom Sicherheitszuschlag, eine obere Schranke für die Wahrscheinlichkeit des Ruins. Die Bedeutung der Ungleichung von Cantelli liegt darin, dass der Sicherheitszuschlag so bestimmt werden kann, dass die Wahrscheinlichkeit des Ruins eine vorgegebene obere Schranke nicht überschreitet:

1.2.2 Folgerung (Sicherheitszuschlag). *Sei $\varepsilon \in (0,1)$ eine Schranke für die Wahrscheinlichkeit des Ruins und sei*

$$c \geq \sqrt{\frac{1-\varepsilon}{\varepsilon}}\sqrt{\mathrm{var}[S]}$$

Dann gilt

$$P\Big[S \geq E[S] + c\Big] \;\leq\; \varepsilon$$

Beweis. Für $c \in (0,\infty)$ setzen wir $d := c/\sqrt{\mathrm{var}[S]}$. Aus der Ungleichung von Cantelli erhalten wir dann

$$P\Big[S \geq E[S] + d\sqrt{\mathrm{var}[S]}\Big] \leq \frac{\mathrm{var}[S]}{d^2\,\mathrm{var}[S] + \mathrm{var}[S]} = \frac{1}{d^2+1}$$

Die Ungleichung

$$\frac{1}{d^2+1} \leq \varepsilon$$

ist äquivalent mit der Ungleichung

$$\sqrt{\frac{1-\varepsilon}{\varepsilon}} \leq d$$

Daraus folgt die Behauptung. □

Die Prämie

$$H[S] := E[S] + \sqrt{\frac{1-\varepsilon}{\varepsilon}}\,\sqrt{\mathrm{var}[S]}$$

für den Bestand zur Wahrscheinlichkeit ε des Ruins ist eine Prämie nach dem *Standardabweichungsprinzip*, da der Sicherheitszuschlag proportional zur Standardabweichung des Gesamtschadens ist.

Zur Berechnung der Prämie für den Bestand mit Hilfe der Ungleichung von Cantelli wird nur die Kenntnis des Erwartungswertes und der Varianz des Gesamtschadens benötigt. Da die Ungleichung von Cantelli für beliebige Verteilungen gilt, wird die vorgegebene Schranke für die Wahrscheinlichkeit des Ruins mit Sicherheit eingehalten; im konkreten Einzelfall wird der Sicherheitszuschlag in der Regel jedoch zu groß ausfallen.

1.3 Approximation der Verteilung des Gesamtschadens

Die Verteilung des Gesamtschadens kann mit Hilfe ihrer Momente approximiert werden.

Ist der Erwartungswert und die Varianz des Gesamtschadens bekannt, so kann die Verteilung des Gesamtschadens näherungsweise durch die *Normalapproximation*

$$P[S \leq s] \approx \Phi\left(\frac{s - E[S]}{\sqrt{\text{var}[S]}}\right)$$

bestimmt werden. Dies bedeutet, dass die Verteilungsfunktion des standardisierten Gesamtschadens

$$\frac{S - E[S]}{\sqrt{\text{var}[S]}}$$

durch die Verteilungsfunktion Φ der Standardnormalverteilung approximiert wird. Da jede Normalverteilung die (relative) Schiefe 0 besitzt, ist die Normalapproximation nur dann sinnvoll, wenn die relative Schiefe von S näherungsweise gleich 0 ist.

Ist außerdem auch die relative Schiefe $\gamma[S]$ bekannt und gilt $\gamma[S] > 0$, so bietet sich die *Normal–Power Approximation*

$$P[S \leq s] \approx \Phi\left(\frac{1}{\gamma[S]}\left(\sqrt{(\gamma[S])^2 + 6\,\gamma[S]\,\frac{s - E[S]}{\sqrt{\text{var}[S]}} + 9} - 3\right)\right)$$

an.

Prinzipiell kann die Verteilung des Gesamtschadens durch eine beliebige Verteilung approximiert werden, die dieselben ersten Momente wie die Verteilung des Gesamtschadens besitzt. Da der Gesamtschaden typischerweise eine positive relative Schiefe besitzt, bieten sich zur Approximation der Verteilung des Gesamtschadens insbesondere solche Verteilungen an, die ebenfalls eine positive relative Schiefe besitzen. Eine derartige Verteilung ist die Lognormalverteilung.

1.3.1 Beispiel (Lognormalapproximation). Bei der Lognormalapproximation wird die Verteilung des Gesamtschadens durch eine Lognormalverteilung mit demselben Erwartungswert und derselben Varianz approximiert. Sei U eine Zufallsvariable mit $P_U = \mathbf{LN}(\nu, \tau^2)$. Dann sind zunächst die Parameter ν und τ^2 so zu bestimmen, dass

$$E[S] = E[U] = \exp\left(\nu + \frac{\tau^2}{2}\right)$$

und

$$\text{var}[S] = \text{var}[U] = \exp(2\nu+\tau^2)\Big(\exp(\tau^2) - 1\Big)$$

gilt. Aus

$$\frac{\text{var}[S]}{(E[S])^2} = \exp(\tau^2) - 1$$

erhält man zunächst

$$\tau^2 = \ln\left(\frac{\text{var}[S]}{(E[S])^2} + 1\right)$$

und sodann

$$\nu = \ln(E[S]) - \frac{\tau^2}{2}$$

Daraus ergibt sich wegen $P_{\ln(U)} = \mathbf{N}(\nu, \tau^2)$ die *Lognormalapproximation*

$$P[S \leq s] \approx P[U \leq s] = P\left[\frac{\ln(U) - \nu}{\tau} \leq \frac{\ln(s) - \nu}{\tau}\right] = \Phi\left(\frac{\ln(s) - \nu}{\tau}\right)$$

für die Verteilung des Gesamtschadens. Bei der Lognormalapproximation wird die relative Schiefe der Verteilung des Gesamtschadens nicht verwendet.

1.4 Modelle für den Gesamtschaden

Wir nehmen an, dass der Bestand aus n Risiken besteht und innerhalb des zukünftigen Versicherungsjahres N Schäden verursacht. Während die *Größe des Bestandes* n konstant und bekannt ist, ist die *Schadenzahl* N eine Zufallsvariable. Entsprechend kann der Gesamtschaden des Bestandes auf zwei Arten dargestellt werden.

Bei der *individuellen Betrachtungsweise* wird der Gesamtschaden in der Form

$$S := \sum_{i=1}^{n} Z_i$$

dargestellt, wobei Z_i die zufällige *Schadenhöhe des Risikos* i innerhalb des Versicherungsjahres bezeichnet.

Bei der *kollektiven Betrachtungsweise* wird der Gesamtschaden in der Form

$$S := \sum_{j=1}^{N} X_j := \sum_{k=0}^{\infty} \chi_{\{N=k\}} \sum_{j=1}^{k} X_j$$

dargestellt, wobei X_j die zufällige *Schadenhöhe des j–ten Einzelschadens des Bestandes* innerhalb des Versicherungsjahres bezeichnet. Diese Darstellung des Gesamtschadens erfolgt also durch Fallunterscheidung nach den Werten der Schadenzahl N.

Bei der individuellen Betrachtungsweise wird außer Acht gelassen, welche Einzelschäden ein bestimmtes Risiko verursacht, und bei der kollektiven Betrachtungsweise wird außer Acht gelassen, welches Risiko einen bestimmen Einzelschaden verursacht.

Diese Betrachtungsweisen können auch kombiniert werden. So kann beispielsweise die individuelle Darstellung

$$S := \sum_{i=1}^{n} Z_i$$

des Gesamtschadens des Bestandes mit den kollektiven Darstellungen

$$Z_i := \sum_{j=1}^{N_i} X_{i,j}$$

der jährlichen Schadenhöhen der einzelnen Risiken kombiniert werden, wobei N_i die Anzahl der Schäden des Risikos i und $X_{i,j}$ die Schadenhöhe seines j–ten Einzelschadens bezeichnet.

2

Individuelles Modell

In diesem Kapitel untersuchen wir den Gesamtschaden eines Bestandes unter der individuellen Betrachtungsweise. Dabei betrachten wir drei Stufen der Modellierung:

- Im *individuellen Grundmodell* wird keine Annahme an die gemeinsame Verteilung der jährlichen Schadenhöhen der einzelnen Risiken getroffen.
- Im *individuellen Modell* wird angenommen, dass die jährlichen Schadenhöhen der einzelnen Risiken unabhängig (und damit auch unkorreliert) sind.
- Im *individuellen Modell für einen homogenen Bestand* wird angenommen, dass die jährlichen Schadenhöhen der einzelnen Risiken nicht nur unabhängig sondern auch identisch verteilt sind.

Wir betrachten diese drei Stufen der Modellierung simultan, um die Auswirkungen der Verschärfung der Modellannahmen zu verdeutlichen.

Für jedes dieser Modelle bestimmen wir zunächst die ersten Momente des Gesamtschadens (Abschnitt 2.2) und präzisieren dann am Beispiel der Ungleichung von Cantelli den Zusammenhang zwischen der Wahrscheinlichkeit des Ruins und der Bestimmung einer ausreichenden Prämie (Abschnitt 2.3). Für das individuelle Modell geben wir außerdem einige Ergebnisse über die Verteilung des Gesamtschadens (Abschnitt 2.4). Abschließend stellen wir für das individuelle Modell für einen homogenen Bestand einige Überlegungen zur Asymptotik bei wachsender Größe des Bestandes an (Abschnitt 2.5).

2.1 Modellannahmen

Für $n \in \mathbb{N}$ und eine Familie $\{Z_i\}_{i\in\{1,\ldots,n\}}$ von Zufallsvariablen mit Werten in $\mathbb{R}_+$ heißt das Paar

$$\langle n, \{Z_i\}_{i\in\{1,\ldots,n\}}\rangle$$

individuelles Grundmodell. Dabei bezeichnet n die *Anzahl der Risiken* des Bestandes und für $i \in \{1, \ldots, n\}$ bezeichnet Z_i die *jährliche Schadenhöhe* des

H.-W. Goelden et al., *Schadenversicherungsmathematik*, DOI 10.1007/978-3-662-48860-7_3

Risikos i. Der Gesamtschaden des Bestandes ist dann durch

$$S := \sum_{i=1}^{n} Z_i$$

gegeben. Das Paar

$$\langle n, \{Z_i\}_{i \in \{1,\dots,n\}} \rangle$$

heißt
- *individuelles Modell*, wenn die Familie der Schadenhöhen $\{Z_i\}_{i \in \{1,\dots,n\}}$ unabhängig ist, und es heißt
- *individuelles Modell für einen homogenen Bestand*, wenn die Familie der Schadenhöhen $\{Z_i\}_{i \in \{1,\dots,n\}}$ unabhängig und identisch verteilt ist.

Im individuellen Modell für einen homogenen Bestand bezeichnen wir mit Z eine Zufallsvariable, die dieselbe Verteilung wie jede der Schadenhöhen Z_i besitzt, und setzen

$$\mu := E[Z]$$
$$\sigma := \sqrt{\text{var}[Z]}$$

Diese drei Modelle sind hierarchisch aufgebaut und unterscheiden sich in den Annahmen an die gemeinsame Verteilung der Schadenhöhen der Risiken.

Die Annahme, dass die Schadenhöhen unabhängig sind, ist immer dann verletzt, wenn alle oder auch nur einige der Risiken des Bestandes derselben Gefahr ausgesetzt sind:
- In der *Kraftfahrtversicherung* liegen aufgrund der Gefahr von Schäden durch Hagel oder Sturm abhängige Schadenhöhen vor.
- In der *Wohngebäudeversicherung* mit Einschluss von Elementarschäden liegen aufgrund der Gefahr von Schäden durch Überschwemmung oder Erdbeben abhängige Schadenhöhen vor.

Die Annahme, dass die Schadenhöhen dieselbe Verteilung besitzen, ist ebenso sorgfältig zu prüfen:
- In der *Kraftfahrthaftpflichtversicherung* ist die Annahme näherungsweise erfüllt, wenn alle Risiken des Bestandes dieselben Ausprägungen der Tarifmerkmale, wie etwa Regionalklasse oder Typklasse, aufweisen.
- In der *Wohngebäudeversicherung* ist die Annahme näherungsweise erfüllt, wenn alle Risiken gleichartige Wohngebäude in vergleichbarer Lage betreffen.

Die Annahme, dass die Schadenhöhen dieselbe Verteilung besitzen, bedeutet, dass aus der Sicht der Stochastik alle Risiken identisch sind.

2.2 Momente des Gesamtschadens

Wir bestimmen nun für die drei Modelle den Erwartungswert und die Varianz des Gesamtschadens.

2.2.1 Satz. *Für den Erwartungswert des Gesamtschadens gilt*
– *im individuellen Grundmodell*

$$E[S] = \sum_{i=1}^{n} E[Z_i]$$

– *im individuellen Modell für einen homogenen Bestand*

$$E[S] = n\mu$$

Der Satz ergibt sich unmittelbar aus der Linearität des Erwartungswertes.

2.2.2 Satz. *Für die Varianz des Gesamtschadens gilt*
– *im individuellen Grundmodell*

$$\text{var}[S] = \sum_{i=1}^{n} \sum_{j=1}^{n} \text{cov}[Z_i, Z_j]$$

– *im individuellen Modell*

$$\text{var}[S] = \sum_{i=1}^{n} \text{var}[Z_i]$$

– *im individuellen Modell für einen homogenen Bestand*

$$\text{var}[S] = n\sigma^2$$

Beweis. Im individuellen Grundmodell gilt auf Grund der Bilinearität der Kovarianz

$$\text{var}[S] = \text{cov}[S, S] = \text{cov}\left[\sum_{i=1}^{n} Z_i, \sum_{j=1}^{n} Z_j\right] = \sum_{i=1}^{n} \sum_{j=1}^{n} \text{cov}[Z_i, Z_j]$$

Im individuellen Modell sind die Schadenhöhen unabhängig und insbesondere unkorreliert. Somit gilt in diesem Fall

$$\text{cov}[Z_i, Z_j] = \begin{cases} \text{var}[Z_i] & \text{falls } i = j \\ 0 & \text{falls } i \neq j \end{cases}$$

und die Behauptung folgt aus der Gleichung für das individuelle Grundmodell. Die letzte Gleichung ist dann klar. □

Aus den Gleichungen für den Erwartungswert und die Varianz des Gesamtschadens erhält man eine Gleichung für den Variationskoeffizienten. Von besonderem Interesse ist der Fall des individuellen Modells für einen homogenen Bestand:

2.2.3 Satz. *Für den Variationskoeffizienten $v[S]$ des Gesamtschadens im individuellen Modell für einen homogenen Bestand gilt*

$$v[S] = \frac{1}{\sqrt{n}}\, v[Z]$$

Beweis. Es gilt

$$v[S] = \frac{\sqrt{\mathrm{var}[S]}}{E[S]} = \frac{\sqrt{n\sigma^2}}{n\mu} = \frac{1}{\sqrt{n}}\,\frac{\sigma}{\mu} = \frac{1}{\sqrt{n}}\, v[Z]$$

da σ/μ der Variationskoeffizient der Schadenhöhen ist. □

Im individuellen Modell für einen homogenen Bestand halbiert sich daher der Variationskoeffizient des Gesamtschadens, wenn sich der Bestand vervierfacht. Dies ist ein Hinweis auf den *Ausgleich im Kollektiv.*

2.2.4 Satz. *Für die relative Schiefe $\gamma[S]$ des Gesamtschadens gilt*

– *im individuellen Modell*

$$\gamma[S] = \sum_{i=1}^{n} \left(\frac{\mathrm{var}[Z_i]}{\sum_{j=1}^{n} \mathrm{var}[Z_j]} \right)^{3/2} \gamma[Z_i]$$

– *im individuellen Modell für einen homogenen Bestand*

$$\gamma[S] = \frac{1}{\sqrt{n}}\, \gamma[Z]$$

Beweis. Im individuellen Modell gilt auf Grund der Unabhängigkeit der Schadenhöhen

$$\begin{aligned}
\gamma[S] &= \frac{E[(S-E[S])^3]}{(\mathrm{var}[S])^{3/2}} \\
&= \frac{\sum_{i=1}^{n} E[(Z_i-E[Z_i])^3]}{(\sum_{j=1}^{n} \mathrm{var}[Z_j])^{3/2}} \\
&= \sum_{i=1}^{n} \left(\frac{\mathrm{var}[Z_i]}{\sum_{j=1}^{n} \mathrm{var}[Z_j]} \right)^{3/2} \frac{E[(Z_i-E[Z_i])^3]}{(\mathrm{var}[Z_i])^{3/2}} \\
&= \sum_{i=1}^{n} \left(\frac{\mathrm{var}[Z_i]}{\sum_{j=1}^{n} \mathrm{var}[Z_j]} \right)^{3/2} \gamma[Z_i]
\end{aligned}$$

Damit ist die erste Behauptung gezeigt, und die zweite ist dann klar. □

Im individuellen Modell für einen homogenen Bestand halbiert sich daher die relative Schiefe des Gesamtschadens, wenn sich der Bestand vervierfacht.

2.2.5 Lemma. *Für die Kovarianzen der einzelnen Schadenhöhen mit dem Gesamtschaden gilt*
- *im individuellen Grundmodell*

$$\text{cov}[Z_i, S] = \sum_{j=1}^{n} \text{cov}[Z_i, Z_j]$$

- *im individuellen Modell*

$$\text{cov}[Z_i, S] = \text{var}[Z_i]$$

- *im individuellen Modell für einen homogenen Bestand*

$$\text{cov}[Z_i, S] = \sigma^2$$

Beweis. Da die Kovarianz bilinear ist, gilt im individuellen Grundmodell

$$\text{cov}[Z_i, S] = \text{cov}\left[Z_i, \sum_{j=1}^{n} Z_j\right] = \sum_{j=1}^{n} \text{cov}[Z_i, Z_j]$$

Daraus folgt die Behauptung für das individuelle Modell, denn in diesem Fall gilt $\text{cov}[Z_i, Z_j] = 0$ für alle $j \in \{1, \ldots, n\}$ mit $j \neq i$. Die Gleichung für das individuelle Modell für einen homogenen Bestand ist dann klar. □

2.2.6 Satz. *Für die Korrelationskoeffizienten der einzelnen Schadenhöhen mit dem Gesamtschaden gilt*
- *im individuellen Grundmodell*

$$\varrho[Z_i, S] = \frac{\sum_{j=1}^{n} \text{cov}[Z_i, Z_j]}{\sqrt{\text{var}[Z_i]}\sqrt{\sum_{h=1}^{n} \sum_{j=1}^{n} \text{cov}[Z_h, Z_j]}}$$

- *im individuellen Modell*

$$\varrho[Z_i, S] = \sqrt{\frac{\text{var}[Z_i]}{\sum_{j=1}^{n} \text{var}[Z_j]}}$$

- *im individuellen Modell für einen homogenen Bestand*

$$\varrho[Z_i, S] = \frac{1}{\sqrt{n}}$$

Beweis. Die Behauptung für das individuelle Grundmodell folgt aus

$$\varrho[Z_i, S] = \frac{\text{cov}[Z_i, S]}{\sqrt{\text{var}[Z_i]}\sqrt{\text{var}[S]}}$$

direkt durch Einsetzen der Aussagen aus Lemma 2.2.5 und Satz 2.2.2. Für das individuelle Modell ergibt sich daraus

$$\varrho[Z_i, S] = \frac{\operatorname{var}[Z_i]}{\sqrt{\operatorname{var}[Z_i]}\sqrt{\sum_{j=1}^n \operatorname{var}[Z_j]}} = \sqrt{\frac{\operatorname{var}[Z_i]}{\sum_{j=1}^n \operatorname{var}[Z_j]}}$$

Die Gleichung für das individuelle Modell für einen homogenen Bestand ist dann klar. □

2.3 Ungleichung von Cantelli für den Gesamtschaden

Wir untersuchen die Bedeutung der Ungleichung von Cantelli zunächst im individuellen Grundmodell und dann im individuellen Modell und im individuellen Modell für einen homogenen Bestand.

Individuelles Grundmodell

Wir nehmen zunächst an, dass das individuelle Grundmodell vorliegt.

Im individuellen Grundmodell lassen sich die Momente des Gesamtschadens mit Hilfe der Momente der Schadenhöhen der einzelnen Risiken darstellen. Damit erhalten wir:

2.3.1 Lemma (Ungleichung von Cantelli). *Für alle* $c \in (0, \infty)$ *gilt*

$$P\Big[S \geq E[S] + c\Big] \leq \frac{\sum_{i=1}^n \sum_{j=1}^n \operatorname{cov}[Z_i, Z_j]}{c^2 + \sum_{i=1}^n \sum_{j=1}^n \operatorname{cov}[Z_i, Z_j]}$$

Entsprechend gilt für den Sicherheitszuschlag für den Bestand:

2.3.2 Folgerung (Sicherheitszuschlag). *Sei* $\varepsilon \in (0, 1)$ *eine Schranke für die Wahrscheinlichkeit des Ruins und sei*

$$c \geq \sqrt{\frac{1-\varepsilon}{\varepsilon}} \sqrt{\sum_{i=1}^n \sum_{j=1}^n \operatorname{cov}[Z_i, Z_j]}$$

Dann gilt

$$P\Big[S \geq E[S] + c\Big] \;\leq\; \varepsilon$$

Es stellt sich die Frage, wie die Prämie für den Bestand auf die einzelnen Risiken des Bestandes aufzuteilen ist. Dabei betrachten wir Prämien der Form

$$E[Z_i] + a_i$$

für alle $i \in \{1, \ldots, n\}$ und bezeichnen
- $E[Z_i]$ als *Nettoprämie* für Risiko i,
- a_i als *Sicherheitszuschlag* für Risiko i und
- $E[Z_i] + a_i$ als (*Risiko*–)*Prämie* oder *individuelle Prämie* für Risiko i.

Aus der Bedingung

$$E[S] + c = \sum_{i=1}^{n} \Big(E[Z_i] + a_i \Big)$$

ergibt sich wegen $E[S] = \sum_{i=1}^{n} E[Z_i]$ für die Sicherheitszuschläge a_i der einzelnen Risiken die Bedingung

$$c = \sum_{i=1}^{n} a_i$$

Eine Möglichkeit ist die Aufteilung nach dem *Kovarianzprinzip*. Dabei wird der Sicherheitszuschlag c für den Bestand proportional zu den Kovarianzen der einzelnen Risiken mit dem Gesamtschaden aufgeteilt. Die Kovarianz beschreibt dabei den Einfluss der einzelnen Risiken auf den Gesamtschaden. Wegen

$$\sum_{i=1}^{n} \mathrm{cov}[Z_i, S] = \mathrm{cov}\left[\sum_{i=1}^{n} Z_i, S \right] = \mathrm{cov}[S, S] = \mathrm{var}[S]$$

erfüllen die Sicherheitszuschläge

$$a_i := \frac{\mathrm{cov}[Z_i, S]}{\mathrm{var}[S]} \, c$$

die Bedingung $\sum_{i=1}^{n} a_i = c$. Damit ergeben sich unter Verwendung der Prämie für den Bestand nach Cantelli und der Aufteilung nach dem Kovarianzprinzip die individuellen Prämien

$$\begin{aligned} H^{\mathrm{ind}}[Z_i] &:= E[Z_i] + \frac{\mathrm{cov}[Z_i, S]}{\mathrm{var}[S]} \cdot \sqrt{\frac{1-\varepsilon}{\varepsilon}} \sqrt{\mathrm{var}[S]} \\ &= E[Z_i] + \varrho[Z_i, S] \sqrt{\frac{1-\varepsilon}{\varepsilon}} \cdot \sqrt{\mathrm{var}[Z_i]} \end{aligned}$$

Dabei ist zu beachten, dass es formal möglich ist, dass der Sicherheitszuschlag für ein einzelnes Risiko negativ ist, falls dessen Schadenhöhe und der Gesamtschaden negativ korreliert sind.

Individuelles Modell

Wir nehmen nun an, dass ein individuelles Modell vorliegt. Da im individuellen Modell alle Schadenhöhen unabhängig und somit unkorreliert sind, sind Erwartungswert und Varianz des Gesamtschadens bereits durch die Erwartungswerte und Varianzen der einzelnen Schadenhöhen bestimmt. Dadurch lassen sich die Ergebnisse aus dem individuellen Grundmodell weiter spezifizieren:

2.3.3 Lemma (Ungleichung von Cantelli). *Für alle* $c > 0$ *gilt*

$$P\Big[S \geq E[S] + c\Big] \leq \frac{\sum_{i=1}^n \mathrm{var}[Z_i]}{c^2 + \sum_{i=1}^n \mathrm{var}[Z_i]}$$

Entsprechend gilt für den Sicherheitszuschlag für den Bestand:

2.3.4 Folgerung (Sicherheitszuschlag). *Sei* $\varepsilon \in (0,1)$ *eine Schranke für die Wahrscheinlichkeit des Ruins und sei*

$$c \geq \sqrt{\frac{1-\varepsilon}{\varepsilon}} \sqrt{\sum_{i=1}^n \mathrm{var}[Z_i]}$$

Dann gilt

$$P\Big[S \geq E[S] + c\Big] \leq \varepsilon$$

Nach Lemma 2.2.5 gilt $\mathrm{cov}[Z_i, S] = \mathrm{var}[Z_i]$. Daher liefert die Aufteilung des Sicherheitszuschlags für den Bestand nach dem Kovarianzprinzip

$$a_i = \frac{\mathrm{cov}[Z_i, S]}{\mathrm{var}[S]}\, c = \frac{\mathrm{var}[Z_i]}{\sum_{j=1}^n \mathrm{var}[Z_j]}\, c$$

Die Aufteilung des Sicherheitszuschlages für den Bestand auf die einzelnen Risiken erfolgt dabei proportional zu ihren Varianzen; insbesondere sind alle Sicherheitszuschläge positiv. Damit ergeben sich die individuellen Prämien

$$\begin{aligned} H^{\mathrm{ind}}[Z_i] &= E[Z_i] + \frac{\mathrm{var}[Z_i]}{\sum_{j=1}^n \mathrm{var}[Z_j]} \cdot \sqrt{\frac{1-\varepsilon}{\varepsilon}} \sqrt{\sum_{j=1}^n \mathrm{var}[Z_j]} \\ &= E[Z_i] + \sqrt{\frac{\mathrm{var}[Z_i]}{\sum_{j=1}^n \mathrm{var}[Z_j]}\, \frac{1-\varepsilon}{\varepsilon}} \cdot \sqrt{\mathrm{var}[Z_i]} \end{aligned}$$

Individuelles Modell für einen homogenen Bestand

Wir nehmen schließlich an, dass ein individuelles Modell für einen homogenen Bestand vorliegt. Den gemeinsamen Erwartungswert der Schadenhöhen bezeichnen wir mit μ und die gemeinsame Standardabweichung mit σ. Dadurch lassen sich die Aussagen für das individuelle Modell weiter spezifizieren:

2.3.5 Lemma (Ungleichung von Cantelli). *Für alle $c > 0$ gilt*

$$P\Big[S \geq E[S] + c\Big] \leq \frac{n\,\sigma^2}{c^2 + n\,\sigma^2}$$

Entsprechend gilt für den Sicherheitszuschlag für den Bestand:

2.3.6 Folgerung (Sicherheitszuschlag). *Sei $\varepsilon \in (0,1)$ eine Schranke für die Wahrscheinlichkeit des Ruins und sei*

$$c \geq \sqrt{\frac{1-\varepsilon}{\varepsilon}}\sqrt{n}\,\sigma$$

Dann gilt

$$P\Big[S \geq E[S] + c\Big] \leq \varepsilon$$

Da alle Schadenhöhen die gleiche Verteilung und somit die gleiche Varianz besitzen, liefert die Aufteilung des Sicherheitszuschlages nach dem Kovarianzprinzip

$$a_i = \frac{\mathrm{var}[Z_i]}{\sum_{j=1}^n \mathrm{var}[Z_j]}\,c = \frac{c}{n}$$

für alle $i \in \{1, \ldots, n\}$. Der Sicherheitszuschlag für den Bestand wird also gleichmäßig auf alle Risiken aufgeteilt. Da alle Risiken identisch sind, zahlen alle Risiken die gleiche Nettoprämie und somit die gleiche individuelle Prämie

$$H^{\mathrm{ind}}[Z] := \mu + \sqrt{\frac{1-\varepsilon}{n\,\varepsilon}}\,\sigma$$

Die individuelle Prämie ist, wie die Prämie für den Bestand, eine Prämie nach dem Standardabweichungsprinzip. Die individuelle Prämie wird kleiner, wenn der Bestand wächst. Dabei halbiert sich der Sicherheitszuschlag für ein einzelnes Risiko, wenn sich der Bestand vervierfacht. Dies ist ein weiterer Hinweis auf den *Ausgleich im Kollektiv*.

2.3.7 Beispiel (Sicherheitszuschlag). Ein Versicherer verfügt über einen homogenen Bestand von 6400 Risiken mit $\mu = 5000$ und $\sigma = 720$. Der Versicherer möchte eine individuelle Prämie so bestimmen, dass die Wahrscheinlichkeit des Ruins nicht größer als 0.01 ist. Wegen

$$\sqrt{\frac{1-0.01}{6400 \cdot 0.01}} \cdot 720 = \frac{\sqrt{99}}{80} \cdot 720 \leq \frac{7200}{80} = 90$$

und

$$5000 + 90 = 5090$$

wird durch eine individuelle Prämie in Höhe von 5090 gewährleistet, dass die Wahrscheinlichkeit des Ruins nicht größer als 0.01 ist.

Das individuelle Modell für einen homogenen Bestand

$$\langle n, \{Z_i\}_{i \in \{1,\ldots,n\}} \rangle$$

entspricht einer mathematischen Stichprobe vom Umfang n. Daher können zur Schätzung der Parameter μ und σ^2 die Methoden der klassischen Statistik angewendet werden.

2.4 Verteilung des Gesamtschadens

Im individuellen Modell kann die Verteilung des Gesamtschadens durch sukzessive Anwendung der Faltungsformel bestimmt werden, da die Schadenhöhen der einzelnen Risiken unabhängig sind.

2.4.1 Satz. *Für die Verteilung des Gesamtschadens gilt*
– *im individuellen Modell*

$$P_S = \mathop{*}_{i=1}^{n} P_{Z_i}$$

– *im individuellen Modell für einen homogenen Bestand*

$$P_S = P_Z^{*n}$$

Weitere Hilfsmittel zur Berechnung der Verteilung des Gesamtschadens sind
– die charakteristische Funktion und
– die wahrscheinlichkeitserzeugende Funktion.
Wir betrachten zunächst die charakteristische Funktion:

2.4.2 Satz. *Für die charakteristische Funktion des Gesamtschadens gilt*
– *im individuellen Modell*

$$\psi_S(t) = \prod_{i=1}^{n} \psi_{Z_i}(t)$$

– *im individuellen Modell für einen homogenen Bestand*

$$\psi_S(t) = (\psi_Z(t))^n$$

Im Fall von Schadenhöhen mit Werten in $\mathbb{N}_0$ können im letzten Ergebnis die charakteristischen Funktionen durch die wahrscheinlichkeitserzeugenden Funktionen ersetzt werden:

2.4.3 Satz. *Im Fall $P[Z_i \in \mathbb{N}_0] = 1$ für alle $i \in \{1, \ldots, n\}$ gilt $P[S \in \mathbb{N}_0] = 1$ und für die wahrscheinlichkeitserzeugende Funktion des Gesamtschadens gilt*

- *im individuellen Modell*

$$m_S(t) = \prod_{i=1}^{n} m_{Z_i}(t)$$

- *im individuellen Modell für einen homogenen Bestand*

$$m_S(t) = (m_Z(t))^n$$

Die letzten Ergebnisse sind vor allem dann von Interesse, wenn man anhand der Struktur der charakteristischen Funktion oder der wahrscheinlichkeitserzeugenden Funktion des Gesamtschadens die Verteilung des Gesamtschadens erkennen kann.

2.4.4 Beispiele. Wir betrachten das individuelle Modell

$$\langle n, \{Z_i\}_{i \in \{1,\ldots,n\}} \rangle$$

für einen homogenen Bestand.

(1) Im Fall $P_Z = \mathbf{Exp}(\alpha)$ gilt

$$\psi_S(t) = (\psi_Z(t))^n = \left(\frac{\alpha}{\alpha - it} \right)^n$$

und damit $P_S = \mathbf{Ga}(n, \alpha)$.

(2) Im Fall $P_Z = \mathbf{B}(1, \vartheta)$ gilt

$$m_S(t) = (m_Z(t))^n = (1 - \vartheta + \vartheta\, t)^n$$

und damit $P_S = \mathbf{B}(n, \vartheta)$.

2.5 Asymptotik für wachsende homogene Bestände

Wir geben nun einige Ergebnisse für einen über alle Grenzen wachsenden homogenen Bestand an. Dabei ist zu beachten, dass die Aussagen vorwiegend theoretischer Natur sind, da große Bestände im Allgemeinen nicht homogen sind.

Im gesamten Abschnitt sei $\{Z_i\}_{i \in \mathbb{N}}$ eine unabhängig und identisch verteilte Folge von Zufallsvariablen. Wir setzen

$$\begin{aligned}\mu &:= E[Z] \\ \sigma &:= \sqrt{\operatorname{var}[Z]}\end{aligned}$$

und

$$\gamma := E\left[\left(\frac{Z-\mu}{\sigma}\right)^3\right]$$

Dann ist für alle $n \in \mathbb{N}$ das Paar

$$\langle n, \{Z_i\}_{i\in\{1,\dots,n\}}\rangle$$

ein individuelles Modell für einen homogenen Bestand und für den Gesamtschaden

$$S_n := \sum_{i=1}^n Z_i$$

gilt

$$\begin{aligned}E[S_n] &= n\,\mu \\ \operatorname{var}[S_n] &= n\,\sigma^2 \\ \gamma[S_n] &= \gamma/\sqrt{n}\end{aligned}$$

Auf die Folge der Gesamtschäden können wir zunächst das schwache Gesetz der großen Zahlen anwenden:

2.5.1 Satz (Gesetz der großen Zahlen). *Für alle $a \in (0,\infty)$ gilt*

$$\lim_{n\to\infty} P[S_n > n(\mu+a)] = 0$$

Für einen über alle Grenzen wachsenden homogenen Bestand konvergiert also, für jede Wahl einer individuellen Prämie mit einem strikt positiven Sicherheitszuschlag a, die Wahrscheinlichkeit des Ruins gegen 0. Dies ist weiterer Hinweis auf den *Ausgleich im Kollektiv*.

Auf die Folge der Gesamtschäden können wir auch den Zentralen Grenzwertsatz anwenden:

2.5.2 Satz (Zentraler Grenzwertsatz). *Für alle $t \in \mathbb{R}$ gilt*

$$\lim_{n\to\infty} P\left[\frac{S_n - n\mu}{\sqrt{n}\,\sigma} \le t\right] = \Phi(t)$$

Für eine gegebene Wahrscheinlichkeit des Ruins und einen hinreichend großen Bestand können wir damit näherungsweise eine ausreichende Prämie für den Bestand bestimmen:

2.5.3 Lemma (Sicherheitszuschlag). *Sei $\varepsilon \in (0, 1/2)$ und sei*

$$a := \frac{\sigma}{\sqrt{n}}\, \Phi^{-1}(1-\varepsilon)$$

Dann gilt für hinreichend große $n \in \mathbb{N}$

$$P[S_n > n(\mu+a)] \approx \varepsilon$$

Beweis. Für hinreichend große $n \in \mathbb{N}$ gilt nach dem Zentralen Grenzwertsatz

$$\begin{aligned} P[S_n > n(\mu+a)] &= 1 - P[S_n \leq n\mu+na] \\ &= 1 - P\left[\frac{S_n - n\mu}{\sqrt{n}\,\sigma} \leq \frac{na}{\sqrt{n}\,\sigma}\right] \\ &\approx 1 - \Phi\left(\frac{\sqrt{n}\,a}{\sigma}\right) \\ &= 1 - \Phi(\Phi^{-1}(1-\varepsilon)) \\ &= \varepsilon \end{aligned}$$

Damit ist das Lemma bewiesen. □

Aus dem Lemma ergibt sich für $\varepsilon \in (0, 1/2)$ als approximative Prämie für den Bestand

$$H[S_n] = n\left(\mu + \frac{\sigma}{\sqrt{n}}\, \Phi^{-1}(1-\varepsilon)\right) = n\mu + \sqrt{n}\, \Phi^{-1}(1-\varepsilon)\, \sigma$$

und als approximative individuelle Prämie erhält man

$$H_n^{\text{ind}}[Z] = \mu + \frac{1}{\sqrt{n}}\, \Phi^{-1}(1-\varepsilon)\, \sigma$$

Wie bei der Bestimmung der individuellen Prämie nach der Ungleichung von Cantelli halbiert sich auch hier der Sicherheitszuschlag für ein einzelnes Risiko, wenn sich der Bestand vervierfacht.

Abschließend vergleichen wir die soeben betrachtete Bestimmung von Prämien mit Hilfe der Normalapproximation mit der Bestimmung von Prämien mit Hilfe der Normal–Power Approximation. Dabei nehmen wir an, dass $\gamma > 0$ gilt und dass eine Schranke $\varepsilon \in (0, 1/2)$ für die Wahrscheinlichkeit des Ruins gegeben ist. Wir setzen

$$z_{1-\varepsilon} := \Phi^{-1}(1-\varepsilon)$$

– Im Fall der Normalapproximation erhält man aus den vorangehenden Überlegungen als Prämie für den Bestand

$$H_{\mathrm{N}}[S_n] = n\mu + z_{1-\varepsilon}\,\sigma\sqrt{n}$$

und als individuelle Prämie erhält man

$$H^{\mathrm{ind}}_{\mathrm{N,n}}[Z] = \mu + z_{1-\varepsilon}\,\frac{\sigma}{\sqrt{n}}$$

– Im Fall der Normal–Power Approximation ergibt sich für die Prämie p für den Bestand

$$\begin{aligned}\Phi(z_{1-\varepsilon}) &= 1-\varepsilon \\ &= P[S_n \leq p] \\ &\approx \Phi\left(\frac{1}{\gamma[S_n]}\left(\sqrt{(\gamma[S_n])^2 + 6\,\gamma[S_n]\,\frac{p-E[S_n]}{\sqrt{\mathrm{var}[S_n]}} + 9} - 3\right)\right)\end{aligned}$$

Aus der Gleichung

$$z_{1-\varepsilon} = \frac{1}{\gamma[S_n]}\left(\sqrt{(\gamma[S_n])^2 + 6\,\gamma[S_n]\,\frac{p-E[S_n]}{\sqrt{\mathrm{var}[S_n]}} + 9} - 3\right)$$

ergibt sich

$$\frac{p-E[S_n]}{\sqrt{\mathrm{var}[S_n]}} = \frac{\gamma[S_n]}{6}\,(z^2_{1-\varepsilon} - 1) + z_{1-\varepsilon}$$

Somit erhält man als Prämie für den Bestand

$$\begin{aligned}H_{\mathrm{NP}}[S_n] &= p \\ &= E[S_n] + z_{1-\varepsilon}\,\sqrt{\mathrm{var}[S_n]} + \frac{\gamma[S_n]\,\sqrt{\mathrm{var}[S_n]}}{6}\,(z^2_{1-\varepsilon} - 1) \\ &= n\,\mu + z_{1-\varepsilon}\,\sigma\sqrt{n} + \frac{\gamma\,\sigma}{6}\,(z^2_{1-\varepsilon} - 1)\end{aligned}$$

und als individuelle Prämie erhält man

$$H^{\mathrm{ind}}_{\mathrm{NP},n}[Z] = \mu + z_{1-\varepsilon}\,\frac{\sigma}{\sqrt{n}} + \frac{\gamma\,\sigma}{6\,n}\,(z^2_{1-\varepsilon} - 1)$$

Insbesondere erhält man die Gleichungen

$$H_{\mathrm{NP}}[S_n] = H_{\mathrm{N}}[S_n] + \frac{\gamma\,\sigma}{6}\Big(z^2_{1-\varepsilon} - 1\Big)$$

und

$$H^{\mathrm{ind}}_{\mathrm{NP},n}[Z] = H^{\mathrm{ind}}_{\mathrm{N},n}[Z] + \frac{\gamma\,\sigma}{6\,n}\Big(z^2_{1-\varepsilon} - 1\Big)$$

Daraus ergeben sich die folgenden Beobachtungen:

- Die Prämien für den Bestand unterscheiden sich nur durch einen von der Größe des Bestandes unabhängigen Ausdruck.
- Mit wachsendem Bestand verringert sich die absolute Differenz zwischen den individuellen Prämien.
- Die Prämien, die mit Hilfe der Normal–Power Approximation bestimmt werden, übersteigen diejenigen, die mit Hilfe der Normalapproximation bestimmt werden, genau dann, wenn $z_{1-\varepsilon} > 1$ gilt, und dies ist genau dann der Fall, wenn $\varepsilon < 1 - \Phi(1) = 1 - 0.8413 = 0.1587$ gilt.

Insbesondere führt die Normal–Power Approximation im Fall $\gamma > 0$ für übliche Schranken für die Wahrscheinlichkeit des Ruins wie $\varepsilon = 0.01$ oder $\varepsilon = 0.005$ auf höhere Prämien als die Normalapproximation.

2.5.4 Beispiel (Risikoprämie). Ein Versicherer verfügt über einen homogenen Bestand von 6400 Risiken mit

$$\begin{aligned}\mu &= 5000\\ \sigma &= 720\\ \gamma &= 4\end{aligned}$$

Für den Gesamtschaden gilt dann

$$E[S_{6400}] = 6400\,\mu = 6400 \cdot 5000 = 32'000'000$$

sowie

$$\sqrt{\mathrm{var}[S_{6400}]} = \sqrt{6400}\,\sigma = 80 \cdot 720 = 57'600$$

und

$$\gamma[S_{6400}] = \frac{1}{\sqrt{6400}}\,\gamma = \frac{1}{80} \cdot 4 = \frac{1}{20}$$

Der Versicherer möchte approximativ eine individuelle Prämie so bestimmen, dass die Wahrscheinlichkeit des Ruins gleich 0.01 ist. Die Prämie p für den Bestand ist daher so zu wählen, dass

$$P[S_{6400} > p] = 0.01$$

und damit

$$P[S_{6400} \leq p] = 0.99 = \Phi(2.33)$$

gilt.

- Die Normalapproximation liefert

$$\Phi(2.33) = P[S_{6400} \leq p] \approx \Phi\left(\frac{p - 32'000'000}{57'600}\right)$$

Aus der Gleichung

$$2.33 = \frac{p - 32'000'000}{57'600}$$

ergibt sich als Prämie für den Bestand

$$H_{\mathrm{N}}[S_{6400}] = p = 32'134'208$$

und als individuelle Prämie erhält man

$$H^{\mathrm{ind}}_{\mathrm{N},6400}[Z] = \frac{H_{\mathrm{N}}[S_{6400}]}{6400} = \frac{32'134'208}{6400} = 5020.97$$

– Die Normal–Power Approximation liefert

$$\begin{aligned}\Phi(2.33) &= P[S_{6400} \leq p] \\ &\approx \Phi\left(20\left(\sqrt{\frac{1}{20^2} + \frac{6}{20}\,\frac{p - 32'000'000}{57'600} + 9} - 3\right)\right) \\ &= \Phi\left(\sqrt{\frac{p - 30'271'520}{480}} - 60\right)\end{aligned}$$

Aus der Gleichung

$$2.33 = \sqrt{\frac{p - 30'271'520}{480}} - 60$$

ergibt sich als Prämie für den Bestand

$$H_{\mathrm{NP}}[S_{6400}] = p = 32'136'334$$

und als individuelle Prämie erhält man

$$H^{\mathrm{ind}}_{\mathrm{NP},6400}[Z] = \frac{H_{\mathrm{NP}}[S_{6400}]}{6400} = \frac{32'136'334}{6400} = 5021.30$$

Daher sind die mit Hilfe der Normal–Power Approximation bestimmten Prämien geringfügig höher als die mit Hilfe der Normalapproximation bestimmten Prämien.

3

Kollektives Modell

In diesem Kapitel untersuchen wir den Gesamtschaden eines Bestandes unter der kollektiven Betrachtungsweise. Dabei sind nur die Schäden des Bestandes von Interesse, nicht aber die Risiken, die diese Schäden verursachen.

Wir beginnen mit der Definition des kollektiven Modells (Abschnitt 3.1) und bestimmen die Momente (Abschnitt 3.2) und die Verteilung (Abschnitt 3.3) des Gesamtschadens im kollektiven Modell. Als nächstes untersuchen wir eine Klasse von Verteilungen der Schadenzahl (Abschnitt 3.4), für die sich im Fall von ganzzahligen Schadenhöhen die Verteilung des Gesamtschadens rekursiv berechnen lässt (Abschnitt 3.5).

3.1 Modellannahmen

Für eine Zufallsvariable N mit Werten in $\mathbb{N}_0$ und eine Folge $\{X_j\}_{j\in\mathbb{N}}$ von Zufallsvariablen mit Werten in $\mathbb{R}_+$ heißt das Paar

$$\langle N, \{X_j\}_{j\in\mathbb{N}} \rangle$$

kollektives Modell, wenn die Folge $\{X_j\}_{j\in\mathbb{N}}$ unabhängig und identisch verteilt und unabhängig von N ist. Wir interpretieren N als die *Schadenzahl* im Sinne der Anzahl aller Schäden, die innerhalb eines Jahres von den Risiken eines Bestandes verursacht werden, und X_j als die *Schadenhöhe* von Schaden j. Der *Gesamtschaden* des Bestandes ist dann durch die Zufallsvariable

$$S := \sum_{j=1}^{N} X_j$$

gegeben.

Wir gehen im gesamten Kapitel davon aus, dass ein kollektives Modell vorliegt, und bezeichnen mit X eine Zufallsvariable, die dieselbe Verteilung besitzt wie jede der Zufallsvariablen X_j.

H.-W. Goelden et al., *Schadenversicherungsmathematik*, DOI 10.1007/978-3-662-48860-7_4

Für einen realen Bestand ist stets sorgfältig zu prüfen, ob die Annahmen des kollektiven Modells erfüllt sind:

- Wie im individuellen Modell ist die Annahme der Unabhängigkeit der Schadenhöhen immer dann verletzt, wenn alle oder auch nur einige Risiken des Bestandes derselben Gefahr ausgesetzt sind. So gilt in der *Elementarschadenversicherung*: Bei Hochwasser steigen Schadenzahl und Schadenhöhe in der Regel mit dem Pegel.
- Im Gegensatz zum individuellen Modell ist die Annahme identisch verteilter Schadenhöhen im kollektiven Modell auch im Fall eines inhomogenen Bestandes unproblematisch: Da im kollektiven Modell die Schadenhöhen einzelner Schäden betrachtet werden und jeder Schaden von jedem Risiko des Bestandes verursacht werden kann, ist die Verteilung der Schadenhöhe eine Eigenschaft des Bestandes und nicht eines einzelnen Risikos.

Auch ein kollektives Modell beschreibt einen realen Bestand nur näherungsweise.

Formal kann ein individuelles Modell für einen homogenen Bestand auch als kollektives Modell mit $P[N = n] = 1$ für ein $n \in \mathbb{N}$ aufgefasst werden. Andererseits lässt sich das kollektive Modell auch auf ein einzelnes Risiko anwenden.

3.2 Momente des Gesamtschadens

Die Momente des Gesamtschadens lassen sich mit Hilfe der Gleichungen von Wald aus den Momenten der Schadenzahl und der Schadenhöhen berechnen:

3.2.1 Satz (Gleichungen von Wald). *Es gilt*

$$\begin{aligned}
E[S] &= E[N]\,E[X] \\
\mathrm{var}[S] &= E[N]\,\mathrm{var}[X] + \mathrm{var}[N]\,(E[X])^2 \\
E[(S-E[S])^3] &= E[N]\,E[(X-E[X])^3] \\
&\quad + 3\,\mathrm{var}[N]\,\mathrm{var}[X]\,E[X] \\
&\quad + E[(N-E[N])^3]\,(E[X])^3
\end{aligned}$$

Beweis. Die Grundidee ist die Zerlegung des Grundraumes nach den Werten von N und die sich daraus ergebende Beziehung $\sum_{n=0}^{\infty} \chi_{\{N=n\}} = 1$. Damit erhalten wir

$$\begin{aligned}
E[S] &= E\left[\sum_{j=1}^{N} X_j\right] \\
&= E\left[\sum_{n=0}^{\infty} \chi_{\{N=n\}} \sum_{j=1}^{n} X_j\right]
\end{aligned}$$

$$
\begin{aligned}
&= \sum_{n=0}^{\infty} E\left[\chi_{\{N=n\}} \sum_{j=1}^{n} X_j\right] \\
&= \sum_{n=0}^{\infty} P[N=n]\, E\left[\sum_{j=1}^{n} X_j\right] \\
&= \sum_{n=0}^{\infty} P[N=n]\, n\, E[X] \\
&= E[N]\, E[X]
\end{aligned}
$$

Dabei ergibt sich das vierte Gleichheitszeichen aus der Unabhängigkeit der Schadenzahl von der Folge der Schadenhöhen. Zum Beweis der zweiten Gleichung von Wald berechnen wir zunächst $E[S^2]$:

$$
\begin{aligned}
E[S^2] &= E\left[\left(\sum_{j=1}^{N} X_j\right)^2\right] \\
&= E\left[\sum_{n=0}^{\infty} \chi_{\{N=n\}} \left(\sum_{j=1}^{n} X_j\right)^2\right] \\
&= \sum_{n=0}^{\infty} E\left[\chi_{\{N=n\}} \left(\sum_{j=1}^{n} X_j\right)^2\right] \\
&= \sum_{n=0}^{\infty} P[N=n]\, E\left[\left(\sum_{j=1}^{n} X_j\right)^2\right] \\
&= \sum_{n=0}^{\infty} P[N=n] \left(\operatorname{var}\left[\sum_{j=1}^{n} X_j\right] + \left(E\left[\sum_{j=1}^{n} X_j\right]\right)^2\right) \\
&= \sum_{n=0}^{\infty} P[N=n] \Big(n \operatorname{var}[X] + (n\, E[X])^2\Big) \\
&= E[N] \operatorname{var}[X] + E[N^2]\, (E[X])^2
\end{aligned}
$$

Dabei ergibt sich das vierte Gleichheitszeichen wieder aus der Unabhängigkeit der Schadenzahl von der Folge der Schadenhöhen, während beim vorletzten Gleichheitszeichen eingeht, dass die Folge der Schadenhöhen unabhängig und identisch verteilt ist. Die Behauptung ergibt sich sodann aus

$$
\begin{aligned}
\operatorname{var}[S] &= E[S^2] - E[S]^2 \\
&= \Big(E[N] \operatorname{var}[X] + E[N^2]\, (E[X])^2\Big) - \Big(E[N]\, E[X]\Big)^2 \\
&= E[N] \operatorname{var}[X] + \operatorname{var}[N]\, (E[X])^2
\end{aligned}
$$

Der Beweis der dritten Gleichung von Wald verläuft analog. □

Im Fall $P[N = n] = 1$ für ein $n \in \mathbb{N}$ gilt $\text{var}[N] = 0$ und $E[(N - E[N])^3] = 0$ und man erhält die Gleichungen

$$\begin{aligned} E[S] &= n\, E[X] \\ \text{var}[S] &= n\, \text{var}[X] \\ E[(S - E[S])^3] &= n\, E[(X - E[X])^3] \end{aligned}$$

für den Gesamtschaden im individuellen Modell für einen homogenen Bestand.

Eine ähnliche Vereinfachung der Gleichungen von Wald ergibt sich im Fall einer Poisson–verteilten Schadenzahl:

3.2.2 Beispiel (Zusammengesetzte Poisson–Verteilung). Im Fall

$$P_N = \mathbf{P}(\alpha)$$

wird die Verteilung des Gesamtschadens als *zusammengesetzte Poisson–Verteilung* mit dem Parameter α bezeichnet und es gilt

$$\begin{aligned} E[S] &= \alpha\, E[X] \\ \text{var}[S] &= \alpha\, E[X^2] \\ E[(S - E[S])^3] &= \alpha\, E[X^3] \end{aligned}$$

Aus der ersten und zweiten Gleichung von Wald erhält man eine Gleichung für den Variationskoeffizienten $v[S]$ des Gesamtschadens:

3.2.3 Folgerung. *Es gilt*

$$(v[S])^2 = (v[N])^2 + \frac{1}{E[N]}\,(v[X])^2$$

Analog erhält man aus der zweiten und dritten Gleichung von Wald eine Gleichung für die relative Schiefe des Gesamtschadens.

Als Konsequenz aus den ersten beiden Gleichungen von Wald ergibt sich für den Gesamtschaden im kollektiven Modell die folgende Form der Ungleichung von Cantelli:

3.2.4 Lemma (Ungleichung von Cantelli). *Für alle $c \in (0, \infty)$ gilt*

$$P\Big[S \geq E[S] + c\Big] \leq \frac{E[N]\,\text{var}[X] + \text{var}[N]\,(E[X])^2}{c^2 + E[N]\,\text{var}[X] + \text{var}[N]\,(E[X])^2}$$

Damit erhält man eine Abschätzung für den Sicherheitszuschlag für den Bestand:

3.2.5 Folgerung (Sicherheitszuschlag). *Sei $\varepsilon \in (0,1)$ eine Schranke für die Wahrscheinlichkeit des Ruins und sei*

$$c \geq \sqrt{\frac{1-\varepsilon}{\varepsilon}} \sqrt{E[N]\,\mathrm{var}[X] + \mathrm{var}[N]\,(E[X])^2}$$

Dann gilt

$$P\Big[S \geq E[S] + c\Big] \leq \varepsilon$$

Des Weiteren liefern die Gleichungen von Wald gerade die Momente des Gesamtschadens, die für die Approximationen seiner Verteilung benötigt werden; vgl. Abschnitt 1.3.

3.3 Verteilung des Gesamtschadens

Die Verteilung des Gesamtschadens lässt sich als ein gewichtetes Mittel der Faltungspotenzen der Verteilung der Schadenhöhen darstellen:

3.3.1 Satz. *Für die Verteilung des Gesamtschadens gilt*

$$P[S \in B] = \sum_{n=0}^{\infty} P[N=n]\, P_X^{*n}[B]$$

Beweis. Die Grundidee ist die Zerlegung des Grundraumes nach den Werten von N und die sich daraus ergebende Beziehung $\sum_{n=0}^{\infty}\{N=n\} = \Omega$. Damit erhalten wir

$$\begin{aligned}
P[S \in B] &= P\left[\sum_{n=0}^{\infty}\{N=n\} \cap \{S \in B\}\right] \\
&= \sum_{n=0}^{\infty} P\Big[\{N=n\} \cap \{S \in B\}\Big] \\
&= \sum_{n=0}^{\infty} P\left[\{N=n\} \cap \left\{\sum_{j=1}^{n} X_j \in B\right\}\right] \\
&= \sum_{n=0}^{\infty} P[N=n]\, P\left[\sum_{j=1}^{n} X_j \in B\right] \\
&= \sum_{n=0}^{\infty} P[N=n]\, P_X^{*n}[B]
\end{aligned}$$

Dabei ergibt sich das vierte Gleichheitszeichen aus der Unabhängigkeit der Schadenzahl von der Folge der Schadenhöhen. □

Wichtige Hilfsmittel zur Berechnung der Verteilung des Gesamtschadens sind
- die charakteristische Funktion und
- die wahrscheinlichkeitserzeugende Funktion.

Wir betrachten zunächst die charakteristische Funktion:

3.3.2 Satz. *Für die charakteristische Funktion des Gesamtschadens gilt*

$$\psi_S(t) = m_N(\psi_X(t))$$

Im Fall von Schadenhöhen mit Werten in $\mathbb{N}_0$ können im letzten Ergebnis die charakteristischen Funktionen durch die wahrscheinlichkeitserzeugenden Funktionen ersetzt werden:

3.3.3 Satz. *Im Fall $P[X \in \mathbb{N}_0] = 1$ gilt $P[S \in \mathbb{N}_0] = 1$ und für die wahrscheinlichkeitserzeugende Funktion des Gesamtschadens gilt*

$$m_S(t) = m_N(m_X(t))$$

Die letzten Ergebnisse sind vor allem dann von Interesse, wenn man anhand der Struktur der charakteristischen Funktion oder der wahrscheinlichkeitserzeugenden Funktion des Gesamtschadens die Verteilung des Gesamtschadens erkennen kann.

3.4 Panjer–Klasse

Für den Gesamtschaden in einem kollektiven Modell mit $P[X \in \mathbb{N}_0] = 1$ gilt $P[S \in \mathbb{N}_0] = 1$. Unser Ziel ist es, für diesen Fall eine Rekursionsformel für die Verteilung des Gesamtschadens herzuleiten.

Eine Rekursionsformel für den Gesamtschaden S kann nur dann existieren, wenn eine Rekursionsformel für die Schadenzahl N existiert, denn im Fall $X_j = 1$ für alle $j \in \mathbb{N}$ gilt $S = N$.

Wir untersuchen daher zunächst Verteilungen der Schadenzahl N, die sich rekursiv berechnen lassen. Für $n \in \mathbb{N}_0$ setzen wir

$$p_n := P[N = n]$$

Unser Interesse gilt dem Fall

$$p_n = \left(a + \frac{b}{n}\right) p_{n-1}$$

mit $a, b \in \mathbb{R}$. In diesem Fall gilt $p_1 = (a+b)\, p_0$ und damit $a + b \geq 0$; dabei ist der Fall $a + b = 0$ ohne Interesse, denn er führt auf $P[N = 0] = 1$.

3.4.1 Beispiele.
(1) Im Fall $P_N = \mathbf{B}(m,\vartheta)$ gilt für alle $n \in \mathbb{N}$

$$p_n = \left(\frac{m+1}{n} - 1\right) \frac{\vartheta}{1-\vartheta}\, p_{n-1}$$

(2) Im Fall $P_N = \mathbf{P}(\alpha)$ gilt für alle $n \in \mathbb{N}$

$$p_n = \frac{\alpha}{n}\, p_{n-1}$$

(3) Im Fall $P_N = \mathbf{NB}(\beta,\vartheta)$ gilt für alle $n \in \mathbb{N}$

$$p_n = \left(\frac{\beta-1}{n} + 1\right) \vartheta\, p_{n-1}$$

Ist also P_N eine Binomial–, Poisson– oder Negativbinomialverteilung, so gibt es $a, b \in \mathbb{R}$ mit $a+b>0$ derart, dass für alle $n \in \mathbb{N}$

$$p_n = \left(a + \frac{b}{n}\right) p_{n-1}$$

gilt. Diese Rekursionsformel (oder Differenzengleichung) für die Wahrscheinlichkeiten lässt sich durch eine Differentialgleichung für die wahrscheinlichkeitserzeugende Funktion charakterisieren:

3.4.2 Satz. *Für $a, b \in \mathbb{R}$ mit $a+b>0$ sind folgende Aussagen äquivalent:*
(a) *Für alle $n \in \mathbb{N}$ gilt*

$$p_n = \left(a + \frac{b}{n}\right) p_{n-1}$$

(b) *Für alle $t \in [0,1)$ gilt*

$$(1-at)\, m_N'(t) = (a+b)\, m_N(t)$$

(c) *Für alle $n \in \mathbb{N}$ und $t \in [0,1)$ gilt*

$$(1-at)\, m_N^{(n)}(t) = (na+b)\, m_N^{(n-1)}(t)$$

In diesem Fall gilt $a < 1$.

Beweis. Wir nehmen zunächst an, dass (a) gilt. Dann gilt $p_0 > 0$ und wegen $p_1 = (a+b)\, p_0$ und $a+b>0$ gilt auch $p_1 > 0$. Außerdem gilt für alle $n \in \mathbb{N}$

$$\begin{aligned} p_n &= \left(a + \frac{b}{n}\right) p_{n-1} \\ &= \frac{(n-1)\, a + (a+b)}{n}\, p_{n-1} \\ &\geq \frac{n-1}{n}\, a\, p_{n-1} \end{aligned}$$

Im Fall $a \geq 1$ gilt daher für alle $n \in \mathbb{N}$

$$p_n \geq \frac{1}{n}\, p_1$$

und damit

$$p_0 + p_1 \sum_{n=1}^{\infty} \frac{1}{n} \leq \sum_{n=0}^{\infty} p_n = 1$$

Dies ist ein Widerspruch, da $p_1 > 0$ gilt und die harmonische Reihe divergent ist. Daher gilt

$$a < 1$$

Wir zeigen nun die Äquivalenz von (a), (b) und (c).
Wir nehmen zunächst an, dass (a) gilt. Wegen

$$m_N(t) = \sum_{n=0}^{\infty} p_n\, t^n$$

gilt

$$\begin{aligned}
m'_N(t) &= \sum_{n=1}^{\infty} p_n\, n\, t^{n-1} \\
&= \sum_{n=1}^{\infty} \left(a + \frac{b}{n}\right) p_{n-1}\, n\, t^{n-1} \\
&= \sum_{n=1}^{\infty} \Big((n-1)\, a + (a+b)\Big) p_{n-1}\, t^{n-1} \\
&= at \sum_{n=2}^{\infty} p_{n-1}\, (n-1)\, t^{n-2} + (a+b) \sum_{n=1}^{\infty} p_{n-1}\, t^{n-1} \\
&= at \sum_{k=1}^{\infty} p_k\, k\, t^{k-1} + (a+b) \sum_{k=0}^{\infty} p_k\, t^k \\
&= at\, m'_N(t) + (a+b)\, m_N(t)
\end{aligned}$$

und damit

$$(1-at)\, m'_N(t) = (a+b)\, m_N(t)$$

Daher folgt (b) aus (a).
Durch vollständige Induktion lässt sich zeigen, dass (c) aus (b) folgt.

Als letztes nehmen wir an, dass (c) gilt. Dann gilt für alle $n \in \mathbb{N}$

$$(1-at)\, m_N^{(n)}(t) = (na+b)\, m_N^{(n-1)}(t)$$

und aus den Eigenschaften der wahrscheinlichkeitserzeugenden Funktion ergibt sich

$$\begin{aligned}
p_n &= \frac{1}{n!}\, m_N^{(n)}(0) \\
&= \frac{1}{n!}\, (na+b)\, m_N^{(n-1)}(0) \\
&= \left(a + \frac{b}{n}\right) \frac{1}{(n-1)!}\, m_N^{(n-1)}(0) \\
&= \left(a + \frac{b}{n}\right) p_{n-1}
\end{aligned}$$

Daher folgt (a) aus (c). □

Aus Satz 3.4.2 erhält man für $a, b \in \mathbb{R}$ mit $a + b > 0$ durch Lösung der Differentialgleichung

$$(1-at)\, h'(t) = (a+b)\, h(t)$$

mit der Randbedingung $h(1) = 1$ eine Charakterisierung aller Verteilungen, die die Rekursionsformel

$$p_n = \left(a + \frac{b}{n}\right) p_{n-1}$$

erfüllen; vgl. Schmidt [2009; Satz 7.2.4]:

3.4.3 Folgerung. *Folgende Aussagen sind äquivalent:*
(a) *Es gibt $a, b \in \mathbb{R}$ mit $a + b > 0$ und*

$$p_n = \left(a + \frac{b}{n}\right) p_{n-1}$$

für alle $n \in \mathbb{N}$.
(b) *P_N ist eine Binomial–, Poisson– oder Negativbinomialverteilung.*

Da die Binomial–, Poisson– und Negativbinomialverteilungen durch eine gemeinsame Rekursionsformel charakterisiert werden können, liegt es nahe, die Gesamtheit dieser Verteilungen zu einer einzigen parametrischen Klasse von Verteilungen zusammenzufassen. Diese Klasse von Verteilungen wird als *Panjer–Klasse* bezeichnet und die Verteilungen der Panjer–Klasse werden als *Panjer–Verteilungen* bezeichnet.

Im Hinblick auf die Beispiele 3.4.1 und Folgerung 3.4.3 lassen sich die Verteilungen der Panjer–Klasse wie folgt darstellen:

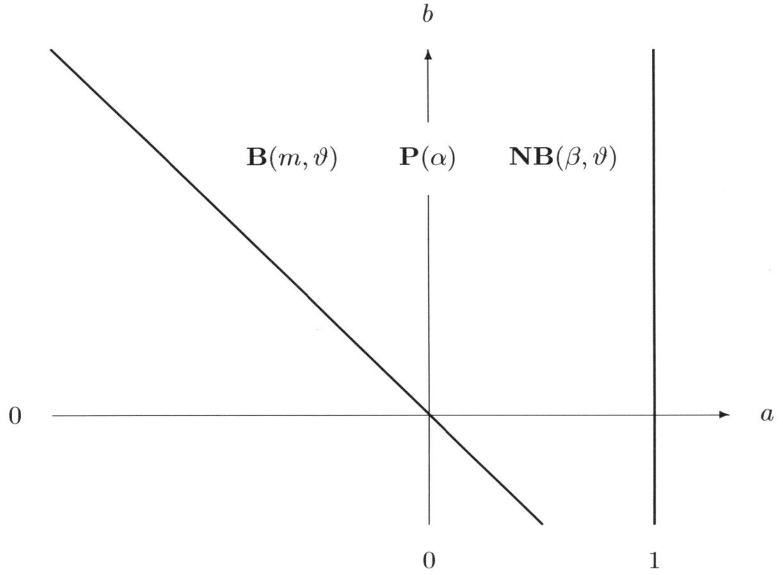

Verteilungen der Panjer–Klasse

Bei dieser Darstellung ist zu beachten, dass die Parameter im Fall der Binomialverteilung der Bedingung $-b/a \in \mathbb{N}$ unterliegen; dagegen gibt es für alle $b \in (0, \infty)$ eine Poisson–Verteilung und für alle $a \in (0, 1)$ und $b \in (-a, \infty)$ eine Negativbinomialverteilung.

3.5 Panjer–Rekursion

In diesem Abschnitt nehmen wir an, dass die Schadenhöhen nur Werte in $\mathbb{N}_0$ annehmen. Dann nimmt auch der Gesamtschaden nur Werte in $\mathbb{N}_0$ an und wir setzen für alle $n \in \mathbb{N}_0$

$$\begin{aligned} p_n &:= P[N = n] \\ f_n &:= P[X = n] \\ g_n &:= P[S = n] \end{aligned}$$

Unser Ziel ist es zu zeigen, dass für die Schadenzahlverteilungen der Panjer–Klasse auch die Einzelwahrscheinlichkeiten des Gesamtschadens rekursiv berechnet werden können.

Der folgende Satz ist eine Verallgemeinerung von Satz 3.4.2, denn im Fall $P[X = 1] = 1$ gilt $m_X(t) = t$ und $S = N$:

3.5.1 Satz. *Für $a, b \in \mathbb{R}$ mit $a + b > 0$ sind folgende Aussagen äquivalent:*
(a) *Für alle $n \in \mathbb{N}$ gilt*

$$p_n = \left(a + \frac{b}{n}\right) p_{n-1}$$

(b) *Für jede Wahl von P_X und für alle $t \in [0, 1)$ gilt*

$$\Big(1 - a\, m_X(t)\Big)\, m_S'(t) = (a{+}b)\, m_S(t)\, m_X'(t)$$

(c) *Für jede Wahl von P_X und für alle $n \in \mathbb{N}$ und $t \in [0, 1)$ gilt*

$$\Big(1 - a\, m_X(t)\Big)\, m_S^{(n)}(t) = \sum_{k=1}^{n} \binom{n}{k} \left(a + b\,\frac{k}{n}\right) m_S^{(n-k)}(t)\, m_X^{(k)}(t)$$

Beweis. Im Fall $P[X = 0] = 1$ gilt

$$m_X(t) = 1$$

und aus Satz 3.3.3 folgt $m_S(t) = m_N(m_X(t)) = m_N(1) = 1$; in diesem Fall sind also die Gleichungen unter (b) und (c) für alle $t \in [0, 1)$ erfüllt.
Wir beweisen nun die Äquivalenz von (a), (b) und (c) unter der Annahme, dass $P[X = 0] < 1$ gilt. Dann gilt für alle $t \in [0, 1)$

$$m_X(t) < 1$$

und damit $m_X(t) \in [0, 1)$.
Wir nehmen zunächst an, dass (a) gilt. Nach Satz 3.3.3 gilt

$$\begin{aligned} m_S(t) &= m_N(m_X(t)) \\ m_S'(t) &= m_N'(m_X(t))\, m_X'(t) \end{aligned}$$

und aus Satz 3.4.2 folgt

$$\begin{aligned} \Big(1 - a\, m_X(t)\Big)\, m_S'(t) &= \Big(1 - a\, m_X(t)\Big)\, m_N'(m_X(t))\, m_X'(t) \\ &= (a{+}b)\, m_N(m_X(t))\, m_X'(t) \\ &= (a{+}b)\, m_S(t)\, m_X'(t) \end{aligned}$$

Daher folgt (b) aus (a).
Durch vollständige Induktion lässt sich zeigen, dass (c) aus (b) folgt.
Als letztes nehmen wir an, dass (c) gilt. Im Fall $P[X = 1] = 1$ gilt $m_X(t) = t$ und $S = N$, und damit

$$(1{-}at)\, m_N^{(n)}(t) = (na{+}b)\, m_N^{(n-1)}(t)$$

Dies ist die Bedingung (c) aus Satz 3.4.2. Daher folgt (a) aus (c). □

Aus Satz 3.5.1 lässt sich nun eine Rekursionsformel für die Einzelwahrscheinlichkeiten des Gesamtschadens herleiten:

3.5.2 Folgerung (Rekursion von Panjer). *Wenn es $a, b \in \mathbb{R}$ gibt mit $a+b>0$ derart, dass für alle $n \in \mathbb{N}$*

$$p_n = \left(a + \frac{b}{n}\right) p_{n-1}$$

gilt, dann gilt

$$g_0 = \begin{cases} e^{-b(1-f_0)} & \text{falls } a = 0 \\ \left(\dfrac{1-a}{1-af_0}\right)^{(a+b)/a} & \text{sonst} \end{cases}$$

und für alle $n \in \mathbb{N}$ gilt

$$g_n = \frac{1}{1-af_0} \sum_{k=1}^{n} \left(a + b\,\frac{k}{n}\right) g_{n-k}\, f_k$$

Im Fall $f_0 = 0$ gilt $g_0 = p_0$.

Beweis. Wegen Satz 3.3.3 gilt

$$g_0 = m_S(0) = m_N(m_X(0)) = m_N(f_0)$$

Aus dieser Gleichung ergibt sich mit Folgerung 3.4.3 und den Beispielen 3.4.1 die Behauptung für g_0. Außerdem gilt nach Satz 3.5.1 für alle $n \in \mathbb{N}$

$$\begin{aligned}
(1-af_0)\, g_n &= \Big(1 - a\, m_X(0)\Big) \frac{m_S^{(n)}(0)}{n!} \\
&= \frac{1}{n!} \Big(1 - a\, m_X(0)\Big)\, m_S^{(n)}(0) \\
&= \frac{1}{n!} \sum_{k=1}^{n} \binom{n}{k} \left(a + b\,\frac{k}{n}\right) m_S^{(n-k)}(0)\, m_X^{(k)}(0) \\
&= \sum_{k=1}^{n} \left(a + b\,\frac{k}{n}\right) \frac{m_S^{(n-k)}(0)}{(n-k)!}\, \frac{m_X^{(k)}(0)}{k!} \\
&= \sum_{k=1}^{n} \left(a + b\,\frac{k}{n}\right) g_{n-k}\, f_k
\end{aligned}$$

und damit die Rekursionsformel. □

In gleicher Weise erhält man aus Satz 3.5.1 eine Rekursionsformel für die Binomialmomente des Gesamtschadens; vgl. Schmidt [2009; Folgerung 7.3.3]:

3.5.3 Folgerung (Rekursion von DePril). *Wenn es $a, b \in \mathbb{R}$ gibt mit $a + b > 0$ derart, dass für alle $n \in \mathbb{N}$*

$$p_n = \left(a + \frac{b}{n}\right) p_{n-1}$$

gilt, und wenn außerdem alle Binomialmomente von X endlich sind, dann ist m_S an der Stelle $t = 1$ unendlich oft differenzierbar und für alle $n \in \mathbb{N}$ gilt

$$E\left[\binom{S}{n}\right] = \frac{1}{1-a} \sum_{k=1}^{n} \left(a + b\,\frac{k}{n}\right) E\left[\binom{S}{n-k}\right] E\left[\binom{X}{k}\right]$$

Insbesondere sind alle Binomialmomente von S endlich.

Da der Erwartungswert, die Varianz und die absolute Schiefe des Gesamtschadens durch die Gleichungen von Wald gegeben sind, ist die Rekursion von DePril vor allem für Momente höherer Ordnung von Interesse.

Aus der Rekursion von DePril ergibt sich eine Rekursion für die Binomialmomente der Panjer–Klasse:

3.5.4 Folgerung (Binomialmomente der Panjer–Klasse). *Wenn es $a, b \in \mathbb{R}$ gibt mit $a + b > 0$ derart, dass für alle $n \in \mathbb{N}$*

$$p_n = \left(a + \frac{b}{n}\right) p_{n-1}$$

gilt, dann ist m_N auch an der Stelle $t = 1$ unendlich oft differenzierbar und für alle $n \in \mathbb{N}$ gilt

$$E\left[\binom{N}{n}\right] = \frac{1}{1-a} \left(a + \frac{b}{n}\right) E\left[\binom{N}{n-1}\right]$$

Insbesondere sind alle Binomialmomente von N endlich.

4

Anwendungen des kollektives Modells

In diesem Kapitel betrachten wir einige Anwendungen des kollektiven Betrachtungsweise und insbesondere des kollektiven Modells.

Als eine erste Anwendung betrachten wir die Modellierung der Versicherungsleistung für ein Risiko, das eine zufällige Anzahl von Schäden erzeugt und durch ein kollektives Modell beschrieben werden kann. (Abschnitt 4.1).

Wir stellen dann mit der Transformation (Abschnitt 4.2), der Verdünnung (Abschnitt 4.3) und der Zerlegung (Abschnitt 4.4) eines kollektiven Modells allgemeine Prinzipien zur Konstruktion neuer kollektiver Modelle dar, die ihrerseits vielfältige Anwendungen besitzen.

Im gesamten Abschnitt sei $\langle N, \{X_j\}_{j\in\mathbb{N}}\rangle$ ein kollektives Modell mit dem Gesamtschaden $S = \sum_{j=1}^{N} X_j$.

4.1 Versicherungsleistung im kollektiven Modell

Für ein einzelnes Risiko kann, aufgrund der Bedingungen des Versicherungsvertrages, die Versicherungsleistung kleiner sein als der Gesamtschaden. Damit stellt sich das Problem der Modellierung der Versicherungsleistung für ein einzelnes Risiko.

Modelliert man ein einzelnes Risiko durch ein kollektives Modell, so lässt sich in vielen Fällen die Versicherungsleistung analog zum Gesamtschaden durch Fallunterscheidung nach den Werten der Schadenzahl N modellieren. Wir illustrieren dies an einem Beispiel:

4.1.1 Beispiel. Ein Risiko wird durch ein kollektives Modell $\langle N, \{X_j\}_{j\in\mathbb{N}}\rangle$ mit

n	0	1	2
$P[N = n]$	0.5	0.3	0.2

H.-W. Goelden et al., *Schadenversicherungsmathematik*, DOI 10.1007/978-3-662-48860-7_5

und

x	100	500	1000
$P[X=x]$	0.5	0.3	0.2

modelliert. Wir nehmen an, dass das Versicherungsunternehmen den ersten gemeldeten Schaden voll entschädigt, den zweiten gemeldeten Schaden aber nur zu einem Viertel. Wir wollen die Versicherungsleistung in den folgenden zwei Fällen modellieren und jeweils die erwartete Versicherungsleistung berechnen:

(1) Der Versicherungsnehmer meldet jeden Schaden.

(2) Der Versicherungsnehmer meldet den ersten Schaden genau dann, wenn die Schadenhöhe 500 oder 1000 beträgt.

Im Fall (1) ist die Versicherungsleistung durch

$$S_1 := \chi_{\{N=1\}}\, X_1 + \chi_{\{N=2\}} \left(X_1 + \frac{X_2}{4} \right)$$

gegeben und unter Verwendung der Annahmen des kollektiven Modells erhält man

$$\begin{aligned} E[S_1] &= P[N=1]\, E[X] + P[N=2] \left(E[X] + \frac{E[X]}{4} \right) \\ &= 0.3 \cdot 400 + 0.2 \cdot \left(400 + \frac{400}{4} \right) \\ &= 220 \end{aligned}$$

Im Fall (2) ist die Versicherungsleistung durch

$$\begin{aligned} S_2 &:= \chi_{\{N=1\}}\, \chi_{\{X_1 \geq 500\}}\, X_1 \\ &\quad + \chi_{\{N=2\}} \left(\chi_{\{X_1 < 500\}}\, X_2 + \chi_{\{X_1 \geq 500\}} \left(X_1 + \frac{X_2}{4} \right) \right) \\ &= \chi_{\{N=1\}}\, \chi_{\{X_1 \geq 500\}}\, X_1 \\ &\quad + \chi_{\{N=2\}} \left(\chi_{\{X_1 < 500\}}\, X_2 + \chi_{\{X_1 \geq 500\}}\, X_1 + \chi_{\{X_1 \geq 500\}}\, \frac{X_2}{4} \right) \end{aligned}$$

gegeben und unter Verwendung der Annahmen des kollektiven Modells und mit

$$E[\chi_{\{X_1 \geq 500\}} X_1] = 500 \cdot 0.3 + 1000 \cdot 0.2 = 350$$

erhält man

$$\begin{aligned} E[S_2] &= P[N=1]\, E[\chi_{\{X_1 \geq 500\}} X_1] \\ &\quad + P[N=2] \left(P[X_1 < 500]\, E[X_2] + E[\chi_{\{X_1 \geq 500\}} X_1] + P[X_1 \geq 500]\, \frac{E[X_2]}{4} \right) \\ &= 0.3 \cdot 350 + 0.2 \cdot \left(0.5 \cdot 400 + 350 + 0.5 \cdot \frac{400}{4} \right) \\ &= 225 \end{aligned}$$

4.2 Transformation eines kollektiven Modells

Der folgende Satz zeigt, dass eine gleichartige Transformation aller Schadenhöhen des kollektiven Modells $\langle N, \{X_j\}_{j\in\mathbb{N}}\rangle$ wieder auf ein kollektives Modell führt:

4.2.1 Satz. *Sei $h : \mathbb{R}_+ \to \mathbb{R}_+$ eine messbare Funktion. Dann ist das Paar*

$$\langle N, \{h(X_j)\}_{j\in\mathbb{N}}\rangle$$

ein kollektives Modell.

Wir notieren einige wichtige Anwendungen des Satzes:

4.2.2 Folgerung. *Sei $C \in \mathcal{B}(\mathbb{R})$ und $d \in \mathbb{R}_+$. Dann ist jedes der Paare*

$$\langle N, \{\chi_{\{X_j \in C\}}\}_{j\in\mathbb{N}}\rangle$$

sowie

$$\langle N, \{\min\{X_j, d\}\}_{j\in\mathbb{N}}\rangle$$

und

$$\langle N, \{(X_j - d)^+\}_{j\in\mathbb{N}}\rangle$$

ein kollektives Modell.

Für zwei Transformationen der Schadenhöhen desselben kollektiven Modells ergibt sich das folgende Analogon zur zweiten Gleichung von Wald:

4.2.3 Satz. *Seien $g, h : \mathbb{R}_+ \to \mathbb{R}_+$ messbare Funktionen. Dann gilt*

$$\operatorname{cov}\left[\sum_{i=1}^{N} g(X_i), \sum_{j=1}^{N} h(X_j)\right] = E[N]\operatorname{cov}[g(X), h(X)] + \operatorname{var}[N]\, E[g(X)]\, E[h(X)]$$

Dieses Ergebnis ist in der Rückversicherung von Interesse.

4.3 Verdünnung eines kollektiven Modells

Wir betrachten eine Borel–Menge

$$C \in \mathcal{B}(\mathbb{R})$$

mit $P[X \in C] \in (0,1)$. Die Wahrscheinlichkeit

$$\eta := P[X \in C]$$

heißt *Auswahlwahrscheinlichkeit* bezüglich der Menge C.

Wir konstruieren die Verdünnung des kollektiven Modells $\langle N, \{X_j\}_{j\in\mathbb{N}}\rangle$ bezüglich der Menge C. Dabei sollen in dem neuen Modell nur solche Schadenhöhen auftreten, deren Werte in C liegen. Dann ist die *verdünnte Schadenzahl*

$$N^\circ := \sum_{j=1}^{N} \chi_{\{X_j \in C\}}$$

die Anzahl aller Schäden mit Schadenhöhe in C und die *verdünnte Schadenhöhe*

$$X_k^\circ := \sum_{k=1}^{\infty} \chi_{\{\nu_k = j\}} X_j$$

ist die Schadenhöhe des k–ten Schadens mit Schadenhöhe in C; dabei sind die zufälligen Indizes ν_k rekursiv definiert durch

$$\nu_k := \begin{cases} 0 & \text{für } k = 0 \\ \inf\Big\{ j \in \mathbb{N} \,\Big|\, \nu_{k-1} < j, X_j \in C \Big\} & \text{sonst} \end{cases}$$

Der zufällige Index ν_k beschreibt die zufällige Position, die der k–te Schaden mit Schadenhöhe in C in der Folge aller Schadenhöhen hat. Das Paar

$$\langle N^\circ, \{X_k^\circ\}_{k\in\mathbb{N}}\rangle$$

wird als *Verdünnung* des kollektiven Modells $\langle N, \{X_j\}_{j\in\mathbb{N}}\rangle$ bezeichnet.

Aufgrund des folgenden Satzes ist die Verdünnung eines kollektiven Modells wieder ein kollektives Modell:

4.3.1 Satz. *Das Paar $\langle N^\circ, \{X_k^\circ\}_{k\in\mathbb{N}}\rangle$ ist ein kollektives Modell und es gilt*

$$m_{N^\circ}(t) = m_N(1-\eta+\eta t)$$

sowie

$$P_{N^\circ|N} = \mathbf{B}(N, \eta)$$

und

$$P[X^\circ \in B] = P[X \in B | X \in C]$$

Ein Beweis des Satzes findet sich in Schmidt [2009; Satz 8.2.9]. Die Gleichung für die wahrscheinlichkeitserzeugende Funktion von N° ergibt sich aus Satz 3.3.3, da N° formal als Gesamtschaden in dem kollektiven Modell

$$\langle N, \{\chi_C \circ X_j\}_{j\in\mathbb{N}}\rangle$$

aufgefasst werden kann. Wendet man die erste Gleichung von Wald auf dieses kollektive Modell an, so erhält man das folgende Ergebnis:

4.3.2 Folgerung. *Es gilt*

$$E[N^\circ] = E[N]\,\eta$$

Besitzt die Schadenzahl N eine Panjer–Verteilung, so gehört die Verteilung der verdünnten Schadenzahl N° derselben Klasse von Verteilungen an wie N:

4.3.3 Beispiel (Panjer–Klasse).
(1) Im Fall $P_N = \mathbf{B}(n,\vartheta)$ gilt $P_{N^\circ} = \mathbf{B}(n,\vartheta\eta)$.
(2) Im Fall $P_N = \mathbf{P}(\alpha)$ gilt $P_{N^\circ} = \mathbf{P}(\alpha\eta)$.
(3) Im Fall $P_N = \mathbf{NB}(\beta,\vartheta)$ gilt $P_{N^\circ} = \mathbf{NB}(\beta,\vartheta\eta/(1-\vartheta+\vartheta\eta))$.

Für die Verdünnung eines kollektiven Modells gibt es zahlreiche Anwendungen in verschiedenen Gebieten der Schadenversicherung. Dies verdeutlicht die zentrale Rolle, die das kollektive Modell in der Schadenversicherungsmathematik einnimmt. Wir betrachten zwei Beispiele:

4.3.4 Beispiel (Einzelschadenexzedentenrückversicherung). Bei der Einzelschadenexzedentenrückversicherung übernimmt der Rückversicherer von jedem Schaden, der eine Priorität $d \in (0,\infty)$ übersteigt, den Anteil, der oberhalb der Priorität liegt. Wir gehen von einem kollektiven Modell

$$\langle N, \{X_j\}_{j\in\mathbf{N}}\rangle$$

für einen Bestand aus und nehmen an, dass $P[X > d] \in (0,1)$ gilt.
Durch Transformation des ursprünglichen kollektiven Modells erhalten wir das kollektive Modell

$$\langle N, \{\min\{X_j, d\}\}_{j\in\mathbf{N}}\rangle$$

für den Erstversicherer und das kollektive Modell

$$\langle N, \{(X_j - d)^+\}_{j\in\mathbf{N}}\rangle$$

für den Rückversicherer. Für die Gesamtschäden dieser kollektiven Modelle gilt

$$\sum_{j=1}^N X_j = \sum_{j=1}^N \min\{X_j, d\} + \sum_{j=1}^N (X_j - d)^+$$

Während für den Erstversicherer alle Modellgrößen beobachtbar sind, sind sie dies für den Rückversicherer nicht, da er nicht alle Schäden kennt. Daher ist das kollektive Modell für den Rückversicherer für statistische Zwecke ungeeignet.
Verdünnen wir das kollektive Modell für den Bestand nach der Menge $C := (d,\infty)$, so erhalten wir zunächst das kollektive Modell

$$\langle N^\circ, \{X_j^\circ\}_{j\in\mathbf{N}}\rangle$$

welches nur Schadenhöhen enthält, die oberhalb der Priorität liegen. Die Auswahlwahrscheinlichkeit $\eta := P[X \in C] = P[X > d]$ ist dann die Wahrscheinlichkeit dafür, dass ein Schaden die Priorität übersteigt. Durch Transformation dieses kollektiven Modells erhalten wir das kollektive Modell

$$\langle N^\circ, \{X_j^\circ - d\}_{j\in\mathbf{N}}\rangle$$

für den Rückversicherer, welches nur die von ihm beobachtbaren Zufallsvariablen enthält. Für die Verteilung der Schadenhöhen des Rückversicherers gilt

$$P[X^\circ - d \leq z] = P[X \leq d+z | X > d]$$

Weiterhin zeigt sich, dass

$$\sum_{j=1}^{N} (X_j - d)^+ = \sum_{j=1}^{N^\circ} (X_j^\circ - d)$$

gilt. Dies bedeutet, dass die beiden kollektiven Modelle für den Rückversicherer denselben Gesamtschaden ergeben.
Alternativ kann man auch das kollektive Modell

$$\langle N, \{(X_j - d)^+\}_{j\in\mathbf{N}}\rangle$$

für den Rückversicherer nach der Menge $(0,\infty)$ verdünnen und erhält wieder das kollektive Modell

$$\langle N^\circ, \{X_j^\circ - d\}_{j\in\mathbf{N}}\rangle$$

Für eine ausführlichere Darstellung vgl. Hess [2003] oder Schmidt [2009; Satz 9.2.7].

4.3.5 Beispiel (Binomialmodell). Im individuellen Modell für einen homogenen Bestand

$$\langle n, \{Z_i\}_{i\in\{1,\dots,n\}}\rangle$$

ist typischerweise der Großteil der Risiken schadenfrei. Da das individuelle Modell für einen homogenen Bestand formal auch als ein kollektives Modell

$$\langle N, \{Z_j\}_{j\in\mathbf{N}}\rangle$$

mit $P[N = n] = 1$ aufgefasst werden kann, können wir aus dem individuellen Modell für einen homogenen Bestand ein kollektives Modell mit strikt positiven Schadenhöhen konstruieren. Dazu wählen wir, in Analogie zu den Schäden mit Schadenhöhe oberhalb einer Priorität in Beispiel 4.3.4, diejenigen Schäden aus, deren Schadenhöhe strikt positiv ist. Wir setzen also $C := (0,\infty)$ und $\eta := P[Z > 0]$ und nehmen an, dass $\eta \in (0,1)$ gilt. Dann ist

$$\langle N^\circ, \{Z_j^\circ\}_{j\in\mathbf{N}}\rangle$$

ein kollektives Modell, das nur die Schäden mit strikt positiven Schadenhöhen enthält, und aus Beispiel 4.3.3 folgt, dass die verdünnte Schadenzahl N° die Binomialverteilung $\mathbf{B}(n,\eta)$ besitzt. Weiterhin zeigt sich, dass

$$\sum_{i=1}^{n} Z_i = \sum_{j=1}^{N^\circ} Z_j^\circ$$

gilt. Dies bedeutet, dass beide Modelle denselben Gesamtschaden ergeben.

4.4 Zerlegung eines kollektiven Modells

Wir betrachten nun eine Zerlegung

$$\{C_1, \ldots, C_m\} \subseteq \mathcal{B}(\mathbb{R})$$

von $\mathbb{R}$ mit $P[X \in C_i] > 0$ für alle $i \in \{1, \ldots, m\}$. Die Wahrscheinlichkeiten

$$\eta_i := P[X \in C_i]$$

heißen *Auswahlwahrscheinlichkeiten* und es gilt $\sum_{i=1}^m \eta_i = 1$.

Verdünnt man das kollektive Modell $\langle N, \{X_j\}_{j\in\mathbb{N}}\rangle$ nach jeder der Mengen C_i, so erhält man m kollektive Modelle

$$\langle N_i, \{X_{i,j}\}_{j\in\mathbb{N}}\rangle$$

mit den Gesamtschäden

$$S_i := \sum_{j=1}^{N_i} X_{i,j}$$

Die Gesamtheit dieser kollektiven Modelle wird als *Zerlegung* des kollektiven Modells $\langle N, \{X_j\}_{j\in\mathbb{N}}\rangle$ bezeichnet.

Der folgende Satz beschreibt den Zusammenhang zwischen diesen verdünnten kollektiven Modellen:

4.4.1 Satz.
(1) *Es gilt*

$$N = \sum_{i=1}^m N_i$$

und

$$S = \sum_{i=1}^m S_i$$

(2) *Die Familie $\{X_{i,j}\}_{i\in\{1,\ldots,m\},j\in\mathbb{N}}$ aller verdünnten Schadenhöhen ist unabhängig.*
(3) *Die Familie $\{X_{i,j}\}_{i\in\{1,\ldots,m\},j\in\mathbb{N}}$ aller verdünnten Schadenhöhen ist unabhängig von der Familie $\{N_i\}_{i\in\{1,\ldots,m\}}$ aller verdünnten Schadenzahlen.*
(4) *Die bedingte gemeinsame Verteilung der verdünnten Schadenzahlen unter N ist die Multinomialverteilung mit den Parametern N und $\eta_1, \ldots, \eta_m$.*
(5) *Die verdünnten Schadenzahlen (und damit auch die verdünnten kollektiven Modelle) sind genau dann unabhängig, wenn die Schadenzahl N eine Poisson–Verteilung besitzt.*

Ein Beweis des Satzes findet sich in Hess [2000]; für den Spezialfall einer Zerlegung in zwei kollektive Modelle vgl. auch Schmidt [1996; Section 6.3].

Wir betrachten ein Beispiel:

4.4.2 Beispiel (Integralfranchise). Bei einem Versicherungsvertrag mit einer Integralfranchise der Höhe $d \in (0, \infty)$ übernimmt das Versicherungsunternehmen jeden Schaden, der d übersteigt, und der Versicherungsnehmer trägt jeden Schaden, der d nicht übersteigt. Damit wird, in Abhängigkeit von der Schadenhöhe, jeder Schaden entweder vom Versicherungsnehmer oder vom Versicherungsunternehmen getragen.
Wir nehmen an, dass für den Versicherungsnehmer das kollektive Modell

$$\langle N, \{X_j\}_{j \in \mathbb{N}} \rangle$$

mit dem Gesamtschaden S vorliegt, und betrachten die Zerlegung $\{C_1, C_2\} \subseteq \mathcal{B}(\mathbb{R})$ mit $C_1 := (-\infty, d]$ und $C_2 := (d, \infty)$. Wir setzen außerdem voraus, dass

$$\eta_1 := P[X \leq d] > 0 \qquad \text{und} \qquad \eta_2 := P[X < d] > 0$$

gilt. Dann bilden die verdünnten kollektiven Modelle

$$\langle N_1, \{X_{1,j}\}_{j \in \mathbb{N}} \rangle \qquad \text{und} \qquad \langle N_2, \{X_{2,j}\}_{j \in \mathbb{N}} \rangle$$

eine Zerlegung des kollektiven Modells des Versicherungsnehmers vor Versicherung:
- Das kollektive Modell $\langle N_1, \{X_{1,j}\}_{j \in \mathbb{N}} \rangle$ mit dem Gesamtschaden S_1 beschreibt das beim Versicherungsnehmer verbleibende Risiko.
- Das kollektive Modell $\langle N_2, \{X_{2,j}\}_{j \in \mathbb{N}} \rangle$ mit dem Gesamtschaden S_2 beschreibt das Risiko des Versicherungsunternehmens.
- Es gilt

$$S = S_1 + S_2$$

Nach Satz 4.4.1 sind die beiden kollektiven Modelle genau dann unabhängig, wenn die ursprüngliche Schadenzahl N eine Poisson–Verteilung besitzt, und in diesem Fall sind auch die Gesamtschäden S_1 und S_2 unabhängig.
Im allgemeinen Fall ergibt sich aus den Sätzen 4.3.1 und 4.4.1

$$\begin{aligned}
\operatorname{cov}[N_1, N_2] &= \operatorname{cov}\Big[E(N_1|N), E(N_2|N)\Big] + E\Big[\operatorname{cov}(N_1, N_2|N)\Big] \\
&= \operatorname{cov}[\eta_1 N, \eta_2 N] + E[-\eta_1 \eta_2 N] \\
&= \eta_1 \eta_2 \,(\operatorname{var}[N] - E[N])
\end{aligned}$$

und wie im Beweis der ersten Gleichung von Wald erhält man

$$\begin{aligned}
E[S_1 S_2] &= E\left[\sum_{n_1=0}^{\infty} \sum_{n_2=0}^{\infty} \chi_{\{N_1 = n_1\} \cap \{N_2 = n_2\}} \sum_{i=1}^{n_1} \sum_{j=1}^{n_2} X_{1,i}\, X_{2,j}\right] \\
&= \sum_{n_1=0}^{\infty} \sum_{n_2=0}^{\infty} P[N_1 = n_1, N_2 = n_2]\, n_1\, n_2\, E[X_1]\, E[X_2] \\
&= E[N_1 N_2]\, E[X_1]\, E[X_2]
\end{aligned}$$

Unter Verwendung der ersten Gleichung von Wald und Satz 4.3.1 ergibt sich somit für die Kovarianz der Gesamtschäden

$$\begin{aligned}
\operatorname{cov}[S_1, S_2] &= E[S_1 S_2] - E[S_1]\, E[S_2] \\
&= E[N_1 N_2]\, E[X_1]\, E[X_2] - E[N_1]\, E[X_1]\, E[N_2]\, E[X_2] \\
&= \operatorname{cov}[N_1, N_2]\, E[X_1]\, E[X_2] \\
&= \eta_1 \eta_2 \,(\operatorname{var}[N] - E[N])\, E[X_1]\, E[X_2] \\
&= (\operatorname{var}[N] - E[N])\, P[X \le d]\, P[X > d]\, E[X|X \le d]\, E[X|X > d] \\
&= (\operatorname{var}[N] - E[N])\, E[X \chi_{\{X \le d\}}]\, E[X \chi_{\{X > d\}}]
\end{aligned}$$

Daher sind die Gesamtschäden des Versicherungsnehmers und des Versicherungsunternehmens genau dann unkorreliert, wenn der Erwartungswert und die Varianz der ursprünglichen Schadenzahl übereinstimmen, und dies ist insbesondere dann der Fall, wenn die Schadenzahl eine Poisson–Verteilung besitzt (und damit nach Satz 4.4.1 die Gesamtschäden des Versicherungsnehmers und des Versicherungsunternehmens sogar unabhängig sind).

5

Verallgemeinerungen des kollektiven Modells

Das kollektive Modell besitzt mit dem abstrakten kollektiven Modell und dem dynamischen kollektiven Modell zwei äußerst nützlich Verallgemeinerungen.

Wir betrachten zunächst das abstrakte kollektive Modell, in dem die Schadenhöhen durch allgemeine Schadenvariable ersetzt werden (Abschnitt 5.1), und geben dann eine kurz Einführung in das dynamische kollektive Modell, in dem ein Risiko oder ein Bestand von Risiken im zeitlichen Verlauf beschrieben wird (Abschnitt 5.2).

5.1 Abstraktes kollektives Modell

Wir betrachten nun eine Erweiterung des kollektiven Modells, die für viele Anwendungen nützlich ist. Das Paar

$$\langle N, \{\mathbf{Y}_j\}_{j\in\mathbb{N}}\rangle$$

heißt *abstraktes kollektives Modell*, wenn N eine Zufallsvariable mit Werten in $\mathbb{N}_0$ ist und $\{\mathbf{Y}_j\}_{j\in\mathbb{N}}$ eine Folge von Zufallsvektoren mit Werten in $\mathbb{R}^d$ ist, die unabhängig und identisch verteilt sowie unabhängig von N ist. In diesem Fall bezeichnen wir $\mathbf{Y}_j$ als *Schadenvariable* des j–ten Schadens. Das klassische kollektive Modell ist der Spezialfall mit $d = 1$. In vielen Anwendungen enthält die erste Koordinate von $\mathbf{Y}_j$ die Schadenhöhe des j–ten Schadens, während die anderen Koordinaten weitere Informationen über den Schaden enthalten.

Die Ergebnisse über die Transformation, die Verdünnung und die Zerlegung eines kollektiven Modells lassen sich sinngemäß auf abstrakte kollektive Modelle übertragen; insbesondere gelten die Sätze 4.2.1, 4.3.1 und 4.4.1 entsprechend. Auch für die Zerlegung eines abstrakten kollektiven Modells gibt es zahlreiche Anwendungen.

Wir betrachten zwei Beispiele:

H.-W. Goelden et al., *Schadenversicherungsmathematik*, DOI 10.1007/978-3-662-48860-7_6

5.1.1 Beispiel (Multiplikativer Tarif). Wir konstruieren einen multiplikativen Tarif in der *Kraftfahrthaftpflichtversicherung* mit zwei Tarifmerkmalen $\mathcal{I}$ und $\mathcal{K}$ mit den jeweiligen Tarifklassen $i \in \{1, \dots, I\}$ und $k \in \{1, \dots, K\}$ und den sich daraus ergebenen Tarifzellen $(i, k) \in \{1, \dots, I\} \times \{1, \dots, K\}$. Wir betrachten dazu das abstrakte kollektive Modell

$$\langle N, \{(X_j, U_j, T_j)\}_{j \in \mathbb{N}} \rangle$$

für einen Bestand von Risiken. Dabei interpretieren wir N als Schadenzahl des Bestandes sowie X_j als Schadenhöhe des j-ten Schadens und (U_j, T_j) als Tarifzelle des Risikos, das den j-ten Schaden verursacht. Wir nehmen an, dass X_j und (U_j, T_j) unabhängig sind.

Weiterhin nehmen wir an, dass bekannte Volumenmaße $v_{i,k} > 0$ vorliegen, die beispielsweise die Anzahl der Risiken in den Tarifzellen (i, k) beschreiben, und dass es unbekannte Parameter $\alpha_i > 0$ und $\beta_k > 0$ gibt mit

$$P[(U, T) = (i, k)] = \alpha_i \beta_k v_{i,k}$$

für alle $(i, k) \in \{1, \dots, I\} \times \{1, \dots, K\}$. Dann gilt

$$\sum_{i=1}^{I} \sum_{k=1}^{K} \alpha_i \beta_k v_{i,k} = 1$$

Durch Projektion auf die erste Koordinate erhalten wir aus dem abstrakten kollektiven Modell ein kollektives Modell

$$\langle N, \{X_j\}_{j \in \mathbb{N}} \rangle$$

für den gesamten Bestand. Wir wollen nun das abstrakte kollektive Modell nach den Tarifzellen zerlegen. Sei dazu $C_{i,k} := \mathbb{R} \times \{i\} \times \{k\}$ und $\eta_{i,k} := P[(X, U, T) \in C_{i,k}]$. Dann gilt $\eta_{i,k} = P[(U, T) = (i, k)] = \alpha_i \beta_k v_{i,k} > 0$ und wir erhalten für die Tarifzelle (i, k) das verdünnte abstrakte kollektive Modell

$$\langle N_{i,k}, \{(X_{i,k;j}, U_{i,k;j}, T_{i,k;j})\}_{j \in \mathbb{N}} \rangle$$

Auf Grund der Konstruktion der verdünnten abstrakten kollektiven Modelle gilt $U_{i,k;j} = i$ und $T_{i,k;j} = k$. Daher sind die zweite und dritte Koordinate der verdünnten Schadenvariablen redundant, und wir erhalten durch Projektion auf die erste Koordinate für jede Tarifzelle (i, k) das kollektive Modell

$$\langle N_{i,k}, \{X_{i,k;j}\}_{j \in \mathbb{N}} \rangle$$

Für die Schadenzahlen gilt nach Folgerung 4.3.2

$$E[N_{i,k}] = \alpha_i \beta_k v_{i,k} \, E[N]$$

Außerdem besitzen, aufgrund der Unabhängigkeit von X_j und (U_j, T_j), alle $X_{i,k;j}$ dieselbe Verteilung wie X_j und damit gilt

$$E[X_{i,k;1}] = E[X_1]$$

Aus der ersten Gleichung von Wald ergibt sich nun

$$\begin{aligned} E[S_{i,k}] &= E[N_{i,k}]\, E[X_{i,k;1}] \\ &= \alpha_i \beta_k v_{i,k}\, E[N]\, E[X_1] \\ &= \alpha_i \beta_k v_{i,k}\, E[S] \end{aligned}$$

Der Quotient $S_{i,k}/v_{i,k}$ ist der Schadenbedarf der Tarifzelle (i,k) und sein Erwartungswert

$$E\left[\frac{S_{i,k}}{v_{i,k}}\right] = \alpha_i \beta_k\, E[S]$$

ist die Nettoprämie pro Risiko in der Tarifzelle (i,k). Damit haben wir einen multiplikativen Tarif erhalten: Wir haben einen Faktor für den gesamten Bestand und zwei Faktoren in Abhängigkeit von den Tarifklassen.

Der Erwartungswert des Gesamtschadens des Bestandes lässt sich beispielsweise aus der Gesamtprämie für den Bestand und der Schadenquote schätzen. Wir wollen nun die Parameter der Tarifklassen mit dem Maximum–Likelihood Verfahren schätzen. Aus Satz 4.4.1(3) ergibt sich für die gemeinsame Verteilung der verdünnten Schadenzahlen mit $n := \sum_{i=1}^I \sum_{k=1}^K n_{i,k}$ und $p(n) := P[N = n]$

$$\begin{aligned} P\left[\bigcap_{i=1}^I \bigcap_{k=1}^K \{N_{i,k} = n_{i,k}\}\right] &= P\left[\bigcap_{i=1}^I \bigcap_{k=1}^K \{N_{i,k} = n_{i,k}\} \,\Bigg|\, N = n\right] P[N = n] \\ &= \left(\frac{n!}{\prod_{i=1}^I \prod_{k=1}^K n_{i,k}!} \prod_{i=1}^I \prod_{k=1}^K \eta_{i,k}^{n_{i,k}}\right) p(n) \\ &= \left(\frac{n!}{\prod_{i=1}^I \prod_{k=1}^K n_{i,k}!} \prod_{i=1}^I \prod_{k=1}^K (\alpha_i \beta_k v_{i,k})^{n_{i,k}}\right) p(n) \end{aligned}$$

Wegen $N = \sum_{i=1}^I \sum_{k=1}^K N_{i,k}$ ergibt sich daraus mit $\mathbf{N} := \{N_{i,k}\}_{i \in \{1,\ldots,I\}, k \in \{1,\ldots,K\}}$ die Likelihood–Funktion L mit

$$L\left(\widehat{\alpha}_1, \ldots, \widehat{\alpha}_I, \widehat{\beta}_1, \ldots, \widehat{\beta}_K \,\Big|\, \mathbf{N}\right) = \left(\frac{N!}{\prod_{i=1}^I \prod_{k=1}^K N_{i,k}!} \prod_{i=1}^I \prod_{k=1}^K (\widehat{\alpha}_i \widehat{\beta}_k v_{i,k})^{N_{i,k}}\right) p(N)$$

Jeder strikt positive Maximierer $(\alpha_1^{\mathrm{ML}}, \ldots, \alpha_I^{\mathrm{ML}}, \beta_1^{\mathrm{ML}}, \ldots, \beta_K^{\mathrm{ML}})$ der Likelihood–Funktion, der die Nebenbedingung

$$\sum_{i=1}^I \sum_{k=1}^K \alpha_i^{\mathrm{ML}} \beta_k^{\mathrm{ML}} v_{i,k} = 1$$

erfüllt, ist ein Maximum–Likelihood Schätzer von $(\alpha_1, \ldots\, \alpha_I, \beta_1, \ldots, \beta_K)$. Zur Bestimmung eines Maximum–Likelihood Schätzers gehen wir zunächst zur Loglikelihood–Funktion $\ln \circ L$ mit

$$(\ln \circ L)\left(\widehat{\alpha}_1, \ldots, \widehat{\alpha}_I, \widehat{\beta}_1, \ldots, \widehat{\beta}_K \,\Big|\, \mathbf{N}\right) = \sum_{i=1}^I \sum_{k=1}^K N_{i,k} \ln(\widehat{\alpha}_i \widehat{\beta}_k v_{i,k}) + C$$

über, wobei C eine Zufallsvariable ist, die nicht von den Schätzern der Parameter abhängt. Zur Berücksichtigung der Nebenbedingung betrachten wir die Lagrange–Funktion h mit

$$
\begin{aligned}
&h\Big(\widehat{\alpha}_1,\ldots,\widehat{\alpha}_I,\widehat{\beta}_1,\ldots,\widehat{\beta}_K,\Lambda\,\Big|\,\mathbf{N}\Big)\\
&=\sum_{i=1}^{I}\sum_{k=1}^{K} N_{i,k}\,\ln(\widehat{\alpha}_i\widehat{\beta}_k v_{i,k}) + \Lambda\left(1-\sum_{i=1}^{I}\sum_{k=1}^{K}\widehat{\alpha}_i\widehat{\beta}_k v_{i,k}\right)
\end{aligned}
$$

Partielle Differentiation und Nullsetzen der partiellen Ableitungen erster Ordnung ergibt das nichtlineare Gleichungssystem

$$
\begin{aligned}
\sum_{k=1}^{K} N_{i,k} &= \Lambda\sum_{k=1}^{K}\widehat{\alpha}_i\widehat{\beta}_k v_{i,k} && \text{für alle } i\in\{1,\ldots,I\}\\
\sum_{i=1}^{I} N_{i,k} &= \Lambda\sum_{i=1}^{I}\widehat{\alpha}_i\widehat{\beta}_k v_{i,k} && \text{für alle } k\in\{1,\ldots,K\}\\
1 &= \sum_{i=1}^{I}\sum_{k=1}^{K}\widehat{\alpha}_i\widehat{\beta}_k v_{i,k}
\end{aligned}
$$

Durch Summation der ersten Gruppe dieser Gleichungen und unter Verwendung der letzten Gleichung erhält man

$$
N = \sum_{i=1}^{I}\sum_{k=1}^{K} N_{i,k} = \Lambda\sum_{i=1}^{I}\sum_{k=1}^{K}\widehat{\alpha}_i\widehat{\beta}_k v_{i,k} = \Lambda
$$

und damit

$$
\begin{aligned}
\sum_{k=1}^{K}\widehat{\alpha}_i\widehat{\beta}_k v_{i,k} &= \sum_{k=1}^{K}\frac{N_{i,k}}{N} && \text{für alle } i\in\{1,\ldots,I\}\\
\sum_{i=1}^{I}\widehat{\alpha}_i\widehat{\beta}_k v_{i,k} &= \sum_{i=1}^{I}\frac{N_{i,k}}{N} && \text{für alle } k\in\{1,\ldots,K\}\\
\sum_{i=1}^{I}\sum_{k=1}^{K}\widehat{\alpha}_i\widehat{\beta}_k v_{i,k} &= 1
\end{aligned}
$$

Die Maximum–Likelihood Schätzer sind somit Lösungen der *Marginalsummengleichungen*

$$
\begin{aligned}
\sum_{k=1}^{K}\widehat{\alpha}_i\widehat{\beta}_k v_{i,k} &= \sum_{k=1}^{K}\frac{N_{i,k}}{N} && \text{für alle } i\in\{1,\ldots,I\}\\
\sum_{i=1}^{I}\widehat{\alpha}_i\widehat{\beta}_k v_{i,k} &= \sum_{i=1}^{I}\frac{N_{i,k}}{N} && \text{für alle } k\in\{1,\ldots,K\}
\end{aligned}
$$

unter der Nebenbedingung

$$
\sum_{i=1}^{I}\sum_{k=1}^{K}\widehat{\alpha}_i\widehat{\beta}_k v_{i,k} = 1
$$

Da die Volumenmaße strikt positiv sind, besitzen die Marginalsummengleichungen unter der Nebenbedingung eine eindeutige Lösung, die iterativ bestimmt werden kann; vgl. Dietze, Riedrich und Schmidt [2006, 2012]. Für eine ausführlichere Darstellung der Schätzung der Parameter verweisen wir auf Hess [2009] oder Schmidt [2009; Kapitel 10].

5.1.2 Beispiel (Schadenreservierung). Wir betrachten einen Bestand von Risiken, der in den Anfalljahren $i \in \{0, 1, \ldots, n\}$ Schäden erzeugt, die mit einer zufälligen Verzögerung in einem der Abwicklungsjahre $k \in \{0, 1, \ldots, n\}$ gemeldet werden. Für jedes Anfalljahr legen wir ein abstraktes kollektives Modell

$$\langle N^{(i)}, \{(X_j^{(i)}, D_j^{(i)})\}_{j \in \mathbb{N}} \rangle$$

zugrunde. Wir interpretieren $N^{(i)}$ als die Anzahl der Schäden aus Anfalljahr i und $X_j^{(i)}$ bzw. $D_j^{(i)}$ als die Schadenhöhe bzw. die Meldeverzögerung des j–ten Schadens aus Anfalljahr i, und wir nehmen an, dass die Schadenvariablen

$$(X_j^{(i)}, D_j^{(i)})$$

für $i + D_j^{(i)} \leq n$ beobachtbar und für $i + D_j^{(i)} \geq n+1$ nicht beobachtbar sind.
Wir treffen die folgenden Annahmen:
- Die Familie der abstrakten kollektiven Modelle ist unabhängig.
- Für Anfalljahr i besitzt die Anzahl der Schäden die Poisson–Verteilung $\mathbf{P}(\alpha_i)$.
- Für jeden Schaden sind die Schadenhöhe und die Meldeverzögerung unabhängig.
- Es gibt Parameter $\vartheta_0, \vartheta_1, \ldots, \vartheta_n \in (0, \infty)$ mit $\sum_{k=0}^{n} \vartheta_k = 1$ derart, dass für alle $k \in \{0, 1, \ldots, n\}$ und für alle $i \in \{0, 1, \ldots, n\}$

$$P[D^{(i)} = k] = \vartheta_k$$

  gilt.

Wir wollen nun jedes dieser abstrakten kollektiven Modelle nach den möglichen Werten der Meldeverzögerungen zerlegen. Für $k \in \{0, 1, \ldots, n\}$ sei $C_k := \mathbb{R} \times \{k\}$. Dann erhalten wir für jedes Anfalljahr i und jede Meldeverzögerung k ein verdünntes abstraktes kollektives Modell

$$\langle N_k^{(i)}, \{(X_{k,j}^{(i)}, D_{k,j}^{(i)})\}_{j \in \mathbb{N}} \rangle$$

Nach Definition von C_k gilt $D_{k,j}^{(i)} = k$. Damit ergeben sich aus diesen verdünnten abstrakten kollektiven Modellen die kollektiven Modelle

$$\langle N_k^{(i)}, \{X_{k,j}^{(i)}\}_{j \in \mathbb{N}} \rangle$$

die für $i + k \leq n$ beobachtbar und für $i + k \geq n+1$ nicht beobachtbar sind. Diese kollektiven Modelle sind für unterschiedliche Anfalljahre unabhängig, da wir von unabhängigen abstrakten kollektiven Modellen für die einzelnen Anfalljahre ausgegangen sind. Aufgrund der Annahme der Poisson–Verteilung für die Schadenzahlen der einzelnen Anfalljahre ist nach Satz 4.4.1 sogar die Familie all dieser kollektiven Modelle unabhängig und $N_k^{(i)}$ besitzt die Poisson–Verteilung $\mathbf{P}(\alpha_i \vartheta_k)$. Für die Erwartungswerte der Gesamtschäden

$$S_k^{(i)} := \sum_{j=1}^{N_k^{(i)}} X_{k,j}^{(i)}$$

gilt nach der ersten Gleichung von Wald und wegen

$$E[N_k^{(i)}] = \alpha_i \, \vartheta_k$$

und der Unabhängigkeit der Schadenhöhen und der Meldeverzögerungen

$$E[S_k^{(i)}] := E[N_k^{(i)}] \, E[X_k^{(i)}] = \alpha_i \, \vartheta_k \, E[X^{(i)}]$$

Die Erwartungswerte der Schadenhöhen können durch die Stichprobenmittel der beobachtbaren Schadenhöhen der jeweiligen Anfalljahre geschätzt werden, und die verdünnten Schadenzahlen erfüllen die Annahmen des Poisson–Modells und können daher mit Hilfe des Chain–Ladder Verfahrens geschätzt werden; vgl. Abschnitt 15.3. Insgesamt gelingt damit die Schätzung der Erwartungswerte der nicht beobachtbaren Gesamtschäden.
In Hess [2012] wird eine Verallgemeinerung der Verteilungsannahmen an die Schadenzahlen betrachtet.

5.2 Dynamisches kollektives Modell

Das kollektive Modell lässt sich wie folgt zu einem dynamischen kollektiven Modell erweitern:

Sei $\{T_n\}_{n\in\mathbb{N}_0}$ eine streng monoton wachsende Folge von Zufallsvariablen mit $T_0 := 0$ und sei $\{X_n\}_{n\in\mathbb{N}}$ eine Folge von Zufallsvariablen, die unabhängig und identisch verteilt ist und außerdem unabhängig von der Folge $\{T_n\}_{n\in\mathbb{N}_0}$ ist. Für alle $t \in \mathbb{R}_+$ setzen wir

$$N_t := \sum_{n=1}^{\infty} \chi_{\{T_n \le t\}} = \sum_{n=1}^{\infty} \chi_{(0,t]} \circ T_n$$

Dann gilt $N_0 = 0$ und wir bezeichnen das Paar

$$\langle \{N_t\}_{t\in\mathbb{R}_+}, \{X_n\}_{n\in\mathbb{N}} \rangle$$

als *dynamisches kollektives Modell* oder auch als *Schadenmodell*. Des Weiteren setzen wir für alle $t \in \mathbb{R}_+$

$$S_t := \sum_{j=1}^{N_t} X_j = \sum_{n=0}^{\infty} \chi_{\{N_t=n\}} \sum_{j=1}^{n} X_j$$

Dann gilt $S_0 = 0$.

Wir interpretieren
- T_n als *Eintrittszeit des n–ten Schadens*,
- X_n als *Höhe des n–ten Schadens*,
- N_t als *Anzahl der Schäden*, die im Zeitintervall $(0, t]$ eintreten, und
- S_t als *Gesamtschaden* im Zeitintervall $(0, t]$.

Aufgrund der strengen Monotonie der Folge $\{T_n\}_{n\in\mathbb{N}_0}$ setzt das dynamische kollektive Modell voraus, dass zu jedem Zeitpunkt höchstens ein Schaden eintreten kann. Diese Einschränkung lässt sich jedoch dadurch beheben, dass man im dynamischen kollektiven Modell anstelle von Einzelschäden *Schadenereignisse* betrachtet; dabei wird die Zufallsvariable X_n als *Schadensumme* des n–ten Schadenereignisses interpretiert und sie kann als Gesamtschaden in einem kollektiven Modell für das n–te Schadenereignis modelliert werden.

Wir bezeichnen
- die Folge $\{T_n\}_{n\in\mathbb{N}_0}$ als *Schadenzeitprozess*,
- die Familie $\{N_t\}_{t\in\mathbb{R}_+}$ als *Schadenzahlprozess* und
- die Familie $\{S_t\}_{t\in\mathbb{R}_+}$ als *Gesamtschadenprozess*.

Für diese stochastischen Prozesse sind auch deren *Zuwächse* von Interesse: Für alle $n \in \mathbb{N}$ setzen wir

$$W_n := T_n - T_{n-1}$$

und für alle $t, h \in \mathbb{R}_+$ und alle $\omega \in \Omega$ setzen wir

$$(N_{t+h} - N_t)(\omega) := \sum_{n=1}^{\infty} \chi_{\{t<T_n\le t+h\}}(\omega) = \sum_{n=1}^{\infty} \chi_{(t,t+h]}(T_n(\omega)))$$

und

$$(S_{t+h} - S_t)(\omega) := \sum_{j=N_t(\omega)+1}^{N_{t+h}(\omega)} X_j(\omega)$$

Im Fall $N_t(\omega) < \infty$ gilt

$$(N_{t+h} - N_t)(\omega) = N_{t+h}(\omega) - N_t(\omega)$$

und im Fall $S_t(\omega) < \infty$ gilt

$$(S_{t+h} - S_t)(\omega) = S_{t+h}(\omega) - S_t(\omega)$$

Wir interpretieren
- W_n als die *Wartezeit* zwischen dem $(n-1)$–ten und dem n–ten Schaden,
- $N_{t+h} - N_t$ als die *Anzahl der Schäden*, die im Zeitintervall $(t, t+h]$ eintreten und
- $S_{t+h} - S_t$ als den *Gesamtschaden*, der im Zeitintervall $(t, t+h]$ eintritt.

Es gilt $W_n > 0$ und $T_n = \sum_{k=1}^{n} W_k$.

Poisson–Prozess

Ein Schadenzahlprozess $\{N_t\}_{t\in\mathbb{R}_+}$ heißt *Poisson–Prozess* zum Parameter $\alpha \in (0,\infty)$, wenn für alle $m \in \mathbb{N}$ sowie $0 = t_0 < t_1 < \cdots < t_m$ und $k_1, \ldots, k_m \in \mathbb{N}_0$

$$P\left[\bigcap_{i=1}^{m}\{N_{t_i}-N_{t_{i-1}}=k_i\}\right] = \prod_{i=1}^{m} e^{-\alpha(t_i-t_{i-1})}\,\frac{(\alpha(t_i-t_{i-1}))^{k_i}}{k_i!}$$

gilt. Diese Bedingung ist genau dann erfüllt, wenn die Folge der Wartezeiten unabhängig und identisch verteilt ist mit $P_W = \mathbf{Exp}(\alpha)$; vgl. Schmidt [1996; Theorem 2.3.4].

Ist $\{N_t\}_{t\in\mathbb{R}_+}$ ein Poisson–Prozess zum Parameter $\alpha \in (0,\infty)$, so sind die Zuwächse unabhängig und stationär, und für alle $t \in (0,\infty)$ gilt

$$P_{N_t} = \mathbf{P}(\alpha t)$$

und insbesondere

$$E[N_t] = \alpha t = \mathrm{var}[N_t]$$

Wegen $N_0 = 0$ gilt die letzte Gleichung auch für $t = 0$. Aus den Gleichungen von Wald ergibt sich damit für alle $t \in \mathbb{R}_+$

$$\begin{aligned} E[S_t] &= \alpha t\, E[X] \\ \mathrm{var}[S_t] &= \alpha t\, E[X^2] \end{aligned}$$

Die Übereinstimmung von Erwartungswert und Varianz der Schadenzahlen ist eine Eigenschaft der Poisson–Verteilung. Für reale Bestände ist die Varianz der Schadenzahlen jedoch oft größer als deren Erwartungswert. Man benötigt daher eine geeignete Verallgemeinerung des Poisson–Prozesses.

Gemischter Poisson–Prozess

Zur Beschreibung der Struktur eines inhomogenen Bestandes betrachten wir eine Zufallsvariable Θ mit $P[\Theta \in (0,\infty)] = 1$. Diese Zufallsvariable wird als *Strukturparameter* bezeichnet und ihre Verteilung wird als *Strukturverteilung* bezeichnet.

Ein Schadenzahlprozess $\{N_t\}_{t\in\mathbb{R}_+}$ heißt *gemischter Poisson–Prozess* zum Strukturparameter Θ, wenn für alle $m \in \mathbb{N}$ sowie $0 \le t_0 < t_1 < \cdots < t_m$ und $k_1, \ldots, k_m \in \mathbb{N}_0$

$$P\left[\bigcap_{j=1}^{m}\{N_{t_j}-N_{t_{j-1}}=k_j\}\right] = \int_{\mathbb{R}} \prod_{j=1}^{m} e^{-\vartheta(t_j-t_{j-1})}\,\frac{(\vartheta(t_j-t_{j-1}))^{k_j}}{k_j!}\,dP_\Theta(\vartheta)$$

gilt; hier werden also die Wahrscheinlichkeiten von Poisson–Prozessen mit Hilfe der Verteilung des Strukturparameters gemischt und für alle $h \in \mathbb{R}_+$ gilt

$$P\left[\bigcap_{j=1}^{m}\{N_{t_j+h}-N_{t_{j-1}+h}=k_j\}\right] = P\left[\bigcap_{j=1}^{m}\{N_{t_j}-N_{t_{j-1}}=k_j\}\right]$$

Daher besitzt auch jeder gemischte Poisson–Prozess stationäre Zuwächse.

Ist $\{N_t\}_{t\in\mathbb{R}_+}$ ein gemischter Poisson–Prozess zum Strukturparameter Θ, so gilt für alle $t \in \mathbb{R}_+$

$$\begin{aligned} E[N_t] &= t\,E[\Theta] \\ \mathrm{var}[N_t] &= t\,E[\Theta] + t^2\,\mathrm{var}[\Theta] \end{aligned}$$

und aus den Gleichungen von Wald ergibt sich damit

$$\begin{aligned} E[S_t] &= t\,E[\Theta]\,E[X] \\ \mathrm{var}[S_t] &= t\,E[\Theta]\,E[X^2] + t^2\,\mathrm{var}[\Theta]\,(E[X])^2 \end{aligned}$$

Im Fall $\mathrm{var}[\Theta] = 0$ besitzt der Strukturparameter eine Dirac–Verteilung. Dies ist genau dann der Fall, wenn der gemischte Poisson–Prozess ein Poisson–Prozess ist, und es ist gleichzeitig der einzige Fall, in dem ein gemischter Poisson–Prozess unabhängige Zuwächse besitzt; vgl. Schmidt [1996; Theorem 4.2.6].

Pólya–Lundberg Prozess

Ein gemischter Poisson–Prozess zum Strukturparameter Θ heißt *Pólya–Lundberg Prozess* mit den Parametern $\alpha, \beta \in (0,\infty)$, wenn $P_\Theta = \mathbf{Ga}(\alpha,\beta)$ gilt. Der folgende Satz fasst die wichtigsten Eigenschaften eines Pólya–Lundberg Prozesses zusammen; vgl. Schmidt [1996; Theorem 4.3.1]:

5.2.1 Satz (Pólya–Lundberg Prozess). *Sei $\{N_t\}_{t\in\mathbb{R}_+}$ ein Pólya–Lundberg Prozess mit den Parametern $\alpha, \beta \in (0,\infty)$. Dann gilt für alle $m \in \mathbb{N}$ sowie $0 \le t_0 < t_1 < \dots < t_m < t_{m+1}$ und $k_1, \dots, k_m \in \mathbb{N}_0$*

$$P\left[\bigcap_{i=1}^{m}\{N_{t_i}-N_{t_{i-1}}=k_i\}\right] = \frac{\Gamma(\beta+\sum_{i=1}^m k_i)}{\Gamma(\beta)\prod_{i=1}^m k_i!}\left(\frac{\alpha}{\alpha+t_m}\right)^{\beta}\prod_{i=1}^{m}\left(\frac{t_i-t_{i-1}}{\alpha+t_m}\right)^{k_i}$$

Insbesondere gilt

$$P_{N_{t_{m+1}}-N_{t_m}|N_{t_1},\dots,N_{t_m}} = \mathbf{NB}\left(\beta+N_{t_m}, \frac{t_{m+1}-t_m}{\alpha+t_{m+1}}\right)$$

und für alle $t \in (0,\infty)$ gilt

$$P_{N_t} = \mathbf{NB}\left(\beta, \frac{t}{\alpha+t}\right)$$

Aufgrund der ersten Gleichung des Satzes kann man für einen Pólya–Lundberg Prozess im Prinzip alles ausrechnen, was man möchte. Die zweite Gleichung zeigt, dass die Zuwächse eines Pólya–Lundberg Prozesses nicht unabhängig sind; der Pólya–Lundberg Prozess eignet sich daher, im Gegensatz zum Poisson–Prozess, zur Prognose. Die letzte Gleichung zeigt, dass die Schadenzahlen eines Pólya–Lundberg Prozesses keine Poisson–Verteilung besitzen.

5.2.2 Folgerung (Pólya–Lundberg Prozess). *Sei $\{N_t\}_{t\in\mathbb{R}_+}$ ein Pólya–Lundberg Prozess mit den Parametern $\alpha, \beta \in (0,\infty)$. Dann gilt für alle $m \in \mathbb{N}$ sowie $0 \leq t_0 < t_1 < \cdots < t_m < t_{m+1}$ und $k_1, \ldots, k_m \in \mathbb{N}_0$*

$$P_{N_{t_{m+1}}-N_{t_m}|N_{t_1},N_{t_2}-N_{t_1},\ldots,N_{t_m}-N_{t_{m-1}}} = \mathbf{NB}\left(\beta + N_{t_m}, \frac{t_{m+1}-t_m}{\alpha + t_{m+1}}\right)$$

Insbesondere gilt

$$E(N_{t_{m+1}}-N_{t_m}|N_{t_1}, N_{t_2}-N_{t_1}, \ldots, N_{t_m}-N_{t_{m-1}}) = \frac{\beta + N_{t_m}}{\alpha + t_m}$$

Diese Folgerung ist in der Tarifierung von Interesse; vgl. Abschnitt 10.3.

6

Klausuraufgaben

6.A Aufgabe (DAV–Klausur 2007/2)

Ein Versicherungsunternehmen hat ein Portfolio, dessen Gesamtschaden durch eine zusammengesetzte Poisson–Verteilung modelliert werden kann, bei der die Poisson–Verteilung den Erwartungswert 100 besitzt und die Schadenhöhen exponentialverteilt mit Erwartungswert 1 sind. Die Verteilung des Gesamtschadens soll mit Hilfe ihrer ersten drei Momente approximiert werden.

(a) Welches Sicherheitskapital ist bei einer Beitragseinnahme der Höhe 101 erforderlich, damit die Differenz zwischen dem Gesamtschaden und der Beitragseinnahme mit einer Wahrscheinlichkeit von 99% gedeckt ist?

(b) Dem Versicherungsunternehmen steht eine Beitragseinnahme der Höhe 101 und ein Sicherheitskapital der Höhe 10 zur Verfügung. Es schließt daher einen proportionalen Rückversicherungsvertrag ab, wobei die Rückversicherung den Anteil β übernimmt und eine Rückversicherungsprämie der Höhe $101\,\beta$ erhält. Wie hoch muss der Anteil der Rückversicherung sein, damit das Sicherheitskapital ausreicht, um die Differenz zwischen dem beim Versicherungsunternehmen verbleibenden Gesamtschaden und der Beitragseinnahme mit einer Wahrscheinlichkeit von 99% zu decken?

Lösung: Für die Momente einer Zufallsvariablen X mit $P_X = \mathbf{Exp}(\alpha)$ gilt

$$
\begin{aligned}
E[X^k] &= \int_{-\infty}^{\infty} x^k\, \alpha\, e^{-\alpha x}\, \chi_{(0,\infty)}(x)\, dx \\
&= \frac{\Gamma(k+1)}{\alpha^k} \int_{-\infty}^{\infty} \frac{\alpha^{k+1}}{\Gamma(k+1)}\, e^{-\alpha x}\, x^{(k+1)-1}\, \chi_{(0,\infty)}(x)\, dx \\
&= \frac{k!}{\alpha^k}
\end{aligned}
$$

Wegen $E[X] = 1$ gilt in der vorliegenden Situation $\alpha = 1$ und damit

H.-W. Goelden et al., *Schadenversicherungsmathematik*, DOI 10.1007/978-3-662-48860-7_7

$$E[X^k] = k!$$

Für den Gesamtschaden

$$S := \sum_{j=1}^{N} X_j$$

im kollektiven Modell $\langle N, \{X_j\}_{j\in\mathbb{N}}\rangle$ mit $P_N = \mathbf{P}(\lambda)$ und $E[N] = \lambda$ gilt

$$\begin{aligned} E[S] &= \lambda\, E[X] \\ E[(S-E[S])^2] &= \lambda\, E[X^2] \\ E[(S-E[S])^3] &= \lambda\, E[X^3] \end{aligned}$$

Sei

$$\begin{aligned} \mu &:= E[S] \\ \sigma &:= \sqrt{\mathrm{var}[S]} \\ \gamma &:= \frac{E[(S-E[S])^3]}{\sigma^3} \end{aligned}$$

Wegen $P_X = \mathbf{Exp}(1)$ und $\lambda = 100$ gilt dann

$$\mu = \lambda\, E[X] = 100 \cdot 1! = 100$$

sowie

$$\sigma^2 = \lambda\, E[X^2] = 100 \cdot 2! = 200$$

und

$$\gamma = \frac{\lambda\, E[X^3]}{\sigma^3} = \frac{100 \cdot 3!}{200^{3/2}} = \frac{3}{\sqrt{200}}$$

Die Normal–Power Approximation für den Gesamtschaden S ergibt für hinreichend große $s \in \mathbb{R}$

$$\begin{aligned} P[S \le s] &\approx \Phi\left(\frac{1}{\gamma}\left(\sqrt{\gamma^2 + 6\,\gamma\frac{s-\mu}{\sigma} + 9} - 3\right)\right) \\ &= \Phi\left(\frac{\sqrt{200}}{3}\left(\sqrt{\frac{9}{200} + 6\,\frac{3}{\sqrt{200}}\,\frac{s-100}{\sqrt{200}} + 9} - 3\right)\right) \\ &= \Phi\left(\sqrt{1 + 2\,(s-100) + 200} - \sqrt{200}\right) \\ &= \Phi\left(\sqrt{2s+1} - \sqrt{200}\right) \end{aligned}$$

und aus der Forderung $P[S \le s] = 0.99$ ergibt sich wegen

$$\Phi(2.33) = 0.99$$

die Gleichung

$$\sqrt{2s+1} - \sqrt{200} = 2.33$$

und damit

$$s = 135.17$$

(a) Für das erforderliche Sicherheitskapital u gilt

$$P[S - 101 \leq u] = P[S \leq u + 101]$$

und aus der Normal–Power Approximation erhält man

$$u + 101 = 135.17$$

und damit $u = 34.17$.

(b) Nach Rückversicherung hat das Versicherungsunternehmen den Gesamtschaden $(1-\beta)\,S$ zu tragen und es verbleibt ihm die Beitragseinnahme $(1-\beta)\,101$. Es gilt

$$\begin{aligned} P\Big[(1-\beta)\,S - (1-\beta)\,101 \leq 10\Big] &= P\left[S - 101 \leq \frac{10}{1-\beta}\right] \\ &= P\left[S \leq 101 + \frac{10}{1-\beta}\right] \end{aligned}$$

und aus der Normal–Power Approximation erhält man

$$101 + \frac{10}{1-\beta} = 135.17$$

und damit $\beta = 0.71$.

6.B Aufgabe (DAV–Klausur 2009/2)

Ein kollektiver Versicherungsvertrag erzeugt in einem Jahr N Schäden mit Schadenhöhen X_j, wobei alle Zufallsvariablen unabhängig sind. Die Verteilung der Schadenzahl N ist gegeben durch

n	0	1	2	3	4
$P[N=n]$	0.4	0.2	0.2	0.1	0.1

und die Verteilung der Schadenhöhen X_j ist gegeben durch

x	100	200	500	1000
$P[X_j=x]$	0.4	0.3	0.2	0.1

(a) Berechnen Sie die Nettoprämie und die Varianz für das Risiko

$$S := \sum_{j=1}^{N} X_j$$

(b) Wie ändert sich die Nettoprämie, wenn ein jährlicher Selbstbehalt von 300 für den Gesamtschaden vereinbart wird?

Lösung:

(a) Es gilt

$$\begin{aligned} E[N] &= 1.3 \\ E[N^2] &= 3.5 \\ \mathrm{var}[N] &= 1.81 \end{aligned}$$

und

$$\begin{aligned} E[X] &= 300 \\ E[X^2] &= 166'000 \\ \mathrm{var}[X] &= 76'000 \end{aligned}$$

Daraus ergibt sich

$$E[S] = E[N]\, E[X] = 1.3 \cdot 300 = 390$$

und

$$\begin{aligned} \mathrm{var}[S] &= E[N]\,\mathrm{var}[X] + \mathrm{var}[N]\,(E[X])^2 \\ &= 1.3 \cdot 76'000 + 1.81 \cdot 300^2 \\ &= 261'700 \end{aligned}$$

(b) Wegen $(x-300)^+ + x \wedge 300 = x$ gilt

$$E[(S-300)^+] = E[S] - E[S \wedge 300]$$

Es gilt

$$\begin{aligned} & S \wedge 300 \\ &= \sum_{n=0}^{\infty} \chi_{\{N=n\}} \left(\sum_{j=1}^{n} X_j \right) \wedge 300 \\ &= \chi_{\{N=1\}} X_1 \wedge 300 + \chi_{\{N=2\}} (X_1 + X_2) \wedge 300 + \chi_{\{N \geq 3\}} 300 \\ &= \chi_{\{N=1\}} \Big(100\, \chi_{\{X_1=100\}} + 200\, \chi_{\{X_1=200\}} + 300\, \chi_{\{X_1 \geq 500\}} \Big) \\ &\quad + \chi_{\{N=2\}} \Big(200\, \chi_{\{X_1=100\}} \chi_{\{X_2=100\}} + 300\, (1 - \chi_{\{X_1=100\}} \chi_{\{X_2=100\}}) \Big) \\ &\quad + \chi_{\{N \geq 3\}} 300 \end{aligned}$$

und damit

$$\begin{aligned}
&E[S \wedge 300]\\
&= P[N=1]\Big(100\,P[X=100] + 200\,P[X=200] + 300\,P[X \geq 500]\Big)\\
&\quad + P[N=2]\Big(200\,(P[X=100])^2 + 300\Big(1-(P[X=100])^2\Big)\Big)\\
&\quad + P[N \geq 3]\,300\\
&= 0.2 \cdot (100 \cdot 0.4 + 200 \cdot 0.3 + 300 \cdot 0.3)\\
&\quad + 0.2 \cdot (200 \cdot 0.4^2 + 300 \cdot (1-0.4^2))\\
&\quad + 0.2 \cdot 300\\
&= 154.80
\end{aligned}$$

Die Nettoprämie mit Selbstbehalt 300 beträgt daher

$$E[(S-300)^+] = E[S] - E[S \wedge 300] = 390 - 154.80 = 235.20$$

6.C Aufgabe (DAV–Klausur 2010/1)

Ein kollektiver Versicherungsvertrag erzeugt in einem Jahr N Schäden mit Schadenhöhen $X_1, X_2, \ldots$, wobei alle Zufallsvariablen unabhängig sind. Die Verteilung von N ist gegeben durch

$$P[N=n] := \frac{\vartheta^{n+1}}{-(n+1)\,\ln(1-\vartheta)}$$

mit $n \in \mathbb{N}_0$ und $\vartheta := 0.1931$ und die Schadenhöhen sind $\mathbf{Ga}(1/2, 1/2)$–verteilt.

(a) Berechnen Sie den Erwartungswert und die Varianz des Gesamtschadens $S := \sum_{j=1}^N X_j$.

(b) Welche Prämie muss erhoben werden, um den Gesamtschaden mit einer Wahrscheinlichkeit von 99% zu decken? Berechnen Sie diese Prämie mit Hilfe der Normalapproximation.

(c) Würden Sie als Aktuar die unter (b) bestimmte Prämie gutheißen? Begründen Sie Ihre Meinung.

Hinweis: Berechnen Sie $E[N+1]$ und verwenden Sie $\text{var}[N] = 0.13823$.

Lösung:

(a) Es gilt

$$\begin{aligned}
E[N+1] &= \sum_{n=0}^{\infty} (n+1)\,\frac{\vartheta^{n+1}}{-(n+1)\,\ln(1-\vartheta)}\\
&= \sum_{n=0}^{\infty} \frac{\vartheta^{n+1}}{-\ln(1-\vartheta)}
\end{aligned}$$

$$\begin{aligned}
&= \frac{\vartheta}{-\ln(1-\vartheta)} \sum_{n=0}^{\infty} \vartheta^n \\
&= \frac{\vartheta}{-\ln(1-\vartheta)} \, \frac{1}{1-\vartheta} \\
&= \frac{0.1931}{-\ln(1-0.1931) \cdot (1-0.1931)} \\
&= 1.11538
\end{aligned}$$

und damit

$$E[N] = 0.11538$$

Für die Schadenhöhen gilt

$$\begin{aligned}
E[X] &= 1 \\
\mathrm{var}[X] &= 2
\end{aligned}$$

Aus den Gleichungen von Wald ergibt sich daher

$$E[S] = E[N]\,E[X] = 0.11538 \cdot 1 = 0.11538$$

und

$$\begin{aligned}
\mathrm{var}[S] &= E[N]\,\mathrm{var}[X] + \mathrm{var}[N]\,(E[X])^2 \\
&= 0.11538 \cdot 2 + 0.13823 \cdot 1^2 \\
&= 0.36899
\end{aligned}$$

(b) Unter der Annahme, dass der Gesamtschaden näherungsweise normalverteilt ist, gilt für die gesuchte Prämie s

$$\begin{aligned}
\Phi(2.33) &= 0.99 \\
&= P[S \le s] \\
&= P\left[\frac{S - E[S]}{\sqrt{\mathrm{var}[S]}} \le \frac{s - 0.11538}{\sqrt{0.36899}}\right] \\
&\approx \Phi\left(\frac{s - 0.11538}{\sqrt{0.36899}}\right)
\end{aligned}$$

und aus der Gleichung

$$2.33 = \frac{s - 0.11538}{\sqrt{0.36899}}$$

ergibt sich $s = 1.53$.

(c) Unter der Annahme, dass der Gesamtschaden näherungsweise normalverteilt ist, gilt

$$\begin{aligned} P[S \leq 0] &= P\left[\frac{S - E[S]}{\sqrt{\text{var}[S]}} \leq \frac{0 - 0.11538}{\sqrt{0.36899}}\right] \\ &\approx \Phi\left(-\frac{0.11538}{\sqrt{0.36899}}\right) \\ &= 1 - \Phi\left(\frac{0.11538}{\sqrt{0.36899}}\right) \\ &= 1 - \Phi(0.19) \\ &= 1 - 0.5753 \\ &= 0.4247 \end{aligned}$$

Da der Gesamtschaden positiv ist, gilt $P[S \leq 0] = 0$. Daher ist die Normalapproximation völlig ungeeignet.

6.D Aufgabe (DAV–Klausur 2010/2)

Eine Aktuarin soll ein Versicherungsportfolio modellieren. Zur Verfügung stehen ihr 47 Schadenhöhen aus früheren Jahren mit

$$\begin{aligned} \sum_{k=1}^{47} X_k &= 553.23 \\ \sum_{k=1}^{47} X_k^2 &= 66'459.30 \\ \sum_{k=1}^{47} \ln(X_k) &= 78.68 \\ \sum_{k=1}^{47} (\ln(X_k))^2 &= 169.87 \end{aligned}$$

Aufgrund ihrer Erfahrung mit ähnlichen Versicherungsportfolios nimmt die Aktuarin an, dass die Schadenhöhen unabhängig sind und eine Pareto–Verteilung mit der Verteilungsfunktion F mit $F(x) = 1 - (\alpha/x)^\beta$ für $x \in (\alpha, \infty)$ besitzen.

(a) Berechnen Sie das Stichprobenmittel und die Stichprobenvarianz für die 47 Schäden.

(b) Bestimmen Sie die Verteilung von $\ln(X) - \ln(\alpha)$.

(c) Schätzen Sie die Parameter α und β mit der Momentenmethode auf der Grundlage der logarithmierten Schadenhöhen.

(d) Schätzen Sie den Erwartungswert der Pareto–Verteilung mit Hilfe der Schätzer $\widehat{\alpha}$ und $\widehat{\beta}$ für ihre Parameter. Was ergibt sich im Fall $\widehat{\beta} < 2$?

Lösung:

(a) Für das Stichprobenmittel gilt

$$\overline{X}(47) = \frac{1}{47} \sum_{k=1}^{47} X_k = \frac{1}{47} \cdot 553.23 = 11.77$$

und für die Stichprobenvarianz gilt

$$\begin{aligned} S^2(47) &= \frac{1}{46} \sum_{k=1}^{47} \Big(X_k - \overline{X}(47) \Big)^2 \\ &= \frac{1}{46} \left(\sum_{k=1}^{47} X_k^2 - \frac{1}{47} \left(\sum_{k=1}^{47} X_k \right)^2 \right) \\ &= \frac{1}{46} \cdot \left(66'459.30 - \frac{1}{47} \cdot 553.23^2 \right) \\ &= 1303.2024 \end{aligned}$$

(b) Für alle $z \in (0, \infty)$ gilt

$$\begin{aligned} P[\ln(X) - \ln(\alpha) \leq z] &= P[\ln(X/\alpha) \leq z] \\ &= P[X \leq \alpha\, e^z] \\ &= F(\alpha\, e^z) \\ &= 1 - (\alpha/(\alpha e^z))^\beta \\ &= 1 - e^{-\beta z} \end{aligned}$$

Daher besitzt $\ln(X) - \ln(\alpha)$ die Exponentialverteilung mit dem Parameter β und damit den Erwartungswert $1/\beta$.

(c) Nach (b) gilt

$$E[\ln(X)] = \ln(\alpha) + E\Big[\ln(X) - \ln(\alpha)\Big] = \ln(\alpha) + \frac{1}{\beta}$$

und

$$\mathrm{var}[\ln(X)] = \mathrm{var}\Big[\ln(X) - \ln(\alpha)\Big] = \frac{1}{\beta^2}$$

Mit Hilfe der Stichprobenvarianz ergibt sich damit nach der Momentenmethode

$$\frac{1}{(\widehat{\beta})^2} = \frac{1}{46} \sum_{k=1}^{47} \left(\ln(X_k) - \frac{1}{47} \sum_{j=1}^{47} \ln(X_j) \right)^2$$

$$= \frac{1}{46}\left(\sum_{k=1}^{47}(\ln(X_k))^2 - \frac{1}{47}\left(\sum_{k=1}^{47}\ln(X_k)\right)^2\right)$$
$$= \frac{1}{46}\cdot\left(169.87 - \frac{1}{47}\cdot 78.68^2\right)$$
$$= 0.8295$$

und damit $\widehat{\beta} = 1.10$.
Des Weiteren ergibt sich mit Hilfe des Stichprobenmittels nach der Momentenmethode

$$\ln(\widehat{\alpha}) = \frac{1}{47}\sum_{k=1}^{47}\ln(X_k) - \frac{1}{\widehat{\beta}} = \frac{1}{47}\cdot 78.68 - \frac{1}{1.10} = 0.7650$$

und damit $\widehat{\alpha} = 2.15$.

(d) Für den Erwartungswert μ der Pareto–Verteilung gilt

$$\mu = \frac{\beta}{\beta - 1}\alpha$$

Ersetzt man die Parameter durch ihre Schätzer, so erhält man den Schätzwert

$$\widehat{\mu} = \frac{\widehat{\beta}}{\widehat{\beta} - 1}\widehat{\alpha} = \frac{1.10}{1.10 - 1}\cdot 2.15 = 23.65$$

Dieser Schätzwert ist doppelt so groß wie das unter (a) bestimmte Stichprobenmittel.
Aus $\widehat{\beta} = 1.10 < 2$ folgt strenggenommen überhaupt nichts, aber es liegt nahe zu vermuten, dass dann auch $\beta < 2$ gilt und damit die Varianz der Schadenhöhe unendlich ist. In diesem Fall ist die unter (a) bestimmte Stichprobenvarianz als Schätzer für die Varianz der Schadenhöhe sinnlos.

6.E Aufgabe (DAV–Klausur 2011/1)

Ein kollektiver Versicherungsvertrag erzeugt in einem Jahr N Schäden mit Schadenhöhen X_j, wobei alle Zufallsvariablen unabhängig sind. Die Verteilung der Schadenzahl N ist gegeben durch

n	0	1	2	3
$P[N = n]$	0.5	0.2	0.2	0.1

und die Verteilung der Schadenhöhen X_j ist gegeben durch

x	5	10	20	100
$P[X = x]$	0.4	0.3	0.2	0.1

(a) Berechnen Sie die Nettoprämie und die Varianz für das Risiko

$$S := \sum_{j=1}^{N} X_j$$

(b) Berechnen Sie die Nettoprämie für einen Vertrag, bei dem maximal ein Schaden pro Jahr erstattet wird, unter der Annahme, dass der Versicherungsnehmer am Ende des Jahres den größten eingetretenen Schaden meldet.

Lösung:

(a) Es gilt

$$\begin{aligned} E[N] &= 0.9 \\ E[N^2] &= 1.9 \\ \mathrm{var}[N] &= 1.09 \end{aligned}$$

und

$$\begin{aligned} E[X] &= 19 \\ E[X^2] &= 1120 \\ \mathrm{var}[X] &= 759 \end{aligned}$$

Daraus ergibt sich

$$E[S] = E[N]\, E[X] = 0.9 \cdot 19 = 17.10$$

und

$$\begin{aligned} \mathrm{var}[S] &= E[N]\, \mathrm{var}[X] + \mathrm{var}[N]\, (E[X])^2 \\ &= 0.9 \cdot 759 + 1.09 \cdot 19^2 \\ &= 1076.59 \end{aligned}$$

(b) In diesem Fall erstattet das Versicherungsunternehmen den größten Schaden anstelle der Summe der Schäden. Die Versicherungsleistung ist daher durch die Zufallsvariable

$$T := \sum_{n=1}^{\infty} \chi_{\{N=n\}}\, Y_n$$

mit

$$Y_n := \max\{X_1, \ldots, X_n\}$$

gegeben. Mit $\{X_n\}_{n\in\mathbb{N}}$ ist auch die Folge $\{Y_n\}_{n\in\mathbb{N}}$ unabhängig von N. Daher gilt

$$E[T] = E\left[\sum_{n=1}^{\infty} \chi_{\{N=n\}} Y_n\right] = \sum_{n=1}^{\infty} E[\chi_{\{N=n\}} Y_n] = \sum_{n=1}^{\infty} P[N=n]\, E[Y_n]$$

und unter Verwendung der Annahme an die Verteilung von N erhält man

$$E[T] = \sum_{n=1}^{3} P[N=n]\, E[Y_n]$$

Es gilt $Y_1 = X_1$ und damit

$$E[Y_1] = 19$$

Zur Bestimmung der Verteilung von Y_2 kann man zunächst die gemeinsame Verteilung von X_1 und X_2 bestimmen. Das Innere der folgenden Tabelle ist das Produkt der Ränder und enthält aufgrund der Unabhängigkeit von X_1 und X_2 die gemeinsamen Wahrscheinlichkeiten

$$P[\{X_1 = x_1\} \cap \{X_2 = x_2\}]$$

mit $x_1, x_2 \in \{5, 10, 20, 100\}$:

	5	10	20	100	
5	0.16	0.12	0.08	0.04	0.40
10	0.12	0.09	0.06	0.03	0.30
20	0.08	0.06	0.04	0.02	0.20
100	0.04	0.03	0.02	0.01	0.10
	0.40	0.30	0.20	0.10	1.00

Für die Verteilung von $Y_2 = \max\{X_1, X_2\}$ erhält man daher

y	5	10	20	100
$P[Y_2 = y]$	0.16	0.33	0.32	0.19

und damit

$$E[Y_2] = 29.5$$

Analog bestimmt man die gemeinsame Verteilung von Y_2 und X_3 und die Verteilung von $Y_3 = \max\{X_1, X_2, X_3\} = \max\{\max\{X_1, X_2\}, X_3\} = \max\{Y_2, X_3\}$ und erhält

$$E[Y_3] = 37.93$$

Für die Nettoprämie ergibt sich daher

$$E[T] = \sum_{n=1}^{3} P[N=n]\, E[Y_n] = 0.2 \cdot 19 + 0.2 \cdot 29.5 + 0.1 \cdot 37.93 = 13.49$$

6.F Aufgabe (DAV–Klausur 2011/10)

Ein Rückversicherer modelliert die Schäden von Sturmkatastrophen durch eine Pareto–Verteilung mit der Dichtefunktion f mit

$$f(x) := \frac{\beta}{\alpha}\left(\frac{\alpha}{x}\right)^{\beta+1} \chi_{(\alpha,\infty)}(x)$$

Es wird angenommen, dass die Schäden unabhängig sind. Für die Logarithmen von n beobachteten Schäden gilt

$$\frac{1}{n}\sum_{i=1}^{n} \ln(X_i) = 7.71 \qquad \text{und} \qquad \frac{1}{n}\sum_{i=1}^{n}(\ln(X_i))^2 = 60.06$$

Der größte beobachtete Schaden ist

$$X_{\max} = 54'740$$

Der Rückversicherer möchte die erwartete Höhe eines neuen Rekordschadens schätzen, also den Erwartungswert eines Schadens, der größer ist als $X_{\max}$.

(a) Schätzen Sie die Parameter der Pareto–Verteilung mit der Momentenmethode.
Hinweis: Substituieren Sie $z := \ln(x)$ bei der Berechnung der Momente.

(b) Schätzen Sie unter Verwendung von (a) den bedingten Erwartungswert eines neuen Rekordschadens.

Lösung:

(a) Für alle $k \in \mathbb{N}$ gilt

$$\begin{aligned}
E\big[(\ln(X))^k\big] &= \int_{-\infty}^{\infty} (\ln(x))^k \, \frac{\beta}{\alpha}\left(\frac{\alpha}{x}\right)^{\beta+1} \chi_{(\alpha,\infty)}(x)\, dx \\
&= \int_{\alpha}^{\infty} (\ln(x))^k \, \frac{\beta}{\alpha}\left(\frac{\alpha}{x}\right)^{\beta+1} dx \\
&= \int_{\ln(\alpha)}^{\infty} z^k \, \frac{\beta}{\alpha} \, (\alpha\, e^{-z})^{\beta+1} \, e^z \, dz \\
&= \beta\, \alpha^\beta \int_{\ln(\alpha)}^{\infty} z^k \, e^{-\beta z} \, dz
\end{aligned}$$

Daraus ergibt sich

$$E\big[\ln(X)\big] = \beta\, \alpha^\beta \int_{\ln(\alpha)}^{\infty} z\, e^{-\beta z} \, dz = \ln(\alpha) + \frac{1}{\beta}$$

und

$$E\big[(\ln(X))^2\big] = \beta\,\alpha^\beta \int_{\ln(\alpha)}^{\infty} z^2\, e^{-\beta z}\, dz = \left(\ln(\alpha) + \frac{1}{\beta}\right)^2 + \frac{1}{\beta^2}$$

Es gilt also

$$\frac{1}{\beta^2} = E\big[(\ln(X))^2\big] - \Big(E\big[\ln(X)\big]\Big)^2$$

und

$$\alpha = \exp\!\left(E\big[\ln(X)\big] - \frac{1}{\beta}\right)$$

Daraus ergeben sich nach der Momentenmethode die Schätzer

$$\begin{aligned}
\widehat{\beta} &:= \left(\frac{1}{n}\sum_{i=1}^{n}(\ln(X_i))^2 - \left(\frac{1}{n}\sum_{i=1}^{n}\ln(X_i)\right)^2\right)^{-1/2} \\
&= \Big(60.06 - 7.71^2\Big)^{-1/2} \\
&= 1.274
\end{aligned}$$

und

$$\widehat{\alpha} := \exp\!\left(\frac{1}{n}\sum_{i=1}^{n}\ln(X_i) - \frac{1}{\widehat{\beta}}\right) = \exp\!\left(7.71 - \frac{1}{1.274}\right) = 1017.47$$

(b) Für alle $x \in (\alpha, \infty)$ gilt

$$P[X > x] = \left(\frac{\alpha}{x}\right)^\beta$$

und für $m \in (\alpha, \infty)$ gilt für alle $x \in (m, \infty)$

$$P[X > x | X > m] = \frac{P[X > x]}{P[X > m]} = \frac{(\alpha/x)^\beta}{(\alpha/m)^\beta} = \left(\frac{m}{x}\right)^\beta$$

Daher ist die bedingte Verteilung von X unter dem Ereignis $\{X > m\}$ die Pareto–Verteilung $\mathbf{Par}(m, \beta)$ und damit gilt

$$E[X | X > m] = m\,\frac{\beta}{\beta - 1}$$

Mit $m := X_{\max} = 54'740$ und unter Verwendung des Schätzwertes $\widehat{\beta} = 1.274$ für β erhält man mit

$$X_{\max}\,\frac{\widehat{\beta}}{\widehat{\beta} - 1} = 54'740 \cdot \frac{1.274}{1.274 - 1} = 254'521$$

einen Schätzwert für $E[X | X > m]$.

6.G Aufgabe (DAV–Klausur 2012/1)

Eine Aktuarin soll ein Versicherungsportfolio modellieren. Sie nimmt an, dass die Schadenhöhen unabhängig sind und eine Pareto–Verteilung mit der Verteilungsfunktion F mit $F(x) = 1-(\alpha/x)^\beta$ für $x \in (\alpha, \infty)$ besitzen. Aus früheren Jahren sind die Schadenhöhen von 64 Schäden bekannt und es gilt

$$\sum_{k=1}^{64} X_k = 1280 \qquad \text{und} \qquad \sum_{k=1}^{64} X_k^2 = 183'100$$

Zehn dieser Schäden sind größer als 20 und werden als Großschäden bezeichnet. Für die Schadenhöhen der Großschäden gilt

$$\sum_{k=1}^{10} Y_k = 880 \qquad \text{und} \qquad \sum_{k=1}^{10} Y_k^2 = 175'982$$

(a) Berechnen Sie das Stichprobenmittel und die Stichprobenvarianz für die Gesamtheit aller Schäden.
(b) Schätzen Sie die Parameter auf der Grundlage aller Schäden.
(c) Bestimmen Sie die bedingte Verteilung der Schadenhöhen unter der Bedingung, dass ein Großschaden vorliegt.
(d) Schätzen Sie den Parameter β auf der Grundlage der Großschäden.
(e) Erklären Sie die Unterschiede zwischen den Schätzwerten für β.

Lösung:

(a) Für die Gesamtheit aller Schäden sind das Stichprobenmittel und die Stichprobenvarianz durch

$$\overline{X}(64) := \frac{1}{64} \sum_{k=1}^{64} X_k = \frac{1}{64} \cdot 1280 = 20$$

bzw.

$$\begin{aligned} S^2(64) &:= \frac{1}{63} \sum_{k=1}^{64} (X_k - \overline{X}(64))^2 \\ &= \frac{1}{63} \left(\sum_{k=1}^{64} X_k^2 - 64\,(\overline{X}(64))^2 \right) \\ &= \frac{1}{63} \left(183'100 - 64 \cdot 20^2 \right) \\ &= 2500 \end{aligned}$$

gegeben.

(b) Im Fall $\beta > 1$ gilt

$$E[X] = \frac{\alpha\beta}{\beta - 1}$$

und im Fall $\beta > 2$ gilt

$$\mathrm{var}[X] = \frac{\alpha^2\beta}{(\beta-1)^2(\beta-2)}$$

Im Fall $\beta > 2$ ergibt sich daraus

$$\frac{(E[X])^2}{\mathrm{var}[X]} = \beta\,(\beta-2) = (\beta-1)^2 - 1$$

und damit

$$\beta = 1 + \sqrt{1 + \frac{(E[X])^2}{\mathrm{var}[X]}}$$

$$\alpha = E[X]\,\frac{\beta - 1}{\beta}$$

Für die Momentenschätzer der Parameter ergibt sich daher

$$\widehat{\beta} = 1 + \sqrt{1 + \frac{(\overline{X}(64))^2}{S^2(64)}} = 1 + \sqrt{1 + \frac{20^2}{2500}} = 2.077$$

und

$$\widehat{\alpha} = \overline{X}(64)\,\frac{\widehat{\beta} - 1}{\widehat{\beta}} = 20 \cdot \frac{2.077 - 1}{2.077} = 10.371$$

(c) Da die Folge der Schadenhöhen $\{X_k\}_{k\in\mathbb{N}}$ unabhängig und identisch verteilt ist, ist auch die Folge der Großschäden $\{Y_k\}_{k\in\mathbb{N}}$ unabhängig und identisch verteilt und für alle $y > 20$ gilt

$$P[Y > y] = P[X > y | X > 20] = \frac{P[X > y]}{P[X > 20]} = \frac{(\alpha/y)^\beta}{(\alpha/20)^\beta} = \left(\frac{20}{y}\right)^\beta$$

Daher gilt $P_Y = \mathbf{Par}(20, \beta)$.

(d) Wegen (c) gilt im Fall $\beta > 1$

$$E[Y] = \frac{20\,\beta}{\beta - 1}$$

und damit

$$\beta = \frac{E[Y]}{E[Y] - 20}$$

Aus den Daten der Großschäden ergibt sich

$$\overline{Y}(10) = \frac{1}{10} \cdot 880 = 88$$

Für den Momentenschätzer für β auf der Grundlage der Großschäden ergibt sich daher

$$\widehat{\beta} = \frac{\overline{Y}(10)}{\overline{Y}(10) - 20} = \frac{88}{88 - 20} = 1.294$$

(e) Die Schätzung auf der Grundlage aller Schäden beruht auf der Annahme, dass beide Parameter unbekannt sind und dass die Schadenhöhen einen endlichen Erwartungswert und auch eine endliche Varianz besitzen, also $\beta > 2$ gilt. Die Schätzung auf der Grundlage der Großschäden hingegen beruht auf der Annahme, dass der Parameter α bekannt ist ($\alpha = 20$); daher genügt es für die Schätzung, anzunehmen, dass die Schadenhöhen einen endlichen Erwartungswert besitzen, also $\beta > 1$ gilt. Der Schätzwert auf der Grundlage der Großschäden deutet darauf hin, dass tatsächlich $\beta \leq 2$ gelten könnte.

6.H Aufgabe (DAV–Klausur 2013/1)

Ein Aktuar modelliert den Gesamtschaden S eines Portfolios in der Kraftfahrthaftpflichtversicherung durch eine zusammengesetzte Poisson–Verteilung mit $P_N = \mathbf{P}(\lambda)$ und $P_X = \mathbf{LN}(\mu,\sigma^2)$ mit $\lambda = 100$, $\mu = 1$ und $\sigma^2 = 3$. Der Aktuar will das 99.5%–Quantil der Verteilung des Gesamtschadens mit Hilfe einer Approximation abschätzen.

(a) Berechnen Sie den Erwartungswert, die Varianz und die relative Schiefe von S.
Hinweis: Für alle $n \in \mathbb{N}$ gilt

$$E[X^n] = \exp\left(n\mu + \frac{n^2}{2}\sigma^2\right)$$

Verwenden Sie in den folgenden Teilaufgaben die Näherungen

$$\begin{aligned} E[S] &= 1218 \\ \mathrm{var}[S] &= 298'096 \\ \gamma[S] &= 9 \end{aligned}$$

(b) Approximieren Sie das Quantil mit Hilfe einer Normalapproximation.
(c) Approximieren Sie das Quantil mit Hilfe einer Normal–Power Approximation.
(d) Approximieren Sie das Quantil mit Hilfe einer Lognormalapproximation.
(e) Diskutieren Sie die Ergebnisse.

Lösung:

(a) Wegen

$$E[X^n] = \exp\left(n\mu + \frac{n^2}{2}\,\sigma^2\right)$$

gilt

$$E[X] = \exp\left(\mu + \frac{1}{2}\,\sigma^2\right) = \exp\left(1 + \frac{1}{2}\cdot 3\right) = \exp(2.5) = 12.18$$

sowie

$$E[X^2] = \exp\left(2\mu + \frac{2^2}{2}\,\sigma^2\right) = \exp\left(2\cdot 1 + 2\cdot 3\right) = \exp(8) = 2980.96$$

und

$$E[X^3] = \exp\left(3\mu + \frac{3^2}{2}\,\sigma^2\right) = \exp\left(3 + \frac{9}{2}\cdot 3\right) = \exp(16.5)$$

Daher gilt

$$E[S] = \lambda\, E[X] = 100 \cdot 12.18 = 1218$$

sowie

$$\mathrm{var}[S] = \lambda\, E[X^2] = 100 \cdot 2980.96 = 298'096$$

und

$$E[(S - E[S])^3] = \lambda\, E[X^3] = 100 \cdot \exp(16.5)$$

und damit

$$\gamma[S] = \frac{E[(S-E[S])^3]}{(\mathrm{var}[S])^{3/2}} = \frac{100 \cdot \exp(16.5)}{(100 \cdot \exp(8))^{3/2}} = \frac{1}{10} \cdot \exp(4.5) = 9$$

(b) Es gilt

$$\Phi(2.58) = 0.995 = P[S \leq s] \approx \Phi\left(\frac{s - E[S]}{\sqrt{\mathrm{var}[S]}}\right) = \Phi\left(\frac{s - 1218}{\sqrt{298'096}}\right)$$

und aus der Gleichung

$$2.58 = \frac{s - 1218}{\sqrt{298'096}}$$

erhält man $s = 2626.63$.

(c) Es gilt

$$\begin{aligned}
\Phi(2.58) &= 0.995 \\
&= P[S \leq s] \\
&\approx \Phi\left(\frac{1}{\gamma[S]}\left(\sqrt{(\gamma[S])^2 + 6\,\gamma[S]\,\frac{s - E[S]}{\sqrt{\mathrm{var}[S]}} + 9} - 3\right)\right) \\
&= \Phi\left(\frac{1}{9}\left(\sqrt{9^2 + 6 \cdot 9\,\frac{s - 1218}{\sqrt{298'096}} + 9} - 3\right)\right) \\
&= \Phi\left(\frac{1}{9}\left(\sqrt{90 + 54\,\frac{s - 1218}{\sqrt{298'096}}} - 3\right)\right)
\end{aligned}$$

und aus der Gleichung

$$2.58 = \frac{1}{9}\left(\sqrt{90 + 54\,\frac{s - 1218}{\sqrt{298'096}}} - 3\right)$$

erhält man $s = 7259.07$.

(d) Sei T eine Zufallsvariable mit $P_T = \mathbf{LN}(\nu, \tau^2)$. Dann gilt

$$\begin{aligned}
E[\ln(T)] &= \nu \\
\mathrm{var}[\ln(T)] &= \tau^2
\end{aligned}$$

und

$$\begin{aligned}
E[T] &= \exp\left(\nu + \frac{\tau^2}{2}\right) \\
\mathrm{var}[T] &= \exp\left(2\nu + \tau^2\right)\left(\exp(\tau^2) - 1\right)
\end{aligned}$$

Daraus folgt

$$\frac{\mathrm{var}[T]}{(E[T])^2} = \exp(\tau^2) - 1$$

und damit

$$\begin{aligned}
\tau^2 &= \ln\left(\frac{\mathrm{var}[T]}{(E[T])^2} + 1\right) \\
\nu &= \ln(E[T]) - \frac{\tau^2}{2}
\end{aligned}$$

Aus der Forderung

$$\begin{aligned}
E[T] &= E[S] \\
\mathrm{var}[T] &= \mathrm{var}[S]
\end{aligned}$$

ergibt sich nun

$$\begin{aligned}
\tau^2 &= \ln\left(\frac{\mathrm{var}[T]}{(E[T])^2} + 1\right) \\
&= \ln\left(\frac{\mathrm{var}[S]}{(E[S])^2} + 1\right) \\
&= \ln\left(\frac{100 \cdot \exp(8)}{(100 \cdot \exp(2.5)^2} + 1\right) \\
&= \ln\left(\frac{\exp(8)}{100 \cdot \exp(5)} + 1\right) \\
&= \ln\left(\frac{\exp(3)}{100} + 1\right) \\
&= 0.1830
\end{aligned}$$

und

$$\begin{aligned}
\nu &= \ln(E[T]) - \frac{\tau^2}{2} \\
&= \ln(E[S]) - \frac{\tau^2}{2} \\
&= \ln(1218) - \frac{0.1830}{2} \\
&= 7.0135
\end{aligned}$$

Es gilt

$$\begin{aligned}
\Phi(2.58) &= 0.995 \\
&= P[S \leq s] \\
&\approx P[T \leq s] \\
&= P[\ln(T) \leq \ln(s)] \\
&= P\left[\frac{\ln(T) - E[\ln(T)]}{\sqrt{\mathrm{var}[\ln(T)]}} \leq \frac{\ln(s) - \nu}{\tau}\right] \\
&= \Phi\left(\frac{\ln(s) - 7.0135}{\sqrt{0.1830}}\right)
\end{aligned}$$

und aus der Gleichung

$$2.58 = \frac{\ln(s) - 7.0135}{\sqrt{0.1830}}$$

erhält man $s = 3351.57$.

(e) Die Normalverteilung ist symmetrisch und besitzt die (relative) Schiefe 0. Da die Verteilung des Gesamtschadens eine recht große relative Schiefe besitzt, kann man nicht erwarten, dass die Normalapproximation eine gute Näherung für das Quantil liefert.
Die Normal–Power Approximation verwendet die relative Schiefe und liefert im vorliegenden Fall einen wesentlich höheren Näherungswert.
Die Lognormalapproximation beruht wie die Normalapproximation nur auf den ersten beiden Momenten, aber sie besitzt eine Schiefe $\neq 0$. Sie liefert im vorliegenden Fall einen Näherungswert, der zwischen denen der Normalapproximation und der Normal–Power Approximation liegt.

6.I Aufgabe (DAV–Klausur 2013/9)

Seien $X_1, \ldots, X_n$ unabhängige Zufallsvariable mit $P_{X_i} = \mathbf{Par}(\alpha, \beta)$ und $\beta > 1$ für alle $i \in \{1, \ldots, n\}$. Dann gilt $P[X > x] = (\alpha/x)^\beta$ für alle $x \in (\alpha, \infty)$.

(a) Bestimmen Sie die Verteilung von $M_n := \max\{X_1, \ldots, X_n\}$.
(b) Bestimmen Sie $m_n \in \mathbb{R}$ mit $P[M_n \leq m_n] = 0.99$.
(c) Bestimmen Sie $E[X|X \leq m_n]$.
(d) Untersuchen und diskutieren Sie für $n = 100$ und $\beta = 6/5$ das Verhältnis zwischen und $E[X|X \leq m_n]$ und $E[X]$.

Lösung:

(a) Da die Zufallsvariablen X_i unabhängig und identisch verteilt sind, gilt

$$\begin{aligned} P[M_n \leq m_n] &= P\left[\bigcap_{i=1}^n \{X_i \leq m_n\}\right] \\ &= \prod_{i=1}^n P[X_i \leq m_n] \\ &= \prod_{i=1}^n \Big(1 - P[X_i > m_n]\Big) \\ &= \left(1 - \left(\frac{a}{m_n}\right)^\beta\right)^n \end{aligned}$$

(b) Gesucht ist $m_n \in \mathbb{R}$ mit

$$0.99 = P[M_n \leq m_n] = \left(1 - \left(\frac{\alpha}{m_n}\right)^\beta\right)^n$$

und aus dieser Bedingung ergibt sich

$$m_n = \alpha\Big(1 - 0.99^{1/n}\Big)^{-1/\beta}$$

(c) Es gilt

$$\frac{\alpha}{m_n} = \left(1 - 0.99^{1/n}\right)^{1/\beta}$$

und damit

$$\begin{aligned}
E[X|X \le m_n] &= \frac{E[X\chi_{\{X \le m_n\}}]}{P[X \le m_n]} \\
&= \frac{1}{1 - P[X > m_n]} \int_{-\infty}^{m_n} x\,\frac{\beta}{x}\left(\frac{\alpha}{x}\right)^{\beta} \chi_{(\alpha,\infty)}(x)\,dx \\
&= \frac{1}{1 - (\alpha/m_n)^{\beta}}\,\frac{\alpha\beta}{\beta-1} \int_{\alpha}^{m_n} \frac{\beta-1}{x}\left(\frac{\alpha}{x}\right)^{\beta-1} dx \\
&= \frac{1}{1 - (\alpha/m_n)^{\beta}}\,\frac{\alpha\beta}{\beta-1}\left(1 - (\alpha/m_n)^{\beta-1}\right) \\
&= \frac{\alpha\beta}{\beta-1}\,\frac{1 - (\alpha/m_n)^{\beta-1}}{1 - (\alpha/m_n)^{\beta}} \\
&= \frac{\alpha\beta}{\beta-1}\,\frac{1 - (1 - 0.99^{1/n})^{(\beta-1)/\beta}}{1 - (1 - 0.99^{1/n})} \\
&= \frac{\alpha\beta}{\beta-1}\,\frac{1 - (1 - 0.99^{1/n})^{(\beta-1)/\beta}}{0.99^{1/n}}
\end{aligned}$$

(d) Es gilt

$$E[X] = \frac{\alpha\beta}{\beta-1}$$

und damit

$$\frac{E[X|X \le m_n]}{E[X]} = \frac{1 - (1 - 0.99^{1/n})^{(\beta-1)/\beta}}{0.99^{1/n}}$$

Mit $n = 100$ und $\beta = 6/5$ erhält man daraus

$$\frac{E[X|X \le m_{100}]}{E[X]} = \frac{1 - (1 - 0.99^{1/100})^{1/6}}{0.99^{1/100}} = 0.7845$$

Der bedingte Erwartungswert $E[X|X \le m_{100}]$ ist um 21.55% geringer als der unbedingte Erwartungswert $E[X]$.

6.J Aufgabe (DAV–Klausur 2014/1)

Ein Versicherungsvertrag erzeugt pro Jahr N Schäden mit Schadenhöhen X_j, wobei alle Zufallsvariablen unabhängig sind. Die Schadenhöhen haben die Verteilung

x	50	200	2000
$P[X_j = x]$	0.70	0.29	0.01

und für die Schadenanzahl ist bekannt, dass $E[N] = 2$ und $\text{var}[N] = 1$ gilt. Der Versicherer berechnet die Prämien nach dem Varianzprinzip mit dem Parameter $\alpha = 0.001$.

(a) Berechnen Sie die jährliche Prämie des Vertrages.

(b) Um Administrationskosten zu sparen wird ein Selbstbehalt von 100 pro Schaden eingeführt. Berechnen Sie die Prämie für den Vertrag mit Selbstbehalt.

(c) Berechnen Sie die Variationskoeffizienten der beiden Verträge und vergleichen Sie diese mit den Prämien.

Lösung:

(a) Es gilt

$$E[X] = 113$$
$$\text{var}[X] = 40'581$$

Für den Gesamtschaden $S := \sum_{j=1}^{N} X_j$ gilt daher nach den Gleichungen von Wald

$$E[S] = E[N]\, E[X] = 2 \cdot 113 = 226$$

und

$$\text{var}[S] = E[N]\, \text{var}[X] + \text{var}[N]\, E[X]^2 = 2 \cdot 40'581 + 1 \cdot 113^2 = 93'931$$

Dies ergibt die Prämie

$$H[S] = 226 + 0.001 \cdot 93'931 = 319.93$$

(b) Für $X'' := (X - 100)^+$ erhält man

$$E[X''] = 48$$
$$\text{var}[X''] = 36'696$$

Für den Gesamtschaden $S'' := \sum_{j=1}^{N} X''$ ergibt sich daher

$$E[S''] = E[N]\, E[X''] = 2 \cdot 48 = 96$$

und

$$\text{var}[S''] = E[N]\, \text{var}[X''] + \text{var}[N]\, E[X'']^2 = 2 \cdot 36'696 + 1 \cdot 48^2 = 75'696$$

Dies ergibt die Prämie

$$H[S''] = 96 + 0.001 \cdot 75'696 = 171.70$$

(c) Der Variationskoeffizient ohne Selbstbehalt ist

$$v[S] = \frac{\sqrt{93'931}}{226} = 1.36$$

und der Variationskoeffizient mit Selbstbehalt ist

$$v[S''] = \frac{\sqrt{75'696}}{96} = 2.87$$

Durch den Selbstbehalt hat sich also das Risiko, gemessen am Variationskoeffizienten, mehr als verdoppelt, während sich die Prämie fast halbiert hat.

6.K Aufgabe (DAV–Klausur 2014/2)

Der Gesamtschaden S in einem Kollektiv von Sturmrisiken wird durch eine zusammengesetzte Poisson–Verteilung mit der erwarteten Schadenzahl 0.3 und Schadenhöhen X_j mit der Pareto–Verteilung $\mathbf{Par}^*(1,3)$ modelliert. Eine Aktuarin soll für das Risikomanagement das 99.5% Quantil schätzen.

(a) Welchen Wert erhält man mit einer Normalapproximation?

(b) Um die Flanke der Verteilung des Gesamtschadens besser zu approximieren verwendet die Aktuarin eine Pareto–Verteilung $\mathbf{Par}^*(\alpha,\beta)$, die denselben Erwartungswert und dieselbe Varianz wie S besitzt. Welches Quantil erhält die Aktuarin?

(c) Eine Kollegin schlägt vor, eine Pareto–Verteilung $\mathbf{Par}^*(\alpha,3)$ zu verwenden, die denselben Erwartungswert wie S besitzt. Welches Quantil erhält die Kollegin?

(d) Diskutieren Sie die drei Approximationen.

Lösung:

(a) Für die Anzahl N der Schäden gilt $\mathrm{var}[N] = E[N] = 0.3$ und für die Schadenhöhen gilt

$$E[X] = \frac{1}{3-1} = 0.5$$

und

$$\mathrm{var}[X] = 1^2 \cdot \frac{3}{(3-1)^2 \cdot (3-2)} = 0.75$$

und damit

$$E[X^2] = \mathrm{var}[X] + (E[X])^2 = 0.75 + 0.5^2 = 1$$

Aus den Gleichungen von Wald folgt daher

$$E[S] = E[N]\, E[X] = 0.3 \cdot 0.5 = 0.15$$

und

$$\text{var}[S] = E[N]\, E[X^2] = 0.3 \cdot 1 = 0.3$$

Die Normalapproximation liefert

$$\Phi(2.58) = 0.995 = P[S \leq s] \approx \Phi\left(\frac{s - 0.15}{0.3}\right)$$

und aus der Gleichung

$$2.58 = \frac{s - 0.15}{\sqrt{0.3}}$$

erhält man $s = 1.56$.

(b) Wir betrachten die Zufallsvariable T mit $P_T = \mathbf{Par}^*(\alpha, \beta)$ sowie

$$\begin{aligned} E[T] &= E[S] \\ \text{var}[T] &= \text{var}[S] \end{aligned}$$

Dann gilt

$$\alpha\, \frac{1}{\beta - 1} = E[T] = E[S] = 0.15$$

und

$$\alpha^2\, \frac{\beta}{(\beta-1)^2(\beta-2)} = \text{var}[T] = \text{var}[S] = 0.3$$

Einsetzen der ersten Gleichung in die zweite ergibt

$$0.15^2\, \frac{\beta}{\beta - 2} = 0.3$$

Daraus ergibt sich zunächst

$$\beta = 2.162162$$

und aus der ersten Gleichung erhält man dann

$$\alpha = 0.174324$$

Die Pareto–Approximation liefert daher

$$\begin{aligned} 0.995 &= P[S \leq s] \\ &\approx P[T \leq s] \end{aligned}$$

$$= 1 - \left(\frac{\alpha}{\alpha + s} \right)^{\beta}$$

$$= 1 - \left(\frac{0.174324}{0.174324 + s} \right)^{2.162162}$$

und damit $s = 1.85$.

(c) Im Fall $P_T = \mathbf{Par}^*(\alpha, 3)$ mit $E[T] = E[S]$ erhält man

$$\alpha \frac{1}{3-1} = E[T] = E[S] = 0.15$$

und damit

$$\alpha = 0.3$$

Die Pareto–Approximation liefert daher

$$0.995 = P[S \leq s] \approx P[T \leq s] = 1 - \left(\frac{\alpha}{\alpha + s} \right)^{\beta} = 1 - \left(\frac{0.3}{0.3 + s} \right)^{3}$$

und damit $s = 1.45$.

(d) Die relative Schiefe $\gamma[S]$ der zusammengesetzten Poisson–Verteilung ist wegen

$$\gamma[S] = \frac{E[(S - E[S])^3]}{(\mathrm{var}[S])^{3/2}} = \frac{0.3\, E[X^3]}{(0.3\, E[X^2])^{3/2}}$$

endlich und größer als 0.
Da die relative Schiefe der Normalverteilung gleich 0 ist, liefert die Normalapproximation eine schlechte Näherung des Quantils.
Andererseits ist bei den hier verwendeten Pareto–Verteilungen das dritte Moment und damit die relative Schiefe unendlich; daher sind auch diese Pareto–Approximationen nicht geeignet.

6.L Aufgabe (DAV–Klausur 2015/1)

Eine Versicherung modelliert die Schadenhöhen aus einem Portfolio mit nur wenigen Daten entweder durch die Exponentialverteilung $\mathbf{Exp}(\alpha)$ mit der Dichtefunktion f mit

$$f(x) := \alpha \exp(-\alpha x)\, \chi_{(0,\infty)}(x)$$

oder durch die Pareto–Verteilung $\mathbf{Par}(1, \beta)$ mit der Dichtefunktion g mit

$$g(x) := \beta\, x^{-(\beta+1)}\, \chi_{(1,\infty)}(x)$$

Für 9 bekannte Schäden sind die Statistiken

$$\frac{1}{9}\sum_{k=1}^{9} X_k = 3.4760$$

und

$$\frac{1}{9}\sum_{k=1}^{9} \ln(X_k) = 0.7332$$

bekannt.

(a) Bestimmen Sie die Verteilung von $\ln(X)$ für den Fall, dass X die Pareto–Verteilung $\mathbf{Par}(1, \beta)$ besitzt.

(b) Schätzen Sie für beide Verteilungen die Parameter aus den Daten. Verwenden Sie für die Schätzung des Parameters β das Resultat aus (a).

(c) Schätzen Sie, gestützt auf die Schätzer der Parameter, unter beiden Verteilungsannahmen die Nettoprämie. Nehmen Sie dabei an, dass im Schnitt ein Schaden in zwei Jahren auftritt und dass die Schadenanzahl unabhängig von den Schadenhöhen ist, und dass die Schadenhöhen untereinander unabhängig sind.

(d) Welche Nettoprämie ist vertrauenswürdiger?

Lösung:

(a) Sei $P_X = \mathbf{Par}(1, \beta)$. Dann gilt für alle $t \in (0, \infty)$

$$P[\ln(X) \le t] = P[X \le e^t] = 1 - (e^t)^{-\beta} = 1 - e^{-\beta t}$$

Daher gilt $P_{\ln(X)} = \mathbf{Exp}(\beta)$.

(b) Im Fall $P_X = \mathbf{Exp}(\alpha)$ gilt $E[X] = 1/\alpha$ und damit

$$\alpha = 1/E[X]$$

Daher ist

$$\widehat{\alpha} := 1 \Bigg/ \frac{1}{9}\sum_{k=1}^{9} X_k$$

ein Schätzer für α und es gilt $\widehat{\alpha} = 1/3.4760 = 0.2877$.
Im Fall $P_X = \mathbf{Par}(1, \beta)$ gilt nach (a) $P_{\ln(X)} = \mathbf{Exp}(\beta)$ und damit

$$\beta = 1/E[\ln(X)]$$

Daher ist

$$\widehat{\beta} := 1 \Bigg/ \frac{1}{9}\sum_{k=1}^{9} \ln(X_k)$$

ein Schätzer für β und es gilt $\widehat{\beta} = 1/0.7332 = 1.3639$.

(c) Im kollektiven Modell $\langle N, \{X_j\}_{j \in \mathbb{N}} \rangle$ mit dem Gesamtschaden

$$S := \sum_{j=1}^{N} X_j$$

gilt

$$E[S] = E[N]\,E[X]$$

und aus der Annahme $E[N] = 1/2$ ergibt sich

$$E[S] = \frac{1}{2}\,E[X]$$

Im Fall $P_X = \mathbf{Exp}(\alpha)$ gilt $E[X] = 1/\alpha$ und damit

$$E[S] = \frac{1}{2}\,\frac{1}{\alpha}$$

Als Schätzer für die Nettoprämie $E[S]$ erhält man daher

$$\widehat{E[S]} = \frac{1}{2}\,\frac{1}{\widehat{\alpha}} = \frac{1}{2} \cdot \frac{1}{0.2877} = 1.74$$

Im Fall $P_X = \mathbf{Par}(1, \beta)$ gilt $E[X] = \beta/(\beta - 1)$ und damit

$$E[S] = \frac{1}{2}\,\frac{\beta}{\beta - 1}$$

Als Schätzer für die Nettoprämie $E[S]$ erhält man daher

$$\widehat{E[S]} = \frac{1}{2}\,\frac{\widehat{\beta}}{\widehat{\beta} - 1} = \frac{1}{2} \cdot \frac{1.3639}{1.3639 - 1} = 1.87$$

(d) Die Frage ist ohne Kenntnis der einzelnen Schadenhöhen nicht zu beantworten. Grundsätzlich ist die Pareto–Verteilung gefährlicher als die Exponentialverteilung, und sie liefert hier auch die höhere Nettoprämie.

Teil II

Tarifierung

7

Grundlagen

In diesem Kapitel stellen wir die Grundlagen der Tarifierung in der Schadenversicherung bereit. Wir erklären zunächst die in der Tarifierung verwendenden Begriffe (Abschnitt 7.1) und insbesondere die verschiedenen Bestandteile der Prämie (Abschnitt 7.2). Nach einer kurzen Einführung in die Ziele der Tarifierung (Abschnitt 7.3) stellen wir die wichtigsten Prämienprinzipien dar (Abschnitt 7.4). Abschließend diskutieren wir für den Fall einer Aufteilung der Risiken eines Bestandes in mehrere Risikoklassen einige Methoden zur Schätzung der erwarteten Schadenhöhen der Einzelschäden in den einzelnen Risikoklassen (Abschnitt 7.5).

7.1 Begriff der Tarifierung

In der Schadenversicherung liegen in der Regel sehr heterogene Risiken vor, so dass die Zuordnung geeigneter Prämien für diese Risiken mit einigen Fragestellungen verbunden ist, die vor der kalkulatorischen Festlegung der Prämie zu untersuchen sind:

(1) Es ist zu analysieren, welche beobachtbaren Merkmale mit dem Schadenverhalten in einem statistisch signifikanten Zusammenhang stehen. Diese Merkmale werden als *Risikomerkmale* bezeichnet.

(2) Aus den Risikomerkmalen sind unter Berücksichtigung verschiedener Kriterien (etwa statistische Signifikanz, Stabilität, Akzeptanz durch Kunden, gesetzliche Rahmenbedingungen wie das Diskriminierungsverbot) solche auszuwählen, die als *Tarifmerkmale* der Bestimmung von Prämien zugrunde gelegt werden.

(3) Nach Festlegung der Tarifmerkmale werden alle Risiken, die in allen Tarifmerkmalen dieselbe oder zumindest eine ähnliche Ausprägung aufweisen, zu einer *Risikoklasse* zusammengefasst. Die Risiken einer Risikoklasse werden als identisch (verteilt) angenommen, so dass *homogene Risikoklassen* generiert werden. (Tatsächlich wird es kaum zwei Risiken geben, deren Verteilungen identisch sind.)

H.-W. Goelden et al., *Schadenversicherungsmathematik*, DOI 10.1007/978-3-662-48860-7_8

(4) Jedem Risiko einer Risikoklasse wird dieselbe Prämie zugeordnet. Je nachdem, welches Verfahren der *Prämienkalkulation* eingesetzt wird, können dabei auch die Verteilungen der Risiken benachbarter Risikoklassen berücksichtigt werden. In den Prozess der Prämienkalkulation können zudem verschiedene Ansätze zur Bemessung von Sicherheitszuschlägen integriert werden.

Der Prozess der Tarifierung setzt sich im Wesentlichen aus diesen vier Teilschritten zusammen. Flankiert werden diese Grundbestandteile der Tarifierung in der Regel durch Maßnahmen der Qualitätssicherung, etwa bezüglich

- der Datenqualität,
- der statistischen Signifikanz der Tarifmerkmale sowie
- der Stabilität der verwendeten mathematischen Verfahren.

Damit ergibt sich die folgende allgemeine Struktur der Tarifierung:

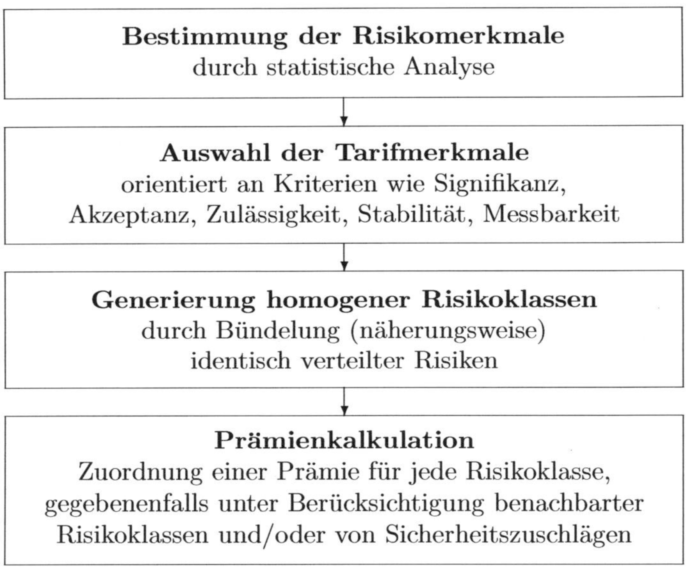

Die Tarifierung wird auch als *Tarifkalkulation* bezeichnet; vgl. Mack [2002; S. 121].

Im *ersten Teilschritt*, der Analyse der Risiken, wird auf die Instrumente der (multivariaten) Statistik zurückgegriffen. Dabei wird sich in der Regel die nicht ganz unproblematische Situation einstellen, dass die Datenqualität der zu untersuchenden potentiellen Risikomerkmale sehr unterschiedlich ist. Ein besonderes Problem stellen dabei die *Großschäden* dar. Diese treten zwar nur selten auf, aber sie haben einen erheblichen Anteil am Gesamtschaden. Daher sind Großschäden trotz der geringen zugehörigen Datenmenge besonders zu berücksichtigen. Mitunter müssen die Großschäden vor der Anwendung eines mathematischen Verfahrens gestutzt werden, da andernfalls diese Daten die Ergebnisse übermäßig dominieren können (vgl. Abschnitt 8.3).

Die Tarifierung bewegt sich dabei im *zweiten Teilschritt*, der Auswahl der Tarifmerkmale, zwischen zwei Extremen:

- Ein völliger Verzicht auf Tarifmerkmale führt dazu, dass alle Risiken, trotz tatsächlich gegebener *Heterogenität*, gleich behandelt werden und somit der Bestand der versicherten Einheiten als *Solidargemeinschaft* gesehen wird.
- Zieht man andererseits Tarifmerkmale und deren Ausprägungen in unbegrenztem Maße zur Tarifierung heran, so kommt man immer dichter an die individuellen Risikostrukturen heran und im Grenzfall wird für jedes einzelne Risiko eine (unterschiedliche) *verursachungsgerechte Prämie* festgelegt.

Die Notwendigkeit zur *Prämiendifferenzierung* durch die Auswahl von Tarifmerkmalen ergibt sich dabei mitunter schon allein durch das Verhalten der Konkurrenz am Markt und die damit verbundenen potentiellen *Selektionseffekte* (vgl. Abschnitt 10.1).

Der *dritte Teilschritt* der Tarifierung generiert dann die (homogenen) Risikoklassen, wodurch die Struktur des *Tarifmodells* definiert wird.

Im *vierten Teilschritt* wird schließlich jeder Risikoklasse eine (Tarif–)*Prämie* zugeordnet. Dabei können neben mathematischen Aspekten der Prämienkalkulation auch geschäftspolitische und preispolitische Überlegungen einfließen.

Bei dem Prozess der Tarifierung sind selbstverständlich auch die Anforderungen der Kunden zu berücksichtigen. Diese wünschen sich in der Regel eine relativ konstante und grob nachvollziehbare Prämie und erwarten zu Recht Leistungsgarantien der Versicherer. Die Auswahl der Tarifmerkmale muss berücksichtigen, dass die Tarifmerkmale für den Kunden transparent sind und deren Relevanz von dem Kunden weitgehend akzeptiert werden kann.

Besondere Facetten der Tarifgestaltung betreffen die Anbindung der Prämien an die Schadenhistorie durch *Bonus–Malus Systeme* (vgl. Abschnitt 10.5), die Vereinbarung bestimmter Formen von *Selbstbehalten* (vgl. Kapitel 19) und die *Beitragsrückerstattung* im Fall der Schadenfreiheit (vgl. Abschnitt 10.2). Selbst die potentielle Rückversicherung bzw. die fehlende Möglichkeit einer Rückversicherung könnte bereits im Prozess der Tarifierung berücksichtigt werden, was hier aber nicht weiter verfolgt wird.

7.2 Bestandteile der Prämie

Die Prämienkalkulation ist als eine spezielle Form der Risikobewertung aufzufassen. Einem gegebenen Risiko ist dabei ein aktuariell angemessener Preis für die Risikoübernahme, die *Prämie*, zuzuordnen. Dabei muss diese Prämie selbstverständlich (im Erwartungswert) die durch eintretende Schäden verursachten Kosten decken. Doch dieser Ansatz allein reicht bei Weitem nicht aus. Zusätzlich benötigt der Versicherer eine Prämie dafür, dass er bereit ist, ein Risiko zu übernehmen, also seine sichere Position vor Vertragsabschluss gegen eine unsichere Position nach Vertragsabschluss zu tauschen. Dieser Teil der Prämie wird als *Sicherheitszuschlag* oder als *Schwankungszuschlag* bezeichnet. Er wird mitunter als das eigentliche Äquivalent für die Übernahme des (versicherungstechnischen) Risikos angesehen; vgl. Farny [2011; S. 60f].

Die folgende Übersicht weist die verschiedenen Bestandteile der Bruttorisikoprämie aus:

Nettorisikoprämie (NRP) := Erwartungswert der Schadenaufwendungen

Bruttorisikoprämie (BRP) := Nettorisikoprämie + Sicherheitszuschlag

Bruttoprämie (BP) := Bruttorisikoprämie
+ *Kostenzuschlag*
(für Versicherungsvertrieb und -betrieb)
+ *Gewinnzuschlag*

Die nachfolgenden Betrachtungen betreffen vor allem die Bruttorisikoprämie. Da die Nettorisikoprämie der Erwartungswert der Schadenaufwendungen und damit unabhängig von der Prämienkalkulation ist, wird die Bruttorisikoprämie allein durch die Gestaltung des Sicherheitszuschlags festgelegt. Die den Unterschied zwischen Bruttoprämie und Bruttorisikoprämie ausmachenden Zuschläge für Kosten und Gewinn werden nur ausnahmsweise betrachtet.

Während in der Theorie der Risikomodelle nicht zwischen den modellierten Schadenanzahlen und Schadenhöhen und den entsprechenden Kennzahlen der Versicherungsleistungen unterschieden wird, ist diese Unterscheidung in der Tarifierung erforderlich. Diese Notwendigkeit führt dazu, dass fortan in der Regel zwischen *Schaden* und *Entschädigung* unterschieden wird.

So berücksichtigen die (Netto–)Entschädigungen neben den Schadenhöhen je nach Gestaltung des Versicherungsschutzes unter Umständen auch

- *Selbstbehalte* des Versicherungsnehmers (Franchisen etc.),
- *Begrenzungen* der Versicherungsleistungen durch Versicherungssummen oder Deckungssummen (*Limits*),
- die *Beitragsrückerstattung*, also die Rückerstattung von Beitragsteilen bei Schadenfreiheit (vgl. Abschnitt 10.2),
- die etwaige *Rückversicherung* (wenn es mehr um Risikomanagement als um Tarifierung geht).

Teil IV geht ausführlich auf den Begriff der Entschädigung ein: Im Rahmen der *Risikoteilung* wird ein ursprünglicher Schaden in einen Selbstbehalt und den verbleibenden, auf einen Versicherer transferierten Anteil des Risikos zerlegt.

Wenn es möglich ist, durch Tarifgestaltung und Rückversicherung bei der Übernahme eines Risikos die von dem Versicherungsunternehmen geforderte Sicherheit zu gewährleisten, spricht man von einem *versicherbaren Risiko*; vgl. hierzu auch Schmidt [2009; Abschnitt 12.1] und insbesondere Berliner [1982].

Aus der nötigen Unterscheidung zwischen Schäden und Entschädigungen ergeben sich unter Umständen weniger angenehme Konsequenzen für die Modellbildung, denn nicht selten gehen die angenehmen Modellverteilungen für die Anzahl und die Höhen der Einzelschäden in unhandliche Verteilungen für die Anzahl und die Höhen der Entschädigungen über.

7.2.1 Beispiel (Selbstbehalt bei Abzugsfranchise). Für eine Schadenhöhe X beschreibt die Zufallsvariable $X' := \min\{X, a\}$ den Selbstbehalt des Versicherungsnehmers bei Vereinbarung eines Selbstbehalts in Höhe $a > 0$ (*Abzugsfranchise*). Im Fall $P_X = \mathbf{Exp}(\alpha)$ ist die Verteilungsfunktion $F_{X'}$ von X' durch

$$F_{X'}(x) = P[X' \leq x] = P[\min\{X, a\} \leq x] = \begin{cases} 0 & \text{für } x \leq 0 \\ 1 - e^{-\alpha x} & \text{für } 0 < x \leq a \\ 1 & \text{für } a < x \end{cases}$$

gegeben. Daher ist die Verteilung von X' weder stetig noch diskret.

7.3 Ziele der Tarifierung

Primäres und naheliegendes Ziel der Tarifierung ist es selbstverständlich, dass die erzielten Prämien einen Gewinn generieren, der einen Beitrag zur Erhöhung der vor allem aus der Sicht der Aktionäre wichtigen Eigenkapitalrendite des Versicherungsunternehmens leistet. Die *Eigenkapitalrendite* oder *Eigenkapitalrentabilität* (eines Geschäftsjahres) ist das Verhältnis des Jahresüberschusses nach Steuern zum Eigenkapital und wird auch als *return on equity* (ROE) bezeichnet.

Da bei geringeren Prämien ein höherer Absatz erzielt werden kann, ergibt sich ein komplexes Optimierungsproblem unter Unsicherheit. Außerdem gilt es, den aufsichtsrechtlichen Rahmen (insbesondere Solvenzkriterien) zu berücksichtigen, so dass die Tarifierung derart umzusetzen ist, dass die dauerhafte Erfüllbarkeit der Verträge weitestgehend gewährleistet ist. Folglich ist die ausreichende *Sicherheit* des Unternehmens ein weiteres wichtiges Ziel, das in die Tarifierung formal meist in Form von Nebenbedingungen eingeht und offensichtliche Verbindungen zur Ruintheorie aufweist

Wir betrachten als Beispiel ein dynamisches stochastisches Modell, das aus einem Schadenmodell und einem Beitragsmodell besteht und damit zu einem Risikomodell führt.

Schadenmodell

Wir betrachten das Schadenmodell

$$\langle \{N_t\}_{t\in\mathbb{R}_+}, \{X_j\}_{j\in\mathbb{N}} \rangle$$

und den Gesamtschadenprozess $\{S_t\}_{t\in\mathbb{R}_+}$ mit

$$S_t := \sum_{j=1}^{N_t} X_j$$

und nehmen an, dass der Schadenzahlprozess $\{N_t\}_{t\in\mathbb{R}_+}$ ein Poisson–Prozess zum Parameter $\alpha \in (0,\infty)$ ist. Dann gilt für alle $t \in \mathbb{R}_+$

$$E[S_t] = \alpha t\, E[X]$$

(vgl. Abschnitt 5.2).

Beitragsmodell

Wir betrachten das Beitragsmodell mit dem (deterministischen) Prämienprozess

$$\{p\,t\}_{t\in\mathbb{R}_+}$$

mit einer *Prämienrate* $p \in (0,\infty)$, die die Beitragseinnahmen pro Zeiteinheit beschreibt; dann ist $p\,t$ die Beitragseinnahme im Zeitintervall $(0,t]$.

7.3.1 Beispiel (Prämienrate beim Erwartungswertprinzip). Bei Anwendung des Erwartungswertprinzips zum Parameter $\delta \in \mathbb{R}_+$ ergibt sich für das vorher betrachtete Schadenmodell

$$p\,t = (1{+}\delta)\, E[S_t]$$

und damit

$$p\,t = (1{+}\delta)\, \alpha t\, E[X]$$

Es gilt also

$$p = (1{+}\delta)\, \alpha\, E[X]$$

Damit setzt sich die Prämienrate aus der Nettorisikoprämie $\alpha E[X]$ und dem Sicherheitszuschlag $\delta\alpha E[X]$ zusammen; vgl. Abschnitt 7.4.

Reservemodell

Aus dem Schadenmodell und dem Beitragsmodell ergibt sich das Reservemodell mit dem *Reserveprozess*

$$\{R_t\}_{t\in\mathbb{R}_+}$$

mit

$$R_t := a + p\,t - S_t$$

und der *Anfangsreserve* (*Startkapital*) $a \in (0,\infty)$. Es gilt $R_0 = a$.

Das oben angesprochene Kriterium der Sicherheit kann anhand des Reserveprozesses überprüft werden. So ist es ein Ziel bzw. eine Nebenbedingung der Tarifierung, dass die Reserve R_t zu jedem Zeitpunkt $t \in (0,\infty)$ (oder auch nur zu jedem Zeitpunkt innerhalb eines endlichen Planungszeitraums) positiv ist; andernfalls würde der technische Ruin eintreten:

Der *technische Ruin zum Zeitpunkt* $t \in (0,\infty)$ tritt ein, wenn die Realisation $R_t(\omega)$ der Reserve R_t kleiner als 0 ist, also zum Zeitpunkt t die kumulierten Schadenaufwendungen die Summe aus Anfangsreserve und kumulierten Beitragseinnahmen übersteigen, und für alle $s \in (0,t)$ die Realisation $R_s(\omega)$ der Reserve R_s positiv ist. Der technische Ruin zum Zeitpunkt t tritt also genau dann ein, wenn das Ereignis

$$\{R_t < 0\} \cap \bigcap_{s\in(0,t)} \{R_s \geq 0\} = \{S_t > a + p\,t\} \cap \bigcap_{s\in(0,t)} \{S_s \leq a + p\,s\}$$

eintritt. Der *technische Ruin bei einem unendlichen Planungshorizont* tritt ein, wenn für ein $t \in (0,\infty)$ der technische Ruin zum Zeitpunkt $t \in (0,\infty)$ eintritt, und der *Zeitpunkt des technischen Ruins* ist durch

$$T(\omega) := \inf\Big\{t \in (0,\infty) \;\Big|\; R_t(\omega) < 0\Big\} = \inf\Big\{t \in (0,\infty) \;\Big|\; S_t(\omega) > a + p\,t\Big\}$$

gegeben.

Während der Begriff des technischen Ruins insbesondere die Eigenkapitalausstattung und damit das Sicherheitsniveau eines Versicherungsunternehmens erfasst, lässt der folgende Begriff die Sicherheitsmittel außer Acht und konzentriert sich auf das in der Tarifierung im Fokus stehende Miteinander von Beiträgen und Schäden.

Ein *technischer Verlust* zum Zeitpunkt $t \in (0,\infty)$ tritt ein, wenn die Realisation $R_t(\omega)$ der Reserve R_t die Anfangsreserve unterschreitet, also zum Zeitpunkt t die kumulierten Schadenaufwendungen die kumulierten Beitragseinnahmen $p\,t$ übersteigen, und für alle $s \in (0,t)$ die Realisation $R_s(\omega)$ der

Reserve R_s die Anfangsreserve nicht unterschreitet. Ein technischer Verlust zum Zeitpunkt t tritt also genau dann ein, wenn das Ereignis

$$\{R_t < a\} \cap \bigcap_{s \in (0,t)} \{R_s \geq a\} = \{S_t > p\,t\} \cap \bigcap_{s \in (0,t)} \{S_s \leq p\,s\}$$

eintritt.

Während der technische Ruin ein unbedingt zu vermeidendes Extremereignis darstellt, treten temporäre technische Verluste nicht selten auf. In Versicherungszweigen mit hoher Schadenquote, wie in der Kraftfahrthaftpflichtversicherung, sind technische Verluste sogar häufig anzutreffen und oft nur durch vermeintliche *Cross–Selling Effekte* zu rechtfertigen.

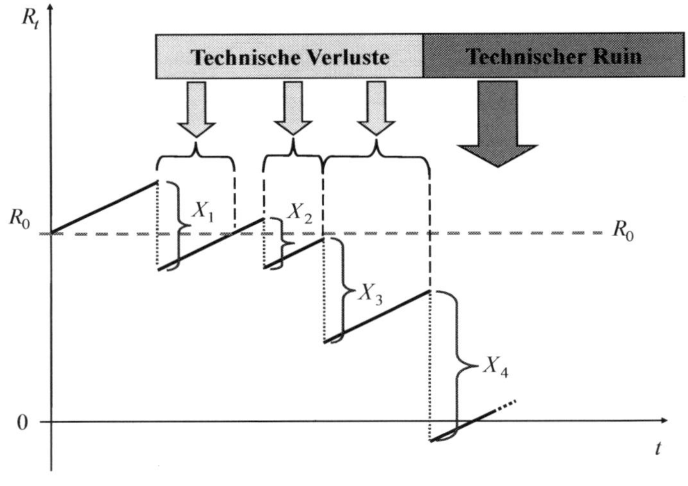

Die Bezeichnung *technisch* orientiert sich an dem Begriff des *versicherungstechnischen Ergebnisses*. Diese Bilanzkennzahl berücksichtigt weder Kosten noch Kapitalanlageerträge und dient somit der Beurteilung und Abgrenzung von Erfolgsquellen im Versicherungsunternehmen.

Bei einem unendlichen Planungshorizont tritt der technische Ruin schon unter schwachen Voraussetzungen fast sicher (also mit Wahrscheinlichkeit 1) ein, wenn kein strikt positiver Sicherheitszuschlag erhoben wird; vgl. etwa Heilmann und Schröter [2013; Satz 7.3] oder Schmidt [1996; Theorem 7.1.3].

Die folgende exemplarische Skizze illustriert anhand eines Wahrscheinlichkeitsbaums (für den trivialen dichotomen Fall, dass entweder keine Schäden oder Schäden in konstanter Höhe eintreten können), wie schnell der technische Ruin eintreten kann.

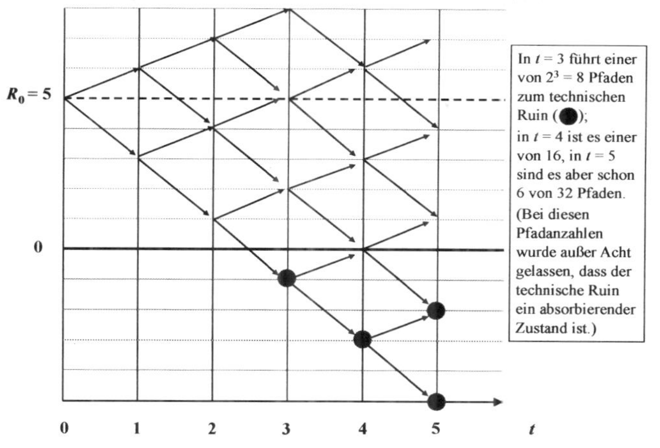

Die folgende Abbildung zeigt die Fülle der Kapitalflüsse in einem Erstversicherungsunternehmen, die auf verschiedene Weise in die Umsetzung der Ziele der Tarifierung eingehen.

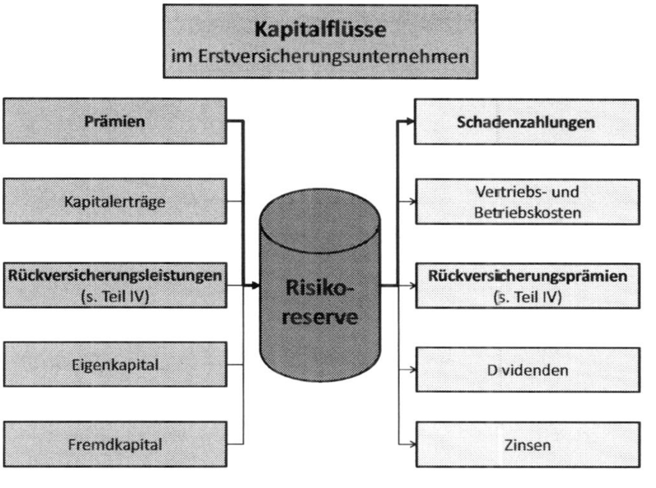

Neben den oben genannten wesentlichen Zielen der Tarifierung, Gewinn zu erzielen, dabei aber die dauerhafte Erfüllbarkeit der vertraglichen Verpflichtungen zu gewährleisten, gilt es im Rahmen der Tarifierung auch, Anreize für die *Schadenvermeidung* und/oder zur *Selbstübernahme* von Schäden zu setzen. Diese Ziele sind etwa dadurch zu erreichen, dass die individuelle Schadenhistorie in der Tarifierung berücksichtigt wird (vgl. Abschnitte 10.3, 10.4 und 10.5) oder Teile der Beiträge zurückgezahlt werden, wenn keine Schäden eintreten oder gemeldet werden (vgl. Abschnitt 10.2).

7.4 Prämienprinzipien

Die Bewertung von Risiken kann auf sehr unterschiedliche Art und Weise erfolgen. Neben der Beschreibung von Risiken durch geeignete Verteilungen oder – in komplexeren Fällen – durch Risikomodelle bedient sich die Prämienkalkulation der *Risikomaße*, die Risiken eine reelle Bewertungskennzahl zuordnen; in Heilmann und Schröter [2013; Abschnitt 4.1] werden zahlreiche Risikomaße vorgestellt. Tatsächlich wird nicht einem Risiko eine Kennzahl zugeordnet, sondern der Verteilung des Risikos.

Ein *Prämienprinzip* H ist eine Abbildung (Funktional) von einer Menge von positiven Zufallsvariablen (Risiken) in die positiven reellen Zahlen (Prämien). Mithilfe von Prämienprinzipien werden Risiken also Prämien zugeordnet.

Ein erster naheliegender Ansatz für die Festlegung einer Prämie ist das *Äquivalenzprinzip* H mit

$$H[X] := E[X]$$

Dabei soll die Prämie für die Übernahme des Risikos X mit seinem Erwartungswert $E[X]$ übereinstimmen. Dieses Prämienprinzip wird auch als *Nettorisikoprinzip* bezeichnet und üblicherweise durch die den Ausgleich im Kollektiv beschreibenden Gesetze der großen Zahlen begründet. Dem stehen Ergebnisse der Ruintheorie gegenüber, die besagen, dass Prämien, die die Nettorisikoprämie

$$E[X]$$

nicht übersteigen, unter schwachen Modellannahmen fast sicher zum technischen Ruin führen. Insofern gilt die Nettorisikoprämie als eine Untergrenze der erforderlichen Prämie.

Die meisten Prämienprinzipien H basieren auf dem Äquivalenzprinzip. Genauer wird die Prämie $H[X]$ mittels

$$H[X] := E[X] + Z[X]$$

festgelegt, wobei der *Sicherheitszuschlag* $Z[X]$ zum eigentlichen Instrument der Risikobewertung wird. Es stellt sich die Frage, welcher Sicherheitszuschlag angemessen ist, wenn die Verteilung des Risikos bekannt ist. Der Sicherheitszuschlag soll die zufälligen Schwankungen des Risikos auffangen, und bei gleichem Erwartungswert benötigt der Versicherer für gefährlichere Risiken einen höheren Sicherheitszuschlag. Es ergibt sich folglich die Notwendigkeit, die Gefährlichkeit der Risiken zu bewerten und die Ergebnisse in den Sicherheitszuschlag und damit in die Prämienkalkulation einfließen zu lassen.

Die wichtigsten dieser *Risikomaße*, die in der Prämienkalkulation Anwendung finden, sind

- der *Erwartungswert* als klassisches Maß für die Größe oder das Ausmaß des Risikos (wobei der Erwartungswert in der Literatur mitunter nicht als Risikomaß angesehen wird) und
- die Schwankungsmaße *Varianz*, *Standardabweichung*, *Variationskoeffizient*

sowie in Hinblick auf die Praxis schon mit deutlichen Abstrichen

- das Symmetriemaß *relative Schiefe*,
- die *Tailwahrscheinlichkeiten*,
- die *Ruin-* und *Verlustwahrscheinlichkeiten* (vgl. Abschnitt 7.3),
- die *Quantile* und
- der *erwartete Nutzen* oder *Bernoulli–Nutzen*.

Aus diesen Ansätzen ergeben sich die folgenden wichtigsten Prämienprinzipien:

Das Prämienprinzip H mit

$$H[X] := E[X] + \delta\, E[X] = (1+\delta)\, E[X]$$

heißt *Erwartungswertprinzip* zum Parameter $\delta \in \mathbb{R}_+$. Offenbar ergibt sich mit $\delta = 0$ das Äquivalenz- oder Nettorisikoprinzip.

Das Erwartungswertprinzip erfasst keinerlei Schwankungen. Bei den beiden folgenden Prämienprinzipien sind die Sicherheitszuschläge hingegen proportional zur Varianz bzw. zur Standardabweichung, so dass das Schwankungsverhalten in die Prämie einfließt.

Das Prämienprinzip H mit

$$H[X] := E[X] + \delta\, \mathrm{var}[X]$$

heißt *Varianzprinzip* zum Parameter $\delta \in \mathbb{R}_+$, und das Prämienprinzip

$$H[X] := E[X] + \delta\, \sqrt{\mathrm{var}[X]}$$

heißt *Standardabweichungsprinzip* zum Parameter $\delta \in \mathbb{R}_+$. Für $\delta = 0$ ergibt sich auch hier jeweils das Nettorisikoprinzip.

Man beachte, dass die Bezugsgrößen der Sicherheitszuschläge, also die Kennzahlen $\mathrm{var}[X]$ und $\sqrt{\mathrm{var}[X]}$, unterschiedliche Größenordnungen aufweisen. Auch die Dimensionen der beiden Risikomaße sind mit quadrierten Geldeinheiten bzw. Geldeinheiten unterschiedlich. Es ist somit beim Umgang mit diesen Größen Vorsicht geboten, was sich durch angemessene Wahl des Parameters δ ausdrückt.

Ein alternativer Ansatz zur Herleitung von Prämienprinzipien entstammt der Entscheidungstheorie, einem Teilgebiet der Betriebswirtschaftslehre. (Farny [2011] widmet der entscheidungsorientierten Versicherungsbetriebslehre das über 200–seitige dritte Kapitel.) Dazu ist insbesondere der Begriff der *Nutzenfunktion* einzuführen. Ein Ausgangspunkt der sogenannten *Nutzentheorie* ist, dass ein Geldbetrag x für zwei verschiedene Wirtschaftssubjekte nicht notwendig den gleichen Nutzen stiften muss. Vielmehr kann die Individualität zweier Wirtschaftssubjekte etwa durch verschiedene (Nutzen–)Funktionen u_1 und u_2 beschrieben werden. Die Werte $u_1(x)$ und $u_2(x)$ quantifizieren somit den wirtschaftlichen Nutzen, den die beiden Wirtschaftssubjekte dem Geldbetrag x zuordnen. Die Individualität der Nutzenfunktionen drückt sich dabei insbesondere durch die *Risikopräferenzstruktur* und etwaige Sicherheitsmittel aus.

Eine Funktion $u : \mathbb{R} \to \mathbb{R}$ heißt *Nutzenfunktion*, wenn sie streng monoton wachsend und konkav ist.

Da es in den Anwendungen der Nutzentheorie meist nicht auf das absolute Niveau der Nutzenwerte, sondern nur auf ihren Vergleich ankommt, fordert man für eine Nutzenfunktionen u zwecks Normierung häufig zusätzlich

$$u(0) = 0$$

und im Fall der Differenzierbarkeit außerdem

$$u'(0) = 1$$

Nutzenfunktionen, die diese Eigenschaften erfüllen, heißen *normiert*.

Art und Ausmaß der Krümmung einer Nutzenfunktion kann als ein Maß der *Risikoaversion* aufgefasst werden.

Für eine zweimal differenzierbare Nutzenfunktion u mit $u' > 0$ wird die Funktion $r : \mathbb{R} \to \mathbb{R}$ mit

$$r(x) := -\frac{u''(x)}{u'(x)}$$

als *Arrow–Pratt Maß* bezeichnet. Das Arrow–Pratt Maß ist ein Maß für die Risikoaversion: Negative Werte von r charakterisieren den seltenen Fall der *Risikofreude* oder *Risikoaffinität*, positive Werte den typischen Fall der *Risikoscheu* oder *Risikoaversion*; vgl. Zweifel und Eisen [2003; S. 70ff].

Die wohl bekannteste in der Nutzentheorie verwendete Nutzenfunktion ist die *exponentielle Nutzenfunktion*:

7.4.1 Beispiel (Exponentielle Nutzenfunktion). Für $\delta > 0$ heißt die Funktion $u : \mathbb{R} \to \mathbb{R}$ mit

$$u(x) := \frac{1 - e^{-\delta x}}{\delta}$$

Nutzenfunktion des exponentiellen Nutzens oder *exponentielle Nutzenfunktion* zum Parameter $\delta \in (0, \infty)$. Es gilt $u'(x) = e^{-\delta x} > 0$ und $u''(x) = -\delta\, e^{-\delta x} < 0$; daher ist jede exponentielle Nutzenfunktion normiert. Die folgende Grafik illustriert verschiedene exponentielle Nutzenfunktionen:

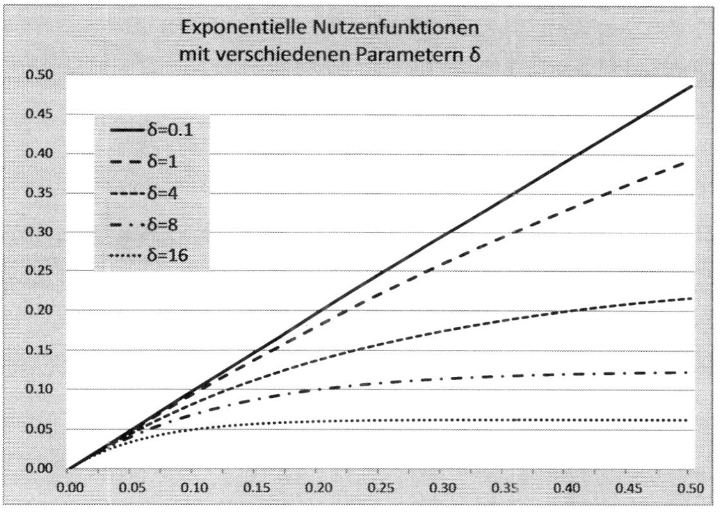

Für das Arrow–Pratt Maß einer exponentiellen Nutzenfunktionen gilt

$$r(x) = -\frac{u''(x)}{u'(x)} = \delta$$

Daher ist das Arrow–Pratt Maß einer exponentiellen Nutzenfunktion konstant und durch ihren Parameter δ gegeben. Für $\delta \to 0$ erhält man $u(x) = x$.

Selbstverständlich gibt es weitere Ansätze für Nutzenfunktionen, etwa mit quadratischen, kubischen oder logarithmischen Funktionen oder mit Potenzfunktionen. Oft ist dann aber der Definitionsbereich einzuschränken und/oder der Typ der Funktion stückweise zu variieren, so dass eher unhandliche Gegebenheiten vorliegen.

Nach Vorliegen einer Nutzenfunktion u des Versicherers legt dieser nach dem *Nullnutzenprinzip* (oder *Bernoulli–Nutzenprinzip*) die *Nullnutzenprämie* p für ein Risiko X derart fest, dass p die Gleichung

$$E[u(p-X)] = u(0)$$

für den *Erwartungsnutzen* $E[u(p-X)]$ löst. Offenbar ist diese Gleichung so zu interpretieren, dass der erwartete Nutzen *mit* Versicherungsgeschäft (linke Seite) gleich dem Nutzen *ohne* Versicherungsgeschäft (rechte Seite) ist. Insofern wird mit der Nullnutzenprämie p nur eine Preisuntergrenze festgelegt.

In Schmidt [2009; Lemma 12.4.1] wird eine hinreichende Bedingung für die Existenz und Eindeutigkeit einer Lösung der Gleichung $E[u(p-X)] = u(0)$ angegeben. Im Allgemeinen lässt sich diese Gleichung nicht explizit nach p auflösen. Es lässt sich aber zeigen, dass für eine zweimal differenzierbare Nutzenfunktion die folgende an das Varianzprinzip erinnernde Prämie

$$\widehat{p} := E[X] + \frac{r(0)}{2}\,\mathrm{var}[X]$$

die Gleichung näherungsweise löst; vgl. Heilmann und Schröter [2013; Satz 4.23]. Ein Sonderfall liegt im Fall einer exponentiellen Nutzenfunktion vor:

7.4.2 Beispiel (Exponentielle Nutzenfunktion). Für die exponentielle Nutzenfunktion u zum Parameter $\delta \in (0,\infty)$ besitzt die Gleichung

$$E[u(p-X)] = u(0)$$

die Lösung

$$p := \frac{1}{\delta}\,\ln\Big(E[e^{\delta X}]\Big)$$

und die Lösung ist eindeutig.

Das Prämienprinzip H mit

$$H[X] := \frac{1}{\delta}\,\ln\Big(E[e^{\delta X}]\Big)$$

wird auch als *Exponentialprinzip* zum Parameter $\delta \in (0,\infty)$ bezeichnet.

7.4.3 Beispiel (Stückweise lineare Nutzenfunktion). Die Funktion $u : \mathbb{R} \to \mathbb{R}$ mit

$$u(x) := \frac{x}{2}\Big(1 + \chi_{(-\infty,0]}(x)\Big) = \begin{cases} x & \text{für } x \le 0 \\ x/2 & \text{für } 0 < x \end{cases}$$

ist eine Nutzenfunktion. Es gilt $u(0) = 0$, und für alle $p \in \mathbb{R}$ gilt

$$\begin{aligned} E[u(p-X)] &= E\left[\frac{p-X}{2}\Big(1 + \chi_{(-\infty,0]}(p-X)\Big)\right] \\ &= E\left[\frac{p-X}{2}\Big(1 + \chi_{[p,\infty)}(X)\Big)\right] \\ &= \frac{1}{2}\bigg(p - E[X] + \int_{[p,\infty)} (p-x)\,dP_X(x)\bigg) \end{aligned}$$

$$
\begin{aligned}
&= \frac{1}{2}\left(p - E[X] - \int_{[p,\infty)} (x-p)\, dP_X(x)\right) \\
&= \frac{1}{2}\left(p - E[X] - E\big[X-p \mid X > p\big]\, P[X > p]\right)
\end{aligned}
$$

Aus der Bedingung $E[u(p-X)] = u(0)$ ergibt sich nun wegen $u(0) = 0$

$$
p = E[X] + E\big[X-p \mid X > p\big]\, P[X > p]
$$

Dabei kann der zweite Summand als Sicherheitszuschlag in Höhe des *mittleren Überschadens* aufgefasst werden.

Die Lösung der letzten Gleichung wird nun für zwei Verteilungsannahmen gezeigt:

(1) Sei zunächst $P_X = \mathbf{Exp}(\alpha)$. Dann ergibt sich (mit den gestutzten Momenten von X gemäß Formelsammlung)

$$
\begin{aligned}
p &= E[X] + E\big[X-p \mid X > p\big]\, P[X > p] \\
&= \frac{1}{\alpha} + \Big(E\big[X \mid X > p\big] - p\Big)\, e^{-\alpha p} \\
&= \frac{1}{\alpha} + \Big(\frac{1+\alpha p}{\alpha} - p\Big)\, e^{-\alpha p} \\
&= \frac{1}{\alpha}\Big(1 + e^{-\alpha p}\Big)
\end{aligned}
$$

und damit

$$
\alpha p = 1 + e^{-\alpha p}
$$

Da die Gleichung $t = 1 + e^{-t}$ die eindeutige Lösung $t = 1.2785$ besitzt, ergibt sich

$$
H[X] = \frac{1.2785}{\alpha} = \frac{1}{\alpha}\,\big(1 + 0.2785\big) = E[X]\,\big(1 + 0.2785\big)
$$

so dass für alle α ein Sicherheitszuschlag von 27.85% vorliegt.

(2) Sei nun $P_X = \mathbf{Par}(\alpha, 2)$. Dann ergibt sich analog

$$
\begin{aligned}
p &= E[X] + E\big[X-p \mid X > p\big]\, P[X > p] \\
&= 2\,\alpha + (2\,p - p)\left(\frac{\alpha}{p}\right)^2 \\
&= 2\,\alpha + \frac{\alpha^2}{p}
\end{aligned}
$$

und damit

$$
p^2 - 2\,\alpha p - \alpha^2 = 0
$$

Diese Gleichung hat die positive Lösung

$$
H[X] = \alpha\,\big(1 + \sqrt{2}\big) = 2\,\alpha\left(1 + \frac{\sqrt{2}-1}{2}\right) = E[X]\,\big(1 + 0.2071\big)
$$

so dass für alle α ein Sicherheitszuschlag von 20.71% vorliegt.

Bei Anwendung verschiedener Prämienprinzipien oder bei der Wahl verschiedener Parameter eines gegebenen Prämienprinzips ergeben sich selbstverständlich unterschiedliche Prämien. Die folgende Grafik veranschaulicht diese Gegebenheiten für die meisten der oben genannten Prämienprinzipien am Beispiel $P_X = \mathbf{Exp}(1/2)$. Für das Exponentialprinzip H mit Parameter $\delta < 1/2$ ergibt sich in diesem Fall

$$H[X] = \frac{1}{\delta}\ln\Big(E[e^{\delta X}]\Big) = \frac{1}{\delta}\ln\left(\frac{1/2}{1/2-\delta}\right) = -\frac{\ln(1-2\delta)}{\delta}$$

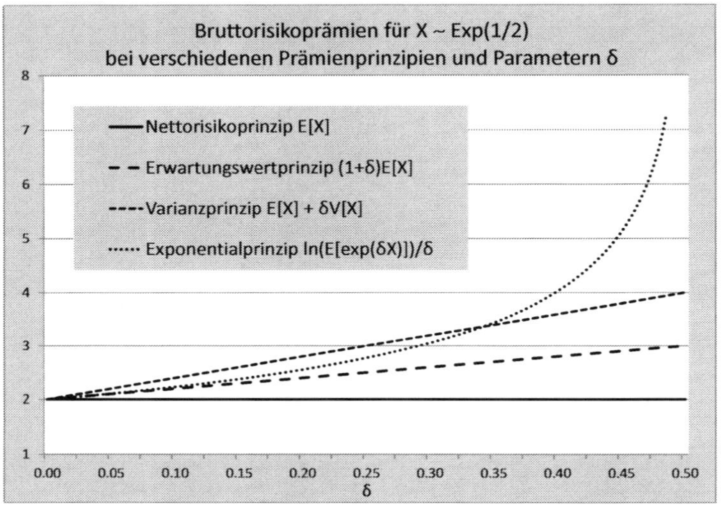

Nachdem nun einige Prämienprinzipien hergeleitet wurden, sollen noch kurz ihre wichtigsten Eigenschaften angesprochen werden.

Prämienprinzipien sind anwendbar auf den einzelnen Vertrag, auf Teilbestände oder auf den gesamten Bestand. Diese Ansätze ergeben dasselbe, wenn das Prämienprinzip H *additiv* ist in dem Sinne, dass für unabhängige Risiken X und Y

$$H[X+Y] = H[X] + H[Y]$$

gilt. Additive Prämienprinzipien sind beispielsweise
- das Nettorisikoprinzip,
- das Erwartungswertprinzip,
- das Varianzprinzip und
- das Exponentialprinzip.

Das Standardabweichungsprinzip ist hingegen (außer für $\delta = 0$) nicht additiv, wie das folgende Beispiel zeigt:

7.4.4 Beispiel (Nichtadditivität des Standardabweichungsprinzips). Sei H das Standardabweichungsprinzip mit Parameter $\delta > 0$ und seien X und Y unabhängig mit $P_X = P_Y = \mathbf{Exp}(1)$. Dann gilt:

$$\begin{aligned} H[X+Y] &= E[X+Y] + \delta\,\sqrt{\mathrm{var}[X+Y]} \\ &= E[X] + E[Y] + \delta\,\sqrt{\mathrm{var}[X] + \mathrm{var}[Y]} \\ &= 1 + 1 + \delta\,\sqrt{1+1} \\ &< 1 + 1 + 2\,\delta \\ &= \bigl(1 + \delta\,\sqrt{1}\bigr) + \bigl(1 + \delta\,\sqrt{1}\bigr) \\ &= \bigl(E[X] + \delta\,\sqrt{\mathrm{var}[X]}\bigr) + \bigl(E[Y] + \delta\,\sqrt{\mathrm{var}[Y]}\bigr) \\ &= H[X] + H[Y] \end{aligned}$$

Die Ungleichung $\sqrt{\mathrm{var}[X+Y]} < \sqrt{\mathrm{var}[X]} + \sqrt{\mathrm{var}[Y]}$, und damit die Ungleichung $H[X+Y] < H[X] + H[Y]$, gilt sogar für beliebige unabhängige Zufallsvariable X und Y mit $\mathrm{var}[X] \neq 0 \neq \mathrm{var}[Y]$.

Für ein beliebiges Prämienprinzip H ist der Sicherheitszuschlag der Teil der Prämie, um den die Prämie den Erwartungswert übersteigt, denn es gilt

$$Z[X] = H[X] - E[X]$$

Ein Prämienprinzip H heißt *erwartungswertübersteigend*, wenn für alle Risiken

$$Z[X] \geq 0$$

gilt. Sämtliche der hier vorgestellten Prämienprinzipien sind erwartungswertübersteigend; dies gilt insbesondere für das Nullnutzenprinzip, wie mit Hilfe der Jensenschen Ungleichung

$$g(E[Y]) \geq E[g(Y)]$$

für konkave Funktionen g gezeigt werden kann: Für eine Nutzenfunktion u und für ein Risiko X und die Nullnutzenprämie $H[X] = p$ gilt nach der Jensenschen Ungleichung

$$u\Bigl(p - E[X]\Bigr) = u(E[p-X]) \geq E[u(p-X)] = u(0)$$

und daraus folgt

$$p - E[X] \geq 0$$

und damit $Z[X] \geq 0$.

Ein Prämienprinzip H erfüllt für Risiko X die *no–arbitrage Bedingung*, wenn

$$P\big[X > H[X]\big] > 0$$

gilt, also das Versicherungsunternehmen keinen sicheren Gewinn (Arbitrage) erzielen kann; vgl. Schmidt [2009; Abschnitt 12.1]. Während das Nettorisikoprinzip die no–arbitrage Bedingung für alle Risiken mit einer strikt positiven Varianz erfüllt, kann bei den anderen hier betrachteten Prämienprinzipien der Parameter so gewählt werden, dass diese Bedingung für bestimmte Risiken nicht erfüllt ist. Mitunter wird der Definitionsbereich von Prämienprinzipien derart eingeschränkt, dass die no–arbitrage Bedingung für alle Risiken erfüllt ist; vgl. Schmidt [2009; Kapitel 12], wo auch weitere Prämienprinzipien und weitere mögliche Eigenschaften von Prämienprinzipien vorgestellt werden.

7.5 Schätzung von Erwartungswerten in Risikoklassen

Bislang gingen die Betrachtungen davon aus, dass die Tarifierung und ihre Instrumente auf gegebene Verteilungen der Schadenanzahl und der Schadenhöhen Bezug nehmen.

In der Praxis sind diese Verteilungen jedoch unbekannt. Stattdessen liegen Beobachtungen dieser Zufallsvariablen vor und es sind insbesondere die Erwartungswerte dieser Zufallsvariablen zu schätzen. So ist beispielsweise für identisch verteilte Zufallsvariable $X_1, X_2, \dots, X_n$ das Stichprobenmittel

$$\overline{X}(n) := \frac{1}{n}\sum_{k=1}^{n} X_k$$

ein erwartungstreuer Schätzer des für alle Zufallsvariablen identischen Erwartungswertes.

Im Kontext der Tarifierung ist es mit dieser simplen Formel aber natürlich nicht getan. Es ist zu beachten, dass die vorliegenden Daten unterschiedliche Charakteristika aufweisen können. Beispielsweise können die Daten aus

- unterschiedlichen Perioden (meist Jahren) oder
- aus sehr unterschiedlichen Verträgen

stammen. Selbstverständlich müssen diese Unterschiede geeignet berücksichtigt werden, etwa durch eine Gewichtung mit einem *Inflationsindex* und/oder einem *Volumenmaß* (Versicherungssumme, Beitrag etc.) oder, je nach Heterogenität des Bestandes, durch differenzierte Einzelanalysen und etwa die Aufteilung der Verträge in *Risikoklassen*.

Gerade Letzteres, also die Trennung der statistischen Analyse nach geeigneten Segmenten des Bestandes, ist für die Vorarbeiten zur Tarifierung in der

Schadenversicherung kennzeichnend. Dies soll an dem folgenden kleinen, aber typischen Beispiel veranschaulicht werden.

7.5.1 Beispiel (Kreuzklassifikation). Ein Bestand der Schadenversicherung wird nach zwei Merkmalen A und B klassifiziert, d. h., es liegt eine *Kreuzklassifikation* vor. Merkmal A habe die möglichen Ausprägungen a_i mit $i \in \{1, \dots, p\}$ und Merkmal B die Ausprägungen b_j mit $j \in \{1, \dots, q\}$ Somit wird der Bestand in pq Teilbestände (*Risikoklassen*) zerlegt, die durch die Merkmalsausprägungen (a_i, b_j) mit $i \in \{1, \dots, p\}$ und $j \in \{1, \dots, q\}$ charakterisiert sind. Jede Risikoklasse ist durch ein Indexpaar (i, j) zu identifizieren.

Merkmal A		Merkmal B				
		1	...	j	...	q
		b_1	...	b_j	...	b_q
1	a_1	(1,1)	...	(1,j)	...	(1,q)
⋮	⋮	⋮		⋮		⋮
i	a_i	(i,1)	...	Risikoklasse (i,j) mit Ausprägung (a_i,b_j)	...	(i,q)
⋮	⋮	⋮		⋮		⋮
p	a_p	(p,1)	...	(p,j)	...	(p,q)

In der Risikoklasse (i, j) werden $n_{i,j}$ Schadenvariable $X_{i,j,k}$ beobachtet. Es stellt sich insbesondere die Frage, ob das Merkmal A oder das Merkmal B für die Tarifierung relevant ist.

Die in dem Beispiel abschließend gestellte Frage ist nicht trivial zu beantworten und erfordert in der Regel umfangreiche statistische Analysen. So stehen zur qualifizierten Auswahl der relevanten Merkmale etwa

- die *multiple (lineare) Regressionsanalyse*,
- die *Korrelationsanalyse* als Instrument zur Interpretation der Merkmale,
- die *Faktoranalyse* zur Reduktion der Anzahl der Merkmale,
- die *Varianzanalyse*,
- die *Datenanalyse*,
- die *Diskriminanzanalyse* und
- die *Clusteranalyse*

zur Verfügung. Diese statistischen Verfahren werden zum Beispiel in Schlittgen [2009] ausführlich erläutert. Mack [2002; Unterabschnitt 2.3.2] beschreibt mit dem *Verfahren der schrittweisen Auswahl* ein spezielles Verfahren zur sukzessiven Auswahl der wichtigsten Merkmale.

An dieser Stelle sei darauf hingewiesen, dass sich die Analyse der Schadenvariablen theoretisch getrennt auf Schadenzahlen und Einzelschadenhöhen beziehen sollte. In der Praxis wird allerdings nicht selten nur auf Gesamtschadenbasis operiert.

Grundsätzlich ist der für die Auswahl eines Merkmals als Tarifmerkmal erforderliche Nachweis der statistischen Signifikanz von dem Wissen über die wahren Schadenursachenzusammenhänge und deren Interpretierbarkeit zu unterscheiden. Im engen Sinne ist es im Rahmen der Tarifierung unbedeutend, die in der Regel hochkomplexen Ursachensysteme zwischen den Merkmalsausprägungen (wie z. B. (Alter, Region) = (40, Bayern)) und dem Schadenverhalten vollständig zu kennen. In der Praxis sind aber nur solche Merkmale am Versicherungsmarkt durchzusetzen, die auf eine hinreichende Akzeptanz stoßen.

Naturgemäß steht es im Kontext der Tarifierung im Vordergrund, den zu bewertenden Risiken auf Basis gegebener Daten geeignete Prämien zuzuordnen. Diese Prämien basieren vornehmlich auf den Erwartungswerten der Schadenverteilungen (vgl. Abschnitt 7.4). Folglich ist es ein erstes statistisches Problem, für alle Risikoklassen die Erwartungswerte der Schäden zu schätzen.

Es erscheint zunächst naheliegend, das allgemein bekannte Formelwerk der Statistik (wie das Stichprobenmittel und die Stichprobenvarianz) für jede Risikoklasse auf die dort vorliegenden Beobachtungen anzuwenden. Dann würden sich aber in der Regel instabile Tarifierungen einstellen. Zufällige Schwankungen (wie regional wirkende Naturereignisse) würden in bestimmten Risikoklassen zu extrem hohen Schätzwerten führen, während Risikoklassen ohne Schäden keine geeigneten Schätzwerte liefern.

Bei diesem Vorgehen würde auch die Benachbartheit der Daten unberücksichtigt bleiben. Lägen der Tarifierung beispielsweise die Merkmale Alter, Beruf und Region zugrunde, würde die Schadenerfahrung für die niedersächsischen Lehrer im Alterssegment 46–50 für die Gruppe im Alterssegment 51–55 ohne jede Bedeutung sein. Dies ist aus verschiedenen Gründen nicht vernünftig:

- Es ist bezüglich der Schadenursachenanalyse sinnvoll, die Schadenerfahrung benachbarter Risikoklassen in die Analyse einzubeziehen.
- Das Einbeziehen benachbarter Schadendaten trägt dazu bei, die Tarifierung zu stabilisieren. In der Statistik spricht man hier von Glättung oder Robustifizierung.
- Bei einer stark differenzierten Tarifierung, die mit vielen Merkmalen oder mit vielen Ausprägungen einzelner Merkmale operiert, werden regelmäßig nicht wenige Risikoklassen schwach besetzt sein. In solchen Risikoklassen gibt es nur sehr wenige Risiken und folglich im Allgemeinen auch nur wenige Schäden. Die Anwendung herkömmlicher statistischer Verfahren in diesen Risikoklassen ist somit wenig sinnvoll und zum Teil kaum möglich.

Aus den angestellten Überlegungen ergibt sich, dass selbst die Schätzung der Erwartungswerte in den Risikoklassen eine nicht triviale Aufgabe ist, und zwar vor allem, weil zunächst offen ist, in welchem Ausmaß benachbarte Daten in die Schätzungen eingehen sollen. Das folgende Beispiel illustriert dies für den Fall *geschachtelter Modelle*:

7.5.2 Beispiel (Fortsetzung von Beispiel 7.5.1). In dem obigen Beispiel der Kreuzklassifikation repräsentieren die folgenden geschachtelten Modelle steigende

Grade der Differenzierung der Risikoklassen und somit fallende Berücksichtigung der Benachbartheit:

– **Modell 1:** Die Schadenhöhen aller Risikoklassen haben denselben Erwartungswert

$$\mu = E[X_{i,j,k}]$$

und der Erwartungswert μ wird durch

$$\hat{\mu} := \frac{1}{n} \sum_{i=1}^{p} \sum_{j=1}^{q} \sum_{k=1}^{n_{i,j}} X_{i,j,k}$$

mit $n := \sum_{i=1}^{p} \sum_{j=1}^{q} n_{i,j}$ geschätzt.

– **Modell 2:** Die Schadenhöhen aller Risikoklassen mit derselben Ausprägung i des Merkmals A haben denselben Erwartungswert

$$\mu_i = E[X_{i,j,k}]$$

und die Erwartungswerte μ_i mit $i \in \{1, \dots, p\}$ werden durch

$$\hat{\mu}_i := \frac{1}{n_i} \sum_{j=1}^{q} \sum_{k=1}^{n_{i,j}} X_{i,j,k}$$

mit $n_i := \sum_{j=1}^{q} n_{i,j}$ geschätzt.

– **Modell 3:** Die Schadenhöhen einer Risikoklasse (mit denselben Ausprägungen i bzw. j der Merkmale A bzw. B) haben denselben Erwartungswert

$$\mu_{i,j} = E[X_{i,j,k}]$$

und die Erwartungswerte $\mu_{i,j}$ mit $i = 1, \dots, p$ und $j = 1, \dots, q$ werden durch

$$\hat{\mu}_{i,j} := \frac{1}{n_{i,j}} \sum_{k=1}^{n_{i,j}} X_{i,j,k}$$

geschätzt.

Jedem dieser drei Modelle ist mit

$$S_1 := \sum_{i=1}^{p} \sum_{j=1}^{q} \sum_{k=1}^{n_{i,j}} (X_{i,j,k} - \hat{\mu})^2$$

$$S_2 := \sum_{i=1}^{p} \sum_{j=1}^{q} \sum_{k=1}^{n_{i,j}} (X_{i,j,k} - \hat{\mu}_i)^2$$

$$S_3 := \sum_{i=1}^{p} \sum_{j=1}^{q} \sum_{k=1}^{n_{i,j}} (X_{i,j,k} - \hat{\mu}_{i,j})^2$$

eine Summe von Fehlerquadraten als Maß für die Modellgenauigkeit zugeordnet. Es gilt

$$S_1 \geq S_2 \geq S_3$$

Insbesondere weist das stark differenzierte Modell 3 die kleinste Summe von Fehlerquadraten auf. Es ist damit aber keineswegs notwendigerweise das beste Modell, etwa wenn man an die Stabilität denkt. Außerdem gehen besonders gute Anpassungen, also kleine Summen von Fehlerquadraten, in der Regel mit steigender Modellkomplexität einher. So steigt hier die Anzahl der Parameter von 1 im Modell 1 über p im Modell 2 auf pq im Modell 3.

Grundsätzlich ist hinsichtlich des Diversifizierungsgrades bei der Schätzung der Erwartungswerte zu berücksichtigen, dass es umso begründeter ist, die Erwartungswerte jeder Risikoklasse einzeln zu schätzen, je stärker die Risikoklassen strukturell und signifikant voneinander abweichen. Kriterien für das Ausmaß der Diversifizierung sind:

- methodischer Aufwand,
- Komplexität,
- Akzeptanz,
- Gefahr des *Overfittings* (auch Ausgleich rein zufälliger, nicht struktureller Schwankungen),
- Stabilität durch Ausgleichung/Glättung,
- Schätzqualität.

Dem Problem der hohen Modellkomplexität, etwa gemessen an der Anzahl der Parameter im Vergleich zur Anzahl der Beobachtungen, kann man durch die Verwendung eines *linearen Modells* begegnen. So kann in Beispiel 7.5.2 durch eine Linearisierung der Merkmalseffekte die Anzahl der Parameter wie folgt reduziert werden:

7.5.3 Beispiel (Fortsetzung von Beispiel 7.5.2).

- **Modell 1:** Es gibt einen Parameter μ mit

  $$E[X_{i,j,k}] = \mu$$

  für alle i, j, k. Das Modell 1 bleibt damit unverändert. Der Parameter μ heißt *Kontrast*. Diese Bezeichnung des *mittleren Effektes* ist insofern passend, als die Effekte der Merkmale A und B nach Abzug des Kontrastes μ besser sichtbar werden, etwa weil sie unterschiedliche Vorzeichen aufweisen.
- **Modell 2:** Für alle i gibt es einen Parameter α_i mit

  $$E[X_{i,j,k}] = \mu + \alpha_i$$

  für alle j, k. Das Modell 2 bleibt damit unverändert, da eine eindeutige Beziehung zwischen den Parametern μ_i und α_i besteht. Die Parameter α_i werden als *Effekte* des Merkmals A bezeichnet.
- **Modell 3:** Für alle i und j gibt es einen Parameter α_i und β_j mit

  $$E[X_{i,j,k}] = \mu + \alpha_i + \beta_j$$

  für alle k. Das Modell 3 wird damit spezialisiert, da eine besondere Struktur der Parameter $\mu_{i,j}$ angenommen wird. Die Parameter β_j werden als *Effekte* des Merkmals B bezeichnet. Die Parameter α_i und β_j sind nicht eindeutig bestimmt, aber ihre Eindeutigkeit kann durch die Bedingung

$$\alpha_1 = 0 = \beta_1$$

oder die Bedingung

$$\sum_{i=1}^{p} \alpha_i = 1 = \sum_{j=1}^{q} \beta_j$$

erreicht werden.
Im Modell 3 ergibt sich damit eine Reduktion der Anzahl der Parameter von pq auf $p + q - 1$.

Am Ende der analysegestützten Auswahl der Merkmale steht in der Regel die Maxime, dass in jeder Risikoklasse – also in unserem obigen Beispiel für gleiche Ausprägungen der Merkmale A und B – nur noch gleichartige, also identisch verteilte, Risiken enthalten sind. Dies trifft im engen Sinne sicher kaum zu, denn tatsächlich wird es in der Schadenversicherung keine zwei identisch verteilten Risiken geben. Näherungsweise und völlig ausreichend für die Zwecke der Tarifierung ist es aber, von homogenen Risikoklassen auszugehen.

Dieses Kapitel zu den Grundlagen der Tarifierung wird mit einem Ausblick auf die *Teilschritte* des Tarifierungsprozesses beendet. Dabei betreffen die Darstellungen sowohl *Neukalkulationen* als auch *Nachkalkulationen*. Diese Teilschritte sind im Wesentlichen:

- *Qualitätssicherung* zu verwendender Daten (vgl. Kapitel 8),
- Ermittlung einer *Kalkulationsstatistik* (vgl. Abschnitt 8.1),
- Auswahl eines *Tarifmodells*, Anwendung aktuarieller *Ausgleichsverfahren* (vgl. Kapitel 9),
- Integration weiterer *Kostenkomponenten* (vgl. Kapitel 9),
- Festlegung des *Tarifs* (vgl. Kapitel 9),
- Erfassung der *Selektionseffekte* in Tarifen (vgl. Abschnitt 10.1).

8

Daten und Tarifierungsstatistiken

Dieses Kapitel befasst sich mit dem Charakteristikum der Schadenversicherung, das darin besteht, dass – in Abgrenzung zu der Lebensversicherung – große Mengen heterogener Daten zu analysieren, in geeigneten Tarifierungsstatistiken zu erfassen, aufzubereiten und weiter zu verarbeiten sind. Wir betrachten zunächst Risikomerkmale und Tarifmerkmale (Abschnitt 8.1) und die wichtigsten Kennzahlen der Schadenversicherung (Abschnitt 8.2). Es folgt eine Einführung in ein weiteres Spezifikum der Schadenversicherung, nämlich das Problem besonders großer Schäden (Abschnitt 8.3); dabei geht es nicht um diese Großschäden selbst, sondern darum, dass die verschiedenen statistischen Verfahren auf diese Ausreißer unter Umständen sehr empfindlich und unangemessen reagieren. Am Ende dieses Kapitels betrachten wir eine spezielle Aufbereitung von Schadendaten in Form von Prioritätenstatistiken (Abschnitt 8.4).

8.1 Risikomerkmale und Tarifmerkmale

Eine wesentliche Komponente der Tarifierung besteht in der Bildung von Risikoklassen. Grundlage der Klassenbildung und der anschließenden Kalkulation sind umfangreiche statistische Daten. Diese *Kalkulationsstatistiken* enthalten vor allem Daten der beiden folgenden, deutlich voneinander abzugrenzenden Merkmale:

- Als ein *Risikomerkmal* gilt ein Merkmal dann, wenn es in einem statistisch signifikanten Zusammenhang zu dem Schadenverhalten steht.
- Ein Merkmal, das im Rahmen der Tarifierung eingesetzt wird, wird als *Tarifmerkmal* bezeichnet.

Es ist davon auszugehen, dass nur Risikomerkmale als Tarifmerkmale verwendet werden. Theoretisch könnten als Tarifmerkmale natürlich auch Merkmale verwendet werden, die keinen signifikanten Einfluss auf das Schadenverhalten haben.

H.-W. Goelden et al., *Schadenversicherungsmathematik*, DOI 10.1007/978-3-662-48860-7_9

Für die Tarifierung ist es weniger problematisch, Merkmale zu finden, die stark mit dem Schadenverhalten korrelieren, als solche ausfindig zu machen, die untereinander eher unkorreliert sind. Andernfalls könnten gleichartige Einflüsse mehrfach in die Prämien eingehen; vgl. Mack [2002; Unterabschnitt 2.3.1].

Nachfolgend werden einige Risiko- und/oder Tarifmerkmale exemplarisch angegeben:

- *Tarifmerkmale*: Alle (bei Vertragsabschluss oder später) erhobenen Daten, z. B.
  - persönliche Daten des Versicherungsnehmers,
  - technische Daten des versicherten Objektes,
  - Informationen über die Benutzung des Objektes,
  - Schadenhistorie.
- *Risikomerkmale*, die *auch* als *Tarifmerkmale* verwendet werden (am Beispiel der *Kraftfahrthaftpflichtversicherung*; in Klammern wesentliche Risikomerkmale):
  - *Typklasse* (technische Merkmale wie Gewicht, maximale Geschwindigkeit, kinetische Energie),
  - *Region* (Straßen- und Witterungsverhältnisse),
  - *Beruf* (soziale Stellung, Mindestalter).
- *Risikomerkmale*, die *keine Tarifmerkmale* sind (am Beispiel der *Kraftfahrthaftpflichtversicherung*; in Klammern wesentliche Risikomerkmale und Gründe für die Nichtberücksichtigung):
  - *Reaktionsgeschwindigkeit* des Hauptnutzers (Gefahrvermeidung, situativ und temporär sehr unterschiedlich),
  - *Nationalität* (Nutzungsart, Diskriminierungsverbot),
  - *Aggressivität* (riskante Fahrweise, schwierig zu quantifizieren).
- *Tarifmerkmale*, die *keine Risikomerkmale* sind (in Klammern: Gründe für die Aufnahme in die Tarifierung):
  - *Zahlungsweise* (Kostenersparnis),
  - *Bündelrabatte* (Einsparpotenzial bei Akquisitions- und Verwaltungskosten).[1]

Im Sprachgebrauch sollte man zwischen *Merkmalen* und ihren *Ausprägungen* unterscheiden. So ist *Alter* ein Merkmal und *40 Jahre* eine Ausprägung dieses Merkmals.

Nach vollständiger Auswahl der Tarifmerkmale geht die Tarifierung von der folgenden Maxime aus:

$$\text{Gleiche Ausprägungen der Tarifmerkmale} \mathrel{\widehat{=}} \text{Gleiches Risiko}$$

[1] Hier kann man entweder die Meinung vertreten, dass die vom Versicherungsnehmer gewählte Zahlungsweise ein Risikomerkmal ist, oder die, dass die Zahlungsweise und Rabattierungen nichts mit der Tarifierung im eigentlichen Sinne zu tun hat.

Tatsächlich stimmt diese Arbeitshypothese kaum exakt mit den realen Gegebenheiten überein. Denn auch wenn bei zwei Risiken die Ausprägungen aller Tarifmerkmale identisch sind, kann und wird es noch weitere Risikomerkmale geben, die nicht in die Tarifierung aufgenommen werden und deren Ausprägungen nicht identisch sind, so dass tatsächlich verschiedene Risiken vorliegen. Zweckmäßig und näherungsweise richtig bleibt die genannte Maxime aber.

Strukturell kann die Auswahl geeigneter Risiko- und Tarifmerkmale wie folgt beschrieben werden. Hierbei werden auch stichwortartig die bei diesen Schritten einzusetzenden statistischen Verfahren genannt.

- Ermittlung von *risikodifferenzierenden Merkmalen* als mögliche *Tarifmerkmale* für die Zielgröße Schadenbedarf mit Hilfe
  - *uni-* oder *multivariater statistischer Verfahren* (Regressionsanalyse, Diskriminanzanalyse, Varianzanalyse etc.),
  - Untersuchung der *Abhängigkeitsstruktur* möglicher Tarifmerkmale (Korrelationsanalyse, Multikollinearitäten, Copulas), oder
  - *Ranking* der Merkmale bzgl. ihrer *Risikorelevanz* und/oder *wechselseitigen Unabhängigkeit* (Signifikanztests, Mehrzielproblematik).
- Bestimmung der *Merkmalstruktur* möglicher Tarifmerkmale durch Bildung geeigneter Ausprägungsklassen (Clusteranalyse, Faktorenanalyse).
- *Auswahl der Tarifmerkmale* und *Festlegung der Tarifzellen* über die Merkmalstruktur der Tarifmerkmale (Segmentierungsverfahren: CHAID–Analyse, Faktorenanalyse etc.).

Eine besondere und mathematisch anspruchsvolle Problematik ergibt sich in dem ersten Schritt bei der Untersuchung der Abhängigkeitsstruktur der möglichen Tarifmerkmale. Der Fall der Abhängigkeit ist für viele statistische Verfahren kritisch. So führen in der Regressionsanalyse die als *Multikollinearität* bezeichneten Abhängigkeiten zu Verzerrungen und Instabilitäten bei den üblichen Schätzverfahren und Tests, vgl. etwa Schlittgen [2009; S. 166].

Abgesehen von den in den letzten Jahren zunehmenden Einschränkungen durch das Diskriminierungsverbot hat die Liberalisierung des europäischen Versicherungsmarktes seit 1994 zu einer deutlichen Belebung der Tarifgestaltung und -vielfalt geführt. Die Tarifierungsfreiheit drückt sich am Markt etwa durch folgende Gegebenheiten und Stichwörter aus:

- *Berufsgruppentarife.*
- Rabatte in der *Kraftfahrthaftpflichtversicherung* (Einzelfahrer, Treue, etc.).
- spezielle Tarife der *Wohngebäudeversicherung* gegen *Elementargefahren.*
- *Mehrfachrabattierung* (abhängig von Laufzeit, Zahlungsweise, Beruf etc.).
- *preferred risks.*

Auf diese Aspekte gehen wir nicht näher ein.

8.2 Schadenkennzahlen

Wie bereits erwähnt, ist die Tarifierung in der Schadenversicherung (insbesondere in Abgrenzung zur Lebensversicherung) auf große Datenmengen gestützt.

Schadendaten und Bestandsdaten

In der Tarifierung sind zwei Arten von Daten zu unterscheiden:

– *Schadendaten:* Die Schadendaten beschreiben die vorliegenden *Schadenereignisse*. Die Schadendaten betreffen vor allem Angaben zu den folgenden Schadenmerkmalen:
  - *Zeitpunkt* des Schadenereignisses (z. B. Datum, Versicherungsperiode etc.).
  - *Art* und *Ursache* des Schadenereignisses (z. B. Feuer, Überschwemmung, Sturm etc.).
  - *Sachlicher Bezug*: Versichertes Objekt (z. B. Haus, Kraftfahrzeug, etc.).
  - *Ort* des Schadenereignisses (z. B. Inland oder Ausland).
  - *Entschädigung*: Die Höhe der Versicherungsleistung richtet sich nach den vertraglichen Regelungen der versicherungstechnischen Einheit (Vertrag).

  Hinsichtlich des Datencharakters sind in der Praxis die folgenden Fälle zu unterscheiden:
  - In der *Meldejahrbetrachtung* werden die Schäden nach dem Meldedatum geordnet, also unabhängig von dem Eintritt des Schadenereignisses, so z. B. in GDV–Statistiken. Dabei ist der Effekt zu berücksichtigen, dass einige Schäden, die *Spätschäden*, erst in den Folgejahren gemeldet werden, vgl. Sussmann et al. [2011; Unterabschnitt 2.4.1].
  - Demgegenüber steht die *Anfalljahrbetrachtung*. Hier werden alle Schäden unabhängig von dem Meldedatum dem Ereignisjahr zugeordnet.
  - *Abwicklungsstatistiken* weisen (vor allem im *Long–Tail Business*[2]) die Verläufe der Abwicklungen eingetretener Schäden aus. Naheliegenderweise sind sie auch und insbesondere für die Schadenreservierung relevant, können aber auch im Rahmen der Tarifierung erforderlich werden.

  Die Schadendaten bilden für aktuelle und repräsentative historische Perioden die *Schadenstatistik*. Diese wird als Grundlage für die Tarifierung herangezogen.

[2] Als *Long–Tail Business* werden Versicherungszweige mit besonders langen durchschnittlichen Abwicklungsdauern bezeichnet, wie z. B. die *Haftpflicht-*, *Unfall-* und *Betriebsunterbrechungsversicherung*.

- *Bestandsdaten:* Neben den Schadendaten sind auch die Daten der zugehörigen versicherten Bestände von Bedeutung. Diese Bestandsdaten charakterisieren die schadenfreien Gegebenheiten der versicherungstechnischen Einheiten, etwa durch Angaben über
  - die *Versicherungssumme* (Höchstgrenze der Entschädigung) oder
  - die Ausprägungen der *Tarifmerkmale* (Vertragsdaten) wie persönliche *Daten des Versicherungsnehmers* (Alter, Wohnort etc.) oder Daten über das *versicherte Objekt* und seine Nutzung.

  Die Kenntnis der vollständigen Bestandsdaten ist für die Tarifierung von großer Bedeutung. Andernfalls könnte man z. B. die Schadenanzahlen eines Bestandes nicht sinnvoll zur Hochrechnung der *erwarteten Schadenanzahl* (Schadenhäufigkeit) pro Risiko (und z. B. pro Jahr) heranziehen.

Selbstverständlich müssen die zu verwendenden Schaden- und Bestandsdaten vor der Verwendung in der Tarifierung Maßnahmen der *Qualitätssicherung* unterzogen werden. So sind sie vorab auf Vollständigkeit, Anwendbarkeit und Richtigkeit zu untersuchen. Gegebenenfalls sind sie geeignet aufzubereiten.

Besondere Anforderungen ergeben sich bei der Behandlung von
- *Großschäden* (vgl. Abschnitt 8.3),
- *Kumulereignissen* und
- *Nullschäden*, also Schäden, die ohne Zahlung einer Entschädigung (Versicherungsleistung) geschlossen werden.

Für Einzelheiten verweisen wir auf Sussmann et al. [2011; Unterabschnitte 2.4.3 und 2.4.4].

Über diese aktuariellen Ansätze der Datenaufbereitung hinaus, gibt es selbstverständlich weitere allgemeine, etwa grafische Methoden der Datenprüfung. Man unterscheidet sie nach dem Charakter der Daten. Sie sollen hier nur kurz namentlich angeführt werden:
- Methoden der Datenprüfung bei quantitativen Daten:
  - *Histogramme.*
  - *Box-Plots.*
  - *Q-Q-Plots* (Prioritätenstatistiken).
- Methoden der Datenprüfung bei qualitativen Daten:
  - Prüfung auf formale Korrektheit.
  - Prüfung auf inhaltliche Korrektheit.

Für Einzelheiten verweisen wir auf Sussmann et al. [2011; Abschnitt 2.5].

Exposuremaße

Spezielle Maßzahlen, die in der Schadenversicherung besondere Bedeutung haben, sind die *Exposuremaße*. Als *Exposure* bezeichnet man das Risiko oder konkreter das Gefährdungspotenzial einer versicherungstechnischen Einheit (Vertrag) oder eines Bestandes. Entsprechend bewerten Exposuremaße das versicherungstechnische Risiko bzw. den Schadenbedarf einer versicherungstechnischen Einheit oder eines Bestandes. Qualitätskriterien für Exposuremaße sind die Proportionalität zum Risiko, die Praktikabilität und die Zeitstabilität des Maßes.

Beispiele für Exposuremaße für Bestände sind die folgenden Volumenmaße:
- die *Jahreseinheiten*, also die Summe der Anteile eines Jahres, in denen für die einzelnen Verträge eines Bestandes Versicherungsschutz besteht,
- die *Anzahl der Verträge*,
- die *Anzahl der Risiken*,
- die *kumulierte Versicherungssumme* und
- die *Summe der Beiträge*;

vgl. Sussmann et al. [2011; Unterabschnitt 2.3.1].

Allgemeine Schadenkennzahlen

Im Folgenden werden einige der in der Praxis verwendeten *Schadenkennzahlen* zur Beschreibung von (Teil–)Beständen einer festen Periode vorgestellt. In diese Kennzahlen gehen die folgenden Größen ein:

$$\begin{aligned} n &= \textit{Anzahl der Verträge} \text{ (Risiken)} \\ \alpha_i &= \textit{Jahreseinheit} \text{ des } i\text{–ten Vertrages} \\ v_i &= \textit{Versicherungssumme} \text{ des } i\text{–ten Vertrages} \\ b_i &= \textit{Jahresbeitrag} \text{ des } i\text{–ten Vertrages} \\ N &= \text{zufällige } \textit{Anzahl der Schäden} \\ X_j &= \text{zufällige Höhe des } j\text{–ten } \textit{Einzelschadens} \end{aligned}$$

Aus diesen Größen lassen sich die den Bestand charakterisierenden Schadenkennzahlen ableiten; vgl. Sussmann et al. [2011; Abschnitt 2.3]:

Die *Anzahl der Jahreseinheiten*

$$n_\circ := \sum_{i=1}^{n} \alpha_i$$

berücksichtigt, dass einige Verträge gegebenenfalls nicht über die volle Versicherungsperiode (Jahr) im Bestand sind. Sind sämtliche Verträge die volle Versicherungsperiode im Bestand, so gilt $\alpha_i = 1$ für alle $i \in \{1, ..., n\}$ und somit $n_\circ = n$.

Die *Schadenhäufigkeit* (oder *Schadenfrequenz* oder *durchschnittliche Schadenanzahl pro Vertrag*)

$$H := \frac{N}{n_\circ}$$

ist nicht mit dem *Anteil* der Verträge, die mindestens einen Schaden verursachen, zu verwechseln. Während letzterer höchstens 100% beträgt, kann die durchschnittliche Schadenanzahl pro Vertrag durchaus größer als 1 sein, wie etwa in der Krankenversicherung.

Im kollektiven Modell $\langle N, \{X_j\}_{j\in\mathbb{N}}\rangle$ mit dem Gesamtschaden $S := \sum_{j=1}^{N} X_j$ ist der *Schadendurchschnitt* (oder die *durchschnittliche Schadenhöhe*) durch

$$D := \frac{S}{N}$$

(mit $0/0 := 0$) definiert. In den Schadendurchschnitt geht die Anzahl der Verträge nicht ein.

Der *Schadenbedarf*

$$SB := \frac{S}{n_\circ} = \frac{N}{n_\circ}\,\frac{S}{N}$$

quantifiziert den Geldbedarf, der pro Vertrag durchschnittlich eingenommen werden muss, um die kumulierten Schadenaufwendungen exakt zu decken. Die Anzahl der Schäden geht nicht in den Schadenbedarf ein.

Die *Summe der verdienten Beiträge*

$$b := \sum_{i=1}^{n} \alpha_i\, b_i$$

berücksichtigt, dass die Jahresbeiträge bei Neuabschluss oder Beendigung der Verträge im laufenden Jahr nur anteilig in die kumulierten Prämien eingehen.[3]

Die *Schadenquote*

$$SQ := \frac{S}{b}$$

sollte möglichst unter 100% liegen. Ihre durchschnittlichen Werte schwanken allerdings innerhalb der verschiedenen Zweige der Schadenversicherung nicht unerheblich. Die geringsten Schadenquoten weisen in der Regel die *Unfall-*, *Hausrat-* und *Haftpflichtversicherung* mit ca. 50% bis 70% auf, während in der *Kraftfahrtversicherung* Schadenquoten von ca. 100% keine Seltenheit sind.

Die *Schaden–Kosten–Quote* (oder *combined ratio*)

$$CR := \frac{S + K}{b}$$

vermittelt einen weiterführenden Blick auf den Gewinn des Bestandes: Während die Schadenquote nur das rein versicherungstechnische Verhältnis

[3] Die *gebuchten Beiträge* sind die in dem betrachteten Geschäftsjahr verbuchten Einzahlungen der Versicherungsnehmer; sie können je nach Zahlungsweise von den Jahresbeiträgen abweichen. Die *verdienten Beiträge* sind die auf die jeweiligen Versicherungsperioden entfallenden Anteile der gebuchten Beiträge; vgl. Nguyen [2008; S. 379f]. Zum Beispiel führen zum 1. April 2013 bzw. zum 1. April 2014 fällige Jahresbeiträge von 500 bzw. 540 auf den im Geschäftsjahr 2014 verdienten Beitrag von $0.25 \cdot 500 + 0.75 \cdot 540 = 530$.

von Schäden und Prämien erfasst, gehen in die Schaden–Kosten–Quote auch Kosten ein. Kapitalerträge und Steuern enthält aber auch die Schaden–Kosten–Quote nicht.

Die *durchschnittliche kumulierte Versicherungssumme* ist durch

$$v := \sum_{i=1}^{n} \alpha_i \, v_i$$

definiert. Wären alle Verträge über das volle Geschäftsjahr versichert, so wäre v die Summe sämtlicher Versicherungssummen des Bestandes, auch als *versicherte Summe des Bestandes* bezeichnet. Die Bezeichnung *durchschnittlich* kennzeichnet, dass eine gewichtete Summe vorliegt, die die Zu- und Abgänge des laufenden Jahres erfasst.

Der *Schadensatz*

$$SS := \frac{S}{v}$$

kann nur in Versicherungszweigen bestimmt werden, in denen es eine vertraglich fixierte Versicherungssumme als maximale Entschädigung gibt, also etwa in der *Hausrat-*, *Wohngebäude-* und *Unfallversicherung*. Der Schadensatz quantifiziert den *durchschnittlichen Schadenbedarf* pro Geldeinheit der Versicherungssumme. Er wird in der Regel in Promille angegeben. Für den i–ten Vertrag ergibt sich daraus ein *individueller Schadenbedarf* von

$$SB_i := SS \cdot v_i = S \, \frac{v_i}{v}$$

Die *durchschnittliche Versicherungssumme*

$$v_\circ := \frac{v}{n_\circ}$$

ist klar von der durchschnittlichen kumulierten Versicherungssumme v abzugrenzen. Während $v_\circ$ die mittleren Gegebenheiten pro Vertrag angibt (etwa in Form einer durchschnittlichen Versicherungssumme von $100'000$ in der *Hausratversicherung*), ist v eine Bestandskennzahl, die nicht selten in Vielfachen von Milliarden quantifiziert wird.

Der *Schadengrad*

$$SG := \frac{D}{v_\circ}$$

ähnelt dem Schadensatz und wird auch nicht immer sauber von ihm abgegrenzt. Die folgende Faktorisierung des Schadensatzes macht den Unterschied deutlich:

$$\frac{S}{v} = \frac{N}{n_\circ} \frac{S/N}{v/n_\circ} = \frac{N}{n_\circ} \frac{D}{v_\circ}$$

Während also in den Schadengrad im Wesentlichen keine Überlegungen zur Größe des Bestandes und den schadenfreien Verträgen eingehen, berücksichtigt der Schadensatz dies in Form der Schadenhäufigkeit.

In der hier verwendeten Notation (Großbuchstaben) sind die Schadenkennzahlen als Zufallsvariablen aufzufassen und somit Gegenstand der Wahrscheinlichkeitstheorie. In der Praxis und im Kontext vorliegender Daten (Realisierungen der Zufallsvariablen) gelten die Schadenkennzahlen als *Stichprobenkennzahlen* und sind der deskriptiven Statistik zuzuordnen.

Mit Ausnahme des Schadendurchschnitts sind alle genannten Schadenkennzahlen deterministische Vielfache der zufälligen Schadenanzahl N oder des zufälligen Gesamtschadens S.

Die folgende Tabelle zeigt einige typische Werte ausgewählter Schadenkennzahlen für bestimmte Versicherungszweige; vgl. Sussmann et al. [2011; S. 19]:

Versicherungs-zweig	Schaden-häufigkeit	Schaden-bedarf	Schaden-durchschnitt	Schaden-satz
Kraftfahrthaftpflicht	68‰	243	3580	
Haftpflicht	66‰	27	410	
Unfall (Invalidität)	5‰	37	7400	0.50‰
Hausrat	60‰	37	610	1.10‰
Wohngebäude	105‰	176	1675	4.77‰

Das folgende Beispiel illustriert die Bestimmung der wichtigsten der genannten Kennzahlen für einen kleinen Bestand.

8.2.1 Beispiel (Schadenkennzahlen). Gegeben sei ein Bestand von fünf Verträgen (= Risiken), die die folgenden Versicherungsdauern, Versicherungssummen und Schäden innerhalb eines (vergangenen) Kalenderjahres aufweisen:

Risiko	Vertragsdauer von	bis	Jahres-einheiten	Vers.-summen	Jahres-beitrag	Erster Schaden	Zweiter Schaden	Beide Schäden
1	01.01.	30.06.	0.50	100	10	5		5
2	01.01.	31.12.	1.00	200	18			
3	01.01.	31.12.	1.00	150	14			
4	01.01.	31.12.	1.00	250	25	10	20	30
5	01.10.	31.12.	0.25	50	6			
Summe			3.75					35

Die durchschnittliche Anzahl der Verträge (= Jahreseinheiten) ergibt sich hier als $n_\circ = 3.75$, da zwei der fünf Verträge nicht das volle Jahr im Bestand waren. Wegen der insgesamt $N = 3$ Schäden ergibt sich die Schadenhäufigkeit

$$H = \frac{N}{n_\circ} = \frac{3}{3.75} = 0.8$$

(Dabei ist es unerheblich, dass zwei der drei Schäden durch das gleiche Risiko 4 verursacht wurden.) Wegen $S = 35$ gilt für den Schadendurchschnitt

$$D = \frac{S}{N} = \frac{35}{3} = 11.667$$

und für den Schadenbedarf gilt

$$SB = \frac{S}{n_\circ} = \frac{35}{3.75} = 9.333$$

Auch bei der Schadenquote ist zu berücksichtigen, dass die im Kalenderjahr eingegangenen Jahresbeiträge nur anteilig eingehen. Die verdienten Beiträge sind daher

$$b = 10 \cdot 0.50 + 18 \cdot 1.00 + 14 \cdot 1.00 + 25 \cdot 1.00 + 6 \cdot 0.25 = 63.50$$

und folglich gilt für die Schadenquote

$$SQ = \frac{S}{b} = \frac{35}{63.50} = 55.12\%$$

Für den Schadengrad ist noch die durchschnittliche kumulierte Versicherungssumme zu bestimmen. Es gilt

$$v = 100 \cdot 0.50 + 200 \cdot 1.00 + 150 \cdot 1.00 + 250 \cdot 1.00 + 50 \cdot 0.25 = 662.50$$

Somit ergibt sich für den Schadensatz

$$SS = \frac{S}{v} = \frac{35}{662.50} = 52.83‰$$

Die durchschnittliche Versicherungssumme ist hier

$$v_\circ = \frac{v}{n_\circ} = \frac{662.50}{3.75} = 176.667$$

Der Schadengrad ist folglich

$$SG = \frac{D}{v_\circ} = \frac{11.667}{176.667} = 66.04‰ = \frac{52.83‰}{0.8} = \frac{SS}{H}$$

8.3 Großschadenproblematik

Selbstverständlich ist das Auftreten großer Schäden für Versicherer aller Versicherungszweige ein unerfreuliches Ereignis. In der Schadenversicherung kommt zu diesem offensichtlichen negativen Charakter aber noch ein weiterer Aspekt, der die Tarifierung und die dort verwendeten mathematischen Verfahren betrifft, hinzu. Die meisten dieser Verfahren und ihre Ergebnisse werden nämlich durch diese *Großschäden* stark beeinflusst, so dass die Anwendbarkeit der Methoden in Frage zu stellen ist. So reagieren z. B. Ansätze, die auf kleinsten Quadraten basieren, bekanntlich übermäßig auf Ausreißer. Allerdings können

Großschäden nicht (wie oft in der Physik) als Messfehler aufgefasst und aus der Stichprobe herausgenommen werden. Dies würde zu fatalen Untertarifierungen führen.

Ein Weg aus dieser Problematik besteht in der Technik des *Kupierens*. Hier werden die vorliegenden Daten vor der Anwendung der eigentlichen Tarifierungsmethoden derart aufbereitet, dass Schäden oberhalb bestimmter Werte, den *Kupierungsgrenzen*, auf diese Grenzen zurückgesetzt werden. Das Verfahren wird dann auf diese gestutzten Daten angewendet und abschließend wird der prämienmindernde Effekt der Kupierung im Rahmen der sogenannten *Umverteilung* den generierten Prämien aufgeschlagen; vgl. Sussmann et al. [2011; Unterabschnitt 2.4.3].

Das Kupieren wird nachfolgend exemplarisch am Beispiel der *Kraftfahrthaftpflichtversicherung* dargestellt. Dem Vorgehen liegt die Annahme zugrunde, dass Großschäden die einzelnen Risikoklassen (Wagniszellen) der Tarifierung rein zufällig treffen, d. h. dass kein kausaler Zusammenhang zwischen Schadengeschehen dieser Risikoklasse (hier genauer Typklassen) und dem Auftreten von Großschäden gegeben ist. Die Kupierung dient der Bereinigung dieses zufälligen Einflusses.

Mathematisch ist insbesondere das geeignete Festlegen der Kupierungsgrenzen vorzunehmen. Hierfür kann die Ungleichung von Tschebyschev in der Form

$$P\big[|X-\mu| \geq k\,\sigma\big] \leq \frac{1}{k^2}$$

mit $\mu := E[X]$ und $\sigma^2 := \text{var}[X]$ herangezogen werden. Demnach beträgt insbesondere die Wahrscheinlichkeit, dass die Schadenhöhe X ihren Erwartungswert μ um mehr als das k–fache der Standardabweichung σ übersteigt, höchstens $1/k^2$. (Nach der Ungleichung von Cantelli ist diese Überschreitungswahrscheinlichkeit sogar höchstens $1/(1+k^2)$.) Als entsprechende Kupierungsgrenze wählt man

$$x(k) := \mu + k\,\sigma$$

Der Parameter k bestimmt somit den maximalen Anteil der kupierten Schäden in den Risikoklassen (Typklassen). Für $k = 10$ bzw. $k = 45$ ergeben sich z. B. Anteile von höchstens 1% bzw. 0.05%. Im Unterschied zu einer starren absoluten Kupierungsgrenze ist der Anteil der kupierten Schäden bei diesem Vorgehen für alle Typen (mit verschiedenen Parametern μ und σ) näherungsweise gleich und nur von k abhängig.

Der Vorteil der Ungleichung von Tschebyschev (und der von Cantelli) besteht darin, dass sie nur vom Erwartungswert und der Varianz abhängt; dieser Vorteil geht aber mit dem Nachteil einher, dass ihre Abschätzungen mitunter nicht besonders gut sind.

Die in der Praxis der *Kraftfahrthaftpflichtversicherung* umgesetzte Kupierung geht zweistufig vor:

(1) *Einheitliche Kupierung der Größtschäden* über alle Risikoklassen durch Festlegung der Größtschadengrenze

$$x(45) := \mu_{\text{ges}} + 45\,\sigma_{\text{ges}}$$

mit dem Erwartungswert μ_{ges} und der Standardabweichung σ_{ges} eines zufällig ausgewählten Risikos des Bestandes. Damit werden maximal 0.05% der Schäden des Bestandes ausgeschlossen. Im Jahr 2013 lag die Größtschadengrenze in der *Kraftfahrthaftpflichtversicherung* für PKW (ohne Schadenregulierungsaufwendungen) bei knapp 1′000′000 €.

(2) *Risikoklassenspezifische Kupierung* durch Festlegung der Kupierungsgrenze

$$x_i(10) := \mu_i + 10\,\sigma_i$$

für die Risikoklasse oder *Ausgleichsgruppe* i mit dem Erwartungswert μ_i und der Standardabweichung σ_i eines zufällig ausgewählten Risikos dieser Risikoklasse. Damit werden maximal 1% der Schäden einer Risikoklasse ausgeschlossen. Die Kupierungsgrenzen $x_i(10)$ schwanken zwischen den Risikoklassen und sind im Allgemeinen kleiner als die Größtschadengrenze $x(45)$. Im Jahr 2013 lagen sie in der *Kraftfahrthaftpflichtversicherung* für PKW (ohne Schadenregulierungsaufwendungen) zwischen 110′000 € und 140′000 €. Der Anteil der kupierten Schäden ist in den Risikoklassen ungefähr gleich.

Bei der Erstellung der Kalkulationsstatistik werden sämtliche Schäden (auch die Größtschäden) mit den ausgleichsgruppenspezifischen Kupierungsgrenzen $x_i(10)$ kupiert.

Um Schadenbedarfe für die gesetzlichen Mindestdeckungssummen zu erhalten, werden im Anschluss an das Ausgleichsverfahren die Schadenbedarfe pro Ausgleichsgruppe auf das Schadenbedarfsniveau dieser Deckung adjustiert.[4]

Selbstverständlich kann man die Kupierungsgrenzen auch mit anderen mathematischen Ansätzen als der Ungleichung von Tschebyschev generieren. Nachfolgend werden die wichtigsten Vorgehensweisen kurz dargestellt:

– *Kupierung nach Tschebyschev*: Für alle $k \in \mathbb{N}$ gilt

$$P\big[|X - \mu| \geq k\,\sigma\big] \leq \frac{1}{k^2}$$

Mit $\varepsilon := 1/k^2$ erhält man

[4] Nach § 4 PflVG betragen in der *Kraftfahrthaftpflichtversicherung* für PKW die Mindestdeckungssummen je Schadenfall 7′500′000 € für Personenschäden, 1′120′000 € für Sachschäden und 50′000 € für reine Vermögensschäden.

$$P\left[X \le \mu - \frac{\sigma}{\sqrt{\varepsilon}}\right] + P\left[X \ge \mu + \frac{\sigma}{\sqrt{\varepsilon}}\right] \le \varepsilon$$

und die Kupierungsgrenze ist

$$\mu + \frac{\sigma}{\sqrt{\varepsilon}}$$

– *Kupierung nach Cantelli*: Für alle $k \in \mathbb{N}$ gilt

$$P\big[X \ge \mu + k\,\sigma\big] \le \frac{1}{1+k^2}$$

Mit $\varepsilon := 1/(1+k^2)$ erhält man

$$P\left[X \ge \mu + \sigma\sqrt{\frac{1-\varepsilon}{\varepsilon}}\right] \le \varepsilon$$

und die Kupierungsgrenze ist

$$\mu + \sigma\sqrt{\frac{1-\varepsilon}{\varepsilon}}$$

– *Quantilsorientierte Kupierung*: Selbstverständlich können an Stelle der durch Ungleichungen gewonnenen Näherungen auch exakte Methoden herangezogen werden, sofern die Verteilung von X bekannt ist: In diesem Fall kann beispielsweise ein hohes Quantil wie etwa 99% als Kupierungsgrenze verwendet werden.

Das folgende Beispiel illustriert diese drei Ansätze für den Fall einer Pareto–verteilten Schadenhöhe:

8.3.1 Beispiel. Gegeben sei eine Schadenhöhe X mit $P_X = \mathbf{Par}^*(3000, 4)$. Dann gilt

$$\mu := E[X] = \frac{3000}{4-1} = 1000$$

und

$$\sigma^2 := \text{var}[X] = \frac{3000^2 \cdot 4}{(4-1)^2 \cdot (4-2)} = 2'000'000$$

Gesucht sind Kupierungsgrenzen, die X mit einer Wahrscheinlichkeit von höchstens $\varepsilon := 10\%$ überschreitet.

– *Kupierung nach Tschebyschev*: Für

$$x_\varepsilon^T := \mu + \frac{\sigma}{\sqrt{\varepsilon}} = 1000 + \frac{\sqrt{2'000'000}}{\sqrt{0.10}} = 5472$$

gilt

$$P\big[X \ge x_\varepsilon^T\big] \le 0.10$$

– *Kupierung nach Cantelli*: Für

$$x_\varepsilon^C := \mu + \sigma\sqrt{\frac{1-\varepsilon}{\varepsilon}} = 1000 + \sqrt{2'000'000} \cdot \sqrt{\frac{1-0.10}{0.10}} = 5243$$

gilt

$$P\big[X \geq x_\varepsilon^C\big] \leq 0.10$$

– *Quantilsorientierte Kupierung*: Für

$$x_\varepsilon^Q := q_{1-\varepsilon} = F_X^{-1}(1-\varepsilon) = 3000 \cdot \Big(\big(1-(1-0.10)\big)^{-1/4} - 1\Big) = 2335$$

gilt

$$P\big[X \geq x_\varepsilon^Q\big] = 0.10$$

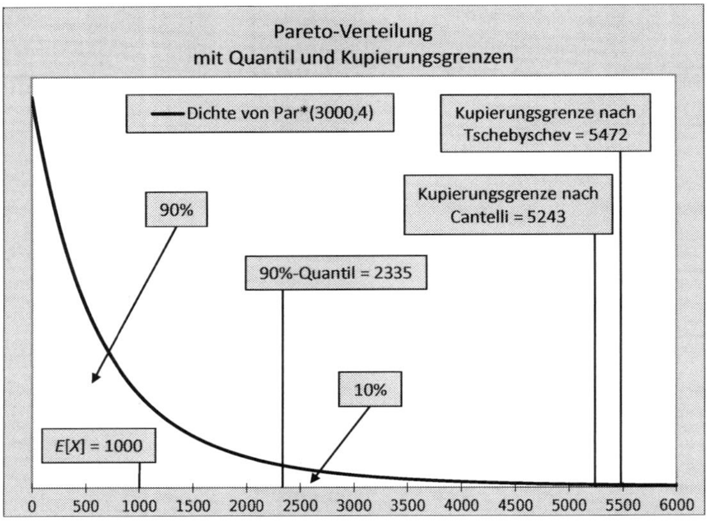

Die Kupierungsgrenzen nach Tschebyschev oder Cantelli sind (hier wesentlich) höher als die quantilsorientierte Kupierungsgrenze.

8.4 Prioritätenstatistiken

Eine besondere Art der statistischen Aufbereitung von Schadendaten stellen die *Prioritätenstatistiken* dar, die auf einer geeigneten Klasseneinteilung der Menge der möglichen Schadenhöhen beruhen.

Dabei werden zunächst mit

$$0 = a_0 < a_1 < a_2 < \cdots < a_{m-1} < a_m = \infty$$

für $k \in \{1, \ldots, m\}$ die Intervalle

$$I_k := (a_{k-1}, a_k]$$

definiert und für gegebene Schäden $x_1, ..., x_n$ werden dann die folgenden Kennzahlen bestimmt:

– Die Anzahl

$$m_k := \sum_{j=1}^{n} \chi_{I_k}(x_j)$$

der Schäden in I_k.

– Die Anzahl

$$n_k := \sum_{j=1}^{k} m_j$$

der Schäden, die kleiner oder gleich a_k sind.

– Der kumulierte Schadenaufwand

$$s_k := \sum_{j=1}^{n} x_j \, \chi_{I_k}(x_j)$$

der Schäden in I_k.

– Der kumulierte Schadenaufwand

$$t_k := \sum_{j=1}^{k} s_j$$

der Schäden, die kleiner oder gleich a_k sind.

– Die (absolute) *Priorität*

$$p_k := \sum_{j=1}^{n} \min\{x_j, a_k\}$$

der Klasse I_k ist definiert als der Anteil (des Erstversicherers) am gesamten Schadenaufwand $s := \sum_{k=1}^{m} s_k$, wenn (wie bei der *Schadenexzedentenrückversicherung*) ein Selbstbehalt in Höhe der oberen Klassengrenze a_k vereinbart wird. Wegen $n = \sum_{k=1}^{m} m_k$ gilt

$$p_k = t_k + (n - n_k)\, a_k$$

Im Folgenden wird eine Prioritätenstatistik exemplarisch dargestellt; vgl. Sussmann et al. [2011; S. 43].

8.4.1 Beispiel. Zunächst werden die gegebenen Daten tabellarisch erfasst:

k	Untergrenze a_{k-1}	Obergrenze a_k	Anzahl m_k	Aufwand s_k	Durchschnitt s_k/m_k
1	0	50	11	385	35
2	50	100	24	2'040	85
3	100	250	135	24'300	180
4	250	500	167	61'790	370
5	500	1'000	80	52'800	660
6	1'000	∞	98	144'060	1'470
Summe			515	285'375	554

Aus diesen Daten leiten sich nun die folgenden Kennzahlen und insbesondere Prioritäten ab:

k	kum. Anzahl n_k	in % n_k/n	kum. Aufwand t_k	in % t_k/s	Priorität p_k	in % p_k/s
1	11	2.1	385	0.1	25'585	9.0
2	35	6.8	2'425	0.8	50'425	17.7
3	170	33.0	26'725	9.4	112'975	39.6
4	337	65.4	88'515	31.0	177'515	62.2
5	417	81.0	141'315	49.5	239'315	83.9
6	515	100.0	285'375	100.0	285'375	100.0

Prioritätenstatistiken vermitteln einerseits Informationen über die Auswirkungen verschiedener Selbstbehalte auf die verbleibende Schadenlast. Im Kontext der Tarifierung sind sie vor allem bei Verwendung über mehrere Perioden hilfreich. So sprechen signifikante Veränderungen der (relativen) Prioritäten auf Trends innerhalb der Schadenhöhenverteilung, etwa bzgl. der Großschadenanfälligkeit. Sehr instabile relative Prioritäten deuten auf schlechte Datenqualität hin.

9

Modelle und Statistiken

In diesem Kapitel betrachten wir einen Bestand, der in mehrere Risikoklassen aufgeteilt ist, und untersuchen verteilungsfreie und stochastische Modelle der Tarifierung sowie verteilungsfreie und stochastische Ausgleichsverfahren, die dazu dienen, die Nettorisikoprämie für alle Risiken einer gegebenen Tarifzelle aus den Daten dieser Tarifzelle und denen der benachbarten Tarifzellen zu bestimmen. Wir geben zunächst eine Einführung in multiplikative und additive Tarifierungsmodelle (Abschnitt 9.1) und stellen dann für multiplikative Tarifierungsmodelle mehrere verteilungsfreie Ausgleichsverfahren (Abschnitt 9.2) und ein stochastisches Ausgleichsverfahren (Abschnitt 9.3) dar.

9.1 Tarifierungsmodelle

Während in den Risikomodellen die adäquate stochastische Modellierung der versicherungstechnischen Risiken hinsichtlich der Anzahl der Schäden, der Höhen der Einzelschäden und damit des Gesamtschadens des Bestandes im Vordergrund steht, konzentrieren sich die *Tarifierungsmodelle* oder *Tarifmodelle* auf die folgenden Aspekte:

- Praktikable Umsetzung der Risikomodelle,
- Akzeptanz und
- Plausibilität.

Im dritten Teilschritt des Tarifierungsprozesses ist ein solches Tarifmodell auszuwählen. Das Tarifmodell legt fest, wie sich die Prämie aus den einzelnen Komponenten der Modellierung strukturell zusammensetzt. Das *Tarifierungsverfahren* gibt dann an, wie die Schadenkosten für die einzelnen Tarifzellen zu ermitteln sind.

Für einen Bestand, der in mehrere Risikoklassen aufgeteilt ist, kommen für die Bestimmung der Nettorisikoprämien für die einzelnen Tarifklassen im Wesentlichen zwei Arten von Tarifmodellen in Betracht, nämlich multiplikative Modelle und additive Modelle.

H.-W. Goelden et al., *Schadenversicherungsmathematik*, DOI 10.1007/978-3-662-48860-7_10

Im Folgenden bezeichnen wir die Anzahl der Tarifmerkmale mit

$$r$$

Für $k \in \{1, \ldots, r\}$ bezeichnen wir das k–te Tarifmerkmal mit

$$M_k$$

und die Anzahl seiner Ausprägungen mit

$$n_k$$

und für $k \in \{1, \ldots, r\}$ und $j \in \{1, \ldots, n_k\}$ bezeichnen wir die j–te Ausprägung des k–ten Tarifmerkmals mit

$$a_{k,j}$$

Jedem Risiko wird dann der Vektor

$$(a_{1,i_1}, a_{2,i_2}, \ldots, a_{r,i_r})$$

seiner Ausprägungen der Tarifmerkmale zugeordnet. Dieser Vektor legt eine der insgesamt

$$t := \prod_{k=1}^{r} n_k$$

Tarifzellen fest. Allgemein wird durch ein r–Tupel

$$(i_1, i_2, ..., i_r)$$

eine Tarifzelle identifiziert, und für jede Tarifzelle $(i_1, i_2, ..., i_r)$ ist eine Nettorisikoprämie

$$b_{i_1,i_2,...,i_r}$$

zu bestimmen.

Die im Folgenden betrachteten Tarifmodelle verwenden zur Bestimmung der Nettorisikoprämien einerseits den *Schadenbedarf*

$$sb$$

pro Risiko des Bestandes (*Kollektivmittel*) und andererseits für jedes Merkmal $k \in \{1, \ldots, r\}$ und jede Ausprägung $j \in \{1, \ldots, n_k\}$ des Merkmals k einen der insgesamt

$$n := \sum_{k=1}^{r} n_k$$

Marginalparameter

$$u_{k,j}$$

und definieren die Nettorisikoprämien gemäß

$$b_{i_1,i_2,\ldots,i_r} := sb \prod_{k=1}^{r} u_{k,i_k}$$

oder

$$b_{i_1,i_2,\ldots,i_r} := sb + \sum_{k=1}^{r} u_{k,i_k}$$

Im ersten Fall spricht man von einem *multiplikativen Modell* und bezeichnet die Marginalparameter als *Marginalfaktoren* oder als *Tariffaktoren*; im zweiten Fall spricht man von einem *additiven Modell* und bezeichnet die Marginalparameter als *Marginalsummanden* oder als *Tarifsummanden*. Die Marginalparameter sind durch geeignete Verfahren zu bestimmen; vgl. Abschnitte 9.2 und 9.3.

Geht man von der naheliegenden Annahme aus, dass
- der Einfluss einer Merkmalkombination auf das Risiko sich im Zeitverlauf nur geringfügig ändert (in der *Kraftfahrthaftpflichtversicherung* beispielsweise *Jahresfahrleistung* und *Typklasse*) während
- die Instandsetzungs- oder Wiederbeschaffungskosten einem einheitlichen Inflationseffekt ausgesetzt sind,

dann ist bei der Tarifierung im Zeitverlauf lediglich der Schadenbedarf sb anzupassen, während die aus den Marginalfaktoren abgeleitete Tarifstruktur $\prod_{k=1}^{r} u_{k,i_k}$ bzw. $\sum_{k=1}^{r} u_{k,i_k}$ über einen längeren Zeitraum beibehalten werden kann.

Die Marginalfaktoren und die Marginalsummanden sind nicht eindeutig bestimmt, denn für jede Familie $\{c_k\}_{k\in\{1,\ldots,r\}} \subseteq (0,\infty)$ mit $\prod_{k=1}^{r} c_k = 1$ gilt

$$\prod_{k=1}^{r} (c_k\, u_{k,i_k}) = \prod_{k=1}^{r} u_{k,i_k}$$

und für jede Familie $\{c_k\}_{k\in\{1,\ldots,r\}} \subseteq \mathbb{R}$ mit $\sum_{k=1}^{r} c_k = 0$ gilt

$$\sum_{k=1}^{r} (c_k + u_{k,i_k}) = \sum_{k=1}^{r} u_{k,i_k}$$

Die Marginalfaktoren und die Marginalsummanden lassen sich daher in der Weise normieren, dass die normierten Werte als Zuschläge oder Abschläge auf einen Basiswert interpretiert werden können. In der Praxis werden ferner die durch ein geeignetes Verfahren bestimmten Marginalparameter meist geglättet, um plausible Nettorisikoprämien zu erhalten. Beispielsweise sollten in der Kraftfahrthaftpflichtversicherung bei Verwendung des Merkmals *Jahresfahrleistung* die zu diesem Merkmal gehörigen Marginalparameter bezüglich der Jahresfahrleistung monoton wachsen.

Im Folgenden gehen wir noch auf einige allgemeine Aspekte der Tarifierungsverfahren und speziell der Ausgleichsverfahren ein.

9.1.1 Beispiel (Kraftfahrthaftpflichtversicherung). In der *Kraftfahrthaftpflichtversicherung* für PKW wird derzeit unternehmensspezifisch eine größere Anzahl von Tarifmerkmalen verwendet, von denen einige nur wenige und andere sehr viele Ausprägungen besitzen, so zum Beispiel

- *Berufsklasse* (3 Ausprägungen),
- *Typklassen* (16),
- *Regioklassen* (12),
- *Bonus–Malus Klassen* (39),
- *Altersklassen* (3),
- *Jahresfahrleistung* (5) und
- *Fahrerzahlklassen* (3).

Diese Merkmale und ihre Ausprägungen führen auf $t = 1'010'880$ Tarifzellen, von den viele nur schwach besetzt sind, und auf $n = 81$ Marginalparameter. Die Schadendaten reichen für eine stabile Tarifierung innerhalb der einzelnen Klassen nicht aus.

Die oft sehr große Anzahl der Tarifklassen stellt nicht wirklich ein Problem dar. Zur Stabilisierung der Tarifierung bezieht man nämlich sinnvollerweise die benachbarten Tarifzellen in die Tarifierung mit ein. Diese Vergrößerung der Datenbasis ist nicht nur aus der Not schwach besetzter Tarifzellen geboren, sondern dient vor allem der Robustifizierung und Glättung der Tarifierung. So ist es beispielsweise im Fall der Tariffaktoren *Standort* und *Automarke* naheliegend, für die Tarifierung der Hamburger Mercedes–Fahrer auch die Daten der Hamburger BMW–Fahrer und VW–Fahrer und die der schleswig–holsteinischen und niedersächsischen Mercedes–Fahrer zu berücksichtigen.

Im Prinzip können auch mehrere Merkmale zu einem künstlichen neuen Merkmal zusammengefasst werden. So kann man beispielsweise zwei Merkmale mit den Ausprägungen m und w bzw. r und n zu einem neuen Merkmal mit den Ausprägungen mr, mn, wr und wn verbinden; in diesem Fall ergeben sich sowohl bei der Trennung und als auch bei der Zusammenfassung der Merkmale jeweils vier Marginalparameter. Betrachtet man hingegen zwei Merkmale mit jeweils drei Ausprägungen, so ergeben sich bei der Trennung sechs und bei der Zusammenfassung neun Marginalparameter, und damit reduziert die Zusammenfassung den Glättungseffekt.

Grundsätzlich ist es für die Tarifierungsverfahren unerheblich, wie viele Merkmale vorliegen.

Zur Vereinfachung der Darstellung gehen wir in den folgenden Abschnitten jedoch durchgängig von zwei Merkmalen, also dem Fall der *zweifachen Kreuzklassifikation*, aus. Zur Vereinfachung der Notation setzen wir

$$\begin{aligned} x_i &:= u_{1,i} \\ y_j &:= u_{2,j} \end{aligned}$$

Darüber hinaus betrachten wir im weiteren Verlauf dieses Kapitels ausschließlich multiplikative Modelle. Für die Nettorisikoprämien gilt dann

$$b_{i,j} := sb\, x_i y_j$$

In der Praxis haben sich multiplikative Modelle besonders bewährt, unter anderem deshalb, weil sich die geeignet normierten Marginalfaktoren als *prozentuale* Zuschläge oder Abschläge auf einen Basiswert interpretieren lassen.

9.2 Heuristische Ausgleichsverfahren

In diesem Abschnitt betrachten wir Tarifierungsverfahren, die in der Praxis der Schadenversicherung besonders häufig angewendet werden und, anders als die Tarifierungsverfahren des Abschnitts 9.3, keine Modellierung durch Zufallsvariable und ihre Verteilungen erfordern.

Die hier betrachteten Tarifierungsverfahren sind heuristische Ausgleichsverfahren für das multiplikative Modell; die operieren daher alle mit Marginalfaktoren. Das folgende Beispiel motiviert das Vorgehen an einem sehr einfachen Fall.

9.2.1 Beispiel (Kraftfahrthaftpflichtversicherung). Gegeben seien die Merkmale $M_1 =$ *Standort* und $M_2 =$ *Automarke* mit $n_1 = 3 = n_2$ Ausprägungen. Der Einfluss des Merkmals *Standort* wird durch die Marginalfaktoren x_1, x_2, x_3 repräsentiert und der Einfluss des Merkmals *Automarke* wird durch die Marginalfaktoren y_1, y_2, y_3 repräsentiert. Zusammen mit dem Schadenbedarf sb ergeben sich die Nettorisikoprämien $b_{i,j} = sb\, x_i y_j$ für die Tarifzellen (i, j):

Automarke / Standort		BMW y_1	Mercedes y_2	VW y_3
Schleswig–Holstein	x_1	$sb\, x_1 y_1$	$sb\, x_1 y_2$	$sb\, x_1 y_3$
Hamburg	x_2	$sb\, x_2 y_1$	$sb\, x_2 y_2$	$sb\, x_2 y_3$
Niedersachsen	x_3	$sb\, x_3 y_1$	$sb\, x_3 y_2$	$sb\, x_3 y_3$

Damit ist der Tarif für die 9 Tarifzellen durch die 6 Marginalfaktoren festgelegt.

Für die im Folgenden dargestellten Marginalfaktorverfahren bei zweifacher Kreuzklassifikation ($r = 2$) vereinfachen wir die Notation und setzen

$$A := M_1$$
$$B := M_2$$

und

$$p := n_1$$
$$q := n_2$$

Dann gilt

$$\begin{aligned} t &= pq \\ n &= p+q \end{aligned}$$

Für die zugehörigen Marginalfaktoren verwenden wir weiterhin

$$\begin{aligned} x_i &= u_{1,i} \\ y_j &= u_{2,j} \end{aligned}$$

Des Weiteren bezeichnen wir mit

$$v_{i,j}$$

ein *Volumenmaß* für die Tarifzelle (i,j) (zum Beispiel die Anzahl der Jahreseinheiten) und mit

$$s_{i,j}$$

den *Gesamtschaden* in Tarifzelle (i,j). Dann ist

$$sb_{i,j} := \frac{s_{i,j}}{v_{i,j}}$$

der *Schadenbedarf* in Tarifzelle (i,j).

Hieraus ergeben sich die *kumulierten Volumenmaße*

$$\begin{aligned} v_{i\bullet} &:= \sum_{j=1}^{q} v_{i,j} \qquad \text{für } i \in \{1,\ldots,p\} \\ v_{\bullet j} &:= \sum_{i=1}^{p} v_{i,j} \qquad \text{für } j \in \{1,\ldots,q\} \end{aligned}$$

sowie

$$v_{\bullet\bullet} := \sum_{i=1}^{p}\sum_{j=1}^{q} v_{i,j} = \sum_{i=1}^{p} v_{i\bullet} = \sum_{j=1}^{q} v_{\bullet j}$$

Offenbar sind $v_{i\bullet}$ bzw. $v_{\bullet j}$ die kumulierten Volumenmaße aller Risiken, deren Merkmal A die i–te Ausprägung hat, bzw. aller Risiken, deren Merkmal B die j–te Ausprägung hat, und $v_{\bullet\bullet}$ ist das kumulierte Volumenmaß aller Tarifzellen. Stellt man die Volumenmaße $v_{i,j}$ in Form einer Matrix dar, so sind die $v_{i\bullet}$ die Zeilensummen und die $v_{\bullet j}$ die Spaltensummen, und $v_{\bullet\bullet}$ ist die Summe aller Koordinaten.

Analog definiert man die kumulierten Gesamtschäden:

$$s_{i\bullet} := \sum_{j=1}^{q} s_{i,j} \qquad \text{für } i \in \{1,\dots,p\}$$

$$s_{\bullet j} := \sum_{i=1}^{p} s_{i,j} \qquad \text{für } j \in \{1,\dots,q\}$$

und

$$s_{\bullet\bullet} := \sum_{i=1}^{p}\sum_{j=1}^{q} s_{i,j} = \sum_{i=1}^{p} s_{i\bullet} = \sum_{j=1}^{q} s_{\bullet j}$$

Dann gilt

$$s_{i\bullet} = \sum_{j=1}^{q} v_{i,j}\, sb_{i,j}$$

$$s_{\bullet j} = \sum_{i=1}^{p} v_{i,j}\, sb_{i,j}$$

$$s_{\bullet\bullet} = \sum_{i=1}^{p}\sum_{j=1}^{q} v_{i,j}\, sb_{i,j}$$

Schließlich erhält man aus diesen Größen die *Marginaldurchschnitte*

$$sb_{i\circ} := \frac{s_{i\bullet}}{v_{i\bullet}}$$

$$sb_{\circ j} := \frac{s_{\bullet j}}{v_{\bullet j}}$$

und den *Schadenbedarf* pro Risiko des Bestandes

$$sb := \frac{s_{\bullet\bullet}}{v_{\bullet\bullet}}$$

Mit diesen Bezeichnungen werden nun drei spezielle Verfahren dargestellt.

Verfahren der Marginaldurchschnitte

Beim Verfahren der Marginaldurchschnitte werden die Marginalfaktoren mittels

$$x_i^{\mathrm{MD}} := \frac{sb_{i\circ}}{sb}$$

$$y_j^{\mathrm{MD}} := \frac{sb_{\circ j}}{sb}$$

als *normierte Marginaldurchschnitte* definiert und die Nettorisikoprämie für die Risiken der Tarifzelle (i,j) wird durch

$$b_{i,j}^{\mathrm{MD}} := sb\, x_i^{\mathrm{MD}}\, y_j^{\mathrm{MD}} = \frac{sb_{i\circ}\, sb_{\circ j}}{sb}$$

definiert.

9.2.2 Beispiel (Verfahren der Marginaldurchschnitte). Gegeben seien die folgenden Datentableaus für die Gesamtschäden $s_{i,j}$ und die Volumenmaße $v_{i,j}$:

	$j=1$	$j=2$	$s_{i\bullet}$
$i=1$	4'000	6'000	10'000
$i=2$	5'000	9'000	14'000
$i=3$	6'000	18'000	24'000
$s_{\bullet j}$	15'000	33'000	48'000

	$j=1$	$j=2$	$v_{i\bullet}$
$i=1$	20	10	30
$i=2$	50	30	80
$i=3$	30	20	50
$v_{\bullet j}$	100	60	160

Hier sind gleich die Zeilensummen und Spaltensummen sowie die Gesamtsummen $s_{\bullet\bullet} = 48'000$ und $v_{\bullet\bullet} = 160$ mit angegeben. Aus diesen Tableaus erhält man durch zellenweise Division die Schadenbedarfe $sb_{i,j}$ sowie die Marginaldurchschnitte und den Schadenbedarf pro Risiko des Bestandes:

	$j=1$	$j=2$	$sb_{i\circ}$
$i=1$	200	600	333.33
$i=2$	100	300	175.00
$i=3$	200	900	480.00
$sb_{\circ j}$	150	550	300.00

Es gilt $sb = 300$. Aus dem letzten Tableau ergeben sich die Nettorisikoprämien

$$b^{\mathrm{MD}} = sb\, x_i^{\mathrm{MD}}\, y_j^{\mathrm{MD}} = \frac{sb_{i\circ}\, sb_{\circ j}}{sb}$$

und die Marginalfaktoren x_i^{MD} und y_j^{MD} wie folgt:

	$j=1$	$j=2$	$sb_{i\circ}$	x_i^{MD}
$i=1$	166.67	611.11	333.33	1.111111
$i=2$	87.50	320.83	175.00	0.583333
$i=3$	240.00	880.00	480.00	1.600000
$sb_{\circ j}$	150.00	550.00	300.00	
y_j^{MD}	0.500000	1.833333		

Zweckmäßigerweise berechnet man die Nettorisikoprämien natürlich nicht über die Marginalfaktoren, sondern einfacher gemäß

$$b_{i,j}^{\mathrm{MD}} = x_i^{\mathrm{MD}}\, sb_{\circ j}$$

Die Marginalfaktoren sind hier vor allem im Hinblick auf den Vergleich mit anderen Verfahren angegeben.

Verfahren von Bailey und Simon

Der Ansatz von Bailey und Simon orientiert sich an der Abstandsfunktion des χ^2–Tests und zielt darauf ab, die Marginalfaktoren x_i und y_j so zu bestimmen, dass die Summe

$$L(x_1, ..., x_p, y_1, ..., y_q) := \sum_{i=1}^{p} \sum_{j=1}^{q} \frac{(s_{i,j} - v_{i,j}\, sb\, x_i\, y_j)^2}{v_{i,j}\, sb\, x_i\, y_j}$$

der gewichteten quadratischen Abstände zwischen den Gesamtschäden $s_{i,j}$ und den kumulierten Nettorisikoprämien $v_{i,j}\, b_{i,j} = v_{i,j}\, sb\, x_i\, y_j$ über alle Tarifzellen minimiert wird; vgl. Bailey und Simon [1960]. Mit

$$\begin{aligned} \tilde{x}_i &:= x_i \sqrt{sb} \\ \tilde{y}_j &:= y_j \sqrt{sb} \end{aligned}$$

ist die Minimierung der Funktion L gleichwertig mit der Minimierung der Funktion $\tilde{L}$ mit

$$\tilde{L}(\tilde{x}_1, ..., \tilde{x}_p, \tilde{y}_1, ..., \tilde{y}_q) := \sum_{i=1}^{p} \sum_{j=1}^{q} \frac{(s_{i,j} - v_{i,j}\, \tilde{x}_i\, \tilde{y}_j)^2}{v_{i,j}\, \tilde{x}_i\, \tilde{y}_j}$$

Es gilt

$$\tilde{L}(\tilde{x}_1, ..., \tilde{x}_p, \tilde{y}_1, ..., \tilde{y}_q) = \sum_{i=1}^{p} \sum_{j=1}^{q} v_{i,j}\, \frac{(sb_{i,j} - \tilde{x}_i\, \tilde{y}_j)^2}{\tilde{x}_i\, \tilde{y}_j}$$

Für die partiellen Ableitungen der Funktion $\tilde{L}$ erhält man

$$\begin{aligned} \frac{\partial \tilde{L}}{\partial \tilde{x}_i}(\tilde{x}_1, ..., \tilde{x}_p, \tilde{y}_1, ..., \tilde{y}_q) &= -\frac{1}{\tilde{x}_i^2} \sum_{j=1}^{q} v_{i,j}\, \frac{sb_{i,j}^2}{\tilde{y}_j} + \sum_{j=1}^{q} v_{i,j}\, \tilde{y}_j \\ \frac{\partial \tilde{L}}{\partial \tilde{y}_j}(\tilde{x}_1, ..., \tilde{x}_p, \tilde{y}_1, ..., \tilde{y}_q) &= -\frac{1}{\tilde{y}_j^2} \sum_{i=1}^{p} v_{i,j}\, \frac{sb_{i,j}^2}{\tilde{x}_i} + \sum_{i=1}^{p} v_{i,j}\, \tilde{x}_i \end{aligned}$$

und durch Nullsetzen der partiellen Ableitungen und Auflösen nach $\tilde{x}_i$ bzw. $\tilde{y}_j$ ergeben sich die Bestimmungsgleichungen

$$\tilde{x}_i = \sqrt{\frac{\displaystyle\sum_{j=1}^{q} v_{i,j}\, \frac{sb_{i,j}^2}{\tilde{y}_j}}{\displaystyle\sum_{j=1}^{q} v_{i,j}\, \tilde{y}_j}} \qquad \text{und} \qquad \tilde{y}_j = \sqrt{\frac{\displaystyle\sum_{i=1}^{p} v_{i,j}\, \frac{sb_{i,j}^2}{\tilde{x}_i}}{\displaystyle\sum_{i=1}^{p} v_{i,j}\, \tilde{x}_i}}$$

Diese nichtlinearen Fixpunktgleichungen sind im Allgemeinen nicht explizit lösbar.

Aus den Bestimmungsgleichungen ergibt sich mit einem Startvektor

$$\bigl(y_1^{(0)},\dots,y_q^{(0)}\bigr)$$

mit $y_j^{(0)} > 0$ für alle $j \in \{1,\dots,q\}$ und mit

$$x_i^{(m+1)} := \sqrt{\frac{\displaystyle\sum_{j=1}^{q} v_{i,j}\,\frac{sb_{i,j}^2}{y_j^{(m)}}}{\displaystyle\sum_{j=1}^{q} v_{i,j}\,y_j^{(m)}}} \qquad \text{und} \qquad y_j^{(m+1)} := \sqrt{\frac{\displaystyle\sum_{i=1}^{p} v_{i,j}\,\frac{sb_{i,j}^2}{x_i^{(m+1)}}}{\displaystyle\sum_{i=1}^{p} v_{i,j}\,x_i^{(m+1)}}}$$

für alle $m \in \mathbb{N}_0$ ein Iterationsverfahren, das in der Praxis meist sehr rasch konvergiert. Mit den Grenzwerten

$$x_i^* := \lim_{m\to\infty} x_i^{(m)} \qquad \text{und} \qquad y_j^* := \lim_{m\to\infty} y_j^{(m)}$$

werden die Marginalfaktoren durch

$$\begin{aligned} x_i^{\mathrm{BS}} &:= \frac{x_i^*}{\sqrt{sb}} \\ y_j^{\mathrm{BS}} &:= \frac{y_j^*}{\sqrt{sb}} \end{aligned}$$

definiert und die Nettorisikoprämie für die Risiken der Tarifzelle (i,j) wird durch

$$b_{i,j}^{\mathrm{BS}} := sb\,x_i^{\mathrm{BS}}\,y_j^{\mathrm{BS}} = x_i^*\,y_j^*$$

definiert. Da es nur auf die Produkte $x_i^{\mathrm{BS}}\,y_j^{\mathrm{BS}}$ ankommt, kann man die Marginalfaktoren alternativ durch

$$\begin{aligned} x_i^{\mathrm{BS}} &:= x_i^*/c_x \\ y_j^{\mathrm{BS}} &:= y_j^*/c_y \end{aligned}$$

mit $c_x, c_y > 0$ und

$$c_x\,c_y = sb$$

definieren; auf diese Weise können die Marginalfaktoren geeignet justiert werden. Man bezeichnet dieses Vorgehen als *asymmetrische Skalierung.*

9.2.3 Beispiel (Verfahren von Bailey und Simon). Für die Daten aus Beispiel 9.2.2 ergeben sich mit dem Startvektor

$$\bigl(y_1^{(0)}, y_2^{(0)}\bigr) := (1,1)$$

für das Iterationsverfahren die folgenden Werte:

m	$x_1^{(m)}$	$x_2^{(m)}$	$x_3^{(m)}$	$y_1^{(m)}$	$y_2^{(m)}$
0				1.000000	1.000000
1	382.9708	200.0000	589.9152	0.432807	1.525957
2	419.4443	208.2784	554.7674	0.427270	1.534984
3	420.1261	208.4502	554.1261	0.427167	1.535153
4	420.1389	208.4534	554.1141	0.427166	1.535156
5	420.1391	208.4535	554.1139	0.427165	1.535156
6	420.1391	208.4535	554.1139	0.427165	1.535156

Offenbar liegt ein Fall schneller Konvergenz vor und man kann die Werte für $m = 6$ als Grenzwerte der Iteration verwenden. Des Weiteren gilt $sb = 300$. Damit ergeben sich die Nettorisikoprämien

$$b_{i,j}^{\text{BS}} := sb\, x_i^{\text{BS}}\, y_j^{\text{BS}} = x_i^*\, y_j^*$$

mit den Marginalfaktoren $x_i^{\text{BS}} := x_i^*/400$ und $y_j^{\text{BS}} := y_j^*/0.75$ wie folgt:

	$j=1$	$j=2$	x_i^*	x_i^{BS}
$i=1$	179.47	644.98	420.1391	1.05
$i=2$	89.04	320.01	208.4535	0.52
$i=3$	236.70	850.65	554.1139	1.39
y_j^*	0.427165	1.535156		
y_j^{BS}	0.57	2.05		

Zweckmäßigerweise berechnet man die Nettorisikoprämien natürlich auch hier nicht über die Marginalfaktoren. Die Marginalfaktoren sind hier durch eine asymmetrische Skalierung der Grenzwerte mit $c_x = 400$ und $c_y = 0.75$ definiert, um eine Vergleichbarkeit mit den Marginalfaktoren aus Beispiel 9.2.2 zu erreichen. Den erheblichen Unterschied zwischen den Größenordnungen der Werte der Iteration könnte man durch eine Skalierung des Startvektors etwa mit dem Faktor 25 vermeiden. Einige der Nettorisikoprämien weichen deutlich von denen aus Beispiel 9.2.2 ab.

Die Summe der nach dem Verfahren von Bailey und Simon bestimmten Nettorisikoprämien ist mindestens so groß wie der Gesamtschaden des Bestandes; vgl. Mack [2002; Unterabschnitt 2.4.3]. Damit sind die nach dem Verfahren von Bailey und Simon bestimmten Nettorisikoprämien ausreichend, aber unter Umständen zu hoch. Mack weist auch darauf hin, dass das Verfahren von Bailey und Simon empfindlich auf Ausreißer in einzelnen Tarifklassen reagiert.

Das Verfahren von Bailey und Simon wurde von 1962 bis 1994 zur Tarifierung in der deutschen *Kraftfahrtversicherung* verwendet.

Marginalsummenverfahren

Dem Marginalsummenverfahren liegt die Forderung zugrunde, dass für jede Ausprägung eines der beiden Merkmale die kumulierten Nettorisikoprämien mit den kumulierten Gesamtschäden übereinstimmen sollten. Die Grundlage für die Bestimmung der Marginalfaktoren bilden daher die *Marginalsummengleichungen*

$$\sum_{j=1}^{q} v_{i,j}\, sb\, x_i\, y_j = \sum_{j=1}^{q} s_{i,j} \qquad \text{für alle } i \in \{1,\dots,p\}$$
$$\sum_{i=1}^{p} v_{i,j}\, sb\, x_i\, y_j = \sum_{i=1}^{p} s_{i,j} \qquad \text{für alle } j \in \{1,\dots,q\}$$

Die Marginalsummengleichungen bilden ein nichtlineares Gleichungssystem, das zumindest dann eine Lösung besitzt, wenn alle Zellen besetzt sind; vgl. Dietze, Riedrich und Schmidt [2006, 2012]. Sie lassen sich auch in der Form

$$x_i = \frac{s_{i\bullet}}{sb} \frac{1}{\sum_{j=1}^{q} v_{i,j}\, y_j}$$
$$y_j = \frac{s_{\bullet j}}{sb} \frac{1}{\sum_{i=1}^{p} v_{i,j}\, x_i}$$

schreiben und führen mit einem Startvektor

$$\big(y_1^{(0)}, \dots, y_q^{(0)}\big)$$

mit $y_j^{(0)} > 0$ für alle $j \in \{1,\dots,q\}$ und mit

$$x_i^{(m+1)} := \frac{s_{i\bullet}}{sb} \frac{1}{\sum_{j=1}^{q} v_{i,j}\, y_j^{(m)}} \qquad \text{und} \qquad y_j^{(m+1)} := \frac{s_{\bullet j}}{sb} \frac{1}{\sum_{i=1}^{p} v_{i,j}\, x_i^{(m+1)}}$$

für alle $m \in \mathbb{N}_0$ im Fall der Existenz einer Lösung auf ein Iterationsverfahren, das gegen eine Lösung

$$\big(x_1^{\text{MS}}, \dots, x_p^{\text{MS}}, y_1^{\text{MS}}, \dots, y_q^{\text{MS}}\big)$$

konvergiert. Die Lösung der Marginalsummengleichungen ist nicht eindeutig, aber die Produkte $x_i^{\text{MS}}\, y_j^{\text{MS}}$ sind unabhängig von der speziellen Lösung

$$\big(x_1^{\text{MS}}, \dots, x_p^{\text{MS}}, y_1^{\text{MS}}, \dots, y_q^{\text{MS}}\big)$$

In der Praxis werden mit den (vom Startvektor abhängigen) Grenzwerten

$$x_i^* := \lim_{m\to\infty} x_i^{(m)} \qquad \text{und} \qquad y_j^* := \lim_{m\to\infty} y_j^{(m)}$$

die Marginalfaktoren durch

$$x_i^{\text{MS}} := x_i^*$$
$$y_j^{\text{MS}} := y_j^*$$

definiert und die Nettorisikoprämie für die Risiken der Tarifzelle (i, j) wird durch

$$b_{i,j}^{\text{MS}} := sb\, x_i^{\text{MS}}\, y_j^{\text{MS}}$$

definiert.

9.2.4 Beispiel (Marginalsummenverfahren). Für die Daten aus Beispiel 9.2.2 ergeben sich mit dem Startvektor

$$\left(y_1^{(0)}, y_2^{(0)}\right) := (1, 1)$$

für das Iterationsverfahren die folgenden Werte:

m	$x_1^{(m)}$	$x_2^{(m)}$	$x_3^{(m)}$	$y_1^{(m)}$	$y_2^{(m)}$
0				1.000000	1.000000
1	1.111111	0.583333	1.600000	0.503074	1.814849
2	1.181615	0.586271	1.556747	0.501765	1.817004
3	1.181809	0.586277	1.556631	0.501761	1.817010
4	1.181810	0.586277	1.556631	0.501761	1.817010
5	1.181810	0.586277	1.556631	0.501761	1.817010

Auch hier liegt ein Fall schneller Konvergenz vor und man kann die Werte für $m = 5$ als Grenzwerte der Iteration verwenden. Damit ergeben sich die Nettorisikoprämien

$$b_{i,j}^{\text{MS}} := sb\, x_i^{\text{MS}}\, y_j^{\text{MS}}$$

und die Marginalfaktoren x_i^{MS} und y_j^{MS} wie folgt:

	$j = 1$	$j = 2$	x_i^{MS}
$i = 1$	177.90	644.21	1.181810
$i = 2$	88.25	319.58	0.586277
$i = 3$	234.32	848.52	1.556631
y_j^{MS}	0.501761	1.817010	

Die Nettorisikoprämien weichen nur geringfügig von denen aus Beispiel 9.2.2 ab.

Die Existenz einer Lösung der Marginalsummengleichungen ist auch bei mehr als zwei Merkmalen unter schwachen Bedingungen gesichert, aber in diesem Fall bereitet das Iterationsverfahren Probleme, weil sich Zyklen mit unterschiedlichen Grenzwerten einstellen können; vgl. Dietze, Riedrich und Schmidt [2012].

Das Marginalsummenverfahren wird seit 1995 vom GDV verwendet.

Fehlerquotienten

Als Maße für die Qualität und den Vergleich dieser heuristischen Verfahren können *Fehlerquotienten* verwendet werden. Die Fehlerquotienten vergleichen für eine Gruppe von Tarifzellen die Summe der Nettorisikoprämien mit der durch die Volumenmaße gewichteten Summe der Gesamtschäden.

Die kumulierten Nettorisikoprämien

$$\begin{aligned} b_{\bullet\bullet} &:= \sum_{i=1}^{p} \sum_{j=1}^{q} v_{i,j}\, b_{i,j} \\ b_{i\bullet} &:= \sum_{j=1}^{q} v_{i,j}\, b_{i,j} \\ b_{\bullet j} &:= \sum_{i=1}^{p} v_{i,j}\, b_{i,j} \end{aligned}$$

hängen von dem jeweiligen Verfahren ab, die kumulierten Gesamtschäden

$$\begin{aligned} s_{\bullet\bullet} &:= \sum_{i=1}^{p} \sum_{j=1}^{q} s_{i,j} \\ s_{i\bullet} &:= \sum_{j=1}^{q} s_{i,j} \\ s_{\bullet j} &:= \sum_{i=1}^{p} s_{i,j} \end{aligned}$$

hingegen nicht. Die Fehlerquotienten

$$\begin{aligned} F_{\bullet\bullet} &:= \frac{b_{\bullet\bullet}}{s_{\bullet\bullet}} \\ F_{i\bullet} &:= \frac{b_{i\bullet}}{s_{i\bullet}} \\ F_{\bullet j} &:= \frac{b_{\bullet j}}{s_{\bullet j}} \end{aligned}$$

setzen diese beiden Summenarten ins Verhältnis. Werte der Fehlerquotienten in der Nähe von 1 entsprechen somit einer guten Übereinstimmung der beiden Summenarten.

Für
- das Verfahren der Marginaldurchschnitte (MD),
- das Verfahren von Bailey und Simons (BS) und
- das Marginalsummenverfahren (MS)

ergeben sich damit die Fehlerquotienten über alle Tarifzellen

$$F_{\bullet\bullet} := \frac{1}{s_{\bullet\bullet}} \sum_{i=1}^{p} \sum_{j=1}^{q} v_{i,j}\, b_{i,j} = \begin{cases} \dfrac{1}{s_{\bullet\bullet}} \displaystyle\sum_{i=1}^{p} \sum_{j=1}^{q} v_{i,j}\, sb\, x_i^{\mathrm{MD}}\, y_j^{\mathrm{MD}} & \text{für MD} \\ \dfrac{1}{s_{\bullet\bullet}} \displaystyle\sum_{i=1}^{p} \sum_{j=1}^{q} v_{i,j}\, sb\, x_i^{\mathrm{BS}}\, y_j^{\mathrm{BS}} & \text{für BS} \\ \dfrac{1}{s_{\bullet\bullet}} \displaystyle\sum_{i=1}^{p} \sum_{j=1}^{q} v_{i,j}\, sb\, x_i^{\mathrm{MS}}\, y_j^{\mathrm{MS}} & \text{für MS} \end{cases}$$

sowie die Fehlerquotienten über eine Tarifzeile

$$F_{i\bullet} := \frac{1}{s_{i\bullet}} \sum_{j=1}^{q} v_{i,j}\, b_{i,j} = \begin{cases} \dfrac{1}{s_{i\bullet}} \displaystyle\sum_{j=1}^{q} v_{i,j}\, sb\, x_i^{\mathrm{MD}}\, y_j^{\mathrm{MD}} & \text{für MD} \\ \dfrac{1}{s_{i\bullet}} \displaystyle\sum_{j=1}^{q} v_{i,j}\, sb\, x_i^{\mathrm{BS}}\, y_j^{\mathrm{BS}} & \text{für BS} \\ \dfrac{1}{s_{i\bullet}} \displaystyle\sum_{j=1}^{q} v_{i,j}\, sb\, x_i^{\mathrm{MS}}\, y_j^{\mathrm{MS}} & \text{für MS} \end{cases}$$

und die Fehlerquotienten über eine Tarifspalte

$$F_{\bullet j} := \frac{1}{s_{\bullet j}} \sum_{i=1}^{p} v_{i,j}\, b_{i,j} = \begin{cases} \dfrac{1}{s_{\bullet j}} \displaystyle\sum_{i=1}^{p} v_{i,j}\, sb\, x_i^{\mathrm{MD}}\, y_j^{\mathrm{MD}} & \text{für MD} \\ \dfrac{1}{s_{\bullet j}} \displaystyle\sum_{i=1}^{p} v_{i,j}\, sb\, x_i^{\mathrm{BS}}\, y_j^{\mathrm{BS}} & \text{für BS} \\ \dfrac{1}{s_{\bullet j}} \displaystyle\sum_{i=1}^{p} v_{i,j}\, sb\, x_i^{\mathrm{MS}}\, y_j^{\mathrm{MS}} & \text{für MS} \end{cases}$$

Die Fehlerquotienten für die Tarifzeilen oder die Tarifspalten zeigen an, ob die Marginalsummengleichungen näherungsweise erfüllt sind; es ist also zu erwarten, dass die Fehlerquotienten beim Marginalsummenverfahren schnell gegen 1 konvergieren. Dagegen ist beim Verfahren von Bailey und Simons zu erwarten, dass die Fehlerquotienten gegen Werte ≥ 1 konvergieren.

9.2.5 Beispiel (Fehlerquotienten). Wir verwenden die Daten aus Beispiel 9.2.2. Da das *Verfahren der Marginaldurchschnitte* nicht iterativ ist, ergibt sich in hier nur ein einziger Vektor von Fehlerquotienten (vgl. Beispiel 9.2.2):

$F_{\bullet\bullet}$	$F_{1\bullet}$	$F_{2\bullet}$	$F_{3\bullet}$	$F_{\bullet 1}$	$F_{\bullet 2}$
1.005093	0.944444	1.000000	1.033333	0.993889	1.010185

Die Fehlerquotienten liegen in der Nähe von 1 und die maximale Abweichung beträgt weniger als 6%.

Beim *Verfahren von Bailey und Simon* ergeben sich für die ersten Schritte der Iteration die folgenden Fehlerquotienten (vgl. Beispiel 9.2.3):

m	$F_{\bullet\bullet}$	$F_{1\bullet}$	$F_{2\bullet}$	$F_{3\bullet}$	$F_{\bullet 1}$	$F_{\bullet 2}$
1	1.007918	0.888187	0.952276	1.090263	1.024439	1.000408
2	1.004285	1.001757	1.002642	1.006296	1.009714	1.001817
3	1.004284	1.003877	1.003727	1.004778	1.009506	1.001910
4	1.004284	1.003916	1.003747	1.004750	1.009502	1.001911
5	1.004284	1.003917	1.003748	1.004749	1.009502	1.001911
6	1.004284	1.003917	1.003748	1.004749	1.009502	1.001911

Die Fehlerquotienten stabilisieren sich bei Werten in der Nähe von 1 und die maximale Abweichung beträgt weniger als 1%. Es fällt auf, dass nach dem Einpendeln der Iteration alle Fehlerquotienten > 1 sind; dies entspricht dem vorher erwähnten theoretischen Ergebnis, nach dem alle Fehlerquotienten ≥ 1 sind.
Beim *Marginalsummenverfahren* ergeben sich für die ersten Schritte der Iteration die folgenden Fehlerquotienten (vgl. Beispiel 9.2.4):

m	$F_{\bullet\bullet}$	$F_{1\bullet}$	$F_{2\bullet}$	$F_{3\bullet}$	$F_{\bullet 1}$	$F_{\bullet 2}$
1	1.000000	0.940332	0.994990	1.027784	1.000000	1.000000
2	1.000000	0.999836	0.999990	1.000074	1.000000	1.000000
3	1.000000	1.000000	1.000000	1.000000	1.000000	1.000000
4	1.000000	1.000000	1.000000	1.000000	1.000000	1.000000
5	1.000000	1.000000	1.000000	1.000000	1.000000	1.000000

Hier streben alle Fehlerquotienten erwartungsgemäß gegen 1. Abweichungen nach oben und unten sind möglich. Es fällt auf, dass die Fehlerquotienten $F_{\bullet\bullet}$ und $F_{\bullet j}$ in allen Iterationsschritten $= 1$ sind. Dies liegt daran, dass die Marginalfaktoren $y_j^{(m)}$ im Iterationsschritt m gerade so gewählt werden, dass die Marginalsummengleichungen für alle Spalten j erfüllt sind. Damit gilt dann zwingend auch $F_{\bullet\bullet} = 1$.

9.3 Stochastische Ausgleichsverfahren

Die in Abschnitt 9.2 dargestellten heuristischen Ausgleichsverfahren verwenden keine Modellierung durch Zufallsvariable und deren Verteilungen. Damit ist für diese Verfahren, abgesehen von der ebenfalls heuristischen Betrachtung von Fehlerquotienten, kaum eine Beurteilung der Qualität dieser Ausgleichsverfahren möglich.

In diesem Abschnitt betrachten wir stochastische Ausgleichsverfahren, die auf einem stochastischen Modell und damit auf der Modellierung durch Zufallsvariable und auf Annahmen an ihre gemeinsame Verteilung beruhen. In diesen Modellen werden Schätzer für die Parameter der gemeinsamen Verteilung der Zufallsvariablen bestimmt, und im Prinzip ermöglichen sie auch die Berechnung von Kennzahlen zur Beurteilung der Genauigkeit dieser Schätzer. Die Möglichkeiten zur Konstruktion eines derartigen stochastischen Modells sind vielfältig.

In Beispiel 5.1.1 wurde ein stochastisches Modell beschrieben, das auf der Zerlegung eines abstrakten kollektiven Modells für den Bestand nach den Ausprägungen der Tarifmerkmale beruht. Dieses Modell ist sehr allgemein und verwendet keine Annahmen an den Typ der Verteilung der Schadenzahl oder der einzelnen Schadenhöhen des Bestandes oder an den Typ der Verteilung der Gesamtschäden der Tarifzellen. Dieses Modell führt auf einen multiplikativen Tarif, und die Parameter können durch Anwendung des Maximum–Likelihood Verfahrens auf die Schadenzahlen der einzelnen Tarifzellen geschätzt werden; dabei sind die Schadenzahlen der einzelnen Tarifzellen im Allgemeinen nicht unabhängig, aber es stellt sich heraus, dass die Maximum–Likelihood Schätzer gerade die Lösungen von Marginalsummengleichungen sind.

Andere Modelle unterstellen, dass die Gesamtschäden der Tarifzellen unabhängig sind und dass die Verteilungen der Gesamtschäden der Tarifzellen einer bestimmten Klasse von Verteilungen angehören. Dabei ist die Wahl dieser Klasse von Verteilungen dadurch eingeschränkt, dass die Gesamtschäden im Allgemeinen positiv sind und eine Verteilung mit positiver Schiefe besitzen.

Gamma–verteilte Gesamtschäden

Wir betrachten für jede Tarifzelle (i, j) mit $i \in \{1, \dots, p\}$ und $j \in \{1, \dots, q\}$ den zufälligen Gesamtschaden

$$S_{i,j}$$

Wir nehmen an, dass die Gesamtschäden der Tarifzellen unabhängig sind und dass für jede Tarifzelle

$$P_{S_{i,j}} = \mathbf{Ga}(\alpha_{i,j}, \beta_{i,j})$$

gilt. Dann gilt

$$E[S_{i,j}] = \frac{\beta_{i,j}}{\alpha_{i,j}}$$

$$\text{var}[S_{i,j}] = \frac{\beta_{i,j}}{\alpha_{i,j}^2}$$

und für die relative Schiefe gilt

$$\gamma[S_{i,j}] = \frac{2}{\sqrt{\beta_{i,j}}}$$

Des Weiteren nehmen wir an, das für jede Tarifzelle ein Volumenmaß

$$v_{i,j}$$

vorliegt.

Um die Volumenmaße zu berücksichtigen und um gleichzeitig die Anzahl der Parameter zu reduzieren und Marginalfaktoren zu erhalten, nehmen wir an, dass es einen Parameter $\alpha \in (0, \infty)$ gibt derart, dass für jede Tarifzelle

$$\alpha_{i,j} = \frac{\alpha}{x_i y_j}$$

$$\beta_{i,j} = \alpha\, v_{i,j}$$

gilt. Dann liegen statt der ursprünglich $2pq$ Parameter $\alpha_{i,j}$ und $\beta_{i,j}$ nur noch die $p+q+1$ Parameter

$$\alpha, x_1, \ldots, x_p, y_1, \ldots, y_q$$

vor, und wegen

$$E[S_{i,j}] = \frac{\beta_{i,j}}{\alpha_{i,j}} = \frac{\alpha\, v_{i,j}}{\alpha/(x_i y_j)} = v_{i,j}\, x_i y_j$$

stellt sich für die erwarteten Gesamtschäden die gewünschte Faktorisierung ein. Darüber hinaus sind die erwarteten Gesamtschäden proportional zu den Volumenmaßen, und wegen

$$\mathrm{var}[S_{i,j}] = \frac{v_{i,j}}{\alpha}\, x_i^2 y_j^2$$

gilt dies auch für die Varianzen.

Die Parameter $\alpha, x_1, \ldots, x_p, y_1, \ldots, y_q$ können mit dem Maximum–Likelihood Verfahren geschätzt werden. Aufgrund der Unabhängigkeit der Gesamtschäden ist die Likelihood–Funktion L durch

$$\begin{aligned}
&L\Big(\widehat{\alpha}, \{\widehat{x}_i\}_{i\in\{1,\ldots,p\}}, \{\widehat{y}_j\}_{j\in\{1,\ldots,q\}} \;\Big|\; \{S_{i,j}\}_{i\in\{1,\ldots,p\}, j\in\{1,\ldots,q\}}\Big) \\
&= \prod_{i=1}^{p}\prod_{j=1}^{q}\left(\frac{1}{\Gamma(\widehat{\alpha}\, v_{i,j})}\left(\frac{\widehat{\alpha}}{\widehat{x}_i\widehat{y}_j}\right)^{\widehat{\alpha}\, v_{i,j}} \exp\left(-\frac{\widehat{\alpha}}{\widehat{x}_i\widehat{y}_j}\, S_{i,j}\right) S_{i,j}^{\widehat{\alpha}\, v_{i,j}-1}\right)
\end{aligned}$$

gegeben und für die Loglikelihood–Funktion erhält man

$$\begin{aligned}
&(\ln\circ L)\Big(\widehat{\alpha}, \{\widehat{x}_i\}_{i\in\{1,\ldots,p\}}, \{\widehat{y}_j\}_{j\in\{1,\ldots,q\}} \;\Big|\; \{S_{i,j}\}_{i\in\{1,\ldots,p\}, j\in\{1,\ldots,q\}}\Big) \\
&= \sum_{i=1}^{p}\sum_{j=1}^{q}\left(-\ln(\Gamma(\widehat{\alpha} v_{i,j})) + \widehat{\alpha} v_{i,j} \ln\left(\frac{\widehat{\alpha} S_{i,j}}{\widehat{x}_i\widehat{y}_j}\right) - \frac{\widehat{\alpha} S_{i,j}}{\widehat{x}_i\widehat{y}_j} - \ln(S_{i,j})\right)
\end{aligned}$$

Für die partiellen Ableitungen ergibt sich

$$\frac{\partial \ln L}{\partial \widehat{x}_i} = \frac{\widehat{\alpha}}{\widehat{x}_i}\sum_{j=1}^{q}\left(\frac{S_{i,j}}{\widehat{x}_i\widehat{y}_j} - v_{i,j}\right) \qquad \text{für alle } i \in \{1, \ldots, p\}$$

$$\frac{\partial \ln L}{\partial \widehat{y}_j} = \frac{\widehat{\alpha}}{\widehat{y}_j}\sum_{i=1}^{p}\left(\frac{S_{i,j}}{\widehat{x}_i\widehat{y}_j} - v_{i,j}\right) \qquad \text{für alle } j \in \{1, \ldots, q\}$$

sowie

$$\frac{\partial \ln L}{\partial \widehat{\alpha}} = \sum_{i=1}^{p} \sum_{j=1}^{q} \left(v_{i,j} \left(\ln\left(\frac{\widehat{\alpha} S_{i,j}}{\widehat{x}_i \widehat{y}_j} \right) - \frac{\Gamma'(\widehat{\alpha} v_{i,j})}{\Gamma(\widehat{\alpha} v_{i,j})} \right) - \frac{S_{i,j}}{\widehat{x}_i \widehat{y}_j} + v_{i,j} \right)$$

und durch Nullsetzen der partiellen Ableitungen erhält man

$$\begin{aligned} \sum_{j=1}^{q} \frac{S_{i,j}}{\widehat{x}_i \widehat{y}_j} &= \sum_{j=1}^{q} v_{i,j} = v_{i\bullet} && \text{für alle } i \in \{1, \dots, p\} \\ \sum_{i=1}^{p} \frac{S_{i,j}}{\widehat{x}_i \widehat{y}_j} &= \sum_{i=1}^{p} v_{i,j} = v_{\bullet j} && \text{für alle } j \in \{1, \dots, q\} \end{aligned}$$

sowie

$$\sum_{i=1}^{p} \sum_{j=1}^{q} v_{i,j} \left(\ln\left(\frac{\widehat{\alpha} S_{i,j}}{\widehat{x}_i \widehat{y}_j} \right) - \frac{\Gamma'(\widehat{\alpha} v_{i,j})}{\Gamma(\widehat{\alpha} v_{i,j})} \right) = \sum_{i=1}^{p} \sum_{j=1}^{q} \left(\frac{S_{i,j}}{\widehat{x}_i \widehat{y}_j} - v_{i,j} \right) = 0$$

Nach Voraussetzung gilt für alle Tarifzellen $P[S_{i,j} > 0] = 1$. Daher besitzt das von $\widehat{\alpha}$ unabhängige nichtlineare Gleichungssystem

$$\begin{aligned} \sum_{j=1}^{q} \frac{S_{i,j}}{\widehat{x}_i \widehat{y}_j} &= v_{i\bullet} && \text{für alle } i \in \{1, \dots, p\} \\ \sum_{i=1}^{p} \frac{S_{i,j}}{\widehat{x}_i \widehat{y}_j} &= v_{\bullet j} && \text{für alle } j \in \{1, \dots, q\} \end{aligned}$$

eine strikt positive Lösung $(x_1^{\mathrm{ML}}, \dots, x_p^{\mathrm{ML}}, y_1^{\mathrm{ML}}, \dots, y_q^{\mathrm{ML}})$, und mit beliebigen strikt positiven Startwerten konvergiert die durch

$$\begin{aligned} x_i &= \frac{1}{v_{i\bullet}} \sum_{j=1}^{q} \frac{S_{i,j}}{y_j} && \text{für alle } i \in \{1, \dots, p\} \\ y_j &= \frac{1}{v_{\bullet j}} \sum_{i=1}^{p} \frac{S_{i,j}}{x_i} && \text{für alle } j \in \{1, \dots, q\} \end{aligned}$$

induzierte Iteration gegen eine Lösung. Die Lösung ist nicht eindeutig, denn für $c > 0$ ist mit

$$(x_1^{\mathrm{ML}}, \dots, x_p^{\mathrm{ML}}, y_1^{\mathrm{ML}}, \dots, y_q^{\mathrm{ML}})$$

auch

$$(cx_1^{\mathrm{ML}}, \dots, cx_p^{\mathrm{ML}}, y_1^{\mathrm{ML}}/c, \dots, y_q^{\mathrm{ML}}/c))$$

eine Lösung, aber jede Lösung besitzt diese Gestalt; vgl. Dietze, Riedrich und Schmidt [2006, 2012].

Für den Schadenbedarf pro Tarifzelle

$$SB_{i,j} := \frac{S_{i,j}}{v_{i,j}}$$

gilt

$$P_{SB_{i,j}} = \mathbf{Ga}\left(\frac{\alpha\, v_{i,j}}{x_i y_j}, \alpha\, v_{i,j}\right)$$

und insbesondere

$$\begin{aligned} E[SB_{i,j}] &= x_i y_j \\ \mathrm{var}[SB_{i,j}] &= \frac{1}{\alpha v_{i,j}}\, x_i^2 y_j^2 \end{aligned}$$

Für die Nettorisikoprämien

$$b_{i,j} := E[SB_{i,j}] = x_i y_j$$

ergeben sich damit die Schätzer

$$b_{i,j}^{\mathrm{ML}} := x_i^{\mathrm{ML}}\, y_j^{\mathrm{ML}}$$

und diese Schätzer sind unabhängig von der speziellen Wahl der Maximum–Likelihood Schätzer der Parameter $x_1, \ldots, x_p, y_1, \ldots, y_q$. Unter Verwendung des Schadenbedarfs pro Risiko des Bestandes

$$SB := \frac{\sum_{i=1}^{p} \sum_{j=1}^{q} S_{i,j}}{\sum_{i=1}^{p} \sum_{j=1}^{q} v_{i,j}}$$

lassen sich die Nettorisikoprämien in der Form

$$b_{i,j} = E[SB]\, \frac{x_i}{\sqrt{E[SB]}}\, \frac{y_j}{\sqrt{E[SB]}}$$

darstellen, und für ihre Schätzer erhält man mit

$$b_{i,j}^{\mathrm{ML}} = SB\, \frac{x_i^{\mathrm{ML}}}{\sqrt{SB}}\, \frac{y_j^{\mathrm{ML}}}{\sqrt{SB}}$$

eine Darstellung als Produkt des Schadenbedarfs pro Risiko mit Schätzern der Marginalfaktoren $x_i/\sqrt{E[SB]}$ und $y_j/\sqrt{E[SB]}$.

9.3.1 Beispiel (Gamma–verteilte Gesamtschäden). Wir betrachten die Daten aus Beispiel 9.2.2. Die Iteration führt ausgehend von dem Startvektor

$$\left(y_1^{(0)}, y_2^{(0)}\right) := (1, 1)$$

auf die folgenden Werte:

m	$x_1^{(m)}$	$x_2^{(m)}$	$x_3^{(m)}$	$y_1^{(m)}$	$y_2^{(m)}$
0				1.000000	1,000000
1	333.3333	175.0000	480.0000	0.530714	1.782143
2	363.4582	180.8921	428.1144	0.526611	1.805106
3	363.9880	181.0066	427.3063	0.526541	1.805506
4	363.9971	181.0085	427.2925	0.526540	1.805513
5	363.9973	181.0086	427.2922	0.526540	1.805513
6	363.9973	181.0086	427.2922	0.526540	1.805513

Es zeigt sich wieder eine rasche Konvergenz. Mit den Näherungen nach 6 Schritten ergibt sich das folgende Tableau der (geschätzten) Nettorisikoprämien $b_{i,j}^{\mathrm{ML}}$:

	$j=1$	$j=2$	x_i^{ML}
$i=1$	191.66	657.20	363.9973
$i=2$	95.31	326.81	181.0086
$i=3$	224.99	771.48	427.2922
y_j^{ML}	0.526540	1.805513	

Diese Prämien weichen kaum von denen der verteilungsfreien Ansätze ab. Das zugehörige Tableau der Fehlerquotienten ist gegeben durch:

m	$F_{\bullet\bullet}$	$F_{1\bullet}$	$F_{2\bullet}$	$F_{3\bullet}$	$F_{\bullet 1}$	$F_{\bullet 2}$
1	1.004780	0.947857	1.000000	1.031286	1.054942	0.981979
2	0.982646	1.038883	1.039919	0.925805	1.023634	0.964016
3	0.982385	1.040492	1.040688	0.924163	1.023220	0.963823
4	0.982380	1.040520	1.040701	0.924135	1.023213	0.963820
5	0.982380	1.040520	1.040701	0.924134	1.023213	0.963820
6	0.982380	1.040520	1.040701	0.924134	1.023213	0.963820

Die Fehlerquotienten weisen aus, dass Unter- und Überschätzungen des Gesamtschadens möglich sind. Die Abweichungen (von den Marginalsummenbedingungen) reichen hier bis 8%.

Für weitergehende Untersuchungen, wie die Bestimmung der Genauigkeit der Schätzer, wird auch der Maximum–Likelihood Schätzer des Parameters α benötigt. Dieser Schätzer ist durch die Fixpunktgleichung

$$\sum_{i=1}^{p}\sum_{j=1}^{q} v_{i,j} \ln\left(\frac{\widehat{\alpha}\, S_{i,j}}{\widehat{x}_i \widehat{y}_j}\right) = \sum_{i=1}^{p}\sum_{j=1}^{q} v_{i,j} \frac{\Gamma'(\widehat{\alpha} v_{i,j})}{\Gamma(\widehat{\alpha} v_{i,j})}$$

bestimmt.

Ergänzend zeigen wir, dass das vorliegende Modell auch als *verallgemeinertes lineares Modell* (GLM) dargestellt werden kann. Der Vorteil dieser Darstellung besteht darin, dass zur Schätzung der Parameter in einem verallgemeinerten linearen Modell Software zur Verfügung steht.

Wir betrachten dazu die Link–Funktion $g : (0, \infty) \to \mathbb{R}$ mit

$$g(z) := \ln(z)$$

und setzen für $k \in \{1, \dots, p{+}q\}$

$$\beta_k := \begin{cases} \ln(x_k) & \text{für } k \in \{1, \dots, p\} \\ \ln(y_{k-p}) & \text{für } k \in \{p{+}1, \dots, p{+}q\} \end{cases}$$

Dann gilt

$$\ln(E[SB_{i,j}]) = \ln(x_i y_j) = \ln(x_i) + \ln(y_j) = \beta_i + \beta_{p+j}$$

Wir betrachten nun den Zufallsvektor

$$\mathbf{SB} := \begin{pmatrix} \mathbf{SB}_1 \\ \vdots \\ \mathbf{SB}_q \end{pmatrix} \qquad \text{mit} \qquad \mathbf{SB}_j := \begin{pmatrix} SB_{1,j} \\ \vdots \\ SB_{p,j} \end{pmatrix}$$

und setzen

$$\boldsymbol{\beta}_1 := \begin{pmatrix} \beta_1 \\ \vdots \\ \beta_p \end{pmatrix} \qquad \text{und} \qquad \boldsymbol{\beta}_2 := \begin{pmatrix} \beta_{p+1} \\ \vdots \\ \beta_{p+q} \end{pmatrix}$$

sowie

$$\mathbf{A} := \begin{pmatrix} \mathbf{I} & \mathbf{F}_1 \\ \vdots & \vdots \\ \mathbf{I} & \mathbf{F}_q \end{pmatrix} \qquad \text{und} \qquad \boldsymbol{\beta} := \begin{pmatrix} \boldsymbol{\beta}_1 \\ \boldsymbol{\beta}_2 \end{pmatrix}$$

wobei $\mathbf{I}$ die Einheitsmatrix in $\mathbb{R}^{p \times p}$ bezeichnet und $\mathbf{F}_j$ für $j \in \{1, \dots, q\}$ die Matrix in $\mathbb{R}^{p \times q}$ bezeichnet, die in der Spalte j nur Einsen und in den anderen Spalten nur Nullen enthält. Dann gilt

$$g(E[\mathbf{SB}]) = \mathbf{A}\boldsymbol{\beta}$$

wobei der Logarithmus eines Vektors als der Vektor der Logarithmen seiner Koordinaten definiert ist. Die Maximum–Likelihood Schätzer der Parameter β_k führen auf dieselben Schätzer für die Nettorisikoprämien $b_{i,j}$ wie vorher.

Andere Verteilungsannahmen

Anstelle der Gamma–Verteilung könnte man zur Modellierung der Verteilungen der Gesamtschäden der einzelnen Tarifzellen beispielsweise auch die Lognormalverteilung oder die in Mack [2002; Unterabschnitt 2.4.4] beschriebene modifizierte Poisson–Verteilung wählen.

In beiden Fällen kann man wie bei der Gamma–Verteilung eine spezielle Parametrisierung wählen, die auf Marginalfaktoren führt, und die Parameter mit dem Maximum–Likelihood Verfahren schätzen.

Im Fall der Lognormalverteilung führt diese spezielle Parametrisierung auf ein lineares Modell für die Erwartungswerte der Logarithmen der Gesamtschäden und die Gauss–Markov Schätzer in diesem linearen Modell stimmen mit den Maximum–Likelihood Schätzern überein.

Kosten

Zum Abschluss dieses Kapitels soll noch kurz auf die Berücksichtigung von Kosten bei der Tarifierung eingegangen werden. Die hier erläuterten Methoden zur Berechnung der Nettorisikoprämie sind dabei ein Teilschritt im gesamten Prozess der Tarifierung der vom Versicherungsnehmer zu bezahlenden Prämie.

Die bisherigen Ansätze der Tarifierung betreffen nahezu ausschließlich die reinen Schadenaufwendungen, also die Versicherungstechnik im engeren Sinne, und lassen Kosten für den Vertrieb oder den Betrieb unberücksichtigt. Liegen nach den aufgezeigten Teilschritten der Tarifierung geeignete sogenannte *Basis–Schadenbedarfe* sb_{Basis} vor, etwa durch eigene Kalkulationsstatistiken oder die des GDV, so bietet sich für die *Brutto-* oder *Tarifprämie* b_{brutto} inklusive Kostenkomponenten folgender Ansatz an:

$$b_{\text{brutto}} = \frac{sb_{\text{Basis}}\,(1+\delta_{\text{S}})(1+\delta_{\text{E}})(1+\delta_{\text{SR}}) + k_{\text{fix}}}{1 - k_{\text{var}} - k_{\text{Kap}}}$$

mit

$$\begin{aligned}
\delta_{\text{S}} &:= \text{Sicherheitszuschlag}\\
\delta_{\text{E}} &:= \text{Zuschlag für zukünftige Schadenentwicklung}\\
\delta_{\text{SR}} &:= \text{Zuschlag für variable Schadenregulierungskosten}\\
k_{\text{fix}} &:= \text{Fixkosten}\\
k_{\text{var}} &:= \text{variabler Kostensatz}\\
k_{\text{Kap}} &:= \text{Kapitalkostensatz}
\end{aligned}$$

Denkbare Erweiterungen betreffen Rabatt-, Gewinn- und Selektionszuschläge.

10

Selektion von Risiken

Dieses Kapitel führt zunächst kurz in die Thematik der Selektionseffekte ein (Abschnitt 10.1) und befasst sich dann mit der in der Praxis der Schadenversicherung häufig anzutreffenden Beitragsrückerstattung für den Fall der Schadenfreiheit (Abschnitt 10.2). Anschließend wird die Modellierung eines heterogenen Bestandes durch einen zufälligen Strukturparameter betrachtet und es werden verschiedene Methoden der sekundären Prämiendifferenzierung (Erfahrungstarifierung) dargestellt; dabei behandeln wir die Bestimmung von Bayes–Prämien (Abschnitt 10.3) und Credibility–Prämien (Abschnitt 10.4) sowie die Gestaltung von Bonus–Malus Systemen (Abschnitt 10.5).

10.1 Selektionseffekte

In der Praxis der Tarifierung dominiert das Streben nach risikogerechten Prämien. In der Regel wird also nicht *alles über einen Kamm geschoren* und eine für alle Risiken des Bestandes einheitliche Prämie bestimmt, sondern es wird versucht, Unterschiede zwischen den Risiken des Bestandes herauszufinden und unter Berücksichtigung dieser Unterschiede spezifische Prämien für die einzelnen Risiken zu bestimmen.

Dieser Prozess mündet in der *Prämiendifferenzierung*. Dabei unterscheidet man zwischen

– dem Regelfall der *primären Prämiendifferenzierung*, die vor Vertragsbeginn erfolgt und auf den Ausprägungen der Tarifmerkmale beruht, und
– der *sekundären Prämiendifferenzierung*, die erst nach Vertragsbeginn erfolgt und auf der individuellen Schadenhistorie beruht.

Der Zwang zur Prämiendifferenzierung ergibt sich vor allem aus den Gegebenheiten des Versicherungsmarktes, denn bei den Versicherungsunternehmen, die keine Prämiendifferenzierung vornehmen, kommt es zwangsläufig zu einer *Antiselektion* (*adverse selection*): Jedes Versicherungsunternehmen ist daran interessiert, sich *die Rosinen aus dem Markt zu picken*, also die guten Risiken

H.-W. Goelden et al., *Schadenversicherungsmathematik*, DOI 10.1007/978-3-662-48860-7_11

an sich binden, und dies gelingt insbesondere durch Prämiendifferenzierung. Bei Versicherungsunternehmen, die keine Prämiendifferenzierung vornehmen, stellt sich daher ein Übergewicht an schlechten Risiken ein.

10.1.1 Beispiel (Antiselektion). Wir betrachten einen Versicherungsmarkt mit zwei Arten von Risiken A und B und den erwarteten jährlichen Schadenhöhen μ_A und μ_B mit $\mu_A < \mu_B$. Des Weiteren betrachten wir zwei Versicherungsunternehmen I und II, die beide die Nettorisikoprämie verlangen und sich darin unterscheiden, dass Versicherungsunternehmen I die Prämien differenziert während Versicherungsunternehmen II die Prämien nicht differenziert. Dann verlangt Versicherungsunternehmen I die Prämien μ_A bzw. μ_B für die Risiken der Art A bzw. B, während Versicherungsunternehmen II von allen Risiken eine einheitliche Prämie μ mit

$$\mu_A < \mu < \mu_B$$

verlangt. Dies führt zu zwei Wanderbewegungen:

- Die Risiken der Art A wechseln zu Versicherungsunternehmen I.
- Die Risiken der Art B wechseln zu Versicherungsunternehmen II.

Dadurch wird das Versicherungsunternehmen II gezwungen, die einheitliche Prämie μ in Richtung μ_B anzupassen, und dies ist nachteilig für das Image und das Neugeschäft.

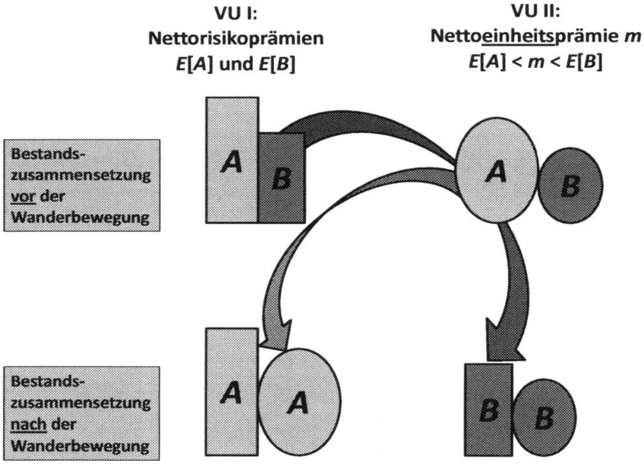

Die Prämiendifferenzierung beruht auf der Annahme, dass der betrachtete Bestand heterogen ist und damit in mehrere Teilbestände zerlegt werden kann.

In diesem Zusammenhang stellt sich die Frage, ob und wie aus bestimmten Kennzahlen für die Teilbestände die entsprechende Kennzahl für den Gesamtbestand ermittelt werden kann. In vielen Fällen ergibt sich die letztere trivial als ein geeignet gewichtetes Mittel der Kennzahlen der Teilbestände. Diese *Gewichtungsverfahren*, die auch als *Verfahren der Umgewichtung* bezeichnet werden, unterscheiden sich lediglich in der Wahl der Gewichte w_i für die T Teilbestände. Für eine Kennzahl K und die zugehörigen Kennzahlen K_{ges} des Bestandes und K_i der Teilbestände gilt dann

$$K_{\text{ges}} = \sum_{i=1}^{T} w_i \, K_i$$

Diese Gleichung ist beispielsweise dann erfüllt, wenn man K als Gesamtschaden pro Risiko und w_i als Anteil der Risiken im Teilbestand i wählt.

Eine Kennzahl K heißt *additiv*, wenn

$$K_{\text{ges}} = \sum_{i=1}^{T} K_i$$

gilt; in diesem Fall ist die Kennzahl des Bestandes gleich der Summe der Kennzahlen der Teilbestände. Diese Gleichung ist beispielsweise dann erfüllt, wenn man K als Gesamtschaden wählt.

Ist K eine Kennzahl und v ein Volumenmaß, so erhält man mit

$$R := \frac{K}{v}$$

eine *relative Kennzahl*, und im Fall der Additivität von K gilt

$$R_{\text{ges}} = \frac{K_{\text{ges}}}{v_{\text{ges}}} = \frac{1}{v_{\text{ges}}} \sum_{i=1}^{T} K_i = \sum_{i=1}^{T} \frac{v_i}{v_{\text{ges}}} \, \frac{K_i}{v_i} = \sum_{i=1}^{T} w_i R_i$$

mit den Gewichten

$$w_i := \frac{v_i}{v_{\text{ges}}}$$

der Teilbestände. Die relative Kennzahl des Bestandes ist also ein gewichtetes Mittel der relativen Kennzahlen der Teilbestände.

10.1.2 Beispiel (Schadenbedarfe in Teilbeständen). Wir betrachten die relative Kennzahl *Schadenbedarf SB*, die als das Verhältnis der Kennzahl *Gesamtschaden* S zur *Anzahl der Jahreseinheiten* v definiert ist. Der Gesamtschaden ist additiv, und damit ergibt sich

$$SB_{\text{ges}} = \frac{S_{\text{ges}}}{v_{\text{ges}}} = \sum_{i=1}^{T} \frac{S_i}{v_{\text{ges}}} = \sum_{i=1}^{T} \frac{v_i}{v_{\text{ges}}} \, \frac{S_i}{v_i} = \sum_{i=1}^{T} \frac{v_i}{v_{\text{ges}}} \, SB_i$$

Die Gleichung vor dem Beispiel ist banal. Dennoch ist im Umgang mit Kennzahlen Vorsicht geboten, denn bei fehlender Additivität der ursprünglichen

Kennzahl stimmt das gewichtete Mittel der relativen Kennzahlen der Teilbestände nicht mit der relativen Kennzahl des gesamten Bestandes überein. Dabei kann sogar ein Effekt eintreten, der auf den ersten Blick paradox zu sein scheint:

10.1.3 Beispiel (Steigerung der durchschnittlichen Versicherungssumme). Gegeben sei ein Bestand, der aus zwei regional verschiedenen Teilbeständen besteht. Betrachtet werden hier auch Kennzahlen im Zeitablauf, insbesondere jährliche Veränderungen. Konkret sei für $i, j \in \{1, 2\}$

$$VS^{(j)}$$

die *kumulierte Versicherungssumme* und

$$v^{(j)}$$

die *Anzahl der Jahreseinheiten* im Jahr j. Daraus ergeben sich die *durchschnittlichen Versicherungssummen*

$$\overline{VS}^{(j)} := \frac{VS^{(j)}}{v^{(j)}}$$

Für $j = 2$ könnte dann die *jährliche Steigerung*

$$D^{(j)} := \frac{\overline{VS}^{(j)} - \overline{VS}^{(j-1)}}{\overline{VS}^{(j-1)}} = \frac{\overline{VS}^{(j)}}{\overline{VS}^{(j-1)}} - 1$$

der durchschnittlichen Versicherungssumme eine geeignete Kennzahl für bestimmte Vertriebsaktivitäten sein. Wir unterstellen nun die folgenden Zahlen:

Jahr 1 :

i	$VS_i^{(1)}$	$v_i^{(1)}$	$\overline{VS}_i^{(1)}$
1	500′000′000	5′000	100′000
2	2′000′000′000	10′000	200′000
ges	2′500′000′000	15′000	166′667

Jahr 2 :

i	$VS_i^{(2)}$	$v_i^{(2)}$	$\overline{VS}_i^{(2)}$
1	880′000′000	8′000	110′000
2	1′760′000′000	8′000	220′000
ges	2′640′000′000	16′000	165′000

Die beiden Teilbestände unterscheiden sich erheblich, denn im Teilbestand 2 sind in beiden Jahren die ursprünglichen Kennzahlen und die Volumenmaße deutlich höher als im Teilbestand 1. Des Weiteren hat vom Jahr 1 zum Jahr 2 der Teilbestand 1 expandiert, während der Teilbestand 2 eingebrochen ist. Trotz dieser unterschiedlichen Entwicklungen der Teilbestände gilt

$$D_1^{(2)} = \frac{\overline{VS}_1^{(2)}}{\overline{VS}_1^{(1)}} - 1 = \frac{110'000}{100'000} - 1 = 10\%$$

$$D_2^{(2)} = \frac{\overline{VS}_2^{(2)}}{\overline{VS}_2^{(1)}} - 1 = \frac{220'000}{200'000} - 1 = 10\%$$

Die Kennzahl $D^{(2)}$ weist also für beide Teilbestände denselben Wert 10% auf, und damit besitzt auch jedes gewichtete Mittel von $D_1^{(2)}$ und $D_2^{(2)}$ den Wert 10%. Andererseits gilt

$$D_{\text{ges}}^{(2)} = \frac{\overline{VS}_{\text{ges}}^{(2)}}{\overline{VS}_{\text{ges}}^{(1)}} - 1 = \frac{165'000}{166'667} - 1 = -1\%$$

Daher ist $D_{\text{ges}}^{(2)}$ kein gewichtetes Mittel von $D_1^{(2)}$ und $D_2^{(2)}$, und daher ist die Kennzahl $D^{(2)}$ nicht additiv.

Der im Beispiel auftretende Effekt wird als *Simpsonsches Paradoxon* bezeichnet.

10.2 Beitragsrückerstattung

In bestimmten Zweigen der Schadenversicherung (wie *Hausrat*, *Haftpflicht*, *Rechtsschutz*) wird den Versicherungsnehmern ein Teil des gezahlten Beitrags rückerstattet, wenn sie keine Schäden gemeldet haben.

Gesamtschaden

Ausgangspunkt der folgenden Überlegungen ist der Gesamtschaden

$$S$$

eines Versicherungsnehmers während einer Versicherungsperiode (Jahr), also Summe der Schadenhöhen aller *eingetretenen* Schäden. Je nach Art der Versicherungsleistung, die ohne Beitragsrückerstattung (BR) gewährt wird, kann man auf eine Modellierung des Gesamtschadens verzichten oder ihn mittels

$$S := \sum_{j=1}^{N} X_j$$

als Gesamtschaden in einem kollektiven Modell $\langle N, \{X_j\}_{j \in \mathbb{N}} \rangle$ für die eingetreten Schäden definieren.

Versicherungsleistung ohne Beitragsrückerstattung

Wir bezeichnen die *Versicherungsleistung*, die ohne Beitragsrückerstattung gewährt wird, mit

$$T$$

Die Versicherungsleistung T ist durch die Art des Vertrages bestimmt.

Wir unterscheiden die folgenden wichtigen Fälle:

- *Vollständige Entschädigung des Gesamtschadens*: In diesem Fall ist die Versicherungsleistung durch
$$T := S$$
gegeben.
- *Entschädigung mit Abzugsfranchise auf den Gesamtschaden*: Bei einer Abzugsfranchise der Höhe M auf den Gesamtschaden ist die Versicherungsleistung durch
$$T := (S-M)^+$$
gegeben.
- *Entschädigung mit Abzugsfranchise auf die Einzelschäden*: Bei Vorliegen eines kollektiven Modells und einer Abzugsfranchise der Höhe m auf die Einzelschäden ist die Versicherungsleistung durch
$$T := \sum_{j=1}^{N} (X_j - m)^+$$
gegeben.

In den ersten beiden Fällen ist die Versicherungsleistung T vollständig durch den Gesamtschaden S bestimmt; dagegen hängt sie im letzten Fall von der Anzahl N und den Schadenhöhen X_j der entstandenen Einzelschäden ab und lässt sich nicht als Funktion des Gesamtschadens S darstellen.

Aufwand des Versicherers bei anteiliger Beitragsrückerstattung

Ob eine Beitragsrückerstattung gewährt wird oder nicht, hängt nicht vom Gesamtschaden S der entstandenen Schäden, sondern vom Gesamtschaden
$$S_{\text{gem}}$$
der *gemeldeten* Schäden ab und von der Versicherungsleistung
$$T_{\text{gem}}$$
für die gemeldeten Schäden ab. Wir bezeichnen den Beitrag mit
$$B$$
und nehmen an, dass ein Anteil
$$a \in (0,1)$$
des Beitrags rückerstattet wird, wenn kein Schaden gemeldet wird.

Der *Aufwand des Versicherers* ist dann durch

$$Y := aB\,\chi_{\{S_{\text{gem}}=0\}} + T_{\text{gem}}\,\chi_{\{S_{\text{gem}}>0\}}$$

gegeben. Wir setzen nun

$$B := E[Y]$$

und erhalten

$$B = E[Y] = aB\,P[S_{\text{gem}} = 0] + E[T_{\text{gem}}\,\chi_{\{S_{\text{gem}}>0\}}]$$

und damit

$$B = \frac{E[T_{\text{gem}}\,\chi_{\{S_{\text{gem}}>0\}}]}{1 - a\,P[S_{\text{gem}} = 0]}$$

Für die Berechnung der Nettorisikoprämie B für Y benötigt man Annahmen an die gemeinsame Verteilung des Gesamtschadens S_{gem} der gemeldeten Schäden und der Versicherungsleistung T_{gem} für die gemeldeten Schäden. Wir betrachten weiter unten ein einfaches Modell, in dem beide Zufallsvariablen durch den Gesamtschaden S der entstandenen Schäden bestimmt sind.

Meldeverhalten

Der anspruchsvollste Teil der Modellierung betrifft sicherlich das *Meldeverhalten* des Versicherungsnehmers, da in dieses vielfältige unterschiedliche Größen einfließen. Derartige Größen sind

- selbstverständlich der Gesamtschaden S der eingetretenen Schäden,
- möglicherweise auch die Anzahl N und die Höhen X_j der Einzelschäden,
- die Bedingungen des Versicherungsvertrags, wie Selbstbehalte auf den gemeldeten Gesamtschaden oder auf die gemeldeten Einzelschäden,
- die Höhe der Beitragsrückerstattung aB im Vergleich zur Versicherungsleistung ohne Beitragsrückerstattung,
- die Liquidität des Versicherungsnehmers, und nicht zuletzt
- die Rationalität des Versicherungsnehmers.

Offenbar ist es kaum möglich, die Fülle dieser Einflussgrößen des Meldeverhaltens angemessen und vollständig in einem einfachen Modell zu erfassen.

Meldeschwelle auf den Gesamtschaden

Wir betrachten nun ein einfaches Modell, in dem

- das Versicherungsunternehmen den gemeldeten Gesamtschaden vollständig entschädigt und
- der Versicherungsnehmer den Gesamtschaden der eingetretenen Schäden genau dann meldet, wenn für eine von ihm gewählte *Meldeschwelle* c das Ereignis $\{S > c\}$ eintritt.

Dann ist der Gesamtschaden der gemeldeten Schäden durch

$$S_{\text{gem}} := S\,\chi_{\{S>c\}}$$

und die Versicherungsleistung für die gemeldeten Schäden durch

$$T_{\text{gem}} := S\,\chi_{\{S>c\}}$$

gegeben, für den Aufwand des Versicherers erhält man

$$\begin{aligned} Y &= aB\,\chi_{\{S_{\text{gem}}=0\}} + T_{\text{gem}}\,\chi_{\{S_{\text{gem}}>0\}} \\ &= aB\,\chi_{\{S\leq c\}} + S\,\chi_{\{S>c\}} \end{aligned}$$

und für den Beitrag ergibt sich

$$B = \frac{E[T_{\text{gem}}\,\chi_{\{S_{\text{gem}}>0\}}]}{1-a\,P[S_{\text{gem}}=0]} = \frac{E[S\,\chi_{\{S>c\}}\,\chi_{\{S\,\chi_{\{S>c\}}>0\}}]}{1-a\,P[S\leq c]} = \frac{E[S\,\chi_{\{S>c\}}]}{1-a\,P[S\leq c]}$$

Der Beitrag B ist also vollständig durch die Verteilung des Gesamtschadens S und die Meldeschwelle c bestimmt.

Mit der Gleichung

$$B = \frac{E[S\,\chi_{\{S>c\}}]}{1-a\,P[S\leq c]}$$

scheint die Thematik der Beitragsrückerstattung schon weitgehend erfasst zu sein. Doch dies ist erheblich zu relativieren. So ist nach dieser Gleichung die Nettorisikoprämie B von der Meldeschwelle c abhängig, während andererseits die vom Versicherungsnehmer gewählte Meldeschwelle c von dem Beitrag B abhängt, da der Beitrag die Höhe der Beitragsrückerstattung bestimmt. Daher ist der Beitrag durch diese Bestimmungsgleichung im Allgemeinen nur implizit definiert.

Es bleibt die Frage, wie in diesem Modell die Meldeschwelle c zu wählen ist. Ein rationaler Versicherungsnehmer wählt offenbar

$$c := aB$$

denn in diesem Fall erhält er wegen

$$\begin{aligned} Y &= aB\,\chi_{\{S\leq aB\}} + S\,\chi_{\{S>aB\}} \\ &\geq S\,\chi_{\{S\leq aB\}} + S\,\chi_{\{S>aB\}} \\ &= S \end{aligned}$$

vom Versicherungsunternehmen eine Entschädigung, die mindestens so hoch ist wie der Gesamtschaden. Andererseits ist die Nettorisikoprämie $B = E[Y]$

mit Beitragsrückerstattung wegen $E[Y] \geq E[S]$ mindestens so hoch wie die Nettorisikoprämie $E[S]$ ohne Beitragsrückerstattung. Wegen

$$\begin{aligned} Y &= aB\,\chi_{\{S\leq aB\}} + S\,\chi_{\{S>aB\}} \\ &= (aB-S)\,\chi_{\{S\leq aB\}} + S\,\chi_{\{S\leq aB\}} + S\,\chi_{\{S>aB\}} \\ &= (aB-S)\,\chi_{\{S\leq aB\}} + S \end{aligned}$$

gilt

$$B = E[Y] = E\Big[(aB-S)\,\chi_{\{S\leq aB\}}\Big] + E[S]$$

Die Differenz

$$B - E[S] = E\Big[(aB-S)\,\chi_{\{S\leq aB\}}\Big]$$

zwischen der Nettorisikoprämie und dem erwarteten Gesamtschaden stellt den Teil der Nettorisikoprämie dar, der für die Finanzierung der Rabattgewährung erforderlich ist.

10.2.1 Beispiel (Anteilige BR und irrationales Meldeverhalten). Wir betrachten den Gesamtschaden

$$S := \sum_{j=1}^{N} X_j$$

im kollektiven Modell $\langle N, \{X_j\}_{j\in\mathbf{N}}\rangle$ mit $P_N = \mathbf{B}(1, 0.4)$ und $P_X = \mathbf{U}(0, 1000)$. Dann gilt

$$\begin{aligned} E[N] &= 0.4 \\ E[X] &= 500 \end{aligned}$$

und damit

$$E[S] = E[N]\,E[X] = 0.4 \cdot 500 = 200$$

Wir nehmen an, dass

- das Versicherungsunternehmen bei Leistungsfreiheit eine anteilige Beitragsrückerstattung in Höhe von $a = 20\%$ des Beitrags gewährt und
- der Versicherungsnehmer jeden Schaden meldet.

Dann gilt $c = 0$ (und damit $S_{\text{gem}} = S$ und $T_{\text{gem}} = S$). Mit

$$E[S\,\chi_{\{S>0\}}] = E[S] = 200$$

und

$$P[S \leq 0] = P[S = 0] = P[N = 0] + P[N = 1]\,P[X = 0] = P[N = 0] = 0.6$$

erhält man den Beitrag

$$B = \frac{E[S\,\chi_{\{S>0\}}]}{1 - a\,P[S \leq 0]} = \frac{200}{1 - 0.2 \cdot 0.6} = 227.27$$

und

$$B - E[S] = 227.27 - 200 = 27.27$$

Das Verhalten des Versicherungsnehmers ist irrational, weil er den Spielraum, den die Beitragsrückerstattung bietet, nicht nutzt. Bei seinem Meldeverhalten hätte er besser einen Vertrag ohne Beitragsrückerstattung mit der Nettorisikoprämie $E[S] = 200$ gewählt.

Wir variieren nun das Beispiel, indem wir anstelle des irrationalen Verhaltens des Versicherungsnehmers eine rationale Selbstregulierung, also ein wirtschaftlich vernünftiges Meldeverhalten unterstellen. Die Nettorisikoprämie müsste bei Rationalität des Versicherungsnehmers steigen.

10.2.2 Beispiel (Fixe BR und rationales Meldeverhalten). Wir betrachten wieder den Gesamtschaden aus Beispiel 10.2.1. Wir nehmen hier aber an, dass

- das Versicherungsunternehmen eine fixe Beitragsrückerstattung in Höhe von $R \in (0, 1000)$ gewährt und
- der Versicherungsnehmer den Gesamtschaden genau dann meldet, wenn er größer ist als R.

Der Versicherungsnehmer verhält sich also rational mit $c = R$ und der indirekt durch R gegebene Anteil a ergibt sich wegen $aB = R$ aus

$$a = \frac{R}{B}$$

Mit

$$\begin{aligned} E[S\,\chi_{\{S>R\}}] &= E\Big[\chi_{\{N=1\}}\,X_1\,\chi_{\{X_1>R\}}\Big] \\ &= P[N=1]\,E[X\,\chi_{\{X>R\}}] \\ &= 0.4\int_R^{1000} x\,\frac{1}{1000}\,dx \\ &= 0.4\cdot\frac{1000^2 - R^2}{2000} \\ &= 200 - 0.0002\,R^2 \end{aligned}$$

und

$$\begin{aligned} P[S \le R] &= P[N=0] + P[N=1]\,P[X \le R] \\ &= 0.6 + 0.4\cdot\frac{R}{1000} \\ &= 0.6 + 0.0004\,R \end{aligned}$$

erhält man

$$B = \frac{E[S\,\chi_{\{S>R\}}]}{1 - a\,P[S \le R]} = \frac{200 - 0.0002\,R^2}{1 - (R/B)\,(0.6 + 0.0004\,R)}$$

Daraus ergibt sich der Beitrag

$$B = 200 + 0.6\,R + 0.0002\,R^2$$

und damit

$$B - E[S] = \Big(200 + 0.6\,R + 0.0002\,R^2\Big) - 200 = 0.6\,R + 0.0002\,R^2$$

Wir illustrieren diese Ergebnisse anhand spezieller fixer Beitragsrückerstattungen:

R	B	$a = R/B$	$B - E[S]$
100.00	262.00	38.17%	62.00
50.00	230.50	21.69%	30.50
45.55	227.74	20.00%	27.74
45.45	227.68	19.96%	27.68
44.78	227.27	19.70%	27.27

Bei rationalem Verhalten des Versicherungsnehmers ist im Fall $a = 20\%$ der Beitrag 227.74 höher als der Beitrag 227.27 bei irrationalem Verhalten; vgl. Beispiel 10.2.1.

Im letzten Beispiel liegt eine Besonderheit vor, da eine fixe Beitragsrückerstattung gegeben ist, aus der sich der Anteil der Beitragsrückerstattung ergibt. Im Regelfall ist jedoch nicht eine fixe Beitragsrückerstattung, sondern der Anteil der Beitragsrückerstattung gegeben:

10.2.3 Beispiel (Anteilige BR und rationales Meldeverhalten). Wir betrachten wieder den Gesamtschaden aus Beispiele 10.2.1. Wir nehmen hier aber an, dass
- das Versicherungsunternehmen bei Leistungsfreiheit eine anteilige Beitragsrückerstattung in Höhe von $a = 20\%$ des Beitrags gewährt und
- der Versicherungsnehmer den Gesamtschaden genau dann meldet, wenn er größer ist als aB.

Der Versicherungsnehmer verhält sich also rational mit $c = aB$. Mit

$$\begin{aligned} E[S\,\chi_{\{S>aB\}}] &= 200 - 0.0002\,(aB)^2 \\ &= 200 - 0.0002\,(0.2\,B)^2 \\ &= 200 - 0.000008\,B^2 \end{aligned}$$

und

$$\begin{aligned} P[S \leq aB] &= 0.6 + 0.4\,\frac{aB}{1000} \\ &= 0.6 + 0.4\,\frac{0.2\,B}{1000} \\ &= 0.6 + 0.00008\,B \end{aligned}$$

erhält man

$$B = \frac{E[S\,\chi_{\{S>aB\}}]}{1 - a\,P[S \leq aB]} = \frac{200 - 0.000008\,B^2}{1 - 0.2 \cdot (0.6 + 0.00008\,B)} = \frac{200 - 0.000008\,B^2}{0.88 + 0.000016\,B}$$

Diese Gleichung ist äquivalent zu der quadratischen Gleichung

$$B^2 - 110'000\,B + 25'000'000 = 0$$

mit den Lösungen

$$B_\pm = 10'000 \cdot (5.5 \pm \sqrt{30})$$

mit

$$\begin{aligned} B_+ &= 109'772.26 \\ B_- &= 227.74 \end{aligned}$$

Wegen $S \leq 1000$ kommt nur die Lösung B_- in Betracht. Die Nettorisikoprämie ist daher

$$B = 227.74$$

Dieser Beitrag ist kaum größer als der Beitrag in Beispiel 10.2.1, im dem von einem irrationalem Meldeverhalten ausgegangen wurde, und er stimmt mit dem in Beispiel 10.2.2 für $a = 20\%$ bestimmten Beitrag überein.

Schließlich variieren wir das letzte Beispiel, indem wir eine andere Verteilung der Schadenhöhen wählen:

10.2.4 Beispiel (Anteilige BR und rationales Meldeverhalten). Wir gehen von den Gegebenheiten des Beispiels 10.2.3 aus, ersetzen aber die Annahme $P_X = \mathbf{U}(0, 1000)$ durch die Annahme

$$P_X = \mathbf{Exp}(1/500)$$

Dann gilt wie in den vorherigen Beispielen

$$\begin{aligned} E[N] &= 0.4 \\ E[X] &= 500 \end{aligned}$$

und damit

$$E[S] = E[N]\,E[X] = 0.4 \cdot 500 = 200$$

Mit

$$\begin{aligned} E[S\,\chi_{\{S>aB\}}] &= E\left[\sum_{j=1}^{N} X_j\,\chi_{\{N=1\}}\,\chi_{\{X_1>aB\}}\right] \\ &= E\Big[X_1\,\chi_{\{N=1\}}\,\chi_{\{X_1>aB\}}\Big] \\ &= P[N=1]\,E[X\,\chi_{\{X>aB\}}] \\ &= 0.4 \int_{aB}^{\infty} x\,\frac{1}{500}\,e^{-x/500}\,dx \\ &= 0.4 \int_{aB/500}^{\infty} y\,e^{-y}\,500\,dy \end{aligned}$$

$$
\begin{aligned}
&= 200 \int_{aB/500}^{\infty} y\, e^{-y}\, dy \\
&= 200 \left(1 + \frac{aB}{500}\right) e^{-aB/500} \\
&= \Bigl(200 + 0.4\, aB\Bigr)\, e^{-aB/500}
\end{aligned}
$$

und

$$
\begin{aligned}
P[S \le aB] &= P[N=0] + P[N=1]\, P[X \le aB] \\
&= 0.6 + 0.4\,(1 - e^{-aB/500}) \\
&= 1 - 0.4\, e^{-aB/500}
\end{aligned}
$$

erhält man

$$
B = \frac{E[S\, \chi_{\{S>aB\}}]}{1 - a\, P[S \le aB]} = \frac{(200 + 0.4\, aB)\, e^{-aB/500}}{1 - a\,(1 - 0.4\, e^{-aB/500})}
$$

Mit $a = 0.2$ ergibt sich

$$
B = \frac{(200 + 0.08\, B)\, e^{-B/2500}}{1 - 0.2\,(1 - 0.4\, e^{-B/2500})} = \frac{(2500 + B)\, e^{-B/2500}}{10 + e^{-B/2500}}
$$

und damit die Bestimmungsgleichung

$$
B = 250\, e^{-B/2500}
$$

für den Beitrag B. Diese Gleichung besitzt die eindeutige Lösung

$$
B = 228.19
$$

Dieser Beitrag weicht nur geringfügig von dem in Beispiel 10.2.3 bestimmten Beitrag ab.

Selbstbehalte

In allen bisher behandelten Beispielen wurden Versicherungsverträge betrachtet, die keine Selbstbehalte vorsehen. Selbstbehalte können auf den Gesamtschaden oder im kollektiven Modell auf die Einzelschäden erhoben werden. Das folgende Beispiel zeigt, dass die Berücksichtigung eines Selbstbehaltes auf den Gesamtschaden keine Probleme bereitet:

Meldeschwelle und Selbstbehalt auf den Gesamtschaden

Wir betrachten zunächst ein Modell, in dem

- das Versicherungsunternehmen den gemeldeten Gesamtschaden abzüglich einer Abzugsfranchise M auf den Gesamtschaden entschädigt und
- der Versicherungsnehmer den Gesamtschaden der eingetretenen Schäden genau dann meldet, wenn für eine von ihm gewählte Schwelle $c \in \mathbb{R}_+$ mit $c > M$ das Ereignis $\{S > c\}$ eintritt.

Dann ist der Gesamtschaden der gemeldeten Schäden durch

$$S_{\text{gem}} := (S-M)\,\chi_{\{S>c\}}$$

und die Versicherungsleistung für die gemeldeten Schäden durch

$$T_{\text{gem}} := (S-M)\,\chi_{\{S>c\}}$$

gegeben, für den Aufwand des Versicherers erhält man

$$Y := aB\,\chi_{\{S\leq c\}} + (S-M)\,\chi_{\{S>c\}}$$

und für den Beitrag ergibt sich

$$\begin{aligned} B &= \frac{E[T_{\text{gem}}\,\chi_{\{S_{\text{gem}}>0\}}]}{1-a\,P[S_{\text{gem}}=0]} \\ &= \frac{E[(S-M)\,\chi_{\{S>c\}}\,\chi_{\{(S-M)\,\chi_{\{S>c\}}>0\}}]}{1-a\,P[S\leq c]} \\ &= \frac{E[(S-M)\,\chi_{\{S>c\}}]}{1-a\,P[S\leq c]} \end{aligned}$$

Der Beitrag B ist also auch in diesem Fall vollständig durch die Verteilung des Gesamtschadens S bestimmt. Bei rationalem Verhalten des Versicherungsnehmers gilt $c = M + aB$.

10.2.5 Beispiel (Anteilige BR und Selbstbehalt auf den Gesamtschaden). Wir betrachten den Gesamtschaden

$$S := \sum_{j=1}^{N} X_j$$

im kollektiven Modell $\langle N, \{X_j\}_{j\in\mathbb{N}}\rangle$ mit $P_N = \mathbf{B}(1, 0.4)$ und $P_X = \mathbf{Exp}(1/500)$. Dann gilt

$$\begin{aligned} E[N] &= 0.4 \\ E[X] &= 500 \end{aligned}$$

und damit

$$E[S] = E[N]\,E[X] = 0.4\cdot 500 = 200$$

Wir nehmen an, dass
- das Versicherungsunternehmen einen Selbstbehalt in Höhe von 100 auf den Gesamtschaden erhebt und bei Leistungsfreiheit eine anteilige Beitragsrückerstattung in Höhe von $a = 20\%$ des Beitrags gewährt und dass
- der Versicherungsnehmer den Gesamtschaden genau dann meldet, wenn er größer ist als $100 + aB$.

Mit

$$P[S \leq M+aB] = 1 - 0.4\,e^{-(M+aB)/500}$$

sowie

$$E[S\,\chi_{\{S>M+aB\}}] = \Big(200 + 0.4\,(M + aB)\Big)\,e^{-(M+aB)/500}$$

und

$$\begin{aligned} E[M\,\chi_{\{S>M+aB\}}] &= M\,P[S > M+aB] \\ &= M\Big(1 - P[S \leq M+aB]\Big) \\ &= M\Big(1 - \Big(1 - 0.4\,e^{-(M+aB)/500)}\Big)\Big) \\ &= 0.4\,M\,e^{-(M+aB)/500} \end{aligned}$$

erhält man

$$\begin{aligned} B &= \frac{E[(S-M)\,\chi_{\{S>M+aB\}}]}{1 - a\,P[S \leq M+aB]} \\ &= \frac{E[S\,\chi_{\{S>M+c\}}] - E[M\,\chi_{\{S>M+aB\}}]}{1 - a\,P[S \leq M+aB]} \\ &= \frac{(200 + 0.4\,(M + aB))\,e^{-(M+aB)/500} - 0.4\,M\,e^{-(M+aB)/500)}}{1 - a\,(1 - 0.4\,e^{-(M+aB)/500)})} \\ &= \frac{(200 + 0.4\,aB)\,e^{-(M+aB)/500}}{1 - a\,(1 - 0.4\,e^{-(M+aB)/500)})} \end{aligned}$$

Mit $M = 100$ und $a = 0.2$ ergibt sich

$$B = \frac{(200+0.08\,B)\,e^{-(100+0.2B)/500)}}{1 - 0.2\,(1 - 0.4\,e^{-(100+0.2B)/500)})} = \frac{(2500+B)\,e^{-(0.2+B/2500)}}{10 + e^{-(0.2+B/2500)}}$$

und damit die Bestimmungsgleichung

$$B = 250\,e^{-(0.2+B/2500)}$$

für den Beitrag B. Diese Gleichung besitzt die eindeutige Lösung $B = 224.04$.

Meldeschwelle und Selbstbehalte auf die Einzelschäden

Wir betrachten nun ein Modell, in dem

- das Versicherungsunternehmen den gemeldeten Gesamtschaden abzüglich einer Abzugsfranchise m auf die Einzelschäden entschädigt und
- der Versicherungsnehmer den Gesamtschaden der eingetretenen Schäden genau dann meldet, wenn für eine von ihm gewählte Schwelle $c \in \mathbb{R}_+$ das Ereignis $\{S > c\}$ eintritt.

Dann ist der Gesamtschaden der gemeldeten Schäden durch

$$S_{\text{gem}} := \sum_{j=1}^{N} (X_j - m)^+ \, \chi_{\{S>c\}}$$

und die Versicherungsleistung für die gemeldeten Schäden durch

$$T_{\text{gem}} := \sum_{j=1}^{N} (X_j - m)^+ \, \chi_{\{S>c\}}$$

gegeben, und für den Aufwand des Versicherers erhält man

$$Y = aB \, \chi_{\{S \leq c\}} + \sum_{j=1}^{N} (X_j - m)^+ \, \chi_{\{S>c\}}$$

Bei rationalem Verhalten des Versicherungsnehmers gilt $c = aB$ und damit

$$Y = aB \, \chi_{\{S \leq aB\}} + \sum_{j=1}^{N} (X_j - m)^+ \, \chi_{\{S>aB\}}$$

Für die Nettorisikoprämie B ergibt sich daraus die Bestimmungsgleichung

$$\begin{aligned}
B &= E[Y] \\
&= aB \, P[S \leq aB] + E\left[\sum_{j=1}^{N} (X_j - m)^+ \, \chi_{\{S>aB\}}\right] \\
&= aB \, P[S \leq aB] + E\left[\sum_{n=0}^{\infty} \chi_{\{N=n\}} \sum_{j=1}^{n} (X_j - m)^+ \, \chi_{\{\sum_{i=1}^{n} X_i > aB\}}\right] \\
&= aB \sum_{n=0}^{\infty} P[N=n] \, P\left[\sum_{i=1}^{n} X_i \leq aB\right] \\
&\quad + \sum_{n=0}^{\infty} P[N=n] \sum_{j=1}^{n} E\Big[(X_j - m)^+ \, \chi_{\{\sum_{i=1}^{n} X_i > aB\}}\Big]
\end{aligned}$$

Die Lösung dieser Gleichung erfordert Annahmen an die Verteilungen der Zufallsvariablen des kollektiven Modells, und selbst dann ist die Existenz einer Lösung nicht evident.

Bruttorisikoprämien

Die bisherigen Betrachtungen zur Beitragsrückerstattung betreffen die Nettorisikoprämie. Für *Bruttorisikoprämien* sind analog zu den Überlegungen aus Kapitel 7 Sicherheitszuschläge zu berücksichtigen.

10.3 Bayes–Prämien

Im letzten Abschnitt wurde der Begriff der *sekundären Prämiendifferenzierung* erläutert: Die sekundäre Prämiendifferenzierung erfolgt erst nach Vertragsabschluss und beruht auf der individuellen Vertragshistorie.

In diesem Abschnitt betrachten wir ein einfaches Verfahren der sekundären Prämiendifferenzierung, bei dem die Nettorisikoprämie für ein zukünftiges Versicherungsjahr durch die Schadenzahlen der vergangenen Versicherungsjahre bestimmt ist. Wir betrachten daher eine Folge $\{N_t\}_{t\in\mathbb{N}}$ von Zufallsvariablen mit Werten in $\mathbb{N}_0$ und interpretieren N_t als die Anzahl der Schäden im Jahr t. Zur Vereinfachung der Darstellung nehmen wir bis auf Weiteres an, dass alle Schadenhöhen konstant gleich 1 sind.

Wir definieren daher die Nettorisikoprämie für das Jahr $t+1$ als die bedingte Erwartung

$$E(N_{t+1}|N_1,\dots,N_t)$$

der Schadenzahl N_{t+1} des Jahres $t+1$ auf der Grundlage der Schadenzahlen $N_1,\dots,N_t$ der Vergangenheit. Wir bezeichnen $E(N_{t+1}|N_1,\dots,N_t)$ auch als *Bayes–Prämie* für das Jahr $t+1$.

Für die Bestimmung der Bayes–Prämien ist eine Annahme an die gemeinsame Verteilung der Schadenzahlen erforderlich. Das folgende Beispiel zeigt, dass die Verwendung von Bayes–Prämien nicht notwendigerweise auf eine sekundäre Prämiendifferenzierung führt:

10.3.1 Beispiel. Wir nehmen an, dass die Folge $\{N_t\}_{t\in\mathbb{N}}$ unabhängig und identisch verteilt ist mit $E[N]=\mu$. Für die Bayes–Prämien gilt dann

$$E(N_{t+1}|N_1,\dots,N_t) = E[N_{t+1}] = \mu$$

In diesem Fall erfolgt also keine sekundäre Prämiendifferenzierung.

Im Folgenden betrachten wir eine Annahme an die gemeinsame Verteilung der Schadenzahlen, für die sich bei der Verwendung der Bayes–Prämien eine sekundäre Prämiendifferenzierung einstellt.

Inhomogener Bestand und Strukturparameter

Grundlage der sekundären Prämiendifferenzierung ist die Annahme, dass der Bestand der zu tarifierenden Risiken heterogen ist. Dies bedeutet, dass die Risiken des Bestandes einander ähnlich, aber nicht identisch sind: Sie sind ähnlich, weil sie zum selben Bestand gehören, und sie sind nicht identisch, weil der Bestand inhomogen ist.

10.3.2 Beispiel. Wir betrachten einen inhomogenen Bestand mit zwei Arten von Risiken, die wir als *gute* Risiken bzw. als *schlechte* Risiken bezeichnen. Wir nehmen an, dass der Bestand aus
- 70% guten Risiken und
- 30% schlechten Risiken

besteht und dass
- die jährliche Anzahl der Schäden eines guten Risikos die Poisson–Verteilung mit dem Erwartungswert 0.05 und
- die jährliche Anzahl der Schäden eines schlechten Risikos die Poisson–Verteilung mit dem Erwartungswert 0.10

besitzt. Die Verteilung der jährlichen Anzahl N der Schäden eines zufällig ausgewählten Risikos, von dem nicht bekannt ist, ob es ein gutes oder ein schlechtes Risiko ist, kann dann durch das gewichtete Mittel

$$P[N=n] = e^{-0.05} \cdot \frac{0.05^n}{n!} \cdot 0.7 + e^{-0.20} \cdot \frac{0.20^n}{n!} \cdot 0.3$$

der beiden Poisson–Verteilungen dargestellt werden. Die Verteilung der jährlichen Anzahl der Schäden eines zufällig ausgewählten Risikos ist daher keine Poisson–Verteilung.

Allgemein kann man bei einem inhomogenen Bestand davon ausgehen, dass es $M \geq 2$ Risikotypen gibt. Die Anteile der Risikotypen $m \in \{1, \dots, M\}$ im Bestand summieren sich zu 1 und bilden daher eine Wahrscheinlichkeitsverteilung. Diese Wahrscheinlichkeitsverteilung kann als Verteilung einer Zufallsvariablen Θ interpretiert werden, die die zufällige Auswahl eines Risikos aus dem Bestand beschreibt. Die Zufallsvariable Θ beschreibt also die Struktur des Bestandes; sie wird daher als *Strukturparameter* bezeichnet und ihre Verteilung P_Θ wird als *Strukturverteilung* bezeichnet.

Der Strukturparameter kann nur endlich viele Werte $\vartheta_1, \dots, \vartheta_M$ annehmen. Die Verteilung P_N der Anzahl N der Schäden eines zufällig ausgewählten Risikos während eines Versicherungsjahres ist wegen

$$\begin{aligned} P_N[\{n\}] &= P[N=n] \\ &= \sum_{m=1}^{M} P[\{N=n\} \cap \{\Theta = \vartheta_m\}] \\ &= \sum_{m=1}^{M} P[N=n | \Theta = \vartheta_m] \, P[\Theta = \vartheta_m] \\ &= \sum_{m=1}^{M} P_{N|\{\Theta=\vartheta_m\}}[\{n\}] \, P_\Theta[\{\vartheta_m\}] \end{aligned}$$

eine Mischung der bedingten Verteilungen $P_{N|\{\Theta=\vartheta_m\}}$, bei der die Gewichte durch die Anteile $P[\Theta = \vartheta_m] = P_\Theta[\{\vartheta_m\}]$ der Risikotypen im Bestand, und damit durch die Strukturverteilung, gegeben sind. Mit dieser Modellierung wird der Tatsache Rechnung getragen, dass die Risiken des Bestandes nicht identisch sind.

Die Ähnlichkeit der Risiken des Bestandes kann dadurch modelliert werden, dass man annimmt, dass die bedingten Verteilungen $P_{N|\{\Theta=\vartheta_m\}}$ der Schadenzahl der Risiken vom Risikotyp $m \in \{1,\ldots,M\}$ einer parametrischen Klasse von Verteilungen angehören und sich nur durch den Parameter ϑ_m unterscheiden.

Oft ist es allerdings nicht möglich, die möglichen Realisationen des Strukturparameters und ihre Wahrscheinlichkeiten zu bestimmen. Es bietet sich daher an, als Approximation für seine tatsächliche Verteilung eine beliebige Verteilung zu wählen, die zu den Daten passt und mit der sich gut rechnen lässt.

Bedingt unabhängig und identisch verteilte Schadenzahlen

Wir nehmen nun an, dass die Folge der Schadenzahlen $\{N_t\}_{t\in\mathbb{N}}$ unter Θ bedingt unabhängig und bedingt identisch verteilt ist. Diese Bedingungen sind gleichwertig mit den folgenden Bedingungen:

– Für alle $t \in \mathbb{N}$ und für alle $n_1,\ldots,n_t \in \mathbb{N}_0$ gilt

$$P\left(\bigcap_{s=1}^{t}\{N_s = n_s\} \,\middle|\, \Theta\right) = \prod_{s=1}^{t} P(N_s = n_s|\Theta)$$

– Für alle $t \in \mathbb{N}$ und alle $n \in \mathbb{N}_0$ gilt

$$P(N_t = n|\Theta) = P(N_1 = n|\Theta)$$

fast sicher.

Hier ist zu beachten, dass die bedingten Wahrscheinlichkeiten unter der Zufallsvariablen Θ selbst Zufallsvariable sind. Aus der letzten Gleichung ergibt sich für alle $t \in \mathbb{N}$ und $n \in \mathbb{N}_0$

$$P[N_t = n] = E[P(N_t = n|\Theta)] = E[P(N_1 = n|\Theta)] = P[N_1 = n]$$

Daher besitzen die Schadenzahlen nicht nur dieselbe bedingte Verteilung unter Θ, sondern auch dieselbe unbedingte Verteilung. Wir bezeichnen mit N eine beliebige Zufallsvariable, die unter Θ dieselbe bedingte Verteilung besitzt wie jede der Zufallsvariablen der Folge $\{N_t\}_{t\in\mathbb{N}}$.

Unser Ziel ist es, unter diesen Annahmen die Bayes–Prämien

$$E(N_{t+1}|N_1,\ldots,N_t)$$

zu bestimmen. Die Grundlage hierfür ist der folgende Satz:

10.3.3 Satz. *Sei Θ eine Zufallsvariable und sei $\{N_t\}_{t\in\mathbb{N}}$ eine Folge von Zufallsvariablen, die unter Θ bedingt unabhängig und bedingt identisch verteilt ist. Dann gilt für alle $t \in \mathbb{N}$*

$$E(N_{t+1}|N_1,\dots,N_t) = E\Big(E(N|\Theta)\;\Big|\;N_1,\dots,N_t\Big)$$

Der Beweis dieses Satzes erfordert fundierte Kenntnisse über die bedingte Unabhängigkeit.

Auf den ersten Blick scheint dieser Satz die Berechnung der Bayes–Prämien nicht leichter zu machen, da die rechte Seite der Gleichung komplizierter ist als die linke. In der Tat lässt sich jedoch die bedingte Erwartung $E(N|\Theta)$ von N unter Θ meist recht leicht bestimmen. Da $E(N|\Theta)$ eine Darstellung der Form

$$E(N|\Theta) = h(\Theta)$$

mit einer messbaren Funktion h besitzt, erhält man

$$E(N_{t+1}|N_1,\dots,N_t) = E\Big(h(\Theta)\;\Big|\;N_1,\dots,N_t\Big)$$

Die bedingte Erwartung $E(h(\Theta)|N_1,\dots,N_t)$ von $h(\Theta)$ unter $N_1,\dots,N_t$ ergibt sich dann mit

$$E\Big(h(\Theta)\;\Big|\;N_1,\dots,N_t\Big) = \int_{\mathbb{R}} h(\vartheta)\,dP_{\Theta|N_1,\dots,N_t}(\vartheta)$$

aus der bedingten Verteilung $P_{\Theta|N_1,\dots,N_t}$ von Θ unter $N_1,\dots,N_t$; vgl. Schmidt [2011; Satz 19.3.3]. Die bedingte Verteilung von Θ unter $N_1,\dots,N_t$ lässt sich aus den Modellannahmen mit Hilfe der Formel von Bayes oder einer Variante davon bestimmen.

10.3.4 Beispiel (Diskreter Strukturparameter). Sei Θ ein Strukturparameter mit $P[\Theta \in \{\vartheta_1,\dots,\vartheta_M\}] = 1$ und sei $P_{N|\Theta} = \mathbf{P}(\Theta)$. Dann gilt

$$E(N|\Theta) = \Theta$$

und für alle $n \in \mathbb{N}_0$ und $m \in \{1,\dots,M\}$ gilt

$$P[N=n|\Theta=\vartheta_m] = e^{-\vartheta_m}\,\frac{\vartheta_m^n}{n!}$$

Nach der Formel von Bayes gilt für alle $m \in \{1,\dots,M\}$ und für alle $t \in \mathbb{N}$ und $n_1,\dots,n_t \in \mathbb{N}_0$

$$P\left[\Theta=\vartheta_m \;\middle|\; \bigcap_{s=1}^{t}\{N_s=n_s\}\right] = \frac{P\left[\bigcap_{s=1}^{t}\{N_s=n_s\} \;\middle|\; \Theta=\vartheta_m\right] P[\Theta=\vartheta_m]}{\sum_{i=1}^{M} P\left[\bigcap_{s=1}^{t}\{N_s=n_s\} \;\middle|\; \Theta=\vartheta_i\right] P[\Theta=\vartheta_i]}$$

Aufgrund der bedingten Unabhängigkeit und der bedingten Poisson–Verteilung der Schadenzahlen gilt

$$\begin{aligned} P\left[\bigcap_{s=1}^{t}\{N_s = n_s\} \,\middle|\, \Theta = \vartheta_m\right] &= \prod_{s=1}^{t} P[N_s = n_s|\Theta = \vartheta_m] \\ &= \prod_{s=1}^{t} e^{-\vartheta_m} \frac{\vartheta_m^{n_s}}{n_s!} \\ &= e^{-t\vartheta_m}\, \vartheta_m^{\sum_{s=1}^{t} n_s} \bigg/ \prod_{s=1}^{t} n_s! \end{aligned}$$

und damit

$$\begin{aligned} P\left[\Theta = \vartheta_m \,\middle|\, \bigcap_{s=1}^{t}\{N_s = n_s\}\right] &= \frac{P\left[\bigcap_{s=1}^{t}\{N_s = n_s\} \,\middle|\, \Theta = \vartheta_m\right] P[\Theta = \vartheta_m]}{\sum_{i=1}^{M} P\left[\bigcap_{s=1}^{t}\{N_s = n_s\} \,\middle|\, \Theta = \vartheta_i\right] P[\Theta = \vartheta_i]} \\ &= \frac{\left(e^{-t\vartheta_m}\, \vartheta_m^{\sum_{s=1}^{t} n_s} \Big/ \prod_{s=1}^{t} n_s!\right) P[\Theta = \vartheta_m]}{\sum_{i=1}^{M}\left(e^{-t\vartheta_i}\, \vartheta_i^{\sum_{s=1}^{t} n_s} \Big/ \prod_{s=1}^{t} n_s!\right) P[\Theta = \vartheta_i]} \\ &= \frac{e^{-t\vartheta_m}\, \vartheta_m^{\sum_{s=1}^{t} n_s}\, P[\Theta = \vartheta_m]}{\sum_{i=1}^{M} e^{-t\vartheta_i}\, \vartheta_i^{\sum_{s=1}^{t} n_s}\, P[\Theta = \vartheta_i]} \end{aligned}$$

Daraus ergibt sich

$$\begin{aligned} E\left[\Theta \,\middle|\, \bigcap_{s=1}^{t}\{N_s = n_s\}\right] &= \sum_{m=1}^{M} \vartheta_m\, P\left[\Theta = \vartheta_m \,\middle|\, \bigcap_{s=1}^{t}\{N_s = n_s\}\right] \\ &= \sum_{m=1}^{M} \vartheta_m \frac{e^{-t\vartheta_m}\, \vartheta_m^{\sum_{s=1}^{t} n_s}\, P[\Theta = \vartheta_m]}{\sum_{i=1}^{M} e^{-t\vartheta_i}\, \vartheta_i^{\sum_{s=1}^{t} n_s}\, P[\Theta = \vartheta_i]} \\ &= \frac{\sum_{m=1}^{M} e^{-t\vartheta_m}\, \vartheta_m^{1+\sum_{s=1}^{t} n_s}\, P[\Theta = \vartheta_m]}{\sum_{m=1}^{M} e^{-t\vartheta_m}\, \vartheta_m^{\sum_{s=1}^{t} n_s}\, P[\Theta = \vartheta_m]} \end{aligned}$$

Für die Bayes–Prämien erhält man daher

$$
\begin{aligned}
E(N_{t+1}|N_1,\ldots,N_t) &= E\Big(E(N|\Theta)\;\Big|\;N_1,\ldots,N_t\Big)\\
&= E(\Theta|N_1,\ldots,N_t)\\
&= \frac{\displaystyle\sum_{m=1}^{M} e^{-t\vartheta_m}\,\vartheta_m^{1+\sum_{s=1}^{t} N_s}\,P[\Theta=\vartheta_m]}{\displaystyle\sum_{m=1}^{M} e^{-t\vartheta_m}\,\vartheta_m^{\sum_{s=1}^{t} N_s}\,P[\Theta=\vartheta_m]}
\end{aligned}
$$

In diesem Fall hängen die Bayes–Prämien von den Schadenzahlen $N_1,\ldots,N_t$ der Vergangenheit nur über deren Summe $\sum_{s=1}^{t} N_s$ ab. Dies liegt daran, dass die bedingte Verteilung der einjährigen Schadenzahl eine Poisson–Verteilung ist.

Bei der Wahl eines Strukturparameters mit einer diskreten Verteilung erhält man kaum jemals eine einfache Gestalt der Bayes–Prämien. Dies ist der eigentliche Grund dafür, dass man vorwiegend Strukturparameter mit einer absolutstetigen Verteilung wählt.

Poisson/Gamma Modell

Wir betrachten nun das Poisson–Gamma Modell und damit ein klassisches Modell mit einem Strukturparameter, der eine absolutstetige Verteilung besitzt. Dabei nehmen wir weiterhin an, dass die Folge der Schadenzahlen $\{N_t\}_{t\in\mathbb{N}}$ unter Θ bedingt unabhängig und bedingt identisch verteilt ist, und wir nehmen zusätzlich an, dass

$$P_\Theta = \mathbf{Ga}(\alpha,\beta)$$

und

$$P_{N|\Theta} = \mathbf{P}(\Theta)$$

gilt. Aus den Annahmen ergibt sich für alle $t\in\mathbb{N}$ und $k_1,\ldots,k_t\in\mathbb{N}_0$

$$
\begin{aligned}
P\left[\bigcap_{s=1}^{t}\{N_s=k_s\}\right] &= E\left[P\left(\bigcap_{s=1}^{t}\{N_s=k_s\}\;\middle|\;\Theta\right)\right]\\
&= E\left[\prod_{s=1}^{t} P(N_s=k_s|\Theta)\right]\\
&= E\left[\prod_{s=1}^{t} e^{-\Theta}\,\frac{\Theta^{k_s}}{k_s!}\right]\\
&= \int_\Omega \prod_{s=1}^{t} e^{-\Theta(\omega)}\,\frac{(\Theta(\omega))^{k_s}}{k_s!}\,dP(\omega)\\
&= \int_{\mathbb{R}} \prod_{s=1}^{t} e^{-\vartheta}\,\frac{\Theta^{k_s}}{k_s!}\,dP_\Theta(\vartheta)
\end{aligned}
$$

Die einjährigen Schadenzahlen N_t entsprechen daher den Zuwächsen eines Pólya–Lundberg Prozesses auf den Intervallen $(t{-}1, t]$; vgl. Abschnitt 5.2 und beachte, dass dort N_t nicht für eine einjährige Schadenzahl, sondern für die Anzahl der Schäden im Intervall $(0, t]$ verwendet wird. Nach Satz 5.2.1 gilt daher

$$P_N = \mathbf{NB}\Big(\beta, \frac{1}{\alpha+1}\Big)$$

und damit

$$\begin{aligned} E[N] &= \frac{\beta}{\alpha} \\ \mathrm{var}[N] &= \frac{\beta}{\alpha}\,\frac{\alpha+1}{\alpha} \end{aligned}$$

Die Varianz der jährlichen Schadenzahl eines zufällig ausgewählten Risikos ist daher größer als die Varianz der jährlichen Schadenzahl eines Risikos, das eine Poisson–Verteilung mit demselben Erwartungswert besitzt. Dies ist plausibel, da bei der zufälligen Auswahl eines Risikos aus dem Bestand Unkenntnis über seine Realisation des Strukturparameters besteht; diese Unkenntnis erzeugt zusätzliche Unsicherheit, die durch die Varianz des Strukturparameters repräsentiert wird.

Das folgende steinalte Beispiel in Anlehnung an Mack [2002; S. 196] zeigt, dass das Poisson/Gamma Modell in der *Kraftfahrthaftpflichtversicherung* recht gut als Modell für die einjährige Schadenzahl eines zufällig ausgewählten Risikos geeignet ist:

10.3.5 Beispiel (Kraftfahrthaftpflichtversicherung). Wir betrachten einen Bestand in der *Kraftfahrthaftpflichtversicherung* mit 23′589 Risiken mit maximal 7 Schäden in einem Versicherungsjahr. Die folgende Tabelle enthält für die Schadenzahlen $n \in \{0, \dots 7\}$ die beobachteten Anzahlen und Anteile der Risiken und außerdem die erwarteten Schadenzahlen und Anteile, die sich aus der Poisson–Verteilung $\mathbf{P}(0.144262)$ und der Negativbinomialverteilung $\mathbf{NB}(1.033359, 0.122503)$ ergeben:

Schadenzahl	Beobachtungen		Poisson		Negativbinomial	
n	Anzahl	Anteil	Anzahl	Anteil	Anzahl	Anteil
0	20′592	0.872949	20′420	0.865661	20′699	0.877497
1	2′651	0.112383	2′946	0.124882	2′536	0.107496
2	297	0.012591	212	0.009008	311	0.013169
3	41	0.001738	10	0.000433	38	0.001613
4	7	0.000297	0	0.000016	5	0.000198
5	0	0.000000	0	0.000000	1	0.000024
6	0	0.000000	0	0.000000	0	0.000003
7	1	0.000042	0	0.000000	0	0.000000
Summe	23′589	1.000000	23′589	1.000000	23′589	1.000000

Bei der Poisson–Verteilung und der Negativbinomialverteilung wurden anstelle der unbekannten Parameter ihre Momentenschätzer verwendet, die sich wie folgt ergeben:
Zunächst gilt für die Momentenschätzer des Erwartungswertes und der Varianz der einjährigen Schadenzahl N eines zufällig ausgewählten Risikos

$$\begin{aligned}\widehat{E[N]} &= 0.144262\\ \widehat{\mathrm{var}[N]} &= 0.164402\end{aligned}$$

Für die Poisson–Verteilung $\mathbf{P}(\lambda)$ gilt

$$\lambda = E[N]$$

und für den Momentenschätzer des Parameters ergibt sich

$$\widehat{\lambda} = \widehat{E[N]} = 0.144262$$

Die Tatsache, dass der Momentenschätzer für die Varianz von N etwa 13.96% höher ist als der für den Erwartungswert, deutet darauf hin, dass N keine Poisson–Verteilung besitzt. Es bietet sich daher an, als Verteilung für N eine Negativbinomialverteilung $\mathbf{NB}(\beta, \eta)$ in Betracht zu ziehen, denn sie ist eine gemischte Poisson–Verteilung und besitzt eine größere Varianz als die Poisson–Verteilung mit gleichem Erwartungswert. Aus den Gleichungen

$$\begin{aligned}E[N] &= \beta\,\frac{\eta}{1-\eta}\\ \mathrm{var}[N] &= \beta\,\frac{\eta}{(1-\eta)^2}\end{aligned}$$

erhält man zunächst

$$\eta = 1 - \frac{E[N]}{\mathrm{var}[N]} = \frac{\mathrm{var}[N] - E[N]}{\mathrm{var}[N]}$$

und sodann

$$\beta = \frac{1-\eta}{\eta}\,E[N] = \frac{(E[N])^2}{\mathrm{var}[N] - E[N]}$$

Für die Momentenschätzer der Parameter η und β ergibt sich daher

$$\widehat{\eta} = \frac{\widehat{\mathrm{var}[N]} - \widehat{E[N]}}{\widehat{\mathrm{var}[N]}} = \frac{0.164402 - 0.144262}{0.164402} = 0.122503$$

und

$$\widehat{\beta} = \frac{(\widehat{E[N]})^2}{\widehat{\mathrm{var}[N]} - \widehat{E[N]}} = \frac{0.144262^2}{0.164402 - 0.144262} = 1.033359$$

Die Tabelle zeigt, dass die Negativbinomialverteilung $\mathbf{NB}(1.033359, 0.122503)$ eine bessere Anpassung an die Daten liefert als die Poisson–Verteilung $\mathbf{P}(0.144262)$. Im Poisson/Gamma Modell mit der Strukturverteilung $P_\Theta = \mathbf{Ga}(\alpha, \beta)$ ist es sinnvoll, auch den Parameter α zu schätzen. Es gilt

$$\eta = \frac{1}{\alpha + 1}$$

und damit

$$\alpha = \frac{1-\eta}{\eta} = \frac{E[N]}{\text{var}[N] - E[N]}$$

Für den Momentenschätzer des Parameters α ergibt sich daher

$$\widehat{\alpha} = \frac{\widehat{E[N]}}{\widehat{\text{var}[N]} - \widehat{E[N]}} = \frac{0.144262}{0.164402 - 0.144262} = 7.163066$$

Der Momentenschätzer des Parameters α ist eine Hilfsgröße, die zusammen mit dem Momentenschätzer des Parameters β eine Schätzung der Koeffizienten der im Folgenden betrachteten Bayes–Prämien erlaubt.

Ein ähnliches und ebenfalls steinaltes Beispiel, das auf Bichsel [1964] zurückgeht, findet sich in Bühlmann [1970; Section 4.4] und führt qualitativ auf dasselbe Ergebnis. In den letzten 50 Jahren ist die erwartete jährliche Schadenzahl um etwa 1/3 gefallen.

Aus den Annahmen des Poisson/Gamma Modells folgt, dass die Strukturverteilung die Dichtefunktion f_Θ mit

$$f_\Theta(\vartheta) := \frac{\alpha^\beta}{\Gamma(\beta)}\, e^{-\alpha\vartheta}\, \vartheta^{\beta-1}\, \chi_{(0,\infty)}(\vartheta)$$

besitzt. Aufgrund der bedingten Unabhängigkeit und der bedingten Poisson–Verteilung der Schadenzahlen erhält man

$$\begin{aligned} P\left(\bigcap_{s=1}^t \{N_s = n_s\} \,\middle|\, \Theta\right) &= \prod_{s=1}^t P(N_s = n_s|\Theta) \\ &= \prod_{s=1}^t e^{-\Theta}\, \frac{\Theta^{n_s}}{n_s!} \\ &= e^{-t\Theta}\, \Theta^{\sum_{s=1}^t n_s} \Big/ \prod_{s=1}^t n_s! \end{aligned}$$

Für die bedingte Dichtefunktion $f_{\Theta|N_1,\dots,N_t}$ von Θ unter $N_1, \dots, N_t$ gilt dann, in Analogie zur Formel von Bayes,

$$\begin{aligned} f_{\Theta|N_1,\dots,N_t}(\vartheta) &= \frac{\left(e^{-t\vartheta}\, \vartheta^{\sum_{s=1}^t N_s} \Big/ \prod_{s=1}^t N_s!\right) f_\Theta(\vartheta)}{\int_{\mathbb{R}} \left(e^{-t\tau}\, \tau^{\sum_{s=1}^t N_s} \Big/ \prod_{s=1}^t N_s!\right) f_\Theta(\tau)\, d\tau} \\ &= \frac{e^{-t\vartheta}\, \vartheta^{\sum_{s=1}^t N_s} f_\Theta(\vartheta)}{\int_{\mathbb{R}} e^{-t\tau}\, \tau^{\sum_{s=1}^t N_s} f_\Theta(\tau)\, d\tau} \end{aligned}$$

(vgl. Schmidt [2011; Abschnitt 19.4]). Es gilt also

$$\begin{aligned}
f_{\Theta|N_1,\dots,N_t}(\vartheta) &\sim e^{-t\vartheta}\,\vartheta^{\sum_{s=1}^t N_s} \cdot f_\Theta(\vartheta) \\
&= e^{-t\vartheta}\,\vartheta^{\sum_{s=1}^t N_s} \cdot \frac{\alpha^\beta}{\Gamma(\beta)}\, e^{-\alpha\vartheta}\,\vartheta^{\beta-1}\,\chi_{(0,\infty)}(\vartheta) \\
&\sim e^{-t\vartheta}\,\vartheta^{\sum_{s=1}^t N_s} \cdot e^{-\alpha\vartheta}\,\vartheta^{\beta-1}\,\chi_{(0,\infty)}(\vartheta) \\
&= e^{-(\alpha+t)\vartheta}\,\vartheta^{(\beta+\sum_{s=1}^t N_s)-1}\,\chi_{(0,\infty)}(\vartheta) \\
&\sim \frac{(\alpha+t)^{\beta+\sum_{s=1}^t N_j}}{\Gamma(\beta+\sum_{j=1}^t N_s)} e^{-(\alpha+t)\vartheta}\,\vartheta^{(\beta+\sum_{s=1}^t N_s)-1}\,\chi_{(0,\infty)}(\vartheta)
\end{aligned}$$

(wobei das Symbol $\sim$ die Vernachlässigung oder Einfügung von normierenden Faktoren bezeichnet, die nicht von ϑ abhängen). Daher gilt

$$P_{\Theta|N_1,\dots,N_t} = \mathbf{Ga}\left(\alpha+t, \beta+\sum_{s=1}^t N_s\right)$$

und insbesondere

$$E(\Theta|N_1,\dots,N_t) = \frac{\beta+\sum_{s=1}^t N_s}{\alpha+t}$$

Aus den Annahmen des Poisson/Gamma Modells ergibt sich des Weiteren

$$E(N|\Theta) = \Theta$$

Für die Bayes–Prämien erhält man daher mit Satz 10.3.3

$$\begin{aligned}
E(N_{t+1}|N_1,\dots,N_t) &= E\Big(E(N|\Theta)\;\Big|\;N_1,\dots,N_t\Big) \\
&= E(\Theta|N_1,\dots,N_t) \\
&= \frac{\beta+\sum_{s=1}^t N_s}{\alpha+t} \\
&= \frac{\alpha}{\alpha+t}\,\frac{\beta}{\alpha} + \frac{t}{\alpha+t}\,\frac{1}{t}\sum_{s=1}^t N_s \\
&= \frac{\alpha}{\alpha+t}\,E[N] + \frac{t}{\alpha+t}\,\frac{1}{t}\sum_{s=1}^t N_s
\end{aligned}$$

Daher ist die Bayes–Prämie eine Konvexkombination der erwarteten jährlichen Schadenzahl eines beliebigen Risikos des Bestandes und der durchschnittlichen jährlichen Schadenzahl des zufällig ausgewählten Risikos in der Vergangenheit.

Alternativ kann man die Gleichung

$$
\begin{aligned}
E(N_{t+1}|N_1,\ldots,N_t) &= \frac{\beta+\sum_{s=1}^t N_s}{\alpha+t} \\
&= \frac{\alpha}{\alpha+t}\,E[N] + \frac{t}{\alpha+t}\,\frac{1}{t}\sum_{s=1}^t N_s
\end{aligned}
$$

aus Folgerung 5.2.2 erhalten.

Bezeichnet man den Erwartungswert

$$E[N]$$

als *Kollektivmittel* und das Stichprobenmittel

$$\frac{1}{t}\sum_{s=1}^t N_s$$

als *individuelles Mittel* des zufällig ausgewählten Risikos, so ergibt sich die Bayes–Prämie als Konvexkombination der erwarteten jährlichen Schadenzahl eines beliebigen Risikos des Bestandes und der durchschnittlichen jährlichen Schadenzahl des zufällig ausgewählten Risikos in der Vergangenheit. Dabei strebt mit zunehmender Anzahl t der Jahre, für die die Schadenzahlen des zufällig ausgewählten Risikos beobachtbar sind, das Gewicht des Kollektivmittels gegen 0 und das Gewicht des individuellen Mittels gegen 1.

Aus den Quotienten

$$\frac{E(N_{t+1}|N_1,\ldots,N_t)}{E[N_{t+1}]} = \frac{\dfrac{\alpha}{\alpha+t}\,\dfrac{\beta}{\alpha} + \dfrac{t}{\alpha+t}\,\dfrac{1}{t}\displaystyle\sum_{s=1}^t N_s}{\dfrac{\beta}{\alpha}}$$

ergeben sich für die Nettorisikoprämie eines Risikos mit der Schadenerfahrung $\sum_{s=1}^t N_s$ aus t Jahren Zuschläge oder Abschläge auf die Nettorisikoprämie eines Risikos ohne Schadenerfahrung: Ein Zuschlag ergibt sich genau dann, wenn

$$\frac{1}{t}\sum_{s=1}^t N_s > \frac{\beta}{\alpha}$$

gilt und ein Abschlag ergibt sich genau dann, wenn

$$\frac{1}{t}\sum_{s=1}^t N_s < \frac{\beta}{\alpha}$$

gilt.

10.3.6 Beispiel (Kraftfahrthaftpflichtversicherung). Wir setzen das vorher betrachtete Beispiel fort und nehmen an, dass die Schadenhöhe eines jeden Schaden gleich 1000 ist. Die vorher bestimmten Prämien für Risiken mit konstanter Schadenhöhe 1 sind daher mit dem Faktor 1000 zu multiplizieren. Mit den Schätzwerten

$$\widehat{\alpha} = 7.163066$$
$$\widehat{\beta} = 1.033359$$

ergibt sich dann für Risiken ohne Schadenerfahrung die Nettorisikoprämie

$$1000 \, \frac{\widehat{\beta}}{\widehat{\alpha}} = 1000 \cdot \frac{7.163066}{1.033359} = 144.26$$

und für Risiken mit n Schäden in t Jahren ergeben sich die Bayes–Prämien

$$1000 \, \frac{\widehat{\beta}+n}{\widehat{\alpha}+t}$$

gemäß der folgenden Tabelle:

Anzahl	in t Jahren					
Schäden n	1	2	3	4	5	6
0	126.59	112.77	101.68	92.57	84.96	78.50
1	249.09	221.91	200.07	182.15	167.17	154.47
2	371.60	331.04	298.47	271.73	249.39	230.44
3	494.10	440.18	396.86	361.31	331.61	306.41
4	616.60	549.31	495.26	450.89	413.82	382.39
5	739.10	658.44	593.66	540.48	496.04	458.36
6	861.61	767.58	692.05	630.06	578.26	534.33
7	984.11	876.71	790.45	719.64	660.47	610.30

Die Bayes–Prämie für ein Risiko mit 2 Schäden in 3 Jahren ist demnach 298.47. Die Bayes–Prämien steigen mit zunehmender Anzahl der Schäden, und sie fallen im Zeitverlauf, wenn keine neuen Schäden hinzukommen. Bezogen auf die Nettorisikoprämie 144.26 für Risiken ohne Schadenerfahrung ergeben sich die relativen Höhen der Bayes–Prämien und damit die Zuschläge und Abschläge auf die Nettorisikoprämie:

Anzahl	in t Jahren					
Schäden n	1	2	3	4	5	6
0	87.75%	78.17%	70.48%	64.17%	58.89%	54.42%
1	172.67%	153.82%	138.69%	126.26%	115.88%	107.08%
2	257.58%	229.47%	206.89%	188.36%	172.87%	159.74%
3	342.50%	305.12%	275.10%	250.46%	229.86%	212.40%
4	427.42%	380.77%	343.31%	312.55%	286.86%	265.06%
5	512.33%	456.42%	411.51%	374.65%	343.85%	317.72%
6	597.25%	532.07%	479.72%	436.74%	400.84%	370.38%
7	682.17%	607.72%	547.92%	498.84%	457.83%	423.05%

Die Bayes–Prämie für ein Risiko mit 2 Schäden in 3 Jahren enthält demnach einen Zuschlag in Höhe von 106.89%.

Schließlich sei darauf hingewiesen, dass die Gleichung

$$E(N|\Theta) = \Theta$$

und die Darstellung

$$E(N_{t+1}|N_1, \dots, N_t) = \frac{\alpha}{\alpha + t} E[N] + \frac{t}{\alpha + t} \frac{1}{t} \sum_{s=1}^{t} N_s$$

der Bayes–Prämien eine Besonderheit der bedingten Poisson–Verteilung der jährlichen Schadenzahlen ist; für andere bedingte Verteilungen der jährlichen Schadenzahlen muss die bedingte Erwartung

$$E(N|\Theta)$$

nicht mit Θ übereinstimmen und die Bayes–Prämien

$$E(N_{t+1}|N_1, \dots, N_t)$$

können durch eine andere und insbesondere eine nichtlineare Funktion der beobachtbaren jährlichen Schadenzahlen bestimmt sein.

Das Beispiel der Bayes–Prämien im Poisson/Gamma Modell zeigt, dass sich die Bayes–Prämien im Zeitverlauf stark verändern können; dies ist aber einem Versicherungsnehmer nur schwer zu vermitteln. Aus diesem Grund werden Bayes–Prämien vorwiegend in der Tarifierung für einen ganzen Bestand (statt für ein einzelnes Risikos eines inhomogenen Bestandes) verwendet, da innerhalb eines Bestandes bereits ein Ausgleich im Kollektiv erfolgt und die Bayes–Prämien für einen Bestand im Zeitverlauf tendenziell umso weniger variieren, je größer der Bestand ist. In der *Kraftfahrthaftpflichtversicherung* könnte ein solcher Bestand durch die Flotte der PKW eines Autovermieters oder eines großen Unternehmens gegeben sein. Der Strukturparameter beschreibt dann die Charakteristika einer Familie ähnlicher, aber nicht gleichartiger Bestände.

Variationen des Poisson/Gamma Modells

Die Überlegungen zum Poisson/Gamma Modell lassen sich auf eine Reihe von ähnlichen Modellen übertragen. Dies funktioniert vor allem dann gut, wenn die bedingte Verteilung (oder *posteriori* Verteilung) $P_{\Theta|N_1,\dots,N_t}$ zu der selben Klasse von Verteilungen gehört, wie die unbedingte Verteilung (oder *priori* Verteilung) P_Θ.

Dabei kann man anstelle einer Folge von Schadenzahlen allgemeiner eine unter dem Strukturparameter Θ bedingt unabhängige und bedingt identisch verteilte Folge $\{Z_t\}_{t\in\mathbb{N}}$ von einjährigen Schadenvariablen (und damit die bedingten Verteilungen $P_{Z|\Theta}$ und $P_{\Theta|Z_1,\dots,Z_t}$) betrachten, wobei die Zufallsvariablen Z_t die einjährigen Schadenzahlen oder die einjährigen Gesamtschäden darstellen können:

10.3.7 Beispiele. Sei Θ ein Strukturparameter und sei $\{Z_t\}_{t\in\mathbb{N}}$ eine Folge von Schadenvariablen, die unter Θ bedingt unabhängig und bedingt identisch verteilt ist.

(1) **Gamma/Gamma Modell:** Sei $P_{Z|\Theta} = \mathbf{Ga}(\Theta, \gamma)$ und $P_\Theta = \mathbf{Ga}(\alpha, \beta)$ mit $\beta > 2$. Dann gilt $P_{\Theta|Z_1,\ldots,Z_t} = \mathbf{Ga}(\alpha + \sum_{i=1}^t Z_i, \beta + t\gamma)$ und damit

$$E(Z_{t+1}|Z_1,\ldots,Z_t) = \frac{(\beta-1)/\gamma}{(\beta-1)/\gamma + t}\,\frac{\gamma\alpha}{\beta-1} + \frac{t}{(\beta-1)/\gamma + t}\,\frac{1}{t}\sum_{i=1}^t Z_i$$

(2) **Uniform/Pareto Modell:** Sei $P_{Z|\Theta} = \mathbf{U}(0, \Theta)$ und $P_\Theta = \mathbf{Par}(\alpha, \beta)$ mit $\beta > 2$. Dann gilt $P_{\Theta|Z_1,\ldots,Z_t} = \mathbf{Par}(\max\{\alpha, Z_1,\ldots,Z_t\}, \beta + t)$ und damit

$$E(Z_{t+1}|Z_1,\ldots,Z_t) = \max\{\alpha, Z_1,\ldots,Z_t\}\,\frac{\beta+t}{\beta+t-1}$$

In diesem Fall ist die Bayes–Prämie keine affine Funktion der beobachtbaren Schadenvariablen.

Aufgrund der Wahl der bedingten Verteilungen der Schadenvariablen sind beide Modelle für Gesamtschäden, nicht aber für Schadenhöhen anwendbar.

10.4 Credibility–Prämien

In diesem Abschnitt betrachten wir eine beliebige Folge $\{Z_t\}_{t\in\mathbb{N}}$ von Zufallsvariablen; dabei kann Z_t als Schadenzahl oder als Gesamtschaden des Jahres t eines Risikos interpretiert werden.

Eine Zufallsvariable δ^*_{t+1} heißt *Credibility–Prämie* für Z_{t+1}, wenn sie die Gestalt

$$\delta^*_{t+1} = a^*_0 + \sum_{i=1}^t a^*_i Z_i$$

mit $a^*_0, a^*_1, \ldots, a^*_t \in \mathbb{R}$ besitzt und den erwarteten quadratischen Prognosefehler

$$E[(\delta - Z_{t+1})^2]$$

über alle Zufallsvariablen δ der Gestalt

$$\delta = a_0 + \sum_{i=1}^t a_i Z_i$$

mit $a_0, a_1, \ldots, a_t \in \mathbb{R}$ minimiert; die Zufallsvariablen dieser Gestalt heißen *zulässige Prämien* für Z_{t+1}. Zur Bestimmung einer Credibility–Prämie für Z_{t+1} ist also die Funktion $h : \mathbb{R}^{t+1} \to \mathbb{R}$ mit

$$h(a_0, a_1, \ldots, a_t) := E\left[\left(a_0 + \sum_{i=1}^t a_i Z_i - Z_{t+1}\right)^2\right]$$

zu minimieren.

Credibility–Prämien sind also *per definitionem* durch eine affine Funktion der beobachtbaren Schadenvariablen darstellbar, während Bayes–Prämien nur in Ausnahmefällen durch eine affine Funktion der Schadenvariablen dargestellt werden können. Ein Vorteil von Credibility–Prämien besteht darin, dass zu ihrer Bestimmung nur die ersten und zweiten Momente, also Erwartungswerte, Varianzen und Kovarianzen, der Schadenvariablen benötigt werden, während Bayes–Prämien auf der vollständigen Kenntnis der gemeinsamen Verteilung der Schadenvariablen beruhen.

Es existiert eine umfangreiche Literatur zur Credibility–Theorie, und es gibt Ergebnisse, die unter recht allgemeinen Bedingungen die Existenz und Eindeutigkeit von Credibility–Prämien gewährleisten und außerdem eine explizite Formel für die Credibility–Prämie liefern; vgl. Hess und Schmidt [2001].

Wir verzichten hier auf eine allgemeine Darstellung der Credibility–Theorie und diskutieren statt dessen eines der ältesten Modelle, das zugleich in der Praxis von besonderer Bedeutung ist.

Bühlmann–Straub Modell

Das Bühlmann–Straub Modell besteht in der Annahme, dass es einen Strukturparameter Θ sowie eine bekannte Folge $\{w_t\}_{t \in \mathbb{N}} \subseteq (0, \infty)$ von Gewichten und messbare Funktionen m und v gibt derart, dass

$$\mathrm{var}[m(\Theta)] > 0$$

und für alle $t, u \in \mathbb{N}$

$$\begin{aligned} E(Z_t|\Theta) &= m(\Theta) \\ \mathrm{cov}(Z_t, Z_u|\Theta) &= \frac{v(\Theta)}{w_t}\, \delta_{t,u} \end{aligned}$$

gilt, wobei $\delta_{t,u}$ das Kronecker–Symbol mit $\delta_{t,u} := 1$ für $t = u$ und $\delta_{t,u} := 0$ für $t \neq u$ ist; vgl. Bühlmann und Straub [1970], Straub [1988], Sundt [1993; Section 6.6], Hess und Schmidt [2001] und Bühlmann und Gisler [2005].

Die Gewichte w_t werden meist als Volumenmaß für den Bestand im Jahr t interpretiert.

In der *Kraftfahrthaftpflichtversicherung* für die Flotte der PKW eines Autovermieters oder eines großen Unternehmens könnten diese Gewichte durch die Anzahl der Fahrzeuge oder durch die Summe der Jahreseinheiten gegeben sein.

Mit den Parametern

$$\begin{aligned} \mu &:= E[m(\Theta)] \\ \lambda &:= \mathrm{var}[m(\Theta)] \\ \tau &:= E[v(\Theta)] \end{aligned}$$

und

$$\kappa := \tau/\lambda$$

gilt für die Credibility–Prämien

$$\delta^*_{t+1} = \frac{\kappa}{\kappa + \sum_{k=1}^t w_k}\,\mu + \sum_{i=1}^t \frac{w_i}{\kappa + \sum_{k=1}^t w_k}\,Z_i$$

Diese Gleichung lässt sich aus allgemeinen Ergebnissen der Credibility–Theorie herleiten; vgl. Hess und Schmidt [2001].

Anstelle einer Herleitung der Credibility–Prämien begnügen wir uns hier mit der Verifizierung der Gleichung für die Credibility–Prämien; dabei verwenden wir das Prinzip der quadratischen Ergänzung.

Aus den Annahmen des Modells ergibt sich zunächst

$$E[Z_t] = E[E(Z_t|\Theta)] = E[m(\Theta)] = \mu$$

und

$$\begin{aligned} \mathrm{cov}[Z_t, Z_u] &= E[\mathrm{cov}(Z_t, Z_u|\Theta)] + \mathrm{cov}[E(Z_t|\Theta), E(Z_u|\Theta)] \\ &= E\left[\frac{v(\Theta)}{w_t}\,\delta_{t,u}\right] + \mathrm{cov}[m(\Theta), m(\Theta)] \\ &= \frac{E[v(\Theta)]}{w_t}\,\delta_{t,u} + \mathrm{var}[m(\Theta)] \\ &= \frac{\tau}{w_t}\,\delta_{t,u} + \lambda \end{aligned}$$

Sei nun

$$\delta = a_0 + \sum_{i=1}^t a_i Z_i$$

eine beliebige zulässige Prämie für Z_{t+1} und sei

$$\delta^* := \frac{\kappa}{\kappa + \sum_{k=1}^t w_k}\,\mu + \sum_{i=1}^t \frac{w_i}{\kappa + \sum_{k=1}^t w_k}\,Z_i$$

Dann ist auch δ^* eine zulässige Prämie für Z_{t+1} mit

$$E[\delta^* - Z_{t+1}] = 0$$

und es gilt

$$\begin{aligned} E\big[(\delta - Z_{t+1})^2\big] &= E\big[(\delta - \delta^* + \delta^* - Z_{t+1})^2\big] \\ &= E\big[(\delta - \delta^*)^2\big] + 2\,E\big[(\delta - \delta^*)(\delta^* - Z_{t+1})\big] + E\big[(\delta^* - Z_{t+1})^2\big] \\ &= E\big[(\delta - \delta^*)^2\big] + 2\,\mathrm{cov}\big[\delta - \delta^*, \delta^* - Z_{t+1}\big] + E\big[(\delta^* - Z_{t+1})^2\big] \end{aligned}$$

Mit

$$a_0^* := \frac{\kappa}{\kappa + \sum_{k=1}^t w_k}$$

und

$$a_i^* := \frac{w_i}{\kappa + \sum_{k=1}^t w_k}$$

für $i \in \{1, \ldots, t\}$ erhält man

$$\delta^* = a_0^* + \sum_{i=1}^t a_i^* Z_i$$

und damit

$$\begin{aligned} &\mathrm{cov}\big[\delta - \delta^*, \delta^* - Z_{t+1}\big] \\ &= \mathrm{cov}\left[\left(a_0 + \sum_{i=1}^t a_i\, Z_i\right) - \left(a_0^* + \sum_{i=1}^t a_i^*\, Z_i\right), \left(a_0^* + \sum_{j=1}^t a_j^*\, Z_j\right) - Z_{t+1}\right] \\ &= \mathrm{cov}\left[\sum_{i=1}^t (a_i - a_i^*)\, Z_i, \sum_{j=1}^t a_j^*\, Z_j - Z_{t+1}\right] \\ &= \sum_{i=1}^t (a_i - a_i^*) \left(\sum_{j=1}^t a_j^*\, \mathrm{cov}[Z_i, Z_j] - \mathrm{cov}[Z_i, Z_{t+1}]\right) \\ &= \sum_{i=1}^t (a_i - a_i^*) \left(\sum_{j=1}^t \frac{w_j}{\kappa + \sum_{k=1}^t w_k} \left(\frac{\tau}{w_j}\, \delta_{i,j} + \lambda\right) - \lambda\right) \\ &= \sum_{i=1}^t (a_i - a_i^*) \left(\frac{\tau}{\kappa + \sum_{k=1}^t w_k} + \frac{\sum_{j=1}^t w_j}{\kappa + \sum_{k=1}^t w_k}\, \lambda - \lambda\right) \\ &= \sum_{i=1}^t (a_i - a_i^*) \left(\frac{\kappa}{\kappa + \sum_{k=1}^t w_k}\, \lambda + \frac{\sum_{j=1}^t w_j}{\kappa + \sum_{k=1}^t w_k}\, \lambda - \lambda\right) \\ &= 0 \end{aligned}$$

Daher gilt

$$\begin{aligned} E\big[(\delta - Z_{t+1})^2\big] &= E\big[(\delta - \delta^*)^2\big] + 2\,\mathrm{cov}\big[\delta - \delta^*, \delta^* - Z_{t+1}\big] + E\big[(\delta^* - Z_{t+1})^2\big] \\ &= E\big[(\delta - \delta^*)^2\big] + E\big[(\delta^* - Z_{t+1})^2\big] \\ &\geq E\big[(\delta^* - Z_{t+1})^2\big] \end{aligned}$$

Damit ist die Behauptung über die Gestalt der Credibility–Prämien bewiesen.

Klassisches Modell

Das klassische Modell besteht in der Annahme, dass es einen Strukturparameter Θ gibt und dass die Folge $\{Z_t\}_{t\in\mathbb{N}}$ der Schadenvariablen unter Θ bedingt unabhängig und bedingt identisch verteilt ist mit $\mathrm{var}[E(Z|\Theta)] > 0$. Daher gibt es messbare Funktionen m und v mit

$$\begin{aligned} E(Z_t|\Theta) &= m(\Theta) \\ \mathrm{cov}(Z_t, Z_u|\Theta) &= v(\Theta)\,\delta_{t,u} \end{aligned}$$

für alle $t, u \in \mathbb{N}$ und $\mathrm{var}[m(\Theta)] > 0$. Damit ist das klassische Modell ein Bühlmann–Straub Modell mit $w_t = 1$ für alle $t \in \mathbb{N}$, und die Credibility–Prämie

$$\delta^*_{t+1} = \frac{\kappa}{\kappa + t}\,\mu + \frac{t}{\kappa + t}\,\frac{1}{t}\sum_{i=1}^{t} Z_i$$

ist ein gewichtetes Mittel aus dem Erwartungswert und dem Stichprobenmittel der Schadenvariablen. Der Koeffizient des Stichprobenmittels wird als *Credibility–Faktor* bezeichnet und strebt mit wachsendem Stichprobenumfang gegen 1.

10.4.1 Beispiele. Sei Θ ein Strukturparameter und sei $\{Z_t\}_{t\in\mathbb{N}}$ eine Folge von Schadenvariablen, die unter Θ bedingt unabhängig und bedingt identisch verteilt ist.

(1) **Poisson/Gamma Modell:** Das Poisson/Gamma Modell ist ein klassisches Modell mit $m(\vartheta) = \vartheta$ und $v(\vartheta) = \vartheta$.
(2) **Gamma/Gamma Modell:** Das Gamma/Gamma Modell ist ein klassisches Modell mit $m(\vartheta) = \vartheta/\gamma$ und $v(\vartheta) = \vartheta/\gamma^2$.
(3) **Uniform/Pareto Modell:** Das Uniform/Pareto Modell ist ein klassisches Modell mit $m(\vartheta) = \vartheta/2$ und $v(\vartheta) = \vartheta^2/12$.

10.5 Bonus–Malus Systeme

Ein anderes Verfahren der sekundären Prämiendifferenzierung besteht in der Verwendung eines *Bonus–Malus Systems*.

Das wesentliche Merkmal eines Bonus–Malus Systeme besteht darin, dass

- endlich viele Bonus–Klassen bzw. Malus–Klassen mit bestimmten Abschlägen bzw. Zuschlägen auf die Grundprämie gegeben sind und
- ein Risiko in Abhängigkeit von der einjährigen Schadenerfahrung im Zeitverlauf durch die Klassen des Bonus–Malus Systems wandert.

Aufgrund der endlichen Anzahl der Klassen weisen die durch ein Bonus–Malus System bestimmten Prämien im Zeitverlauf eine geringere Variabilität auf als die Bayes–Prämien und die Credibility–Prämien.

Die in der Praxis verwendeten Bonus–Malus Systeme beruhen in der Regel nur auf den jährlichen Schadenzahlen und vernachlässigen die Schadenhöhen. Dies entspricht der Erfahrung, dass die Risiken eines heterogenen Bestandes sich vor allem durch die Häufigkeit und nur geringfügig durch die Höhe der Schäden unterscheiden.

Wir betrachten im Folgenden ein Bonus–Malus System mit K Klassen sowie

- eine Abbildung $B : \{1, \ldots, K\} \to (0, \infty)$, die jeder Klasse k ein Prämienniveau
$$B_k$$
zuordnet, und
- eine Abbildung $T : \{1, \ldots, K\} \times \mathbb{N}_0 \to \{1, \ldots, K\}$, die in Abhängigkeit von der in einem Jahr erreichten Klasse k und der Anzahl n der in demselben Jahr gemeldeten Schäden die Klasse
$$T(k, n)$$
für das Folgejahr festlegt.

Die Abbildung B wird als *Prämienregel* und die Abbildung T wird als *Übergangsregel* des Bonus–Malus Systems bezeichnet.

Des Weiteren nehmen wir zur Vereinfachung an,

- dass jedes Risiko zu Vertragsbeginn in die Klasse 1 eingestuft wird und
- dass in den Klassen $k \in \{2, \ldots, K\}$ ein Rabatt auf die in der Klasse 1 zu entrichtende Prämie gewährt wird, der umso höher ist, je höher die Klasse ist.

Die Klasse 1 wird daher als *Einstiegsklasse* bezeichnet und die in der Einstiegsklasse zu entrichtende Prämie wird als *Grundprämie* bezeichnet.

Wir betrachten daher ein reines *Bonus–System*, das durch eine andere Einstufung der Risiken zu Vertragsbeginn leicht in ein allgemeines Bonus–Malus System umgewandelt werden kann.

Bonus–Malus Systeme für ein einzelnes Risiko

Zur Vorbereitung der Konstruktion eines Bonus–Malus Systems für einen inhomogenen Bestand konstruieren wir zunächst ein Bonus–Malus System für ein einzelnes Risiko.

Dazu betrachten wir eine Folge $\{N_t\}_{t\in\mathbb{N}}$ von Zufallsvariablen mit Werten in $\mathbb{N}_0$ und definieren mit Hilfe der Übergangsregel mittels

$$C_1 := 1$$

und

$$C_{t+1} := T(C_t, N_t)$$

für $t \in \mathbb{N}$ eine Folge $\{C_t\}_{t\in\mathbb{N}}$ von Zufallsvariablen mit Werten in $\{1, \dots, K\}$. Dabei beschreibt N_t die Anzahl der Schäden im Jahr t und C_t beschreibt die im Jahr t erreichte Klasse des Bonus–Malus Systems. Für $t \in \mathbb{N}$ und $k \in \{1, \dots, K\}$ setzen wir

$$p_t(k) := P[C_t = k]$$

Dann beschreibt der Vektor

$$\mathbf{p}_t := \begin{pmatrix} p_t(1) \\ \vdots \\ p_t(K) \end{pmatrix}$$

die Wahrscheinlichkeitsverteilung von C_t. Mit der im Jahr t erreichten (zufälligen) Klasse C_t ist auch das Prämienniveau $B(C_t)$ für das Jahr t zufällig und ihr Erwartungswert ist durch

$$E[B(C_t)] = \sum_{k=1}^{K} B(k)\, P[C_t = k] = \sum_{k=1}^{K} B(k)\, p_t(k)$$

gegeben. Die erwarteten Prämienniveaus variieren daher mit der Zeit.

Der Zusammenhang zwischen den Vektoren $\mathbf{p}_{t+1}$ und $\mathbf{p}_t$ ist dann durch die Gleichung

$$\begin{aligned} p_{t+1}(i) &= P[C_{t+1} = i] \\ &= \sum_{k=1}^{K} P[C_{t+1} = i | C_t = k]\, P[C_t = k] \\ &= \sum_{k=1}^{K} P[C_{t+1} = i | C_t = k]\, p_t(k) \end{aligned}$$

(mit $P[C_{t+1} = i|C_t = k] := 0$ im Fall $P[C_t = k] = 0$) gegeben. Von besonderem Interesse ist natürlich der Fall, in dem die bedingten Wahrscheinlichkeiten $P[C_{t+1} = i|C_t = k]$ für alle $t \in \mathbb{N}$ identisch sind.

Wir nehmen nun und bis auf Weiteres an, dass die Folge $\{N_t\}_{t\in\mathbb{N}}$ unabhängig und identisch verteilt ist. Dann gibt es eine Matrix

$$\mathbf{Q} := \begin{pmatrix} q_{1,1} & \cdots & q_{1,K} \\ \vdots & & \vdots \\ q_{K,1} & \cdots & q_{K,K} \end{pmatrix}$$

mit $q_{i,k} \geq 0$ für alle $i, k \in \{1, \ldots, K\}$ und $\sum_{i=1}^K q_{i,k} = 1$ für alle $k \in \{1, \ldots, K\}$ derart, dass für alle $t \in \mathbb{N}$ und $i \in \{1, \ldots, K\}$

$$p_{t+1}(i) = \sum_{k=1}^{K} q_{i,k}\, p_t(k)$$

Dies bedeutet, dass die bedingten Wahrscheinlichkeiten $P[C_{t+1} = i|C_t = k]$ für alle $t \in \mathbb{N}$ identisch sind und dass die Folge $\{C_t\}_{t\in\mathbb{N}}$ eine homogene Markov–Kette ist. In diesem Fall lässt sich also die Folge $\{\mathbf{p}_t\}_{t\in\mathbb{N}}$ der Verteilungen der *zufälligen Zustände* C_t mit Hilfe der Gleichung

$$\mathbf{p}_{t+1} = \mathbf{Q}\, \mathbf{p}_t$$

rekursiv berechnen. Man bezeichnet den Vektor $\mathbf{p}_1$ als *Anfangsverteilung* und die Matrix $\mathbf{Q}$ als *Übergangsmatrix* der Markov–Kette.[1]

10.5.1 Beispiel (Bonus–Malus System; einzelnes Risiko). Wir betrachten ein einzelnes Risiko und nehmen an, dass die Verteilung der jährlichen Schadenzahlen durch

n	0	1	2
0	0.8	0.1	0.1

gegeben ist.

Der Bestand soll durch ein Bonus–Malus System mit vier Klassen differenziert werden. In den Klassen $k \in \{2, 3, 4\}$ werden Prämien in Höhe von 80% bzw. 60% bzw. 40% der Prämie in der Klasse 1 erhoben. Das Risiko wird zunächst in die Einstiegsklasse 1 eingestuft, und die Übergangsregeln sehen hier vor, dass

[1] In der Theorie der Markov–Ketten ist es weitgehend üblich, Zeilenvektoren statt Spaltenvektoren zu verwenden. Die Gleichung $\mathbf{p}_{t+1} = \mathbf{Q}\, \mathbf{p}_t$ geht dann über in die Gleichung $\mathbf{p}'_{t+1} = \mathbf{p}'_t\, \mathbf{Q}'$, wobei $'$ die Transponierte einer Matrix und insbesondere eines Vektors bezeichnet. Die hier gewählte Verwendung von Spaltenvektoren hat den Vorteil, dass die Reihenfolge der Indizes der Koordinaten $q_{i,k}$ der Matrix $\mathbf{Q}$ ihrer Reihenfolge in den bedingten Wahrscheinlichkeiten $P[C_{t+1} = i|C_t = k]$ entspricht und dass ein lineares Gleichungssystem der Form $\mathbf{Q}\,\mathbf{p} = \mathbf{p}$ mit den üblichen Methoden der linearen Algebra gelöst werden kann.

– bei Schadenfreiheit eine Höherstufung um eine Klasse bzw. der Verbleib in der besten Klasse 4 und andernfalls
– eine Rückstufung um zwei Klassen pro Schaden und maximal in Klasse 1

erfolgt. Die folgende Tabelle enthält die Werte $T(k, n)$ der Übergangsregel T:

	$n = 0$	$n = 1$	$n = 2$
$k = 1$	2	1	1
$k = 2$	3	1	1
$k = 3$	4	1	1
$k = 4$	4	2	1

Daraus ergeben sich die folgenden Umstufungen und ihre Übergangswahrscheinlichkeiten:

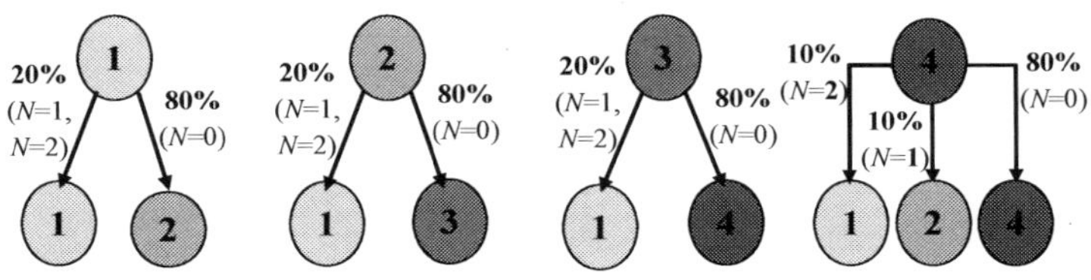

Jeder dieser vier Graphen entspricht einer Spalte der Übergangsmatrix

$$\mathbf{Q} = \begin{pmatrix} 0.2 & 0.2 & 0.2 & 0.1 \\ 0.8 & 0 & 0 & 0.1 \\ 0 & 0.8 & 0 & 0 \\ 0 & 0 & 0.8 & 0.8 \end{pmatrix}$$

Aus der Anfangsverteilung

$$\mathbf{p}_1 = \begin{pmatrix} 1 \\ 0 \\ 0 \\ 0 \end{pmatrix}$$

ergeben sich nun rekursiv die Verteilungen $\mathbf{p}_t$ der zufälligen Klassen C_t und daraus die erwarteten Prämienniveaus $E[B(C_t)] = \sum_{k=1}^{4} B(k)\, p_t(k)$:

t	$p_t(1)$	$p_t(2)$	$p_t(3)$	$p_t(4)$	$E[B(C_t)]$
1	1.0000	0.0000	0.0000	0.0000	100.00%
2	0.2000	0.8000	0.0000	0.0000	84.00%
3	0.2000	0.1600	0.6400	0.0000	71.20%
4	0.2000	0.1600	0.1280	0.5120	60.96%
5	0.1488	0.2112	0.1280	0.5120	59.94%
6	0.1488	0.1702	0.1690	0.5120	59.12%
7	0.1488	0.1702	0.1362	0.5448	58.46%
8	0.1455	0.1735	0.1362	0.5448	58.39%
9	0.1455	0.1709	0.1388	0.5448	58.34%
10	0.1455	0.1709	0.1367	0.5469	58.30%

Für die ersten Jahre lassen sich diese Werte auch wie folgt mit Hilfe einer grafischen Darstellung bestimmen:

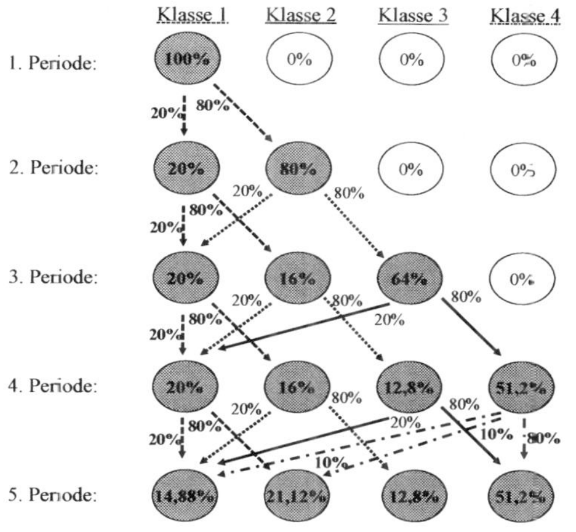

Man erkennt, dass sich die Verteilungen der zufälligen Klassen und damit auch die erwarteten Prämienniveaus recht schnell stabilisieren.

Die letzte Bemerkung im Beispiel wirft die Frage nach der Konvergenz der Verteilungen der zufälligen Klassen und damit die Frage nach der Konvergenz der erwarteten Prämienniveaus auf. Diese Frage führt auf den Begriff einer stationären Verteilung:

Eine Verteilung $\mathbf{p}$ heißt *stationär* unter der Übergangsmatrix $\mathbf{Q}$, wenn sie die Gleichung

$$\mathbf{Q}\,\mathbf{p} = \mathbf{p}$$

erfüllt. Jede stationäre Verteilung ist daher ein Eigenvektor zum Eigenwert 1; die Umkehrung dieser Aussage ist jedoch falsch, denn die Koordinaten eines Eigenvektors müssen weder positiv sein noch sich zu 1 summieren. Jede Übergangsmatrix besitzt mindestens eine stationäre Verteilung und möglicherweise sogar mehrere; ein Beispiel für eine Übergangsmatrix mit unendlich vielen stationären Verteilungen ist die Einheitsmatrix.

Ist die Folge $\{\mathbf{p}_t\}_{t\in\mathbb{N}}$ der Verteilungen der zufälligen Klassen konvergent und

$$\mathbf{p} := \lim_{t\to\infty} \mathbf{p}_t$$

so gilt

$$\mathbf{Q}\,\mathbf{p} = \mathbf{Q} \lim_{t\to\infty} \mathbf{p}_t = \lim_{t\to\infty} \mathbf{Q}\,\mathbf{p}_t = \lim_{t\to\infty} \mathbf{p}_{t+1} = \mathbf{p}$$

und damit ist der Limes $\mathbf{p}$ stationär unter $\mathbf{Q}$.

Interessanter ist natürlich die Frage, ob man an der Übergangsmatrix erkennen kann, dass die Folge $\{\mathbf{p}_t\}_{t\in\mathbb{N}}$ mit $\mathbf{p}_t = \mathbf{Q}^{t-1}\mathbf{p}_1$ konvergent ist. Es gibt in der Tat eine solche Bedingung: Wenn es ein $s \in \mathbb{N}$ gibt derart, dass alle Koordinaten von $\mathbf{Q}^s$ größer als 0 sind, dann besitzt $\mathbf{Q}$ genau eine stationäre Verteilung $\mathbf{p}$ und für jede Wahl von $\mathbf{p}_1$ gilt $\lim_{t\to\infty} \mathbf{Q}^{t-1}\,\mathbf{p}_1 = \mathbf{p}$; vgl. Rolski et al. [1999; Theorem 7.2.1 und Corollary 7.2.1].

10.5.2 Beispiel (Bonus–Malus System; einzelnes Risiko). Wir betrachten die Übergangsmatrix

$$\mathbf{Q} = \begin{pmatrix} 0.2 & 0.2 & 0.2 & 0.1 \\ 0.8 & 0 & 0 & 0.1 \\ 0 & 0.8 & 0 & 0 \\ 0 & 0 & 0.8 & 0.8 \end{pmatrix}$$

aus Beispiel 10.5.1. Dann gilt

$$\mathbf{Q}^3 = \begin{pmatrix} 0.200 & 0.136 & 0.136 & 0.136 \\ 0.160 & 0.224 & 0.160 & 0.160 \\ 0.128 & 0.128 & 0.192 & 0.128 \\ 0.512 & 0.512 & 0.512 & 0.576 \end{pmatrix}$$

Daher besitzt $\mathbf{Q}$ genau eine stationäre Verteilung $\mathbf{p}$. Zur Bestimmung von $\mathbf{p}$ löst man das lineare Gleichungssystem $\mathbf{Q}\,\mathbf{p} = \mathbf{p}$ und erhält

$$\mathbf{p} = \frac{1}{117}\begin{pmatrix} 17 \\ 20 \\ 16 \\ 64 \end{pmatrix} = \begin{pmatrix} 0.1453 \\ 0.1709 \\ 0.1368 \\ 0.5470 \end{pmatrix}$$

und damit $\mathbf{p}_{10} \approx \mathbf{p}$. Für das erwartete Prämienniveau unter der stationären Verteilung ergibt sich

$$\sum_{k=1}^{4} B(k)\,p(k) = 58.29\%$$

und damit $E[B(C_{10})] \approx \sum_{k=1}^{4} B(k)\,p(k)$. Die Markov–Kette ist damit bereits nach 10 Jahren praktisch stabil.

Sind für ein $s \in \mathbb{N}$ alle Koordinaten von $\mathbf{Q}^s$ größer als 0, so gilt dies auch für alle höheren Potenzen von $\mathbf{Q}$. Um herauszufinden, ob es ein solches $s \in \mathbb{N}$ gibt, berechnet man daher am besten die Potenzen $\mathbf{Q}^{2^r}$ mit $r \in \mathbb{N}$.

Bonus–Malus Systeme für einen inhomogenen Bestand

Die Konstruktion eines Bonus–Malus Systems für ein einzelnes Risiko lässt sich leicht auf einen inhomogenen Bestand übertragen. Wie vorher betrachten wir K Klassen und die Folgen $\{N_t\}_{t\in\mathbb{N}}$ und $\{C_t\}_{t\in\mathbb{N}}$.

Zur Modellierung eines inhomogenen Bestandes mit M Arten von Risiken betrachten wir wieder einen Strukturparameter Θ mit Werten in einer endlichen Menge $\{\vartheta_1, \ldots, \vartheta_M\}$ und nehmen nun an, dass die Folge $\{N_t\}_{t\in\mathbb{N}}$ der Schadenzahlen eines zufällig ausgewählten Risikos unter Θ bedingt unabhängig und bedingt identisch verteilt ist.

Dann ist auch für jedes $m \in \{1, \ldots, M\}$ die Folge $\{N_t\}_{t\in\mathbb{N}}$ unter dem Ereignis $\{\Theta = \vartheta_m\}$ bedingt unabhängig und bedingt identisch verteilt, und daher gibt es eine Matrix

$$\mathbf{Q}(\vartheta_m) := \begin{pmatrix} q_{1,1}(\vartheta_m) & \ldots & q_{1,K}(\vartheta_m) \\ \vdots & & \vdots \\ q_{K,1}(\vartheta_m) & \ldots & q_{K,K}(\vartheta_m) \end{pmatrix}$$

mit $q_{i,k}(\vartheta_m) \geq 0$ für alle $i, k \in \{1, \ldots, K\}$ und $\sum_{i=1}^K q_{i,k}(\vartheta_m) = 1$ für alle $k \in \{1, \ldots, K\}$ derart, dass mit

$$p_t(i|\vartheta_m) := P[C_t = i|\Theta = \vartheta_m]$$

für alle $t \in \mathbb{N}$ und $i \in \{1, \ldots, K\}$

$$p_{t+1}(i|\vartheta_m) = \sum_{k=1}^K q_{i,k}(\vartheta_m)\, p_t(k|\vartheta_m)$$

Damit lässt sich die Folge $\{\mathbf{p}_t(\,.\,|\vartheta_m)\}_{t\in\mathbb{N}}$ der bedingten Verteilungen der *zufälligen Zustände* C_t unter dem Ereignis $\{\Theta = \vartheta_m\}$ mit Hilfe der Gleichung

$$\mathbf{p}_{t+1}(\,.\,|\vartheta_m) = \mathbf{Q}(\vartheta_m)\, \mathbf{p}_t(\,.\,|\vartheta_m)$$

rekursiv berechnen.

Für die unbedingten Verteilungen gilt dann

$$p_t(i) = \sum_{m=1}^M p_t(i|\vartheta_m)\, P[\Theta = \vartheta_m]$$

und für die erwarteten Prämienniveaus erhält man

$$\begin{aligned} E[B(C_t)] &= \sum_{k=1}^K B(k)\, p_t(k) \\ &= \sum_{k=1}^K B(k) \sum_{m=1}^M p_t(k|\vartheta_m)\, P[\Theta = \vartheta_m] \\ &= \sum_{m=1}^M \left(\sum_{k=1}^K B(k)\, p_t(k|\vartheta_m) \right) P[\Theta = \vartheta_m] \\ &= \sum_{m=1}^M E[B(C_t)|\vartheta_m]\, P[\Theta = \vartheta_m] \end{aligned}$$

und damit eine Darstellung als gewichtetes Mittel der bedingten erwarteten Prämienniveaus

$$E[B(C_t)|\vartheta_m] = \sum_{k=1}^{K} B(k)\, p_t(k|\vartheta_m)$$

Grob gesagt kann man also zunächst für jede Risikoart genau wie für ein einzelnes Risiko rechnen (mit bedingten statt unbedingten Verteilungen) und danach aus den bedingten erwarteten Prämienniveaus die unbedingten erwarteten Prämienniveaus bestimmen.

10.5.3 Beispiel (Bonus–Malus System; inhomogener Bestand). Ein Bestand bestehe aus zwei Arten von Risiken, die sich in der Verteilung der jährlichen Schadenzahl unterscheiden. 60% der Risiken sind vom Typ A und 40% sind vom Typ B. Es gilt somit

$$P[\Theta = A] = 0.6$$
$$P[\Theta = B] = 0.4$$

Die bedingten Verteilungen der jährlichen Schadenzahl der beiden Risikotypen sind wie folgt gegeben:

n	$P[N = n\|\Theta = A]$	$P[N = n\|\Theta = B]$
0	0.8	0.6
1	0.1	0.2
2	0.1	0.2

Wegen $E[N|\Theta = A] = 0.3$ und $E[N|\Theta = B] = 0.6$ sind die Risiken vom Typ A die besseren Risiken.
Wir betrachten dasselbe Bonus–Malus System wie in den vorherigen Beispielen und damit die Übergangsregel T, deren Werte $T(k,n)$ durch die folgende Tabelle gegeben sind:

	$n = 0$	$n = 1$	$n = 2$
$k = 1$	2	1	1
$k = 2$	3	1	1
$k = 3$	4	1	1
$k = 4$	4	2	1

Die Übergangsregel ist unabhängig von den Risikotypen.
Für Risiken vom Typ A erhält man die bedingte Übergangsmatrix

$$\mathbf{Q}(A) = \begin{pmatrix} 0.2 & 0.2 & 0.2 & 0.1 \\ 0.8 & 0 & 0 & 0.1 \\ 0 & 0.8 & 0 & 0 \\ 0 & 0 & 0.8 & 0.8 \end{pmatrix}$$

und die bedingten Verteilungen $\mathbf{p}_t(\,.\,|A)$ der zufälligen Klassen C_t und die bedingten erwarteten Prämienniveaus $E[B(C_t)|A] = \sum_{k=1}^{4} B(k)\, p_t(k|A)$ ergeben sich wie folgt:

t	$p_t(1\|A)$	$p_t(2\|A)$	$p_t(3\|A)$	$p_t(4\|A)$	$E[B(C_t\|A)]$
1	1.0000	0.0000	0.0000	0.0000	100.00%
2	0.2000	0.8000	0.0000	0.0000	84.00%
3	0.2000	0.1600	0.6400	0.0000	71.20%
4	0.2000	0.1600	0.1280	0.5120	60.96%
5	0.1488	0.2112	0.1280	0.5120	59.94%
6	0.1488	0.1702	0.1690	0.5120	59.12%
7	0.1488	0.1702	0.1362	0.5448	58.46%
8	0.1455	0.1735	0.1362	0.5448	58.39%
9	0.1455	0.1709	0.1388	0.5448	58.34%
10	0.1455	0.1709	0.1367	0.5469	58.30%
⋮	⋮	⋮	⋮	⋮	⋮
∞	0.1453	0.1709	0.1368	0.5470	58.29%

Der exakte Wert der stationären Verteilung $\mathbf{p}(A)$ der Übergangsmatrix $\mathbf{Q}(A)$ ist durch

$$\mathbf{p}(A) = \frac{1}{117}\begin{pmatrix} 17 \\ 20 \\ 16 \\ 64 \end{pmatrix}$$

gegeben, und dies entspricht der letzten Zeile des Tableaus.
Für Risiken vom Typ B erhält man

$$\mathbf{Q}(B) = \begin{pmatrix} 0.4 & 0.4 & 0.4 & 0.2 \\ 0.6 & 0 & 0 & 0.2 \\ 0 & 0.6 & 0 & 0 \\ 0 & 0 & 0.6 & 0.6 \end{pmatrix}$$

und

t	$p_t(1\|B)$	$p_t(2\|B)$	$p_t(3\|B)$	$p_t(4\|B)$	$E[B(C_t\|B)]$
1	1.0000	0.0000	0.0000	0.0000	100.00%
2	0.4000	0.6000	0.0000	0.0000	88.00%
3	0.4000	0.2400	0.3600	0.0000	80.80%
4	0.4000	0.2400	0.1440	0.2160	76.48%
5	0.3568	0.2832	0.1440	0.2160	75.62%
6	0.3568	0.2573	0.1699	0.2160	75.10%
7	0.3568	0.2573	0.1544	0.2316	74.79%
8	0.3537	0.2604	0.1544	0.2316	74.72%
9	0.3537	0.2585	0.1562	0.2316	74.69%
10	0.3537	0.2585	0.1551	0.2327	74.66%
⋮	⋮	⋮	⋮	⋮	⋮
∞	0.3534	0.2586	0.1552	0.2328	74.66%

Der exakte Wert der stationären Verteilung $\mathbf{p}(B)$ der Übergangsmatrix $\mathbf{Q}(B)$ ist durch

$$\mathbf{p}(B) = \frac{1}{116}\begin{pmatrix} 41 \\ 30 \\ 18 \\ 27 \end{pmatrix}$$

gegeben, und dies entspricht der letzten Zeile des Tableaus.
Für die unbedingten erwarteten Prämienniveaus

$$\begin{aligned} E[B(C_t)] &= E[B(C_t|A)]\, P[\Theta = A] + E[B(C_t|B)]\, P[\Theta = B] \\ &= 0.6\, E[B(C_t|A)] + 0.4\, E[B(C_t|B)] \end{aligned}$$

erhält man daher

t	$E[B(C_t\|A)]$	$E[B(C_t\|B)]$	$E[B(C_t)]$
1	100.00%	100.00%	100.00%
2	84.00%	88.00%	85.60%
3	71.20%	80.80%	75.04%
4	60.96%	76.48%	67.17%
5	59.94%	75.62%	66.21%
6	59.12%	75.10%	65.51%
7	58.46%	74.79%	64.99%
8	58.39%	74.72%	64.93%
9	58.34%	74.69%	64.88%
10	58.30%	74.66%	64.85%
⋮	⋮	⋮	⋮
∞	58.29%	74.66%	64.84%

Damit ergibt sich für ein zufällig ausgewähltes Risiko bereits nach 5 Jahren ein Rabatt von mehr als 1/3 auf die Grundprämie, der sich danach nur noch geringfügig verändert.

Stabilität des Prämienaufkommens für den Bestand

Wir haben damit am Beispiel eines reinen Bonus Systems die Funktionsweise eines Bonus–Malus Systems bei einer gegebenen Prämienregel und einer gegebenen Übergangsregel beschrieben. Die Beispiele deuten darauf hin, dass in einem reinen Bonus System das erwartete Prämienniveau im Zeitverlauf sinkt und dass dieser Effekt umso stärker ist, je größer die Wahrscheinlichkeit ist, dass ein Risiko im Laufe eines Jahres schadenfrei bleibt.

Wählt man als Einstiegsklasse anstelle der Klasse 1 die Klasse 4, so wird aus dem reinen Bonus System ein reines Malus System und die erwarteten Prämienniveaus sind im Zeitverlauf nicht monoton fallend, sondern monoton wachsend; wählt man hingegen eine der Klassen 2 oder 3, so erhält man ein echtes Bonus–Malus System, bei dem in den Beispielen die Prämienniveaus weniger stark variieren und sich nicht monoton entwickeln.

In der Praxis sind neben der Einstiegsklasse sowohl die Prämienregel als auch die Übergangsregel so zu wählen, dass das erwartete Prämienniveau im Zeitverlauf näherungsweise konstant ist.

11

Klausuraufgaben

11.A Aufgabe (DAV–Klausur 2007/4)

Von einem Risiko ist bekannt, dass es

– mit Wahrscheinlichkeit 0.2 zum Typ A gehört, bei dem pro Jahr mit Wahrscheinlichkeit 0.9 kein Schaden und mit der Wahrscheinlichkeit 0.1 ein Schaden der Höhe 100 eintritt, und
– mit Wahrscheinlichkeit 0.8 zum Typ B gehört, bei dem pro Jahr mit Wahrscheinlichkeit 0.7 kein Schaden und mit der Wahrscheinlichkeit 0.3 ein Schaden der Höhe 100 eintritt.

Für beide Typen werden alle Schadenereignisse als (bedingt auf den Risikotyp) unabhängig angenommen.

(a) Berechnen Sie die Nettorisikoprämie für den Fall, dass nicht bekannt ist, ob das Risiko zum Typ A oder B gehört.

(b) Berechnen Sie die Nettorisikoprämie auf der Erfahrungsbasis, dass in drei Jahren genau ein Schaden eingetreten ist.

(c) Das Versicherungsunternehmen verwendet zur Erfahrungstarifierung das folgende Bonussystem mit der Einstiegsklasse 0 und den Bonusklassen 1 und 2:
Tritt kein Schaden auf, so wird das Risiko im Folgejahr von 0 nach 1 oder von 1 nach 2 hochgestuft oder bleibt in 2.
Tritt ein Schaden auf, so wird das Risiko im Folgejahr von 2 nach 1 oder von 1 nach 0 zurückgestuft oder bleibt in 0.
   (1) Mit welcher Wahrscheinlichkeit befindet sich ein Risiko des Typs A bzw. B nach drei Jahren in der Klasse 1?
   (2) Berechnen Sie die Nettorisikoprämie für einen Versicherungsnehmer, der sich nach drei Jahren in der Bonusklasse 1 befindet und von nicht bekannt ist, ob er zum Typ A oder B gehört.

(d) Stellt sich eine stationäre Verteilung auf die Klassen 0, 1 und 2 bereits nach drei Jahren ein?

H.-W. Goelden et al., *Schadenversicherungsmathematik*, DOI 10.1007/978-3-662-48860-7_12

Lösung: Sei Θ ein zufälliger Strukturparameter, der den Typ des Risikos (A oder B) angibt. Die Verteilung des Strukturparameters beschreibt die Struktur des Bestandes (Strukturverteilung) und sei durch die Wahrscheinlichkeiten

$$P[\Theta = A] = 0.2 \qquad \text{und} \qquad P[\Theta = B] = 0.8$$

bestimmt. Wir bezeichnen für Jahr k die Anzahl der Schäden mit N_k und den Gesamtschaden mit X_k. Dann besitzt N_k
– unter $\{\Theta = A\}$ die Binomialverteilung $\mathbf{B}(1, 0.1)$ und
– unter $\{\Theta = B\}$ die Binomialverteilung $\mathbf{B}(1, 0.3)$

und es gilt $X_k = 100\, N_k$.

(a) Gesucht ist der (unbedingte) Erwartungswert von X_1. Nach der Formel von der totalen Wahrscheinlichkeit gilt

$$\begin{aligned} P[N_1 = 1] &= P[N_1 = 1 | \Theta = A]\, P[\Theta = A] + P[N_1 = 1 | \Theta = B]\, P[\Theta = B] \\ &= 0.1 \cdot 0.2 + 0.3 \cdot 0.8 \\ &= 0.26 \end{aligned}$$

und damit $E[N_1] = 0.26$. Daher gilt $E[X_1] = 100\, E[N_1] = 26$.

(b) Die Anzahl der Schäden in drei Jahren ist durch die Zufallsvariable

$$M_3 := N_1 + N_2 + N_3$$

gegeben. Gesucht ist der bedingte Erwartungswert von X_4 unter dem Ereignis $\{M_3 = 1\}$. Aus der bedingten Unabhängigkeit der Schadenzahlen folgt, dass M_3
– unter $\{\Theta = A\}$ die Binomialverteilung $\mathbf{B}(3, 0.1)$ und
– unter $\{\Theta = B\}$ die Binomialverteilung $\mathbf{B}(3, 0.3)$ besitzt.

Daher gilt

$$\begin{aligned} P[M_3 = 1 | \Theta = A] &= \binom{3}{1} \cdot 0.1^1 \cdot 0.9^2 = 0.243 \\ P[M_3 = 1 | \Theta = B] &= \binom{3}{1} \cdot 0.3^1 \cdot 0.7^2 = 0.441 \end{aligned}$$

Aufgrund der bedingten Unabhängigkeit der Schadenzahlen sind auch N_4 und M_3 bedingt unabhängig. Mit der Formel von der totalen Wahrscheinlichkeit erhält man daher

$$\begin{aligned} E[N_4 | M_3 = 1] &= P[N_4 = 1 | M_3 = 1] \\ &= \frac{P[N_4 = 1, M_3 = 1]}{P[M_3 = 1]} \\ &= \frac{\sum_{\vartheta \in \{A,B\}} P[N_4 = 1, M_3 = 1 | \Theta = \vartheta]\, P[\Theta = \vartheta]}{\sum_{\vartheta \in \{A,B\}} P[M_3 = 1 | \Theta = \vartheta]\, P[\Theta = \vartheta]} \\ &= \frac{\sum_{\vartheta \in \{A,B\}} P[N_4 = 1 | \Theta = \vartheta]\, P[M_3 = 1 | \Theta = \vartheta]\, P[\Theta = \vartheta]}{\sum_{\vartheta \in \{A,B\}} P[M_3 = 1 | \Theta = \vartheta]\, P[\Theta = \vartheta]} \end{aligned}$$

$$
\begin{aligned}
&= \frac{0.1 \cdot 0.243 \cdot 0.2 + 0.3 \cdot 0.441 \cdot 0.8}{0.243 \cdot 0.2 + 0.441 \cdot 0.8} \\
&= 0.2758
\end{aligned}
$$

Wegen $X_4 = 100\,N_4$ ergibt sich nun $E[X_4|M_3 = 1] = 27.58$.

(c) Man bestimmt für jeden Risikotyp zunächst die Übergangsmatrix und die Anfangsverteilung, multipliziert die Anfangsverteilung mit der Übergangsmatrix und das Ergebnis wiederum mit der Übergangsmatrix, und so fort.

(1) Für Risiken vom Typ A ergibt sich

$$
\begin{pmatrix} 0.1 & 0.1 & 0 \\ 0.9 & 0 & 0.1 \\ 0 & 0.9 & 0.9 \end{pmatrix}
\begin{pmatrix} 1 \\ 0 \\ 0 \end{pmatrix}
\begin{pmatrix} 0.1 \\ 0.9 \\ 0 \end{pmatrix}
\begin{pmatrix} 0.10 \\ 0.09 \\ 0.81 \end{pmatrix}
\begin{pmatrix} 0.019 \\ 0.171 \\ 0.810 \end{pmatrix}
\begin{pmatrix} 0.0190 \\ 0.0981 \\ 0.8829 \end{pmatrix}
$$

und für Risiken vom Typ B ergibt sich

$$
\begin{pmatrix} 0.3 & 0.3 & 0 \\ 0.7 & 0 & 0.3 \\ 0 & 0.7 & 0.7 \end{pmatrix}
\begin{pmatrix} 1 \\ 0 \\ 0 \end{pmatrix}
\begin{pmatrix} 0.3 \\ 0.7 \\ 0 \end{pmatrix}
\begin{pmatrix} 0.30 \\ 0.21 \\ 0.49 \end{pmatrix}
\begin{pmatrix} 0.153 \\ 0.357 \\ 0.490 \end{pmatrix}
\begin{pmatrix} 0.1530 \\ 0.2541 \\ 0.5929 \end{pmatrix}
$$

Daher befindet sich nach drei Jahren

– ein Risiko vom Typ A mit Wahrscheinlichkeit 0.171 und
– ein Risiko vom Typ B mit Wahrscheinlichkeit 0.357

in Klasse 1.

(2) Wir bezeichnen mit C_4 das Ereignis, dass ein Versicherungsnehmer, von dem nicht bekannt ist, ob er zum Typ A oder zum Typ B gehört, sich nach drei Jahren (und damit im vierten Jahr) in der Klasse 1 befindet. Gesucht ist der bedingte Erwartungswert von X_4 unter C_4. Aus der bedingten Unabhängigkeit der Schadenzahlen folgt, dass auch N_4 und C_4 bedingt unabhängig sind, und unter Verwendung von (1) erhält man wie vorher

$$
\begin{aligned}
P[N_4 = 1|C_4] &= \frac{\sum_{\vartheta \in \{A,B\}} P[N_4 = 1|\Theta = \vartheta]\, P[C_4|\Theta = \vartheta]\, P[\Theta = \vartheta]}{\sum_{\vartheta \in \{A,B\}} P[C_4|\Theta = \vartheta]\, P[\Theta = \vartheta]} \\
&= \frac{0.1 \cdot 0.171 \cdot 0.2 + 0.3 \cdot 0.357 \cdot 0.8}{0.171 \cdot 0.2 + 0.357 \cdot 0.8} \\
&= 0.2786
\end{aligned}
$$

und damit $E[N_4|N = 1] = 0.2786$. Daher gilt $E[X_4|N = 1] = 27.86$.

(d) Die Berechnung unter (c) zeigt, dass die Verteilung nach drei Jahren weder für Risiken vom Typ A noch für Risiken vom Typ B stationär ist.

11.B Aufgabe (DAV–Klausur 2008/3)

Ein Versicherungsunternehmen hat einen Bestand, der zu 60% aus Risiken des Typs A und zu 40% aus Risiken des Typs B besteht.

– Jedes der Risiken hat pro Jahr entweder keinen Schaden oder genau einen Schaden der Höhe 1000.
– Die beiden Risikotypen unterscheiden sich nur in der Schadeneintrittswahrscheinlichkeit:
  Typ A: Schadeneintrittswahrscheinlichkeit 0.2.
  Typ B: Schadeneintrittswahrscheinlichkeit 0.5.
– Für jeden Risikotyp treten sind die Schadenzahlen pro Jahr unabhängig.
– Das Versicherungsunternehmen differenziert die Nettorisikoprämie mit einem Bonussystem, das aus der Einstiegsklasse 0 und den Bonusklassen 1 und 2 besteht.
– Tritt kein Schaden ein, so wird das Risiko im nächsten Jahr von 0 auf 1 bzw. von 1 auf 2 hochgestuft bzw. bleibt in Klasse 2.
– Tritt ein Schaden ein, so wird das Risiko im nächsten Jahr von 2 auf 1 bzw. von 1 auf 0 zurückgestuft bzw. bleibt in Klasse 0.

(a) Berechnen Sie die Nettorisikoprämie für ein Risiko in der Einstiegsklasse für den Fall, dass noch keine Schadenerfahrung vorliegt.
(b) Wie setzt sich der Bestand in der Bonusklasse 1 nach drei Jahren zusammen, wenn anfangs alle Risiken in der Einstiegsklasse waren?
(c) Berechnen Sie die Nettorisikoprämie in den Klassen 0 und 2 für das vierte Jahr, wenn also die Schadenerfahrung von drei Jahren vorliegt.
(d) Beurteilen Sie anhand dieser Ergebnisse das Bonussystem.

Lösung: Wir betrachten eine Zufallsvariable Θ mit $P[\Theta = A] = 0.6$ und $P[\Theta = B] = 0.4$. Wir bezeichnen für Jahr $k \in \mathbb{N}$ die aktuelle Klasse mit C_k, die Anzahl der Schäden mit N_k und den Gesamtschaden mit X_k. Dann gilt $X_k = 1000\,N_k$.

(a) Es gilt

$$\begin{aligned} E[N_1] &= P[N_1 = 1] \\ &= P[N_1 = 1|\Theta = A]\,P[\Theta = A] + P[N_1 = 1|\Theta = B]\,P[\Theta = B] \\ &= 0.2 \cdot 0.6 + 0.5 \cdot 0.4 \\ &= 0.32 \end{aligned}$$

und damit $E[X_1] = 320$.

(b) Man bestimmt für jeden Risikotyp zunächst die Übergangsmatrix und die Anfangsverteilung, multipliziert die Anfangsverteilung mit der Übergangsmatrix und das Ergebnis wiederum mit der Übergangsmatrix, und so fort.

Für Risiken vom Typ A ergibt sich

$$\begin{pmatrix} 0.2 & 0.2 & 0 \\ 0.8 & 0 & 0.2 \\ 0 & 0.8 & 0.8 \end{pmatrix} \quad \begin{pmatrix} 1 \\ 0 \\ 0 \end{pmatrix} \quad \begin{pmatrix} 0.2 \\ 0.8 \\ 0 \end{pmatrix} \quad \begin{pmatrix} 0.20 \\ 0.16 \\ 0.64 \end{pmatrix} \quad \begin{pmatrix} 0.072 \\ 0.288 \\ 0.640 \end{pmatrix}$$

und für Risiken vom Typ B ergibt sich

$$\begin{pmatrix} 0.5 & 0.5 & 0 \\ 0.5 & 0 & 0.5 \\ 0 & 0.5 & 0.5 \end{pmatrix} \quad \begin{pmatrix} 1 \\ 0 \\ 0 \end{pmatrix} \quad \begin{pmatrix} 0.5 \\ 0.5 \\ 0 \end{pmatrix} \quad \begin{pmatrix} 0.50 \\ 0.25 \\ 0.25 \end{pmatrix} \quad \begin{pmatrix} 0.375 \\ 0.375 \\ 0.250 \end{pmatrix}$$

Daher gilt

$$\begin{aligned} P[C_4 = 1|\Theta = A] &= 0.288 \\ P[C_4 = 1|\Theta = B] &= 0.375 \end{aligned}$$

und damit

$$\begin{aligned} P[C_4 = 1] &= P[C_4 = 1|\Theta = A]\,P[\Theta = A] + P[C_4 = 1|\Theta = B]\,P[\Theta = B] \\ &= 0.288 \cdot 0.6 + 0.375 \cdot 0.4 \\ &= 0.3228 \end{aligned}$$

Aus der Formel von Bayes ergibt sich nun

$$P[\Theta = A|C_4 = 1] = \frac{P[C_4 = 1|\Theta = A]\,P[\Theta = A]}{P[C_4 = 1]} = \frac{0.288 \cdot 0.6}{0.3228} = 0.54$$

und

$$P[\Theta = B|C_4 = 1] = 0.46$$

(c) Analog erhält man

$$\begin{aligned} P[\Theta = A|C_4 = 0] &= 0.2236 \\ P[\Theta = B|C_4 = 0] &= 0.7764 \end{aligned}$$

Aufgrund der Unabhängigkeitsannahme erhält man nun

$$\begin{aligned} P[N_4 = 1|C_4 = 0] &= P[N_4 = 1|\Theta = A]\,P[\Theta = A|C_4 = 0] \\ &\quad + P[N_4 = 1|\Theta = B]\,P[\Theta = B|C_4 = 0] \\ &= 0.2 \cdot 0.2236 + 0.5 \cdot 0.7764 \\ &= 0.43292 \end{aligned}$$

und damit

$$E[X_4|C_4 = 0] = 1000\,E[N_4|C_4 = 0] = 432.92$$

Eine analoge Rechnung liefert

$$E[X_4|C_4 = 2] = 261.98$$

(d) Die Risiken vom Typ A befinden sich nach drei Jahren überwiegend in der Klasse 2. Der Beitrag für ein Risiko, das sich nach drei Jahren in der Klasse 2 befindet, ist mit 261.98 deutlich höher als der risikogerechte

Beitrag von $1000 \cdot 0.2 = 200$ für Risiken vom Typ A, aber er ist auch deutlich geringer als der Beitrag von 320 für ein Risiko unbekannten Typs in der Einstiegsklasse.
Die Risiken vom Type B befinden sich nach drei Jahren überwiegend in den Klassen 0 und 1. Der Beitrag für ein Risiko, das sich nach drei Jahren in der Klasse 2 befindet, ist mit 432.92 etwas geringer als der als risikogerechte Beitrag von $1000 \cdot 0.5 = 500$ für Risiken vom Typ B, aber er ist auch deutlich höher als der Beitrag von 320 für ein Risiko unbekannten Typs in der Einstiegsklasse.
Daher bewirkt das Bonussystem bereits nach drei Jahren eine recht gute Differenzierung der Beiträge nach den Risikotypen.

11.C Aufgabe (DAV–Klausur 2008/4)

Beim Transport eines Gefahrgutes tritt mit Wahrscheinlichkeit 0.9 kein Schaden und mit Wahrscheinlichkeit 0.1 genau ein Schaden ein. Die Schadenhöhe ist unabhängig von der Anzahl der Schäden und exponentialverteilt mit Erwartungswert 2000.

(a) Berechnen Sie die Bruttorisikoprämie nach dem Varianzprinzip mit dem Parameter $\beta = 1/100'000$.

(b) Falls keine Schadenregulierung erfolgt, gibt es eine Beitragserstattung in Höhe von 50 und die Bruttorisikoprämie soll das 1.2–fache der Summe aus der erwarteten Schadenzahlung und der Beitragserstattung betragen.
   (1) Berechnen Sie die Bruttorisikoprämie für den Fall, dass alle Schäden durch das Versicherungsunternehmen beglichen werden.
   (2) Berechnen Sie die Bruttorisikoprämie für den Fall, dass vereinbart ist, dass Schäden mit einer Schadenhöhe unter 50 durch das Versicherungsunternehmen nicht beglichen werden.

Lösung: Es liegt ein kollektives Modell $\langle N, \{X_j\}_{j\in\mathbb{N}}\rangle$ mit Schadenzahl N und Schadenhöhen X_j vor.

(a) Die Schadenzahl N besitzt die Binomialverteilung $\mathbf{B}(1, 0.1)$. Daher gilt

$$E[N] = 0.1$$

und

$$\text{var}[N] = 0.1 \cdot (1 - 0.1) = 0.09$$

Die Schadenhöhe besitzt die Exponentialverteilung $\mathbf{Exp}(1/2000)$. Daher gilt

$$E[X] = \frac{1}{1/2000} = 2000$$

und

$$\operatorname{var}[X] = \frac{1}{(1/2000)^2} = 4'000'000$$

Für den Gesamtschaden $S = \sum_{j=1}^{N} X_j$ gilt daher nach den Gleichungen von Wald

$$E[S] = E[N]\, E[X] = 0.1 \cdot 2000 = 200$$

und

$$\begin{aligned}\operatorname{var}[S] &= E[N] \operatorname{var}[X] + \operatorname{var}[N]\, (E[X])^2 \\ &= 0.1 \cdot 4'000'000 + 0.09 \cdot 2000^2 \\ &= 760'000\end{aligned}$$

Für die Bruttorisikoprämie nach dem Varianzprinzip mit dem Parameter $\beta = 1/100'000$ gilt daher

$$E[S] + \beta \operatorname{var}[S] = 200 + \frac{1}{100'000} \cdot 760'000 = 207.60$$

(b) (1) Die Versicherungsleistung ist durch die Zufallsvariable

$$S' := 50\, \chi_{\{N=0\}} + X_1\, \chi_{\{N=1\}}$$

gegeben und es gilt

$$E[S'] = 50\, P[N=0] + E[X]\, P[N=1] = 50 \cdot 0.9 + 2000 \cdot 0.1 = 245$$

Für die Bruttorisikoprämie gilt daher

$$1.2\, E[S'] = 1.2 \cdot 245 = 294$$

(2) Die Versicherungsleistung ist durch die Zufallsvariable

$$S'' := 50\, \chi_{\{N=0\}} + \Bigl(50\, \chi_{\{X_1<50\}} + X_1\, \chi_{\{X_1 \geq 50\}}\Bigr)\, \chi_{\{N=1\}}$$

gegeben und es gilt

$$E[S''] = 50\, P[N=0] + \Bigl(50\, P[X<50] + E[X \chi_{\{X \geq 50\}}]\Bigr)\, P[N=1]$$

Wegen

$$P[X<50] = 1 - e^{-50/2000} = 0.0247$$

und

$$E[X \chi_{\{X \geq 50\}}] = \int_{-\infty}^{\infty} x\, \chi_{[50,\infty)}(x) \cdot \frac{1}{2000}\, e^{-x/2000}\, \chi_{(0,\infty)}(x)\, dx$$

$$
\begin{aligned}
&= \int_{50}^{\infty} \frac{x}{2000}\, e^{-x/2000}\, dx \\
&= 2000 \int_{50/2000}^{\infty} y\, e^{-y}\, dy \\
&= 2000 \Big(-(1-y)\, e^{-y} \Big) \Big|_{50/2000}^{\infty} \\
&= 1999.3853
\end{aligned}
$$

ergibt sich

$$
\begin{aligned}
E[S''] &= 50\, P[N=0] + \Big(50\, P[X < 50] + E[X\chi_{\{X \geq 50\}}] \Big)\, P[N=1] \\
&= 50 \cdot 0.9 + (50 \cdot 0.0247 + 1999.3853) \cdot 0.1 \\
&= 245.06
\end{aligned}
$$

Für die Bruttorisikoprämie gilt daher

$$
1.2\, E[S''] = 1.2 \cdot 245.06 = 294.07
$$

11.D Aufgabe (DAV–Klausur 2008/10)

In einem Tarif eines Haftpflichtversicherers werden die Tarifmerkmale
- *Sportlertyp* mit 2 Ausprägungen (Normalsportler, Risikosportler) und
- *Alter* mit 3 Ausprägungen (Kind, Erwachsener, Senior)

verwendet. Der Einfluss
- des Merkmals *Sportlertyp* wird durch die Marginalfaktoren x_1, x_2 und der
- des Merkmals *Alter* wird durch die Marginalfaktoren y_1, y_2, y_3

repräsentiert. Das Datentableau

Sportlertyp	Alter j		
i	1	2	3
1	100	400	300
2	50	200	200

enthält die Gesamtschäden $s_{i,j}$ in den einzelnen Tarifzellen (i,j). Die Anzahl der Jahreseinheiten beträgt in allen Tarifklassen $v_{i,j} = 10$.

(a) Berechnen Sie in den sechs Tarifklassen die Nettorisikoprämie $b_{i,j}$ nach dem Marginalsummenverfahren. Verwenden Sie dabei den Startvektor

$$
\big(y_1^{(0)}, y_2^{(0)}, y_3^{(0)}\big) := (1, 1, 1)
$$

(b) Welche Nettorisikoprämie erhält man, wenn man den Startvektor

$$
\big(y_1^{(0)}, y_2^{(0)}, y_3^{(0)}\big) := (2, 2, 2)
$$

verwendet? Begründen Sie Ihre Antwort.

Lösung:

(a) Die kumulierten Gesamtschäden

$$s_{i\bullet} := \sum_{j=1}^{3} s_{i,j}$$

$$s_{\bullet j} := \sum_{i=1}^{2} s_{i,j}$$

können wir als Zeilen- bzw. Spaltensummen dem Datentableau

Sportlertyp i	Alter j 1	2	3	$s_{i\bullet}$
1	100	400	300	800
2	50	200	200	450
$s_{\bullet j}$	150	600	500	1250

entnehmen. Für die Gesamtsumme gilt

$$s_{\bullet\bullet} = \sum_{i=1}^{2} \sum_{j=1}^{3} s_{i,j} = 1250$$

Das kumulierte Volumenmaß aller Tarifzellen beträgt

$$v_{\bullet\bullet} = \sum_{i=1}^{2} \sum_{j=1}^{3} v_{i,j} = 60$$

Damit erhält man für den durchschnittlichen Schadenbedarf pro Risiko

$$sb = \frac{s_{\bullet\bullet}}{v_{\bullet\bullet}} = \frac{1250}{60} = \frac{125}{6}$$

Die Marginalfaktoren müssen den Marginalsummengleichungen genügen. Diese bilden ein nichtlineares Gleichungssystem und das für $m \in \mathbb{N}_0$ durch

$$x_i^{(m+1)} := \frac{s_{i\bullet}}{sb} \frac{1}{\sum_{j=1}^{3} v_{i,j}\, y_j^{(m)}} = \frac{6\, s_{i\bullet}}{1250 \sum_{j=1}^{3} y_j^{(m)}}$$

und

$$y_j^{(m+1)} := \frac{s_{\bullet j}}{sb} \frac{1}{\sum_{i=1}^{2} v_{i,j}\, x_i^{(m+1)}} = \frac{6\, s_{\bullet j}}{1250 \sum_{i=1}^{2} x_i^{(m+1)}}$$

definierte Iterationsverfahren konvergiert ausgehend von einem Startvektor

$$\left(y_1^{(0)}, y_2^{(0)}, y_3^{(0)}\right)$$

gegen eine Lösung $(x_1, x_2, y_1, y_2, y_3)$. Das führt mit

$$\big(y_1^{(0)}, y_2^{(0)}, y_3^{(0)}\big) := (1, 1, 1)$$

auf die folgenden Werte:

m	$x_1^{(m)}$	$x_2^{(m)}$	$y_1^{(m)}$	$y_2^{(m)}$	$y_3^{(m)}$
0			1.00	1.00	1.00
1	1.28	0.72	0.36	1.44	1.20
2	1.28	0.72	0.36	1.44	1.20

Die Werte für $m = 1$ und $m = 2$ sind exakt und damit die Grenzwerte der Iteration. Für die Lösung gilt also

$$(x_1, x_2, y_1, y_2, y_3) = (1.28, 0.72, 0.36, 1.44, 1.20)$$

Damit ergeben sich für die Nettorisikoprämien

$$b_{i,j} = sb\, x_i y_j = \frac{126}{6}\, x_i y_j$$

der Tarifzellen die folgenden Werte:

Sportlertyp	Alter j			
i	1	2	3	x_i
1	9.6	38.4	32.0	1.28
2	5.4	21.6	18.0	0.72
y_j	0.36	1.44	1.20	

(b) Die Lösung der Marginalsummengleichungen ist nicht eindeutig und die Marginalfaktoren x_i und y_j ergeben sich als vom Startvektor abhängige Grenzwerte. Die Produkte $x_i y_j$ sind jedoch unabhängig von der speziellen Lösung der Marginalsummengleichungen. Deshalb erhalten wir die gleichen Nettorisikoprämien.

11.E Aufgabe (DAV–Klausur 2009/4)

Ein Versicherungsunternehmen versichert Risiken, bei denen jeweils höchstens ein Schaden pro Jahr auftreten kann. Die Schadeneintrittswahrscheinlichkeit beträgt 0.2 und die erwartete Schadenhöhe beträgt 10′000. Alle Schadenereignisse sind voneinander unabhängig.
Das Versicherungsunternehmen plant, bei einem schadenfreien Verlauf pro Jahr eine Beitragserstattung in Höhe von 400 einzuführen, da bekannt ist, dass dadurch die Hälfte der Versicherungsnehmer zu einem vorsichtigeren Verhalten veranlasst wird, das bei dieser Hälfte der Versicherungsnehmer zu einer Verringerung der Schadeneintrittswahrscheinlichkeit auf 0.15 führt.

(a) Ist die Höhe der Beitragserstattung gerechtfertigt?
(b) Beantworten Sie die Frage unter (a) für den Fall, dass alle Versicherungsnehmer durch die Beitragserstattung zur einem vorsichtigeren Verhalten veranlasst werden.
(c) Nehmen Sie alternativ an, dass das Versicherungsunternehmen einen Teil seiner Versicherungsnehmer nicht durch eine Beitragserstattung, sondern durch das folgende Bonussystem mit den drei Klassen $1, 2, 3$ zu einem vorsichtigeren Verhalten veranlasst:
   - Im ersten Jahr sind alle Versicherungsnehmer in der Klasse 1.
   - Bei schadenfreiem Verlauf wird der Versicherungsnehmer eine Klasse höher eingestuft oder bleibt in der höchsten Klasse 3.
   - Hat der Versicherungsnehmer einen Schaden, so wird er in die Klasse 1 zurückgestuft.
   - Ein Rabatt wird nur in der Klasse 3 gewährt,
   (1) Bestimmen Sie für die vorsichtigen und für die unvorsichtigen Versicherungsnehmer die Verteilung auf die Klassen im dritten Jahr.
   (2) Welcher Rabatt ist für die Klasse 3 gerechtfertigt?

Lösung: Die Schadenzahl N besitzt den Erwartungswert

$$E[N] = 0.2$$

und die Schadenhöhen X_j besitzen den Erwartungswert

$$E[X_j] = 10'000$$

Für den Erwartungswert des Gesamtschadens $S = \sum_{j=1}^{N} X_j$ gilt daher

$$E[S] = E[N]\, E[X] = 0.2 \cdot 10'000 = 2000$$

(a) Unter Berücksichtigung der Beitragserstattung bei schadenfreiem Verlauf und des Verhaltens der Versicherungsnehmer gilt für die Schadenzahl N'

$$\begin{aligned} P[N' = 0] &= 0.80 \cdot 0.5 + 0.85 \cdot 0.5 = 0.825 \\ P[N' = 1] &= 0.20 \cdot 0.5 + 0.15 \cdot 0.5 = 0.175 \end{aligned}$$

und für die Versicherungsleistung S' gilt

$$S' = 400\, \chi_{\{N'=0\}} + X_1\, \chi_{\{N'=1\}}$$

und damit

$$\begin{aligned} E[S'] &= 400\, P[N' = 0] + E[X]\, P[N' = 1] \\ &= 400 \cdot 0.825 + 10'000 \cdot 0.175 \\ &= 2080 \end{aligned}$$

Die erwartete Versicherungsleistung bei Beitragserstattung ist höher als die erwartete Versicherungsleistung ohne Beitragserstattung; daher ist die Höhe der Beitragserstattung nicht gerechtfertigt.

(b) In diesem Fall gilt für die Schadenzahl N''

$$\begin{aligned} P[N''=0] &= 0.85 \\ P[N''=1] &= 0.15 \end{aligned}$$

und für die Versicherungsleistung S'' gilt

$$S'' = 400\,\chi_{\{N''=0\}} + X_1\,\chi_{\{N''=1\}}$$

und damit

$$\begin{aligned} E[S''] &= 400\,P[N''=0] + E[X]\,P[N''=1] \\ &= 400 \cdot 0.85 + 10'000 \cdot 0.15 \\ &= 1840 \end{aligned}$$

Die erwartete Versicherungsleistung bei Beitragserstattung ist geringer als die erwartete Versicherungsleistung ohne Beitragserstattung; daher ist die Höhe der Beitragserstattung in diesem Fall gerechtfertigt.

(c) Man bestimmt für die vorsichtigen und die unvorsichtigen Versicherungsnehmer zunächst die Übergangsmatrix und die Anfangsverteilung, multipliziert die Anfangsverteilung mit der Übergangsmatrix und das Ergebnis wiederum mit der Übergangsmatrix, und so fort.

(1) Für die vorsichtigen Versicherungsnehmer ergibt sich

$$\begin{pmatrix} 0.15 & 0.15 & 0.15 \\ 0.85 & 0 & 0 \\ 0 & 0.85 & 0.85 \end{pmatrix} \begin{pmatrix} 1 \\ 0 \\ 0 \end{pmatrix} \begin{pmatrix} 0.1500 \\ 0.8500 \\ 0 \end{pmatrix} \begin{pmatrix} 0.1500 \\ 0.1275 \\ 0.7225 \end{pmatrix} \begin{pmatrix} 0.1500 \\ 0.1275 \\ 0.7225 \end{pmatrix}$$

und für die unvorsichtigen Versicherungsnehmer ergibt sich

$$\begin{pmatrix} 0.20 & 0.20 & 0.20 \\ 0.80 & 0 & 0 \\ 0 & 0.80 & 0.80 \end{pmatrix} \begin{pmatrix} 1 \\ 0 \\ 0 \end{pmatrix} \begin{pmatrix} 0.2000 \\ 0.8000 \\ 0 \end{pmatrix} \begin{pmatrix} 0.2000 \\ 0.1600 \\ 0.6400 \end{pmatrix} \begin{pmatrix} 0.2000 \\ 0.1600 \\ 0.6400 \end{pmatrix}$$

(2) Wir bezeichnen
- mit S das Ereignis, dass im dritten Jahr ein Schaden eintritt,
- mit C das Ereignis, dass ein Versicherungsnehmer sich im dritten Jahr in Klasse 3 befindet, und
- mit V bzw. U das Ereignis, dass ein Versicherungsnehmer vorsichtig bzw. unvorsichtig ist.

Dann gilt aufgrund der Unabhängigkeitsannahme

$$\begin{aligned} P[S \cap C] &= P[S \cap C \cap V] + P[S \cap C \cap U] \\ &= P[S \cap C|V]\,P[V] + P[S \cap C|U]\,P[U] \\ &= P[S|V]\,P[C|V]\,P[V] + P[S|U]\,P[C|U]\,P[U] \\ &= 0.15 \cdot 0.7225 \cdot 0.5 + 0.20 \cdot 0.6400 \cdot 0.5 \\ &= 0.236735 \cdot 0.5 \end{aligned}$$

und außerdem gilt

$$\begin{aligned} P[C] &= P[C \cap V] + P[C \cap U] \\ &= P[C|V]\, P[V] + P[C|U]\, P[U] \\ &= 0.7225 \cdot 0.5 + 0.6400 \cdot 0.5 \\ &= 1.3625 \cdot 0.5 \end{aligned}$$

Daher gilt

$$P[S|C] = \frac{P[S \cap C]}{P[C]} = \frac{0.236735 \cdot 0.5}{1.3625 \cdot 0.5} = 0.173486$$

Für die Risikoprämie im dritten Jahr ergibt sich daher der Wert

$$10'000 \cdot 0.173486 = 1734.86$$

und damit ein Rabatt von 265.14 auf die Prämie von 2000 bei fehlender Schadenerfahrung.

11.F Aufgabe (DAV–Klausur 2010/4)

Ein Versicherungsunternehmen (VU) hat einen inhomogenen Bestand und gewährt seinen Versicherungsnehmern (VN) in Abhängigkeit von der Anzahl der Jahre ununterbrochener Schadenfreiheit folgende Rabatte auf die Basisprämie Π in Klasse 0, die für VN ohne schadenfreie Jahre erhoben wird:

Anzahl schadenfreie Jahre	1	2	3 oder mehr
Klasse	1	2	3
Rabatt	10%	20%	30%

In jedem Jahr hat ein VN höchstens einen Schaden und die erwartete Höhe eines Schadens ist 100.
Der Bestand des VU besteht zu 70% aus VN des Typs A und zu 30% aus VN des Typs B. die Typen unterscheiden sich durch die Schadeneintrittswahrscheinlichkeiten:

Typ	A	B
Schadeneintrittswahrscheinlichkeit	0.2	0.5

Für jeden Typ treten die Schadenereignisse unabhängig voneinander ein.

(a) Zeigen Sie, dass für die jeweiligen Typen die folgenden Verteilungen auf die Klassen stationär sind:

Typ	A	B
Klasse 0	25/125	4/8
Klasse 1	20/125	2/8
Klasse 2	16/125	1/8
Klasse 3	64/125	1/8

(b) Berechnen Sie die Basisprämie Π, also die Bruttorisikoprämie für einen VN in Klasse 0, auf der Grundlage der stationären Verteilungen nach dem Erwartungswertprinzip mit einem Sicherheitszuschlag von 10%.

(c) Vergleichen Sie die Basisprämie mit der Nettorisikoprämie für einen VN in Klasse 3. Entspricht der Rabatt von 30% in der Klasse 3 einer risikogerechten Tarifierung?

Lösung:

(a) Für Risiken vom Typ A erfüllt die Übergangsmatrix die Gleichung

$$\begin{pmatrix} 0.2 & 0.2 & 0.2 & 0.2 \\ 0.8 & 0 & 0 & 0 \\ 0 & 0.8 & 0 & 0 \\ 0 & 0 & 0.8 & 0.8 \end{pmatrix} \begin{pmatrix} 25/125 \\ 20/125 \\ 16/125 \\ 64/125 \end{pmatrix} = \begin{pmatrix} 25/125 \\ 20/125 \\ 16/125 \\ 64/125 \end{pmatrix}$$

und für Risiken vom Typ B erfüllt die Übergangsmatrix die Gleichung

$$\begin{pmatrix} 0.5 & 0.5 & 0.5 & 0.5 \\ 0.5 & 0 & 0 & 0 \\ 0 & 0.5 & 0 & 0 \\ 0 & 0 & 0.5 & 0.5 \end{pmatrix} \begin{pmatrix} 4/8 \\ 2/8 \\ 1/8 \\ 1/8 \end{pmatrix} = \begin{pmatrix} 4/8 \\ 2/8 \\ 1/8 \\ 1/8 \end{pmatrix}$$

Daher sind die angegebenen Verteilungen für die jeweiligen Übergangsmatrizen stationär.

(b) Wir bezeichnen mit K die aktuelle Klasse und mit N die Anzahl der Schäden im folgenden Jahr. Es gilt

$$\begin{aligned} P[K=0] &= P[\{K=0\} \cap A] + P[\{K=0\} \cap B] \\ &= P[K=0|A]\, P[A] + P[K=0|B]\, P[B] \\ &= \frac{25}{125} \cdot 0.7 + \frac{4}{8} \cdot 0.3 \\ &= 0.29 \end{aligned}$$

und aufgrund der Unabhängigkeitsannahme gilt

$$\begin{aligned} & P[\{N=1\} \cap \{K=0\}] \\ &= P[\{N=1\} \cap \{K=0\} \cap A] + P[\{N=1\} \cap \{K=0\} \cap B] \\ &= P[\{N=1\} \cap \{K=0\}|A]\, P[A] + P[\{N=1\} \cap \{K=0\}|B]\, P[B] \\ &= P[N=1|A]\, P[K=0|A]\, P[A] + P[N=1|B]\, P[K=0|B]\, P[B] \\ &= 0.2 \cdot \frac{25}{125} \cdot 0.7 + 0.5 \cdot \frac{4}{8} \cdot 0.3 \\ &= 0.103 \end{aligned}$$

und damit

$$P[N=1|K=0] = \frac{P[\{N=1\} \cap \{K=0\}]}{P[K=0]} = \frac{0.103}{0.29} = 0.3552$$

Die Basisprämie ist daher

$$\Pi = 0.3552 \cdot 100 = 35.52$$

und für die Bruttorisikoprämie ergibt sich $1.1 \cdot 35.52 = 39.07$.

(c) Analog zur Rechnung unter (b) erhält man

$$P[K=3] = 0.09043$$

und

$$P[\{N=1\} \cap \{K=3\}] = 0.3959$$

und damit

$$P[N=1|K=3] = 0.2284$$

Die Nettorisikoprämie für einen Versicherungsnehmer in Klasse 3 ist daher

$$0.2284 \cdot 100 = 22.84$$

Wegen

$$\frac{P[N=1|K=3]}{P[N=1|K=0]} = \frac{22.84}{35.52} = 0.643$$

müsste bei risikogerechter Tarifierung für Risiken in Klasse 3 ein Rabatt von 35.7% anstelle von 30% gewährt werden.

11.G Aufgabe (DAV–Klausur 2011/3)

Ein Versicherungsunternehmen will ein Risiko X mit Erwartungswert 500 und Standardabweichung 288.675 tarifieren.

(a) Berechnen Sie für den Fall, dass die Verteilung von X unbekannt ist, die Deckungssumme ν_a mit Hilfe der Ungleichung von Cantelli so, dass der Schaden mit einer Wahrscheinlichkeit von mindestens 0.96 voll gedeckt ist.

(b) Berechnen Sie für den Fall, dass X die Gleichverteilung auf $(0, 1000)$ besitzt, die Deckungssumme ν_b so, dass der Schaden mit einer Wahrscheinlichkeit von 0.96 voll gedeckt ist.

(c) Vergleichen Sie die Ergebnisse von (a) und (b).

(d) Berechnen Sie im Fall (b) und bei Begrenzung der Entschädigung auf die Deckungssumme die Nettorisikoprämie.

(e) Berechnen Sie im Fall (b) und bei Begrenzung der Entschädigung auf die Deckungssumme die Bruttorisikoprämie nach dem Standardabweichungsprinzip mit Parameter $\alpha = 0.1$.

Lösung:

(a) Die Deckungssumme lässt sich in der Form

$$\nu_a = E[X] + \beta\sqrt{\mathrm{var}[X]}$$

darstellen und aus der Ungleichung von Cantelli erhält man

$$\begin{aligned} P[X \geq \nu_a] &= P\Big[X \geq E[X] + \beta\sqrt{\mathrm{var}[X]}\Big] \\ &\leq \frac{\mathrm{var}[X]}{\beta^2\,\mathrm{var}[X] + \mathrm{var}[X]} \\ &= \frac{1}{\beta^2 + 1} \end{aligned}$$

Setzt man den letzten Ausdruck gleich $1 - 0.96 = 0.04$, so erhält man $\beta = 4.9$ und damit

$$\nu_a = E[X] + \beta\sqrt{\mathrm{var}[X]} = 500 + 4.9 \cdot 288.675 = 1915$$

(b) Es gilt

$$0.96 = P[X \leq \nu_b] = \int_{-\infty}^{\nu_b} \frac{1}{1000}\,\chi_{(0,1000)}(x)\,dx = \int_0^{\nu_b} \frac{1}{1000}\,dx = \frac{\nu_b}{1000}$$

und damit

$$\nu_b = 960$$

(c) Die Abschätzung nach Cantelli liefert ein schlechteres (und im Fall der Gleichverteilung auf $(0, 1000)$ sogar irrelevantes) Ergebnis.

(d) Es gilt

$$\begin{aligned} E\big[\min\{X, 960\}\big] &= \int_{-\infty}^{\infty} \min\{x, 960\} \cdot \frac{1}{1000}\,\chi_{(0,1000)}(x)\,dx \\ &= \frac{1}{1000}\left(\int_0^{960} x\,dx + \int_{960}^{1000} 960\,dx\right) \\ &= 499.2 \end{aligned}$$

(e) Es gilt

$$E\big[(\min\{X, 960\})^2\big] = \int_{-\infty}^{\infty} (\min\{x, 960\})^2 \cdot \frac{1}{1000}\,\chi_{(0,1000)}(x)\,dx$$

$$= \frac{1}{1000} \left(\int_0^{960} x^2 \, dx + \int_{960}^{1000} 960^2 \, dx \right)$$
$$= 331'776$$

und damit

$$\begin{aligned} \text{var}\big[\min\{X, 960\}\big] &= E\big[(\min\{X, 960\})^2\big] - \big(E[\min\{X, 960\}]\big)^2 \\ &= 331.776 - 499.2^2 \\ &= 82'575.36 \end{aligned}$$

Für die Bruttorisikoprämie erhält man daher

$$\begin{aligned} E\big[\min\{X, 960\}\big] + \alpha \sqrt{\text{var}\big[\min\{X, 960\}\big]} &= 499.2 + 0.1 \cdot \sqrt{82'575.36} \\ &= 527.94 \end{aligned}$$

11.H Aufgabe (DAV–Klausur 2012/3)

Für einen Versicherungsnehmer besitzt die Anzahl der Schäden eine Poisson–Verteilung mit Erwartungswert 2 und die Höhe eines einzelnen Schadens besitzt eine um 100 nach rechts verschobene Gamma–Verteilung mit der Dichtefunktion f mit

$$f(x) := \frac{x - 100}{200^2} \exp\left(-\frac{x - 100}{200} \right) \chi_{(100,\infty)}(x)$$

Die Schadenzahl N und die einzelnen Schadenhöhen X_k sind unabhängig. Der Versicherungsnehmer erhält eine Beitragsrückerstattung, wenn er keinen Schaden meldet.

(a) Berechnen Sie die Nettorisikoprämie bei einer Beitragsrückerstattung in Höhe von 50.

(b) Berechnen Sie die Nettorisikoprämie bei einer Beitragsrückerstattung in Höhe von 30% der Nettorisikoprämie.

Lösung: Für die Schadenzahl N gilt

$$P[N = 0] = e^{-2} = 0.1353$$

sowie

$$\begin{aligned} E[N] &= 2 \\ \text{var}[N] &= 2 \end{aligned}$$

Die Dichtefunktion der Schadenhöhen X lässt sich in der Form

$$f(x) = \frac{(1/200)^2}{\Gamma(2)}\, e^{-(1/200)(x-100)}\, (x-100)^{2-1}\, \chi_{(100,\infty)}(x)$$

schreiben. Daher besitzt $X - 100$ die Gamma–Verteilung mit der Dichtefunktion g mit

$$g(x) := \frac{(1/200)^2}{\Gamma(2)}\, e^{-(1/200)x}\, x^{2-1}\, \chi_{(0,\infty)}(x)$$

Daraus folgt zunächst

$$E[X-100] = \frac{2}{1/200} = 400$$

und

$$\mathrm{var}[X-100] = \frac{2}{(1/200)^2} = 80'000$$

und sodann

$$E[X] = E[X-100] + 100 = 400 + 100 = 500$$

und

$$\mathrm{var}[X] = \mathrm{var}[X-100] = 80'000$$

Für den Gesamtschaden $S := \sum_{k=1}^N X_k$ ergibt sich daher

$$E[S] = E[N]\, E[X] = 2 \cdot 500 = 1000$$

und

$$\mathrm{var}[S] = E[N]\, \mathrm{var}[X] + \mathrm{var}[N]\, (E[X])^2 = 2 \cdot 80'000 + 2 \cdot 500^2 = 660'000$$

Wir bezeichnen im Folgenden die zufällige Beitragsrückerstattung mit T und die Nettorisikoprämie mit R. Die Nettorisikoprämie ist dann durch

$$R := E[S+T]$$

definiert.

(a) In diesem Fall setzen wir

$$T := 50\, \chi_{\{N=0\}}$$

Dann gilt

$$E[T] = 50\, P[N=0] = 50 \cdot 0.1353 = 6.7668$$

und damit $R = E[S] + E[T] = 1000 + 6.7668 = 1006.77$.

(b) In diesem Fall setzen wir

$$T := 0.3\,R\,\chi_{\{N=0\}}$$

Dann gilt

$$E[T] = 0.3\,R\,P[N=0] = 0.3 \cdot 0.1353\,R = 0.04059\,R$$

und damit

$$R = E[S] + E[T] = 1000 + 0.04059\,R$$

Daraus ergibt sich $R = 1042.31$.

11.I Aufgabe (DAV–Klausur 2012/10)

Sei X ein exponentialverteiltes Risiko mit Erwartungswert 20.

(a) Bestimmen Sie für dieses Risiko eine Prämie nach dem Nullnutzenprinzip, wenn als Nutzenfunktion die Funktion $u : \mathbb{R} \to \mathbb{R}$ mit

$$u(x) := 100\,\Bigl(1 - \exp(-0.01x)\Bigr)$$

zugrunde gelegt wird.

(b) Bestimmen Sie den Parameter des Varianzprinzips so, dass die Prämie nach dem Varianzprinzip mit der Prämie nach (a) übereinstimmt.

(c) Wie kann die Prämie nach dem Nullnutzenprinzip näherungsweise bestimmt werden? Vergleichen Sie das Ergebnis mit (b).

(d) Bestimmen Sie für das Risiko $X'' := X\chi_{\{X>10\}}$ eine Prämie nach dem Nullnutzenprinzip mit Nutzenfunktion gemäß (a).

Lösung:

(a) Es gilt $u(0) = 0$ und

$$\begin{aligned} E\bigl[u(p-X)\bigr] &= E\Bigl[100\,\Bigl(1 - \exp\bigl(-0.01(p-X)\bigr)\Bigr)\Bigr] \\ &= 100\,\Bigl(1 - \exp(-0.01p)\,E\bigl[\exp(0.01X)\bigr]\Bigr) \end{aligned}$$

und aus der Bedingung $E[u(p-X)] = u(0)$ folgt nun

$$p = 100\,\ln\Bigl(E\bigl[\exp(0.01X)\bigr]\Bigr)$$

Wegen $P_X = \mathbf{Exp}(0.05)$ gilt

$$E\bigl[\exp(0.01X)\bigr] = \int_{-\infty}^{\infty} \exp(0.01x) \cdot 0.05\,\exp(-0.05x)\,\chi_{(0,\infty)}(x)\,dx$$

$$= \frac{0.05}{0.04} \int_{-\infty}^{\infty} 0.04 \exp(-0.04x)\, \chi_{(0,\infty)}(x)\, dx$$
$$= 1.25$$

und damit

$$p = 100 \ln\Bigl(E\bigl[\exp(0.01X)\bigr]\Bigr) = 100 \cdot \ln(1.25) = 22.31$$

(b) Für die Prämie p' nach dem Varianzprinzip gilt wegen $E[X] = 20$ und $\mathrm{var}[X] = 400$

$$p' = E[X] + \delta\, \mathrm{var}[X] = 20 + 400\,\delta$$

und aus der Bedingung $p' = p = 22.31$ folgt $\delta = 0.0058$.

(c) Für eine zweimal differenzierbare Nutzenfunktion löst die Prämie

$$\hat{p} = E[X] + \hat{\delta}\, \mathrm{var}[X]$$

mit

$$\hat{\delta} = -\frac{1}{2} \frac{u''(0)}{u'(0)}$$

näherungsweise die Gleichung $E[u(p–X)] = u(0)$. Für die hier vorliegende Nutzenfunktion u mit $u(x) := 100\,(1 - \exp(-0.01x))$ gilt

$$u'(x) = 0.01 \exp(-0.01\,x)$$
$$u''(x) = -\,0.01^2 \exp(-0.01\,x)$$

und damit

$$\hat{\delta} = -\frac{1}{2} \frac{u''(0)}{u'(0)} = -\frac{1}{2} \frac{-\,0.01^2}{0.01} = 0.005$$

(d) Für die Prämie p'' gilt nach (a)

$$p'' = 100 \ln\Bigl(E\bigl[\exp(0.01X'')\bigr]\Bigr)$$

Wegen

$$E\bigl[\exp(0.01X'')\bigr]$$
$$= E\bigl[\exp\bigl(0.01X\chi_{\{X>10\}}\bigr)\bigr]$$
$$= E\bigl[\exp\bigl(0.01X\chi_{(10,\infty)}(X)\bigr)\bigr]$$
$$= \int_{-\infty}^{\infty} \exp(0.01x\, \chi_{(10,\infty)}(x)) \cdot 0.05 \exp(-0.05x)\, \chi_{(0,\infty)}(x)\, dx$$

$$
\begin{aligned}
&= \int_0^{10} 0.05\exp(-0.05x)\,dx + \int_{10}^{\infty} \exp(0.01x)\cdot 0.05\exp(-0.05x)\,dx \\
&= 1-\exp(-0.5) + 0.05\int_{10}^{\infty}\exp(-0.04x)\,dx \\
&= 1-\exp(-0.5) + 0.05\cdot\frac{\exp(0.4)}{0.04} \\
&= 1-\exp(-0.5) + 1.25\cdot\exp(-0.4)
\end{aligned}
$$

erhält man

$$
\begin{aligned}
p'' &= 100\,\ln\Big(E\big[\exp(0.01X'')\big]\Big) \\
&= 100\,\ln\Big(1-\exp(-0.5)+1.25\cdot\exp(-0.4)\Big) \\
&= 20.81
\end{aligned}
$$

11.J Aufgabe (DAV–Klausur 2014/3)

Der Gesamtschaden eines Risikos sei durch ein kollektives Modell bestimmt mit einer Poisson–verteilten Schadenzahl mit Erwartungswert 0.5 und exponentialverteilten Schadenhöhen mit Erwartungswert 2000.

(a) Berechnen Sie die Bruttorisikoprämie nach dem Standardabweichungsprinzip mit dem Parameter $\beta = 0.1$.

(b) Lösen Sie (a) für den Fall einer Selbstbeteiligung in Höhe von 1000 bei jedem Schaden.

(c) Vergleichen Sie das Verhältnis der Erwartungswerte der Entschädigungen im Fall (a) und (b) mit dem Verhältnis der Bruttorisikoprämien sowie mit dem Verhältnis der Variationskoeffizienten der Entschädigungen. Interpretieren Sie die Unterschiede.

Lösung:

(a) Wir betrachten den Gesamtschaden $S = \sum_{j=1}^{N} X_j$ im kollektiven Modell $\langle N, \{X_j\}_{j\in\mathbb{N}}\rangle$. Wegen $P_N = \mathbf{P}(\lambda)$ gilt

$$
\begin{aligned}
E[S] &= \lambda\, E[X] \\
\mathrm{var}[S] &= \lambda\, E[X^2]
\end{aligned}
$$

Wegen $\lambda = 0.5$ und $E[X] = 2000$ gilt

$$
E[S] = \lambda\, E[X] = 0.5\cdot 2000 = 1000
$$

Wegen $P_X = \mathbf{Exp}(\alpha)$ und $E[X] = 2000$ erhält man zunächst $\alpha = 1/2000$ und damit

$$E[X^2] = \mathrm{var}[X] + E[X]^2 = \frac{1}{\alpha^2} + \left(\frac{1}{\alpha}\right)^2 = \frac{2}{\alpha^2} = 2 \cdot 2000^2 = 8'000'000$$

Daher gilt

$$\mathrm{var}[S] = \lambda\, E[X^2] = 0.5 \cdot 8'000'000 = 4'000'000$$

und damit $\sqrt{\mathrm{var}[S]} = 2000$. Damit erhält man die Bruttoprämie

$$\Pi[S] = E[S] + 0.1\,\sqrt{\mathrm{var}[S]} = 1000 + 0.1 \cdot 2000 = 1200$$

(b) Für $j \in \mathbb{N}$ setzen wir

$$X'' := (X_j - 1000)^+$$

Dann ist auch $\langle N, \{X_j''\}_{j \in N}\rangle$ ein kollektives Modell. Für alle $k \in \mathbb{N}$ gilt

$$\begin{aligned}
E[(X'')^k] &= \int_{-\infty}^{\infty} ((x-1000)^+)^k\, \alpha e^{-\alpha x}\, \chi_{(0,\infty)}(x)\, dx \\
&= \int_{1000}^{\infty} (x-1000)^k\, \alpha e^{-\alpha x}\, dx \\
&= \int_{0}^{\infty} y^k\, \alpha e^{-\alpha(y+1000)}\, dy \\
&= e^{-1000\,\alpha} \int_{0}^{\infty} y^k\, \alpha \mathrm{e}^{-\alpha y}\, dy \\
&= e^{-1000\,\alpha} \int_{-\infty}^{\infty} y^k\, \alpha \mathrm{e}^{-\alpha y}\, \chi_{(0,\infty)}(y)\, dy \\
&= e^{-1000\alpha}\, E[X^k] \\
&= e^{-1000/2000}\, E[X^k] \\
&= e^{-0.5}\, E[X^k]
\end{aligned}$$

Daher gilt

$$E[X''] = e^{-0.5}\, E[X] = e^{-0.5} \cdot 2000 = 1213.06$$

und

$$E[(X'')^2] = e^{-0.5}\, E[X^2] = e^{-0.5} \cdot 8'000'000 = 4'852'245.28$$

Daraus folgt

$$E[S''] = \lambda\, E[X''] = 0.5 \cdot 1213.06 = 606.53$$

und

$$\mathrm{var}[S''] = \lambda\, E[(X'')^2] = 0.5 \cdot 4'852'245.28 = 2'426'122.64$$

und damit $\sqrt{\mathrm{var}[S'']} = 1577.60$. Damit erhält man die Bruttoprämie

$$\Pi[S''] = E[S''] + 0.1\,\sqrt{\mathrm{var}[S'']} = 606.53 + 0.1 \cdot 1577.60 = 762.29$$

(c) Das Verhältnis der Erwartungswerte der Entschädigungen (Nettorisikoprämien) beträgt

$$\frac{E[S]}{E[S'']} = \frac{1000}{606.53} = 1.65$$

Das Verhältnis der Bruttorisikoprämien beträgt

$$\frac{\Pi[S]}{\Pi[S'']} = \frac{1200}{762.29} = 1.57$$

Das Verhältnis der Variationskoeffizienten der Entschädigungen (Gesamtschäden) beträgt

$$\frac{v[S]}{v[S'']} = \frac{\sqrt{\mathrm{var}[S]}/E[S]}{\sqrt{\mathrm{var}[S'']}/E[S'']} = \frac{2000/1000}{1577.60/606.53} = 0.77$$

Der Erwartungswert der Entschädigungen ohne Selbstbeteiligung beträgt das 1.65–fache des Erwartungswertes der Entschädigungen unter Berücksichtigung des Selbstbehalts; daher sinken die Entschädigungen aufgrund des Selbstbehalts im Mittel auf 60.65%. Dagegen sinken die entsprechenden Bruttorisikoprämien nur auf 63.52% des ursprünglichen Werts. Die Erklärung hierfür liefert der Variationskoeffizient als Risikomaß. Das Verhältnis der Variationskoeffizienten von 0.77 besagt, dass das Risiko für das Versicherungsunternehmen durch die Selbstbeteiligung wesentlich steigt.

11.K Aufgabe (DAV–Klausur 2014/4)

Das Kollektiv eines Tarifs setzt sich zu 70% aus Risiken des Typs A und zu 30% aus Risiken des Typs B zusammen. Ob ein Versicherungsnehmer zum Typ A oder B gehört, kann nur anhand der Schadenhistorie geschätzt werden. Jedes Jahr kann höchstens ein Schaden eintreten. Die beiden Risikotypen unterscheiden sich durch ihre Schadeneintrittswahrscheinlichkeit pro Jahr:

Risikotyp	A	B
Schadeneintrittswahrscheinlichkeit	0.1	0.3

Die Schadenereignisse sind (bedingt auf den Risikotyp) unabhängig. Der Erwartungswert der Schadenhöhe beträgt einheitlich 1000.

(a) Berechnen Sie nach Bayes die bedingten Wahrscheinlichkeiten dafür, dass ein beliebig herausgegriffener Versicherungsnehmer, der in 9 bzw. 7 von 10 Jahren schadenfrei war, zum Risikotyp A bzw. B gehört.

(b) Wie hoch ist die risikogerechte Nettorisikoprämie für einen beliebig herausgegriffenen Versicherungsnehmer, der in 9 bzw. 7 von 10 Jahren schadenfrei war?

(c) Das Versicherungsunternehmen will ein einfaches Bonus–Malus System mit den zwei Klassen 1 und 2 einrichten. Im ersten Jahr ist jeder Versicherungsnehmer in der Klasse 1. In den folgenden Jahren ist ein Versicherungsnehmer in der Klasse 2, wenn er im vorangegangenen Jahr schadenfrei war, und ansonsten in der Klasse 1.
   (i) Wie groß ist die Wahrscheinlichkeit für einen Versicherungsnehmer vom Typ A bzw. B, sich im 2. bzw. 3. bzw. 4. Jahr in der Klasse 2 zu befinden?
   (ii) Bestimmen Sie die Nettorisikoprämien für Versicherungsnehmer, die sich im 2. Jahr in der Klasse 1 bzw. 2 befinden.
   (iii) Vergleichen Sie die Ergebnisse von (c)(ii) und (b).

Lösung: Für einen zufällig ausgewählten Versicherungsnehmer bezeichnen wir mit Θ den zufälligen Risikotyp und für $k \in \mathbb{N}$ bezeichnen wir
- mit C_k die Klasse, in der er sich im Jahr k befindet,
- mit N_k die Anzahl der Schäden im Jahr k,
- mit S_k den Gesamtschaden im Jahr k.

Dann besitzt N_k für alle $k \in \mathbb{N}$
- unter $\{\Theta = A\}$ die Binomialverteilung $\mathbf{B}(1, 0.1)$ und
- unter $\{\Theta = B\}$ die Binomialverteilung $\mathbf{B}(1, 0.3)$.

Außerdem gilt $S_k = 1000\, N_k$.

(a) Die Anzahl der Schäden in den ersten 10 Jahren ist durch die Zufallsvariable

$$M_{10} := \sum_{k=1}^{10} N_k$$

gegeben und M_{10} besitzt
- unter $\{\Theta = A\}$ die Binomialverteilung $\mathbf{B}(10, 0.1)$ und
- unter $\{\Theta = B\}$ die Binomialverteilung $\mathbf{B}(10, 0.3)$.

Damit gilt

$$\begin{aligned} &P[\Theta = A|M_{10} = 1] \\ &= \frac{P[M_{10} = 1|\Theta = A]\, P[\Theta = A]}{P[M_{10} = 1|\Theta = A]\, P[\Theta = A] + P[M_{10} = 1|\Theta = B]\, P[\Theta = B]} \\ &= \frac{\binom{10}{1} \cdot 0.1 \cdot 0.9^9 \cdot 0.7}{\binom{10}{1} \cdot 0.1 \cdot 0.9^9 \cdot 0.7 + \binom{10}{1} \cdot 0.3 \cdot 0.7^9 \cdot 0.3} \\ &= \frac{9^9 \cdot 7}{9^9 \cdot 7 + 3 \cdot 7^9 \cdot 3} \\ &= 0.882 \end{aligned}$$

und folglich

$$\begin{aligned} P[\Theta = B|M_{10} = 1] &= 1 - P[\Theta = A|M_{10} = 1] \\ &= 1 - 0.882 \\ &= 0.118 \end{aligned}$$

Analog erhält man

$$\begin{aligned} P[\Theta = A|M_{10} = 3] &= 0.334 \\ P[\Theta = B|M_{10} = 3] &= 0.666 \end{aligned}$$

(b) Aus der bedingten Unabhängigkeit der Schadenzahlen folgt, dass auch die Zufallsvariablen N_{11} und M_{10} bedingt unabhängig sind. Für $n \in \{0,1\}$ und $m \in \{0,1,\dots,10\}$ gilt somit

$$\begin{aligned} &P[N_{11} = n, M_{10} = m] \\ &= P[N_{11} = n, M_{10} = m|\Theta = A]\, P[\Theta = A] \\ &\quad + P[N_{11} = n, M_{10} = m|\Theta = B]\, P[\Theta = B] \\ &= P[N_{11} = n|\Theta = A]\, P[M_{10} = m|\Theta = A]\, P[\Theta = A] \\ &\quad + P[N_{11} = n|\Theta = B]\, P[M_{10} = m|\Theta = B]\, P[\Theta = B] \\ &= P[N_{11} = n|\Theta = A]\, P[M_{10} = m, \Theta = A] \\ &\quad + P[N_{11} = n|\Theta = B]\, P[M_{10} = m, \Theta = B] \\ &= P[N_{11} = n|\Theta = A]\, P[\Theta = A|M_{10} = m]\, P[M_{10} = m] \\ &\quad + P[N_{11} = n|\Theta = B]\, P[\Theta = B|M_{10} = m]\, P[M_{10} = m] \end{aligned}$$

und damit

$$\begin{aligned} P[N_{11} = n|M_{10} = m] &= \frac{P[N_{11} = n, M_{10} = m]}{P[M_{10} = m]} \\ &= P[N_{11} = n|\Theta = A]\, P[\Theta = A|M_{10} = m] \\ &\quad + P[N_{11} = n|\Theta = B]\, P[\Theta = B|M_{10} = m] \end{aligned}$$

Daraus ergibt sich

$$\begin{aligned} E[N_{11}|M_{10} = 1] &= P[N_{11} = 1|M_{10} = 1] \\ &= P[N_{11} = 1|\Theta = A]\, P[\Theta = A|M_{10} = 1] \\ &\quad + P[N_{11} = 1|\Theta = B]\, P[\Theta = B|M_{10} = 1] \\ &= 0.1 \cdot 0.882 + 0.3 \cdot 0.118 \\ &= 0.1236 \end{aligned}$$

und analog erhält man

$$E[N_{11}|M_{10} = 3] = 0.2332$$

Für die Nettorisikoprämien gilt daher

$$E[S_{11}|M_{10} = 1] = 1000\, E[N_{11}|M_{10} = 1] = 1000 \cdot 0.1236 = 123.60$$

und

$$E[S_{11}|M_{10} = 3] = 1000\, E[N_{11}|M_{10} = 3] = 1000 \cdot 0.2332 = 233.20$$

(c) (i) Im ersten Versicherungsjahr befindet sich jeder Versicherungsnehmer mit Wahrscheinlichkeit 1 in Klasse 1. Da ab dem zweiten Versicherungsjahr die Zuordnung einer Versicherungsnehmers zu einer Klasse nur von der Anzahl der Schäden des Vorjahres abhängt, gilt für alle $k \in \mathbb{N}$ mit $k \geq 2$

$$P[C_k = 1|\Theta = A] = P[N_{k-1} = 1|\Theta = A] = 0.1$$

und damit

$$P[C_k = 2|\Theta = A] = 0.9$$

Analog erhält man

$$\begin{aligned} P[C_k = 1|\Theta = B] &= 0.3 \\ P[C_k = 2|\Theta = B] &= 0.7 \end{aligned}$$

(ii) Es gilt

$$\begin{aligned} &P[\Theta = A|C_2 = 1] \\ &= \frac{P[C_2 = 1|\Theta = A]\, P[\Theta = A]}{P[C_2 = 1]} \\ &= \frac{P[N_1 = 1|\Theta = A]\, P[\Theta = A]}{P[N_1 = 1|\Theta = A]\, P[\Theta = A] + P[N_1 = 1|\Theta = B]\, P[\Theta = B]} \\ &= \frac{0.1 \cdot 0.7}{0.1 \cdot 0.7 + 0.3 \cdot 0.3} \\ &= 0.4375 \end{aligned}$$

und damit

$$P[\Theta = B|C_2 = 1] = 0.5625$$

Daraus ergibt sich

$$\begin{aligned} E[N_2|C_2 = 1] &= P[N_2 = 1|C_2 = 1] \\ &= P[N_2 = 1|\Theta = A]\, P[\Theta = A|C_2 = 1] \\ &\quad + P[N_2 = 1|\Theta = B]\, P[\Theta = B|C_2 = 1] \\ &= 0.1 \cdot 0.4375 + 0.3 \cdot 0.5625 \\ &= 0.2125 \end{aligned}$$

und für die Nettorisikoprämie erhält man damit

$$\begin{aligned} E[S_2|C_2 = 1] &= 1000\, E[N_2|C_2 = 1] \\ &= 1000 \cdot 0.2125 \\ &= 212.50 \end{aligned}$$

Analog erhält man

$$E[S_2|C_2 = 2] = 150.00$$

(iii) Die Risiken vom Typ A sind vergleichsweise häufig in Klasse 2 und die Risiken vom Typ B sind vergleichsweise häufig in Klasse 1. Allerdings ist die Prämiendifferenzierung nicht so ausgeprägt wie bei einer Tarifierung auf der Basis von Bayes. Letztere berücksichtigt die gesamte Schadenhistorie und hat damit einen weit stärkeren Einfluss als das Bonus–Malus System, das lediglich das Schadengeschehen des letzten Jahres berücksichtigt.

11.L Aufgabe (DAV–Klausur 2015/3)

Bei einem Risiko tritt ein Schaden mit der Wahrscheinlichkeit 0.8 ein. Für die von der Anzahl der Schäden unabhängigen Schadenhöhen X_j gilt:

x	10	100	200
$P[X_j = x]$	0.2	0.4	0.4

Das Versicherungsunternehmen berechnet die Bruttorisikoprämie nach dem Erwartungswertprinzip mit dem Parameter $\beta = 0.1$ und die Bruttoprämie als das 1.5–fache der Bruttorisikoprämie.

(a) Berechnen Sie die Bruttoprämie.

(b) Berechnen Sie die Bruttoprämie für den Fall, dass das Versicherungsunternehmen eine Beitragsrückerstattung in Höhe von 7% der Bruttoprämie gewährt, falls kein Schaden gemeldet wird, und dass der Versicherungsnehmer sich rational verhält.

(c) Berechnen Sie die Bruttoprämie für den Fall, dass pro Schaden eine Selbstbeteiligung in Höhe von 10 vereinbart wird.

(d) Analysieren Sie die Unterschiede zwischen den Bruttoprämien aus (b) und (c).

Lösung:

(a) Wir betrachten das kollektive Modell $\langle N, \{X_j\}_{j\in\mathbb{N}}\rangle$ und den Gesamtschaden

$$S := \sum_{j=1}^{N} X_j$$

Die Nettorisikoprämie ist dann durch

$$E[S] = E[N]\,E[X] = 0.8 \cdot 122 = 97.60$$

gegeben. Für die Bruttorisikoprämie nach dem Erwartungswertprinzip gilt daher

$$E[S] + \beta\,E[S] = E[S] + 0.1\,E[S] = 1.1\,E[S] = 1.1 \cdot 97.60 = 107.36$$

und für die Bruttoprämie erhält man den Wert $1.5 \cdot 107.36 = 161.04$.

(b) Die Bruttoprämie mit Beitragsrückerstattung ist mindestens so hoch wie die unter (a) bestimmte Bruttoprämie ohne Beitragsrückerstattung; die Beitragsrückerstattung für den Fall, dass kein Schaden gemeldet wird, beträgt also mindestens $0.07 \cdot 161.04 = 11.27$. Es lohnt sich also nicht, einen Schaden der Höhe 10 zu melden. Meldet der Versicherungsnehmer einen Schaden der Höhe 10 nicht, so ist die Versicherungsleistung durch die Zufallsvariable

$$T := \Bigl(\chi_{\{N=0\}} + \chi_{\{N=1\}}\,\chi_{\{X_1=10\}}\Bigr)(0.07\,B) + \chi_{\{N=1\}}\,\chi_{\{X_1>10\}}\,X_1$$

gegeben. Die Nettorisikoprämie ist daher durch

$$\begin{aligned} E[T] &= \Bigl(P[N=0] + P[N=1]\,P[X_1=10]\Bigr)(0.07\,B) \\ &\quad + P[N=1]\,E[\chi_{\{X_1>10\}}\,X_1] \\ &= (0.2 + 0.8 \cdot 0.2)(0.07\,B) + 0.8 \cdot 120 \\ &= 0.0252\,B + 96 \end{aligned}$$

gegeben. Andererseits gilt

$$B = 1.5 \cdot 1.1 \cdot E[T] = 1.65 \cdot E[T]$$

Man erhält daher

$$\frac{B}{1.65} = E[T] = 0.0252\,B + 96$$

und damit die Bruttoprämie $B = 165.27$.

(c) Bei einer Selbstbeteiligung in Höhe von 10 ist die Versicherungsleistung durch die Zufallsvariable

$$U := \sum_{j=1}^{N} (X_j - 10)^+ = \sum_{j=1}^{N} (X_j - 10)$$

gegeben. Es gilt

$$E[U] = E[N]\,E[X-10] = E[N]\Bigl(E[X] - 10\Bigr) = 0.8 \cdot (122 - 10) = 89.60$$

und für die Bruttoprämie erhält man den Wert $1.5 \cdot 1.1 \cdot 89.60 = 147.84$.

(d) Die Einbeziehung der Beitragsrückerstattung in die Prämienberechnung und die dadurch verursachte Erhöhung der Versicherungsleistung führt zu einer Erhöhung der Nettorisikoprämie und damit auch der Bruttoprämie. Die Bruttoprämie bei dem Vertrag mit Beitragsrückerstattung ist höher als bei dem Vertrag mit Selbstbeteiligung und die Differenz beträgt

$$165.27 - 147.84 = 17.43$$

Die Beitragsrückerstattung im Fall, dass kein Schaden gemeldet wird, beträgt

$$0.07 \cdot 165.27 = 11.57$$

Würde also ein Versicherungsnehmer mit einer Selbstbeteiligung von 10 den Betrag 11.57 auf ein Sonderkonto einzahlen und aus dem Sonderkonto bei schadenfreiem Verlauf den Betrag 11.57 und bei einem Schaden der Höhe 10 den Betrag 10 entnehmen, so stünde er sich besser als bei dem Vertrag mit Beitragsrückerstattung.
Zur Bewertung des Risikos des Versicherungsunternehmens bietet es sich an, die Variationskoeffizienten der Versicherungsleistungen der beiden Vertragsarten zu vergleichen:

- Für die Versicherungsleistung T mit Beitragsrückerstattung gilt

$$\begin{aligned} T &= \Big(\chi_{\{N=0\}} + \chi_{\{N=1\}}\,\chi_{\{X_1=10\}}\Big)(0.07\,B) + \chi_{\{N=1\}}\,\chi_{\{X_1>10\}}\,X_1 \\ &= 11.57\,\Big(\chi_{\{N=0\}} + \chi_{\{N=1\}}\,\chi_{\{X_1=10\}}\Big) + \chi_{\{N=1\}}\,\chi_{\{X_1>10\}}\,X_1 \end{aligned}$$

  und damit

$$\begin{aligned} E[T] &= 100.1652 \\ E[T^2] &= 16'004.1652 \end{aligned}$$

  Für den Variationskoeffizienten erhält man daher

$$v[T] = \sqrt{\frac{\mathrm{var}[T]}{(E[T])^2}} = \sqrt{\frac{E[T^2]}{(E[T])^2} - 1} = \sqrt{\frac{16'004.1652}{100.1652^2} - 1} = 0.77$$

- Für die Versicherungsleistung U mit Selbstbeteiligung gilt

$$U = \sum_{j=1}^{N} (X_j - 10)$$

  und damit

$$\begin{aligned} E[U] &= 89.60 \\ \mathrm{var}[U] &= 6'115.84 \end{aligned}$$

Für den Variationskoeffizienten erhält man daher

$$v[U] = \sqrt{\frac{\mathrm{var}[U]}{(E[U])^2}} = \sqrt{\frac{6'115.84}{89.60^2}} = 0.87$$

Damit ist der Vertrag mit Selbstbeteiligung für das Versicherungsunternehmen risikoreicher als der Vertrag mit Beitragsrückerstattung.

Teil III

Reservierung

12

Grundlagen

Gegenstand der Schadenreservierung ist die Prognose der zukünftigen Versicherungsleistungen für alle Schäden eines Bestandes, die eingetreten, aber noch nicht abschließend reguliert sind.

In diesem einführenden Kapitel zur Schadenreservierung diskutieren wir die Notwendigkeit der Bildung von Reserven (Abschnitt 12.1), die verwendeten Datenarten und die Struktur dieser Daten (Abschnitt 12.2) und den Nutzen, der sich aus der Verwendung stochastischer Modelle ergibt (Abschnitt 12.3).

In den nachfolgenden Kapiteln untersuchen wir dann spezielle Verfahren und Modelle der Schadenreservierung.

12.1 Abwicklung von Einzelschäden und Beständen

Am Ende eines Geschäftsjahres sind meist nicht alle Schäden, die in diesem Geschäftsjahr eingetreten sind, abschließend reguliert; diese Schäden werden als *Spätschäden* bezeichnet. Spätschäden entstehen aus zwei Gründen:

- Ein Schaden ist entstanden, aber noch nicht gemeldet (IBNR = *incurred but not reported*).
- Ein Schaden ist gemeldet, aber die Höhe des Schadens lässt sich noch nicht bestimmen; daher ist die für die Regulierung dieses Schadens gebildete *Einzelschadenreserve* unter Umständen nicht ausreichend (IBNER = *incurred but not enough reserved*).

Das Problem der Spätschäden stellt sich grundsätzlich in allen Versicherungszweigen, insbesondere aber in der *Haftpflichtversicherung*: Man denke etwa an einen Konstruktionsfehler bei einer Brücke, der erst nach deren Einsturz erkannt wird, oder an einen Personenschaden mit einem ungewissen Verlauf der Heilung. In verschärfter Form stellt sich das Problem der Spätschäden für den Rückversicherer bei einer *Einzelschadenexzedentenrückversicherung*, weil ein Schaden dem Rückversicherer erst dann gemeldet wird, wenn zu erwarten ist, dass die Schadenhöhe die Priorität überschreitet.

H.-W. Goelden et al., *Schadenversicherungsmathematik*, DOI 10.1007/978-3-662-48860-7_13

Zur Einhaltung seines Leistungsversprechens ist der Versicherer verpflichtet, für die Spätschäden eine Reserve zu bilden; diese Reserve ist im Grunde nichts anderes als eine Prämie für die Selbstversicherung gegen Spätschäden. Wie jede andere Prämie auch sollte die Reserve im Interesse der Versicherten ausreichend sein; andererseits sollte sie im Interesse der Allgemeinheit, der die Steuern aus Gewinnen zugute kommen, auch nicht zu hoch bemessen sein. Wie wichtig die Bestimmung von Reserven ist, zeigt sich auch daran, dass die Gesamtreserve, also die Summe der Reserven für alle abgelaufenen Geschäftsjahre, in der Größenordnung der Summe aller Prämieneinnahmen eines Geschäftsjahres liegen kann.

Im Folgenden nehmen wir an, dass die Geschäftsjahre mit den Kalenderjahren übereinstimmen; wir sprechen daher kurz von *Jahren*.

Die in den folgenden Kapitel behandelten statistischen Methoden und Modelle der Schadenreservierung dienen der Bestimmung von Reserven für einzelne Bestände eines Versicherungsunternehmens.

Bevor wir uns Beständen zuwenden, werfen wir einen Blick auf die typische Entwicklung eines einzelnen Schadens. Jeder Schaden hat eine Geschichte:
- Der Schaden entsteht in einem *Anfalljahr*.
- Der Schaden wird entdeckt.
- Der Schaden wird dem Versicherer gemeldet.
- Der Versicherer bildet eine *Einzelschadenreserve* (*case reserve*).
- Der Versicherer leistet erste Zahlungen und passt die Einzelschadenreserve für eventuell erforderliche weitere Zahlungen an.
- Der Schaden wird abschließend reguliert und damit geschlossen.

Schließlich ist es auch möglich, dass ein bereits geschlossener Schaden wieder eröffnet wird. Die sukzessive Regulierung eines Schadens wird als *Abwicklung* des Schadens bezeichnet und kann sich über mehrere *Abwicklungsjahre* erstrecken.

Die Einzelschadenreserven für die einzelnen Schäden sind unterschiedlicher Qualität: Je nach Alter eines Schadens liegt mehr oder weniger Information vor, und auch bei gegebener Information über einen Schaden verfügt jeder Sachbearbeiter, der eine Einzelschadenreserve festlegt, über ein individuelles Wissen aus anderen Schäden, das in die Bestimmung der Einzelschadenreserve eingeht. Darüber hinaus stellt sich das Problem, dass für Schäden, die eingetreten aber noch nicht gemeldet sind, keine Einzelschadenreserven existieren.

Für die Bestimmung der Reserve für einen Bestand reicht daher die Kenntnis der Einzelschadenreserven für die gemeldeten Schäden des Bestandes nicht aus. Damit stellt sich das Problem, die Reserve für den Bestand auf der Grundlage aller für den Bestand verfügbaren Daten mit statistischen Methoden zu schätzen.

12.2 Datenarten und Datenstruktur

Für einen Bestand von Risiken liegen unterschiedliche Arten von Daten vor. Beispiele sind
- die Zahl der gemeldeten Schäden,
- die Zahl der abschließend regulierten Schäden,
- die Summe aller geleisteten Zahlungen (*paid*) oder
- der Schadenaufwand (*incurred*).

Dabei ist der *Schadenaufwand* als die Summe aller geleisteten Zahlungen zuzüglich der Einzelschadenreserven definiert.

Von Interesse sind natürlich vor allem monetäre Größen wie die Summe aller geleisteten Zahlungen oder der Schadenaufwand. Bei Beständen, in denen die Schadenhöhen der Schäden in derselben Größenordnung liegen, liefert auch die Zahl der gemeldeten oder der abschließend regulierten Schäden eine nützliche Information. Allgemein ist es nicht ungewöhnlich, dass man zur Bestimmung von Reserven nicht nur eine Datenart sondern mehrere Datenarten verwendet.

Diese Daten werden üblicherweise nach Anfalljahren und Abwicklungsjahren strukturiert und als *Abwicklungsdreieck* dargestellt. Das Abwicklungsdreieck kann Zuwächse oder Schadenstände darstellen; dabei sind
- *Zuwächse* inkrementelle Daten aus dem jeweiligen Anfalljahr und
- *Schadenstände* kumulative Daten, die sich durch die Summation der Zuwächse aus dem jeweiligen und den vorangehenden Abwicklungsjahren ergeben.

Zur Vereinfachung interpretieren wir die Daten eines Abwicklungsdreiecks in diesem Kapitel als geleistete Zahlungen.

12.2.1 Beispiel (Abwicklungsdreieck für Zuwächse). Unmittelbar nach dem Ende des Jahres 2015 liegt das folgende Abwicklungsdreieck für die für Schäden aus den Anfalljahren 2010–2015 in den einzelnen Abwicklungsjahren geleisteten Zahlungen (zum Beispiel in Tausend Euro) vor:

Anfall-	**Abwicklungsjahr** k					
jahr	2010	2011	2012	2013	2014	2015
2010	1001	854	568	565	347	148
2011		1113	990	671	648	422
2012			1265	1168	800	744
2013				1490	1383	1007
2014					1725	1536
2015						1889

Für Schäden aus dem Anfalljahr 2013 wurden also noch im selben Jahr 1490 und in den folgenden Abwicklungsjahren 1383 bzw. 1007 gezahlt.

Das Abwicklungsdreieck wird etwas aussagekräftiger, wenn die Abwicklungsjahre nicht als Kalenderjahre, sondern als Verzögerungen in Bezug auf die Anfalljahre und damit als *relative Abwicklungsjahre* notiert werden:

12.2.2 Beispiel (Abwicklungsdreieck für Zuwächse). Durch den Übergang von absoluten zu relativen Abwicklungsjahren erhält man das folgende Abwicklungsdreieck für Zuwächse:

Anfall-	**Abwicklungsjahr** k					
jahr i	0	1	2	3	4	5
2010	1001	854	568	565	347	148
2011	1113	990	671	648	422	
2012	1265	1168	800	744		
2013	1490	1383	1007			
2014	1725	1536				
2015	1889					

Die im Jahr 2015 für die Anfalljahre 2010–2015 geleisteten Zahlungen sind jetzt auf der Hauptdiagonalen dargestellt.

In dieser Form lässt das Abwicklungsdreieck erkennen, ob die bisher geleisteten Zahlungen einen Trend in den Anfalljahren oder ein bestimmtes Muster in den Abwicklungsjahren aufweisen. Daraus ergeben sich erste Hinweise auf die Höhe der zukünftigen Zahlungen und damit auf die erforderliche Reserve.

Schließlich ist es im Hinblick auf die mathematische Behandlung der Schadenreservierung von Vorteil, die Anfalljahre in gleicher Weise wie die Abwicklungsjahre und damit als *relative Anfalljahre* zu bezeichnen:

12.2.3 Beispiel (Abwicklungsdreieck für Zuwächse). Durch den Übergang von absoluten zu relativen Anfalljahren erhält man das folgende Abwicklungsdreieck für Zuwächse:

Anfall-	**Abwicklungsjahr** k					
jahr i	0	1	2	3	4	5
0	1001	854	568	565	347	148
1	1113	990	671	648	422	
2	1265	1168	800	744		
3	1490	1383	1007			
4	1725	1536				
5	1889					

Dieses Abwicklungsdreieck enthält die Zahlungen in den relativen Abwicklungsjahren für die relativen Anfalljahre.

In dieser Darstellung bezeichnen wir $i+k$ mit $i, k \in \{0, 1, \ldots, 5\}$ als *relatives Kalenderjahr*. Das relative Kalenderjahr ist auf jeder aufsteigenden Diagonalen konstant.

Durch Summation erhält man aus einem Abwicklungsdreieck für Zuwächse ein Abwicklungsdreieck für Schadenstände:

12.2.4 Beispiel (Abwicklungsdreieck für Schadenstände). Aus dem letzten Abwicklungsdreieck für Zuwächse ergibt sich das folgende Abwicklungsdreieck für Schadenstände:

Anfall-	**Abwicklungsjahr** k					
jahr i	0	1	2	3	4	5
0	1001	1855	2423	2988	3335	3483
1	1113	2103	2774	3422	3844	
2	1265	2433	3233	3977		
3	1490	2873	3880			
4	1725	3261				
5	1889					

Die beiden letzten Abwicklungsdreiecke, die auch als *run–off triangle* bezeichnet werden, bilden die Grundlage für alle weiteren Betrachtungen.

12.3 Stochastische Modellierung

Wir betrachten $n+1$ Anfalljahre und nehmen an, dass jeder Schaden entweder im Anfalljahr selbst oder in einem der n folgenden Kalenderjahre abschließend reguliert wird.

Wir betrachten ferner eine Familie $\{Z_{i,k}\}_{i,k\in\{0,1,\dots,n\}}$ von Zufallsvariablen und interpretieren $Z_{i,k}$ als Zahlung im (relativen) Abwicklungsjahr k für Schäden aus dem (relativen) Anfalljahr i; die Zahlung $Z_{i,k}$ wird damit im (relativen) Kalenderjahr $i+k$ geleistet. Wir bezeichnen die Zufallsvariablen $Z_{i,k}$ auch als *Zuwächse* und nehmen an, dass die Zuwächse für $i+k \le n$ beobachtbar (aber noch nicht beobachtet) und für $i+k \ge n+1$ (noch) nicht beobachtbar sind. Die Zuwächse werden in einem *Abwicklungsquadrat für Zuwächse*

Anfall-	**Abwicklungsjahr**					
jahr	0	1	$\dots\ k$	$\dots\ n-i$	$\dots\ n-1$	n
0	$Z_{0,0}$	$Z_{0,1}$	$\dots\ Z_{0,k}$	$\dots\ Z_{0,n-i}$	$\dots\ Z_{0,n-1}$	$Z_{0,n}$
1	$Z_{1,0}$	$Z_{1,1}$	$\dots\ Z_{1,k}$	$\dots\ Z_{1,n-i}$	$\dots\ Z_{1,n-1}$	$Z_{1,n}$
$\vdots$	$\vdots$	$\vdots$	$\vdots$	$\vdots$	$\vdots$	$\vdots$
i	$Z_{i,0}$	$Z_{i,1}$	$\dots\ Z_{i,k}$	$\dots\ Z_{i,n-i}$	$\dots\ Z_{i,n-1}$	$Z_{i,n}$
$\vdots$	$\vdots$	$\vdots$	$\vdots$	$\vdots$	$\vdots$	$\vdots$
$n-k$	$Z_{n-k,0}$	$Z_{n-k,1}$	$\dots\ Z_{n-k,k}$	$\dots\ Z_{n-k,n-i}$	$\dots\ Z_{n-k,n-1}$	$Z_{n-k,n}$
$\vdots$	$\vdots$	$\vdots$	$\vdots$	$\vdots$	$\vdots$	$\vdots$
$n-1$	$Z_{n-1,0}$	$Z_{n-1,1}$	$\dots\ Z_{n-1,k}$	$\dots\ Z_{n-1,n-i}$	$\dots\ Z_{n-1,n-1}$	$Z_{n-1,n}$
n	$Z_{n,0}$	$Z_{n,1}$	$\dots\ Z_{n,k}$	$\dots\ Z_{n,n-i}$	$\dots\ Z_{n,n-1}$	$Z_{n,n}$

dargestellt und die beobachtbaren Zuwächse werden in einem *Abwicklungsdreieck für Zuwächse*

Anfall- jahr	Abwicklungsjahr 0	 1	 ... k	 ... $n-i$	 ... $n-1$	 n
0	$Z_{0,0}$	$Z_{0,1}$	... $Z_{0,k}$	... $Z_{0,n-i}$	... $Z_{0,n-1}$	$Z_{0,n}$
1	$Z_{1,0}$	$Z_{1,1}$	... $Z_{1,k}$	... $Z_{1,n-i}$	... $Z_{1,n-1}$	
$\vdots$	$\vdots$	$\vdots$	$\vdots$	$\vdots$		
i	$Z_{i,0}$	$Z_{i,1}$	... $Z_{i,k}$	... $Z_{i,n-i}$		
$\vdots$	$\vdots$	$\vdots$	$\vdots$			
$n-k$	$Z_{n-k,0}$	$Z_{n-k,1}$	... $Z_{n-k,k}$			
$\vdots$	$\vdots$	$\vdots$				
$n-1$	$Z_{n-1,0}$	$Z_{n-1,1}$				
n	$Z_{n,0}$					

dargestellt.

12.3.1 Beispiel (Abwicklungsdreieck für Zuwächse). Das Abwicklungsdreieck

Anfall- jahr i	Abwicklungsjahr k 0	 1	 2	 3	 4	 5
0	1001	854	568	565	347	148
1	1113	990	671	648	422	
2	1265	1168	800	744		
3	1490	1383	1007			
4	1725	1536				
5	1889					

wird jetzt als eine Realisation des Abwicklungsdreiecks der beobachtbaren Zuwächse mit $n = 5$ verstanden.

Neben den Zuwächsen $Z_{i,k}$ betrachten wir auch die *Schadenstände*

$$S_{i,k} := \sum_{l=0}^{k} Z_{i,l}$$

mit $i, k \in \{0, 1, \dots, n\}$. Für die Zuwächse gilt dann

$$Z_{i,k} = \begin{cases} S_{i,0} & \text{falls } k = 0 \\ S_{i,k} - S_{i,k-1} & \text{sonst} \end{cases}$$

Wir interpretieren $S_{i,k}$ als Summe aller Zahlungen in den Abwicklungsjahren $l \in \{0, 1, \dots, k\}$ für Schäden aus dem Anfalljahr i; diese Zahlungen werden also in den Kalenderjahren $c \in \{i, i+1, \dots, i+k\}$ geleistet. Entsprechend der

Annahme an die Zuwächse sind auch die Schadenstände $S_{i,k}$ für $i+k \leq n$ beobachtbar und für $i+k \geq n+1$ nicht beobachtbar. Die Schadenstände werden in einem *Abwicklungsquadrat für Schadenstände*

Anfall-jahr	**Abwicklungsjahr** 0	1	… k	… $n-i$	… $n-1$	n
0	$S_{0,0}$	$S_{0,1}$	… $S_{0,k}$	… $S_{0,n-i}$	… $S_{0,n-1}$	$S_{0,n}$
1	$S_{1,0}$	$S_{1,1}$	… $S_{1,k}$	… $S_{1,n-i}$	… $S_{1,n-1}$	$S_{1,n}$
⋮	⋮	⋮	⋮	⋮	⋮	⋮
i	$S_{i,0}$	$S_{i,1}$	… $S_{i,k}$	… $S_{i,n-i}$	… $S_{i,n-1}$	$S_{i,n}$
⋮	⋮	⋮	⋮	⋮	⋮	⋮
$n-k$	$S_{n-k,0}$	$S_{n-k,1}$	… $S_{n-k,k}$	… $S_{n-k,n-i}$	… $S_{n-k,n-1}$	$S_{n-k,n}$
⋮	⋮	⋮	⋮	⋮	⋮	⋮
$n-1$	$S_{n-1,0}$	$S_{n-1,1}$	… $S_{n-1,k}$	… $S_{n-1,n-i}$	… $S_{n-1,n-1}$	$S_{n-1,n}$
n	$S_{n,0}$	$S_{n,1}$	… $S_{n,k}$	… $S_{n,n-i}$	… $S_{n,n-1}$	$S_{n,n}$

dargestellt und die beobachtbaren Schadenstände werden in einem *Abwicklungsdreieck für Schadenstände*

Anfall-jahr	**Abwicklungsjahr** 0	1	… k	… $n-i$	… $n-1$	n
0	$S_{0,0}$	$S_{0,1}$	… $S_{0,k}$	… $S_{0,n-i}$	… $S_{0,n-1}$	$S_{0,n}$
1	$S_{1,0}$	$S_{1,1}$	… $S_{1,k}$	… $S_{1,n-i}$	… $S_{1,n-1}$	
⋮	⋮	⋮	⋮	⋮		
i	$S_{i,0}$	$S_{i,1}$	… $S_{i,k}$	… $S_{i,n-i}$		
⋮	⋮	⋮	⋮			
$n-k$	$S_{n-k,0}$	$S_{n-k,1}$	… $S_{n-k,k}$			
⋮	⋮	⋮				
$n-1$	$S_{n-1,0}$	$S_{n-1,1}$				
n	$S_{n,0}$					

dargestellt. Wir bezeichnen

$$S_{i,n-i}$$

als *letzten beobachtbaren Schadenstand* oder als *aktuellen Schadenstand* und

$$S_{i,n}$$

als *Endschadenstand* des Anfalljahres i. Mit Ausnahme des Anfalljahres $i=0$ sind die Endschadenstände nicht beobachtbar.

12.3.2 Beispiel (Abwicklungsdreieck für Schadenstände). Das Abwicklungsdreieck

Anfall-	**Abwicklungsjahr** k					
jahr i	0	1	2	3	4	5
0	1001	1855	2423	2988	3335	3483
1	1113	2103	2774	3422	3844	
2	1265	2433	3233	3977		
3	1490	2873	3880			
4	1725	3261				
5	1889					

wird jetzt als eine Realisation des Abwicklungsdreiecks der beobachtbaren Schadenstände mit $n = 5$ verstanden.

Das Problem der Schadenreservierung besteht darin, auf der Grundlage der beobachtbaren Schadenstände oder Zuwächse zunächst Prädiktoren für die nichtbeobachtbaren Schadenstände und Zuwächse und sodann

– Prädiktoren für die *Anfalljahrreserven*

$$R_i := \sum_{l=n-i+1}^{n} Z_{i,l} = S_{i,n} - S_{i,n-i}$$

mit $i \in \{1, \ldots, n\}$,

– Prädiktoren für die *Kalenderjahrreserven*

$$R_{(c)} := \sum_{l=c-n}^{n} Z_{c-l,l}$$

mit $c \in \{n+1, \ldots, 2n\}$ und

– einen Prädiktor für die *Gesamtreserve*

$$R := \sum_{i=1}^{n} R_i = \sum_{c=n+1}^{2n} R_{(c)}$$

zu bestimmen. Abweichend vom umgangssprachlichen Gebrauch bezeichnet eine Reserve hier nicht eine bereits erfolgte Rückstellung, sondern eine Summe zukünftiger zufälliger Zahlungen.

Die Bedeutung der Prognose der Gesamtreserve ist evident. Die Prognose einer Anfalljahrreserve ist im Wesentlichen gleichwertig mit der Prognose des Endschadenstandes des betreffenden Anfalljahres und bietet eine Möglichkeit, zu prüfen, ob die in dem Anfalljahr eingenommenen Prämien ausreichend sind (*Controlling*). Die Prognose einer Kalenderjahrreserve schließlich liefert eine Grundlage für die bedarfsgerechte Anlage von Kapital mit geeigneten Laufzeiten (*Asset–Liability Management*, ALM).

Die Abwicklungsquadrate für Zuwächse und Schadenstände bilden eine Grundlage für die Formulierung stochastischer Modelle der Schadenreservierung.

Diese Modelle beschreiben zu einem gewissen Grad die gemeinsame Verteilung aller beobachtbaren und nichtbeobachtbaren Zuwächse oder Schadenstände.

- In den einfachsten Modellen werden nur Annahmen an die Erwartungswerte getroffen (vgl. Kapitel 13). Diese Modelle liefern eine erste Begründung bestimmter heuristischer Verfahren, die in der Praxis entwickelt wurden, und sie ermöglichen auch einen Vergleich dieser Verfahren (vgl. Kapitel 14).
- In etwas präziseren Modellen werden zusätzlich Annahmen an die Korrelationsstruktur getroffen (vgl. Kapitel 15). Diese Modelle gestatten es, Aussagen über die Optimalität bestimmter Verfahren zu treffen.
- Schließlich gibt es auch Modelle, in denen die gemeinsame Verteilung aller beobachtbaren und nichtbeobachtbaren Zuwächse oder Schadenstände bis auf die Parameter vollständig spezifiziert wird (vgl. Abschnitt 15.3).

Stochastische Modelle dienen jedoch nicht allein dem besseren Verständnis bekannter Verfahren, sondern auch der Entwicklung neuer Verfahren, die beispielsweise die Korrelationsstruktur zwischen verschiedenen Beständen oder zwischen verschiedenen Arten von Abwicklungsdaten eines einzigen Bestandes berücksichtigen; vgl. Radtke und Schmidt [2012] oder Schmidt [2012] und die dort zitierte Literatur.

13

Abwicklungsmuster und Schadenquoten

Die Verwendung von Abwicklungsdreiecken in der Schadenreservierung ist nur dann sinnvoll, wenn man annehmen kann, dass die Abwicklung der Schäden für alle Anfalljahre ähnlich verläuft. Diese zunächst vage Annahme kann auf unterschiedliche Weise durch die Wahl eines stochastischen Modells für die gemeinsame Verteilung aller Zuwächse oder Schadenstände präzisiert werden.

Eine Ähnlichkeit der Anfalljahre hinsichtlich der Abwicklung der Schäden ist insbesondere dann gegeben, wenn entweder die Abwicklungsgeschwindigkeit oder aber die Endschadenquote bezüglich einem Volumenmaß für alle Anfalljahre im Wesentlichen gleich ist. In diesem Fällen kann man annehmen, dass ein Abwicklungsmuster existiert (Abschnitt 13.1) oder eine anfalljahrunabhängige erwartete Endschadenquote vorliegt (Abschnitt 13.2) oder dass sogar beide Bedingungen erfüllt sind (Abschnitt 13.3). In allen drei Fällen liegt ein (unvollständiges) stochastisches Modell vor, in dem nur Annahmen an die Struktur der Erwartungswerte aller Zuwächse oder Schadenstände getroffen werden.

13.1 Abwicklungsmuster für Anteile, Quoten, Faktoren

In diesem Abschnitt betrachten wir drei Abwicklungsmuster, die alle in der Annahme bestehen, dass für jedes Abwicklungsjahr $k \in \{0, 1, \dots, n\}$ gewisse Verhältnisse zwischen erwarteten Zuwächsen oder Schadenständen für alle Anfalljahre $i \in \{0, 1, \dots, n\}$ identisch sind.

Abwicklungsmuster für Anteile

Ein *Abwicklungsmuster für Anteile* liegt vor, wenn es Parameter $\vartheta_0, \vartheta_1, \dots, \vartheta_n$ gibt derart, dass für alle $k \in \{0, 1, \dots, n\}$ und für alle $i \in \{0, 1, \dots, n\}$

$$\frac{E[Z_{i,k}]}{E[S_{i,n}]} = \vartheta_k$$

H.-W. Goelden et al., *Schadenversicherungsmathematik*, DOI 10.1007/978-3-662-48860-7_14

gilt. In diesem Fall ist also für jedes Abwicklungsjahr $k \in \{0, 1, \dots, n\}$ das Verhältnis zwischen dem erwarteten Zuwachs $E[Z_{i,k}]$ und dem erwarteten Endschadenstand $E[S_{i,n}]$ für alle Anfalljahre $i \in \{0, 1, \dots, n\}$ gleich. Es gilt

$$\sum_{k=0}^{n} \vartheta_k = 1$$

Die Gesamtheit der Parameter $\vartheta_0, \vartheta_1, \dots, \vartheta_n$ wird als *Abwicklungsmuster für Anteile* bezeichnet.

Ein Abwicklungsmuster für Anteile liegt offenbar genau dann vor, wenn es Parameter $\alpha_0, \alpha_1, \dots, \alpha_n$ und $\vartheta_0, \vartheta_1, \dots, \vartheta_n$ gibt mit

$$E[Z_{i,k}] = \alpha_i \vartheta_k$$

für alle $i, k \in \{0, 1, \dots, n\}$ und $\sum_{k=0}^{n} \vartheta_k = 1$, und in diesem Fall gilt für alle $i \in \{0, 1, \dots, n\}$

$$E[S_{i,n}] = \alpha_i$$

Die Annahme, dass ein Abwicklungsmuster für Anteile vorliegt, ist also gleichwertig mit der Annahme, dass für die Erwartungswerte der Zuwächse ein *multiplikatives Modell* vorliegt, wobei einer der Faktoren durch das Anfalljahr i und der andere durch das Abwicklungsjahr k bestimmt ist.

Liegt ein Abwicklungsmuster $\vartheta_0, \vartheta_1, \dots, \vartheta_n$ für Anteile vor, so interpretiert man den Parameter ϑ_k üblicherweise als den anfalljahrunabhängigen erwarteten Anteil des Gesamtschadens, der im Abwicklungsjahr k abgewickelt wird. Dies ist nicht ganz korrekt, denn der Quotient der Erwartungswerte $E[Z_{i,k}]$ und $E[S_{i,n}]$ stimmt nur in bestimmten Fällen mit dem Erwartungswert des Anteils $Z_{i,k}/S_{i,n}$ überein:

13.1.1 Lemma. *Es gilt*

$$\frac{E[Z_{i,k}]}{E[S_{i,n}]} = E\left[\frac{Z_{i,k}}{S_{i,n}}\right]$$

genau dann, wenn

$$\operatorname{cov}\left[\frac{Z_{i,k}}{S_{i,n}}, S_{i,n}\right] = 0$$

gilt.

Die übliche Interpretation der Parameter eines Abwicklungsmusters für Anteile ist also strenggenommen nur dann gerechtfertigt, wenn man annehmen kann, dass keine Korrelation zwischen den Abwicklungsanteilen $Z_{i,k}/S_{i,n}$ und den Endschadenständen $S_{i,n}$ oder, anders gesagt, keine Korrelation zwischen der Abwicklungsgeschwindigkeit und dem Umfang der insgesamt abzuwickelnden Schäden besteht.

Andererseits: Mit Quotienten von Erwartungswerten lässt sich leichter rechnen als mit Erwartungswerten von Quotienten, und es wird sich zeigen, dass man mit Hilfe der hier gegebenen Definition des Abwicklungsmusters für Anteile und der völlig analogen Definitionen der Abwicklungsmuster für Quoten und Faktoren viele Verfahren der Schadenreservierung begründen kann.

Abwicklungsmuster für Quoten

Ein *Abwicklungsmuster für Quoten* liegt vor, wenn es Parameter $\gamma_0, \gamma_1, \ldots, \gamma_n$ gibt derart, dass für alle $k \in \{0, 1, \ldots, n\}$ und für alle $i \in \{0, 1, \ldots, n\}$

$$\frac{E[S_{i,k}]}{E[S_{i,n}]} = \gamma_k$$

gilt. In diesem Fall ist also für jedes Abwicklungsjahr $k \in \{0, 1, \ldots, n\}$ das Verhältnis zwischen dem erwarteten Schadenstand $E[S_{i,k}]$ und dem erwarteten Endschadenstand $E[S_{i,n}]$ für alle Anfalljahre $i \in \{0, 1, \ldots, n\}$ gleich. Es gilt

$$\gamma_n = 1$$

Die Gesamtheit der Parameter $\gamma_0, \gamma_1, \ldots, \gamma_n$ wird als *Abwicklungsmuster für Quoten* bezeichnet.

Abwicklungsmuster für Faktoren

Ein *Abwicklungsmuster für Faktoren* liegt vor, wenn es Parameter $\varphi_1, \ldots, \varphi_n$ gibt derart, dass für alle $k \in \{1, \ldots, n\}$ und für alle $i \in \{0, 1, \ldots, n\}$

$$\frac{E[S_{i,k}]}{E[S_{i,k-1}]} = \varphi_k$$

gilt. In diesem Fall ist also für jedes Abwicklungsjahr $k \in \{1, \ldots, n\}$ das Verhältnis zwischen dem erwarteten Schadenstand $E[S_{i,k}]$ und dem erwarteten vorherigen Schadenstand $E[S_{i,k-1}]$ für alle Anfalljahre $i \in \{0, 1, \ldots, n\}$ gleich. Die Gesamtheit der Parameter $\varphi_1, \ldots, \varphi_n$ wird als *Abwicklungsmuster für Faktoren* bezeichnet.

Äquivalenz der Abwicklungsmuster

Der folgende Satz zeigt, dass die Abwicklungsmuster für Anteile, Quoten und Faktoren in dem Sinne äquivalent sind, dass die Existenz eines dieser drei Abwicklungsmuster die Existenz jedes der beiden anderen Abwicklungsmuster impliziert, und er gibt zudem die Zusammenhänge zwischen den Parametern dieser drei Abwicklungsmuster an:

13.1.2 Satz. *Folgende Aussagen sind äquivalent:*
(a) *Es liegt ein Abwicklungsmuster* $\vartheta_0, \vartheta_1, \ldots, \vartheta_n$ *für Anteile vor.*
(b) *Es liegt ein Abwicklungsmuster* $\gamma_0, \gamma_1, \ldots, \gamma_n$ *für Quoten vor.*
(c) *Es liegt ein Abwicklungsmuster* $\varphi_1, \ldots, \varphi_n$ *für Faktoren vor.*
In diesem Fall gilt für alle $k \in \{0, 1, \ldots, n\}$

$$\sum_{l=0}^{k} \vartheta_l = \gamma_k = \prod_{l=k+1}^{n} \frac{1}{\varphi_l}$$

sowie

$$\vartheta_k = \begin{cases} \gamma_0 & \textit{falls } k = 0 \\ \gamma_k - \gamma_{k-1} & \textit{sonst} \end{cases}$$

für alle $k \in \{0, 1, \ldots, n\}$ *und*

$$\varphi_k = \frac{\gamma_k}{\gamma_{k-1}}$$

für alle $k \in \{1, \ldots, n\}$.

Die letzte Aussage des Satzes stellt das Abwicklungsmuster für Quoten in den Mittelpunkt. Der Grund hierfür liegt darin, dass das Abwicklungsmuster für Quoten die Grundlage für das Bornhuetter–Ferguson Prinzip bildet, unter dem sich viele Verfahren der Schadenreservierung in einheitlicher Form darstellen lassen; vgl. Abschnitt 14.6.

Im Fall von Schadenzahlen oder Schadenzahlungen kann man annehmen, dass für die Abwicklungsmuster für Anteile, Quoten und Faktoren auch die folgenden äquivalenten Bedingungen erfüllt sind:
- Für alle $k \in \{0, 1, \ldots, n\}$ gilt $\vartheta_k > 0$.
- Es gilt $0 < \gamma_0 < \gamma_1 < \cdots < \gamma_n$.
- Für alle $k \in \{1, \ldots, n\}$ gilt $\varphi_k > 1$.

Im Fall von Schadenaufwänden sind diese Bedingungen jedoch im Allgemeinen nicht erfüllt.

Schätzung der Parameter

Ein allgemeines Prinzip zur Konstruktion von Schätzern eines Parameters, der durch Erwartungswerte bestimmt ist, besteht darin, dass in einem ersten Schritt Schätzer dadurch definiert werden, dass die Erwartungswerte durch beobachtbare Zufallsvariable ersetzt werden, und dass im Fall der Existenz mehrerer derartiger Schätzer in einem zweiten Schritt aus diesen Schätzern ein gewichtetes Mittel gebildet wird.

Die direkte Schätzung der Abwicklungsmuster für Anteile oder Quoten auf der Grundlage der beobachtbaren Zuwächse und Schadenstände ist problematisch:

Da die Endschadenstände $S_{i,n}$ nur für das Anfalljahr $i = 0$ beobachtbar sind, stehen als direkte Schätzer für die vom Anfalljahr i unabhängigen Parameter $\vartheta_k = E[Z_{i,k}]/E[S_{i,n}]$ bzw. $\gamma_k = E[S_{i,k}]/E[S_{i,n}]$ der Abwicklungsmuster für Anteile bzw. Quoten nur die *empirischen individuellen Anteile*

$$\widehat{\vartheta}_{0,k} := \frac{Z_{0,k}}{S_{0,n}}$$

bzw. die *empirischen individuellen Quoten*

$$\widehat{\gamma}_{0,k} := \frac{S_{0,k}}{S_{0,n}}$$

zur Verfügung.

Für die Schätzung des Abwicklungsmusters für Faktoren hingegen steht eine Vielzahl von Schätzern zur Verfügung, denn nach dem oben genannten allgemeinen Prinzip zur Konstruktion von Schätzern ist für jedes Abwicklungsjahr $k \in \{1, \ldots, n\}$ jeder der *empirischen individuellen Faktoren*

$$\widehat{\varphi}_{i,k} := \frac{S_{i,k}}{S_{i,k-1}}$$

mit $i \in \{0, 1, \ldots, n-k\}$ ein Schätzer für φ_k, und dies gilt auch für jedes gewichtete Mittel

$$\widehat{\varphi}_k := \sum_{j=0}^{n-k} W_{j,k}\, \widehat{\varphi}_{j,k}$$

mit zufälligen beobachtbaren oder konstanten Gewichten $W_{j,k}$ mit

$$\sum_{j=0}^{n-k} W_{j,k} = 1$$

Der bekannteste Schätzer dieser Familie ist der *Chain–Ladder Faktor*

$$\varphi_k^{\mathrm{CL}} := \sum_{j=0}^{n-k} \frac{S_{j,k-1}}{\sum_{h=0}^{n-k} S_{h,k-1}}\, \widehat{\varphi}_{j,k} = \frac{\sum_{j=0}^{n-k} S_{j,k}}{\sum_{j=0}^{n-k} S_{j,k-1}}$$

der im Chain–Ladder Verfahren verwendet wird. Wir bezeichnen die Gesamtheit der Chain–Ladder Faktoren $\varphi_1^{\mathrm{CL}}, \ldots, \varphi_n^{\mathrm{CL}}$ als *Chain–Ladder Schätzer* für das Abwicklungsmuster für Faktoren.

Aus den Schätzern für eines der drei Abwicklungsmuster lassen sich Schätzer für jedes der beiden anderen Abwicklungsmuster gewinnen, indem man die Gleichungen für die Parameter aus Satz 13.1.2 auf ihre Schätzer überträgt.

Beispielsweise erhält man aus den Chain–Ladder Faktoren die *Chain–Ladder Quoten*

$$\gamma_k^{\mathrm{CL}} := \begin{cases} 1 & \text{falls } k = n \\ \gamma_{k+1}^{\mathrm{CL}} / \varphi_{k+1}^{\mathrm{CL}} & \text{sonst} \end{cases}$$

als Schätzer für die Quoten

$$\gamma_k = \begin{cases} 1 & \text{falls } k = n \\ \gamma_{k+1} / \varphi_{k+1} & \text{sonst} \end{cases}$$

und die *Chain–Ladder Anteile*

$$\vartheta_k^{\mathrm{CL}} := \begin{cases} \gamma_0^{\mathrm{CL}} & \text{falls } k = 0 \\ \gamma_k^{\mathrm{CL}} - \gamma_{k-1}^{\mathrm{CL}} & \text{sonst} \end{cases}$$

als Schätzer für die Anteile

$$\vartheta_k = \begin{cases} \gamma_0 & \text{falls } k = 0 \\ \gamma_k - \gamma_{k-1} & \text{sonst} \end{cases}$$

Wir illustrieren dies an einem Beispiel:

13.1.3 Beispiel. Wir betrachten das Abwicklungsdreieck für Schadenstände:

Anfall-jahr i	**Abwicklungsjahr** k					
	0	1	2	3	4	5
0	1001	1855	2423	2988	3335	3483
1	1113	2103	2774	3422	3844	
2	1265	2433	3233	3977		
3	1490	2873	3880			
4	1725	3261				
5	1889					
φ_k^{CL}		1.899	1.329	1.232	1.120	1.044
γ_k^{CL}	0.275	0.522	0.694	0.855	0.958	1
$\vartheta_k^{\mathrm{CL}}$	0.275	0.247	0.172	0.161	0.103	0.042

Hier wurden zunächst die Chain–Ladder Faktoren berechnet und aus ihnen die Chain–Ladder Quoten und schließlich die Chain–Ladder Anteile bestimmt.

Alternativ zu den in der Definition der Chain–Ladder Faktoren verwendeten Gewichten können die empirischen individuellen Abwicklungsfaktoren auch ganz anders gewichtet werden: Eine Möglichkeit besteht in der Wahl von $W_{j,k} := 1/(n-k+1)$ und damit einer gleichen Gewichtung aller Anfalljahre, die auf das arithmetische Mittel führt, und eine andere Möglichkeit besteht in der Wahl von Gewichten, die für junge Kalenderjahre groß und für alte Kalenderjahre klein sind. Die Wahl der Gewichte sollte die Qualität der Abwicklungsdaten berücksichtigen und/oder auf Optimalitätsbetrachtungen in einem stochastischen Modell beruhen.

Liegt ein Abwicklungsmuster vor?

Die Annahme, dass ein Abwicklungsmuster vorliegt, ist eine Annahme an die gemeinsame Verteilung aller Zuwächse oder Schadenstände. Ob die Annahme zutrifft oder nicht, lässt sich grundsätzlich nicht entscheiden, da die Verteilung unbekannt ist und von den beobachtbaren Schadenvariablen nur eine einzige Realisation und von den nichtbeobachtbaren Schadenvariablen überhaupt keine Realisation vorliegt. Die Frage, ob ein Abwicklungsmuster vorliegt oder nicht, ist falsch gestellt.

Die richtige Frage lautet: Ist die Annahme, dass ein Abwicklungsmuster vorliegt, vertretbar? Um diese Frage zu beantworten, kann man die Abwicklungsdaten auf der Grundlage der empirischen individuellen Abwicklungsfaktoren analysieren:

13.1.4 Beispiel. Wir betrachten das Abwicklungsdreieck für Schadenstände:

Anfall-jahr i	**Abwicklungsjahr** k 0	1	2	3	4	5
0	1001	1855	2423	2988	3335	3483
1	1113	2103	2774	3422	3844	
2	1265	2433	3233	3977		
3	1490	2873	3880			
4	1725	3261				
5	1889					

Für die empirischen individuellen Abwicklungsfaktoren erhält man die folgenden Werte:

Anfall-jahr i	**Abwicklungsjahr** k 0	1	2	3	4	5
0		1.853	1.306	1.233	1.116	1.044
1		1.889	1.319	1.234	1.123	
2		1.923	1.329	1.230		
3		1.928	1.351			
4		1.890				
5						

In jedem Abwicklungsjahr variieren die empirischen individuellen Abwicklungsfaktoren nur geringfügig; dies spricht für die Annahme, dass ein Abwicklungsmuster vorliegt. Andererseits weisen die empirischen individuellen Abwicklungsfaktoren des Abwicklungsjahres 2 einen Trend auf, und dieser Trend ist (mit Ausnahme des letzten Wertes) auch im Abwicklungsjahr 1 zu beobachten; dies weckt gewisse Zweifel an der Annahme.

Am Ende ist es Aufgabe des Aktuars, nach sorgfältiger Analyse der Daten zu entscheiden, ob er die Annahme, dass ein Abwicklungsmuster vorliegt, treffen will oder nicht (*actuarial judgement*).

13.2 Volumenmaße und Endschadenquoten

Volumenmaße dienen als Maß für den Geschäftsumfang eines Anfalljahres. Als *Volumenmaß* kommt insbesondere die Anzahl der Verträge, die Anzahl der Jahreseinheiten oder die Prämiensumme über alle Verträge in Betracht.

Der Begriff der Endschadenquote bezieht sich immer auf ein Volumenmaß. Da man unterschiedlich Volumenmaße betrachten kann, kann man folglich auch unterschiedlich Endschadenquoten betrachten.

Wir nehmen in diesem Abschnitt an, dass ein bestimmtes Volumenmaß gegeben ist und dass für dieses Volumenmaß die Werte $v_0, v_1, \ldots, v_n \in (0, \infty)$ für die einzelnen Anfalljahre vorliegen. Der Einfachheit halber bezeichnen wir diese Werte als *Volumenmaße der Anfalljahre*. Die *Endschadenquoten* bezüglich dem gegebenen Volumenmaß sind dann durch die Quotienten

$$\frac{S_{i,n}}{v_i}$$

gegeben und für ihre Erwartungswerte gilt

$$E\left[\frac{S_{i,n}}{v_i}\right] = \frac{E[S_{i,n}]}{v_i}$$

Die Ähnlichkeit der Endschadenquoten kann als ein Indiz für die Ähnlichkeit der Anfalljahre gewertet werden.

Eine *anfalljahrunabhängige erwartete Endschadenquote* liegt vor, wenn es einen Parameter κ gibt derart, dass für alle $i \in \{0, 1, \ldots, n\}$

$$E\left[\frac{S_{i,n}}{v_i}\right] = \kappa$$

gilt. In diesem Fall wird der Parameter κ als *anfalljahrunabhängige erwartete Endschadenquote* bezeichnet.

13.3 Abwicklungsmuster für Schadenquotenzuwächse

Auch in diesem Abschnitt nehmen wir an, dass ein bestimmtes Volumenmaß gegeben ist und dass für dieses Volumenmaß die Werte $v_0, v_1, \ldots, v_n \in (0, \infty)$ für die einzelnen Anfalljahre vorliegen. Wegen

$$\sum_{k=0}^{n} \frac{Z_{i,k}}{v_i} = \frac{S_{i,n}}{v_i}$$

bezeichnen wir die Quotienten

$$\frac{Z_{i,k}}{v_i}$$

als *Schadenquotenzuwächse*. Auch die Ähnlichkeit der Schadenquotenzuwächse der einzelnen Abwicklungsjahre kann als Indiz für die Ähnlichkeit der Anfalljahre gewertet werden.

Abwicklungsmuster für Schadenquotenzuwächse

Ein *Abwicklungsmuster für Schadenquotenzuwächse* liegt vor, wenn es Parameter $\zeta_0, \zeta_1, \ldots, \zeta_n$ gibt derart, dass für alle $k \in \{0, 1, \ldots, n\}$ und für alle $i \in \{0, 1, \ldots, n\}$

$$E\left[\frac{Z_{i,k}}{v_i}\right] = \zeta_k$$

gilt. In diesem Fall wird die Gesamtheit der Parameter $\zeta_0, \zeta_1, \ldots, \zeta_n$ wird als *Abwicklungsmuster für Schadenquotenzuwächse* bezeichnet.

13.3.1 Satz. *Die folgenden Aussagen sind äquivalent:*

(a) *Es liegt ein Abwicklungsmuster $\zeta_0, \zeta_1, \ldots, \zeta_n$ für Schadenquotenzuwächse vor.*

(b) *Es liegt ein Abwicklungsmuster $\vartheta_0, \vartheta_1, \ldots, \vartheta_n$ für Anteile und eine anfalljahrunabhängige Endschadenquote κ vor.*

(c) *Es liegt ein Abwicklungsmuster $\gamma_0, \gamma_1, \ldots, \gamma_n$ für Anteile und eine anfalljahrunabhängige Endschadenquote κ vor.*

In diesem Fall gilt

$$\kappa = \sum_{k=0}^{n} \zeta_k$$

und es gilt

$$\vartheta_k = \frac{\zeta_k}{\kappa}$$

sowie

$$\gamma_k = \frac{1}{\kappa} \sum_{l=0}^{k} \zeta_l$$

für alle $k \in \{0, 1, \ldots, n\}$.

Beweis. Sei zunächst $\zeta_0, \zeta_1, \ldots, \zeta_n$ ein Abwicklungsmuster für Schadenquotenzuwächse. Sei

$$\kappa := \sum_{k=0}^{n} \zeta_k$$

und für alle $k \in \{0, 1, \ldots, n\}$ sei

$$\vartheta_k := \frac{\zeta_k}{\kappa}$$

Dann gilt für alle $i \in \{0, 1, \ldots, n\}$

$$E\left[\frac{S_{i,n}}{v_i}\right] = \sum_{k=0}^{n} E\left[\frac{Z_{i,k}}{v_i}\right] = \sum_{k=0}^{n} \zeta_k = \kappa$$

und für alle $k \in \{0, 1, \ldots, n\}$ gilt für alle $i \in \{0, 1, \ldots, n\}$

$$\frac{E[Z_{i,k}]}{E[S_{i,n}]} = \frac{E[Z_{i,k}]/v_i}{E[S_{i,n}]/v_i} = \frac{E[Z_{i,k}/v_i]}{E[S_{i,n}/v_i]} = \frac{\zeta_k}{\kappa} = \vartheta_k$$

Daher ist κ eine anfalljahrunabhängige erwartete Endschadenquote, und $\vartheta_0, \vartheta_1, \ldots, \vartheta_n$ ist ein Abwicklungsmuster für Anteile.
Sei nun $\vartheta_0, \vartheta_1, \ldots, \vartheta_n$ ein Abwicklungsmuster für Anteile und sei κ eine anfalljahrunabhängige erwartete Endschadenquote. Für $k \in \{0, 1, \ldots, n\}$ sei

$$\zeta_k := \vartheta_k \, \kappa$$

Dann gilt für alle $k \in \{0, 1, \ldots, n\}$ und für alle $i \in \{0, 1, \ldots, n\}$

$$E\left[\frac{Z_{i,k}}{v_i}\right] = \frac{E[Z_{i,k}]}{v_i} = \frac{E[Z_{i,k}]}{E[S_{i,n}]} \, \frac{E[S_{i,n}]}{v_i} = \frac{E[Z_{i,k}]}{E[S_{i,n}]} \, E\left[\frac{S_{i,n}}{v_i}\right] = \vartheta_k \, \kappa = \zeta_k$$

Daher ist $\zeta_0, \zeta_1, \ldots, \zeta_n$ ein Abwicklungsmuster für Schadenquotenzuwächse. Damit ist die Äquivalenz von (a) und (b) gezeigt, und die Äquivalent von (b) und (c) ist nach Satz 13.1.2 klar. □

Schätzung der Parameter

Für die Schätzung des Abwicklungsmusters für Schadenquotenzuwächse steht eine Vielzahl von Schätzern zur Verfügung, denn für jedes Abwicklungsjahr $k \in \{1, \ldots, n\}$ ist jeder der *empirischen individuellen Schadenquotenzuwächse*

$$\widehat{\zeta}_{i,k} := \frac{Z_{i,k}}{v_i}$$

mit $i \in \{0, 1, \ldots, n-k\}$ ein Schätzer für ζ_k, und dies gilt auch für jedes gewichtete Mittel

$$\widehat{\zeta}_k := \sum_{j=0}^{n-k} W_{j,k} \, \widehat{\zeta}_{j,k}$$

mit zufälligen beobachtbaren oder konstanten Gewichten $W_{j,k}$ mit

$$\sum_{j=0}^{n-k} W_{j,k} = 1$$

Der bekannteste Schätzer dieser Familie ist der *additive Schadenquotenzuwachs*

$$\zeta_k^{\mathrm{AD}} := \sum_{j=0}^{n-k} \frac{v_j}{\sum_{h=0}^{n-k} v_h} \widehat{\zeta}_{j,k} = \frac{\sum_{j=0}^{n-k} Z_{j,k}}{\sum_{j=0}^{n-k} v_j}$$

der im additiven Verfahren verwendet wird. Wir bezeichnen die Gesamtheit der Schätzer $\zeta_0^{\mathrm{AD}}, \zeta_1^{\mathrm{AD}}, \ldots, \zeta_n^{\mathrm{AD}}$ als *additive Schätzer* für das Abwicklungsmuster für Schadenquotenzuwächse.

Aus den Schätzern für das Abwicklungsmuster für Schadenquotenzuwächse lassen sich Schätzer für die anfalljahrunabhängige Endschadenquote und Schätzer für die Abwicklungsmuster für Anteile, Quoten oder Faktoren gewinnen, indem man die Gleichungen für die Parameter aus Satz 13.3.1 und Satz 13.1.2 auf ihre Schätzer überträgt. Beispielsweise erhält man aus den additiven Schadenquotenzuwächsen die *additive Endschadenquote*

$$\kappa^{\mathrm{AD}} := \sum_{k=0}^{n} \zeta_k^{\mathrm{AD}}$$

als Schätzer für die anfalljahrunabhängige Endschadenquote $\kappa = \sum_{k=0}^{n} \zeta_k$ und die *additiven Anteile*

$$\vartheta_k^{\mathrm{AD}} := \frac{\zeta_k^{\mathrm{AD}}}{\kappa^{\mathrm{AD}}}$$

als Schätzer für die Anteile $\vartheta_k = \zeta_k/\kappa$ und sodann die *additiven Quoten*

$$\gamma_k^{\mathrm{AD}} := \sum_{l=0}^{k} \vartheta_l^{\mathrm{AD}} = \frac{1}{\kappa^{\mathrm{AD}}} \sum_{l=0}^{k} \zeta_l^{\mathrm{AD}}$$

als Schätzer für die Quoten $\gamma_k = \sum_{l=0}^{k} \vartheta_l$ und die *additiven Faktoren*

$$\varphi_k^{\mathrm{AD}} := \frac{\gamma_k^{\mathrm{AD}}}{\gamma_{k-1}^{\mathrm{AD}}}$$

als Schätzer für die Faktoren $\varphi_k = \gamma_k/\gamma_{k-1}$. Wir illustrieren dies an einem Beispiel:

13.3.2 Beispiel. Wir betrachten das Abwicklungsdreieck für Zuwächse, das um Volumenmaße für die Anfalljahre erweitert ist:

Anfall-jahr i	Abwicklungsjahr k 0	1	2	3	4	5	Volumen v_i
0	1001	854	568	565	347	148	4025
1	1113	990	671	648	422		4456
2	1265	1168	800	744			5315
3	1490	1383	1007				5986
4	1725	2536					6939
5	1889						8158
ζ_k^{AD}	0.243	0.222	0.154	0.142	0.091	0.037	$\kappa^{\text{AD}} = 0.888$
ϑ_k^{AD}	0.274	0.250	0.173	0.160	0.102	0.041	
γ_k^{AD}	0.274	0.524	0.697	0.857	0.959	1	
φ_k^{AD}		1.913	1.331	1.229	1.119	1.043	

Hier wurden zunächst die additiven Schadenquotenzuwächse berechnet, sodann die additive Endschadenquote und danach die additiven Anteile, Quoten und Faktoren.

Alternativ zu den in der Definition der additiven Schadenquotenzuwächse verwendeten Gewichten können die empirischen individuellen Schadenquotenzuwächse auch anders gewichtet werden; vgl. Abschnitt 13.1.

Wir betrachten nun allgemein die Schätzung einer anfalljahrunabhängigen Endschadenquote κ. Dazu nehmen wir an, dass Schätzer

$$\widehat{\gamma}_0, \widehat{\gamma}_1, \ldots, \widehat{\gamma}_n$$

für das Abwicklungsmuster für Quoten gegeben sind.

Für alle $i \in \{0, 1, \ldots, n\}$ gilt

$$E\left[\frac{S_{i,n-i}}{\gamma_{n-i}\, v_i}\right] = \frac{E[S_{i,n-i}]}{v_i} \, \frac{1}{\gamma_{n-i}} = \frac{E[S_{i,n-i}]}{v_i} \, \frac{E[S_{i,n}]}{E[S_{i,n-i}]} = E\left[\frac{S_{i,n}}{v_i}\right] = \kappa$$

Daher ist jede der *empirischen individuellen Endschadenquoten*

$$\widehat{\kappa}_i := \frac{S_{i,n-i}}{\widehat{\gamma}_{n-i}\, v_i}$$

mit $i \in \{0, 1, \ldots, n\}$ ein Schätzer für κ, und dies gilt auch für jedes gewichtete Mittel

$$\widehat{\kappa} := \sum_{j=0}^{n} W_j \, \widehat{\kappa}_j$$

mit zufälligen beobachtbaren oder konstanten Gewichten $W_{j,k}$ mit

$$\sum_{j=0}^{n} W_j = 1$$

Der bekannteste Schätzer dieser Familie ist die *Cape–Cod Endschadenquote*

$$\kappa^{\mathrm{CC}} = \sum_{j=0}^{n} \frac{\widehat{\gamma}_{n-j}\, v_j}{\sum_{h=0}^{n} \widehat{\gamma}_{n-h}\, v_h} \, \frac{S_{j,n-j}}{\widehat{\gamma}_{n-j}\, v_j} = \frac{\sum_{j=0}^{n} S_{j,n-j}}{\sum_{j=0}^{n} \widehat{\gamma}_{n-j}\, v_j}$$

die im Cape–Cod Verfahren verwendet wird.

Sind die Volumenmaße Prämien, so bezeichnet man

$$\widehat{\gamma}_{n-i}\, v_i$$

als *verbrauchte Prämie* des Anfalljahres $i \in \{0, 1, \ldots, n\}$. Diesem Begriff liegt die Vorstellung zugrunde, dass die Prämien entsprechend dem Abwicklungsmuster verbraucht werden; von der Prämie v_i des Anfalljahres ist dann am Ende des letzten beobachtbaren Abwicklungsjahres $n-i$ der Anteil $\gamma_{n-i}\, v_i$ verbraucht und $\widehat{\gamma}_{n-i}\, v_i$ ist ein Schätzer für diesen Wert.

13.3.3 Beispiel. Für die Berechnung der Cape–Cod Endschadenquote benötigt man die aktuellen Schadenstände sowie die Volumenmaße und die Schätzer des Abwicklungsmusters für Quoten:

Anfall-	**Abwicklungsjahr** k						**Volumen**
jahr i	0	1	2	3	4	5	v_i
0						3483	4025
1					3844		4456
2				3977			5315
3			3880				5986
4		3261					6939
5	1889						8158
$\widehat{\gamma}_k$	0.280	0.510	0.700	0.860	0.950	1	

Die Produkte der Schätzer der Quoten mit den Volumenmaßen kann man gemäß

Anfall-	**Abwicklungsjahr** k						**Volumen**
jahr i	0	1	2	3	4	5	v_i
0						4025	4025
1					4233		4456
2				4571			5315
3			4190				5986
4		3539					6939
5	2284						8158
$\widehat{\gamma}_k$	0.280	0.510	0.700	0.860	0.950	1	

tabellarisch berechnen und erhält dann mit

$$\kappa^{\mathrm{CC}} = \frac{1889 + 3261 + 3880 + 3977 + 3844 + 3483}{2284 + 3539 + 4190 + 4571 + 4233 + 4025} = 0.89$$

die Cape–Cod Endschadenquote.

Aus den Schätzern für das Abwicklungsmuster für Quoten kann man mit Hilfe der zugehörigen Schätzer für das Abwicklungsmuster für Anteile und der zugehörigen Cape–Cod Endschadenquote Schätzer für das Abwicklungsmuster für Schadenquotenzuwächse gewinnen, indem man die entsprechende Gleichung für die Parameter aus Satz 13.1.2 auf ihre Schätzer überträgt. Auf diese Weise erhält man die *Cape–Cod Schadenquotenzuwächse*

$$\zeta_k^{\mathrm{CC}} := \widehat{\vartheta}_k \, \kappa^{\mathrm{CC}}$$

als Schätzer für die Schadenquotenzuwächse ζ_k.

Ein vielleicht überraschender Effekt stellt sich ein, wenn man die Cape–Cod Endschadenquote auf der Grundlage der additiven Quoten berechnet; vgl. Schmidt [2009; Lemma 14.3.6]:

13.3.4 Lemma. *Für alle $k \in \{0, 1, \ldots, n\}$ sei $\widehat{\gamma}_k := \gamma_k^{\mathrm{AD}}$. Dann gilt*

$$\kappa^{\mathrm{CC}} = \kappa^{\mathrm{AD}}$$

Beweis. Es gilt

$$\begin{aligned}
\kappa^{\mathrm{AD}} \sum_{i=0}^{n} \gamma_{n-i}^{\mathrm{AD}} v_i &= \kappa^{\mathrm{AD}} \sum_{i=0}^{n} \left(\frac{1}{\kappa^{\mathrm{AD}}} \sum_{k=0}^{n-i} \zeta_k^{\mathrm{AD}} \right) v_i \\
&= \sum_{i=0}^{n} \sum_{k=0}^{n-i} \zeta_k^{\mathrm{AD}} \, v_i \\
&= \sum_{k=0}^{n} \zeta_k^{\mathrm{AD}} \sum_{i=0}^{n-k} v_i \\
&= \sum_{k=0}^{n} \sum_{i=0}^{n-k} Z_{i,k} \\
&= \sum_{i=0}^{n} \sum_{k=0}^{n-i} Z_{i,k} \\
&= \sum_{i=0}^{n} S_{i,n-i}
\end{aligned}$$

und damit $\kappa^{\mathrm{AD}} = \kappa^{\mathrm{CC}}$. □

Liegt ein Abwicklungsmuster für Schadenquotenzuwächse vor?

Analog zur Diskussion in Abschnitt 13.1 kann man die Abwicklungsdaten auf der Grundlage der empirischen individuellen Schadenquotenzuwächse analysieren:

13.3.5 Beispiel. Wir betrachten das Abwicklungsdreieck für Zuwächse, das um Volumenmaße für die Anfalljahre erweitert ist:

Anfall-	**Abwicklungsjahr** k						**Volumen**
jahr i	0	1	2	3	4	5	v_i
0	1001	854	568	565	347	148	4025
1	1113	990	671	648	422		4456
2	1265	1168	800	744			5315
3	1490	1383	1007				5986
4	1725	2536					6939
5	1889						8158

Für die empirischen individuellen Schadenquotenzuwächse erhält man die folgenden Werte:

Anfall-	**Abwicklungsjahr** k					
jahr i	0	1	2	3	4	5
0	0.249	0.212	0.141	0.140	0.086	0.037
1	0.250	0.222	0.151	0.145	0.095	
2	0.238	0.220	0.151	0.140		
3	0.249	0.231	0.168			
4	0.249	0.221				
5	0.232					

In jedem Abwicklungsjahr variieren die empirischen individuellen Schadenquotenzuwächse nur geringfügig; dies spricht für die Annahme, dass ein Abwicklungsmuster für Schadenquotenzuwächse vorliegt. Andererseits weisen die empirischen individuellen Schadenquotenzuwächse des Abwicklungsjahres 2 einen Trend auf; dies weckt Zweifel an der Annahme.

14

Basisverfahren und Bornhuetter–Ferguson Prinzip

In diesem Kapitel behandeln wir die Basisverfahren der Schadenreservierung.

Wir betrachten zunächst drei Verfahren, die auf einem Abwicklungsmuster für Anteile, Quoten oder Faktoren beruhen. Dabei beginnen wir mit dem Chain–Ladder Verfahren (Abschnitt 14.1) und untersuchen dann seine Verallgemeinerungen zum Loss–Development Verfahren (Abschnitt 14.2) und zum Bornhuetter–Ferguson Verfahren (Abschnitt 14.3).

Wir betrachten sodann zwei Verfahren, die auf dem Abwicklungsmuster für Schadenquotenzuwächse beruhen und damit neben einem Abwicklungsmuster für Anteile, Quoten oder Faktoren auch Volumenmaße für die Anfalljahre und eine anfalljahrunabhängige Endschadenquote voraussetzen. Dabei beginnen wir mit dem additiven Verfahren (Abschnitt 14.4) und untersuchen dann seine Verallgemeinerung zum Cape–Cod Verfahren (Abschnitt 14.5).

Es stellt sich heraus, dass unter all diesen Verfahren das Bornhuetter–Ferguson Verfahren eine zentrale Stellung einnimmt. Diese Beobachtung führt auf das Bornhuetter–Ferguson Prinzip (Abschnitt 14.6), das zum einen eine einheitliche Darstellung aller hier behandelten Basisverfahren gestattet und zum anderen die Möglichkeit bietet, neue Verfahren zur Schadenreservierung zu konstruieren.

14.1 Chain–Ladder Verfahren

In diesem Abschnitt betrachten wir das Chain–Ladder Verfahren sowie das Grossing–Up Verfahren und das Marginalsummenverfahren, die beide dem Chain–Ladder Verfahren verwandt sind, da sie auf dieselben Prädiktoren führen wie das Chain–Ladder Verfahren; vgl. Lorenz und Schmidt [1999].

H.-W. Goelden et al., *Schadenversicherungsmathematik*, DOI 10.1007/978-3-662-48860-7_15

Chain–Ladder Verfahren

Das Chain–Ladder Verfahren ist das bekannteste und wohl auch das älteste Verfahren der Schadenreservierung; es wurde vermutlich erstmals von Tarbell [1934] anhand eines Zahlenbeispiels beschrieben.

Das Chain–Ladder Verfahren beruht ausschließlich auf den beobachtbaren Schadenständen und zielt in erster Linie auf die Prognose der zukünftigen Schadenstände. Es besteht aus zwei Schritten:

- Im ersten Schritt wird für jedes Abwicklungsjahr $k \in \{1, \dots, n\}$ der *Chain–Ladder Faktor*

$$\varphi_k^{\text{CL}} = \sum_{j=0}^{n-k} \frac{S_{j,k-1}}{\sum_{h=0}^{n-k} S_{h,k-1}} \, \widehat{\varphi}_{j,k} = \frac{\sum_{j=0}^{n-k} S_{j,k}}{\sum_{j=0}^{n-k} S_{j,k-1}}$$

  berechnet.
- Im zweiten Schritt wird für jedes Anfalljahr $i \in \{0, 1, \dots, n\}$ und jedes Abwicklungsjahr $k \in \{0, 1, \dots, n\}$ mit $i + k \geq n + 1$ der *Chain–Ladder Prädiktor*

$$S_{i,k}^{\text{CL}} := S_{i,n-i} \prod_{l=n-i+1}^{k} \varphi_l^{\text{CL}}$$

  für den zukünftigen Schadenstand $S_{i,k}$ berechnet.

Wegen

$$S_{i,k}^{\text{CL}} = \begin{cases} S_{i,n-i}\, \varphi_{n-i+1}^{\text{CL}} & \text{falls } k = n - i + 1 \\ S_{i,k-1}^{\text{CL}}\, \varphi_k^{\text{CL}} & \text{sonst} \end{cases}$$

lassen sich die Chain–Ladder Prädiktoren der zukünftigen Schadenstände eines gegebenen Anfalljahres rekursiv berechnen.

Das Chain–Ladder Verfahren beruht auf der Annahme, dass ein Abwicklungsmuster $\varphi_1, \dots, \varphi_n$ für Faktoren vorliegt, denn aus dieser Annahme ergibt sich für die erwarteten zukünftigen Schadenstände die Gleichung

$$E[S_{i,k}] = E[S_{i,n-i}] \prod_{l=n-i+1}^{k} \frac{E[S_{i,l}]}{E[S_{i,l-1}]} = E[S_{i,n-i}] \prod_{l=n-i+1}^{k} \varphi_l$$

Ersetzt man in dieser Gleichung

- die unbekannten Parameter des Abwicklungsmusters durch die Chain–Ladder Faktoren,
- den Erwartungswert des beobachtbaren aktuellen Schadenstandes durch den aktuellen Schadenstand und
- den Erwartungswert des zukünftigen Schadenstandes durch einen Prädiktor des zukünftigen Schadenstandes,

so erhält man gerade die Definition des Chain–Ladder Prädiktors für den zukünftigen Schadenstand.

14.1.1 Beispiel. Aus dem Abwicklungsdreieck für Schadenstände

Anfall-	**Abwicklungsjahr** k					
jahr i	0	1	2	3	4	5
0	1001	1855	2423	2988	3335	3483
1	1113	2103	2774	3422	3844	
2	1265	2433	3233	3977		
3	1490	2873	3880			
4	1725	3261				
5	1889					

erhält man zunächst mit

Anfall-	**Abwicklungsjahr** k					
jahr i	0	1	2	3	4	5
0	1001	1855	2423	2988	3335	3483
1	1113	2103	2774	3422	3844	
2	1265	2433	3233	3977		
3	1490	2873	3880			
4	1725	3261				
5	1889					
φ_k^{CL}		1.899	1.329	1.232	1.120	1.044

die Chain–Ladder Faktoren und sodann aus den aktuellen Schadenständen und den Chain–Ladder Faktoren mit

Anfall-	**Abwicklungsjahr** k					
jahr i	0	1	2	3	4	5
0						3483
1					3844	4015
2				3977	4454	4652
3			3880	4781	5354	5592
4		3261	4333	5339	5980	6245
5	1889	3588	4768	5875	6579	6871
φ_k^{CL}		1.899	1.329	1.232	1.120	1.044

die Chain–Ladder Prädiktoren der zukünftigen Schadenstände.

Für die zukünftigen Zuwächse $Z_{i,k}$ mit $i, k \in \{0, 1. \dots, n\}$ und $i + k \geq n + 1$ gilt

$$Z_{i,k} = S_{i,k} - S_{i,k-1}$$

und für die Anfalljahrreserven R_i mit $i \in \{1, \dots, n\}$, die Kalenderjahrreserven $R_{(c)}$ mit $c \in \{n+1, \dots, 2n\}$ und die Gesamtreserve R gilt

$$R_i = \sum_{l=n-i+1}^{n} Z_{i,l}$$

$$R_{(c)} = \sum_{l=c-n}^{n} Z_{c-l,l}$$

$$R = \sum_{j=1}^{n} \sum_{l=n-j+1}^{n} Z_{j,l}$$

Daher werden die *Chain–Ladder Prädiktoren* der zukünftigen Zuwächse durch

$$Z_{i,k}^{\mathrm{CL}} = \begin{cases} S_{i,n-i+1}^{\mathrm{CL}} - S_{i,n-i} & \text{falls } k = n-i+1 \\ S_{i,k}^{\mathrm{CL}} - S_{i,k-1}^{\mathrm{CL}} & \text{sonst} \end{cases}$$

und die *Chain–Ladder Prädiktoren* der Reserven durch

$$R_i^{\mathrm{CL}} = \sum_{l=n-i+1}^{n} Z_{i,l}^{\mathrm{CL}}$$

$$R_{(c)}^{\mathrm{CL}} = \sum_{l=c-n}^{n} Z_{c-l,l}^{\mathrm{CL}}$$

$$R^{\mathrm{CL}} = \sum_{j=1}^{n} \sum_{l=n-j+1}^{n} Z_{j,l}^{\mathrm{CL}}$$

definiert.

Ergänzend und im Hinblick auf einige andere Verfahren sei bemerkt, dass die Chain–Ladder Prädiktoren der zukünftigen Schadenstände aufgrund der Gleichung

$$\gamma_k^{\mathrm{CL}} = \prod_{l=k+1}^{n} \frac{1}{\varphi_l^{\mathrm{CL}}}$$

auch mit Hilfe der Chain–Ladder Quoten in der Form

$$S_{i,k}^{\mathrm{CL}} = \gamma_k^{\mathrm{CL}} \, \frac{S_{i,n-i}}{\gamma_{n-i}^{\mathrm{CL}}}$$

dargestellt werden können. Dies ist Dreisatz, denn nach der letzten Gleichung geht man vom aktuellen Schadenstand $S_{i,n-i}$ wegen $\gamma_n^{\mathrm{CL}} = 1$ zunächst zum Chain–Ladder Prädiktor

$$S_{i,n}^{\mathrm{CL}} = \frac{S_{i,n-i}}{\gamma_{n-i}^{\mathrm{CL}}}$$

des Endschadenstandes $S_{i,n}$ und sodann zum Chain–Ladder Prädiktor

$$S_{i,k}^{\mathrm{CL}} = \gamma_k^{\mathrm{CL}} \, S_{i,n}^{\mathrm{CL}}$$

des zukünftigen Schadenstandes $S_{i,k}$ über.

Grossing–Up Verfahren

Wie das Chain–Ladder Verfahren beruht auch das Grossing–Up Verfahren ausschließlich auf den beobachtbaren Schadenständen. Im Gegensatz zum Chain–Ladder Verfahren, bei dem für jedes Anfalljahr sukzessiv die Prädiktoren für alle zukünftigen Schadenstände bestimmt werden, zielt jedoch das Grossing–Up Verfahren direkt auf die Prognose der Endschadenstände.

Das Grossing–Up Verfahren ist ein rekursives Verfahren. Es besteht darin, dass für jedes Anfalljahr $i \in \{0, 1, \dots, n\}$ zunächst

– die *Grossing–Up Quote*

$$\gamma_{n-i}^{\mathrm{GU}} := \begin{cases} 1 & \text{falls } i = 0 \\ \dfrac{\sum_{j=0}^{i-1} S_{j,n-i}}{\sum_{j=0}^{i-1} S_{j,n}^{\mathrm{GU}}} & \text{sonst} \end{cases}$$

  und sodann

– der *Grossing–Up Prädiktor*

$$S_{i,n}^{\mathrm{GU}} := \frac{S_{i,n-i}}{\gamma_{n-i}^{\mathrm{GU}}}$$

  für den Endschadenstand $S_{i,n}$

berechnet wird. Es gilt $S_{0,n}^{\mathrm{GU}} = S_{0,n}$. Die Grossing–Up Schätzer $S_{i,n}^{\mathrm{GU}}$ für die Endschadenstände werden auch als *Grossing–Up Endschadenstände* bezeichnet.

Das Grossing–Up Verfahren beruht auf der Annahme, dass ein Abwicklungsmuster $\gamma_0, \gamma_1, \dots, \gamma_n$ für Quoten vorliegt, denn aus dieser Annahme ergibt sich für die erwarteten Endschadenstände die Gleichung

$$E[S_{i,n}] = E[S_{i,n-i}] \, \frac{E[S_{i,n}]}{E[S_{i,n-i}]} = E[S_{i,n-i}] \, \frac{1}{\gamma_{n-i}} = \frac{E[S_{i,n-i}]}{\gamma_{n-i}}$$

Ersetzt man in dieser Gleichung

– den unbekannten Parameter des Abwicklungsmusters durch die Grossing–Up Quote,
– den Erwartungswert des beobachtbaren aktuellen Schadenstandes durch den aktuellen Schadenstand und
– den Erwartungswert des Endschadenstandes durch einen Prädiktor des Endschadenstandes,

so erhält man gerade die Definition des Grossing–Up Prädiktors für den Endschadenstand.

14.1.2 Beispiel. Aus dem Abwicklungsdreieck für Schadenstände

Anfall-	**Abwicklungsjahr** k					
jahr i	0	1	2	3	4	5
0	1001	1855	2423	2988	3335	3483
1	1113	2103	2774	3422	3844	
2	1265	2433	3233	3977		
3	1490	2873	3880			
4	1725	3261				
5	1889					

erhält man mit

Anfall-	**Abwicklungsjahr** k					
jahr i	0	1	2	3	4	5
0	1001	1855	2423	2988	3335	3483
1	1113	2103	2774	3422	3844	4015
2	1265	2433	3233	3977		4652
3	1490	2873	3880			5592
4	1725	3261				6245
5	1889					6871
γ_k^{GU}	0.275	0.522	0.694	0.855	0.958	1

rekursiv die Grossing–Up Quoten und die Grossing–Up Endschadenstände.

Aus den Grossing–Up Endschadenständen und den Grossing–Up Quoten erhält man für alle $i \in \{0, 1, \ldots, n\}$ und $k \in \{0, 1, \ldots, n-1\}$ mit $i + k \geq n + 1$ die *Grossing–Up Prädiktoren*

$$S_{i,k}^{\text{GU}} := \gamma_k^{\text{GU}} \, S_{i,n}^{\text{GU}} = \gamma_k^{\text{GU}} \, \frac{S_{i,n-i}}{\gamma_{n-i}^{\text{GU}}}$$

der übrigen zukünftigen Schadenstände.

14.1.3 Beispiel. Aus den Grossing–Up Quoten und den Grossing–Up Endschadenständen

Anfall-	**Abwicklungsjahr** k					
jahr i	0	1	2	3	4	5
0						3483
1						4015
2						4652
3						5592
4						6245
5						6871
γ_k^{GU}	0.275	0.522	0.694	0.855	0.958	1

erhält man mit

Anfall- jahr i	Abwicklungsjahr k 0	1	2	3	4	5
0						
1						4015
2					4454	4652
3				4781	5354	5592
4			4333	5339	5980	6245
5		3588	4768	5875	6579	6871
γ_k^{GU}	0.275	0.522	0.694	0.855	0.958	1

die Grossing–Up Prädiktoren aller zukünftigen Schadenstände.

Damit sind die Grossing–Up Prädiktoren aller zukünftigen Schadenstände gegeben. Ausgehend von den Grossing–Up Prädiktoren der zukünftigen Schadenstände definiert man dann wie beim Chain–Ladder Verfahren die *Grossing–Up Prädiktoren* der zukünftigen Zuwächse und der Reserven.

Es fällt auf, dass die in Beispiel 14.1.3 berechneten Grossing–Up Prädiktoren für die zukünftigen Schadenstände mit den in Beispiel 14.1.1 berechneten Chain–Ladder Prädiktoren übereinstimmen. Dies ist kein Zufall, denn es gilt das folgende Lemma; vgl. Schmidt [2012; Lemma 13.4.3]:

14.1.4 Lemma. *Für alle* $k \in \{0, 1, \ldots, n\}$ *gilt* $\gamma_k^{\text{GU}} = \gamma_k^{\text{CL}}$.

Wegen

$$S_{i,k}^{\text{GU}} = \gamma_k^{\text{GU}} \frac{S_{i,n-i}}{\gamma_{n-i}^{\text{GU}}} \qquad \text{und} \qquad S_{i,k}^{\text{CL}} = \gamma_k^{\text{CL}} \frac{S_{i,n-i}}{\gamma_{n-i}^{\text{CL}}}$$

ergibt sich aus dem Lemma sofort der folgende Satz; vgl. Schmidt [2012; Satz 13.4.4]:

14.1.5 Satz. *Für alle* $i, k \in \{0, 1, \ldots, n\}$ *mit* $i + k \geq n + 1$ *gilt* $S_{i,k}^{\text{GU}} = S_{i,k}^{\text{CL}}$.

Aufgrund des Satzes stimmen die Grossing–Up Prädiktoren und die Chain–Ladder Prädiktoren für die zukünftigen Schadenstände stets überein.

Marginalsummenverfahren

Das Marginalsummenverfahren beruht auf der Annahme, dass ein Abwicklungsmuster $\vartheta_0, \vartheta_1, \ldots, \vartheta_n$ für Anteile vorliegt. Diese Annahme ist genau dann erfüllt, wenn es Parameter $\alpha_0, \alpha_1, \ldots, \alpha_n$ und $\vartheta_0, \vartheta_1, \ldots, \vartheta_n$ gibt mit

$$E[Z_{i,k}] = \alpha_i \vartheta_k$$

für alle $i, k \in \{0, 1, \ldots, n\}$ und $\sum_{k=0}^{n} \vartheta_k = 1$, und in diesem Fall gilt für alle $i \in \{0, 1, \ldots, n\}$

$$E[S_{i,n}] = \alpha_i$$

Mit dem Abwicklungsmuster für Anteile liegt also das *multiplikative Modell* für Zuwächse mit

$$E[Z_{i,k}] = \alpha_i \vartheta_k$$

für alle $i, k \in \{0, 1, \ldots, n\}$ und $\sum_{k=0}^{n} \vartheta_k = 1$ vor. Es liegt daher nahe, zur Schätzung der Parameter das Marginalsummenverfahren zu verwenden, das auch zur Schätzung der Parameter in multiplikativen Modellen der Tarifierung verwendet wird; vgl. Abschnitt 9.2.

Das Marginalsummenverfahren zielt primär auf die Schätzung der Parameter $\alpha_0, \alpha_1, \ldots, \alpha_n$ und $\vartheta_0, \vartheta_1, \ldots, \vartheta_n$ des multiplikativen Modells für Zuwächse. Es beruht auf den *Marginalsummengleichungen*

$$\sum_{k=0}^{n-i} \widehat{\alpha}_i \, \widehat{\vartheta}_k = \sum_{k=0}^{n-i} Z_{i,k} \qquad \text{für alle } i \in \{0, 1, \ldots, n\}$$
$$\sum_{i=0}^{n-k} \widehat{\alpha}_i \, \widehat{\vartheta}_k = \sum_{i=0}^{n-k} Z_{i,k} \qquad \text{für alle } k \in \{0, 1, \ldots, n\}$$

und der Nebenbedingung

$$\sum_{k=0}^{n} \widehat{\vartheta}_k = 1$$

zur Bestimmung von Schätzern der Parameter des multiplikativen Modells. Die Marginalsummengleichungen entsprechen den Gleichungen

$$\sum_{k=0}^{n-i} \alpha_i \vartheta_k = \sum_{k=0}^{n-i} E[Z_{i,k}] \qquad \text{für alle } i \in \{0, 1, \ldots, n\}$$
$$\sum_{i=0}^{n-k} \alpha_i \vartheta_k = \sum_{i=0}^{n-k} E[Z_{i,k}] \qquad \text{für alle } k \in \{0, 1, \ldots, n\}$$

die sich durch Summation aus den Gleichungen $\alpha_i \vartheta_k = E[Z_{i,k}]$ des multiplikativen Modells ergeben, und die Nebenbedingung entspricht der Bedingung

$$\sum_{k=0}^{n} \vartheta_k = 1$$

an das Abwicklungsmuster für Anteile. Die oberen Summationsgrenzen in den Marginalsummengleichungen ergeben sich daraus, dass die Zuwächse $Z_{i,k}$ nur für $i + k \leq n$ beobachtbar sind.

Es gilt der folgende Satz; vgl. Schmidt [2012; Satz 13.5.2]:

14.1.6 Satz. *Für Zufallsvariable* $\widehat{\alpha}_0, \widehat{\alpha}_1, \dots, \widehat{\alpha}_n$ *und* $\widehat{\vartheta}_0, \widehat{\vartheta}_1, \dots, \widehat{\vartheta}_n$ *sind die folgenden Bedingungen äquivalent:*
(a) $\widehat{\alpha}_0, \widehat{\alpha}_1, \dots, \widehat{\alpha}_n$ *und* $\widehat{\vartheta}_0, \widehat{\vartheta}_1, \dots, \widehat{\vartheta}_n$ *lösen die Marginalsummengleichungen und erfüllen die Nebenbedingung.*
(b) *Für alle* $i, k \in \{0, 1, \dots, n\}$ *gilt* $\widehat{\alpha}_i = S_{i,n}^{\mathrm{CL}}$ *und* $\widehat{\vartheta}_k = \vartheta_k^{\mathrm{CL}}$.

Aufgrund des Satzes gibt es eindeutig bestimmte Schätzer $\alpha_0^{\mathrm{MS}}, \alpha_1^{\mathrm{MS}}, \dots, \alpha_n^{\mathrm{MS}}$ und $\vartheta_0^{\mathrm{MS}}, \vartheta_1^{\mathrm{MS}}, \dots, \vartheta_n^{\mathrm{MS}}$, die die Marginalsummengleichungen lösen und die Nebenbedingung erfüllen; diese Schätzer werden als *Marginalsummenschätzer* bezeichnet.

Da die Marginalsummenschätzer der erwarteten Endschadenstände mit dem Chain–Ladder Prädiktoren der Endschadenstände und die Marginalsummenschätzer der Anteile mit den Chain–Ladder Anteilen übereinstimmen, erhält man mit

$$\gamma_k^{\mathrm{MS}} := \sum_{l=0}^{k} \vartheta_l^{\mathrm{MS}}$$

und

$$S_{i,k}^{\mathrm{MS}} := \gamma_k^{\mathrm{MS}} \, \alpha_i^{\mathrm{MS}}$$

die *Marginalsummenprädiktoren* der zukünftigen Schadenstände, und diese Prädiktoren stimmen mit den Chain–Ladder Prädiktoren überein. Außerdem erhält man mit

$$Z_{i,k}^{\mathrm{MS}} := \vartheta_k^{\mathrm{MS}} \, \alpha_i^{\mathrm{MS}}$$

die *Marginalsummenprädiktoren* der zukünftigen Zuwächse, und aus diesen erhält man durch Summation die *Marginalsummenprädiktoren* der Reserven.

Vergleich

Das Chain–Ladder Verfahren beruht auf dem Abwicklungsmuster für Faktoren, das Grossing–Up Verfahren auf dem Abwicklungsmuster für Quoten und das Marginalsummenverfahren auf dem Abwicklungsmuster für Anteile. Diese Abwicklungsmuster sind äquivalent, und alle Verfahren führen auf dieselben Prädiktoren für die zukünftigen Schadenstände.

Von den in diesem Abschnitt betrachteten Verfahren ist für die aktuarielle Praxis nur das Chain–Ladder Verfahren von Interesse, da es explizite Formeln für die Prädiktoren der zukünftigen Schadenstände und Zuwächse und der Reserven liefert.

Der Charme des Marginalsummenverfahrens besteht darin, dass es auf der Grundlage eines allgemeinen statistischen Prinzips eine Begründung für das Chain–Ladder Verfahren liefert und außerdem einen Bezug zu Verfahren der Tarifierung herstellt.

14.2 Loss–Development Verfahren

Das Loss–Development Verfahren beruht auf der Annahme, dass ein Abwicklungsmuster $\gamma_0, \gamma_1, \ldots, \gamma_n$ für Quoten vorliegt.

Das Loss–Development Verfahren verwendet beliebige Schätzer

$$\widehat{\gamma}_0, \widehat{\gamma}_1, \ldots, \widehat{\gamma}_n$$

mit $\widehat{\gamma}_n = 1$ für die Parameter des Abwicklungsmusters für Quoten. Die Wahl dieser Schätzer unterliegt keinen Restriktionen und kann auf der Grundlage

- interner,
- externer oder
- gemischter Information

erfolgen. Beispielsweise beruhen die Chain–Ladder Quoten

$$\gamma_0^{\text{CL}}, \gamma_1^{\text{CL}}, \ldots, \gamma_n^{\text{CL}}$$

nur auf den beobachtbaren Schadenständen und damit auf interner Information, während die additiven Quoten

$$\gamma_0^{\text{AD}}, \gamma_1^{\text{AD}}, \ldots, \gamma_n^{\text{AD}}$$

außer den beobachtbaren Zuwächsen auch Volumenmaße der Anfalljahre verwenden und damit auf gemischter Information beruhen.

Das Loss–Development Verfahren zielt in erster Linie auf die Prognose der zukünftigen Schadenstände, und für jedes Anfalljahr $i \in \{0, 1, \ldots, n\}$ und jedes Abwicklungsjahr $k \in \{0, 1, \ldots, n\}$ mit $i + k \geq n + 1$ ist der *Loss–Development Prädiktor* für den zukünftigen Schadenstand $S_{i,k}$ durch

$$S_{i,k}^{\text{LD}} := \widehat{\gamma}_k \frac{S_{i,n-i}}{\widehat{\gamma}_{n-i}}$$

definiert.

Die Definition der Loss–Development Prädiktoren der zukünftigen Schadenstände entspricht der Gleichung

$$E[S_{i,k}] = \frac{E[S_{i,k}]}{E[S_{i,n}]} \frac{E[S_{i,n}]}{E[S_{i,n-i}]} E[S_{i,n-i}] = \gamma_k \frac{1}{\gamma_{n-i}} E[S_{i,n-i}] = \gamma_k \frac{E[S_{i,n-i}]}{\gamma_{n-i}}$$

die sich aus dem Abwicklungsmuster für Quoten ergibt.

14.2.1 Beispiel. Die Abwicklungsdaten können in die Bestimmung der Schätzer $\widehat{\gamma}_0, \widehat{\gamma}_1, \ldots, \widehat{\gamma}_n$ der Parameter $\gamma_0, \gamma_1, \ldots, \gamma_n$ eingehen; sie müssen es aber nicht. Sind diese Schätzer einmal gegeben, so werden für die Loss–Development Prädiktoren der zukünftigen Schadenstände von den Abwicklungsdaten nur noch die aktuellen Schadenstände benötigt:

Anfall-	**Abwicklungsjahr** k					
jahr i	0	1	2	3	4	5
0						3483
1					3844	
2				3977		
3			3880			
4		3261				
5	1889					
$\widehat{\gamma}_k$	0.280	0.510	0.700	0.860	0.950	1

Aus diesen Daten erhält man zunächst die Loss–Development Prädiktoren der Endschadenstände

Anfall-	**Abwicklungsjahr** k					
jahr i	0	1	2	3	4	5
0						3483
1					3844	4046
2				3977		4624
3			3880			5543
4		3261				6394
5	1889					6746
$\widehat{\gamma}_k$	0.280	0.510	0.700	0.860	0.950	1

und sodann mit

Anfall-	**Abwicklungsjahr** k					
jahr i	0	1	2	3	4	5
0						
1						4046
2					4393	4624
3				4767	5266	5543
4			4476	5499	6074	6394
5		3441	4723	5802	6409	6746
$\widehat{\gamma}_k$	0.280	0.510	0.700	0.860	0.950	1

die Loss–Development Prädiktoren aller zukünftigen Schadenstände.

Ausgehend von den Loss–Development Prädiktoren der zukünftigen Schadenstände definiert man wie beim Chain–Ladder Verfahren die *Loss–Development Prädiktoren* der zukünftigen Zuwächse und der Reserven.

Das Loss–Development Verfahren beruht im Wesentlichen auf den aktuellen Schadenständen; die Schadenstände älterer Kalenderjahre hingegen werden nur dann benötigt, wenn die Schätzer der Parameter des Abwicklungsmusters auf interner oder gemischter Information beruhen. Dies kann als ein Vorteil des Loss–Development Verfahrens angesehen werden: Sind die Schadenstände älterer Kalenderjahre unzuverlässig, weil ein junger Bestand vorliegt oder die Abwicklung der einzelnen Schäden über die Kalenderjahre hinweg rechtlichen oder unternehmensspezifischen Veränderungen unterliegt, so ist dennoch das Loss–Development Verfahren auf der Grundlage der aktuellen Schadenstände und mit externen Schätzern der Parameter des Abwicklungsmusters anwendbar.

Wählt man für alle $k \in \{0, 1, \ldots, n\}$

$$\widehat{\gamma}_k := \gamma_k^{\mathrm{CL}}$$

so ergibt sich für die Loss–Development Prädiktoren der zukünftigen Schadenstände

$$S_{i,k}^{\mathrm{LD}} = \widehat{\gamma}_k \frac{S_{i,n-i}}{\widehat{\gamma}_{n-i}} = \gamma_k^{\mathrm{CL}} \frac{S_{i,n-i}}{\gamma_{n-i}^{\mathrm{CL}}} = S_{i,k}^{\mathrm{CL}}$$

Daher ist das Loss–Development Verfahren eine Verallgemeinerung des Chain–Ladder Verfahrens; sie besteht darin, dass beim Loss–Development Verfahren die Schätzer der Parameter des Abwicklungsmusters für Quoten frei wählbar sind, während sie beim Chain–Ladder Verfahren durch die Chain–Ladder Faktoren bestimmt sind.

14.3 Bornhuetter–Ferguson Verfahren

Wie das Loss–Development Verfahren beruht auch das Bornhuetter–Ferguson Verfahren auf der Annahme, dass ein Abwicklungsmuster $\gamma_0, \gamma_1, \ldots, \gamma_n$ für Quoten vorliegt. Darüber hinaus berücksichtigt das Bornhuetter–Ferguson Verfahren auch die erwarteten Endschadenstände

$$\alpha_i := E[S_{i,n}]$$

der Anfalljahre $i \in \{0, 1, \ldots, n\}$.

Wie das Loss–Development Verfahren verwendet das Bornhuetter–Ferguson Verfahren beliebige Schätzer

$$\widehat{\gamma}_0, \widehat{\gamma}_1, \ldots, \widehat{\gamma}_n$$

mit $\widehat{\gamma}_n = 1$ für die Parameter des Abwicklungsmusters für Quoten; darüber hinaus verwendet es auch beliebige Schätzer

$$\widehat{\alpha}_0, \widehat{\alpha}_1, \ldots, \widehat{\alpha}_n$$

der erwarteten Endschadenstände. Die Wahl dieser Schätzer unterliegt keinen

Restriktionen und kann auf der Grundlage
- interner,
- externer oder
- gemischter Information

erfolgen. Setzt man für alle $k \in \{0, 1, \dots, n\}$

$$\widehat{\vartheta}_k := \begin{cases} \widehat{\gamma}_0 & \text{falls } k = 0 \\ \widehat{\gamma}_k - \widehat{\gamma}_{k-1} & \text{sonst} \end{cases}$$

so erhält man aus den Schätzern für die Parameter des Abwicklungsmuster für Quoten Schätzer für die Parameter $\vartheta_0, \vartheta_1, \dots \vartheta_n$ des Abwicklungsmuster für Anteile.

Das Bornhuetter–Ferguson Verfahren zielt sowohl auf die Prognose zukünftiger Schadenstände als auch auf die Prognose zukünftiger Zuwächse: Für jedes Anfalljahr $i \in \{0, 1, \dots, n\}$ und jedes Abwicklungsjahr $k \in \{0, 1, \dots, n\}$ mit $i + k \geq n + 1$ ist der *Bornhuetter–Ferguson Prädiktor* für den zukünftigen Schadenstand $S_{i,k}$ durch

$$S_{i,k}^{\text{BF}} := S_{i,n-i} + (\widehat{\gamma}_k - \widehat{\gamma}_{n-i})\, \widehat{\alpha}_i$$

und der *Bornhuetter–Ferguson Prädiktor* für den zukünftigen Zuwachs $Z_{i,k}$ durch

$$Z_{i,k}^{\text{BF}} := \widehat{\vartheta}_k\, \widehat{\alpha}_i$$

definiert. Diese Definitionen sind konsistent und entsprechen den Gleichungen

$$\begin{aligned} E[S_{i,k}] &= E[S_{i,n-i}] + \left(\frac{E[S_{i,k}]}{E[S_{i,n}]} - \frac{E[S_{i,n-i}]}{E[S_{i,n}]} \right) E[S_{i,n}] \\ &= E[S_{i,n-i}] + (\gamma_k - \gamma_{n-i})\, \alpha_i \end{aligned}$$

bzw.

$$E[Z_{i,k}] = \frac{E[Z_{i,k}]}{E[S_{i,n}]}\, E[S_{i,n}] = \vartheta_k\, \alpha_i$$

die sich aus den Abwicklungsmustern für Quoten bzw. Anteile ergeben. Das Bornhuetter–Ferguson Verfahren geht im Kern auf Bornhuetter und Ferguson [1972] zurück und wurde in der hier dargestellten allgemeinen Form erstmals von Schnaus [2004] beschrieben.[1]

[1] In Bornhuetter und Ferguson [1972] werden spezielle Schätzer der Parameter verwendet: Die Parameter des Abwicklungsmusters für Quoten werden durch $\widehat{\gamma}_k := \gamma_k^{\text{CL}}$ und damit durch die Chain–Ladder Quoten geschätzt. Außerdem wird angenommen, dass eine anfalljahrunabhängige Endschadenquote bezüglich der Prämien vorliegt, und die erwarteten Endschadenstände werden durch $\widehat{\alpha}_i := \widehat{\kappa}\, v_i$ geschätzt, wobei v_i die Prämie des Anfalljahres i und $\widehat{\kappa}$ ein beliebiger Schätzer der Endschadenquote ist.

Die Schätzer $\widehat{\alpha}_i$ der erwarteten Endschadenstände $\alpha_i = E[S_{i,n}]$ können auch als *a–priori Prädiktoren* der Endschadenstände $S_{i,n}$ aufgefasst werden. Der Zusatz *a–priori* ergibt sich daraus, dass es sich um Prädiktoren handelt, die vor der Anwendung des Bornhuetter–Ferguson Verfahrens bestimmt werden und dann durch das Bornhuetter–Ferguson Verfahren in die Bornhuetter–Ferguson Prädiktoren

$$S_{i,n}^{\text{BF}} := S_{i,n-i} + (1-\widehat{\gamma}_{n-i})\,\widehat{\alpha}_i$$

der Endschadenstände transformiert werden.

Da das Anfalljahr 0 bereits abgewickelt ist, wird der a–priori Prädiktor $\widehat{\alpha}_0$ nicht benötigt. Es wird hier nur aus Gründen der Systematik mitgeführt.

14.3.1 Beispiel. Die Abwicklungsdaten können in die Bestimmung der Schätzer $\widehat{\gamma}_0, \widehat{\gamma}_1, \ldots, \widehat{\gamma}_n$ und $\widehat{\alpha}_0, \widehat{\alpha}_1, \ldots, \widehat{\alpha}_n$ der Parameter $\gamma_0, \gamma_1, \ldots, \gamma_n$ und $\alpha_0, \alpha_1, \ldots, \alpha_n$ eingehen; sie müssen es aber nicht. Sind diese Schätzer einmal gegeben, so werden für die Bornhuetter–Ferguson Prädiktoren der zukünftigen Schadenstände von den Abwicklungsdaten nur noch die aktuellen Schadenstände benötigt, und für die Bornhuetter–Ferguson Prädiktoren der zukünftigen Zuwächse werden überhaupt keine Abwicklungsdaten benötigt. Man erhält also mit

Anfall-	**Abwicklungsjahr** k						
jahr i	0	1	2	3	4	5	$\widehat{\alpha}_i$
0						3483	3517
1					3844	4043	3981
2				3977	4391	4621	4598
3			3880	4785	5295	5577	5658
4		3261	4442	5436	5995	6306	6214
5	1889	3344	4546	5558	6127	6443	6325
$\widehat{\gamma}_k$	0.280	0.510	0.700	0.860	0.950	1	
$\widehat{\vartheta}_k$	0.280	0.230	0.190	0.160	0.090	0.050	

die Bornhuetter–Ferguson Prädiktoren der zukünftigen Schadenstände und mit

Anfall-	**Abwicklungsjahr** k						
jahr i	0	1	2	3	4	5	$\widehat{\alpha}_i$
0							3517
1						199	3981
2					414	230	4598
3				905	509	283	5658
4			1181	994	559	311	6214
5		1455	1202	1012	569	316	6325
$\widehat{\vartheta}_k$	0.280	0.230	0.190	0.160	0.090	0.050	

die Bornhuetter–Ferguson Prädiktoren der zukünftigen Zuwächse.

Schließlich definiert man die *Bornhuetter–Ferguson Prädiktoren* der Reserven als Summen der Bornhuetter–Ferguson Prädiktoren der Zuwächse, aus denen sich die Reserven zusammensetzen.

Das Bornhuetter–Ferguson Verfahren bietet aufgrund der freien Wahl der a–priori Schätzer der Endschadenstände noch mehr Gestaltungsmöglichkeiten als das Loss–Development Verfahren.

Wählt man für alle $i \in \{0, 1, \ldots, n\}$

$$\widehat{\alpha}_i := S_{i,n}^{\mathrm{LD}} = \frac{S_{i-n-i}}{\widehat{\gamma}_{n-i}}$$

so ergibt sich für die Bornhuetter–Ferguson Prädiktoren der zukünftigen Schadenstände

$$S_{i,k}^{\mathrm{BF}} = S_{i,n-1} + (\widehat{\gamma}_k - \widehat{\gamma}_{n-i}) \frac{S_{i,n-i}}{\widehat{\gamma}_{n-i}} = \widehat{\gamma}_k \frac{S_{i,n-i}}{\widehat{\gamma}_{n-i}} = S_{i,k}^{\mathrm{LD}}$$

Daher ist das Bornhuetter–Ferguson Verfahren eine Verallgemeinerung des Loss–Development Verfahrens; sie besteht darin, dass beim Bornhuetter–Ferguson Verfahren die a–priori Schätzer der Endschadenstände frei wählbar sind, während sie beim Loss–Development Verfahren durch die aktuellen Schadenstände und die Schätzer der Parameter des Abwicklungsmusters bestimmt sind.

Iteriertes Bornhuetter–Ferguson Verfahren

Ersetzt man in der Definition der Bornhuetter–Ferguson Prädiktoren die a–priori Prädiktoren der Endschadenstände durch die Loss–Development Prädiktoren, so erhält man, wie oben gezeigt, das Loss–Development Verfahren.

Analog könnte man daran denken, nach einer ersten Durchführung des Bornhuetter–Ferguson Verfahrens die a–priori Prädiktoren der Endschadenstände der Anfalljahre $i \in \{1, \ldots, n\}$ durch die Bornhuetter–Ferguson Prädiktoren zu ersetzen und das Bornhuetter–Ferguson Verfahren ein weiteres Mal durchzuführen; dieser Schritt lässt sich natürlich beliebig oft iterieren.

Für $m \in \mathbb{N}_0$ definiert man daher die *Bornhuetter–Ferguson Prädiktoren der Ordnung* m der zukünftigen Schadenstände durch

$$S_{i,k}^{\mathrm{BF},m} := \begin{cases} S_{i,n-i} + (\widehat{\gamma}_k - \widehat{\gamma}_{n-i})\, \widehat{\alpha}_i & \text{für } m = 0 \\ S_{i,n-i} + (\widehat{\gamma}_k - \widehat{\gamma}_{n-i})\, S_{i,n}^{\mathrm{BF},m-1} & \text{sonst} \end{cases}$$

Dann gilt $S_{i,k}^{\mathrm{BF},0} = S_{i,k}^{\mathrm{BF}}$, und mit

$$S_{i,k}^{\mathrm{BF},m} = \Bigl(1-(1-\widehat{\gamma}_{n-i})^m\Bigr)\, S_{i,k}^{\mathrm{LD}} + (1-\widehat{\gamma}_{n-i})^m\, S_{i,k}^{\mathrm{BF}}$$

erhält man eine explizite Darstellung der Bornhuetter–Ferguson Prädiktoren der Ordnung m.

Die *iterierten Bornhuetter–Ferguson Prädiktoren* sind daher gewichtete Mittel der Loss–Development Prädiktoren und der Bornhuetter–Ferguson Prädiktoren, und im Fall $\gamma_{n-i} \in (0,1)$ gilt

$$\lim_{m\to\infty} S_{i,k}^{\mathrm{BF},m} = S_{i,k}^{\mathrm{LD}}$$

In diesem Fall sinken die Gewichte der Bornhuetter–Ferguson Prädiktoren im Laufe der Iteration, und damit wird der Einfluss des a–priori Prädiktors $\widehat{\alpha}_i$ immer stärker zurückgedrängt. Mit der Wahl der Anzahl der Iterationsschritte lässt sich daher einstellen, wie stark die a–priori Prädiktoren der Endschadenstände berücksichtigt werden sollen.

14.3.2 Beispiel. Für die Daten aus dem vorherigen Beispiel ergibt sich für die Bornhuetter–Ferguson Prädiktoren der Ordnung m für die Endschadenstände die folgende Entwicklung:

Anfall-jahr i	$\widehat{\alpha}_i$	**Endschadenstände**									
		$S_{i,5}^{\mathrm{BF},0}$	$S_{i,5}^{\mathrm{BF},1}$	$S_{i,5}^{\mathrm{BF},2}$	$S_{i,5}^{\mathrm{BF},3}$	$S_{i,5}^{\mathrm{BF},4}$	$S_{i,5}^{\mathrm{BF},5}$	...	$S_{i,5}^{\mathrm{BF},10}$	...	$S_{i,5}^{\mathrm{LD}}$
1	3981	4043	4046	4046	4046	4046	4046	...	4046	...	4046
2	4598	4621	4624	4624	4624	4624	4624	...	4624	...	4624
3	5658	5577	5553	5546	5544	5543	5543	...	5543	...	5543
4	6214	6306	6351	6373	6384	6389	6392	...	6394	...	6394
5	6325	6443	6528	6589	6633	6665	6688	...	6735	...	6746

Da die hier verwendeten Schätzer der Parameter des Abwicklungsmusters für Quoten mit dem Abwicklungsjahr wachsen, konvergieren die Prädiktoren umso schneller, je älter das Anfalljahr ist.

14.4 Additives Verfahren

In diesem Abschnitt betrachten wir mit dem additiven Verfahren ein erstes Verfahren, das neben den Abwicklungsdaten auch Volumenmaße $v_0, v_1, \ldots, v_n \in (0,\infty)$ der Anfalljahre verwendet.

Das additive Verfahren beruht auf den beobachtbaren Zuwächsen und zielt in erster Linie auf die Prognose der zukünftigen Zuwächse. Es besteht aus zwei Schritten:

– Im ersten Schritt wird für jedes Abwicklungsjahr $k \in \{0,1,\ldots,n\}$ der *additive Schadenquotenzuwachs*

$$\zeta_k^{\mathrm{AD}} = \sum_{j=0}^{n-k} \frac{v_j}{\sum_{h=0}^{n-k} v_h} \,\widehat{\zeta}_{j,k} = \frac{\sum_{j=0}^{n-k} Z_{j,k}}{\sum_{j=0}^{n-k} v_j}$$

berechnet.

– Im zweiten Schritt wird für jedes Anfalljahr $i \in \{0, 1, \dots, n\}$ und jedes Abwicklungsjahr $k \in \{0, 1, \dots, n\}$ mit $i+k \geq n+1$ der *additive Prädiktor*

$$Z_{i,k}^{\mathrm{AD}} := \zeta_k^{\mathrm{AD}} \, v_i$$

für den Zuwachs $Z_{i,k}$ berechnet.

Das additive Verfahren wird auch als *Verfahren der anfalljahrunabhängigen Schadenquotenzuwächse* bezeichnet.

Das additive Verfahren beruht auf der Annahme, dass ein Abwicklungsmuster $\zeta_0, \zeta_1, \dots, \zeta_n$ für Schadenquotenzuwächse vorliegt, denn aus dieser Annahme ergibt sich für die erwarteten zukünftigen Zuwächse die Gleichung

$$E[Z_{i,k}] = E\left[\frac{Z_{i,k}}{v_i}\right] v_i = \zeta_k \, v_i$$

Ersetzt man in dieser Gleichung

– den unbekannten Parameter durch den additiven Schadenquotenzuwachs und

– den Erwartungswert des zukünftigen Zuwachses durch einen Prädiktor des zukünftigen Zuwachses,

so erhält man gerade die Definition des additiven Prädiktors für den zukünftigen Zuwachs.

14.4.1 Beispiel. Aus dem Abwicklungsdreieck für Zuwächse und den Volumenmaßen

Anfall-jahr i	**Abwicklungsjahr** k 0	1	2	3	4	5	**Volumen** v_i
0	1001	854	568	565	347	148	4025
1	1113	990	671	648	422		4456
2	1265	1168	800	744			5315
3	1490	1383	1007				5986
4	1725	1536					6939
5	1889						8158

erhält man zunächst mit

Anfall-jahr i	**Abwicklungsjahr** k 0	1	2	3	4	5	**Volumen** v_i
0	1001	854	568	565	347	148	4025
1	1113	990	671	648	422		4456
2	1265	1168	800	744			5315
3	1490	1383	1007				5986
4	1725	1536					6939
5	1889						8158
ζ_k^{AD}	0.243	0.222	0.154	0.142	0.091	0.037	

die additiven Schadenquotenzuwächse und sodann mit Hilfe der Volumenmaße mit

Anfall-jahr i	**Abwicklungsjahr** k 0	1	2	3	4	5	**Volumen** v_i
0							4025
1						164	4456
2					482	195	5315
3				849	543	220	5986
4			1068	984	629	255	6939
5		1811	1256	1157	740	300	8158
ζ_k^{AD}	0.243	0.222	0.154	0.142	0.091	0.037	

die additiven Prädiktoren der zukünftigen Zuwächse.

Für die zukünftigen Schadenstände $S_{i,k}$ mit $i, k \in \{0, 1, \ldots, n\}$ und $i + k \geq n + 1$ gilt

$$S_{i,k} = \sum_{l=0}^{k} Z_{i,l} = S_{i,n-i} + \sum_{l=n-i+1}^{k} Z_{i,l}$$

und für die Anfalljahrreserven R_i mit $i \in \{1, \ldots, n\}$, die Kalenderjahrreserven $R_{(c)}$ mit $c \in \{n+1, \ldots, 2n\}$ und die Gesamtreserve R gilt

$$\begin{aligned} R_i &= \sum_{l=n-i+1}^{n} Z_{i,l} \\ R_{(c)} &= \sum_{l=c-n}^{n} Z_{c-l,l} \\ R &= \sum_{j=1}^{n} \sum_{l=n-j+1}^{n} Z_{j,l} \end{aligned}$$

Daher werden die *additiven Prädiktoren* der zukünftigen Schadenstände durch

$$S_{i,k}^{\text{AD}} = S_{i,n-i} + \sum_{l=n-i+1}^{k} Z_{i,l}^{\text{AD}}$$

und die *additiven Prädiktoren* der Reserven durch

$$\begin{aligned} R_i^{\text{AD}} &= \sum_{l=n-i+1}^{n} Z_{i,l}^{\text{AD}} \\ R_{(c)}^{\text{AD}} &= \sum_{l=c-n}^{n} Z_{c-l,l}^{\text{AD}} \\ R^{\text{AD}} &= \sum_{j=1}^{n} \sum_{l=n-j+1}^{n} Z_{j,l}^{\text{AD}} \end{aligned}$$

definiert.

Aus dem Abwicklungsmuster $\zeta_0, \zeta_1, \ldots, \zeta_n$ für Schadenquotenzuwächse ergibt sich nach Satz 13.3.1 die Existenz einer anfalljahrunabhängigen Endschadenquote κ und zum anderen die Existenz eines Abwicklungsmusters $\vartheta_0, \vartheta_1, \ldots, \vartheta_n$ für Anteile, und aus Satz 13.1.2 ergibt sich dann die Existenz eines Abwicklungsmusters $\gamma_0, \gamma_1, \ldots, \gamma_n$ für Quoten, und aus diesem Sätzen ergibt sich

$$\kappa = \sum_{k=0}^{n} \zeta_k$$

sowie für alle $k \in \{0, 1, \ldots, n\}$

$$\vartheta_k = \frac{\zeta_k}{\kappa}$$

und

$$\gamma_k = \sum_{l=0}^{k} \vartheta_l = \sum_{l=0}^{k} \frac{\zeta_l}{\kappa} = \frac{1}{\kappa} \sum_{l=0}^{k} \zeta_l$$

Ersetzt man in den letzten Gleichungen die Parameter durch ihre additiven Schätzer, so erhält man

$$\zeta_k^{\text{AD}} = \vartheta_k^{\text{AD}} \kappa^{\text{AD}}$$

und

$$\sum_{l=0}^{k} \zeta_l^{\text{AD}} = \gamma_k^{\text{AD}} \kappa^{\text{AD}}$$

Mit $\alpha_i^{\text{AD}} := \kappa^{\text{AD}} v_i$ erhält man für die additiven Prädiktoren die Gleichungen

$$Z_{i,k}^{\text{AD}} = \zeta_k^{\text{AD}} v_i = \vartheta_k^{\text{AD}} \kappa^{\text{AD}} v_i = \vartheta_k^{\text{AD}} \alpha_i^{\text{AD}}$$

und

$$\begin{aligned}
S_{i,k}^{\text{AD}} &= S_{i,n-i} + \sum_{l=n-i+1}^{k} Z_{i,l}^{\text{AD}} \\
&= S_{i,n-i} + \sum_{l=n-i+1}^{k} \vartheta_l^{\text{AD}} \alpha_i^{\text{AD}} \\
&= S_{i,n-i} + \sum_{l=0}^{k} \vartheta_l^{\text{AD}} \alpha_i^{\text{AD}} - \sum_{l=0}^{n-i} \vartheta_l^{\text{AD}} \alpha_i^{\text{AD}} \\
&= S_{i,n-i} + \gamma_k^{\text{AD}} \alpha_i^{\text{AD}} - \gamma_{n-i}^{\text{AD}} \alpha_i^{\text{AD}} \\
&= S_{i,n-i} + (\gamma_k^{\text{AD}} - \gamma_{n-i}^{\text{AD}}) \alpha_i^{\text{AD}}
\end{aligned}$$

Damit ist gezeigt, dass das additive Verfahren ein Spezialfall des Bornhuetter–Ferguson Verfahrens mit $\widehat{\gamma}_k := \gamma_k^{\text{AD}}$ und $\widehat{\alpha}_i := \alpha_i^{\text{AD}}$ ist.

14.5 Cape–Cod Verfahren

In diesem Abschnitt betrachten wir mit dem Cape–Cod Verfahren ein weiteres Verfahren, das neben den Abwicklungsdaten auch Volumenmaße $v_0, v_1, \ldots, v_n \in (0, \infty)$ der Anfalljahre verwendet.

Wie das additive Verfahren beruht auch das Cape–Cod Verfahren auf der Annahme, dass ein Abwicklungsmuster für Schadenquotenzuwächse vorliegt. Aus dieser Annahme folgt, dass ein Abwicklungsmuster $\gamma_0, \gamma_1, \ldots, \gamma_n$ für Quoten und eine anfalljahrunabhängige Endschadenquote κ vorliegt.

Das Cape–Cod Verfahren verwendet beliebige Schätzer

$$\widehat{\gamma}_0, \widehat{\gamma}_1, \ldots, \widehat{\gamma}_n$$

mit $\widehat{\gamma}_n = 1$ für die Parameter des Abwicklungsmusters für Quoten. Die Wahl dieser Schätzer unterliegt keinen Restriktionen und kann auf der Grundlage

- interner,
- externer oder
- gemischter Information

erfolgen.

Das Cape–Cod Verfahren beruht auf den beobachtbaren Schadenständen und zielt in erster Linie auf die Prognose der zukünftigen Schadenstände. Es besteht aus zwei Schritten:

- Im ersten Schritt wird die *Cape–Cod Endschadenquote*

$$\kappa^{\mathrm{CC}} = \sum_{j=0}^{n} \frac{\widehat{\gamma}_{n-j}\, v_j}{\sum_{h=0}^{n} \widehat{\gamma}_{n-h}\, v_h} \frac{S_{j,n-j}}{\widehat{\gamma}_{n-j}\, v_j} = \frac{\sum_{j=0}^{n} S_{j,n-j}}{\sum_{j=0}^{n} \widehat{\gamma}_{n-j}\, v_j}$$

  berechnet.
- Im zweiten Schritt wird für jedes Anfalljahr $i \in \{0, 1, \ldots, n\}$ und jedes Abwicklungsjahr $k \in \{0, 1, \ldots, n\}$ mit $i + k \geq n + 1$ der *Cape–Cod Prädiktor*

$$S_{i,k}^{\mathrm{CC}} := S_{i,n-i} + (\widehat{\gamma}_k - \widehat{\gamma}_{n-i})\, \kappa^{\mathrm{CC}}\, v_i$$

  für den Schadenstand $S_{i,k}$ berechnet.

Sind die Volumenmaße Prämien. so werden die in der Definition der Cape–Cod Endschadenquote auftretenden Produkte $\pi_i\, \widehat{\gamma}_{n-i}$ als *verbrauchte Prämien* des Anfalljahres $i \in \{0, 1, \ldots, n\}$ bezeichnet; diesem Begriff liegt die Vorstellung zugrunde, dass die Prämie eines Anfalljahres nach dem Abwicklungsmuster für Quoten verbraucht wird.

Die Definition der Cape–Cod Prädiktoren entspricht der Gleichung

$$\begin{aligned} E[S_{i,k}] &= E[S_{i,n-i}] + \left(\frac{E[S_{i,k}]}{E[S_{i,n}]} - \frac{E[S_{i,n-i}]}{E[S_{i,n}]} \right) E\left[\frac{S_{i,n}}{v_i}\right] v_i \\ &= E[S_{i,n-i}] + (\gamma_k - \gamma_{n-i})\, \kappa\, v_i \end{aligned}$$

die sich aus dem Abwicklungsmuster für Schadenquotenzuwächse und dem daraus resultierenden Abwicklungsmuster für Quoten und der ebenfalls daraus resultierenden anfalljahrunabhängigen Endschadenquote ergibt.

14.5.1 Beispiel. Die Abwicklungsdaten können in die Bestimmung der Schätzer $\widehat{\gamma}_0, \widehat{\gamma}_1, \dots, \widehat{\gamma}_n$ der Parameter $\gamma_0, \gamma_1, \dots, \gamma_n$ eingehen; sie müssen es aber nicht. Sind diese Schätzer einmal gegeben, so werden für die Cape–Cod Prädiktoren der zukünftigen Schadenstände von den Abwicklungsdaten nur noch die aktuellen Schadenstände benötigt:

Anfall-	**Abwicklungsjahr** k						**Volumen**
jahr i	0	1	2	3	4	5	v_i
0						3483	4025
1					3844		4456
2				3977			5315
3			3880				5986
4		3261					6939
5	1889						8158
$\widehat{\gamma}_k$	0.280	0.510	0.700	0.860	0.950	1	

Unter Verwendung der in Beispiel 13.3.3 berechneten Cape–Cod Endschadenquote $\kappa^{\mathrm{CC}} = 0.89$ erhält man mit

Anfall-	**Abwicklungsjahr** k						**Volumen**	
jahr i	0	1	2	3	4	5	v_i	$\kappa^{\mathrm{CC}}\, v_i$
0						3483	4025	3583
1					3844	4042	4456	3967
2				3977	4403	4639	5315	4731
3			3880	4733	5212	5479	5986	5329
4		3261	4435	5423	5979	6288	6939	6177
5	1889	3559	4939	6101	6755	7118	8158	7262
$\widehat{\gamma}_k$	0.280	0.510	0.700	0.860	0.950	1		

die Cape–Cod Prädiktoren der zukünftigen Schadenstände.

Ausgehend von den Cape–Cod Prädiktoren der zukünftigen Schadenstände definiert man wie beim Chain–Ladder Verfahren die *Cape–Cod Prädiktoren* der zukünftigen Zuwächse und der Reserven.

Mit $\alpha_i^{\mathrm{CC}} := \kappa^{\mathrm{CC}}\, v_i$ erhält man für die Cape–Cod Prädiktoren der zukünftigen Schadenstände die Gleichung

$$\begin{aligned} S_{i,k}^{\text{CC}} &= S_{i,n-i} + (\widehat{\gamma}_k - \widehat{\gamma}_{n-i})\, \kappa^{\text{CC}}\, v_i \\ &= S_{i,n-i} + (\gamma_k - \gamma_{n-i})\, \alpha_i^{\text{CC}} \end{aligned}$$

Damit ist gezeigt, dass das Cape–Cod Verfahren ein Spezialfall des Bornhuetter–Ferguson Verfahrens mit $\widehat{\alpha}_i := \alpha_i^{\text{CC}}$ ist.

Da das Cape–Cod Verfahren wie das additive Verfahren ein Spezialfall des Bornhuetter–Ferguson Verfahrens ist und beide Verfahren auf dem Abwicklungsmuster für Schadenquotenzuwächse beruhen, stellt sich die Frage nach dem Zusammenhang zwischen dem Cape–Cod Verfahren und dem additiven Verfahren. Es gilt das folgende Lemma; vgl. Schmidt [2009; Lemma 14.3.6]:

14.5.2 Lemma. *Für das Cape–Cod Verfahren mit additiven Quoten gilt* $\kappa^{\text{CC}} = \kappa^{\text{AD}}$.

Wählt man für alle $k \in \{0, 1, \dots, n\}$

$$\widehat{\gamma}_k := \gamma_k^{\text{AD}}$$

so ergibt sich für die Cape–Cod Prädiktoren der zukünftigen Schadenstände

$$S_{i,k}^{\text{CC}} = S_{i,n-i} + (\gamma_k^{\text{AD}} - \gamma_{n-i}^{\text{AD}})\, \kappa^{\text{CC}}\, v_i = S_{i,n-i} + (\gamma_k^{\text{AD}} - \gamma_{n-i}^{\text{AD}})\, \kappa^{\text{AD}}\, v_i = S_{i,k}^{\text{AD}}$$

Daher ist das Cape–Cod Verfahren eine Verallgemeinerung des additiven Verfahrens; sie besteht darin, dass beim Cape–Cod Verfahren die Schätzer der Parameter des Abwicklungsmusters für Quoten frei wählbar sind, während sie beim additiven Verfahren durch die additiven Schadenquotenzuwächse bestimmt sind.

14.6 Bornhuetter–Ferguson Prinzip

Das folgende Diagramm fasst die Beziehungen zwischen den in diesem Kapitel beschriebenen Verfahren zusammen:

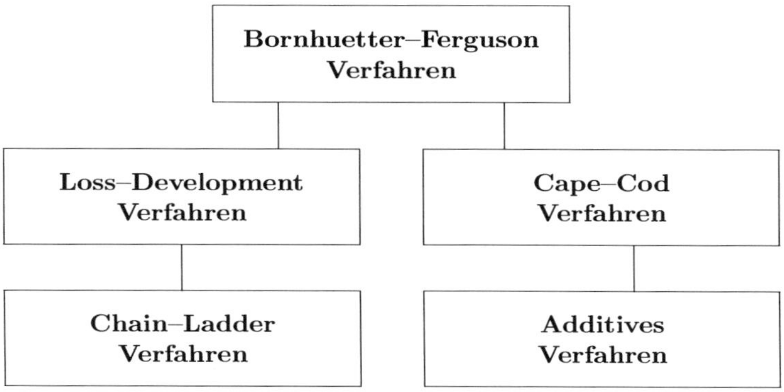

Beim Chain–Ladder Verfahren und beim additiven Verfahren sind die Schätzer der Abwicklungsmuster durch das Verfahren festgelegt und führen auf unterschiedliche Schätzer des Abwicklungsmusters für Quoten.

Das Loss–Development Verfahren und das Cape–Cod Verfahren verallgemeinern das Chain–Ladder Verfahren bzw. das additive Verfahren, indem sie die Verwendung beliebiger Schätzer des Abwicklungsmusters für Quoten zulassen; insbesondere können beide Verfahren mit denselben Schätzern durchgeführt werden. Sind die Schätzer des Abwicklungsmusters für Quoten einmal gewählt, so sind die a–priori Prädiktoren der Endschadenstände durch das jeweilige Verfahren festgelegt.

Das Bornhuetter–Ferguson Verfahren verallgemeinert das Loss–Development Verfahren und das Cape–Cod Verfahren, indem es neben der Verwendung beliebiger Schätzer des Abwicklungsmusters für Quoten auch die Verwendung beliebiger a–priori Prädiktoren der Endschadenstände zulässt.

Schließlich können die Verfahren auch danach unterschieden werden, ob sie Volumenmaße verwenden oder nicht: Für das Cape–Cod Verfahren und das additive Verfahren sind Volumenmaße zwingend erforderlich, für das Loss–Development Verfahren und das Chain–Ladder Verfahren hingegen nicht.

Die folgende Tabelle vergleicht die Verfahren als Spezialfälle des Bornhuetter–Ferguson Verfahrens hinsichtlich der verwendeten Schätzer $\widehat{\gamma} = (\widehat{\gamma}_0, \widehat{\gamma}_1, \ldots, \widehat{\gamma}_n)$ der Parameter des Abwicklungsmusters für Quoten und der verwendeten a–priori Prädiktoren $\widehat{\boldsymbol{\alpha}} = (\widehat{\alpha}_0, \widehat{\alpha}_1, \ldots, \widehat{\alpha}_n)$ der Endschadenstände:

a–priori Prädiktoren der Endschadenstände	**Schätzer der Quoten** γ^{EX}	γ^{CL}	$\gamma^{\mathrm{AD}}(\mathbf{v})$
$\boldsymbol{\alpha}^{\mathrm{EX}}$	Bornhuetter–Ferguson Verfahren (extern)		
$\boldsymbol{\alpha}^{\mathrm{LD}}(\widehat{\gamma})$	Loss–Development Verfahren (extern)	Chain–Ladder Verfahren	
$\boldsymbol{\alpha}^{\mathrm{CC}}(\mathbf{v}, \widehat{\gamma})$	Cape–Cod Verfahren (extern)		additives Verfahren

Dabei ist $\mathbf{v} = (v_0, v_1, \ldots, v_n)$ die Gesamtheit der Volumenmaße der Anfalljahre, und $\boldsymbol{\gamma}^{\mathrm{EX}}$ und $\boldsymbol{\alpha}^{\mathrm{EX}}$ beruhen auf externer Information.

Im Gegensatz zur bisherigen Darstellung sind in der Tabelle auch Abhängigkeiten gekennzeichnet:

- Die additiven Quoten $\boldsymbol{\gamma}^{\mathrm{AD}}(\mathbf{v})$ hängen von den Volumenmaßen $\mathbf{v}$ ab,
- die (a–priori) Endschadenstände $\boldsymbol{\alpha}^{\mathrm{LD}}(\widehat{\gamma})$ des Loss–Development Verfahrens hängen von den Schätzern $\widehat{\gamma}$ des Abwicklungsmusters für Quoten ab, und

- die a–priori Endschadenstände $\boldsymbol{\alpha}^{\mathrm{CC}}(\mathbf{v}, \widehat{\boldsymbol{\gamma}})$ des Cape–Cod Verfahrens hängen von den Volumenmaßen $\mathbf{v}$ und von den Schätzern $\widehat{\boldsymbol{\gamma}}$ des Abwicklungsmusters für Quoten ab.

Die Tabelle ist in dem Sinne zu verstehen, dass die Schätzer des Abwicklungsmusters für Quoten auch bei der Spezifizierung der a–priori Prädiktoren der Endschadenstände verwendet werden. Beispielsweise ist

- das Chain–Ladder Verfahren das Bornhuetter–Ferguson Verfahren bezüglich der Schätzer $\boldsymbol{\gamma}^{\mathrm{CL}}$ und $\boldsymbol{\alpha}^{\mathrm{LD}}(\boldsymbol{\gamma}^{\mathrm{CL}})$, und
- das additive Verfahren das Bornhuetter–Ferguson Verfahren bezüglich der Schätzer $\boldsymbol{\gamma}^{\mathrm{AD}}$ und $\boldsymbol{\alpha}^{\mathrm{CC}}(\mathbf{v}, \boldsymbol{\gamma}^{\mathrm{AD}})$.

Die in der Tabelle angegebenen Schätzer des Abwicklungsmusters für Quoten sind Beispiele für die Verwendung externer, interner, oder gemischter Information.

Die systematische Darstellung aller Verfahren als Spezialfälle des Bornhuetter–Ferguson Verfahrens bildet den analytischen Aspekt des *Bornhuetter–Ferguson Prinzips*. Andererseits lassen sich durch Kombination der anfalljahrspezifischen Größen $\widehat{\boldsymbol{\alpha}}$ und der abwicklungsjahrspezifischen Größen $\widehat{\boldsymbol{\gamma}}$ leicht neue Verfahren konstruieren; so könnte man etwa daran denken, das Loss–Development Verfahren mit additiven Quoten oder das Cape–Cod Verfahren mit Chain–Ladder Quoten durchzuführen. Dies ist der synthetische Aspekt des Bornhuetter–Ferguson Prinzips.

Das Bornhuetter–Ferguson Prinzip geht auf Schmidt und Zocher [2008] zurück. In dieser Arbeit findet man auch weitere Verfahren, die dem Bornhuetter–Ferguson Prinzip unterliegen; vgl. auch Schmidt [2012] sowie Radtke und Schmidt [2012].

15

Modelle mit Korrelationsstruktur

Abwicklungsmuster sind elementare stochastische Modelle, die auf Annahmen an die Erwartungswerte der Schadenstände oder Zuwächse beruhen und eine erste Begründung vieler Verfahren der Schadenreservierung liefern.

In diesem Kapitel betrachten wir Modelle, in denen neben Annahmen an die Erwartungswerte auch Annahmen an die Varianzen und Kovarianzen der Schadenstände oder Zuwächse getroffen werden. In diesen Modellen ist es möglich, Aussagen über die Optimalität bestimmter Prädiktoren zu treffen und deren erwarteten quadratischen Prognosefehler zu bestimmen.

Wir betrachten zunächst ein Modell für das additive Verfahren (Abschnitt 15.1) und ein weitgehend analoges Modell für das Chain–Ladder Verfahren (Abschnitt 15.2). Abschließend betrachten mit dem Poisson–Modell ein sehr spezielles Modell für das Chain–Ladder Verfahren, in dem die gemeinsame Verteilung aller Zuwächse bis auf die Parameter vollständig spezifiziert ist (Abschnitt 15.3).

15.1 Additives Modell

In diesem Abschnitt betrachten wir das additive Modell. Dieses Modell besteht zum einen in der Annahme, dass ein Abwicklungsmuster für Schadenquotenzuwächse vorliegt, und zum anderen in einer Annahme an die Korrelationsstruktur der Zuwächse. Aus der Annahme, dass ein Abwicklungsmuster für Schadenquotenzuwächse vorliegt, ergibt sich nach Abschnitt 14.4 eine erste Begründung des additiven Verfahrens, und aus der zusätzlichen Annahme an die Korrelationsstruktur der Zuwächse ergibt sich darüber hinaus eine Optimalitätseigenschaft des additiven Verfahrens.

Für die Untersuchung des additiven Modells benötigen wir einige Grundlagen über lineare Modelle und erweiterte lineare Modelle.

H.-W. Goelden et al., *Schadenversicherungsmathematik*, DOI 10.1007/978-3-662-48860-7_15

Lineares Modell

Wir betrachten einen Zufallsvektor $\mathbf{X}$ mit Werten in $\mathbb{R}^m$ und setzen

$$\boldsymbol{\mu} := E[\mathbf{X}]$$
$$\boldsymbol{\Sigma} := \mathrm{var}[\mathbf{X}]$$

Wir nehmen im Folgenden an, dass $\boldsymbol{\Sigma}$ bekannt und $\boldsymbol{\mu}$ unbekannt ist.

Das *lineare Modell* für $\mathbf{X}$ besteht aus den folgenden Annahmen:

– Es gibt einen Parameter $\boldsymbol{\beta} \in \mathbb{R}^s$ und eine Matrix $\mathbf{A} \in \mathbb{R}^{m \times s}$ mit $\mathrm{rang}(\mathbf{A}) = s$ und
$$E[\mathbf{X}] = \mathbf{A}\boldsymbol{\beta}$$
– $\boldsymbol{\Sigma}$ ist positiv definit.

Das lineare Modell besteht also im Wesentlichen in einer Annahme an die Struktur der Erwartungswerte der Koordinaten von $\mathbf{X}$. Wegen $\mathrm{rang}(\mathbf{A}) = s$ gilt $s \leq m$. Der Fall $s = m$ ist trivial, denn in diesem Fall kann man $\boldsymbol{\beta} := \boldsymbol{\mu}$ und $\mathbf{A} := \mathbf{I}$ setzen. Interessant ist jedoch der Fall $s < m$, den in diesem Fall führt das lineare Modell durch die Darstellung des m–dimensionalen Parameters $\boldsymbol{\mu}$ mit Hilfe des s–dimensionalen Parameters $\boldsymbol{\beta}$ und der *Designmatrix* $\mathbf{A}$ zu einer Reduktion der Anzahl der eindimensionalen Parameter (Koordinaten von $\boldsymbol{\mu}$ bzw. $\boldsymbol{\beta}$).

Wir setzen voraus, dass die Annahmen des linearen Modells erfüllt sind.

Im linearen Modell ist der unbekannte Parameter $\boldsymbol{\beta}$ zu schätzen. Als Schätzer für $\boldsymbol{\beta}$ kommt grundsätzlich jeder Zufallsvektor $\widehat{\boldsymbol{\beta}}$ mit Werten in $\mathbb{R}^s$ infrage, der nur über den Zufallsvektor $\mathbf{X}$ vom Zufall abhängt. Für einen Schätzer $\widehat{\boldsymbol{\beta}}$ für $\boldsymbol{\beta}$ bezeichnen wir die Differenz

$$\widehat{\boldsymbol{\beta}} - \boldsymbol{\beta}$$

als *Schätzfehler* von $\widehat{\boldsymbol{\beta}}$ und den Erwartungswert

$$E\big[(\widehat{\boldsymbol{\beta}} - \boldsymbol{\beta})'(\widehat{\boldsymbol{\beta}} - \boldsymbol{\beta})\big]$$

als *erwarteten quadratischen Schätzfehler* von $\widehat{\boldsymbol{\beta}}$. Der erwartete quadratische Schätzfehler bildet die Grundlage für den Vergleich von Schätzern für $\boldsymbol{\beta}$. Wegen

$$\begin{aligned} E\big[(\widehat{\boldsymbol{\beta}}-\boldsymbol{\beta})'(\widehat{\boldsymbol{\beta}}-\boldsymbol{\beta})\big] &= \mathrm{spur}\big(\mathrm{var}\big[\widehat{\boldsymbol{\beta}}-\boldsymbol{\beta}\big]\big) + E\big[\widehat{\boldsymbol{\beta}}-\boldsymbol{\beta}\big]'E\big[\widehat{\boldsymbol{\beta}}-\boldsymbol{\beta}\big] \\ &= \mathrm{spur}\big(\mathrm{var}\big[\widehat{\boldsymbol{\beta}}\big]\big) + E\big[\widehat{\boldsymbol{\beta}}-\boldsymbol{\beta}\big]'E\big[\widehat{\boldsymbol{\beta}}-\boldsymbol{\beta}\big] \end{aligned}$$

ist der erwartete quadratische Schätzfehler eines Schätzers $\widehat{\boldsymbol{\beta}}$ für $\boldsymbol{\beta}$ durch den Erwartungswert und die Varianz des Schätzfehlers bestimmt.

Wir betrachten nun einige Eigenschaften, die ein Schätzer für $\boldsymbol{\beta}$ besitzen kann: Ein Schätzer $\widehat{\boldsymbol{\beta}}$ mit Werten in $\mathbb{R}^s$ heißt

– *zulässiger Schätzer* für $\boldsymbol{\beta}$, wenn es eine Matrix $\mathbf{Q}$ gibt mit

$$\begin{aligned} \widehat{\boldsymbol{\beta}} &= \mathbf{QX} \\ \mathbf{I} &= \mathbf{QA} \end{aligned}$$

und er heißt

– *Gauss–Markov Schätzer* für $\boldsymbol{\beta}$, wenn er ein zulässiger Schätzer für $\boldsymbol{\beta}$ ist und unter allen zulässigen Schätzern für $\boldsymbol{\beta}$ den kleinsten erwarteten quadratischen Schätzfehler besitzt.

Für jeden zulässigen Schätzer $\widehat{\boldsymbol{\beta}}$ für $\boldsymbol{\beta}$ gilt $E[\widehat{\boldsymbol{\beta}}] = \boldsymbol{\beta}$ (Erwartungstreue) und damit

$$E\big[(\widehat{\boldsymbol{\beta}}-\boldsymbol{\beta})'(\widehat{\boldsymbol{\beta}}-\boldsymbol{\beta})\big] = \mathrm{spur}\big(\mathrm{var}[\widehat{\boldsymbol{\beta}}]\big)$$

Daher ist der erwartete quadratische Schätzfehler eines zulässigen Schätzers für $\boldsymbol{\beta}$ durch seine Varianz bestimmt.

15.1.1 Satz (Gauss–Markov Theorem). *Es existiert ein eindeutig bestimmter Gauss–Markov Schätzer $\boldsymbol{\beta}^{\mathrm{GM}}$ für $\boldsymbol{\beta}$ und es gilt*

$$\boldsymbol{\beta}^{\mathrm{GM}} = (\mathbf{A}'\boldsymbol{\Sigma}^{-1}\mathbf{A})^{-1}\mathbf{A}'\boldsymbol{\Sigma}^{-1}\mathbf{X}$$

und

$$\mathrm{var}[\boldsymbol{\beta}^{\mathrm{GM}}] = (\mathbf{A}'\boldsymbol{\Sigma}^{-1}\mathbf{A})^{-1}$$

Der Gauss–Markov Schätzer für $\boldsymbol{\beta}$ besitzt eine weitere interessante Eigenschaft:

15.1.2 Lemma. *Der Gauss–Markov Schätzer*

$$\boldsymbol{\beta}^{\mathrm{GM}} = (\mathbf{A}'\boldsymbol{\Sigma}^{-1}\mathbf{A})^{-1}\mathbf{A}'\boldsymbol{\Sigma}^{-1}\mathbf{X}$$

minimiert den gewichteten quadratischen Approximationsfehler

$$(\mathbf{X}-\mathbf{A}\widehat{\boldsymbol{\beta}})'\boldsymbol{\Sigma}^{-1}(\mathbf{X}-\mathbf{A}\widehat{\boldsymbol{\beta}})$$

über alle Zufallsvektoren $\widehat{\boldsymbol{\beta}}$ mit Werten in $\mathbb{R}^s$, und er ist der einzige Zufallsvektor mit dieser Eigenschaft.

Das Lemma ist aus der Sicht der Statistik ohne Bedeutung. In einigen Fällen erleichtert es jedoch die Bestimmung des Gauss–Markov Schätzers; dies ist insbesondere dann der Fall, wenn $\boldsymbol{\Sigma}$ eine Diagonalmatrix ist.

Erweitertes Lineares Modell

Wir nehmen nun an, dass nur die ersten m_1 Koordinaten von $\mathbf{X}$ beobachtbar sind und die übrigen $m_2 = m - m_1$ Koordinaten nicht beobachtbar sind. Wir schreiben daher

$$\mathbf{X} = \begin{pmatrix} \mathbf{X}_1 \\ \mathbf{X}_2 \end{pmatrix}$$

und nehmen an, dass $\mathbf{X}_1$ beobachtbar und $\mathbf{X}_2$ nicht beobachtbar ist. Mit

$$\begin{aligned} \mathbf{\Sigma}_{11} &:= \mathrm{var}[\mathbf{X}_1] \\ \mathbf{\Sigma}_{12} &:= \mathrm{cov}[\mathbf{X}_1, \mathbf{X}_2] \\ \mathbf{\Sigma}_{21} &:= \mathrm{cov}[\mathbf{X}_2, \mathbf{X}_1] \\ \mathbf{\Sigma}_{22} &:= \mathrm{var}[\mathbf{X}_2] \end{aligned}$$

gilt dann

$$\mathrm{var}[\mathbf{X}] = \mathbf{\Sigma} = \begin{pmatrix} \mathbf{\Sigma}_{11} & \mathbf{\Sigma}_{12} \\ \mathbf{\Sigma}_{21} & \mathbf{\Sigma}_{22} \end{pmatrix}$$

Ziel des erweiterten linearen Modells ist es, auf der Grundlage von $\mathbf{X}_1$ einen Prädiktor für $\mathbf{X}_2$ zu bestimmen.

Das *erweiterte lineare Modell* für $\mathbf{X}$ besteht aus den folgenden Annahmen:

– Es gibt einen Parameter $\boldsymbol{\beta} \in \mathbb{R}^s$ sowie Matrizen $\mathbf{A}_1 \in \mathbb{R}^{m_1 \times s}$ und $\mathbf{A}_2 \in \mathbb{R}^{m_2 \times s}$ mit $\mathrm{rang}(\mathbf{A}_1) = s$ und

$$E\left[\begin{pmatrix} \mathbf{X}_1 \\ \mathbf{X}_2 \end{pmatrix}\right] = \begin{pmatrix} \mathbf{A}_1 \\ \mathbf{A}_2 \end{pmatrix} \boldsymbol{\beta}$$

– $\mathbf{\Sigma}_{11}$ ist positiv definit.

Das erweiterte lineare Modell für $\mathbf{X}$ enthält mit $E[\mathbf{X}_1] = \mathbf{A}_1\boldsymbol{\beta}$ ein lineares Modell für $\mathbf{X}_1$.

Wir setzen nun voraus, dass die Annahmen des erweiterten linearen Modells erfüllt sind.

Im erweiterten linearen Modell ist der Zufallsvektor $\mathbf{X}_2$ nicht beobachtbar. Für die Schätzung des Parameters $\boldsymbol{\beta}$ steht daher nur der Zufallsvektor $\mathbf{X}_1$ zur Verfügung; darüber hinaus stellt sich das Problem der Prognose des Zufallsvektors $\mathbf{X}_2$. Das Schätzproblem und das Prognoseproblem lassen sich in völlig analoger Weise behandeln.

Neben der Schätzung von $\boldsymbol{\beta}$ und der Prognose von $\mathbf{X}_2$ ist auch die Schätzung von $\mathbf{C}\boldsymbol{\beta}$ mit $\mathbf{C} \in \mathbb{R}^{r \times s}$ und die Prognose von $\mathbf{D}\mathbf{X}_2$ mit $\mathbf{D} \in \mathbb{R}^{r \times m_2}$ von Interesse. Mit $\mathbf{C} = \mathbf{I}$ bzw. $\mathbf{D} = \mathbf{I}$ erhält man die Schätzung von $\boldsymbol{\beta}$ bzw. die Prognose von $\mathbf{X}_2$ als Spezialfall. Von besonderem Interesse sind die Fälle $\mathbf{C} = \mathbf{c}'$ mit $\mathbf{c} \in \mathbb{R}^s$ bzw. $\mathbf{D} = \mathbf{d}'$ mit $\mathbf{d} \in \mathbb{R}^{m_2}$, also die Schätzung bzw. die Prognose einer Linearkombination der Koordinaten von $\boldsymbol{\beta}$ bzw. $\mathbf{X}_2$.

Wir betrachten zunächst die Schätzung von $\mathbf{C}\boldsymbol{\beta}$ mit $\mathbf{C} \in \mathbb{R}^{r \times s}$.

Als *Schätzer* für $\mathbf{C}\boldsymbol{\beta}$ kommt grundsätzlich jeder Zufallsvektor $\widehat{\mathbf{Y}}$ mit Werten in $\mathbb{R}^r$ infrage, der nur über den Zufallsvektor $\mathbf{X}_1$ vom Zufall abhängt. Für einen Schätzer $\widehat{\mathbf{Y}}$ für $\mathbf{C}\boldsymbol{\beta}$ bezeichnen wir die Differenz

$$\widehat{\mathbf{Y}} - \mathbf{C}\boldsymbol{\beta}$$

als *Schätzfehler* von $\widehat{\mathbf{Y}}$ und den Erwartungswert

$$E\big[(\widehat{\mathbf{Y}} - \mathbf{C}\boldsymbol{\beta})'(\widehat{\mathbf{Y}} - \mathbf{C}\boldsymbol{\beta})\big]$$

als *erwarteten quadratischen Schätzfehler* von $\widehat{\mathbf{Y}}$. Der erwartete quadratische Schätzfehler bildet die Grundlage für den Vergleich von Schätzern für $\mathbf{C}\boldsymbol{\beta}$. Wegen

$$\begin{aligned} E\big[(\widehat{\mathbf{Y}} - \mathbf{C}\boldsymbol{\beta})'(\widehat{\mathbf{Y}} - \mathbf{C}\boldsymbol{\beta})\big] &= \mathrm{spur}\big(\mathrm{var}[\widehat{\mathbf{Y}} - \mathbf{C}\boldsymbol{\beta}]\big) + E[\widehat{\mathbf{Y}} - \mathbf{C}\boldsymbol{\beta}]' E[\widehat{\mathbf{Y}} - \mathbf{C}\boldsymbol{\beta}] \\ &= \mathrm{spur}\big(\mathrm{var}[\widehat{\mathbf{Y}}]\big) + E[\widehat{\mathbf{Y}} - \mathbf{C}\boldsymbol{\beta}]' E[\widehat{\mathbf{Y}} - \mathbf{C}\boldsymbol{\beta}] \end{aligned}$$

ist der erwartete quadratische Schätzfehler eines Schätzers $\widehat{\mathbf{Y}}$ für $\mathbf{C}\boldsymbol{\beta}$ durch den Erwartungswert und die Varianz des Schätzfehlers bestimmt.

Ein Schätzer $\widehat{\mathbf{Y}}$ mit Werten in $\mathbb{R}^r$ heißt

– *zulässiger Schätzer* für $\mathbf{C}\boldsymbol{\beta}$, wenn es eine Matrix $\mathbf{Q}$ gibt mit

$$\begin{aligned} \widehat{\mathbf{Y}} &= \mathbf{Q}\mathbf{X}_1 \\ \mathbf{C} &= \mathbf{Q}\mathbf{A}_1 \end{aligned}$$

  und er heißt

– *Gauss–Markov Schätzer* für $\mathbf{C}\boldsymbol{\beta}$, wenn er ein zulässiger Schätzer für $\mathbf{C}\boldsymbol{\beta}$ ist und unter allen zulässigen Schätzern für $\mathbf{C}\boldsymbol{\beta}$ den kleinsten erwarteten quadratischen Schätzfehler besitzt.

Für jeden zulässigen Schätzer $\widehat{\mathbf{Y}}$ für $\mathbf{C}\boldsymbol{\beta}$ gilt $E[\widehat{\mathbf{Y}}] = \mathbf{C}\boldsymbol{\beta}$ (Erwartungstreue) und damit

$$E\big[(\widehat{\mathbf{Y}} - \mathbf{C}\boldsymbol{\beta})'(\widehat{\mathbf{Y}} - \mathbf{C}\boldsymbol{\beta})\big] = \mathrm{spur}\big(\mathrm{var}[\widehat{\mathbf{Y}}]\big)$$

Daher ist der erwartete quadratische Schätzfehler eines zulässigen Schätzers für $\mathbf{C}\boldsymbol{\beta}$ durch seine Varianz bestimmt.

15.1.3 Satz (Gauss–Markov Theorem). *Es existiert ein eindeutig bestimmter Gauss–Markov Schätzer* $(\mathbf{C}\boldsymbol{\beta})^{\mathrm{GM}}$ *für* $\mathbf{C}\boldsymbol{\beta}$ *und es gilt*

$$(\mathbf{C}\boldsymbol{\beta})^{\mathrm{GM}} = \mathbf{C}(\mathbf{A}_1'\boldsymbol{\Sigma}_{11}^{-1}\mathbf{A}_1)^{-1}\mathbf{A}_1'\boldsymbol{\Sigma}_{11}^{-1}\mathbf{X}_1$$

und

$$\mathrm{var}\big[(\mathbf{C}\boldsymbol{\beta})^{\mathrm{GM}}\big] = \mathbf{C}(\mathbf{A}_1'\boldsymbol{\Sigma}_{11}^{-1}\mathbf{A}_1)^{-1}\mathbf{C}'$$

Aufgrund des Gauss–Markov Theorems gilt für den Gauss–Markov Schätzer für $\boldsymbol{\beta}$

$$\boldsymbol{\beta}^{\mathrm{GM}} = (\mathbf{A}_1'\boldsymbol{\Sigma}_{11}^{-1}\mathbf{A}_1)^{-1}\mathbf{A}_1'\boldsymbol{\Sigma}_{11}^{-1}\mathbf{X}_1$$

und für den Gauss–Markov Schätzer für $\mathbf{C}\boldsymbol{\beta}$ gilt daher

$$(\mathbf{C}\boldsymbol{\beta})^{\mathrm{GM}} = \mathbf{C}\boldsymbol{\beta}^{\mathrm{GM}}$$

Diese Eigenschaft wird als *Linearität* der Gauss–Markov Schätzung bezeichnet.

Wir betrachten nun die Prognose von $\mathbf{D}\mathbf{X}_2$ mit $\mathbf{D} \in \mathbb{R}^{r \times m_2}$. Die Prognose von $\mathbf{D}\mathbf{X}_2$ verläuft weitgehend analog zur Schätzung von $\mathbf{C}\boldsymbol{\beta}$.

Als *Prädiktor* für $\mathbf{D}\mathbf{X}_2$ kommt grundsätzlich jeder Zufallsvektor $\widehat{\mathbf{Y}}$ mit Werten in $\mathbb{R}^r$ infrage, der nur über den Zufallsvektor $\mathbf{X}_1$ vom Zufall abhängt. Für einen Prädiktor $\widehat{\mathbf{Y}}$ für $\mathbf{D}\mathbf{X}_2$ bezeichnen wir die Differenz

$$\widehat{\mathbf{Y}} - \mathbf{D}\mathbf{X}_2$$

als *Prognosefehler* von $\widehat{\mathbf{Y}}$ und den Erwartungswert

$$E\big[(\widehat{\mathbf{Y}} - \mathbf{D}\mathbf{X}_2)'(\widehat{\mathbf{Y}} - \mathbf{D}\mathbf{X}_2)\big]$$

als *erwarteten quadratischen Prognosefehler* von $\widehat{\mathbf{Y}}$. Der erwartete quadratische Prognosefehler bildet die Grundlage für den Vergleich von Prädiktoren für $\mathbf{D}\mathbf{X}_2$. Wegen

$$\begin{aligned} &E\big[(\widehat{\mathbf{Y}} - \mathbf{D}\mathbf{X}_2)'(\widehat{\mathbf{Y}} - \mathbf{D}\mathbf{X}_2)\big] \\ &= \mathrm{spur}\big(\mathrm{var}\big[\widehat{\mathbf{Y}} - \mathbf{D}\mathbf{X}_2\big]\big) + E\big[\widehat{\mathbf{Y}} - \mathbf{D}\mathbf{X}_2\big]'E\big[\widehat{\mathbf{Y}} - \mathbf{D}\mathbf{X}_2\big] \end{aligned}$$

ist der erwartete quadratische Prognosefehler eines Prädiktors $\widehat{\mathbf{Y}}$ für $\mathbf{D}\mathbf{X}_2$ durch den Erwartungswert und die Varianz des Prognosefehlers bestimmt.

Ein Prädiktor $\widehat{\mathbf{Y}}$ mit Werten in $\mathbb{R}^r$ heißt

- *zulässiger Prädiktor* für $\mathbf{DX}_2$, wenn es eine Matrix $\mathbf{Q}$ gibt mit

$$\widehat{\mathbf{Y}} = \mathbf{QX}_1$$
$$\mathbf{DA}_2 = \mathbf{QA}_1$$

  und er heißt
- *Gauss–Markov Prädiktor* für $\mathbf{DX}_2$, wenn er ein zulässiger Prädiktor für $\mathbf{DX}_2$ ist und unter allen zulässigen Prädiktoren für $\mathbf{DX}_2$ den kleinsten erwarteten quadratischen Prognosefehler besitzt.

Für jeden zulässigen Prädiktor $\widehat{\mathbf{Y}}$ für $\mathbf{DX}_2$ gilt $E[\widehat{\mathbf{Y}}] = E[\mathbf{DX}_2]$ (Erwartungstreue) und damit

$$E\big[(\widehat{\mathbf{Y}}-\mathbf{DX}_2)'(\widehat{\mathbf{Y}}-\mathbf{DX}_2)\big] = \mathrm{spur}\big(\mathrm{var}\big[\widehat{\mathbf{Y}}-\mathbf{DX}_2\big]\big)$$

Daher ist der erwartete quadratische Prognosefehler eines zulässigen Prädiktors für $\mathbf{DX}_2$ durch die Varianz des Prognosefehlers bestimmt.

15.1.4 Satz (Gauss–Markov Theorem). *Es existiert ein eindeutig bestimmter Gauss–Markov Prädiktor* $(\mathbf{DX}_2)^{\mathrm{GM}}$ *für* $\mathbf{DX}_2$ *und es gilt*

$$(\mathbf{DX}_2)^{\mathrm{GM}} = \mathbf{D}\left(\mathbf{A}_2\boldsymbol{\beta}^{\mathrm{GM}} + \boldsymbol{\Sigma}_{21}\boldsymbol{\Sigma}_{11}^{-1}(\mathbf{X}_1-\mathbf{A}_1\boldsymbol{\beta}^{\mathrm{GM}})\right)$$

und

$$\begin{aligned}\mathrm{var}\big[(\mathbf{DX}_2)^{\mathrm{GM}} - \mathbf{DX}_2\big] &= \mathbf{D}\Big((\boldsymbol{\Sigma}_{22}-\boldsymbol{\Sigma}_{21}\boldsymbol{\Sigma}_{11}^{-1}\boldsymbol{\Sigma}_{12})\\ &+ (\mathbf{A}_2-\boldsymbol{\Sigma}_{21}\boldsymbol{\Sigma}_{11}^{-1}\mathbf{A}_1)(\mathbf{A}_1'\boldsymbol{\Sigma}_{11}^{-1}\mathbf{A}_1)^{-1}(\mathbf{A}_2-\boldsymbol{\Sigma}_{21}\boldsymbol{\Sigma}_{11}^{-1}\mathbf{A}_1)'\Big)\mathbf{D}'\end{aligned}$$

Aufgrund des Gauss–Markov Theorems ist der Gauss–Markov Prädiktor für $\mathbf{X}_2$ durch den Zufallsvektor

$$\mathbf{X}_2^{\mathrm{GM}} := \mathbf{A}_2\boldsymbol{\beta}^{\mathrm{GM}} + \boldsymbol{\Sigma}_{21}\boldsymbol{\Sigma}_{11}^{-1}(\mathbf{X}_1-\mathbf{A}_1\boldsymbol{\beta}^{\mathrm{GM}})$$

gegeben und es gilt

$$(\mathbf{DX}_2)^{\mathrm{GM}} = \mathbf{DX}_2^{\mathrm{GM}}$$

Diese Eigenschaft wird als *Linearität* der Gauss–Markov Prognose bezeichnet. Insbesondere stimmen die Koordinaten des Gauss–Markov Prädiktors für $\mathbf{X}_2$ mit den Gauss–Markov Prädiktoren der Koordinaten von $\mathbf{X}_2$ überein. Wir betrachten abschließend einen Spezialfall des letzten Satzes:

15.1.5 Folgerung. *Sei* $\boldsymbol{\Sigma}_{21} = \mathbf{O}$. *Dann gilt*

$$\mathbf{X}_2^{\mathrm{GM}} = \mathbf{A}_2\boldsymbol{\beta}^{\mathrm{GM}}$$

und

$$\mathrm{var}\big[\mathbf{X}_2^{\mathrm{GM}}-\mathbf{X}_2\big] = \boldsymbol{\Sigma}_{22} + \mathbf{A}_2(\mathbf{A}_1'\boldsymbol{\Sigma}_{11}^{-1}\mathbf{A}_1)^{-1}\mathbf{A}_2'$$

Diese Folgerung wird im *additiven Modell* von Interesse sein.

Additives Modell

Wir kommen nun mit dem additiven Modell zum eigentlichen Gegenstand dieses Abschnitts.

Das *additive Modell* besteht aus den Annahmen, dass bekannte Volumenmaße $v_0, v_1, \dots, v_n \in (0, \infty)$ der Anfalljahre vorliegen und dass es

– Parameter $\zeta_0, \zeta_1 \dots, \zeta_n$ gibt mit
$$E\left[\frac{Z_{i,k}}{v_i}\right] = \zeta_k$$
für alle $i, k \in \{0, 1, \dots, n\}$ und

– Parameter $\sigma_0^2, \sigma_1^2, \dots, \sigma_n^2 \in (0, \infty)$ gibt mit
$$\operatorname{cov}\left[\frac{Z_{i,k}}{v_i}, \frac{Z_{j,l}}{v_j}\right] = \frac{\sigma_k^2}{v_i}\,\delta_{i,j}\,\delta_{k,l}$$
für alle $i, j, k, l \in \{0, 1, \dots, n\}$.

Im additiven Modell bilden die Parameter ζ_0, $\zeta_1, \dots, \zeta_n$ ein Abwicklungsmuster für Schadenquotenzuwächse, das eine erste Begründung für das additive Verfahren liefert. Darüber hinaus enthält das additive Modell eine Annahme an die Korrelationsstruktur der Schadenquotenzuwächse.

Wir setzen für das Weitere voraus, dass die Annahmen des additiven Modells erfüllt sind, und wir nehmen zunächst an, dass die Parameter $\sigma_0^2, \sigma_1^2, \dots, \sigma_n^2$ bekannt sind.

Aus den Annahmen des additiven Modells ergibt sich
$$\begin{aligned} E[Z_{i,k}] &= v_i\,\zeta_k \\ \operatorname{cov}[Z_{i,k}, Z_{j,l}] &= v_i\,\sigma_k^2\,\delta_{i,j}\,\delta_{k,l} \end{aligned}$$
für alle $i, j, k, l \in \{0, 1, \dots, n\}$.

Sei nun $m_1 := (n+2)(n+1)/2$ und $m_2 := n(n+1)/2$ sowie $m := m_1 + m_2$ und $s = n + 1$. Dann gilt $m = (n+1)^2$ und für den Vektor
$$\boldsymbol{\beta} := \begin{pmatrix} \zeta_0 \\ \zeta_1 \\ \vdots \\ \zeta_n \end{pmatrix}$$
gilt $\boldsymbol{\beta} \in \mathbb{R}^s$.

Bezeichnet man mit $\mathbf{e}_i$ den i–ten Einheitsvektor des $\mathbb{R}^s$, so erhält man aus der ersten Annahme des additiven Modells mit

$$\mathbf{g}_{i,k} := v_i \, \mathbf{e}_{k+1}$$

für alle $i, k \in \{0, 1, \ldots, n\}$ die Gleichung

$$E[Z_{i,k}] = \mathbf{g}'_{i,k}\boldsymbol{\beta}$$

Fasst man die beobachtbaren Zuwächse zu einem Zufallsvektor $\mathbf{X}_1$ mit Werten in $\mathbb{R}^{m_1}$ und die nicht beobachtbaren Zuwächse zu einem Zufallsvektor $\mathbf{X}_2$ mit Werten in $\mathbb{R}^{m_2}$ zusammen, so ergibt sich aus der letzten Gleichung die Existenz von Matrizen $\mathbf{A}_1 \in \mathbb{R}^{m_1 \times s}$ und $\mathbf{A}_2 \in \mathbb{R}^{m_2 \times s}$ mit

$$E\left[\begin{pmatrix}\mathbf{X}_1\\ \mathbf{X}_2\end{pmatrix}\right] = \begin{pmatrix}\mathbf{A}_1\\ \mathbf{A}_2\end{pmatrix}\boldsymbol{\beta}$$

und es gilt $\text{rang}(\mathbf{A}_1) = s$. Des Weiteren erhält man aus der zweiten Gleichung des additiven Modells die Existenz positiv definiter Diagonalmatrizen $\boldsymbol{\Sigma}_{11} \in \mathbb{R}^{m_1 \times m_1}$ und $\boldsymbol{\Sigma}_{22} \in \mathbb{R}^{m_2 \times m_2}$ mit

$$\text{var}\left[\begin{pmatrix}\mathbf{X}_1\\ \mathbf{X}_2\end{pmatrix}\right] = \begin{pmatrix}\boldsymbol{\Sigma}_{11} & \mathbf{O}\\ \mathbf{O} & \boldsymbol{\Sigma}_{22}\end{pmatrix}$$

Daher ist das additive Modell ein erweitertes lineares Modell mit $\boldsymbol{\Sigma}_{21} = \mathbf{O}$.

15.1.6 Beispiel. Sei $n = 2$. Dann gilt $m_1 = 6$ und $m_2 = 3$ sowie $m = 9$ und $s = 3$, und man erhält

$$E\left[\begin{pmatrix} Z_{0,0}\\ Z_{1,0}\\ Z_{2,0}\\ Z_{0,1}\\ Z_{1,1}\\ Z_{0,2}\\ \hline Z_{2,1}\\ Z_{1,2}\\ Z_{2,2}\end{pmatrix}\right] = \begin{pmatrix} v_0 & 0 & 0\\ v_1 & 0 & 0\\ v_2 & 0 & 0\\ 0 & v_0 & 0\\ 0 & v_1 & 0\\ 0 & 0 & v_0\\ \hline 0 & v_2 & 0\\ 0 & 0 & v_1\\ 0 & 0 & v_2\end{pmatrix}\begin{pmatrix}\zeta_0\\ \zeta_1\\ \zeta_2\end{pmatrix}$$

und

$$\text{var}\left[\begin{pmatrix} Z_{0,0}\\ Z_{1,0}\\ Z_{2,0}\\ Z_{0,1}\\ Z_{1,1}\\ Z_{0,2}\\ \hline Z_{2,1}\\ Z_{1,2}\\ Z_{2,2}\end{pmatrix}\right] = \left(\begin{array}{cccccc|ccc} v_0\,\sigma_0^2 & 0 & 0 & 0 & 0 & 0 & 0 & 0 & 0\\ 0 & v_1\,\sigma_0^2 & 0 & 0 & 0 & 0 & 0 & 0 & 0\\ 0 & 0 & v_2\,\sigma_0^2 & 0 & 0 & 0 & 0 & 0 & 0\\ 0 & 0 & 0 & v_0\,\sigma_1^2 & 0 & 0 & 0 & 0 & 0\\ 0 & 0 & 0 & 0 & v_1\,\sigma_1^2 & 0 & 0 & 0 & 0\\ 0 & 0 & 0 & 0 & 0 & v_0\,\sigma_2^2 & 0 & 0 & 0\\ \hline 0 & 0 & 0 & 0 & 0 & 0 & v_2\,\sigma_1^2 & 0 & 0\\ 0 & 0 & 0 & 0 & 0 & 0 & 0 & v_1\,\sigma_2^2 & 0\\ 0 & 0 & 0 & 0 & 0 & 0 & 0 & 0 & v_2\,\sigma_2^2\end{array}\right)$$

Daher sind die Annahmen des erweiterten linearen Modells erfüllt.

Da $\mathbf{\Sigma}_{11}$ eine Diagonalmatrix ist und der Gauss–Markov Schätzer $\boldsymbol{\beta}^{\mathrm{GM}}$ für $\boldsymbol{\beta}$ nach Lemma 15.1.2 der eindeutig bestimmte Minimierer des gewichteten quadratischen Approximationsfehlers

$$(\mathbf{X}_1 - \mathbf{A}_1\widehat{\boldsymbol{\beta}})'\mathbf{\Sigma}_{11}^{-1}(\mathbf{X}_1 - \mathbf{A}_1\widehat{\boldsymbol{\beta}})$$

über alle Zufallsvektoren $\widehat{\boldsymbol{\beta}}$ mit Werten in $\mathbb{R}^s$ ist, lässt sich der Gauss–Markov Schätzer für $\boldsymbol{\beta}$ auf besonders einfache Art und Weise bestimmen: Mit

$$\widehat{\boldsymbol{\beta}} = \begin{pmatrix} \widehat{\zeta}_0 \\ \widehat{\zeta}_1 \\ \vdots \\ \widehat{\zeta}_n \end{pmatrix}$$

ergibt sich und unter Verwendung der Definitionen von $\mathbf{X}_1$ und $\mathbf{A}_1$

$$\begin{aligned}(\mathbf{X}_1 - \mathbf{A}_1\widehat{\boldsymbol{\beta}})'\mathbf{\Sigma}_{11}^{-1}(\mathbf{X}_1 - \mathbf{A}_1\widehat{\boldsymbol{\beta}}) &= \sum_{l=0}^{n}\sum_{j=0}^{n-l} \frac{1}{v_j\,\sigma_l^2}\Big(Z_{j,l} - v_j\,\widehat{\zeta}_l\Big)^2 \\ &= \sum_{l=0}^{n} \frac{1}{\sigma_l^2}\sum_{j=0}^{n-l} \frac{1}{v_j}\Big(Z_{j,l} - v_j\,\widehat{\zeta}_l\Big)^2\end{aligned}$$

Daher kann die Minimierung des gewichteten quadratischen Approximationsfehlers durch die Minimierung der inneren Summen des letzten Ausdrucks dieser Gleichung erfolgen, und für den Gauss–Markov Schätzer $\boldsymbol{\beta}^{\mathrm{GM}}$ ergibt sich daraus

$$\boldsymbol{\beta}^{\mathrm{GM}} = \begin{pmatrix} \zeta_0^{\mathrm{GM}} \\ \zeta_1^{\mathrm{GM}} \\ \vdots \\ \zeta_n^{\mathrm{GM}} \end{pmatrix}$$

mit

$$\zeta_k^{\mathrm{GM}} = \frac{\sum_{j=0}^{n-k} Z_{j,k}}{\sum_{j=0}^{n-k} v_j} = \zeta^{\mathrm{AD}}$$

Daher sind die Gauss–Markov Prädiktoren der Schadenquotenzuwächse gerade die additiven Schadenquotenzuwächse. Außerdem gilt

$$\mathrm{cov}[\zeta_k^{\mathrm{GM}}, \zeta_l^{\mathrm{GM}}] = \frac{\sigma_k^2}{\sum_{j=0}^{n-k} v_j}\,\delta_{k,l}$$

Die Koordinaten des Gauss–Markov Schätzers $\boldsymbol{\beta}^{\mathrm{GM}}$ sind also unkorreliert.

Wegen $\boldsymbol{\Sigma}_{21} = \mathbf{O}$ gilt für den Gauss–Markov Prädiktor $\mathbf{X}_2^{\mathrm{GM}}$

$$\mathbf{X}_2^{\mathrm{GM}} = \mathbf{A}_2 \boldsymbol{\beta}^{\mathrm{GM}}$$

Da aufgrund der Linearität der Gauss–Markov Prognose die Gauss–Markov Prädiktoren $Z_{i,k}^{\mathrm{GM}}$ der zukünftigen Zuwächse $Z_{i,k}$ gerade die Koordinaten des Gauss–Markov Prädiktors von $\mathbf{X}_2$ sind, ergibt sich

$$Z_{i,k}^{\mathrm{GM}} = v_i \, \zeta_k^{\mathrm{GM}} = Z_{i,k}^{\mathrm{AD}}$$

Daher sind die Gauss–Markov Prädiktoren der zukünftigen Zuwächse gerade die additiven Prädiktoren. Außerdem gilt für die zukünftigen Zuwächse

$$\operatorname{cov}[Z_{i,k}^{\mathrm{GM}} - Z_{i,k}, Z_{j,l}^{\mathrm{GM}} - Z_{j,l}] = v_i v_j \left(\frac{1}{\sum_{h=0}^{n-k} v_h} + \frac{1}{v_i} \, \delta_{i,j} \right) \sigma_k^2 \delta_{k,l}$$

Damit sind insbesondere die erwarteten quadratischen Prognosefehler

$$E[(Z_{i,k}^{\mathrm{GM}} - Z_{i,k})^2] = \operatorname{var}[Z_{i,k}^{\mathrm{GM}} - Z_{i,k}]$$

der zukünftigen Zuwächse bestimmt.

Aus den Gauss–Markov Prädiktoren der zukünftigen Zuwächse erhält man durch Summation die Gauss–Markov Prädiktoren der zukünftigen Schadenstände und der Reserven, und aus den Kovarianzen der Prognosefehler der Gauss–Markov Prädiktoren der zukünftigen Zuwächse erhält man die erwarteten quadratischen Prognosefehler der Gauss–Markov Reserven.

Lässt man schließlich die unrealistische Annahme fallen, dass die Varianzparameter $\sigma_0^1, \sigma_1^2, \ldots, \sigma_n^2$ bekannt sind, so müssen diese Parameter geschätzt werden. Für $k \in \{0, 1, \ldots, n-1\}$ ist

$$\widehat{\sigma}_k^2 := \frac{1}{n-k} \sum_{j=0}^{n-k} v_j \left(\frac{Z_{j,k}}{v_j} - \zeta_k^{\mathrm{AD}} \right)^2$$

ein erwartungstreuer Schätzer für σ_k^2, und auf der Grundlage dieser Schätzer kann ein Schätzer für σ_n^2 durch Extrapolation bestimmt werden.

Damit ist gezeigt, dass das additive Verfahren unter den Annahmen des additiven Modells und unter dem Prinzip der Gauss–Markov Prognose optimal ist. Der Vorteil des additiven Modells gegenüber dem Abwicklungsmuster für Schadenquotenzuwächse besteht darin, dass man im additiven Modell auch die erwarteten quadratischen Prognosefehler bestimmen kann.

15.2 Chain–Ladder Modell

In diesem Abschnitt betrachten wir Modelle für das Chain–Ladder Verfahren, die auf Annahmen an die ersten und zweiten bedingten Momente der Schadenstände unter bestimmten σ–Algebren beruhen. Ausgangspunkt dieser Modelle ist das Modell von Mack, dass sich zu einem sequentiellen bedingten linearen Modell erweitern lässt.

Das *Modell von Mack* [1993, 1994, 2002] besteht in der Annahme,

- dass die Familien $\{S_{i,k}\}_{k\in\{0,1,\ldots,n\}}$ der Schadenstände unterschiedlicher Anfalljahre voneinander unabhängig sind und
- dass es Parameter $\varphi_1,\ldots,\varphi_n$ und $\sigma_1^2,\ldots,\sigma_n^2$ gibt derart, dass für jedes Abwicklungsjahr $k\in\{1,\ldots,n\}$ und für jedes Anfalljahr $i\in\{0,1,\ldots,n\}$

$$\begin{aligned} E(S_{i,k}|\mathcal{F}_{i,k-1}) &= S_{i,k-1}\,\varphi_k \\ \mathrm{var}(S_{i,k}|\mathcal{F}_{i,k-1}) &= S_{i,k-1}\,\sigma_k^2 \end{aligned}$$

  gilt,

wobei die σ–Algebra $\mathcal{F}_{i,k-1} := \sigma(\{S_{i,l}\}_{l\in\{0,1,\ldots,k-1\}})$ die Information aus Anfalljahr i enthält, die bis zum Ende des Abwicklungsjahres $k-1$ verfügbar ist. Damit enthält das Modell von Mack sowohl Annahmen an die unbedingte gemeinsame Verteilung aller Schadenstände als auch Annahmen an bestimmte bedingte Verteilungen der Schadenstände.

Das Modell von Mack lässt sich verallgemeinern, indem man geeignete σ–Algebren $\mathcal{T}_{k-1}$ betrachtet und annimmt, dass es Parameter $\varphi_1,\ldots,\varphi_n$ und $\sigma_1^2,\ldots,\sigma_n^2$ gibt derart, dass für jedes Abwicklungsjahr $k\in\{1,\ldots,n\}$ und für alle Anfalljahre $i,j\in\{0,1,\ldots,n\}$

$$\begin{aligned} E(S_{i,k}|\mathcal{T}_{k-1}) &= S_{i,k-1}\,\varphi_k \\ \mathrm{cov}(S_{i,k},S_{j,k}|\mathcal{T}_{k-1}) &= S_{i,k-1}\,\sigma_k^2\,\delta_{i,j} \end{aligned}$$

gilt, wobei $\delta_{i,j}$ das Kronecker–Symbol mit $\delta_{i,j}:=1$ für $i=j$ und $\delta_{i,j}:=0$ für $i\neq j$ ist.

Für alle $k\in\{0,1,\ldots,n\}$ sei

$$\begin{aligned} \mathcal{F}_k &:= \sigma(\{S_{j,l}\}_{l\in\{0,1,\ldots,k\},\,j\in\{0,1,\ldots,n-k\}}) \\ \mathcal{G}_k &:= \sigma(\{S_{j,l}\}_{l\in\{0,1,\ldots,k\},\,j\in\{0,1,\ldots,n-l\}}) \\ \mathcal{H}_k &:= \sigma(\{S_{j,l}\}_{l\in\{0,1,\ldots,k\},\,j\in\{0,1,\ldots,n\}}) \end{aligned}$$

Dann gilt $\mathcal{F}_k\subseteq\mathcal{G}_k\subseteq\mathcal{H}_k$ und die Folgen $\{\mathcal{G}_k\}_{k\in\{0,1,\ldots,n\}}$ und $\{\mathcal{H}_k\}_{k\in\{0,1,\ldots,n\}}$ sind monoton wachsend. Aus den obigen Annahmen an die bedingten ersten und zweiten Momente erhält man

- mit $\mathcal{T}_{k-1}:=\mathcal{H}_{k-1}$ das *Modell von Schnaus*,

– mit $\mathcal{T}_{k-1} := \mathcal{G}_{k-1}$ das *Modell von Ludwig, Schmeißer und Thänert*, und
– mit $\mathcal{T}_{k-1} := \mathcal{F}_{k-1}$ das *allgemeine Modell von Ludwig, Schmeißer und Thänert*.

Zwischen dem Modell von Mack und diesen Modellen bestehen die folgenden Zusammenhänge:

15.2.1 Satz.
(1) *Das Modell von Mack ist ein Spezialfall des Modells von Schnaus.*
(2) *Das Modell von Schnaus ist ein Spezialfall des Modells von Ludwig, Schmeißer und Thänert.*
(3) *Das Modell von Ludwig, Schmeißer und Thänert ist ein Spezialfall des allgemeinen Modells von Ludwig, Schmeißer und Thänert.*

Beweis. Die Aussage (1) ist in Schmidt und Schnaus [1996] gezeigt, und die Aussagen (2) und (3) ergeben sich wegen $\mathcal{F}_{k-1} \subseteq \mathcal{G}_{k-1} \subseteq \mathcal{H}_{k-1}$ aus Satz B.10.1; vgl. auch Ludwig, Schmeißer und Thänert [2009]. □

Wir nehmen für den Rest dieses Abschnitt an, dass es Parameter $\varphi_1, \dots, \varphi_n$ und $\sigma_1^2, \dots, \sigma_n^2$ gibt derart, dass für jedes Abwicklungsjahr $k \in \{1, \dots, n\}$ und für alle Anfalljahre $i, j \in \{0, 1, \dots, n\}$

$$\begin{aligned} E(S_{i,k}|\mathcal{F}_{k-1}) &= S_{i,k-1}\,\varphi_k \\ \operatorname{cov}(S_{i,k}, S_{j,k}|\mathcal{F}_{k-1}) &= S_{i,k-1}\,\sigma_k^2\,\delta_{i,j} \end{aligned}$$

gilt, und bezeichnen dieses Modell kurz als *Chain–Ladder Modell*.

Aus der Gleichung

$$E(S_{i,k}|\mathcal{F}_{k-1}) = S_{i,k-1}\,\varphi_k$$

erhält man durch Übergang zu den Erwartungswerten für alle $k \in \{1, \dots, n\}$ und alle $i \in \{0, 1, \dots, n\}$

$$\frac{E[S_{i,k}]}{E[S_{i,k-1}]} = \varphi_k$$

Daher liegt im Chain–Ladder Modell ein Abwicklungsmuster für Faktoren vor. Außerdem erhält man aus der obigen Gleichung

$$E\left(\frac{S_{i,k}}{S_{i,k-1}} \,\middle|\, \mathcal{F}_{k-1}\right) = \varphi_k$$

und damit

$$E\left[\frac{S_{i,k}}{S_{i,k-1}}\right] = \varphi_k = \frac{E[S_{i,k}]}{E[S_{i,k-1}]}$$

Es gilt also

$$\mathrm{cov}\left[S_{i,k-1}, \frac{S_{i,k}}{S_{i,k-1}}\right] = 0$$

Daher ist für jedes Anfalljahr i der empirische individuelle Abwicklungsfaktor $S_{i,k}/S_{i,k-1}$ des Abwicklungsjahres k mit dem Schadenstand des vorangehenden Abwicklungsjahres unkorreliert.

Wir untersuchen nun die Erwartungstreue der Chain–Ladder Prädiktoren:

15.2.2 Satz. *Im Chain–Ladder Modell sind alle Chain–Ladder Prädiktoren erwartungstreu.*

Beweis. Wegen

$$\varphi_k^{\mathrm{CL}} = \frac{\sum_{j=0}^{n-k} S_{j,k}}{\sum_{j=0}^{n-k} S_{j,k-1}} = \sum_{j=0}^{n-k} \frac{S_{j,k-1}}{\sum_{h=0}^{n-k} S_{h,k-1}} \frac{S_{i,k}}{S_{i,k-1}}$$

und $E(S_{i,k}/S_{i,k-1}|\mathcal{F}_{k-1}) = \varphi_k$ erhält man aus der Linearität der bedingen Erwartung für alle $k \in \{1, \ldots, n\}$

$$E(\varphi_k^{\mathrm{CL}}|\mathcal{F}_{k-1}) = \varphi_k$$

Daraus ergibt sich für alle $i, k \in \{0, 1, \ldots, n\}$ mit $i+k \geq n+1$ durch Induktion über k mit Satz B.10.1

$$E(S_{i,k}^{\mathrm{CL}}|\mathcal{F}_{n-i}) = S_{i,n-i} \prod_{l=n-i+1}^{k} \varphi_l$$

und daraus folgt

$$E[S_{i,k}^{\mathrm{CL}}] = E[S_{i,n-i}] \prod_{l=n-i+1}^{k} \varphi_l$$

Da die Parameter $\varphi_1, \ldots, \varphi_n$ ein Abwicklungsmuster für Faktoren bilden, gilt außerdem

$$E[S_{i,k}] = E[S_{i,n-i}] \prod_{l=n-i+1}^{k} \frac{E[S_{i,l}]}{E[S_{i,l-1}]} = E[S_{i,n-i}] \prod_{l=n-i+1}^{k} \varphi_l$$

Es gilt also

$$E[S_{i,k}^{\mathrm{CL}}] = E[S_{i,k}]$$

Daher sind die Chain–Ladder Prädiktoren der zukünftigen Schadenstände erwartungstreu, und damit sind auch die Chain–Ladder Prädiktoren der zukünftigen Zuwächse und der Reserven erwartungstreu. □

An dieser Stelle ist zu bemerken, dass es im Chain–Ladder Modell zahlreiche weitere Prädiktoren gibt, die ebenfalls erwartungstreu sind: Setzt man

$$\widehat{\varphi}_k = \sum_{j=0}^{n-k} W_{j,k} \, \frac{S_{j,k}}{S_{j,k-1}}$$

mit beliebigen Konstanten (oder $\mathcal{F}_{k-1}$–messbaren Zufallsvariablen) $W_{j,k}$, die der Bedingung $\sum_{j=0}^{n-k} W_{j,k} = 1$ genügen, so gilt $E(\widehat{\varphi}_k|\mathcal{F}_{k-1}) = \varphi_k$ und die zugehörigen modifizierten Chain–Ladder Prädiktoren

$$\widehat{S}_{i,k} := S_{i,n-i} \prod_{l=n-i+1}^{k} \widehat{\varphi}_l$$

sind erwartungstreu.

Bei den bisherigen Überlegungen haben wir nur die Annahme an die bedingten Erwartungen verwendet. Um eine Optimalitätseigenschaft zumindest einiger Chain–Ladder Prädiktoren zeigen zu können, beziehen wir nun die Annahme an die bedingen Kovarianzen mit ein.

Wir betrachten ein festes Abwicklungsjahr $k \in \{1, \dots, n\}$. Dann lassen sich die Gleichungen für die ersten und zweite bedingten Momente der Schadenstände des Abwicklungsjahres k wie folgt zusammenfassen:

$$E\left(\left(\begin{array}{c} S_{0,k} \\ S_{1,k} \\ \vdots \\ S_{n-k,k} \\ \hline S_{n-k+1,k} \end{array}\right) \middle| \, \mathcal{F}_{k-1}\right) = \left(\begin{array}{c} S_{0,k-1} \\ S_{1,k-1} \\ \vdots \\ S_{n-k,k-1} \\ \hline S_{n-k+1,k-1} \end{array}\right) \varphi_k$$

und

$$\operatorname{var}\left(\left(\begin{array}{c} S_{0,k} \\ S_{1,k} \\ \vdots \\ S_{n-k,k} \\ \hline S_{n-k+1,k} \end{array}\right) \middle| \, \mathcal{F}_{k-1}\right) = \sigma_k^2 \left(\begin{array}{cccc|c} S_{0,k-1} & 0 & \cdots & 0 & 0 \\ 0 & S_{1,k-1} & & 0 & 0 \\ \vdots & & \ddots & & \vdots \\ 0 & 0 & & S_{n-k,k-1} & 0 \\ \hline 0 & 0 & \cdots & 0 & S_{n-k+1,k-1} \end{array}\right)$$

Damit liegt für jedes Abwicklungsjahr ein *bedingtes erweitertes lineares Modell* für den Zufallsvektor

$$\left(\begin{array}{c} S_{0,k} \\ S_{1,k} \\ \vdots \\ S_{n-k,k} \\ \hline S_{n-k+1,k} \end{array}\right)$$

mit dem beobachtbaren Teil

$$\begin{pmatrix} S_{0,k} \\ S_{1,k} \\ \vdots \\ S_{n-k,k} \end{pmatrix}$$

und dem nichtbeobachtbaren Teil

$$S_{n-k+1,k}$$

vor, die Designmatrix

$$\begin{pmatrix} S_{0,k-1} \\ S_{1,k-1} \\ \vdots \\ S_{n-k,k-1} \\ \hline S_{n-k+1,k-1} \end{pmatrix}$$

ist ein beobachtbarer Zufallsvektor, und

$$\varphi_k$$

ist der unbekannte Parameter.

Die Begriffe und auch die Ergebnisse der Theorie erweiterter linearer Modelle lassen sich auf bedingte erweiterte lineare Modelle übertragen, indem man alle Momente durch die entsprechenden bedingten Momente ersetzt.

Im Chain–Ladder Modell erhält man auf diese Weise für alle $k \in \{1, \ldots, n\}$

$$\varphi_k^{\text{GM}} = \frac{\sum_{j=0}^{n-k} S_{j,k}}{\sum_{j=0}^{n-k} S_{j,k-1}} = \varphi_k^{\text{CL}}$$

und

$$S_{n-k+1,k}^{\text{GM}} = S_{n-k+1,k-1}\,\varphi_k^{\text{GM}} = S_{n-k+1,k-1}\,\varphi_k^{\text{CL}} = S_{n-k+1,k}^{\text{CL}}$$

Die Chain–Ladder Prädiktoren der Schadenstände des ersten nicht beobachtbaren Kalenderjahres $n+1$ sind daher im Sinne der bedingten Gauss–Markov Prognose optimal, und für diese Chain–Ladder Prädiktoren lassen sich auch die erwarteten quadratischen Prognosefehler berechnen.

Lässt man schließlich die unrealistische Annahme fallen, dass die Varianzparameter $\sigma_1^2, \ldots, \sigma_n^2$ bekannt sind, so müssen diese Parameter geschätzt werden. Für $k \in \{1, \ldots, n-1\}$ ist

$$\widehat{\sigma}_k^2 := \frac{1}{n-k} \sum_{j=0}^{n-k} S_{j,k-1} \left(\frac{S_{j,k}}{S_{j,k-1}} - \varphi_k^{\text{CL}} \right)^2$$

ein erwartungstreuer Schätzer für σ_k^2, und auf der Grundlage dieser Schätzer kann ein Schätzer für σ_n^2 durch Extrapolation bestimmt werden.

15.3 Poisson–Modell

Das Poisson–Modell geht auf Hachemeister und Stanard [1975] zurück und ist vermutlich das älteste Modell der Schadenreservierung, das die gemeinsame Verteilung aller Zuwächse bis auf die Parameter vollständig beschreibt.

Das Poisson–Modell besteht in der Annahme, dass die Familie aller Zuwächse unabhängig ist und dass es Parameter $\alpha_0, \alpha_1, \ldots, \alpha_n$ und $\vartheta_0, \vartheta_1, \ldots, \vartheta_n$ mit $\sum_{k=0}^{n} \vartheta_k = 1$ gibt derart, dass für alle $i, k \in \{0, 1, \ldots, n\}$

$$P_{Z_{i,k}} = \mathbf{P}(\alpha_i \vartheta_k)$$

gilt. Aufgrund der Annahme Poisson–verteilter Zuwächse ist das Poisson–Modell vor allem dann anwendbar, wenn die Abwicklungsdaten Schadenzahlen sind.

Wie nehmen in diesem Abschnitt an, dass die Annahmen des Poisson–Modells erfüllt sind.

Aus den Annahmen der Poisson–Modells ergibt sich für alle $i, k \in \{0, 1, \ldots, n\}$

$$E[Z_{i,k}] = \alpha_i \vartheta_k$$

Daher ist das Poisson–Modell ein multiplikatives Modell für Zuwächse. Aus der letzten Gleichung ergibt sich wegen $\sum_{k=0}^{n} \vartheta_k = 1$ zunächst

$$E[S_{i,n}] = \alpha_i$$

für alle $i \in \{0, 1, \ldots, n\}$ und sodann

$$\frac{E[Z_{i,k}]}{E[S_{i,n}]} = \vartheta_k$$

für alle $k \in \{0, 1, \ldots, n\}$ und für alle $i \in \{0, 1, \ldots, n\}$. Mit diesen Gleichungen ist eine Interpretation der Parameter gegeben, und aus der letzten Gleichung folgt, dass ein Abwicklungsmuster für Anteile und damit auch für Quoten und Faktoren vorliegt.

Sind $\widehat{\alpha}_0, \widehat{\alpha}_1, \ldots, \widehat{\alpha}_n$ und $\widehat{\vartheta}_0, \widehat{\vartheta}_1, \ldots, \widehat{\vartheta}_n$ mit $\sum_{k=0}^{n} \widehat{\vartheta}_k = 1$ Schätzer der Parameter $\alpha_0, \alpha_1, \ldots, \alpha_n$ bzw. $\vartheta_0, \vartheta_1, \ldots, \vartheta_n$, so erhält man mit

$$\widehat{Z}_{i,k} := \widehat{\alpha}_i \widehat{\vartheta}_k$$

zunächst natürliche Prädiktoren der zukünftigen Zuwächse und sodann durch Summation Prädiktoren der zukünftigen Schadenstände und der Reserven.

Es bleibt also das Problem, die Parameter $\alpha_0, \alpha_1, \ldots, \alpha_n$ und $\vartheta_0, \vartheta_1, \ldots, \vartheta_n$ zu schätzen.

Marginalsummenverfahren

Da das Poisson–Modell ein multiplikatives Modell für Zuwächse ist, bietet es sich an, die Parameter mit dem Marginalsummenverfahren zu schätzen, also die *Marginalsummengleichungen*

$$\sum_{k=0}^{n-i} \widehat{\alpha}_i \, \widehat{\vartheta}_k = \sum_{k=0}^{n-i} Z_{i,k} \qquad \text{für alle } i \in \{0,1,\ldots,n\}$$

$$\sum_{i=0}^{n-k} \widehat{\alpha}_i \, \widehat{\vartheta}_k = \sum_{i=0}^{n-k} Z_{i,k} \qquad \text{für alle } k \in \{0,1,\ldots,n\}$$

unter Nebenbedingung

$$\sum_{k=0}^{n} \widehat{\vartheta}_k = 1$$

zu lösen, und hierfür kann das Chain–Ladder Verfahren herangezogen werden; vgl. Abschnitt 14.1.

Maximum–Likelihood Verfahren

Das Marginalsummenverfahren beruht ausschließlich auf der multiplikativen Struktur der erwarteten Zuwächse. Das Poisson–Modell enthält jedoch wesentlich mehr Information, denn aus den Annahmen des Poisson–Modells ergibt sich die gemeinsame Verteilung aller Zuwächse und damit insbesondere die gemeinsame Verteilung aller beobachtbaren Zuwächse. Daher kann man die Parameter auch mit dem Maximum–Likelihood Verfahren schätzen.

Im Poisson–Modell ist die gemeinsame Verteilung aller Zuwächse durch

$$P\left[\bigcap_{i=0}^{n} \bigcap_{k=0}^{n} \{Z_{i,k} = z_{i,k}\}\right] = \prod_{i=0}^{n} \prod_{k=0}^{n} \left(e^{-\alpha_i \vartheta_k} \, \frac{(\alpha_i \vartheta_k)^{z_{i,k}}}{z_{i,k}!} \right)$$

mit $z_{i,k} \in \mathbb{N}_0$ für alle $i,k \in \{0,1,\ldots,n\}$ gegeben. Für die gemeinsame Verteilung aller beobachtbaren Zuwächse ergibt sich daher

$$P\left[\bigcap_{i=0}^{n} \bigcap_{k=0}^{n-i} \{Z_{i,k} = z_{i,k}\}\right] = \prod_{i=0}^{n} \prod_{k=0}^{n-i} \left(e^{-\alpha_i \vartheta_k} \, \frac{(\alpha_i \vartheta_k)^{z_{i,k}}}{z_{i,k}!} \right)$$

Mit $\mathbf{Z} := \{Z_{i,k}\}_{i,k \in \{0,1,\ldots,n\}, i+k \leq n}$ erhält man daher die Likelihood–Funktion L mit

$$L(\widehat{\alpha}_0, \widehat{\alpha}_1, \ldots, \widehat{\alpha}_n, \widehat{\vartheta}_0, \widehat{\vartheta}_1, \ldots, \widehat{\vartheta}_n | \mathbf{Z}) = \prod_{i=0}^{n} \prod_{k=0}^{n-i} \left(e^{-\widehat{\alpha}_i \widehat{\vartheta}_k} \, \frac{(\widehat{\alpha}_i \widehat{\vartheta}_k)^{Z_{i,k}}}{Z_{i,k}!} \right)$$

und damit die Loglikelihood–Funktion $\ln \circ L$ mit

$$\begin{aligned}(\ln \circ L)(\widehat{\alpha}_0, \widehat{\alpha}_1, \ldots, \widehat{\alpha}_n, \widehat{\vartheta}_0, \widehat{\vartheta}_1, \ldots, \widehat{\vartheta}_n|\mathbf{Z}) \\ = \sum_{i=0}^{n} \sum_{k=0}^{n-i} \Big(-\widehat{\alpha}_i \widehat{\vartheta}_k + Z_{i,k} \ln(\widehat{\alpha}_i \widehat{\vartheta}_k) \Big) + C\end{aligned}$$

mit einer Zufallsvariablen C, die nicht von den Schätzern der Parameter abhängt. Zur Berücksichtigung der Nebenbedingung geht man schließlich zur Lagrange–Funktion h mit

$$\begin{aligned}h(\widehat{\alpha}_0, \widehat{\alpha}_1, \ldots, \widehat{\alpha}_n, \widehat{\vartheta}_0, \widehat{\vartheta}_1, \ldots, \widehat{\vartheta}_n, \Lambda|\mathbf{Z}) \\ = \sum_{i=0}^{n} \sum_{k=0}^{n-i} \Big(-\widehat{\alpha}_i \widehat{\vartheta}_k + Z_{i,k} \ln(\widehat{\alpha}_i \widehat{\vartheta}_k) \Big) + \Lambda \left(\sum_{k=0}^{n} \widehat{\vartheta}_k - 1 \right)\end{aligned}$$

über, und durch Nullsetzen der partiellen Ableitungen von h erhält man die *Marginalsummengleichungen*

$$\begin{aligned}\sum_{k=0}^{n-i} \widehat{\alpha}_i \, \widehat{\vartheta}_k &= \sum_{k=0}^{n-i} Z_{i,k} \qquad \text{für alle } i \in \{0, 1, \ldots, n\} \\ \sum_{i=0}^{n-k} \widehat{\alpha}_i \, \widehat{\vartheta}_k &= \sum_{i=0}^{n-k} Z_{i,k} \qquad \text{für alle } k \in \{0, 1, \ldots, n\}\end{aligned}$$

und die Nebenbedingung

$$\sum_{k=0}^{n} \widehat{\vartheta}_k = 1$$

Das Maximum–Likelihood Verfahren führt also auf das Marginalsummenverfahren, und damit führt auch das Maximum–Likelihood Verfahren auf das Chain–Ladder Verfahren.

Chain–Ladder Verfahren

Im Poisson–Modell führt das Maximum–Likelihood Verfahren auf das Marginalsummenverfahren und damit auf das Chain–Ladder Verfahren. Daher liefert das Poisson–Modell eine Begründung des Chain–Ladder Verfahrens durch ein allgemeines statistisches Prinzip.

Für Verallgemeinerungen des Poisson–Modells, die ebenfalls unter den hier betrachteten Methoden der Schätzung der Parameter auf das Chain–Ladder Verfahren führen, vgl. Schmidt und Wünsche [1998] sowie Schmidt [2009; Abschnitt 13.6].

Prognosefehler

Da im Poisson–Modell die gemeinsame Verteilung aller Zuwächse bekannt ist, sind im Prinzip auch die Verteilungen der erwarteten quadratischen Prognosefehler bekannt. Die Berechnung dieser Verteilungen ist jedoch wegen

$$P[Z_{i,k} = 0] = e^{-\alpha_i \vartheta_k} > 0$$

nicht trivial.

16

Anwendungsbezogene Fragen

Mit den Basisverfahren stehen vielfältige Werkzeuge zur Reservierung bereit, und die erste Frage, die sich bei einem gegebenen Bestand stellt, ist sicherlich die, welches dieser Verfahren denn nun anzuwenden ist. Da die einzelnen Verfahren unterschiedliche Arten der Information verwenden, ist es in jedem Fall hilfreich, deren Einfluss auf die Prädiktoren zu untersuchen. Dabei erweist sich das Bornhuetter–Ferguson Prinzip als nützlich und es kann herangezogen werden, um vielleicht nicht unbedingt ein bestimmtes Verfahren auszuwählen, sondern um für jede Zielgröße einen bestmöglichen Prädiktor zu finden und die mit diesem Prädiktor verbundene Unsicherheit einzuschätzen (Abschnitt 16.1).

Außerdem stellt sich das Problem, einzelne ungewöhnlich hohe oder niedrige Abwicklungsdaten (Abschnitt 16.2) oder Kalenderjahreffekte (Abschnitt 16.3) in angemessener Form zu berücksichtigen. Ein anderes Problem besteht darin, dass oft auch für das älteste in den Abwicklungsdaten verwendete Anfalljahr die Abwicklung noch nicht abgeschlossen ist; in diesem Fall werden durch die üblichen Verfahren nicht alle Abwicklungsjahre erfasst und Prädiktoren für die letzten Abwicklungsjahre müssen auf eine andere Weise bestimmt werden (Abschnitt 16.4).

16.1 Best Estimate

Solvency II verlangt für die zukünftigen Schadenstände und Zuwächse und für die Reserven einen *best estimate* und damit einen bestmöglichen Prädiktor. Der Begriff *best estimate* ist jedoch nirgends exakt definiert.

Solvency II verlangt außerdem für jeden best estimate die Angabe eines *range* und damit eine Einschätzung der durch die Unsicherheit der verwendeten Daten erzeugten Variabilität des best estimate. Die Variabilität eines Prädiktors kann auf sehr unterschiedliche Art und Weises bestimmt werden und auch der Begriff *range* ist nirgends exakt definiert.

H.-W. Goelden et al., *Schadenversicherungsmathematik*, DOI 10.1007/978-3-662-48860-7_17

Das Bornhuetter–Ferguson Prinzip bietet aufgrund der Vielfalt der ihm unterliegenden Verfahren eine Möglichkeit, durch den Vergleich der mit diesen Verfahren bestimmten Prädiktoren und durch die Analyse der in diesen Verfahren verwendeten Information zu *best estimates* und *ranges* zu gelangen.

Alle Verfahren, die dem Bornhuetter–Ferguson Prinzip unterliegen, besitzen dieselbe formale Struktur und können daher als eine Familie von Verfahren aufgefasst werden. Sie unterscheiden sich nur

- in der Art der verwendeten Information und
- in der Art, wie diese Information in die Schätzer des Abwicklungsmusters und in die a–priori Prädiktoren der Endschadenstände einfließt.

Es liegt daher nahe, für gegebene Abwicklungsdaten

- möglichst viele Verfahren, die dem Bornhuetter–Ferguson Prinzip unterliegen, anzuwenden,
- ihre Prädiktoren zu vergleichen, und
- schließlich eine Auswahl unter den Prädiktoren zu treffen.

Im Grunde genommen lässt sich das Bornhuetter–Ferguson Prinzip als ein eigenständiges und allgemeines Verfahren der Schadenreservierung verstehen, das eine vorzeitige Festlegung auf ein spezielles Verfahren vermeidet und das bei jeder einzelnen Anwendung an die Verfügbarkeit und die Glaubwürdigkeit verschiedener Quellen der Information angepasst werden kann.

16.1.1 Beispiel. Die folgende Tabelle enthält

- ein Abwicklungsdreieck für Schadenstände $S_{i,k}$,
- Volumenmaße v_i der Anfalljahre,
- a–priori Prädiktoren α_i^{EX} der Endschadenstände, und
- Schätzer γ_k^{EX} der Quoten,

wobei der aktuelle Schadenstand $S_{4,1}$ gegenüber den vorher betrachteten Beispielen um 1000 erhöht ist und alle α_i^{EX} und γ_k^{EX} auf externer Information beruhen:

Anfall-	**Abwicklungsjahr** k						**Volumen**	
jahr i	0	1	2	3	4	5	v_i	α_i^{EX}
0	1001	1855	2423	2988	3335	3483	4025	3517
1	1113	2103	2774	3422	3844		4456	3981
2	1265	2433	3233	3977			5315	4598
3	1490	2873	3880				5986	5658
4	1725	4261					6939	6214
5	1889						8158	6325
γ_k^{EX}	0.280	0.510	0.700	0.860	0.950	1		

Die folgende Tabelle enthält neben den externen Schätzern des Abwicklungsmusters für Quoten auch die Chain–Ladder Quoten und die additiven Quoten:

Quote	**Abwicklungsjahr** k					
	0	1	2	3	4	5
γ_k^{EX}	0.280	0.510	0.700	0.860	0.950	1
γ_k^{CL}	0.255	0.522	0.694	0.855	0.958	1
$\gamma_k^{\mathrm{AD}}(\mathbf{v})$	0.263	0.543	0.709	0.862	0.960	1

Die nächste Tabelle enthält externe a–priori Schätzer der Endschadenstände sowie die a–priori Schätzer nach dem Loss–Development Verfahren und dem Cape–Cod Verfahren:

	a–priori Prädiktoren der Endschadenstände	Schätzer der Quoten	Anfalljahr i 0	1	2	3	4	5
V11	α_i^{EX}	γ^{EX}	3517	3981	4598	5658	6214	6325
V12	α_i^{EX}	γ^{CL}	3517	3981	4598	5658	6214	6325
V13	α_i^{EX}	$\gamma^{\text{AD}}(\mathbf{v})$	3517	3981	4598	5658	6214	6325
V21	$\alpha_i^{\text{LD}}(\boldsymbol{\gamma}^{\text{EX}})$	γ^{EX}	3483	4046	4624	5543	8355	6746
V22	$\alpha_i^{\text{LD}}(\boldsymbol{\gamma}^{\text{CL}})$	γ^{CL}	3483	4015	4652	5592	8160	7420
V23	$\alpha_i^{\text{LD}}(\boldsymbol{\gamma}^{\text{AD}}(\mathbf{v}))$	$\gamma^{\text{AD}}(\mathbf{v})$	3483	4003	4612	5471	7850	7191
V31	$\alpha_i^{\text{CC}}(\mathbf{v}, \boldsymbol{\gamma}^{\text{EX}})$	γ^{EX}	3759	4162	4964	5591	6481	7619
V32	$\alpha_i^{\text{CC}}(\mathbf{v}, \boldsymbol{\gamma}^{\text{CL}})$	γ^{CL}	3785	4190	4998	5628	6524	7671
V33	$\alpha_i^{\text{CC}}(\mathbf{v}, \boldsymbol{\gamma}^{\text{AD}}(\mathbf{v}))$	$\gamma^{\text{AD}}(\mathbf{v})$	3727	4126	4921	5542	6425	7553

Aufgrund des ungewöhnlich hohen Schadenstandes $S_{4,1}$ ist bei den drei Versionen des Loss–Development Verfahrens auch der (a–priori) Prädiktor des Endschadenstandes des Anfalljahres 4 ungewöhnlich hoch.
Die folgende Tabelle schließlich zeigt die Reserven

$$R_{(6)}^{\text{BF}}(\widehat{\boldsymbol{\alpha}}, \widehat{\boldsymbol{\gamma}}) := \sum_{i=1}^{5} \Big(S_{i,5-i+1}^{\text{BF}}(\widehat{\boldsymbol{\alpha}}, \widehat{\boldsymbol{\gamma}}) - S_{i,5-i} \Big)$$

für das (erste nicht beobachtbare) Kalenderjahr 6 und die Gesamtreserven

$$R^{\text{BF}}(\widehat{\boldsymbol{\alpha}}, \widehat{\boldsymbol{\gamma}}) = \sum_{i=1}^{5} \Big(S_{i,5}^{\text{BF}}(\widehat{\boldsymbol{\alpha}}, \widehat{\boldsymbol{\gamma}}) - S_{i,5-i} \Big)$$

für die neun Verfahren:

	a–priori Prädiktoren der Endschadenstände	Schätzer der Quoten	Reserve für Kalenderjahr 6	Gesamt-reserve
V11	$\boldsymbol{\alpha}^{\text{EX}}$	γ^{EX}	4154	10139
V12	$\boldsymbol{\alpha}^{\text{EX}}$	γ^{CL}	4312	10252
V13	$\boldsymbol{\alpha}^{\text{EX}}$	$\gamma^{\text{AD}}(\mathbf{v})$	4281	9941
V21	$\boldsymbol{\alpha}^{\text{LD}}(\boldsymbol{\gamma}^{\text{EX}})$	γ^{EX}	4644	11464
V22	$\boldsymbol{\alpha}^{\text{LD}}(\boldsymbol{\gamma}^{\text{CL}})$	γ^{CL}	4935	11987
V23	$\boldsymbol{\alpha}^{\text{LD}}(\boldsymbol{\gamma}^{\text{AD}}(\mathbf{v}))$	$\gamma^{\text{AD}}(\mathbf{v})$	4769	11276
V31	$\boldsymbol{\alpha}^{\text{CC}}(\mathbf{v}, \boldsymbol{\gamma}^{\text{EX}})$	γ^{EX}	4533	11242
V32	$\boldsymbol{\alpha}^{\text{CC}}(\mathbf{v}, \boldsymbol{\gamma}^{\text{CL}})$	γ^{CL}	4770	11461
V33	$\boldsymbol{\alpha}^{\text{CC}}(\mathbf{v}, \boldsymbol{\gamma}^{\text{AD}}(\mathbf{v}))$	$\gamma^{\text{AD}}(\mathbf{v})$	4679	10959
	Minimum		4154	9941
	Maximum		4935	11987
	Minimum / Maximum		84%	83%

Das folgende Diagramm stellt diese Paare von Reserven dar:

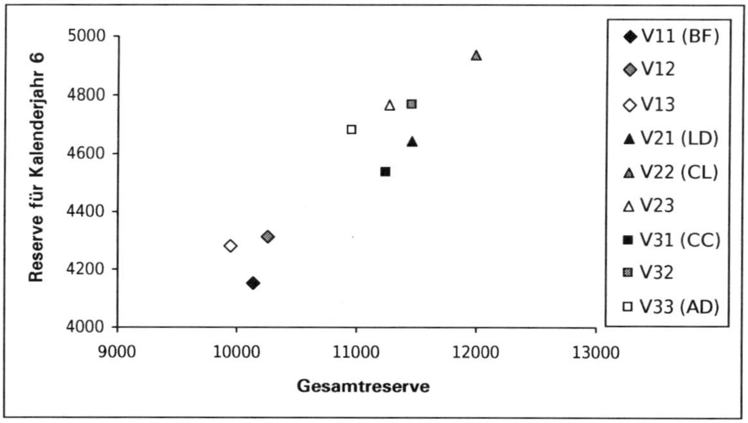

Das Diagramm deutet auf eine starke positive Korrelation zwischen den betrachteten Reserven hin. Darüber hinaus ergeben sich die folgenden Beobachtungen:

- Beide Reserven sind besonders niedrig für die Versionen V11, V12, V13, die externe a–priori Prädiktoren der Endschadenstände verwenden.
- Die Reserve für Kalenderjahr 6 ist relativ niedrig für die Versionen V11, V21, V31, die externe Schätzer der Quoten verwenden.
- Beide Reserven sind relativ hoch für die Versionen V12, V22, V32, die die Chain–Ladder Quoten verwenden.
- Beide Reserven sind hoch für die Version V22 (Chain–Ladder Verfahren).

Allgemein besteht eine hohe Volatilität zwischen den Paaren von Reserven, die sich aus den verschiedenen Verfahren ergeben.

An dieser Stelle ist eine aktuarielle Beurteilung der den Reserven zugrundeliegenden Prädiktoren erforderlich, um zu einer Wahl von Prädiktoren zu gelangen, die verlässliche Reserven liefern. Wenn man beispielsweise davon ausgehen kann, dass die Abwicklungsdaten mit Ausnahme des ungewöhnlich hohen Schadenstandes $S_{4,1}$ verlässlich sind und dass dieser Schadenstand ein Ausreißer ist und nicht auf eine Besonderheit des Anfalljahres 4 hindeutet, dann könnte man

- in einem ersten Schritt diejenigen Prädiktoren ausschließen, die auf externen a–priori Prädiktoren der Endschadenstände beruhen und zu besonders niedrigen Reserven führen,
- in einem zweiten Schritt diejenigen Prädiktoren ausschließen, die auf externen Schätzern der Quoten beruhen und zu relativ niedrigen Reserven führen, und
- schließlich auch die Chain–Ladder Prädiktoren ausschließen, da sie empfindlich auf den Ausreißer reagieren und zu den höchsten Reserven führen.

Die verbleibenden Paare von Reserven weisen nur noch eine geringe Volatilität auf:

	a–priori Prädiktoren der Endschadenstände	**Schätzer der Quoten**	**Reserve für Kalenderjahr 6**	**Gesamt-reserve**
V23	$\boldsymbol{\alpha}^{\mathrm{LD}}(\widehat{\boldsymbol{\gamma}}^{\mathrm{AD}}(\mathbf{v}))$	$\boldsymbol{\gamma}^{\mathrm{AD}}(\mathbf{v})$	4769	11276
V32	$\boldsymbol{\alpha}^{\mathrm{CC}}(\mathbf{v},\widehat{\boldsymbol{\gamma}}^{\mathrm{CL}})$	$\boldsymbol{\gamma}^{\mathrm{CL}}$	4770	11461
V33	$\boldsymbol{\alpha}^{\mathrm{CC}}(\mathbf{v},\widehat{\boldsymbol{\gamma}}^{\mathrm{AD}}(\mathbf{v}))$	$\boldsymbol{\gamma}^{\mathrm{AD}}(\mathbf{v})$	4679	10959
	Minimum / Maximum		98%	96%

Für die verbleibenden Prädiktoren ergibt sich das folgende Diagramm:

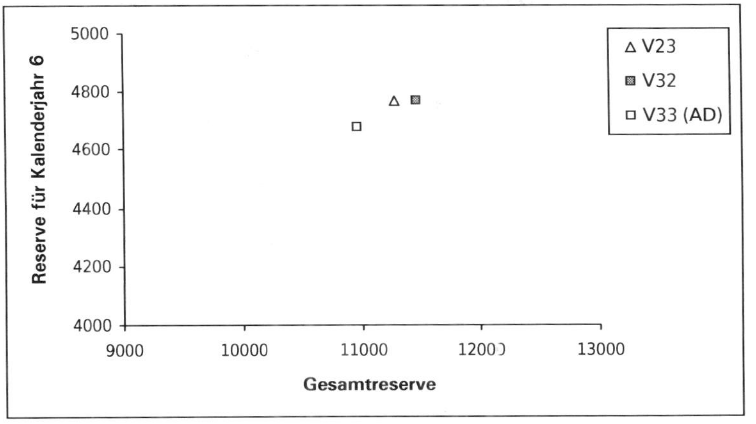

Alle verbleibenden Prädiktoren verwenden Volumenmaße. Dabei ergeben sich

- die geringsten Reserven für das additive Verfahren (Cape–Cod Verfahren mit additiven Quoten),
- mittlere Reserven für das Loss–Development Verfahren mit additiven Quoten, und
- die höchsten Reserven für das Cape–Cod Verfahren mit Chain–Ladder Quoten.

Aus diesen relativ nahe beieinander liegenden Werten könnte man nun best estimates und ranges bestimmen.

Anstelle der im Beispiel betrachteten Reserven könnte man natürlich auch die Auswirkungen der verschiedenen Arten der Information auf andere Paare von Prädiktoren oder auf einzelne Prädiktoren untersuchen.

Das Bornhuetter–Ferguson Prinzip kann, neben der Bestimmung verlässlicher Prädiktoren und Reserven, auch dazu verwendet werden, einen Bestand von Risiken und verschiedenen Arten der Information zu analysieren:

- Wenn die Prädiktoren, die auf externen Schätzern der Quoten auf der Grundlage einer Marktstatistik beruhen, von den anderen Prädiktoren deutlich abweichen, liegt die Vermutung nahe, dass der Bestand eine andere Struktur aufweist als der Bestand des gesamten Marktes.
- Wenn die Prädiktoren, die auf Prämien als Volumenmaß beruhen, von den anderen Prädiktoren deutlich abweichen, liegt die Vermutung nahe, dass die Tarifierung nicht angemessen war.

Dies sind nur zwei Möglichkeiten einer derartigen Analyse.

16.2 Ausreißereffekte

Auch nach sorgfältiger Datenbereinigung können einzelne Abwicklungsdaten ungewöhnlich hohe oder niedrige Werte aufweisen. Damit stellt sich die Frage, wie solche Ausreißer die Prädiktoren der verschiedenen Verfahren beeinflussen.

Wir untersuchen diese Frage hier am Beispiel eines einzigen Ausreißers unter den aktuellen Schadenständen. Genau genommen geht es dabei nur darum, wie sich eine Veränderung eines aktuellen Schadenstandes auf die Prädiktoren auswirkt.

Allgemein kann man erwarten, das diejenigen Verfahren, die Volumenmaße verwenden, weniger empfindlich auf Ausreißer reagieren also solche, die keine Volumenmaße verwenden: Volumenmaße stellen zusätzliche Information dar, und durch ihre Verwendung wird das Gewicht der in den Abwicklungsdaten enthaltenen Information reduziert.

Chain–Ladder Verfahren und additives Verfahren

Sowohl das Chain–Ladder Verfahren als auch das additive Verfahren sind durch vollständig spezifizierte Algorithmen gegeben. Dabei beruht das Chain–Ladder Verfahren ausschließlich auf den Abwicklungsdaten, während das additive Verfahren auch Volumenmaße der Anfalljahre verwendet.

16.2.1 Beispiel (Chain–Ladder Verfahren). Im folgenden Abwicklungsdreieck für Schadenstände ist der aktuelle Schadenstand $S_{4,1}$ gegenüber dem Beispiel 14.1.1 um 1000 erhöht:

Anfall-	**Abwicklungsjahr** k					
jahr i	0	1	2	3	4	5
0	1001	1855	2423	2988	3335	3483
1	1113	2103	2774	3422	3844	
2	1265	2433	3233	3977		
3	1490	2873	3880			
4	1725	4261				
5	1889					
φ_k^{CL}		2.051	1.329	1.232	1.120	1.044

Der Ausreißer $S_{4,1}$ bewirkt eine Erhöhung des Chain–Ladder Faktors φ_1^{CL} und wegen

Anfall-	**Abwicklungsjahr** k					
jahr i	0	1	2	3	4	5
0						3483
1					3844	4015
2				3977	4454	4652
3			3880	4781	5354	5592
4		4261	5662	6976	7813	8160
5	1889	3875	5148	6344	7105	7420
φ_k^{CL}		2.051	1.329	1.232	1.120	1.044

bewirkt er auch eine Erhöhung der Chain–Ladder Prädiktoren aller zukünftigen Schadenstände der Anfalljahre 4 und 5.

Allgemein bewirkt eine Erhöhung eines aktuellen Schadenstandes $S_{i,n-i}$ beim Chain–Ladder Verfahren

- eine proportionale Erhöhung der Chain–Ladder Prädiktoren aller zukünftigen Schadenstände und Zuwächse desselben Anfalljahres i sowie
- eine Erhöhung des Chain–Ladder Faktors desselben Abwicklungsjahres $n-i$ und damit
- eine ebenfalls proportionale Erhöhung aller Chain–Ladder Prädiktoren $S_{j,k}^{\text{CL}}$ und $Z_{j,k}^{\text{CL}}$ mit $j \geq i+1$ und $k \geq n-i$.

Grob gesagt vererbt sich also eine Erhöhung eines aktuellen Schadenstandes nach rechts unten.

16.2.2 Beispiel (Additives Verfahren). Im folgenden Abwicklungsdreieck für Zuwächse ist der aktuelle Zuwachs $Z_{4,1}$ gegenüber dem Beispiel 14.4.1 um 1000 erhöht:

Anfall-	**Abwicklungsjahr** k						**Volumen**
jahr i	0	1	2	3	4	5	v_i
0	1001	854	568	565	347	148	4025
1	1113	990	671	648	422		4456
2	1265	1168	800	744			5315
3	1490	1383	1007				5986
4	1725	2536					6939
5	1889						8158
ζ_k^{AD}	0.243	0.259	0.154	0.142	0.091	0.037	

Der Ausreißer $Z_{4,1}$ bewirkt eine Erhöhung des additiven Schadenquotenzuwachses ζ_1^{AD} und wegen

Anfall-	**Abwicklungsjahr** k						**Volumen**
jahr i	0	1	2	3	4	5	v_i
0							4025
1						164	4456
2					482	195	5315
3				849	543	220	5986
4			1068	984	629	255	6939
5		2116	1256	1157	740	300	8158
ζ_k^{AD}	0.243	0.259	0.154	0.142	0.091	0.037	

bewirkt er auch eine Erhöhung des additiven Prädiktors des Zuwachses $Z_{5,1}$.

Allgemein bewirkt eine Erhöhung eines aktuellen Zuwachses $Z_{i,n-i}$ beim additiven Verfahren

- eine konstante Erhöhung der additiven Prädiktoren aller zukünftigen Schadenstände desselben Anfalljahres i,
- eine Erhöhung des additiven Schadenquotenzuwachses desselben Abwicklungsjahres $n-i$ und damit
- eine Erhöhung der additiven Prädiktoren der zukünftigen Zuwächse desselben Abwicklungsjahres $n-i$ und in der Folge

– eine ebenfalls konstante Erhöhung aller additiven Prädiktoren $S_{j,k}^{\text{AD}}$ mit $j \geq i+1$ und $k \geq n-i$.

Daher ist das additive Verfahren im Vergleich zum Chain–Ladder Verfahren weniger empfindlich auf Ausreißer.

Loss–Development Verfahren und Cape–Cod Verfahren

Das Chain–Ladder Verfahren und das additive Verfahren verwenden unterschiedliche Schätzer für die Parameter des Abwicklungsmusters für Quoten. Diese Verfahren besitzen mit dem Loss–Development Verfahren und dem Cape–Cod Verfahren natürliche Verallgemeinerungen, in denen die Schätzer für die Parameter des Abwicklungsmusters für Quoten frei gewählt werden können. Wir vergleichen das Loss–Development Verfahren und das Cape–Cod Verfahren für den Fall, dass in beiden Verfahren dieselben Schätzer für die Parameter des Abwicklungsmusters für Quoten verwendet werden.

16.2.3 Beispiel (Loss–Development Verfahren). In diesem Beispiel ist der aktuelle Schadenstand $S_{4,1}$ gegenüber dem Beispiel 14.2.1 um 1000 erhöht:

Anfall-	**Abwicklungsjahr** k					
jahr i	0	1	2	3	4	5
0						3483
1					3844	
2				3977		
3			3880			
4		4261				
5	1889					
$\widehat{\gamma}_k$	0.280	0.510	0.700	0.860	0.950	1

Aus diesen Daten erhält man die Loss–Development Prädiktoren der zukünftigen Schadenstände:

Anfall-	**Abwicklungsjahr** k					
jahr i	0	1	2	3	4	5
0						3483
1					3844	4046
2				3977	4393	4624
3			3880	4767	5266	5543
4		4261	5848	7185	7937	8355
5	1889	3441	4723	5802	6409	6746
$\widehat{\gamma}_k$	0.280	0.510	0.700	0.860	0.950	1

Der Ausreißer $S_{4,1}$ bewirkt eine Erhöhung der Loss–Development Prädiktoren aller zukünftigen Schadenstände des Anfalljahres 4.

Allgemein bewirkt eine Erhöhung des aktuellen Schadenstandes $S_{i,n-i}$ beim Loss–Development Verfahren eine proportionale Erhöhung der Loss–Development Prädiktoren aller zukünftigen Schadenstände und Zuwächse desselben Anfalljahres i.

16.2.4 Beispiel (Cape–Cod Verfahren). In diesem Beispiel ist der aktuelle Schadenstand $S_{4,1}$ gegenüber dem Beispiel 14.5.1 um 1000 erhöht:

Anfall-jahr i	**Abwicklungsjahr** k 0	1	2	3	4	5	**Volumen** v_i
0						3483	4025
1					3844		4456
2				3977			5315
3			3880				5986
4		4261					6939
5	1889						8158
$\widehat{\gamma}_k$	0.280	0.510	0.700	0.860	0.950	1	

Der Ausreißer $S_{4,1}$ führt wegen

$$\widehat{\kappa}^{\mathrm{CC}} = \frac{1889 + 4261 + 3880 + 3977 + 3844 + 3483}{2284 + 3539 + 4190 + 4571 + 4233 + 4025} = 0.934$$

zu einer Erhöhung der Cape–Cod Endschadenquote und wegen

Anfall-jahr i	**Abwicklungsjahr** k 0	1	2	3	4	5	**Volumen** v_i	$\widehat{\kappa}^{\mathrm{CC}}\, v_i$
0						3483	4025	3759
1					3844	4052	4456	4162
2				3977	4424	4672	5315	4964
3			3880	4775	5278	5557	5986	5591
4		4261	5492	6529	7113	7437	6939	6481
5	1889	3641	5089	6308	6994	7375	8158	7619
$\widehat{\gamma}_k$	0.280	0.510	0.700	0.860	0.950	1		

erhöhen sich die Cape–Cod Prädiktoren aller zukünftigen Schadenstände. Dabei fällt die Erhöhung im Anfalljahr 4 geringer aus als beim Loss–Development Verfahren.

Allgemein bewirkt eine Erhöhung des aktuellen Schadenstandes $S_{i,n-i}$ beim Cape–Cod Verfahren eine Erhöhung der Cape–Cod Endschadenquote und damit eine Erhöhung der Cape–Cod Prädiktoren aller zukünftigen Schadenstände und Zuwächse.

Das Beispiel deutet an, dass das Cape–Cod Verfahren gegenüber dem Loss–Development Verfahren eine ausgleichende Wirkung hat. Diese ausgleichende Wirkung ist auf die Annahme einer anfalljahrunabhängigen Endschadenquote und die Verwendung der Cape–Cod Endschadenquote zurückzuführen und lässt sich wie folgt erklären; vgl. Schmidt [2009; Aufgabe 14.3.C]:

Die aktuellen Schadenstände lassen sich wegen

$$S_{i,n-i} = \widehat{\gamma}_{n-i} \frac{S_{i,n-1}}{\widehat{\gamma}_{n-i} v_i} v_i = \widehat{\gamma}_{n-i} \widehat{\kappa}_i v_i$$

mit Hilfe der empirischen individuellen Endschadenquoten $\widehat{\kappa}_i$ darstellen. Da die Cape–Cod Endschadenquote

$$\kappa^{\text{CC}} = \sum_{j=0}^{n} \frac{\widehat{\gamma}_{n-j} v_j}{\sum_{h=0}^{n} \widehat{\gamma}_{n-h} v_h} \widehat{\kappa}_j = \frac{\sum_{j=0}^{n} S_{j,n-j}}{\sum_{j=0}^{n} \widehat{\gamma}_{n-j} v_j}$$

ein gewichtetes Mittel der empirischen individuellen Endschadenquoten ist, bezeichnet man

$$T_{i,n-i} := \widehat{\gamma}_{n-i} \kappa^{\text{CC}} v_i$$

als *ausgeglichenen aktuellen Schadenstand* und

$$X_{i,n-i} := S_{i,n-i} - T_{i,n-i}$$

als *Ausreißereffekt* des Anfalljahres $i \in \{0, 1, \ldots, n\}$. Wegen

$$\begin{aligned}
\sum_{i=0}^{n} X_{i,n-i} &= \sum_{i=0}^{n} S_{i,n-i} - \sum_{i=0}^{n} T_{i,n-i} \\
&= \sum_{i=0}^{n} S_{i,n-i} - \sum_{i=0}^{n} \widehat{\gamma}_{n-i} \kappa^{\text{CC}} v_i \\
&= \sum_{i=0}^{n} S_{i,n-i} - \kappa^{\text{CC}} \sum_{i=0}^{n} \widehat{\gamma}_{n-i} v_i \\
&= 0
\end{aligned}$$

gleichen sich die Ausreißereffekte über alle Anfalljahre aus.

Für die Loss–Development Prädiktoren auf der Grundlage der ausgeglichenen aktuellen Schadenstände gilt

$$T_{i,k}^{\text{LD}} = T_{i,n-i} + (\widehat{\gamma}_k - \widehat{\gamma}_{n-i}) \frac{T_{i,n-i}}{\widehat{\gamma}_{n-i}} = T_{i,n-i} + (\widehat{\gamma}_k - \widehat{\gamma}_{n-i}) \kappa^{\text{CC}} v_i$$

und für die Cape–Cod Prädiktoren ergibt sich daraus die Darstellung

$$\begin{aligned}
S_{i,k}^{\text{CC}} &= S_{i,n-i} + (\widehat{\gamma}_k - \widehat{\gamma}_{n-i}) \kappa^{\text{CC}} v_i \\
&= \big(S_{i,n-i} - T_{i,n-i}\big) + \big(T_{i,n-i} + (\widehat{\gamma}_k - \widehat{\gamma}_{n-i}) \kappa^{\text{CC}} v_i\big) \\
&= X_{i,n-i} + T_{i,k}^{\text{LD}}
\end{aligned}$$

Das Cape–Code Verfahren lässt sich daher wie folgt interpretieren:

- Die aktuellen Schadenstände werden ausgeglichen und die Ausreißereffekte werden isoliert.
- Aus den ausgeglichenen aktuellen Schadenständen werden Loss–Development Prädiktoren bestimmt.
- Die Ausreißereffekte werden den Loss–Development Prädiktoren zugeschlagen.

Damit wird eine Fortschreibung der Ausreißereffekte vermieden.

16.2.5 Beispiel (Cape–Cod Verfahren). Für die Daten aus Beispiel 16.2.4 enthält die folgende Tabelle in der Hauptdiagonalen die ausgeglichenen aktuellen Schadenstände und außerdem die Ausreißereffekte und die auf den ausgeglichenen aktuellen Schadenständen beruhenden Loss–Development Prädiktoren, die sich gemäß

$$T_{i,k}^{\mathrm{LD}} = \widehat{\gamma}_k \, \frac{T_{i,n-i}}{\widehat{\gamma}_{n-i}} = \widehat{\gamma}_k \, \kappa^{\mathrm{CC}} \, v_i$$

berechnen lassen:

Anfall-	**Abwicklungsjahr** k							
jahr i	0	1	2	3	4	5	$\kappa^{\mathrm{CC}} v_i$	$X_{i,n-i}$
0						3759	3759	−276
1					3954	4162	4162	−110
2				4269	4716	4964	4964	−292
3			3913	4808	5311	5591	5591	33
4		3305	4537	5573	6157	6481	6481	956
5	2133	3886	5333	6553	7238	7619	7619	−244
$\widehat{\gamma}_k$	0.280	0.510	0.700	0.860	0.950	1		

Addiert man zu den Loss–Development Prädiktoren die Ausreißereffekte, so erhält man die Cape–Cod Prädiktoren aus Beispiel 16.2.4.

16.3 Kalenderjahreffekte

Alle Verfahren, die dem Bornhuetter–Ferguson Prinzip unterliegen, verwenden nur Anfalljahreffekte und Abwicklungsjahreffekte. Nicht selten ist es jedoch sinnvoll, auch *Kalenderjahreffekte* zu berücksichtigen, die sich beispielsweise durch *Inflation* oder geschäftsjahresspezifische Veränderungen in der Schadenabwicklung ergeben können. Eine Möglichkeit, neben Anfalljahreffekten und Abwicklungsjahreffekten auch Kalenderjahreffekte zu berücksichtigen, bietet das Separationsverfahren.

Das Separationsverfahren verwendet Volumenmaße $v_0, v_1, \ldots, v_n$ der Anfalljahre. Es beruht auf der Annahme, dass es Parameter $\vartheta_0, \vartheta_1, \ldots, \vartheta_n$ sowie $\lambda_0, \lambda_1, \ldots, \lambda_n, \lambda_{n+1}, \ldots, \lambda_{2n}$ gibt derart, dass $\sum_{k=0}^{n} \vartheta_k = 1$ gilt und die erwarteten Zuwächse für alle $i, k \in \{0, 1, \ldots, n\}$ die Gestalt

$$E[Z_{i,k}] = v_i\, \lambda_{i+k}\, \vartheta_k$$

besitzen. Die erwarteten Zuwächse sind also durch

- die Anfalljahreffekte v_i,
- die Kalenderjahreffekte λ_{i+k} und
- die Abwicklungsjahreffekte ϑ_k

bestimmt. Unter diesen Annahmen gilt

$$\frac{E[Z_{i,k}]}{E[S_{i,n}]} = \frac{\lambda_{i+k}\, \vartheta_k}{\sum_{l=0}^{n} \lambda_{i+l}\, \vartheta_l}$$

Daher liegt in diesem Modell im Allgemeinen *kein* Abwicklungsmuster für Anteile und damit auch keines der anderen Abwicklungsmuster vor.

Das Separationsverfahren besteht aus drei Schritten:

- Im ersten Schritt wird für jedes Abwicklungsjahr $k \in \{0, 1, \ldots, n\}$ ein Schätzer ϑ_k^{SP} des Parameters ϑ_k und für jedes Kalenderjahr $c \in \{0, 1, \ldots, n\}$ ein Schätzer λ_c^{SP} des Parameters λ_c bestimmt.
- Im zweiten Schritt wird für jedes Kalenderjahr $c \in \{n+1, \ldots, 2n\}$ ein Schätzer λ_c^{SP} des Parameters λ_c bestimmt.
- Im dritten Schritt wird für jedes Anfalljahr $i \in \{0, 1, \ldots, n\}$ und jedes Abwicklungsjahr $k \in \{0, 1, \ldots, n\}$ mit $i + k \geq n + 1$ der Prädiktor

$$Z_{i,k}^{\text{SP}} := v_i\, \lambda_{i+k}^{\text{SP}}\, \vartheta^{\text{SP}}$$

  für den zukünftigen Zuwachs $Z_{i,k}$ berechnet.

Prädiktoren für die zukünftige Schadenstände und für die Reserven ergeben sich dann durch Summation.

Die Schätzung der Parameter $\vartheta_0, \vartheta_1, \ldots, \vartheta_n$ und $\lambda_0, \lambda_1, \ldots, \lambda_n$ kann mit Hilfe des Chain–Ladder Verfahrens erfolgen. Dazu bildet man zunächst für alle $i, k \in \{0, 1, \ldots, n\}$ die *normierten Zuwächse*

$$X_{i,k} := \frac{Z_{i,k}}{v_i}$$

und sodann die *gespiegelten normierten Zuwächse*

$$Y_{i,k} := X_{n-i-k,k}$$

Dann gilt

$$E[X_{i,k}] = \lambda_{i+k}\, \vartheta_k$$

und damit

$$E[Y_{i,k}] = E[X_{n-i-k,k}] = \lambda_{n-i-k+k}\, \vartheta_k = \lambda_{n-i}\, \vartheta_k$$

Mit

$$\alpha_i := \lambda_{n-i}$$

gilt daher für alle $i, k \in \{0, 1, \ldots, n\}$

$$E[Y_{i,k}] = \alpha_i \, \vartheta_k$$

und die Parameter $\vartheta_0, \vartheta_1, \ldots, \vartheta_n$ genügen der Nebenbedingung $\sum_{k=0}^{n} \vartheta_k = 1$. Daher liegt für die gespiegelten normierten Zuwächse $Y_{i,k}$ ein multiplikatives Modell vor und die Marginalsummenschätzer der Parameter $\alpha_0, \alpha_1, \ldots, \alpha_n$ und $\vartheta_0, \vartheta_1, \ldots, \vartheta_n$ lassen sich mit dem Chain–Ladder Verfahren bestimmen, indem man es auf die *kumulierten gespiegelten normierten Zuwächse*

$$T_{i,k} := \sum_{l=o}^{k} Y_{i,l}$$

anwendet.

16.3.1 Beispiel. Aus dem Abwicklungsdreieck für Zuwächse und den Volumenmaßen

Anfall-jahr i	**Abwicklungsjahr** k 0	1	2	3	4	5	v_i
0	1001	854	568	565	347	148	4025
1	1113	990	671	648	422		4456
2	1265	1168	800	744			5315
3	1490	1383	1007				5986
4	1725	1536					6939
5	1889						8158

bildet man zunächst die normierten Zuwächse

Anfall-jahr i	**Abwicklungsjahr** k 0	1	2	3	4	5
0	0.2487	0.2122	0.1411	0.1404	0.0862	0.0368
1	0.2498	0.2222	0.1506	0.1454	0.0947	
2	0.2380	0.2198	0.1505	0.1400		
3	0.2489	0.2310	0.1682			
4	0.2486	0.2214				
5	0.2316					

Daraus erhält man die gespiegelten normierten Zuwächse

Anfall-jahr i	**Abwicklungsjahr** k 0	1	2	3	4	5
0	0.2316	0.2214	0.1682	0.1400	0.0947	0.0368
1	0.2486	0.2310	0.1505	0.1454	0.0862	
2	0.2489	0.2198	0.1506	0.1404		
3	0.2380	0.2222	0.1411			
4	0.2498	0.2122				
5	0.2487					

und sodann die kumulierten gespiegelten normierten Zuwächse

Anfall-jahr i	**Abwicklungsjahr** k					
	0	1	2	3	4	5
0	0.2316	0.4529	0.6211	0.7611	0.8558	0.8926
1	0.2486	0.4796	0.6302	0.7756	0.8618	
2	0.2489	0.4687	0.6193	0.7596		
3	0.2380	0.4602	0.6013			
4	0.2498	0.4619				
5	0.2487					

Auf dieses Abwicklungsdreieck wird das Chain–Ladder Verfahren angewendet.

Für die Marginalsummenschätzer erhält man

$$\begin{aligned} \alpha_i^{\mathrm{MS}} &= T_{i,n}^{\mathrm{CL}} \\ \vartheta_k^{\mathrm{MS}} &= \vartheta_k^{\mathrm{CL}} \end{aligned}$$

Für alle $c \in \{0,1,\dots,n\}$ und $k \in \{0,1,\dots,n\}$ setzt man daher

$$\begin{aligned} \lambda_c^{\mathrm{SP}} &= \alpha_{n-c}^{\mathrm{MS}} \\ \vartheta_k^{\mathrm{SP}} &= \vartheta_k^{\mathrm{MS}} \end{aligned}$$

Damit sind Schätzer der Parameter $\vartheta_0,\vartheta_1,\dots,\vartheta_n$ und $\lambda_0,\lambda_1,\dots,\lambda_n$ bestimmt.

Für die Prädiktoren des Separationsverfahrens werden Schätzer der Parameter $\lambda_{n+1},\dots,\lambda_{2n}$ benötigt. Um solche Schätzer konstruieren zu können, muss man das Modell weiter spezifizieren und eine Annahme an die Struktur der Parameter $\lambda_0,\lambda_1,\dots,\lambda_n,\lambda_{n+1},\dots,\lambda_{2n}$ treffen. Nimmt man beispielsweise an, dass einen Parameter δ gibt derart, dass für alle $c \in \{1,\dots,n,n{+}1,\dots,2n\}$

$$\lambda_c = \delta\lambda_{c-1}$$

gilt, so lässt sich ein Schätzer δ^{KQ} durch Minimierung der Funktion h mit

$$h(\widehat{\delta}) := \sum_{c=1}^{n} \bigl(\lambda_c^{\mathrm{SP}} - \widehat{\delta}\lambda_{c-1}^{\mathrm{SP}}\bigr)^2$$

gewinnen, und mit

$$\lambda_c^{\mathrm{SP}} := (\delta^{\mathrm{KQ}})^{c-n}\lambda_n^{\mathrm{SP}}$$

erhält man dann Schätzer für λ_c mit $c \in \{n{+}1,\dots,n\}$. Die Annahme an die Struktur der Kalenderjahreffekte ist der heikle Punkt bei der Anwendung des Separationsverfahrens, weil sie die Effekte zukünftiger Kalenderjahre an die Effekte vergangener Kalenderjahre bindet.

Für eine ausführlichere Darstellung des Separationsverfahrens verweisen wir auf vgl. Radtke [2012].

16.4 Nachlauf

Alle Verfahren, die dem Bornhuetter–Ferguson Prinzip unterliegen, beruhen auf der Annahme, dass mit Ablauf eines bestimmten Abwicklungsjahres n alle Schäden des gegebenen Bestandes vollständig abgewickelt sind und dass für $n+1$ Anfalljahre brauchbare Abwicklungsdaten für die Prognose zukünftiger Schadenstände oder Zuwächse vorliegen.

Für das *Short–Tail Business* (wie *Feuerversicherung*) mit einer kurzen Abwicklungsdauer der einzelnen Schäden und damit des Bestandes ist diese Annahme akzeptabel. Im *Long–Tail Business* (wie *Haftpflichtversicherung*) hingegen können einzelne Schäden und damit der Bestand eine sehr lange Abwicklungsdauer aufweisen; in diesem Fall ist die Anzahl der Anfalljahre mit brauchbaren Abwicklungsdaten im Allgemeinen deutlich geringer als die Anzahl der Abwicklungsjahre.

Man erweitert daher das Abwicklungsquadrat für Schadenstände um d weitere Abwicklungsjahre zu einem *Abwicklungsrechteck*:

Anfall-	**Abwicklungsjahr**								
jahr	0	1	…	k	…	n	$n+1$	…	$n+d$
0	$S_{0,0}$	$S_{0,1}$	…	$S_{0,k}$	…	$S_{0,n}$	$S_{0,n+1}$	…	$S_{0,n+d}$
1	$S_{1,0}$	$S_{1,1}$	…	$S_{1,k}$	…	$S_{1,n}$	$S_{1,n+1}$	…	$S_{1,n+d}$
⋮	⋮	⋮		⋮		⋮	⋮		⋮
$n-k$	$S_{n-k,0}$	$S_{n-k,1}$	…	$S_{n-k,k}$	…	$S_{n-k,n}$	$S_{n-k,n+1}$	…	$S_{n-k,n+d}$
⋮	⋮	⋮		⋮		⋮	⋮		⋮
$n-1$	$S_{n-1,0}$	$S_{n-1,1}$	…	$S_{n-1,k}$	…	$S_{n-1,n}$	$S_{n-1,n+1}$	…	$S_{n-1,n+d}$
n	$S_{n,0}$	$S_{n,1}$	…	$S_{n,k}$	…	$S_{n,n}$	$S_{n,n+1}$	…	$S_{n,n+d}$

Typischerweise verändern sich die Schadenstände ab dem Abwicklungsjahr $n+1$ nur geringfügig; diese Schadenstände werden als *Nachlauf* bezeichnet.

Zur Prognose der zukünftigen Schadenstände $S_{i,k}$ mit $i+k \geq n+1$ und $k \leq n$ kann man eines der üblichen Verfahren verwenden. Damit bleibt das Problem der Prognose der zukünftigen Schadenstände $S_{i,k}$ mit $k \in \{n+1, \ldots, n+d\}$.

Akzeptiert man die Annahme, dass für die Abwicklungsjahre $k \in \{1, \ldots, n\}$ ein Abwicklungsmuster $\varphi_1, \ldots, \varphi_n$ für Faktoren vorliegt, so liegt es nahe, diese Annahme dahingehend zu erweitern, dass auch für die Abwicklungsjahre des Nachlaufs und damit für die Abwicklungsjahre $k \in \{1, \ldots, n, n+1, \ldots, n+d\}$ ein Abwicklungsmuster $\varphi_1, \ldots, \varphi_n, \varphi_{n+1}, \ldots, \varphi_{n+d}$ für Faktoren vorliegt.

Schätzer $\widehat{\varphi}_1, \ldots, \widehat{\varphi}_n$ der Abwicklungsfaktoren $\varphi_1, \ldots, \varphi_n$ können mit einem der üblichen Verfahren bestimmt werden. Für die Schätzung der Abwicklungsfaktoren $\varphi_{n+1}, \ldots, \varphi_{n+d}$ des Nachlaufs hingegen wird noch eine Annahme an die Struktur aller Abwicklungsfaktoren $\varphi_1, \ldots, \varphi_n, \varphi_{n+1}, \ldots, \varphi_{n+d}$ benötigt. Nimmt man beispielsweise an, dass es Parameter a und b gibt mit

$$\varphi_k = 1 + a \exp(-b\,k)$$

für alle $k \in \{1, \ldots, n+d\}$, so lassen sich Schätzer a^{KQ} und b^{KQ} der Parameter a bzw. b durch Minimierung der Funktion h mit

$$h(\widehat{a}, \widehat{b}) := \sum_{k=1}^{n} \bigl(1 + \widehat{a} \exp(\widehat{b}\,k) - \widehat{\varphi}_k\bigr)^2$$

bestimmen und mit

$$\varphi_k^{\mathrm{KQ}} := 1 + a^{\mathrm{KQ}} \exp(-b^{\mathrm{KQ}}\,k)$$

erhält man dann Schätzer der Abwicklungsfaktoren des Nachlaufs.

Damit lässt sich beispielsweise das Chain–Ladder Verfahren auch zur Bestimmung der Schadenstände des Nachlaufs verwenden.

Für eine ausführlichere Diskussion des Nachlaufs verweisen wir auf Klemmt, Radtke und Schnaus [2012].

17

Klausuraufgaben

17.A Aufgabe (DAV–Klausur 2007/5)

Das folgende Abwicklungsdreieck für Schadenstände enthält die kumulierten Schadenzahlungen $S_{i,k}$ und die Prämien π_i für die Anfalljahre 2003 bis 2006 in den Abwicklungsjahren 0 bis 3:

Anfall-	**Abwicklungsjahr** k				**Prämie**
jahr i	0	1	2	3	π_i
2003	88	129	154	170	200
2004	98	144	170		225
2005	95	143			250
2006	99				275

(a) Schätzen Sie mit dem additiven Verfahren den Endschadenstand des Anfalljahres 2005.
(b) Schätzen Sie mit dem additiven Verfahren die Summe der Schadenzahlungen in 2008.
(c) Schätzen Sie mit dem additiven Verfahren das Abwicklungsmuster für Quoten.
(d) Wie wirkt sich eine Erhöhung aller Prämien um 12% auf diese Ergebnisse aus?

Lösung: Aus dem Abwicklungsmuster für Schadenstände erhält man das Abwicklungsmuster für Zuwächse:

Anfall-	**Abwicklungsjahr** k				**Prämie**
jahr i	0	1	2	3	π_i
2003	88	41	25	16	200
2004	98	46	26		225
2005	95	48			250
2006	99				275

H.-W. Goelden et al., *Schadenversicherungsmathematik*, DOI 10.1007/978-3-662-48860-7_18

Für die additiven Schadenquotenzuwächse erhält man

$$\begin{aligned}\zeta_3^{\mathrm{AD}} &= \frac{16}{200} = 0.080\\ \zeta_2^{\mathrm{AD}} &= \frac{25+26}{200+225} = 0.120\\ \zeta_1^{\mathrm{AD}} &= \frac{41+46+48}{200+225+250} = 0.200\\ \zeta_0^{\mathrm{AD}} &= \frac{88+98+95+99}{200+225+250+275} = 0.400\end{aligned}$$

(a) Für den Endschadenstand des Anfalljahres 2005 erhält man

$$\begin{aligned}S_{2005,3}^{\mathrm{AD}} &= S_{2005,1} + Z_{2005,2}^{\mathrm{AD}} + Z_{2005,3}^{\mathrm{AD}}\\ &= S_{2005,1} + \pi_{2005}\,\zeta_2^{\mathrm{AD}} + \pi_{2005}\,\zeta_3^{\mathrm{AD}}\\ &= 143 + 250 \cdot 0.120 + 250 \cdot 0.080\\ &= 193\end{aligned}$$

(b) Für die Summe der Schadenzahlungen in 2008 erhält man

$$\begin{aligned}R_{(2008)}^{\mathrm{AD}} &= Z_{2006,2}^{\mathrm{AD}} + Z_{2005,3}^{\mathrm{AD}}\\ &= \pi_{2006}\,\zeta_2^{\mathrm{AD}} + \pi_{2005}\,\zeta_3^{\mathrm{AD}}\\ &= 275 \cdot 0.120 + 250 \cdot 0.080\\ &= 53\end{aligned}$$

(c) Mit der additiven Endschadenquote

$$\kappa^{\mathrm{AD}} = \sum_{k=0}^{3} \zeta_k^{\mathrm{AD}} = 0.400 + 0.200 + 0.120 + 0.080 = 0.800$$

erhält man zunächst die additiven Anteile

$$\begin{aligned}\vartheta_3^{\mathrm{AD}} &= \frac{0.080}{0.800} = 0.100\\ \vartheta_2^{\mathrm{AD}} &= \frac{0.120}{0.800} = 0.150\\ \vartheta_1^{\mathrm{AD}} &= \frac{0.200}{0.800} = 0.250\\ \vartheta_0^{\mathrm{AD}} &= \frac{0.400}{0.800} = 0.500\end{aligned}$$

und sodann die additiven Quoten

$$\begin{aligned}\gamma_0^{\mathrm{AD}} &= 0.500\\ \gamma_1^{\mathrm{AD}} &= 0.500 + 0.250 = 0.750\\ \gamma_2^{\mathrm{AD}} &= 0.750 + 0.150 = 0.900\\ \gamma_3^{\mathrm{AD}} &= 1\end{aligned}$$

(d) Die Prädiktoren des additiven Verfahrens ändern sich bei einer proportionalen Änderung aller Prämien nicht. Dies gilt auch für die Abwicklungsmuster für Anteile und Quoten.

17.B Aufgabe (DAV–Klausur 2009/6)

Für einen Bestand von Risiken sind für die Anfalljahre 2005 bis 2008 die Prämien π_i und die aktuellen Schadenstände bekannt. Des Weiteren liegen auf der Grundlage eines Marktportfolios a–priori Schätzer α_i^{EX} der Endschadenstände und externe Schätzer γ_k^{EX} für das Abwicklungsmuster für Quoten vor.

Anfall-	**Abwicklungsjahr** k				**Prämie**	**a–priori Endschadenstand**
jahr i	0	1	2	3	π_i	α_i^{EX}
2005				1318	1500	1320
2006			1400		1750	1540
2007		1240			2000	1760
2008	860				2500	2200
γ_k^{EX}	0.400	0.700	0.900	1		

(a) Schätzen Sie die Reserve für das Anfalljahr 2008 und die Reserve für das Kalenderjahr 2011 mit dem Bornhuetter–Ferguson Verfahren.
(b) Schätzen Sie die Reserve für das Anfalljahr 2008 und die Reserve für das Kalenderjahr 2011 mit dem Loss–Development Verfahren.
(c) Schätzen Sie die Reserve für das Anfalljahr 2008 und die Reserve für das Kalenderjahr 2011 mit dem Cape–Cod Verfahren.
(d) Vergleichen Sie die Ergebnisse.
(e) Bestimmen Sie die zugehörigen Schätzer ϑ_k^{EX} für das Abwicklungsmuster für Anteile und geben Sie unter den Annahmen des Cape–Cod Verfahrens eine Interpretation der Größen

$$\vartheta_k^{\text{EX}} \kappa^{\text{CC}}$$

wobei κ^{CC} die Cape–Cod Endschadenquote bezeichnet.

Lösung: Alle drei Verfahren unterliegen dem Bornhuetter–Ferguson Prinzip mit den externen Schätzern γ_k^{EX} der Quoten und verfahrensspezifischen a–priori Schätzern $\widehat{\alpha}_i$ der Endschadenstände. Daher ist in allen drei Fällen der Schätzer der Reserve für das Anfalljahr 2008 durch

$$\begin{aligned}\widehat{R}_{2008} &= \sum_{k=1}^{3} \widehat{Z}_{2008,k} \\ &= \sum_{k=1}^{3} (\gamma_k^{\text{EX}} - \gamma_{k-1}^{\text{EX}})\, \widehat{\alpha}_{2008}\end{aligned}$$

$$= (\gamma_3^{\mathrm{EX}} - \gamma_0^{\mathrm{EX}})\, \widehat{\alpha}_{2008}$$
$$= (1 - 0.400)\, \widehat{\alpha}_{2008}$$
$$= 0.6\, \widehat{\alpha}_{2008}$$

und der Schätzer der Reserve für das Kalenderjahr 2011 durch

$$\widehat{R}_{(2011)} = \widehat{Z}_{2008,3} = (\gamma_3^{\mathrm{EX}} - \gamma_2^{\mathrm{EX}})\, \widehat{\alpha}_{2008} = (1 - 0.9)\, \widehat{\alpha}_{2008} = 0.1\, \widehat{\alpha}_{2008}$$

gegeben.

(a) Für das Bornhuetter–Ferguson Verfahren gilt

$$\alpha_{2008}^{\mathrm{BF}} := \alpha_{2008}^{\mathrm{EX}} = 2200$$

und damit

$$R_{2008}^{\mathrm{BF}} = 0.6\, \alpha_{2008}^{\mathrm{BF}} = 0.6 \cdot 2200 = 1320$$
$$R_{(2011)}^{\mathrm{BF}} = 0.1\, \alpha_{2008}^{\mathrm{BF}} = 0.1 \cdot 2200 = 220$$

(b) Für das Loss–Development Verfahren gilt

$$\alpha_{2008}^{\mathrm{LD}} = \gamma_3^{\mathrm{EX}} \frac{S_{2008,0}}{\gamma_0^{\mathrm{EX}}} = 1 \cdot \frac{860}{0.400} = 2150$$

und damit

$$R_{2008}^{\mathrm{LD}} = 0.6\, \alpha_{2008}^{\mathrm{LD}} = 0.6 \cdot 2150 = 1290$$
$$R_{(2011)}^{\mathrm{LD}} = 0.1\, \alpha_{2008}^{\mathrm{LD}} = 0.1 \cdot 2150 = 215$$

(c) Für das Cape–Cod Verfahren wird die Cape–Cod Endschadenquote benötigt. Für die verbrauchten Prämien gilt

Anfalljahr i	**Abwicklungsjahr** k 0	1	2	3	**Prämie** π_i
2005				1500	1500
2006			1575		1750
2007		1400			2000
2008	1000				2500
γ_k^{EX}	0.400	0.700	0.900	1	

und für die Cape–Cod Endschadenquote erhält man daraus

$$\kappa^{\mathrm{CC}} = \frac{860 + 1240 + 1400 + 1318}{1000 + 1400 + 1575 + 1500} = 0.880$$

Für das Cape–Cod Verfahren gilt

$$\alpha_{2008}^{\mathrm{CC}} = \pi_{2008}\, \kappa^{\mathrm{CC}} = 2500 \cdot 0.880 = 2200$$

und damit

$$R_{2008}^{\mathrm{CC}} = 0.6\,\alpha_{2008}^{\mathrm{CC}} = 0.6 \cdot 2200 = 1320$$
$$R_{(2011)}^{\mathrm{CC}} = 0.1\,\alpha_{2008}^{\mathrm{CC}} = 0.1 \cdot 2200 = 220$$

(d) Wegen

$$\alpha_{2008}^{\mathrm{CC}} = 2200 = \alpha_{2008}^{\mathrm{EX}}$$

stimmen für die gegebenen Daten die Cape–Cod Reserven mit den Bornhuetter–Ferguson Reserven überein.

(e) Es gilt

$$\begin{aligned}
\vartheta_0^{\mathrm{EX}} &= 0.400 \\
\vartheta_1^{\mathrm{EX}} &= 0.700 - 0.400 = 0.300 \\
\vartheta_2^{\mathrm{EX}} &= 0.900 - 0.700 = 0.200 \\
\vartheta_3^{\mathrm{EX}} &= 1.000 - 0.900 = 0.100
\end{aligned}$$

Aus den Annahmen des Cape–Cod Verfahrens ergibt sich (mit $n = 3$) für alle $k \in \{1, \ldots, n\}$ und für alle Anfalljahre i

$$\begin{aligned}
\vartheta_k\,\kappa &= (\gamma_k - \gamma_{k-1})\, E\left[\frac{S_{i,n}}{\pi_i}\right] \\
&= \left(\frac{E[S_{i,k}]}{E[S_{i,n}]} - \frac{E[S_{i,k-1}]}{E[S_{i,n}]}\right) E\left[\frac{S_{i,n}}{\pi_i}\right] \\
&= E\left[\frac{S_{i,k} - S_{i,k-1}}{\pi_i}\right] \\
&= E\left[\frac{Z_{i,k}}{\pi_i}\right]
\end{aligned}$$

und analog erhält man

$$\vartheta_0\,\kappa = \frac{E[S_{i,0}]}{E[S_{i,n}]}\, E\left[\frac{S_{i,n}}{\pi_i}\right] = E\left[\frac{S_{i,0}}{\pi_i}\right] = E\left[\frac{Z_{i,0}}{\pi_i}\right]$$

Daher sind für jedes Abwicklungsjahr k die erwarteten Schadenquotenzuwächse $E[Z_{i,k}/\pi_i]$ für alle Anfalljahre i identisch und $\vartheta_k^{\mathrm{EX}}\,\kappa^{\mathrm{CC}}$ kann als Schätzer für den erwarteten Schadenquotenzuwachs des Abwicklungsjahres k aufgefasst werden.

17.C Aufgabe (DAV–Klausur 2009/9)

Das folgende Abwicklungsdreieck für Schadenstände enthält die kumulierten Schadenzahlungen $S_{i,k}$ und die Prämien π_i für die Anfalljahre 0 bis 3 in den Abwicklungsjahren 0 bis 3:

Anfall-jahr i	**Abwicklungsjahr** k 0	1	2	3	**Prämie** π_i
0	88	129	154	170	200
1	98	144	170		225
2	95	243			250
3	99				275

Bei einer Kontrolle der dem Abwicklungsdreieck zugrundeliegenden Daten stellt sich heraus, dass die ungewöhnlich hohe Realisation des Schadenstandes $S_{2,1}$ auf einem Übertragungsfehler beruht und dass in Wirklichkeit das folgende Abwicklungsdreieck vorliegt:

Anfall-jahr i	**Abwicklungsjahr** k 0	1	2	3	**Prämie** π_i
0	88	129	154	170	200
1	98	144	170		225
2	95	143			250
3	99				275

Nennen Sie für
(a) das Bornhuetter–Ferguson Verfahren mit externen Schätzern für das Abwicklungsmuster und externen a–priori Schätzern der Endschadenstände,
(b) das Loss–Development Verfahren mit externen Schätzern für das Abwicklungsmuster,
(c) das Cape–Cod Verfahren mit externen Schätzern für das Abwicklungsmuster,
(d) das Chain–Ladder Verfahren und
(e) das additive Verfahren
alle Schadenstände, Zuwächse und Anfalljahrreserven, deren Schätzer aufgrund der Korrektur des Abwicklungsdreiecks einer Korrektur bedürfen, und geben Sie eine Begründung ohne Rechnung.

Lösung: Im Folgenden sei $i \in \{1,2,3\}$ und $k \in \{4-i,\dots,3\}$.

(a) Für die Bornhuetter–Ferguson Schätzer der Schadenstände, Zuwächse und Anfalljahrreserven gilt

$$\begin{aligned} S_{i,k}^{\mathrm{BF}} &= S_{i,3-i} + (\gamma_k^{\mathrm{EX}} - \gamma_{3-i}^{\mathrm{EX}})\, \alpha_i^{\mathrm{EX}} \\ Z_{i,k}^{\mathrm{BF}} &= S_{i,k}^{\mathrm{BF}} - S_{i,k-1}^{\mathrm{BF}} = (\gamma_k^{\mathrm{EX}} - \gamma_{k-1}^{\mathrm{EX}})\, \alpha_i^{\mathrm{EX}} \\ R_i^{\mathrm{BF}} &= S_{i,3}^{\mathrm{BF}} - S_{i,3-i} = (\gamma_3^{\mathrm{EX}} - \gamma_{3-i}^{\mathrm{EX}})\, \alpha_i^{\mathrm{EX}} = (1 - \gamma_{3-i}^{\mathrm{EX}})\, \alpha_i^{\mathrm{EX}} \end{aligned}$$

Daher bedürfen nur die Bornhuetter–Ferguson Schätzer der Schadenstände des Anfalljahres 2 einer Korrektur.

(b) Für die Loss–Development Schätzer der Schadenstände, Zuwächse und Anfalljahrreserven gilt

$$
\begin{aligned}
S_{i,k}^{\mathrm{LD}} &= \gamma_k^{\mathrm{EX}} \frac{S_{i,3-i}}{\gamma_{3-i}^{\mathrm{EX}}} \\
Z_{i,k}^{\mathrm{LD}} &= S_{i,k}^{\mathrm{LD}} - S_{i,k-1}^{\mathrm{LD}} = (\gamma_k^{\mathrm{EX}} - \gamma_{k-1}^{\mathrm{EX}}) \frac{S_{i,3-i}}{\gamma_{3-i}^{\mathrm{EX}}} \\
R_i^{\mathrm{LD}} &= S_{i,3}^{\mathrm{LD}} - S_{i,3-i} = \left(\frac{1}{\gamma_{3-i}^{\mathrm{EX}}} - 1 \right) S_{i,3-i}
\end{aligned}
$$

Daher bedürfen die Loss–Development Schätzer der Schadenstände, der Zuwächse und der Anfalljahrreserve des Anfalljahres 2 einer Korrektur.

(c) Für die Cape–Cod Schätzer der Schadenstände, Zuwächse und Anfalljahrreserven gilt

$$
\begin{aligned}
S_{i,k}^{\mathrm{CC}} &= S_{i,3-i} + (\gamma_k^{\mathrm{EX}} - \gamma_{3-i}^{\mathrm{EX}})\, \pi_i\, \kappa^{\mathrm{CC}} \\
Z_{i,k}^{\mathrm{CC}} &= S_{i,k}^{\mathrm{CC}} - S_{i,k-1}^{\mathrm{CC}} = (\gamma_k^{\mathrm{EX}} - \gamma_{k-1}^{\mathrm{EX}})\, \pi_i\, \kappa^{\mathrm{CC}} \\
R_i^{\mathrm{CC}} &= S_{i,3}^{\mathrm{CC}} - S_{i,3-i} = (\gamma_3^{\mathrm{EX}} - \gamma_{3-i}^{\mathrm{EX}})\, \pi_i\, \kappa^{\mathrm{CC}} = (1 - \gamma_{3-i}^{\mathrm{EX}})\, \pi_i\, \kappa^{\mathrm{CC}}
\end{aligned}
$$

mit der Cape–Cod Endschadenquote

$$
\kappa^{\mathrm{CC}} = \frac{S_{3,0} + S_{2,1} + S_{1,2} + S_{0,3}}{\pi_3\, \gamma_0^{\mathrm{EX}} + \pi_2\, \gamma_1^{\mathrm{EX}} + \pi_1\, \gamma_2^{\mathrm{EX}} + \pi_0\, \gamma_3^{\mathrm{EX}}}
$$

Die Veränderung des Schadenstandes $S_{2,1}$ bewirkt eine Veränderung der Cape–Cod Endschadenquote. Daher bedürfen die Cape–Cod Schätzer aller Schadenstände, Zuwächse und Anfalljahrreserven einer Korrektur.

(d) Für die Chain–Ladder Schätzer der Schadenstände, Zuwächse und Anfalljahrreserven gilt

$$
\begin{aligned}
S_{i,k}^{\mathrm{CL}} &= S_{i,3-i} \prod_{l=4-i}^{k} \varphi_l^{\mathrm{CL}} \\
Z_{i,k}^{\mathrm{CL}} &= S_{i,k}^{\mathrm{CL}} - S_{i,k-1}^{\mathrm{CL}} = S_{i,3-i} \left(\prod_{l=4-i}^{k} \varphi_l^{\mathrm{CL}} - \prod_{l=4-i}^{k-1} \varphi_l^{\mathrm{CL}} \right) \\
R_i^{\mathrm{CL}} &= S_{i,3}^{\mathrm{CL}} - S_{i,3-i} = S_{i,3-i} \left(\prod_{l=4-i}^{3} \varphi_l^{\mathrm{CL}} - 1 \right)
\end{aligned}
$$

Daher bedürfen die Chain–Ladder Schätzer der Schadenstände, der Zuwächse und der Anfalljahrreserve des Anfalljahres 2 einer Korrektur. Darüber hinaus bewirkt die Veränderung des Schadenstandes $S_{2,1}$ eine Veränderung des Chain–Ladder Faktors φ_1^{CL}. Daher bedürfen auch die Chain–Ladder Schätzer der Schadenstände, der Zuwächse und der Anfalljahrreserve des Anfalljahres 3 einer Korrektur.

(e) Für die additiven Schätzer der Schadenstände, Zuwächse und Anfalljahrreserven gilt

$$S_{i,k}^{\mathrm{AD}} = S_{i,3-i} + \pi_i \sum_{l=4-i}^{k} \zeta_l^{\mathrm{AD}}$$

$$Z_{i,k}^{\mathrm{AD}} = S_{i,k}^{\mathrm{AD}} - S_{i,k-1}^{\mathrm{AD}} = \pi_i \, \zeta_k^{\mathrm{AD}}$$

$$R_i^{\mathrm{AD}} = S_{i,3}^{\mathrm{AD}} - S_{i,3-i} = \pi_i \sum_{l=4-i}^{k} \zeta_l^{\mathrm{AD}}$$

Daher bedürfen die additiven Schätzer der Schadenstände des Anfalljahres 2 einer Korrektur. Darüber hinaus bewirkt die Veränderung des Schadenstandes $S_{2,1}$ eine Veränderung des additiven Schadenquotenzuwachses ζ_1^{AD}. Daher bedürfen auch die additiven Schätzer der Schadenstände des Anfalljahres 3 sowie der additive Schätzer des Zuwachses $Z_{3,1}$ und der additive Schätzer der Anfalljahrreserve des Anfalljahres 3 einer Korrektur.

17.D Aufgabe (DAV–Klausur 2011/5)

Das folgende Abwicklungsdreieck für Zuwächse enthält für die Anfalljahre 2007 bis 2010 die Prämien und die Schadenzahlungen in den Abwicklungsjahren 0 bis 3:

Anfall-	**Abwicklungsjahr** k				**Prämie**
jahr i	0	1	2	3	π_i
2007	170	108	56	18	400
2008	190	112	52		400
2009	200	104			400
2010	178				440

Es wird angenommen, dass ein Abwicklungsmuster für Schadenquotenzuwächse vorliegt.

(a) Berechnen Sie die additiven Schadenquotenzuwächse und schätzen Sie die (für alle Anfalljahre identische) erwartete Endschadenquote.

(b) Schätzen Sie unter Verwendung der Prämien die Abwicklungsmuster für Anteile und für Quoten.

(c) Schätzen Sie mit dem additiven Verfahren die Reserve für 2010.

(d) Schätzen Sie mit dem additiven Verfahren den Endschadenstand $S_{2010,3}$ für 2010.

(e) Man könnte daran denken, zur Schätzung der erwarteten Endschadenquote den Schätzer

$$\widehat{\kappa} := \frac{\sum_{i=2007}^{2010} S_{i,3}^{\mathrm{AD}}}{\sum_{i=2007}^{2010} \pi_i}$$

mit $S_{2007,3}^{\mathrm{AD}} := S_{2007,3}$ zu verwenden. Beurteilen Sie diesen Schätzer im Hinblick auf (a).

Lösung:

(a) Es gilt

$$\begin{aligned}
\zeta_3^{\mathrm{AD}} &= \frac{18}{400} = 0.045 \\
\zeta_2^{\mathrm{AD}} &= \frac{56+52}{400+400} = 0.135 \\
\zeta_1^{\mathrm{AD}} &= \frac{108+112+104}{400+400+400} = 0.270 \\
\zeta_0^{\mathrm{AD}} &= \frac{170+190+200+178}{400+400+400+440} = 0.450
\end{aligned}$$

und damit

$$\kappa^{\mathrm{AD}} = \sum_{k=0}^{3} \zeta_k^{\mathrm{AD}} = 0.450 + 0.270 + 0.135 + 0.045 = 0.900$$

(b) Es gilt

$$\begin{aligned}
\vartheta_3^{\mathrm{AD}} &= \frac{0.045}{0.900} = 0.05 \\
\vartheta_2^{\mathrm{AD}} &= \frac{0.135}{0.900} = 0.15 \\
\vartheta_1^{\mathrm{AD}} &= \frac{0.270}{0.900} = 0.30 \\
\vartheta_0^{\mathrm{AD}} &= \frac{0.450}{0.900} = 0.50
\end{aligned}$$

und damit

$$\begin{aligned}
\gamma_0^{\mathrm{AD}} &= 0.50 \\
\gamma_1^{\mathrm{AD}} &= 0.50 + 0.30 = 0.80 \\
\gamma_2^{\mathrm{AD}} &= 0.80 + 0.15 = 0.95 \\
\gamma_3^{\mathrm{AD}} &= 1
\end{aligned}$$

(c) Es gilt

$$\begin{aligned}
R_{2010}^{\mathrm{AD}} &= \sum_{k=1}^{3} Z_{2010,k}^{\mathrm{AD}} \\
&= \sum_{k=1}^{3} \pi_{2010}\, \zeta_k^{\mathrm{AD}} \\
&= \pi_{2010} \sum_{k=1}^{3} \zeta_k^{\mathrm{AD}} \\
&= 400 \cdot (0.270 + 0.135 + 0.045) \\
&= 198
\end{aligned}$$

(d) Es gilt

$$S_{2010,3}^{\mathrm{AD}} = S_{2010,0} + R_{2010}^{\mathrm{AD}} = 178 + 198 = 376$$

(e) Es gilt (in allgemeiner Notation mit $n := 3$ und $j := i - 2007$)

$$\begin{aligned}
\sum_{j=0}^{n} S_{j,n}^{\mathrm{AD}} &= \sum_{j=0}^{n} \left(\sum_{k=0}^{n-j} Z_{j,k} + \sum_{k=n-j+1}^{n} Z_{j,k}^{\mathrm{AD}} \right) \\
&= \sum_{k=0}^{n} \left(\sum_{j=0}^{n-k} Z_{j,k} + \sum_{j=n-k+1}^{n} Z_{j,k}^{\mathrm{AD}} \right) \\
&= \sum_{k=0}^{n} \left(\zeta_k^{\mathrm{AD}} \sum_{j=0}^{n-k} \pi_j + \sum_{j=n-k+1}^{n} \zeta_k^{\mathrm{AD}} \pi_j \right) \\
&= \sum_{k=0}^{n} \zeta_k^{\mathrm{AD}} \sum_{j=0}^{n} \pi_j
\end{aligned}$$

und damit

$$\widehat{\kappa} = \frac{\sum_{j=0}^{n} S_{j,n}^{\mathrm{AD}}}{\sum_{j=0}^{n} \pi_j} = \sum_{k=0}^{n} \zeta_k^{\mathrm{AD}} = \kappa^{\mathrm{AD}}$$

Der Schätzer $\widehat{\kappa}$ stimmt daher mit dem unter (a) verwendeten Schätzer κ^{AD} überein.

17.E Aufgabe (DAV–Klausur 2011/6)

Das folgende Abwicklungsdreieck für Zuwächse enthält die Prämien für die Anfalljahre 2007 bis 2010, die Schadenzahlungen für die Anfalljahre 2007 bis 2010 in den Abwicklungsjahren 0 bis 3 sowie externe Schätzer für das Abwicklungsmuster für Anteile:

Anfall-	**Abwicklungsjahr** k				**Prämie**
jahr i	0	1	2	3	π_i
2007	133	67	30	14	270
2008	142	68	75		270
2009	160	61			310
2010	150				350
$\vartheta_k^{\mathrm{EX}}$	0.60	0.25	0.10	0.05	

(a) Schätzen Sie die Reserve für 2012 mit dem Loss–Development Verfahren.

(b) Schätzen Sie die Reserve für 2012 mit dem Cape–Cod Verfahren.

(c) Schätzen Sie die Reserve für 2012 mit dem Bornhuetter–Ferguson Verfahren unter der Annahme, dass die erwartete Endschadenquote κ für alle Anfalljahre gleich ist, und unter Verwendung des externen Schätzwertes $\kappa^{\text{EX}} = 0.81$.

(d) Vergleichen Sie die Ergebnisse.

Lösung:

(a) Für das Loss–Development Verfahren werden die aktuellen Schadenstände sowie die externen Schätzer des Abwicklungsmusters für Quoten benötigt:

Anfall-	**Abwicklungsjahr** k				**Prämie**
jahr i	0	1	2	3	π_i
2007				244	270
2008			285		270
2009		221			310
2010	150				350
γ_k^{EX}	0.60	0.85	0.95	1	

Für die Schätzung der Reserve für 2012 werden die Loss–Development Schätzer der Endschadenstände für 2009 und 2010 benötigt. Man erhält

$$\alpha_{2009}^{\text{LD}} = S_{2009,3}^{\text{LD}} = \frac{S_{2009,1}}{\gamma_1^{\text{EX}}} = \frac{221}{0.85} = 260$$

$$\alpha_{2010}^{\text{LD}} = S_{2010,3}^{\text{LD}} = \frac{S_{2010,0}}{\gamma_0^{\text{EX}}} = \frac{150}{0.60} = 250$$

und damit

$$\begin{aligned} R_{2012}^{\text{LD}} &= Z_{2010,2}^{\text{LD}} + Z_{2009,3}^{\text{LD}} \\ &= \vartheta_2^{\text{EX}}\,\alpha_{2010}^{\text{LD}} + \vartheta_3^{\text{EX}}\,\alpha_{2009}^{\text{LD}} \\ &= 0.10 \cdot 250 + 0.05 \cdot 260 \\ &= 38 \end{aligned}$$

(b) Für das Cape–Cod Verfahren wird die Cape–Cod Endschadenquote benötigt. Für die verbrauchten Prämien erhält man

Anfall-	**Abwicklungsjahr** k				**Prämie**
jahr i	0	1	2	3	π_i
2007				270	270
2008			256.5		270
2009		263.5			310
2010	210				350
γ_k^{EX}	0.60	0.85	0.95	1	

Daraus ergibt sich

$$\kappa^{\text{CC}} = \frac{150 + 221 + 285 + 244}{210 + 263.5 + 256.5 + 270} = 0.9$$

und für die a–priori Schätzer $\alpha_i^{\text{CC}} := \kappa^{\text{CC}} \pi_i$ der Endschadenstände erhält man

$$\begin{aligned} \alpha_{2009}^{\text{CC}} &= \kappa^{\text{CC}} \pi_{2009} = 0.9 \cdot 310 = 279 \\ \alpha_{2010}^{\text{CC}} &= \kappa^{\text{CC}} \pi_{2010} = 0.9 \cdot 350 = 315 \end{aligned}$$

Für die Reserve für 2012 ergibt sich daraus

$$\begin{aligned} R_{2012}^{\text{CC}} &= Z_{2010,2}^{\text{CC}} + Z_{2009,3}^{\text{CC}} \\ &= \vartheta_2^{\text{EX}} \, \alpha_{2010}^{\text{CC}} + \vartheta_3^{\text{EX}} \, \alpha_{2009}^{\text{CC}} \\ &= 0.10 \cdot 315 + 0.05 \cdot 279 \\ &= 45.45 \end{aligned}$$

(c) Beim Bornhuetter–Ferguson Verfahren sind als a–priori Schätzer der Endschadenstände die Schätzer $\alpha_i^{\text{EX}} := \kappa^{\text{EX}} \pi_i$ zu verwenden. Wegen

$$\frac{\alpha_i^{\text{EX}}}{\alpha_i^{\text{CC}}} = \frac{\kappa^{\text{EX}}}{\kappa^{\text{CC}}} = \frac{0.81}{0.9} = 0.9$$

ergibt sich sofort

$$R_{2012}^{\text{BF}} = 0.9 \, R_{2012}^{\text{CC}} = 0.9 \cdot 45.45 = 40.905$$

(d) Die Reserve für 2012 ist beim Loss–Development Verfahren am niedrigsten und beim Cape–Cod Verfahren am höchsten. Der Ausreißer $S_{2008,2}$ wirkt sich beim Loss–Development Verfahren auf die Reserve für 2012 nicht aus, da das Anfalljahr 2008 bereits Ende 2011 abgewickelt ist und externe Schätzer für das Abwicklungsmuster verwendet werden. Der Ausreißer $S_{2008,2}$ wirkt sich dagegen beim Cape–Cod Verfahren über die Cape–Cod Endschadenquote aus. Außerdem gehen die niedrigen Prämien für 2007 und 2008 mit einem hohen Gewicht in die Cape–Cod Endschadenquote ein.

17.F Aufgabe (DAV–Klausur 2012/5)

Die folgende Tabelle enthält das Abwicklungsdreieck für Schadenstände der Anfalljahre 2008 bis 2011 sowie die Prämien der Anfalljahre 2008 bis 2011 und externe Schätzer für das Abwicklungsmuster für Quoten:

Anfall-jahr i	**Abwicklungsjahr** k 0	1	2	3	**Prämie** π_i
2008	660	980	1200	1500	1600
2009	680	1036	1320		1680
2010	700	1248			1900
2011	782				2100
γ_k^{EX}	0.425	0.650	0.825	1	

(a) Berechnen Sie die Chain–Ladder Quoten und vergleichen Sie die Chain–Ladder Quoten mit den externen Schätzern für das Abwicklungsmuster für Quoten.

(b) Schätzen Sie die Endschadenstände der Anfalljahre 2009 bis 2011 mit dem Loss–Development Verfahren
   (1) unter Verwendung der Chain–Ladder Quoten und
   (2) unter Verwendung der externen Schätzer für das Abwicklungsmuster für Quoten

   und vergleichen Sie die Ergebnisse.

(c) Schätzen Sie die Endschadenstände der Anfalljahre 2009 bis 2011 mit dem Cape–Cod Verfahren unter Verwendung der Chain–Ladder Quoten.

(d) Verwendet man im Cape–Cod Verfahren anstelle der Chain–Ladder Quoten die externen Schätzer für das Abwicklungsmuster für Quoten, so erhält man im vorliegenden Fall für die Endschadenstände der Anfalljahre 2009 bis 2011 geringere Schätzwerte als bei Verwendung der Chain–Ladder Quoten. Worauf ist dieser Effekt zurückzuführen?

Lösung:

(a) Es gilt

$$\begin{aligned}
\varphi_3^{\text{CL}} &= \frac{1500}{1200} = 1.250 \\
\varphi_2^{\text{CL}} &= \frac{1200 + 1320}{980 + 1036} = 1.250 \\
\varphi_1^{\text{CL}} &= \frac{980 + 1036 + 1248}{660 + 680 + 700} = 1.600
\end{aligned}$$

und damit

$$\begin{aligned}
\gamma_3^{\text{CL}} &= 1 \\
\gamma_2^{\text{CL}} &= \frac{1}{1.250} = 0.800 \\
\gamma_1^{\text{CL}} &= \frac{0.800}{1.250} = 0.640 \\
\gamma_0^{\text{CL}} &= \frac{0.640}{1.600} = 0.400
\end{aligned}$$

Daher sind die Chain–Ladder Quoten (mit Ausnahme des Abwicklungsjahres 3) niedriger als die externen Schätzer des Abwicklungsmusters für Quoten.

(b) Für die Loss–Development Schätzer der Endschadenstände ergibt sich
   (1) bei Verwendung der Chain–Ladder Quoten

$$\begin{aligned}
S_{2009,3}^{\text{LD}} &= \frac{S_{2009,2}}{\gamma_2^{\text{CL}}} = \frac{1320}{0.800} = 1650 \\
S_{2010,3}^{\text{LD}} &= \frac{S_{2010,1}}{\gamma_1^{\text{CL}}} = \frac{1248}{0.640} = 1950
\end{aligned}$$

$$S_{2011,3}^{\mathrm{LD}} = \frac{S_{2011,0}}{\gamma_0^{\mathrm{CL}}} = \frac{782}{0.400} = 1955$$

und

(2) bei Verwendung der externen Schätzer des Abwicklungsmusters für Quoten

$$S_{2009,3}^{\mathrm{LD}} = \frac{S_{2009,2}}{\gamma_2^{\mathrm{EX}}} = \frac{1320}{0.825} = 1600$$
$$S_{2010,3}^{\mathrm{LD}} = \frac{S_{2010,1}}{\gamma_1^{\mathrm{EX}}} = \frac{1248}{0.650} = 1920$$
$$S_{2011,3}^{\mathrm{LD}} = \frac{S_{2011,0}}{\gamma_0^{\mathrm{EX}}} = \frac{782}{0.425} = 1840$$

Bei Verwendung der externen Schätzer des Abwicklungsmusters für Quoten ergeben sich durchweg niedrigere Schätzwerte als bei Verwendung der Chain–Ladder Quoten. Dies ist darauf zurückzuführen, das die externen Schätzer eine schnellere Abwicklung vermuten lassen als die Chain–Ladder Quoten.

(c) Für das Cape–Cod Verfahren wird die Cape–Cod Endschadenquote benötigt. Für die verbrauchten Prämien erhält man

Anfall-jahr i	**Abwicklungsjahr** k 0	1	2	3	**Prämie** π_i
2008				1600	1600
2009			1344		1680
2010		1216			1900
2011	840				2100
γ_k^{CL}	0.400	0.640	0.800	1	

Daraus ergibt sich

$$\kappa^{\mathrm{CC}} = \frac{782 + 1248 + 1320 + 1500}{840 + 1216 + 1344 + 1600} = 0.97$$

und für die Cape–Cod Schätzer der Endschadenstände erhält man

$$\begin{aligned} S_{2009}^{\mathrm{CC}} &= S_{2009,2} + (1-\gamma_2^{\mathrm{CL}})\,\pi_{2009}\,\kappa^{\mathrm{CC}} \\ &= 1320 + (1-0.800)\cdot 1680 \cdot 0.97 \\ &= 1646 \\ S_{2010}^{\mathrm{CC}} &= S_{2010,1} + (1-\gamma_1^{\mathrm{CL}})\,\pi_{2010}\,\kappa^{\mathrm{CC}} \\ &= 1248 + (1-0.640)\cdot 1900 \cdot 0.97 \\ &= 1911 \\ S_{2011}^{\mathrm{CC}} &= S_{2011,0} + (1-\gamma_0^{\mathrm{CL}})\,\pi_{2011}\,\kappa^{\mathrm{CC}} \\ &= 782 + (1-0.400)\cdot 2100 \cdot 0.97 \\ &= 2004 \end{aligned}$$

(d) Für $k \in \{0, 1, 2\}$ sind die externen Schätzer des Abwicklungsmusters für Quoten größer sind als die Chain–Ladder Quoten, und damit gilt

$$1 - \gamma_k^{\text{EX}} < 1 - \gamma_k^{\text{CL}}$$

und

$$\sum_{k=0}^{3} \gamma_k^{\text{EX}} \, \pi_{2011-k} > \sum_{k=0}^{3} \gamma_k^{\text{CL}} \, \pi_{2011-k}$$

Aus der letzten Ungleichung folgt, dass die Cape–Cod Endschadenquote bei Verwendung der externen Schätzer kleiner ist als bei Verwendung der Chain–Ladder Quoten. Daher sind die Cape–Cod Prädiktoren der Endschadenstände bei Verwendung der externen Schätzer kleiner als bei Verwendung der Chain–Ladder Quoten.

17.G Aufgabe (DAV–Klausur 2013/5)

Für einen Bestand von Risiken sind für jedes der Anfalljahre $i = 2009, \ldots, 2012$ die Zuwächse $Z_{i,k}$ mit $k = 0, \ldots, 3$ sowie ein Volumenmaß v_i bekannt:

Anfall-	**Abwicklungsjahr** k				**Volumen**
jahr i	0	1	2	3	v_i
2009	330	154	72	36	600
2010	390	666	84		700
2011	420	188			800
2012	480				900

(a) Bestimmen Sie die additiven Schadenquotenzuwächse.
(b) Bestimmen Sie die additive Endschadenquote.
(c) Bestimmen Sie die additiven Quoten.
(d) Schätzen Sie die Reserve für 2010 mit dem additiven Verfahren.
(e) Schätzen Sie die Reserve für 2010 mit dem Loss–Development Verfahren unter Verwendung der additiven Abwicklungsquoten.
(f) Diskutieren Sie die Auswirkungen des Ausreißers $Z_{2010,1}$.

Lösung:

(a) Für die additiven Schadenquotenzuwächse erhält man

$$\zeta_3^{\text{AD}} = \frac{36}{600} = 0.06$$

$$\zeta_2^{\text{AD}} = \frac{72 + 84}{600 + 700} = 0.12$$

$$\zeta_1^{\text{AD}} = \frac{154 + 666 + 188}{600 + 700 + 800} = 0.48$$

$$\zeta_0^{\text{AD}} = \frac{330 + 390 + 420 + 480}{600 + 700 + 800 + 900} = 0.54$$

(b) Daraus ergibt sich die additive Endschadenquote

$$\kappa^{\mathrm{AD}} = \sum_{k=0}^{3} \zeta_k^{\mathrm{AD}} = 0.54 + 0.48 + 0.12 + 0.06 = 1.20$$

(c) Damit erhält man für die additiven Quoten die Werte

$$\begin{aligned}
\gamma_0^{\mathrm{AD}} &= \frac{0.54}{1.20} = 0.45 \\
\gamma_1^{\mathrm{AD}} &= \frac{0.54 + 0.48}{1.20} = 0.85 \\
\gamma_2^{\mathrm{AD}} &= \frac{0.54 + 0.48 + 0.12}{1.20} = 0.95 \\
\gamma_3^{\mathrm{AD}} &= 1
\end{aligned}$$

(d) Für die Reserve für das Anfalljahr 2010 ergibt sich mit dem additiven Verfahren

$$R_{2010}^{\mathrm{AD}} = Z_{2010,3}^{\mathrm{AD}} = v_{2010}\, \zeta_3^{\mathrm{AD}} = 700 \cdot 0.06 = 42$$

(e) Für die Reserve für das Anfalljahr 2010 ergibt sich mit dem Loss–Development Verfahren wegen $S_{2010,2} = 390 + 666 + 84 = 1140$

$$R_{2010}^{\mathrm{LD}} = S_{2010,3}^{\mathrm{LD}} - S_{2010,2} = \frac{S_{2010,2}}{\gamma_2^{\mathrm{AD}}} - S_{2010,2} = \frac{1140}{0.95} - 1140 = 60$$

(f) Der Ausreißer $Z_{2010,1}$ bewirkt eine Erhöhung des additiven Schadenquotenzuwachses ζ_1^{AD} und damit der additiven Endschadenquote κ^{AD}; daher bewirkt er eine Verringerung der additiven Quote γ_0^{AD} und eine Erhöhung der additiven Quoten γ_1^{AD} und γ_2^{AD}.
Der Ausreißer wirkt sich bei additiven Verfahren nicht aus.
In Bezug aus das Loss–Development Verfahren hat der Ausreißer zwei gegenläufige Effekte: Zum einen treibt er den aktuellen Schadenstand $S_{2010,2}$ in die Höhe, wodurch die Loss–Development Reserve tendenziell steigt; zum anderen wird dieser Effekt durch die Erhöhung der additiven Quote γ_2^{AD} teilweise kompensiert. Insgesamt ist der Ausreißereffekt beim Loss–Development Verfahren gering, da die Schäden aus 2010 am Ende des Abwicklungsjahres 2 bereits weitgehend abgewickelt sind.

17.H Aufgabe (DAV–Klausur 2013/6)

Für einen Bestand von Risiken sind für jedes der Anfalljahre $i = 2009, \ldots, 2012$ die Schadenstände $S_{i,k}$ mit $k = 0, \ldots, 3$ sowie ein a–priori Schätzer α_i^{EX} des Endschadenstandes gegeben:

Anfall-jahr i	**Abwicklungsjahr** k 0	1	2	3	**a–priori Endschadenstand** α_i^{EX}
2009	320	490	600	750	800
2010	330	510	650		850
2011	350	600			900
2012	400				950

(a) Bestimmen Sie die Chain–Ladder Faktoren.
(b) Bestimmen Sie die Chain–Ladder Quoten.
(c) Schätzen Sie den Endschadenstand für 2012 mit dem Chain–Ladder Verfahren.
(d) Schätzen Sie den Endschadenstand für 2012 mit dem Bornhuetter–Ferguson Verfahren.
(e) Schätzen Sie den Endschadenstand für 2012 mit der ersten Iteration des Bornhuetter–Ferguson Verfahrens, indem Sie den a–priori Schätzer $\alpha_{2012}^{\text{EX}}$ durch den unter (d) gewonnenen Bornhuetter–Ferguson Schätzer für den Endschadenstand $S_{2012,3}$ ersetzen und erneut das Bornhuetter–Ferguson Verfahren anwenden.
(f) Zeigen Sie, dass für jedes Anfalljahr der Schätzer des Endschadenstandes nach dem iterierten Bornhuetter–Ferguson Verfahren zwischen dem Chain–Ladder Schätzer und dem Bornhuetter–Ferguson Schätzer liegt.

Lösung:
(a) Für die Chain–Ladder Faktoren gilt

$$\begin{aligned}
\varphi_3^{\text{CL}} &= \frac{750}{600} = 1.25 \\
\varphi_2^{\text{CL}} &= \frac{600+650}{490+510} = 1.25 \\
\varphi_1^{\text{CL}} &= \frac{490+510+600}{320+330+350} = 1.60
\end{aligned}$$

(b) Für die Chain–Ladder Quoten ergibt sich daraus

$$\begin{aligned}
\gamma_3^{\text{CL}} &= 1 \\
\gamma_2^{\text{CL}} &= \frac{1}{1.25} = 0.80 \\
\gamma_1^{\text{CL}} &= \frac{0.80}{1.25} = 0.64 \\
\gamma_0^{\text{CL}} &= \frac{0.64}{1.60} = 0.40
\end{aligned}$$

(c) Für den Endschadenstand für 2012 ergibt sich mit dem Chain–Ladder Verfahren

$$S_{2012,3}^{\text{CL}} = S_{2012,0} \cdot \varphi_1^{\text{CL}} \cdot \varphi_2^{\text{CL}} \cdot \varphi_3^{\text{CL}} = 400 \cdot 1.60 \cdot 1.25 \cdot 1.25 = 1000$$

(d) Für den Endschadenstand für 2012 ergibt sich mit dem Bornhuetter–Ferguson Verfahren

$$S^{\text{BF}}_{2012,3} = S_{2012,0} + (1-\gamma^{\text{CL}}_0)\,\alpha^{\text{EX}}_{2012} = 400 + (1-0.40)\cdot 950 = 970$$

(e) Für den Endschadenstand für 2012 ergibt sich mit der ersten Iteration des Bornhuetter–Ferguson Verfahrens

$$S^{\text{BF}(1)}_{2012,3} = S_{2012,0} + (1-\gamma^{\text{CL}}_0)\,S^{\text{BF}}_{2012,3} = 400 + (1-0.40)\cdot 970 = 982$$

(f) Allgemein gilt

$$\begin{aligned} S^{\text{BF}(1)}_{i,n} &= S_{i,n-i} + (1-\gamma^{\text{CL}}_{n-i})\,S^{\text{BF}}_{i,n} \\ &= \gamma^{\text{CL}}_{n-i}\,\frac{S_{i,n-i}}{\gamma^{\text{CL}}_{n-i}} + (1-\gamma^{\text{CL}}_{n-i})\,S^{\text{BF}}_{i,n} \\ &= \gamma^{\text{CL}}_{n-i}\,S^{\text{CL}}_{i,n} + (1-\gamma^{\text{CL}}_{n-i})\,S^{\text{BF}}_{i,n} \end{aligned}$$

Daher ist $S^{\text{BF}(1)}_{i,n}$ eine Konvexkombination von $S^{\text{CL}}_{i,n}$ und $S^{\text{BF}}_{i,n}$.

17.I Aufgabe (DAV–Klausur 2013/10)

Wir betrachten das Abwicklungsquadrat $\{Z_{i,k}\}_{i,k\in\{0,1,\dots,n\}}$ für Zuwächse und nehmen an, dass die Zuwächse
– für $i+k \le n$ beobachtbar und
– für $i+k \ge n+1$ nicht beobachtbar

sind. Wir nehmen des Weiteren an, dass die Zuwächse unabhängig und normalverteilt sind und dass es bekannte Volumenmaße $v_0, v_1, \dots, v_n$ und unbekannte Parameter $\zeta_0, \zeta_1, \dots, \zeta_n$ und $\tau_0, \tau_1, \dots, \tau_n$ gibt derart, dass für alle $i, k \in \{0, 1, \dots, n\}$

$$\begin{aligned} E[Z_{i,k}] &= v_i\,\zeta_k \\ \text{var}[Z_{i,k}] &= v_i\,\tau_k \end{aligned}$$

gilt.
(a) Liegt ein Abwicklungsmuster vor und, wenn ja, welches?
(b) Bestimmen Sie die Maximum–Likelihood Schätzer aller Parameter.
(c) Welches Verfahren verwendet die Maximum–Likelihood Schätzer der Parameter $\zeta_0, \zeta_1, \dots, \zeta_n$?
(d) Untersuchen Sie die Erwartungstreue der Maximum–Likelihood Schätzer der Parameter $\zeta_0, \zeta_1, \dots, \zeta_n$.
(e) Die Maximum–Likelihood Schätzer der Parameter $\tau_0, \tau_1, \dots, \tau_n$ sind nicht erwartungstreu. Dies kann durch eine längere Rechnung gezeigt und durch ein allgemeines Argument der Statistik plausibilisiert werden. Nennen Sie dieses statistische Argument.

Lösung:

(a) Wegen

$$\zeta_k = E\left[\frac{Z_{i,k}}{v_i}\right]$$

für alle $i \in \{0, 1, \dots, n\}$ liegt ein Abwicklungsmuster für Schadenquotenzuwächse vor.

(b) Wir bezeichnen die Gesamtheit der beobachtbaren Zuwächse mit $\mathbf{Z}$ und die Realisationen von $\mathbf{Z}$ mit $\mathbf{z}$. Aufgrund der Modellannahmen besitzt die gemeinsame Verteilung der beobachtbaren Zuwächse die Dichtefunktion f mit

$$f(\mathbf{z}) = \prod_{k=0}^{n} \prod_{i=0}^{n-k} \left(\frac{1}{\sqrt{2\,\pi\, v_i\, \tau_k}} \exp\left(-\frac{(z_{i,k} - v_i\, \zeta_k)^2}{2\, v_i\, \tau_k} \right) \right)$$

Wir bezeichnen des Weiteren mit $\widehat{\boldsymbol{\zeta}}$ einen Schätzer für die Gesamtheit der Parameter $\zeta_0, \zeta_1, \dots, \zeta_n$ und mit $\widehat{\boldsymbol{\tau}}$ einen Schätzer für die Gesamtheit der Parameter $\tau_0, \tau_1, \dots, \tau_n$. Für die Likelihood–Funktion L gilt dann

$$L(\widehat{\boldsymbol{\zeta}}, \widehat{\boldsymbol{\tau}} | \mathbf{Z}) = \prod_{k=0}^{n} \prod_{i=0}^{n-k} \left(\frac{1}{\sqrt{2\,\pi\, v_i\, \widehat{\tau}_k}} \exp\left(-\frac{(Z_{i,k} - v_i\, \widehat{\zeta}_k)^2}{2\, v_i\, \widehat{\tau}_k} \right) \right)$$

und für die Loglikelihood–Funktion $\ln \circ L$ erhält man

$$(\ln \circ L)(\widehat{\boldsymbol{\zeta}}, \widehat{\boldsymbol{\tau}} | \mathbf{Z}) = \sum_{k=0}^{n} \sum_{i=0}^{n-k} \left(-\frac{1}{2} \ln(\widehat{\tau}_k) - \frac{(Z_{i,k} - v_i\, \widehat{\zeta}_k)^2}{2\, v_i\, \widehat{\tau}_k} \right) + C$$

wobei C eine Größe ist, die nicht von den Schätzern der Parameter abhängt. Für die partiellen Ableitungen der Loglikelihood–Funktion ergibt sich

$$\begin{aligned}
\frac{\partial(\ln \circ L)}{\partial \widehat{\zeta}_k}(\widehat{\boldsymbol{\zeta}}, \widehat{\boldsymbol{\tau}} | \mathbf{Z}) &= \sum_{i=0}^{n-k} \frac{Z_{i,k} - v_i\, \widehat{\zeta}_k}{\widehat{\tau}_k} \\
&= \frac{1}{\widehat{\tau}_k} \left(\sum_{i=0}^{n-k} Z_{i,k} - \widehat{\zeta}_k \sum_{i=0}^{n-k} v_i \right)
\end{aligned}$$

und

$$\begin{aligned}
\frac{\partial(\ln \circ L)}{\partial \widehat{\tau}_k}(\widehat{\boldsymbol{\zeta}}, \widehat{\boldsymbol{\tau}} | \mathbf{Z}) &= \sum_{i=0}^{n-k} \left(-\frac{1}{2\,\widehat{\tau}_k} + \frac{(Z_{i,k} - v_i\, \widehat{\zeta}_k)^2}{2\, v_i\, \widehat{\tau}_k^2} \right) \\
&= \frac{1}{2\,\widehat{\tau}_k^2} \left(-(n-k+1)\, \widehat{\tau}_k + \sum_{i=0}^{n-k} \frac{(Z_{i,k} - v_i\, \widehat{\zeta}_k)^2}{v_i} \right) \\
&= \frac{1}{2\,\widehat{\tau}_k^2} \left(-(n-k+1)\, \widehat{\tau}_k + \sum_{i=0}^{n-k} v_i \left(\frac{Z_{i,k}}{v_i} - \widehat{\zeta}_k \right)^2 \right)
\end{aligned}$$

und durch Nullsetzen der partiellen Ableitungen erhält man die Maximum–Likelihood Schätzer

$$\zeta_k^{\text{ML}} = \frac{\sum_{i=0}^{n-k} Z_{i,k}}{\sum_{i=0}^{n-k} v_i}$$

und

$$\tau_k^{\text{ML}} = \frac{1}{n-k+1} \sum_{i=0}^{n-k} v_i \left(\frac{Z_{i,k}}{v_i} - \zeta_k^{\text{ML}} \right)^2$$

(c) Die Maximum–Likelihood Schätzer der Parameter $\zeta_0, \zeta_1, \ldots, \zeta_n$ sind die additiven Schadenquotenzuwächse, die im additiven Verfahren verwendet werden.

(d) Wegen

$$E[\zeta_k^{\text{ML}}] = E\left[\frac{\sum_{i=0}^{n-k} Z_{i,k}}{\sum_{i=0}^{n-k} v_i} \right] = \frac{\sum_{i=0}^{n-k} E[Z_{i,k}]}{\sum_{i=0}^{n-k} v_i} = \frac{\sum_{i=0}^{n-k} v_i \, \zeta_k}{\sum_{i=0}^{n-k} v_i} = \zeta_k$$

sind die Maximum–Likelihood Schätzer der Parameter $\zeta_0, \zeta_1, \ldots, \zeta_n$ erwartungstreu.

(e) Eine längere Rechnung ergibt

$$E\left[v_i \left(\frac{Z_{i,k}}{v_i} - \zeta_k^{\text{ML}} \right)^2 \right] = \left(1 - \frac{v_i}{\sum_{h=0}^{n-k} v_h} \right) \tau_k$$

und damit

$$\begin{aligned}
E[\tau_k^{\text{ML}}] &= E\left[\frac{1}{n-k+1} \sum_{i=0}^{n-k} v_i \left(\frac{Z_{i,k}}{v_i} - \zeta_k^{\text{ML}} \right)^2 \right] \\
&= \frac{1}{n-k+1} \sum_{i=0}^{n-k} E\left[v_i \left(\frac{Z_{i,k}}{v_i} - \zeta_k^{\text{ML}} \right)^2 \right] \\
&= \frac{1}{n-k+1} \sum_{i=0}^{n-k} \left(1 - \frac{v_i}{\sum_{h=0}^{n-k} v_h} \right) \tau_k \\
&= \frac{n-k}{n-k+1} \, \tau_k
\end{aligned}$$

Daher sind die Maximum–Likelihood Schätzer der Parameter $\tau_0, \tau_1, \ldots, \tau_n$ nicht erwartungstreu. Dies ist plausibel, weil die Maximum–Likelihood Schätzer anstelle der Erwartungswerte ζ_k von $Z_{i,k}/v_i$ Schätzer dieser Erwartungswerte verwenden, wodurch ein Freiheitsgrad verloren geht.

17.J Aufgabe (DAV–Klausur 2014/6)

Für einen Bestand von Risiken sind für die Anfalljahre 2010 bis 2013 die Prämien und die folgenden Schadenstände bekannt:

Anfall-	**Abwicklungsjahr** k				**Prämie**
jahr i	0	1	2	3	π_i
2010	390	640	720	900	1200
2011	380	560	780		1300
2012	430	720			1100
2013	384				1200

Es wird angenommen, dass ein Abwicklungsmuster für Quoten vorliegt.

(a) Schätzen Sie die Cape–Cod Endschadenquote mit Hilfe der Chain–Ladder Quoten.

(b) Schätzen Sie die Cape–Cod Endschadenquote mit Hilfe der additiven Quoten.

(c) Bestimmen Sie die Endschadenquote des Anfalljahres 2010.

(d) Schätzen Sie die Endschadenquoten der Anfalljahre 2011 bis 2013 mit Hilfe der Chain–Ladder Quoten.

(e) Das Cape–Cod Verfahren beruht auf der Annahmen einer anfalljahrunabhängigen erwarteten Endschadenquote. Beurteilen Sie diese Annahme im Hinblick auf die Ergebnisse unter (c) und (d) und im Hinblick auf die Daten des Anfalljahres 2012.

Lösung:

(a) Für die Chain–Ladder Faktoren erhält man

$$\begin{aligned}
\varphi_3^{\text{CL}} &= \frac{900}{720} = 1.25 \\
\varphi_2^{\text{CL}} &= \frac{720+780}{640+560} = 1.25 \\
\varphi_1^{\text{CL}} &= \frac{640+560+720}{390+380+430} = 1.60
\end{aligned}$$

Daraus folgt

$$\begin{aligned}
\gamma_3^{\text{CL}} &= 1 \\
\gamma_2^{\text{CL}} &= \frac{1}{1.25} = 0.80 \\
\gamma_1^{\text{CL}} &= \frac{0.80}{1.25} = 0.64 \\
\gamma_0^{\text{CL}} &= \frac{0.64}{1.60} = 0.40
\end{aligned}$$

Für die verbrauchten Prämien erhält man daher

Anfall-jahr i	Abwicklungsjahr k 0	1	2	3	Prämie π_i
2010				1200	1200
2011			1040		1300
2012		704			1100
2013	480				1200
γ_k^{CL}	0.40	0.64	0.80	1	

Daraus ergibt sich die Cape–Cod Endschadenquote

$$\kappa^{\text{CC}} = \frac{384 + 720 + 780 + 900}{480 + 704 + 1040 + 1200} = 0.8131$$

(b) Aus dem Abwicklungsdreieck für Schadenstände ergibt sich das folgende Abwicklungsdreieck für Zuwächse:

Anfall-jahr i	Abwicklungsjahr k 0	1	2	3	Prämie π_i
2010	390	250	80	180	1200
2011	380	180	220		1300
2012	430	290			1100
2013	384				1200

Für die additiven Schadenquotenzuwächse erhält man daher

$$\begin{aligned}
\zeta_3^{\text{AD}} &= \frac{180}{1200} = 0.15 \\
\zeta_2^{\text{AD}} &= \frac{80 + 220}{1200 + 1300} = 0.12 \\
\zeta_1^{\text{AD}} &= \frac{250 + 180 + 290}{1200 + 1300 + 1100} = 0.20 \\
\zeta_0^{\text{AD}} &= \frac{390 + 380 + 430 + 384}{1200 + 1300 + 1100 + 1200} = 0.33
\end{aligned}$$

und daraus ergibt sich die additive Endschadenquote

$$\kappa^{\text{AD}} = \sum_{k=0}^{3} \zeta_k^{\text{AD}} = 0.33 + 0.20 + 0.12 + 0.15 = 0.80$$

Bei Verwendung der additiven Quoten gilt $\kappa^{\text{CC}} = \kappa^{\text{AD}}$ und damit

$$\kappa^{\text{CC}} = 0.80$$

Alternativ kann man $\vartheta_k^{\text{AD}} = \zeta_k^{\text{AD}}/\kappa^{\text{AD}}$ und sodann $\gamma_k^{\text{AD}} = \sum_{l=0}^{k} \vartheta_l^{\text{AD}}$ berechnen und erhält dann κ^{CC} wie unter (a).

(c) Die Endschadenquote des Anfalljahres 2010 ist durch

$$\kappa_{2010}^{\text{ind}} := \frac{S_{2010,3}}{\pi_{2010}} = \frac{900}{1200} = 0.75$$

gegeben.

(d) Die Endschadenquoten der Anfalljahre 2011 bis 2013 können durch den Anteil des aktuellen Schadenstandes an der verbrauchten Prämie geschätzt werden. Unter Verwendung der Chain–Ladder Quoten erhält man

$$\kappa_{2011}^{\text{ind}} := \frac{S_{2011,3}}{\gamma_3^{\text{CL}}\,\pi_{2011}} = \frac{780}{0.80 \cdot 1300} = 0.75$$
$$\kappa_{2012}^{\text{ind}} := \frac{S_{2012,2}}{\gamma_2^{\text{CL}}\,\pi_{2011}} = \frac{720}{0.64 \cdot 1100} = 1.02$$
$$\kappa_{2013}^{\text{ind}} := \frac{S_{2013,1}}{\gamma_1^{\text{CL}}\,\pi_{2011}} = \frac{384}{0.40 \cdot 1200} = 0.80$$

(e) Der Schätzwert der Endschadenquote des Anfalljahres 2012 fällt aus dem Rahmen. Daher ist es fraglich, ob die Annahme einer anfalljahrunabhängigen Endschadenquote erfüllt ist. Andererseits fallen auch der aktuelle Schadenstand und die Prämie des Anfalljahres 2012 aus dem Rahmen. Hier ist zu klären, ob der aktuelle Schadenstand des Anfalljahres 2012 durch einen außergewöhnlichen Schaden verursacht wurde.

17.K Aufgabe (DAV–Klausur 2015/5)

Das folgende Abwicklungsdreieck enthält die kumulierten Schadenzahlungen für die Anfalljahre 2012 bis 2014 sowie a–priori Schätzer α_i^{EX} der Endschadenstände und externe Schätzer γ_k^{EX} für das Abwicklungsmusters für Quoten.

Anfall-jahr i	**Abwicklungsjahr** k 0	1	2	**a–priori Endschadenstand** α_i^{EX}
2012	656	800	840	900
2013	720	920		1000
2014	800			1100
γ_k^{EX}	0.80	0.92	1	

(a) Schätzen Sie die Gesamtreserve mit dem Bornhuetter–Ferguson Verfahren unter Verwendung der externen Schätzer für das Abwicklungsmuster für Quoten.

(b) Schätzen Sie die Gesamtreserve mit dem Loss–Development Verfahren unter Verwendung der externen Schätzer für das Abwicklungsmuster für Quoten.

(c) Schätzen Sie die Gesamtreserve mit dem Chain–Ladder Verfahren.
(d) Berechnen Sie die Chain–Ladder Quoten.
(e) Vergleichen Sie die Ergebnisse.

Lösung:

(a) Mit dem Bornhuetter–Ferguson Verfahren erhält man die Endschadenstände

$$\begin{aligned} S^{\mathrm{BF}}_{2013,2} &= 920 + (1-0.92)\cdot 1000 = 1000 \\ S^{\mathrm{BF}}_{2014,2} &= 800 + (1-0.80)\cdot 1100 = 1020 \end{aligned}$$

und damit die Anfalljahrreserven

$$\begin{aligned} R^{\mathrm{BF}}_{2013} &= 1000 - 920 = 80 \\ R^{\mathrm{BF}}_{2014} &= 1020 - 800 = 220 \end{aligned}$$

Daraus ergibt sich die Gesamtreserve

$$R^{\mathrm{BF}} = 80 + 220 = 300$$

(b) Mit dem Loss–Development Verfahren erhält man die Endschadenstände

$$\begin{aligned} S^{\mathrm{LD}}_{2013,2} &= \frac{920}{0.92} = 1000 \\ S^{\mathrm{LD}}_{2014,2} &= \frac{800}{0.80} = 1000 \end{aligned}$$

und damit die Anfalljahrreserven

$$\begin{aligned} R^{\mathrm{LD}}_{2013} &= 1000 - 920 = 80 \\ R^{\mathrm{LD}}_{2014} &= 1000 - 800 = 200 \end{aligned}$$

Daraus ergibt sich die Gesamtreserve

$$R^{\mathrm{LD}} = 80 + 200 = 280$$

(c) Für die Chain–Ladder Faktoren gilt

$$\begin{aligned} \varphi^{\mathrm{CL}}_2 &= \frac{840}{800} = 1.05 \\ \varphi^{\mathrm{CL}}_1 &= \frac{800+920}{656+720} = 1.25 \end{aligned}$$

Mit dem Chain–Ladder Verfahren erhält man daher die Endschadenstände

$$\begin{aligned} S^{\mathrm{CL}}_{2013,2} &= 920\cdot 1.05 = 966 \\ S^{\mathrm{CL}}_{2014,2} &= 800\cdot 1.25\cdot 1.05 = 1050 \end{aligned}$$

und damit die Anfalljahrreserven

$$R_{2013}^{\text{CL}} = 966 - 920 = 46$$
$$R_{2014}^{\text{CL}} = 1050 - 800 = 250$$

Daraus ergibt sich die Gesamtreserve

$$R^{\text{CL}} = 46 + 250 = 296$$

(d) Für die Chain–Ladder Quoten gilt

$$\gamma_2^{\text{CL}} = 1$$
$$\gamma_1^{\text{CL}} = \frac{1}{1.05} = 0.9524$$
$$\gamma_0^{\text{CL}} = \frac{0.9524}{1.25} = 0.7619$$

(e) Die Bornhuetter–Ferguson Gesamtreserve ist höher als die Loss–Development Gesamtreserve; dies ist auf die relativ hohen a–priori Schätzer der Endschadenstände zurückzuführen, die sich vor allem in Anfalljahr 2014 auswirken.
Die Chain–Ladder Gesamtreserve ist ebenfalls höher als die Loss–Development Gesamtreserve; dies ist darauf zurückzuführen, dass die Chain–Ladder Quote für Abwicklungsjahr 0 kleiner ist als der externe Schätzer.

17.L Aufgabe (DAV–Klausur 2015/6)

Das folgende Abwicklungsdreieck enthält die Prämien π_i für die Anfalljahre 2012 bis 2014 und die in den Abwicklungsjahren 0 bis 2 geleisteten Zahlungen sowie externe Schätzer für das Abwicklungsmuster für Anteile:

Anfall-jahr i	**Abwicklungsjahr** k 0	1	2	**Prämie** π_i
2012	724	210	54	1200
2013	818	222		1200
2014	888			1200
ϑ_k^{EX}	0.80	0.16	0.04	

Es wird angenommen, dass die erwarteten Endschadenquoten für alle Anfalljahre identisch sind.

(a) Schätzen Sie die erwartete Endschadenquote mit dem Cape–Cod Verfahren unter Verwendung der externen Schätzer für das Abwicklungsmuster für Anteile.

(b) Schätzen Sie die Reserve für 2015 mit dem Cape–Cod Verfahren unter Verwendung der externen Schätzer für das Abwicklungsmuster für Anteile.

(c) Schätzen Sie die erwartete Endschadenquote mit dem additiven Verfahren.
(d) Schätzen Sie die Reserve für 2015 mit dem additiven Verfahren.
(e) Vergleichen Sie die Ergebnisse.

Lösung:

(a) Beim Cape–Cod Verfahren wird die erwartete Endschadenquote durch die Cape–Cod Endschadenquote κ^{CC} geschätzt. Für die Berechnung von κ^{CC} benötigt man die Summe der aktuellen Schadenstände und die Summe der verbrauchten Prämien. Aus dem Abwicklungsdreieck für Zuwächse erhält man mit

Anfall-jahr i	**Abwicklungsjahr** k 0	1	2
2012	724	934	988
2013	818	1040	
2014	888		

das Abwicklungsdreieck für Schadenstände, und für die externen Schätzer γ^{EX} für das Abwicklungsmuster für Quoten und die verbrauchten Prämien erhält man

Anfall-jahr i	**Abwicklungsjahr** k 0	1	2	**Prämie** π_i
2012			1200	1200
2013		1152		1200
2014	960			1200
ϑ_k^{EX}	0.80	0.16	0.04	
γ_k^{EX}	0.80	0.96	1	

Daher gilt

$$\kappa^{\text{CC}} = \frac{888 + 1040 + 988}{960 + 1152 + 1200} = 0.88$$

(b) Für die Cape–Cod Reserve für 2015 gilt

$$R_{2015}^{\text{CC}} = Z_{2014,1}^{\text{CC}} + Z_{2013,2}^{\text{CC}}$$

und wegen

$$\begin{aligned} Z_{2014,1}^{\text{CC}} &= \vartheta_1^{\text{EX}}\, \pi_{2014}\, \kappa^{\text{CC}} = 0.16 \cdot 1200 \cdot 0.88 = 168.96 \\ Z_{2013,2}^{\text{CC}} &= \vartheta_2^{\text{EX}}\, \pi_{2013}\, \kappa^{\text{CC}} = 0.04 \cdot 1200 \cdot 0.88 = 42.24 \end{aligned}$$

erhält man

$$R_{2015}^{\text{CC}} = Z_{2014,1}^{\text{CC}} + Z_{2013,2}^{\text{CC}} = 168.96 + 42.24 = 211.20$$

(c) Für die additiven Schadenquotenzuwächse gilt

$$\zeta_2^{\mathrm{AD}} = \frac{54}{1200} = 0.045$$
$$\zeta_1^{\mathrm{AD}} = \frac{210 + 222}{1200 + 1200} = 0.180$$
$$\zeta_0^{\mathrm{AD}} = \frac{724 + 818 + 888}{1200 + 1200 + 1200} = 0.675$$

Für die additive Endschadenquote erhält man daher

$$\kappa^{\mathrm{AD}} = 0.045 + 0.180 + 0.675 = 0.9$$

(d) Für die additive Reserve für 2015 gilt

$$R_{2015}^{\mathrm{AD}} = Z_{2014,1}^{\mathrm{AD}} + Z_{2013,2}^{\mathrm{AD}}$$

und wegen

$$Z_{2014,1}^{\mathrm{AD}} = \pi_{2014}\,\zeta_1^{\mathrm{AD}} = 1200 \cdot 0.180 = 216$$
$$Z_{2013,2}^{\mathrm{AD}} = \pi_{2013}\,\zeta_2^{\mathrm{AD}} = 1200 \cdot 0.045 = 54$$

erhält man

$$R_{2015}^{\mathrm{AD}} = Z_{2014,1}^{\mathrm{AD}} + Z_{2013,2}^{\mathrm{AD}} = 216 + 54 = 270$$

(e) Die additive Reserve ist deutlich höher als die Cape–Cod Reserve. Der Grund liegt darin, dass das additive Verfahren gerade das Cape–Cod Verfahren mit additiven Quoten ist und dass beim Cape–Cod Verfahren im vorliegenden Fall die Abwicklungsgeschwindigkeit höher ist als beim additiven Verfahren:

	Abwicklungsjahr k			
	0	1	2	$\sum$
ζ_k^{AD}	0.675	0.180	0.045	0.900
$\vartheta_k^{\mathrm{AD}}$	0.750	0.200	0.050	1.000
γ_k^{AD}	0.750	0.950	1	
γ_k^{EX}	0.800	0.960	1	

Wegen der höheren Abwicklungsgeschwindigkeit ist die Cape–Cod Endschadenquote kleiner als die additive Endschadenquote, und daher ist auch die Cape–Cod Reserve kleiner als die additive Reserve.

Teil IV

Risikoteilung

18

Grundlagen und Formen der Risikoteilung

Werden Risiken nicht ganz sondern nur zum Teil übernommen oder werden Teile übernommener Risiken abgegeben, so spricht man von *Risikoteilung*. Risiken können dabei

- unter Versicherungsnehmern (VN) und Versicherungsunternehmen (VU),
- unter Erstversicherern (EV) und Rückversicherern (RV) oder
- unter Rückversicherern

geteilt werden.

In diesem Kapitel wollen wir uns mit den Formen der Risikoteilung befassen und Gründe angeben, warum eine Risikoteilung wichtig und zweckmäßig sein kann.

Für die Rückversicherung verwenden wir die Begriffe und Bezeichnungen, wie sie in Liebwein [2009] zu finden sind.

18.1 Grundbegriffe der Risikoteilung

Werden in Unternehmen oder Haushalten Risiken identifiziert, so kann nach sorgfältiger Analyse und Bewertung versucht werden, diese Risiken zu steuern. Dabei greift man zurück auf aktive, ursachenbezogene Maßnahmen wie Risikovermeidung und Risikominderung oder auf passive, wirkungsbezogene Maßnahmen wie Risikoübertragung (Risikotransfer). Welche Maßnahmen auch ergriffen werden, es bedarf einer ständigen weiteren Kontrolle der Risiken. Das Vierphasenschema

- Identifikation,
- Bewertung/Analyse,
- Steuerung/Handhabung,
- Kontrolle

bildet eine wichtige Grundlage des modernen Risikomanagements; vgl. Heilmann [1989].

H.-W. Goelden et al., *Schadenversicherungsmathematik*, DOI 10.1007/978-3-662-48860-7_19

Im Mittelpunkt unserer Überlegungen steht hierbei die Risikoübertragung. Dabei muss Risikotransfer nicht bedeuten, dass ein Risiko vollständig transferiert wird. Es kann auch teilweise übertragen werden. Genauso kann ein übernommenes Risiko teilweise weiter transferiert werden. Unter dem Begriff *Risikoteilung* wollen wir alle Ausprägungen teilweiser Risikoübertragungen verstehen.

Das Prinzip der Risikoteilung finden wir in der *Erstversicherung* bei Verträgen zwischen *Versicherungsnehmer* (VN) und *Versicherungsunternehmen* (VU) in Form von prozentualen oder absoluten Selbstbehalten. In diesem Fall spricht man von einer Versicherung mit Selbstbeteiligung des Versicherungsnehmers.

Aber auch Versicherungsunternehmen geben Teile ihrer übernommenen Risiken an andere Versicherungsunternehmen weiter. Diesen Vorgang bezeichnet man als *Rückversicherung*. Das Versicherungsunternehmen, das Teile seiner übernommenen Risiken an ein anderes Versicherungsunternehmen weitergibt, bezeichnet man als *Erstversicherer* (EV) und das aufnehmende Unternehmen als *Rückversicherer* (RV). Den Erstversicherer, der Teile seiner übernommenen Risiken an einen Rückversicherer weitergibt, nennt man auch *Zedent* und den Rückversicherer *Zessionär*. Der Risikoanteil, der in Rückversicherung gegeben wird, heißt *Zession*.

Der Erstversicherer hat dabei die Möglichkeit, sich für eine obligatorische oder fakultative Rückversicherung zu entscheiden.

- Bei einer *obligatorischen Rückversicherung* (*treaty reinsurance*) muss der Zedent alle Policen einer Sparte, die die Kapazität des Rückversicherungsvertrages nicht übersteigen, in die Rückversicherung einbringen. Policen mit höheren Versicherungssummen können meist erst nach einer Vorwegdeckung transferiert werden. Der Rückversicherer ist verpflichtet, jedes vom Erstversicherer gezeichnete Risiko zu übernehmen.
- Bei einer *fakultativen Rückversicherung* (*facultative reinsurance*) hat der Erstversicherer die Möglichkeit, einzelne außergewöhnliche Risiken auszuwählen. Abgabe und Annahme der Risiken sind freigestellt.

Während der Rückversicherer bei der fakultativen Rückversicherung die Möglichkeit hat, vor Vertragsabschluss die Risiken zu prüfen, müssen in der obligatorischen Rückversicherung alle Risiken ohne Vorprüfung übernommen werden.

Erwirbt ein Erstversicherer Rückversicherungsschutz, so spricht man von *aktiver Rückversicherung*; bietet ein Rückversicherer Rückversicherungsschutz an, so spricht man von *passiver Rückversicherung*.

Ein Rückversicherer möchte sich genauso vor großen Schäden schützen. Auch er kann Teile seiner übernommenen Risiken an andere Versicherungsunternehmen weitergeben. In diesem Fall spricht man von *Retrozession* (*Weiter-*

rückversicherung). Das abgebende Unternehmen ist der *Retrozedent*, das annehmende Unternehmen der *Retrozessionär*. Der Grundgedanke ist stets die *Risikoatomisierung*, das heißt, die Aufteilung eines Risikos unter mehreren Versicherern so, dass für jeden Versicherer sein Risikoanteil tragbar ist und in seinem Bestand ein Ausgleich der Schäden erfolgt.

Insgesamt ergibt sich für die Risikoteilung die folgende Struktur:

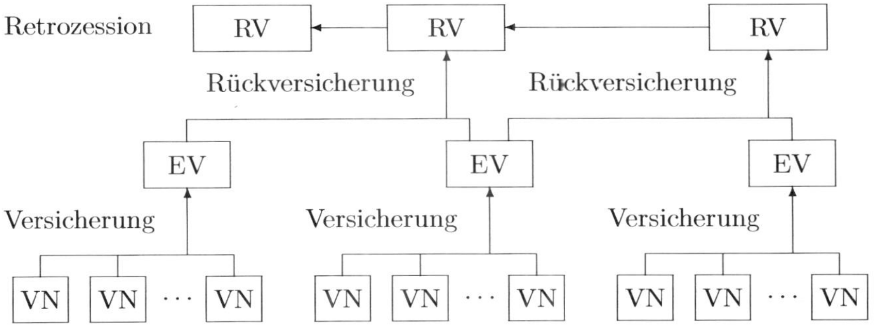

All diesen Formen der Risikoteilung ist gemein, dass ein Risikotransfer mit Hilfe versicherungstechnischer Instrumentarien erfolgt und ein Versicherungsunternehmen als Risikoträger dient.

Erfolgt dagegen ein Risikotransfer mit kapitalmarktspezifischen Instrumentarien, so spricht man von einem *alternativen Risikotransfer* (ART). Als Risikoträger kommen hier potentielle Teilnehmer des Kapitalmarkts in Frage. Auf Formen des Alternativen Risikotransfers wird hier nicht näher eingegangen.

Um die verschiedenen Risikoübertragungen von der versicherungstechnischen Seite zu beschreiben, wollen wir die Risikoteilung zunächst formal darstellen.

Ein *Risiko* wird durch eine Zufallsvariable (Schadenvariable) $X \geq 0$ beschrieben.

Eine monoton wachsende Abbildung $g : \mathbb{R}_+ \to \mathbb{R}_+$ mit

$$0 \leq g(x) \leq x$$

heißt *Erstattungsfunktion*. Mit einer Erstattungsfunktion g wird ein Risiko X aufgeteilt in

- ein *transferiertes Risiko* (versichertes Risiko)

$$X'' := g(X)$$

und

– ein *selbstbehaltenes Risiko* (*Eigenbehalt*, *Selbstbehalt*, *Selbstbeteiligung*)

$$X' := X - g(X)$$

Wir werden sehen, dass die Risikoteilung in der Erstversicherung, also bei Versicherungen mit Selbstbeteiligung der Versicherungsnehmer, sehr viele Analogien zur Risikoteilung im Rahmen der Rückversicherung aufweist.

Im Wesentlichen unterscheidet man nur zwei Arten von Risikoteilung.

- *Proportionale Risikoteilung*: Hierunter versteht man alle Formen der Risikoteilung mit einer Erstattungsfunktion der Gestalt $g(x) = qx$ mit $q \in (0,1)$. Die proportionale Risikoteilung
  - hat eine einfache Struktur und damit eine einfache Wirkungsweise,
  - bietet eine verhältnismäßig einfache quantitative Analyse der transferierten Teile des Risikos bzgl. Prämienkalkulation und Entlastungseffekten,
  - ist wenig flexibel, und
  - ist weniger geeignet für das Erreichen gezielter (Entlastungs–)Effekte.
- *Nichtproportionale Risikoteilung*: Hierunter fallen alle übrigen Formen der Risikoteilung. Die nichtproportionale Risikoteilung
  - hat eine eher komplizierte Struktur und Wirkungsweise,
  - bietet eine verhältnismäßig schwierige quantitative Analyse der transferierten Teile des Risikos,
  - hat flexible Gestaltungsmöglichkeiten, und
  - ist gut geeignet für das Erreichen gezielter (Entlastungs–)Effekte.

Zur Beschreibung der verschiedenen Ausprägungen der proportionalen und nichtproportionalen Risikoteilung greifen wir zurück auf die Darstellungen des Gesamtschadens S durch das individuelle Modell oder das kollektive Modell.

- *Zerlegung nach Risiken* (*individuelles Modell*): Im individuellen Modell wird der Gesamtschaden S mit Hilfe der (festen) Anzahl n der Risiken und der Gesamtschäden Z_i der Risiken $i = 1, \ldots, n$ durch

  $$S := \sum_{i=1}^{n} Z_i$$

  dargestellt.
- *Zerlegung nach Einzelschäden* (*kollektives Modell für Einzelschäden*): Im kollektiven Modell für Einzelschäden wird der Gesamtschaden S mit Hilfe der (zufälligen) Anzahl N der Einzelschäden des Bestandes und der Schadenhöhen der Einzelschäden X_j mit $j = 1, \ldots, N$ durch

  $$S := \sum_{j=1}^{N} X_j$$

  dargestellt.

– *Zerlegung nach Kumulschäden* (*kollektives Modell für Kumulschäden*): Im kollektiven Modell für Kumulschäden werden zunächst die zu ein und demselben *Schadenereignis* gehörigen Einzelschäden zusammengefasst. Bezeichnet man
  ◦ mit N^* die Anzahl der Schadenereignisse,
  ◦ mit N_j die Anzahl der Einzelschäden beim j–ten Schadenereignis mit $j = 1, \ldots, N^*$ und
  ◦ mit X_{jk} die Höhe des k–ten Einzelschadens bei dem j–ten Schadenereignis mit $j = 1, \ldots, N^*$ und $k = 1, \ldots, N_j$,

  so ist
$$X_j^* := \sum_{k=1}^{N_j} X_{jk}$$
  der Gesamtschaden des j–ten Schadenereignisses und
$$S := \sum_{j=1}^{N^*} X_j^*$$
  ist der Gesamtschaden aller Schadenereignisse.

Ziel unserer Überlegungen ist es, den Gesamtschaden der selbstbehaltenen und transferierten Risiken wieder durch ein individuelles oder kollektives Modell zu beschreiben. Hier bedarf es einer Prüfung, ob jeweils die Voraussetzungen des individuellen oder kollektiven Modells erfüllt sind.

18.2 Risikoteilung in der Erstversicherung

Risikoteilung zwischen Versicherungsnehmer und Versicherungsunternehmen gibt es sowohl in der Personen- als auch in der Schadenversicherung. Die Selbstbeteiligung bezweckt einerseits die Senkung der Versicherungsprämien, andererseits zwingt sie die Versicherten durch ein verstärktes Interesse an der Schadenverhütung und Schadenminderung, das sogenannte moralische Risiko zu vermindern. Ein Versicherungsnehmer, der an seinem Risiko beteiligt ist, lässt zum Beispiel in der Kraftfahrthaftpflichtversicherung bei Autofahrten mehr Sorgfalt walten und wägt in der Krankenversicherung die Notwendigkeit eines Arztbesuches ab. Die Selbstbeteiligung ist also dort sinnvoll, wo der Versicherte das Risiko des Schadeneintritts selbst beeinflussen kann. Durch die Selbstbeteiligung wächst natürlich die Gefahr einer Antiselektion, da sich gute und schlechte Risiken wohl überlegen, ob sie eine Risikoteilung vornehmen oder nicht.

Wir gehen im Folgenden davon aus, dass ein kollektives Modell
$$\langle N, \{X_j\}_{j \in \mathbb{N}} \rangle$$
vorliegt.

Proportionale Selbstbeteiligung

Bei der *proportionalen Selbstbeteiligung* des Versicherungsnehmers wird ein Anteil $q \in (0,1)$ jedes Einzelschadens X_j transferiert. Es gilt also

$$S'' := \sum_{j=1}^{N} X_j'' \qquad \text{und} \qquad S' := \sum_{j=1}^{N} X_j'$$

mit

$$X_j'' := qX_j \qquad \text{und} \qquad X_j' := (1-q)X_j$$

und damit

$$S'' = qS \qquad \text{und} \qquad S' = (1-q)S$$

Beispiele hierzu sind die Kostentarife mit prozentualer Selbstbeteiligung in der *privaten Krankenversicherung* (PKV), die Selbstbeteiligung bei Unterversicherung in der *Hausratversicherung* und die partielle Absicherung von Pensionsverpflichtungen in der betrieblichen Altersversorgung.

Bei der proportionalen Risikoteilung sind an jedem Schaden beide Seiten beteiligt.

Nichtproportionale Selbstbeteiligung

Bei der *nichtproportionalen Selbstbeteiligung* des Versicherungsnehmers haben wir verschiedene Formen der Risikoteilung zu betrachten. Die Selbstbeteiligung tritt hier in Form von Franchisen auf, die bewirken, dass kleinere Schäden ganz oder vorwiegend vom Versicherungsnehmer selbst zu tragen sind. Damit werden die vom Versicherungsunternehmen zu regulierenden Kleinschäden reduziert und folglich die Verwaltungskosten gesenkt.

Abzugsfranchise

Bei einer *Abzugsfranchise* $a > 0$ übernimmt das Versicherungsunternehmen den Anteil jedes Einzelschadens X_j, der den Selbstbehalt a übersteigt. Es gilt also

$$S'' := \sum_{j=1}^{N} X_j'' \qquad \text{und} \qquad S' := \sum_{j=1}^{N} X_j'$$

mit

$$X_j'' := (X_j - a)^+ \qquad \text{und} \qquad X_j' := \min\{X_j, a\}$$

Die Schadenvariable

$$X_j = \min\{X_j, a\} + (X_j - a)^+$$

wird hier aufgeteilt in das *Erstrisiko*

$$\min\{X_j, a\}$$

und das *Zweitrisiko*

$$(X_j - a)^+$$

Anwendungen finden wir in diversen HUK– und Sachsparten wie *Feuer-*, *Betriebsunterbrechungs-* und *Kraftfahrtversicherung*.

Zur Abdeckung des Frequenzrisikos des Versicherungsnehmers kann zusätzlich ein *Jahreslimit* (*annual aggregate limit*) AAL vereinbart werden. Dann gilt

$$S'' := S - S' \qquad \text{und} \qquad S' := \min\left\{\sum_{j=1}^{N} \min\{X, a\},\ \mathrm{AAL}\right\}$$

und der Versicherungsnehmer hat maximal das Jahreslimit AAL zu tragen.

Jahresfranchise

Bei einer *Jahresfranchise* $a > 0$ übernimmt das Versicherungsunternehmen den Anteil des Jahresgesamtschadens S, der den Selbstbehalt a übersteigt. Es gilt also

$$S'' := (S - a)^+ \qquad \text{und} \qquad S' := \min\{S, a\}$$

Anwendungen finden wir in der PKV bei Krankheitskostenversicherungen. Auch Beitragsrückerstattungen in der PKV, die bei Nichtinanspruchnahme von Versicherungsleistungen gewährt werden, wirken wie eine Jahresfranchise. Solange die Gesundheitsausgaben den Betrag der Beitragsrückgewähr unterschreiten, lohnt es sich für den Versicherten, die Kosten selbst zu tragen.

Integralfranchise

Bei einer *Integralfranchise* $a > 0$ übernimmt das Versicherungsunternehmen jeden Einzelschaden X_j, der den Selbstbehalt a übersteigt; ansonsten übernimmt es nichts. Es gilt also

$$S'' := \sum_{j=1}^{N} X_j'' \qquad \text{und} \qquad S' := \sum_{j=1}^{N} X_j'$$

mit

$$X_j'' := X_j \chi_{\{X_j > a\}} \qquad \text{und} \qquad X_j' := X_j \chi_{\{X_j \le a\}}$$

Dies ist eine weniger gebräuchliche Form der Risikoteilung. Sie ist vor allem in der *Transportversicherung* zu finden, zum Teil auch in der *Haftpflicht-*, *Berufsunfähigkeits-*, *Pflege-* und *Unfallversicherung*.

Erstrisikoversicherung

Bei der *Erstrisikoversicherung* mit einer *Deckungssumme* $v > 0$ übernimmt das Versicherungsunternehmen den Anteil jedes Einzelschadens X_j, der die Deckungssumme v nicht übersteigt. Es gilt also

$$S'' := \sum_{j=1}^{N} X_j'' \qquad \text{und} \qquad S' := \sum_{j=1}^{N} X_j'$$

mit

$$X_j'' := \min\{X_j, v\} \qquad \text{und} \qquad X_j' := (X_j - v)^+$$

Hier trägt also das Versicherungsunternehmen das Erstrisiko und der Versicherungsnehmer das Zweitrisiko. Der Versicherungsnehmer läuft die Gefahr, dass die Deckungssumme nicht ausreicht und er den überschießenden Teil selbst bezahlen muss. Diese Form der Risikoteilung ist in diversen Arten der *Haftpflichtversicherung* vorzufinden. Dabei ist die Deckungssumme meist so hoch, dass die Eintrittswahrscheinlichkeit für einen Schaden, der die Deckungssumme übersteigt, sehr klein ist.

Im Fall der Abzugsfranchise, der Integralfranchise und der Erstrisikoversicherung bilden die Paare

$$\langle N, \{X_j''\}_{j\in\mathbb{N}}\rangle \qquad \text{und} \qquad \langle N, \{X_j'\}_{j\in\mathbb{N}}\rangle$$

wiederum kollektive Modelle; vgl. Satz 4.2.1.

Desweiteren gibt es auch *Zeitfranchisen* wie etwa Karenzzeiten in der *Berufsunfähigkeits-*, *Krankentagegeld-* oder *Betriebsunterbrechungsversicherung*, die hier nicht behandelt werden.

18.3 Risikoteilung in der Rückversicherung

Durch Rückversicherung kann ein Erstversicherer seine *versicherungstechnischen Risiken*, beschrieben durch das Zufalls-, Schätz- und Änderungsrisiko, verringern und seine Zeichnungskapazität erhöhen. Risikogebundenes Eigenkapital wird durch Rückversicherung freigesetzt. Ferner kann durch Rückversicherung der Diversifikationseffekt im verbleibenden Selbstbehalt des Erstversicherers verbessert werden. Risikostreuung ist natürlich auch ein wichtiger Aspekt aus Sicht des Rückversicherers.

Bei produktspezifischen und versicherungstechnischen Fragen steht der Rückversicherer dem Erstversicherer beratend zur Seite.

Die verschiedenen Formen der Risikoteilung ermöglichen uns nun eine versicherungstechnische Unterteilung der Vertragsformen der Rückversicherung.

Proportionale Rückversicherung

Bei der *proportionalen Rückversicherung* unterscheiden wir die Quotenrückversicherung und die Summenexzedentenrückversicherung.

Quotenrückversicherung

Bei einer *Quotenrückversicherung* (*quota share*) werden analog zur prozentualen Selbstbeteiligung alle Einzelrisiken mit einem einheitlichen Prozentsatz $q \in (0,1)$ (*Quote*, *Abgabe*, *cession*) rückgedeckt. Im Selbstbehalt bleibt der Anteil $1-q$ (*Quotenselbstbehalt*, *retention*). Für die Aufteilung des Gesamtschadens ergibt sich im kollektiven Modell

$$S'' := \sum_{j=1}^{N} X''_j \qquad \text{und} \qquad S' := \sum_{j=1}^{N} X'_j$$

mit

$$X''_j := qX_j \qquad \text{und} \qquad X'_j := (1-q)X_j$$

und damit

$$S'' = qS \qquad \text{und} \qquad S' = (1-q)S$$

Für den Erstversicherer liegt das kollektive Modell $\langle N, \{X'_j\}_{j\in\mathbb{N}}\rangle$ und für den Rückversicherer das kollektive Modell $\langle N, \{X''_j\}_{j\in\mathbb{N}}\rangle$ vor; vgl. Satz 4.2.1.

Diese Form der Rückversicherung eignet sich zur Schadenreduzierung, falls viele Klein- und Mittelschäden eintreten. Zu finden ist sie vornehmlich in den Massensparten (*Kraftfahrt-*, *Haftpflicht-*, *Wohngebäude-* und *Hausratversicherung*). Sie verbessert die Solvabilität (Ersatz von Eigenkapital) und kann über alle Branchen hinweg im Bestand des Erstversicherers zu einer Homogenisierung nach Sparten beitragen. Bei der Einführung neuartiger Versicherungszweige wird sie auch mit entsprechend hohen Quoten herangezogen.

Summenexzedenrückversicherung

Bei einer *Summenexzedentenrückversicherung* (*surplus*) wird, ausgehend von einem *Maximum* (*maximaler Selbstbehalt*) v_0 des Erstversicherers, für jedes Einzelrisiko $i \in \{1,\ldots,n\}$ in Abhängigkeit von seiner *Versicherungssumme* v_i eine *individuelle Quote* $q_i \in (0,1)$ festgelegt. Ein Summenexzedentenrückversicherungsvertrag wird kurz als *Summenexzedent* oder SX bezeichnet.

Der Rückversicherer wird dabei nicht an allen Risiken beteiligt, sondern nur an solchen, bei denen die Versicherungssumme größer als der maximale Selbstbehalt v_0 ist.

Bei unbeschränkter Haftung des Rückversicherers werden die individuellen Quoten durch

$$q_i := \left(\frac{v_i - v_0}{v_i}\right)^+ = \begin{cases} 0 & \text{falls } v_i \leq v_0 \\ 1 - \dfrac{v_0}{v_i} & \text{falls } v_0 < v_i \end{cases}$$

festgelegt. Die maximale Haftung des Rückversicherers beträgt dann $q_i v_i$.

Rückversicherer stellen allerdings meist nur eine begrenzte Haftung zur Verfügung, die durch ein ganzzahliges Vielfaches m des Maximums v_0 bestimmt ist. Die Größe mv_0 heißt *Haftstrecke* des Rückversicherers und die individuellen Quoten werden durch

$$q_i := \min\left\{\left(\frac{v_i - v_0}{v_i}\right)^+, \frac{mv_0}{v_i}\right\} = \begin{cases} 0 & \text{falls } v_i \leq v_0 \\ 1 - \dfrac{v_0}{v_i} & \text{falls } v_0 < v_i \leq (m+1)v_0 \\ m\dfrac{v_0}{v_i} & \text{falls } (m+1)v_0 < v_i \end{cases}$$

festgelegt.

Für die Aufteilung des Gesamtschadens im individuellen Modell ergibt sich in beiden Fällen im individuellen Modell

$$S'' := \sum_{i=1}^n Z_i'' \qquad \text{und} \qquad S' := \sum_{i=1}^n Z_i'$$

mit

$$Z_i'' := q_i Z_i \qquad \text{und} \qquad Z_i' := (1-q_i) Z_i$$

Für den Erstversicherer liegt das individuelle Modell $\{Z_i'\}_{i\in\{1,\ldots,n\}}$ und für den Rückversicherer das individuelle Modell $\{Z_i''\}_{i\in\{1,\ldots,n\}}$ vor; vgl. Schmidt [2009; Abschnitt 9.1].

Aus dem Selbstbehalt und der Haftstrecke des Rückversicherers ergibt sich für den Erstversicherer seine *Kapazität* (oder *Zeichnungskapazität*) in Höhe von $(m+1)v_0$.

18.3.1 Beispiel (Individuelle Quoten). Für einen Summenexzedenten mit Maximum $v_0 := 100$ und einer Haftstrecke von $m := 3$ Maxima beträgt die individuelle Quote q_i bei einem Vertrag mit Versicherungssumme $v_i := 500$

$$q_i = \min\left\{\left(\frac{v_i - v_0}{v_i}\right)^+, \frac{mv_0}{v_i}\right\} = \min\left\{\left(\frac{500 - 100}{500}\right)^+, \frac{3 \cdot 100}{500}\right\} = 60\%$$

Daher wird jeder Schaden dieses Vertrags zu 60% vom Rückversicherer übernommen.

18.3.2 Beispiel (Aufteilung der Schadenhöhen). Für einen Summenexzedenten mit Maximum $v_0 := 20$ und einer Haftstrecke von $m := 4$ Maxima teilen sich für einzelne Verträge die Schadenhöhen wie folgt auf:

Versicherungssumme	Quote	Schadenhöhe	Summenexzedent	Selbstbehalt
10	0%	8	0	8
20	0%	20	0	20
40	50%	36	18	18
50	60%	15	9	6
80	75%	44	33	11
100	80%	30	24	6
100	80%	60	48	12
160	50%	100	50	50

Die Aufteilung der Schäden hängt nicht nur von der Schadenhöhe, sondern auch von der Versicherungssumme ab. Solange die Versicherungssumme die Kapazität des Vertrages in Höhe von $(m+1)\, v_0 = 100$ nicht überschreitet, beträgt die maximale Haftung des Erstversicherers $v_0 = 20$. Ist die Versicherungssumme höher als die Kapazität des Vertrages, erhöht sich die Haftung des Erstversicherers, sofern nicht ein weiterer Rückversicherungsvertrag besteht.

Die Summenexzedentenrückversicherung ist geeignet zur Reduzierung von Spitzenrisiken und zur Homogenisierung des Bestandes bezüglich der Versicherungssummen. In der industriellen Sachversicherung erfolgt die Berechnung der q_i meist anhand des *Maximalschadens* (*probable maximum loss*, PML) pro Schadenereignis anstatt der Versicherungssumme.

Zur Erhöhung der Zeichnungskapazität des Erstversicherers werden vielfach mehrere Summenexzedenten derart aneinander gereiht, dass die erreichte Kapazität das Maximum des darauf folgenden Vertrags ist.

Dabei beteiligen sich in der Regel mehrere Rückversicherer an einem oder mehreren Exzedenten. Die Aufteilung in mehrere Exzedenten ermöglicht eine leichtere Platzierung auf dem Rückversicherungsmarkt.

18.3.3 Beispiel (Zwei Summenexzedenten). Für zwei aneinander gereihte Summenexzedenten mit

- Maximum 5 und einer Haftstrecke von vier Maxima für den ersten und
- Maximum 25 und einer Haftstrecke von einem Maximum für den zweiten

Summenexzedenten teilen sich für einzelne Verträge die Schadenhöhen wie folgt auf:

Versicherungssumme	Schadenhöhe	1. SX	2. SX	Selbstbehalt
30	18	12.0	3.0	3.0
50	36	14.4	18.0	3.6

Nichtproportionale Rückversicherung

Bei der *nichtproportionalen Rückversicherung* unterscheiden wir die Einzelschadenexzedentenrückversicherung, die Kumulschadenexzedentenrückversicherung und die Jahresüberschadenexzedentenrückversicherung.

Einzelschadenexzedentenrückversicherung

Bei einer *Einzelschadenexzedentenrückversicherung* (*excess–of–loss per risk*) erfolgt analog zur Abzugsfranchise die Risikoteilung anhand der eingetretenen Schäden. Der Rückversicherer trägt die *Exzessschäden* (xs–*Schäden*), also die den *Selbstbehalt* (*Priorität*, *deductible*, *attachment point*) $a \in (0, \infty)$ übersteigenden Anteile der Einzelschäden, begrenzt durch die *maximale Haftung* (*Limit*, *cover*) $h \in (0, \infty)$ des Rückversicherers. Ein Einzelschadenexzedentenrückversicherungsvertrag wird kurz als *Einzelschadenexzedent*, *Schadenexzedent pro Risiko* oder XL *pro Risiko* bezeichnet. Für einen solchen Rückversicherungsvertrag verwendet man die Schreibweise

$$h \text{ xs } a$$

(*h in excess of a* oder *h nach a*).

Für die Aufteilung des Gesamtschadens ergibt sich im kollektiven Modell

$$S'' := \sum_{j=1}^{N} X_j'' \qquad \text{und} \qquad S' := \sum_{j=1}^{N} X_j'$$

mit

$$\begin{aligned} X_j'' &:= \min\{(X_j - a)^+, h\} \\ X_j' &:= \min\{X_j, a\} + (X_j - (a+h))^+ \end{aligned}$$

Dann bilden die Paare

$$\langle N, \{X_j''\}_{j\in\mathbb{N}}\rangle \qquad \text{und} \qquad \langle N, \{X_j'\}_{j\in\mathbb{N}}\rangle$$

wiederum kollektive Modelle; vgl. Satz 4.2.1.

Hier kann der Erstversicherer versuchen, das Risiko, oberhalb von $a + h$ liegende Schäden selbst tragen zu müssen, auf weitere Rückversicherer zu transferieren. In der Praxis ist es üblich, mehrere Schadenexzedenten derart zu kombinieren, dass die Summe aus Priorität und Haftung (*Plafond*, *exit point*) des ersten Schadenexzedenten die Priorität des zweiten Schadenexzedenten bildet usw. (*Layerung*). Die einzelnen übereinander liegenden nichtproportionalen Verträge werden *Layer* genannt. Die Layerung ermöglicht eine leichtere Platzierung auf dem Rückversicherungsmarkt. Dabei beteiligen sich in der Regel mehrere Rückversicherer prozentual an einzelnen Layern.

Der untere Bereich aneinander gereihter Layer, in dem regelmäßig mit Schäden zu rechnen ist, wird auch *Working Cover* genannt. Die Priorität eines Working Cover sollte dabei mindestens so hoch sein, dass sie von Klein- und Mittelschäden nicht überschritten wird; vgl. Liebwein [2009].

Schadenexzedenten pro Risiko eignen sich besonders zum Schutz vor Großschäden. Sie sind in fast allen HUK– und Sachsparten anzutreffen.

Jeder limitierte Layer h xs a lässt sich sowohl als Differenz zweier Erstrisikodeckungen

$$\min\{(X-a)^+, h\} = \min\{X, a+h\} - \min\{X, a\}$$

als auch als Differenz zweier unlimitierter Layer *ill* xs a und *ill* xs $a+h$ (*ill* steht für *illimitée* (unbegrenzt)) schreiben

$$\min\{(X-a)^+, h\} = (X-a)^+ - (X-(a+h))^+$$

Diese *Layer–Identität* werden wir uns bei der Prämienkalkulation nichtproportionaler Rückversicherung in Abschnitt 20.2 zunutze machen.

18.3.4 Beispiel (Zwei Einzelschadenexzedenten). Wir betrachten die Aufteilung der Schadenhöhen bei zwei Einzelschadenexzedenten mit den Layern 300 xs 100 bzw. 200 xs 400:

Schadenhöhe	XL 1. Layer	XL 2. Layer	Selbstbehalt
250	150	0	100
450	300	50	100
650	300	200	150

Rückversicherer sind bei Schadenexzedenten einem Frequenzrisiko ausgesetzt. Um sich davor zu schützen, kann der Rückversicherer zusätzlich ein *Jahreslimit* (*annual aggregate limit*) vereinbaren oder er stellt die Haftstrecke nur x–mal zur Verfügung und verlangt für eine *Wiederauffüllung* (*reinstatement*) ein Entgelt.

Manchmal wird zur Preisreduzierung auch ein zusätzlicher *Jahresselbstbehalt* (*annual aggregate deductible*) für den Erstversicherer festgelegt. Bei einem Jahreslimit AAL und einem Jahresselbstbehalt AAD ergibt sich die Schadenaufteilung

$$S'' := \min\left\{\left(\sum_{j=1}^{N} X_j'' - \mathrm{AAD}\right)^+, \mathrm{AAL}\right\} \qquad \text{und} \qquad S' := S - S''$$

Kumulschadenexzedentenrückversicherung

Die *Kumulschadenexzedentenrückversicherung* (*excess–of–loss per event, catastrophe excess–of–loss*) unterscheidet sich von der Einzelschadenexzedentenrückversicherung nur dadurch, dass anstelle der Einzelschäden die Gesamtschäden pro Schadenereignis (*Kumulschäden*) betrachtet werden. Ein Kumulschadenexzedentenrückversicherungsvertrag wird kurz als *Kumulschadenexzedent* oder *Schadenexzedent pro Ereignis* oder XL *pro Ereignis* oder Cat–XL bezeichnet.

Für die Aufteilung des Gesamtschadens ergibt sich im kollektiven Modell

$$S'' := \sum_{j=1}^{N} X_j^{*''} \qquad \text{und} \qquad S' := \sum_{j=1}^{N} X_j^{*'}$$

mit

$$X_j^{*''} := \min\{(X_j^* - a)^+, h\} \quad \text{und} \quad X_j^{*'} := \min\{X_j^*, a\} + (X_j - (a+h))^+$$

und den Kumulschäden X_j^*.

Kumulschadenexzedenten können eine sinnvolle Ergänzung zu proportionalen Rückversicherungsverträgen bilden. Sie sind insbesondere in der *Feuer-* und *Sturmversicherung*, aber auch in der *Kraftfahrt-* und *Transportversicherung* zu finden.

Die Belastungen des Erstversicherers und der Rückversicherer hängen entscheidend von der Definition eines Schadenereignisses ab. Diese Definition muss in entsprechenden Klauseln zum Rückversicherungsvertrag getroffen werden. Mehrere Schäden können nur dann als Kumulschaden gelten, wenn sie eine gemeinsame Ursache haben und ein zeitlicher und räumlicher Zusammenhang besteht. Bei Häufung vieler Einzelschäden, hervorgerufen durch ein und dasselbe Ereignis, wird der Erstversicherer entlastet, falls der Kumulschaden die Priorität übersteigt.

Auch hier besteht die Möglichkeit, ein Jahreslimit oder einen Jahresselbstbehalt festzulegen.

Jahresüberschadenexzedentenrückversicherung

Bei der *Jahresüberschadenexzedentenrückversicherung* (*stop–loss*) übernimmt der Rückversicherer den eine *Priorität* a übersteigenden Anteil des Jahresgesamtschadens und maximal den Haftungsanteil h. Ein Jahresüberschadenexzedentenrückversicherungsvertrag wird kurz als *Jahresüberschadenexzedent*, *Schadenexzedent pro Jahr*, *Stop–Loss Vertrag* oder SL bezeichnet.

Für die Aufteilung des Gesamtschadens ergibt sich damit

$$S'' := \min\{(S-a)^+, h\} \quad \text{und} \quad S' := \min\{S, a\} + (S-(a+h))^+$$

Bei einem Stop–Loss Vertrag gehen meist andere Rückversicherungsdeckungen voraus, so dass nur der Jahresgesamtschaden im Selbstbehalt nach vorweggehender Rückversicherung zu berücksichtigen ist. Es ist üblich, Priorität und Haftung in Prozent des verdienten (Selbstbehalts–)Prämienvolumens anzugeben.

Um einem Erstversicherer keine Gewinngarantie zu geben und ein risikoadäquates Originalbeitragsniveau zu sichern, sollte ein Stop–Loss Vertrag erst dann einsetzen, wenn sich der Erstversicherer in versicherungstechnischer Verlustzone befindet.

Stop–Loss Verträge werden meist nur in Branchen angeboten, die fast ausschließlich zufallsbedingte Schwankungen im Jahresgesamtschaden haben, wie in der *Überschwemmungs-*, *Hagel-* und *Sturmversicherung* (Bilanzschutz).

Rückversicherungsprogramm

Um optimalen Rückversicherungsschutz zu bieten, können Rückversicherungsprogramme proportionale und nichtproportionale Risikoteilungen miteinander kombinieren. So werden auf Summenexzedenten- und Quotenselbstbehalte Schadenexzedenten pro Risiko angeboten. Der verbleibende Selbstbehalt kann dann noch durch einen Cat–XL und/oder einen Stop–Loss geschützt werden.

18.3.5 Beispiel (Rückversicherungsprogramm). Ein Erstversicherer hat für sein Sachportefeuille (*Feuer*, *Explosion*, *Frost*, *Sturm*) mit einer Höchstzeichnungssumme von 10 Mio. folgende Rückversicherungsverträge abgeschlossen:

- Summenexzedent mit einem Maximum von 2 Mio., einer Haftung von 4 Maxima (also einer Kapazität von 10 Mio.) und einer Eigenbehaltsprämie von 20 Mio.
- XL pro Risiko 1.5 Mio. xs 0.5 Mio. auf den Selbstbehalt des Summenexzedenten.
- Cat–XL 3 Mio. xs 3 Mio. auf den Selbstbehalt des XL pro Risiko.
- Stop–Loss 6 Mio. xs 22 Mio. (in Prozent der Eigenbehaltsprämie: 30% xs 110%) auf den Selbstbehalt nach Summenexzedent, XL pro Risiko und Cat–XL.

Neben einer Basisschadenlast von 16 Mio. (= 80% der Eigenbehaltsprämie) sind folgende Schäden entstanden (alle Angaben in Mio.):

Nr.	Schadenursache	Schadenhöhe	Versicherungssumme
1	Feuer	3.00	10
2	Feuerbetriebsunterbrechung	7.00	8
3a		8.00	8
3b		2.25	9
3c	Explosion	2.00	2
3d	(ein Ereignis, von dem	1.50	2
3e	7 Risiken betroffen sind)	1.00	1
3f		0.75	1
3g		0.50	1
Summe		26.00	

Zusätzlich ist ein Ereignisschaden Nr. 4 durch Frost in Höhe von 4 Mio. entstanden (ausschließlich aus Selbstbehaltrisiken ohne Entlastung durch den Summenexzedenten und den XL pro Risiko).

Der Gesamtschaden beträgt damit

Nr.	Schadenhöhe
Basis	16.00
1	3.00
2	7.00
3	16.00
4	4.00
Summe	46.00

Der Selbstbehalt (SB) nach Entschädigung durch den Summenexzedenten (SX) und den XL pro Risiko ergibt sich wie folgt:

Nr.	SX	SB nach SX	XL pro Risiko	SB nach XL pro Risiko
1	2.40	0.60	0.10	0.50
2	5.25	1.75	1.25	0.50
3a	6.00	2.00	1.50	0.50
3b	1.75	0.50	0.00	0.50
3c	0.00	2.00	1.50	0.50
3d	0.00	1.50	1.00	0.50
3e	0.00	1.00	0.50	0.50
3f	0.00	0.75	0.25	0.50
3g	0.00	0.50	0.00	0.50
Summe	15.40		6.10	

Neben dem Ereignisschaden Nr. 4 in Höhe von 4 Mio. verbleibt aus dem Ereignisschaden Nr. 3 ein Selbstbehalt in Höhe von 3.5 Mio.
Der SB nach Entschädigung durch den Cat–XL ergibt sich wie folgt:

Nr.	SB vor Cat–XL	Cat–XL	SB nach Cat–XL
3	3.50	0.50	3.00
4	4.00	1.00	3.00
Summe	7.50	1.50	6.00

Nach dem Cat–XL verbleibt aus den Ereignisschäden 3 und 4 je ein Selbstbehalt von 3 Mio.
Berücksichtigt man zusätzlich den Basisschaden und für die Schäden 1 und 2 den SB nach SX, so ergibt sich der SB nach SL wie folgt:

Nr.	SB vor SL	SL	SB nach SL
Basis	16.00		
1	0.50		
2	0.50		
3	3.00		
4	3.00		
Summe	23.00	1.00	22.00

Der Gesamtschaden wird damit wie folgt aufgeteilt:

Summenexzedent	15.40
XL pro Risiko	6.10
Cat–XL	1.50
SL	1.00
Selbstbehalt	22.00
Summe	46.00

Ein anderes Beispiel für ein Rückversicherungsprogramm ist in Schmidt [2009; Beispiel 9.3.1] zu finden.

Überblick

Abschließend geben wir einen zusammenfassenden Überblick über alle Arten der Rückversicherung:

19

Auswirkungen der Risikoteilung

Wann ist welche Form der Risikoteilung zweckmäßig?
Wie soll der Selbstbehalt gewählt werden?
Wie ist bei nichtproportionaler Risikoteilung die Prämie zu bestimmen?

Das sind nur ein paar Fragen, die sich in Zusammenhang mit der Risikoteilung stellen. Um einige Fragen beantworten zu können, wollen wir zunächst untersuchen, wie sich die Risikoteilung auf die Verteilung und die Kennzahlen der Schadenvariablen auswirkt. Dabei soll die wahrscheinlichkeitstheoretische Analyse getrennt nach transferierten Risiken und Selbstbehalten erfolgen.

Im Mittelpunkt stehen dabei die Schadenanzahlverteilung P_N, die Schadenhöhenverteilung P_X bzw. P_Z und die Gesamtschadenverteilung P_S. Bei den Kennzahlen wollen wir uns auf die ersten Momente wie Erwartungswert und Varianz bzw. daraus abgeleitete Größen wie Standardabweichung und Variationskoeffizient beschränken. Wir wollen insbesondere untersuchen, wie sich die Gefährlichkeit eines Risikos, gemessen durch den Variationskoeffizienten, verändert. Es gibt natürlich weitere Risikomaße, die von Interesse wären, hier aber nicht aufgeführt werden.

Da sich sehr viele Ähnlichkeiten zwischen der Risikoteilung in der Erstversicherung auf der einen Seite und der Rückversicherung auf der anderen Seite gezeigt haben, wollen wir in diesem Kapitel nur eine Aufteilung nach Art der Risikoteilung vornehmen.

So werden wir den oben gestellten Fragen zunächst für die proportionale (Abschnitt 19.1) und anschließend für die nichtproportionale Risikoteilung (Abschnitt 19.2) nachgehen. Abschließend wird mit Hilfe der Entlastungseffektfunktion die risikogerechte Aufteilung des Gesamtschadens in Abhängigkeit vom Selbstbehalt untersucht (Abschnitt 19.3). Den Anteil am Gesamtschaden, den ein an der Risikoteilung beteiligter Risikoträger zu übernehmen hat, bezeichnet man als Schadenlast des Risikoträgers.

H.-W. Goelden et al., *Schadenversicherungsmathematik*, DOI 10.1007/978-3-662-48860-7_20

19.1 Proportionale Risikoteilung

Prozentuale Selbstbeteiligung und Quotenrückversicherung

Im Einzelnen ergeben sich für die prozentuale Selbstbeteiligung und analog für die Quotenrückversicherung bei einem Anteil bzw. einer Quote $q \in (0,1)$ die folgenden Auswirkungen:

Schadenzahl: Für die Schadenzahl gilt

$$N'' = N = N'$$

Schadenhöhen: Für die Schadenhöhe des j–ten Schadens gilt

$$X_j'' = qX_j \qquad \text{und} \qquad X_j' = (1-q)X_j$$

Unter diesen Skalentransformationen bleibt bei vielen Schadenhöhenverteilungen der Typ der Verteilung erhalten und es verändern sich nur die Parameter:

19.1.1 Beispiele.
(1) Im Fall $P_X = \mathbf{Exp}(\alpha)$ gilt $P_{X''} = \mathbf{Exp}(\alpha/q)$.
(2) Im Fall $P_X = \mathbf{Ga}(\alpha, \beta)$ gilt $P_{X''} = \mathbf{Ga}(\alpha/q, \beta)$.
(3) Im Fall $P_X = \mathbf{Par}(\alpha, \beta)$ gilt $P_{X''} = \mathbf{Par}(q\alpha, \beta)$.
(4) Im Fall $P_X = \mathbf{LN}(\mu, \sigma^2)$ gilt $P_{X''} = \mathbf{LN}(\mu+\ln(q), \sigma^2)$.

Unmittelbar einsichtig sind die Formeln

$$\begin{aligned} E[X''] &= q\,E[X] \\ E[X'] &= (1-q)\,E[X] \end{aligned}$$

und

$$\begin{aligned} \operatorname{var}[X''] &= q^2 \operatorname{var}[X] \\ \operatorname{var}[X'] &= (1-q)^2 \operatorname{var}[X] \end{aligned}$$

sowie

$$\operatorname{cov}[X', X''] = q(1-q) \operatorname{var}[X]$$

und damit

$$v[X''] = v[X] = v[X']$$

und

$$\gamma[X''] = \gamma[X] = \gamma[X']$$

Gesamtschaden: Für den Gesamtschaden gilt

$$S'' = qS \qquad \text{und} \qquad S' = (1-q)S$$

Für die Kennzahlen des Gesamtschadens ergeben sich daher analoge Ergebnisse wie für die Schadenhöhen. Da Gesamtschadenverteilungen nur in seltenen Fällen explizit bekannt sind, ist es weniger von Bedeutung, dass sich der Typ der Verteilung beim Übergang auf die transferierten Risiken bzw. Selbstbehalte durch die Skalentransformation oft nicht ändert.

Wir halten noch fest, dass diese Form der Risikoteilung auf die Gefährlichkeit eines Risikos keinen Einfluss hat.

Summenexzedentenrückversicherung

Im individuellen Modell ergeben sich bei einem maximalen Selbstbehalt v_0 die folgenden Auswirkungen:

Anzahl der Risiken: Für die Anzahl der Risiken gilt

$$n'' = \sum_{i=1}^{n} \chi_{\{v_i > v_0\}} \leq n \qquad \text{und} \qquad n' = n$$

Schadenhöhe: Mit der individuellen Quote q_i gilt für die Schadenhöhe des i-ten Risikos

$$Z_i'' = q_i Z_i \qquad \text{und} \qquad Z_i' = (1-q_i)Z_i$$

Für jedes Einzelrisiko sind die Auswirkungen analog zur Quotenrückversicherung bzgl. der einzelnen Schäden.

Gesamtschaden: Für den Gesamtschaden gilt

$$S'' = \sum_{i=1}^{n} Z_i'' \qquad \text{und} \qquad S' = \sum_{i=1}^{n} Z_i'$$

und damit

$$E[S''] = \sum_{i=1}^{n} q_i \, E[Z_i]$$

$$E[S'] = \sum_{i=1}^{n} (1-q_i) \, E[Z_i]$$

und

$$\begin{aligned}\mathrm{var}[S''] &= \sum_{i=1}^{n} q_i^2 \,\mathrm{var}[Z_i] \\ \mathrm{var}[S'] &= \sum_{i=1}^{n} (1-q_i)^2 \,\mathrm{var}[Z_i]\end{aligned}$$

sowie

$$\mathrm{cov}[S', S''] = \sum_{i=1}^{n} q_i(1-q_i) \,\mathrm{var}[Z_i]$$

Der Variationskoeffizient des transferierten Teils oder des Selbstbehalts kann größer oder kleiner als der Variationskoeffizient des Ausgangsrisikos sein:

19.1.2 Beispiel (Variationskoeffizient). Wir betrachten zwei Versicherungsverträge mit

$$\begin{aligned}v_1 &:= 50 \\ v_2 &:= 100\end{aligned}$$

und

$$\begin{aligned}\mu_1 &:= \mu[Z_1] := 20 \\ \mu_2 &:= \mu[Z_2] := 40\end{aligned}$$

Für beide Verträge besteht eine Summenexzedentenrückversicherung mit Maximum $v_0 := 25$ und einer Haftstrecke von $m := 3$ Maxima.
Wir wollen für unterschiedliche Werte der Standardabweichungen

$$\begin{aligned}\sigma_1 &:= \sigma[Z_1] \\ \sigma_2 &:= \sigma[Z_2]\end{aligned}$$

untersuchen, in welcher Relation die Variationskoeffizienten $v[S], v[S']$ und $v[S'']$ zueinander stehen.

(1) Im Fall $\sigma_1 := 5$ und $\sigma_2 := 10$ gilt

$$v[S] = \frac{\sqrt{\sigma_1^2 + \sigma_2^2}}{\mu_1 + \mu_2} = \frac{\sqrt{5^2 + 10^2}}{20 + 40} = 0.1863$$

sowie

$$v[S''] = \frac{\sqrt{(0.5\,\sigma_1)^2 + (0.75\,\sigma_2)^2}}{0.5\,\mu_1 + 0.75\,\mu_2} = \frac{\sqrt{2.5^2 + 7.5^2}}{10 + 30} = 0.1976$$

und

$$v[S'] = \frac{\sqrt{(0.5\,\sigma_1)^2 + (0.25\,\sigma_2)^2}}{0.5\,\mu_1 + 0.25\,\mu_2} = \frac{\sqrt{2.5^2 + 2.5^2}}{10 + 10} = 0.1768$$

und damit $v[S'] < v[S] < v[S'']$.

(2) Im Fall $\sigma_1 := 10$ und $\sigma_2 := 15$ erhält man analog

$$\begin{aligned} v[S] &= 0.3005 \\ v[S''] &= 0.3078 \\ v[S'] &= 0.3125 \end{aligned}$$

und damit $v[S] < v[S''] < v[S']$.

(3) Im Fall $\sigma_1 := 10$ und $\sigma_2 := 10$ erhält man

$$\begin{aligned} v[S] &= 0.2357 \\ v[S''] &= 0.2253 \\ v[S'] &= 0.2795 \end{aligned}$$

und damit $v[S''] < v[S] < v[S']$.

Unter bestimmten Voraussetzungen lässt sich eine stabilisierende Wirkung des Summenexzedenten auf den Variationskoeffizienten nachweisen; vgl. Mack [2002; S. 332].

19.2 Nichtproportionale Risikoteilung

Abzugsfranchise und Schadenexzedentenrückversicherung

Für die Abzugsfranchise und analog für die *unlimitierte* Einzelschaden- oder Kumulschadenexzedentenrückversicherung ergeben sich bei einem Selbstbehalt $a > 0$ die folgenden Auswirkungen:

Schadenzahl: Für die Anzahl N'' der Entschädigungen gilt

$$N'' = \sum_{j=1}^{N} \chi_{\{X_j > a\}} \leq N$$

und für die Anzahl N' der Schäden mit Selbstbehalt gilt

$$N' = N$$

Nach Satz 4.3.1 gilt mit $\eta := P[X > a] > 0$

$$m_{N''}(t) = m_N(1-\eta-\eta t)$$

Diese Gleichung lässt sich zur Berechnung der Verteilung von N'' verwenden; vgl. Beispiel 4.3.3. Ferner gilt nach der ersten Gleichung von Wald

$$E[N''] = E\left[\sum_{j=1}^{N} \chi_{\{X_j > a\}}\right] = E[N]\, P[X > a] = \eta\, E[N]$$

Schadenhöhen: Für die Schadenhöhe des j–ten Schadens gilt

$$X''_j = (X_j - a)^+ \qquad \text{und} \qquad X'_j = \min\{X_j, a\}$$

Für die identisch verteilten X''_j bzw. X'_j gilt

$$P[X'' \leq x] = P[X \leq x+a]$$

und

$$P[X' \leq x] = \begin{cases} P[X \leq x] & \text{falls } x < a \\ 1 & \text{falls } a \leq x \end{cases}$$

sowie

$$E[X''] = \int_{(a,\infty)} (x-a)\, dP_X(x) = \int_a^\infty P[X > x]\, dx$$

und

$$E[X'] = \int_{(0,a)} x\, dP_X(x) + a\, P[X > a] = \int_0^a P[X > x]\, dx$$

Es gilt $\text{cov}[X', X''] \geq 0$ (vgl. Schmidt [2009; Lemma 9.2.1]) und damit

$$\text{var}[X'] + \text{var}[X''] \leq \text{var}[X]$$

Ferner gilt

$$v[X'] \leq v[X] \leq v[X'']$$

(vgl. Schmidt [2009; Lemma 9.2.4]).

Gesamtschaden: Für den Gesamtschaden gilt

$$S'' = \sum_{j=1}^N X''_j \qquad \text{und} \qquad S' = \sum_{j=1}^N X'_j$$

Es gilt $\text{cov}[S', S''] \geq 0$ (vgl. Schmidt [2009; Satz 9.2.2]) und damit

$$\text{var}[S'] + \text{var}[S''] \leq \text{var}[S]$$

Im Gegensatz hierzu gilt für die Standardabweichungen nach der Ungleichung von Cauchy und Schwarz

$$\sigma[S'] + \sigma[S''] \geq \sigma[S]$$

Während der Erwartungswert und die Varianz des Gesamtschadens des Erstversicherers monoton wachsend in der Priorität sind, sind der Erwartungswert und die Varianz des Gesamtschadens des Rückversicherers monoton fallend in der Priorität. Anders ist das Verhalten der Variationskoeffizienten: Sowohl der Variationskoeffizient des Gesamtschadens des transferierten Risikos als auch der Variationskoeffizient des Gesamtschadens des selbstbehaltenen Risikos ist monoton wachsend in der Priorität; vgl. Schmidt [2009; Folgerung 9.2.6].

Aus $v[X'] \leq v[X] \leq v[X'']$ folgt mittels der Gleichungen von Wald

$$v[S'] \leq v[S] \leq v[S'']$$

(vgl. Schmidt [2009; Folgerung 7.1.5]). Damit ist nachgewiesen, dass sich die Gefährlichkeit eines Risikos, gemessen durch den Variationskoeffizienten des Gesamtschadens, durch eine Abzugsfranchise oder eine unlimitierte Schadenexzedentenrückversicherung reduzieren lässt.

Das kollektive Modell $\langle N, \{X''_j\}_{j\in\mathbb{N}}\rangle$ hat den Nachteil, dass hier Nullschäden enthalten sind, die sich aus für den Versicherer unbekannten Originalschäden unterhalb der Abzugsfranchise (Priorität) ergeben. Damit hat der Versicherer auch keine Möglichkeit, aus den ihm verfügbaren Daten die Verteilung von N oder X'' zu bestimmen.

Wir betrachten deshalb die Verdünnung

$$\langle N^\circ, \{X^\circ_j\}_{j\in\mathbb{N}}\rangle$$

des kollektiven Modells $\langle N, \{X''_j\}_{j\in\mathbb{N}}\rangle$ bezüglich des Intervalls $(0,\infty)$; vgl. Abschnitt 4.3. Für die *verdünnte Schadenzahl* gilt dann

$$N^\circ = \sum_{j=1}^{N} \chi_{\{X''_j>0\}} = \sum_{j=1}^{N} \chi_{\{X_j>a\}} = N''$$

und für die verdünnten Schadenhöhen (also die um a verminderten Schadenhöhen, die die Priorität a übersteigen), gilt nach Abschnitt 4.3

$$P[X^\circ \leq x] = P[X'' \leq x | X'' > 0] = P[X \leq a + x | X > a]$$

Das kollektive Modell $\langle N^\circ, \{X^\circ_j\}_{j\in\mathbb{N}}\rangle$ enthält genau die vom Rückversicherer beobachtbaren Zufallsvariablen. Weiterhin zeigt sich, dass die kollektiven Modelle $\langle N^\circ, \{X^\circ_j\}_{j\in\mathbb{N}}\rangle$ und $\langle N, \{X''_j\}_{j\in\mathbb{N}}\rangle$ denselben Gesamtschaden ergeben, und mit $N^\circ = N''$ erhält man

$$S'' = \sum_{j=1}^{N} X''_j = \sum_{j=1}^{N^\circ} X^\circ_j = \sum_{j=1}^{N''} X^\circ_j$$

(vgl. Hess [2003] oder Schmidt [2009; Satz 8.2.10]).

19.2.1 Beispiel (Transferiertes Risiko und Risiko des Rückversicherers). Wir betrachten einen Bestand eines Versicherungsunternehmens, der durch das kollektive Modell $\langle N, \{X_j\}_{j\in\mathbb{N}}\rangle$ mit $P_N = \mathbf{P}(3)$ und $P_X = \mathbf{Exp}(1)$ beschrieben wird und für den eine Schadenexzedentenrückversicherung *ill* xs 2 besteht.
Das transferierte Risiko wird durch das kollektive Modell

$$\langle N, \{X_j''\}_{j\in\mathbb{N}}\rangle$$

mit dem Gesamtschaden $S'' := \sum_{j=1}^N X_j''$ beschrieben. Es gilt

$$X_j'' = (X_j-2)^+$$

und damit

$$\begin{aligned} E[X''] &= E[(X-2)^+] \\ &= \int_{\mathbb{R}} (x-2)^+ \, dP_X(x) \\ &= \int_{\mathbb{R}} (x-2)^+ \, e^{-x} \, \chi_{(0,\infty)}(x) \, dx \\ &= \int_2^\infty (x-2) \, e^{-x} \, dx \\ &= 0.135335 \end{aligned}$$

Dieser Erwartungswert lässt sich auch wesentlich kürzer gemäß

$$E[X''] = \int_2^\infty P[X > x] \, dx = \int_2^\infty e^{-x} \, dx = e^{-2} = 0.135335$$

berechnen. Für den erwarteten Gesamtschaden erhält man daher

$$E[S''] = E[N] \, E[X''] = 3 \cdot 0.135335 = 0.406$$

Der Erstversicherer spart daher pro Schaden im Mittel $E[X''] = 0.135335$ und für den gesamten Bestand im Mittel $E[S''] = 0.406$.
Das Risiko des Rückversicherers wird durch das verdünnte kollektive Modell

$$\langle N'', \{X_j^\circ\}_{j\in\mathbb{N}}\rangle$$

mit dem Gesamtschaden $S'' := \sum_{j=1}^{N''} X_j^\circ$ beschrieben. Es gilt

$$\begin{aligned} P[X^\circ \le x] &= P[X \le 2+x | X > 2] \\ &= \frac{P[2 < X \le 2+x]}{P[2 < X]} \\ &= \frac{\left(1-e^{-(2+x)}\right) - \left(1-e^{-2}\right)}{e^{-2}} \\ &= 1 - e^{-x} \end{aligned}$$

und damit $P_{X^\circ} = \mathbf{Exp}(1)$. Daher gilt

$$E[X^\circ] = 1$$

Mit

$$\eta := P[X > 2] = e^{-2} = 0.135335$$

erhält man $P_{N''} = \mathbf{P}(3\eta) = \mathbf{P}(0.406)$ und damit $E[N''] = 0.406$. Für den Gesamtschaden erhält man wegen

$$E[S''] = E[N''] \, E[X^\circ] = 0.406 \cdot 1 = 0.406$$

dasselbe Ergebnis wie vorher. Der Rückversicherer zahlt daher pro Schaden oberhalb der Priorität im Mittel $E[X^\circ] = 1$ und für die Gesamtheit aller Schäden oberhalb der Priorität im Mittel $E[S''] = 0.406$.

Wir haben hier einen Schadenexzedenten mit unbeschränkter Haftung betrachtet. Zwar lässt sich ein Schadenexzedent mit beschränkter Haftung als Differenz zweier illimitée–Deckungen beschreiben, jedoch lassen sich nicht alle der hier vorgestellten Ergebnisse auf solche Deckungen übertragen.

Für die Erstrisikoversicherung erhält man durch Austausch von Selbstbehalt und transferiertem Risiko analoge Ergebnisse wie bei der Abzugsfranchise.

Integralfranchise

Da die Integralfranchise in der Praxis keine große Rolle spielt, werden die Auswirkungen der Risikoteilung nur kurz aufgeführt.

Schadenzahl: Für die Anzahl N'' der Entschädigungen gilt

$$N'' = \sum_{j=1}^{N} \chi_{\{X_j > a\}} \leq N$$

und für die Anzahl N' der Schäden mit Selbstbehalt gilt

$$N' = \sum_{j=1}^{N} \chi_{\{X_j \leq a\}} \leq N$$

Schadenhöhen: Für die Schadenhöhe des j–ten Schadens gilt

$$X_j'' = X_j \, \chi_{\{X_j > a\}} \qquad \text{und} \qquad X_j' = X_j \, \chi_{\{X_j \leq a\}}$$

Für die identisch verteilten X_j'' bzw. X_j' gilt daher

$$P[X'' \leq x] = \begin{cases} P[X \leq a] & \text{falls } x \leq a \\ P[X \leq x] & \text{falls } a < x \end{cases}$$

und

$$P[X' \leq x] = \begin{cases} P[X \leq x] + P[X > a] & \text{falls } x \leq a \\ 1 & \text{falls } a < x \end{cases}$$

und damit

$$\begin{aligned} E[X''] &= \int_a^\infty P[X > x]\, dx + a\, P[X > a] \\ E[X'] &= \int_0^a P[X > x]\, dx - a\, P[X > a] \end{aligned}$$

Gesamtschaden: Für den Gesamtschaden gilt

$$S'' = \sum_{j=1}^{N} X_j'' \qquad \text{und} \qquad S' = \sum_{j=1}^{N} X_j'$$

Wir können auch hier vom kollektiven Modell $\langle N, \{X_j''\}_{j\in\mathbb{N}}\rangle$ zum verdünnten kollektiven Modell $\langle N^\circ, \{X_j^\circ\}_{j\in\mathbb{N}}\rangle$ übergehen. Dann ist X_j° die Schadenhöhe des j–ten Schadens, der die Integralfranchise a übersteigt, und es gilt

$$P[X^\circ \leq x] = P[X \leq x | X > a]$$

Der Gesamtschaden S'' lässt sich auch in der Form

$$S'' = \sum_{j=1}^{N''} X_j^\circ$$

darstellen.

19.2.2 Beispiel (Transferiertes Risiko und Risiko des Versicherers). Wir betrachten einen Versicherungsnehmer, dessen Risiko durch das kollektive Modell $\langle N, \{X_j\}_{j\in\mathbb{N}}\rangle$ mit $P_N = \mathbf{P}(3)$ und $P_X = \mathbf{Exp}(1)$ beschrieben wird und für das eine Integralfranchise der Höhe 2 besteht.
Das transferierte Risiko wird durch das kollektive Modell

$$\langle N, \{X_j''\}_{j\in\mathbb{N}}\rangle$$

mit dem Gesamtschaden $S'' := \sum_{j=1}^N X_j''$ beschrieben. Es gilt

$$X_j'' = X_j\, \chi_{\{X_j > 2\}}$$

und damit

$$\begin{aligned} E[X''] &= E[X\, \chi_{\{X>2\}}] \\ &= \int_{\mathbb{R}} x\, \chi_{(2,\infty)}(x)\, dP_X(x) \end{aligned}$$

$$
\begin{aligned}
&= \int_{\mathbb{R}} x\, \chi_{(2,\infty)}(x)\, e^{-x} \chi_{(0,\infty)}(x)\, dx \\
&= \int_2^\infty x\, e^{-x}\, dx \\
&= 0.406
\end{aligned}
$$

Für den erwarteten Gesamtschaden erhält man daher

$$E[S''] = E[N]\, E[X''] = 3 \cdot 0.406 = 1.218$$

Der Versicherungsnehmer spart daher pro Schaden im Mittel $E[X''] = 0.406$ und für die Gesamtheit aller Schäden im Mittel $E[S''] = 1.218$.
Das Risiko des Versicherers wird durch das verdünnte kollektive Modell

$$\langle N'', \{X_j^\circ\}_{j\in\mathbb{N}}\rangle$$

mit dem Gesamtschaden $S'' := \sum_{j=1}^{N''} X_j^\circ$ beschrieben. Für $x \in (2,\infty)$ gilt

$$
\begin{aligned}
P[X^\circ \leq x] &= P[X \leq x | X > 2] \\
&= \frac{P[2 < X \leq x]}{P[2 < X]} \\
&= \frac{(1-e^{-x}) - (1-e^{-2})}{e^{-2}} \\
&= 1 - e^{-(x-2)}
\end{aligned}
$$

Daher gilt $P_{X^\circ-2} = \mathbf{Exp}(1)$ und daraus ergibt sich

$$E[X^\circ] = E[X^\circ-2] + 2 = 1 + 2 = 3$$

Mit

$$\eta := P[X > 2] = e^{-2} = 0.135335$$

erhält man $P_{N''} = \mathbf{P}(3\eta) = \mathbf{P}(0.406)$ und damit $E[N''] = 0.406$. Für den Gesamtschaden erhält man wegen

$$E[S''] = E[N'']\, E[X^\circ] = 0.406 \cdot 3 = 1.218$$

dasselbe Ergebnis wie vorher. Der Versicherer zahlt daher pro Schaden oberhalb der Integralfranchise im Mittel $E[X^\circ] = 3$ und für die Gesamtheit aller Schäden oberhalb der Integralfranchise im Mittel $E[S''] = 1.218$.

Jahresfranchise und Jahresüberschadenexzedentenrückversicherung

Für die Jahresfranchise und die Jahresüberschadenexzedentenrückversicherung erhält man analoge Ergebnisse wie für die Abzugsfranchise und die Schadenexzedentenrückversicherung, allerdings bezogen auf Jahresschäden, Jahresentschädigungen und Jahresselbstbehalte.

19.3 Entlastungseffektfunktion

Bei einer Risikoteilung bezeichnet man das Verhältnis

$$\frac{E[S']}{E[S]}$$

als *Entlastungseffekt* (*Entlastungskoeffizient*); vgl. Mack [2002; S. 339]. Dieser Begriff kommt aus der Erstversicherung, denn dort gibt der Entlastungseffekt den Anteil der Schadenerwartung an, der im Selbstbehalt des Versicherungsnehmers liegt und um den das Versicherungsunternehmen entlastet wird.

In der Rückversicherung bezeichnet man

$$1 - \frac{E[S']}{E[S]} = \frac{E[S'']}{E[S]}$$

auch als *Risikokoeffizient*. Er gibt den Anteil des erwarteten Gesamtschadens an, der auf den Rückversicherer entfällt.

Wir wollen im Folgenden den Entlastungseffekt speziell im Fall einer Abzugsfranchise der Höhe a bzw. einer XL Rückversicherung mit Priorität a und unbegrenzter Haftung untersuchen. Dabei unterstellen wir, dass der Gesamtschaden S durch ein kollektives Modell $\langle N, \{X_j\}_{j \in \mathbb{N}} \rangle$ beschrieben werden kann. Für den Entlastungseffekt erhalten wir dann die Darstellung

$$\frac{E[S']}{E[S]} = \frac{E[N]\,E[X']}{E[N]\,E[X]} = \frac{E[X']}{E[X]} = \frac{E[\min\{X, a\}]}{E[X]}$$

Diese Darstellung ist von der Schadenzahl N unabhängig und führt auf die folgende Definition:

19.3.1 Definition. Die Funktion $r : \mathbb{R}_+ \to [0, 1]$ mit

$$r(a) := \frac{E[\min\{X, a\}]}{E[X]}$$

heißt *Entlastungseffektfunktion* oder auch *Schadenentlastungsfunktion*.

Die Entlastungseffektfunktion ist monoton wachsend und konkav mit

$$r(0) = 0 \qquad \text{und} \qquad \sup_{a \in \mathbb{R}_+} r(a) = 1$$

und wegen

$$\begin{aligned} r(a) &= \frac{1}{E[X]}\, E[\min\{X, a\}] \\ &= \frac{1}{E[X]} \left(\int_{[0,a]} x\, dP_X(x) + a\, P[X > a] \right) \end{aligned}$$

$$= \frac{1}{E[X]} \int_0^a P[X > x]\,dx$$
$$= \frac{1}{E[X]} \int_0^a \Bigl(1 - P[X \leq x]\Bigr)dx$$

ist sie durch die Verteilungsfunktion $x \mapsto P[X \leq x]$ (und damit durch die Verteilung) von X bestimmt.

19.3.2 Beispiele (Entlastungseffektfunktion). Sei $c \in (0, \infty)$.

(1) Besitzt X die Einpunktverteilung mit

$$P[X = c] = 1$$

so gilt für alle $a \in [0, c]$

$$r(a) = \frac{a}{c}$$

und damit $r(a) = 1$ für alle $a \in [c, \infty)$.

(2) Besitzt X eine bei c gestutzte Exponentialverteilung mit $\lambda \in (0, \infty)$ und

$$P[X \leq x] = \begin{cases} 0 & \text{für } x < 0 \\ 1 - \exp(-\lambda x) & \text{für } 0 \leq x < c \\ 1 & \text{für } c \leq x \end{cases}$$

so gilt für alle $a \in [0, c]$

$$r(a) = \frac{1 - \exp(-\lambda a)}{1 - \exp(-\lambda c)}$$

und damit $r(a) = 1$ für alle $a \in [c, \infty)$.

(3) Besitzt X eine bei c gestutzte Pareto–Verteilung amerikanischer Art mit $\alpha, \beta \in (0, \infty)$ und

$$P[X \leq x] = \begin{cases} 0 & \text{für } x < 0 \\ 1 - \left(\dfrac{\beta}{\beta + x}\right)^{\alpha} & \text{für } 0 \leq x < c \\ 1 & \text{für } c \leq x \end{cases}$$

so gilt für alle $a \in [0, c]$

$$r(a) = \begin{cases} \dfrac{\ln(\beta + a) - \ln(\beta)}{\ln(\beta + c) - \ln(\beta)} & \text{falls } \alpha = 1 \\[2ex] \dfrac{(\beta + a)^{1-\alpha} - \beta^{1-\alpha}}{(\beta + c)^{1-\alpha} - \beta^{1-\alpha}} & \text{falls } \alpha \neq 1 \end{cases}$$

und damit $r(a) = 1$ für alle $a \in [c, \infty)$.

(4) Besitzt X die diskrete Verteilung

i	x_i	$P[X = x_i]$
1	0.25	0.6
2	0.50	0.3
3	1.00	0.1

so gilt für alle $a \in [0, 1]$

$$r(a) = \frac{\sum_{i=1}^{3} \min\{x_i, a\}\, P[X = x_i]}{\sum_{i=1}^{3} x_i\, P[X = x_i]} = \begin{cases} 2.5\, a & \text{für } 0 \leq a < 0.25 \\ 0.375 + a & \text{für } 0.25 \leq a < 0.50 \\ 0.75 + 0.25\, a & \text{für } 0.50 \leq a \leq 1 \end{cases}$$

und damit $r(a) = 1$ für alle $a \in [c, \infty)$.

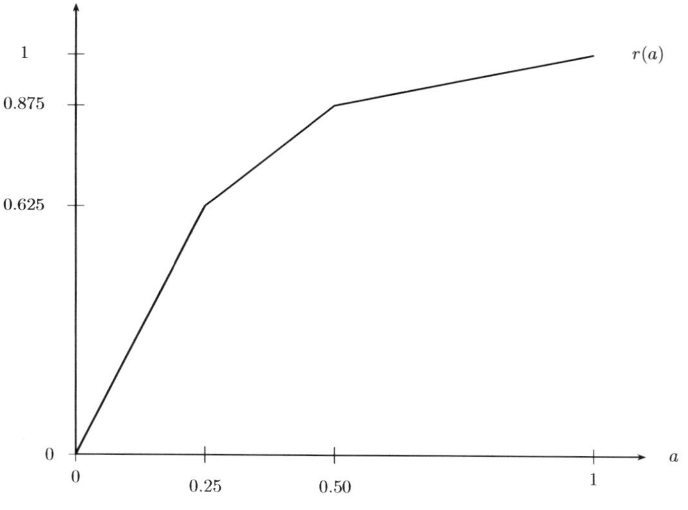

In diesem Fall ist die Verteilungsfunktion nicht stetig und die Entlastungseffektfunktion ist nicht differenzierbar.

Ist die Verteilungsfunktion von X (auf $\mathbb{R}$) stetig, so ist die Entlastungseffektfunktion r differenzierbar und ihre Ableitung r' ist monoton fallend mit

$$r'(a) = \frac{P[X > a]}{E[X]} = \frac{P[X \geq a]}{E[X]}$$

In diesem Fall gilt insbesondere

$$r'(0) = \frac{1}{E[X]}$$

und

$$P[X \le a] = 1 - P[X > a] = 1 - r'(a)\,E[X] = 1 - \frac{r'(a)}{r'(0)}$$

In diesem Fall ist also nicht nur die Entlastungseffektfunktion durch die Verteilungsfunktion, sondern auch die Verteilungsfunktion durch die Entlastungseffektfunktion bestimmt.

Wir betrachten abschließend den Fall einer beschränkten Schadenhöhe. In diesem Fall ist der (beispielsweise durch die Versicherungssumme, die Deckungssumme oder den PML bestimmte) *Höchstschaden*

$$v := \inf\Big\{x \in \mathbb{R} \;\Big|\; P[X \le x] = 1\Big\}$$

endlich und man betrachtet anstelle der Entlastungseffektfunktion meist die *Schadengradentlastungsfunktion* $r^* : [0,1] \to [0,1]$ mit

$$r^*(a) := \frac{E[\min\{X/v, a\}]}{E[X/v]} = \frac{E[\min\{X, av\}]}{E[X]} = r(av)$$

Der Graph von r^* verläuft monoton wachsend und konkav von $(0,0)$ nach $(1,1)$ und wird als *Exposurekurve* bezeichnet. Je näher der Graph von r^* an der Verbindungsgeraden zwischen $(0,0)$ und $(1,1)$ verläuft, desto totalschadengeneigter ist das Risiko.

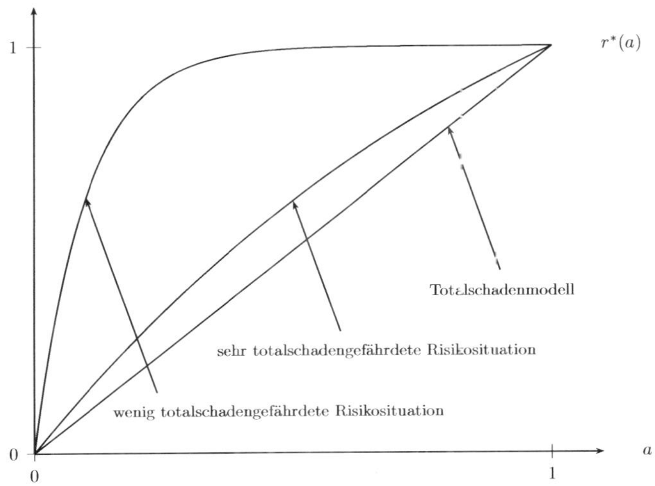

Funktionen dieser Art spielen in der Rückversicherung eine wichtige Rolle bei der Preisfindung für Schadenexzedenten.

20
Prämienkalkulation für Rückversicherungsverträge

In der proportionalen Rückversicherung beteiligt sich der Rückversicherer proportional an den Schadenzahlungen des Erstversicherers. Folglich steht ihm auch der entsprechende Anteil des vom Erstversicherer erhobenen Originalbeitrags zu, abzüglich eventueller Vergütungen, die der Rückversicherer aus Kostenbeteiligungsgründen gewährt (Abschnitt 20.1).

In der nichtproportionalen Rückversicherung wird das Originalrisiko nicht geteilt, sondern der Rückversicherungsschutz beinhaltet vertraglich festgelegte Schadenzahlungen. Die Preisfindung erfordert eine eigenständige Kalkulation. Abhängig von der vorhandenen Schadenerfahrung und der Struktur des Layers werden unterschiedliche Quotierungsverfahren wie das Exposure–Verfahren, die Burning–Cost Quotierung, das Extrapolationsverfahren und das Payback–Verfahren eingesetzt (Abschnitt 20.2).

20.1 Proportionale Rückversicherung

In der proportionalen Rückversicherung wird die Quote, also das Aufteilungsverhältnis zwischen Erstversicherer und Rückversicherer, nicht nur auf die Schäden sondern auch auf die Originalbruttoprämie angewandt. Erstversicherer und Rückversicherer gehen eine Schicksalsteilung in allen Belangen des Risikoverlaufs ein.

Für die *Quotenrückversicherung* bedeutet dies

$$P'' = qP \qquad \text{und} \qquad P' = (1-q)P$$

wobei P die Originalbruttoprämie des gesamten rückzudeckenden Portefeuilles und q die Quote ist.

H.-W. Goelden et al., *Schadenversicherungsmathematik*, DOI 10.1007/978-3-662-48860-7_21

Bei der *Summenexzedentenrückversicherung* erfolgt die Prämienaufteilung pro Risiko

$$P'' = \sum_{i=1}^{n} q_i P_i \qquad \text{und} \qquad P' = \sum_{i=1}^{n} (1-q_i) P_i$$

wobei P_i die Originalbruttoprämie des i–ten Risikos und q_i die individuelle Quote ist.

Erstversicherer und Rückversicherer besitzen aber unterschiedliche Kostenstrukturen. Die Kostenquote des Rückversicherers ist deutlich geringer als die des Erstversicherers. Deshalb leistet der Rückversicherer eine Kostenerstattung in Form einer *Provision* (*commission*). Weitere Vergütungen kann der Rückversicherer in Form von Gewinnanteilen in Abhängigkeit vom Schadenverlauf gewähren. Sowohl die Festlegung von Provisionen und Gewinnanteilen als auch Schaden- und Verlustselbstbeteiligungen geben dem Rückversicherer genügend Spielraum, auch auf unzureichende Originalprämien zu reagieren und mit dem Zedenten einen ausreichenden Preis für den Rückversicherungsschutz auszuhandeln.

20.2 Nichtproportionale Rückversicherung

In der nichtproportionalen Rückversicherung wird das rückzuversichernde Portefeuille als Produzent von Schadenzahlungen betrachtet; vgl. Liebwein [2009]. Zwischen Erstversicherer und Rückversicherer werden nicht die Originalrisiken sondern die Schadenleistungen geteilt. Zur Originalprämie besteht damit kein Bezug mehr.

Die Ermittlung des Preises der nichtproportionalen Rückversicherung (*Quotierung*) erfordert eine eigenständige Kalkulation. Abhängig von der vorhandenen Schadenerfahrung und des Haftungsbereichs werden verschiedene *Quotierungsverfahren* eingesetzt, um den Erwartungswert der Schäden zu schätzen. Ermittelt wird hierbei eine *technische Rate* gemäß

$$\frac{\text{erwartete Schadenlast für den RV}}{\text{GNPI des EV}}$$

wobei das GNPI (*gross net premium income*) das geschützte Beitragsvolumen des Erstversicherers (Bruttoprämieneinkommen abzüglich der Prämie für eine eventuell vorweggehende proportionale Rückversicherung) im Quotierungsjahr ist. Sicherheits-, Gewinn- und Kostenzuschläge erhöhen noch diese relative Schadenrate. Zur Ermittlung des Entgelts wird die technische Rate mit dem GNPI multipliziert.

Schadenexzedent pro Risiko

Im ersten Teil dieses Abschnitts wollen wir uns mit Quotierungsverfahren für *Schadenexzedenten pro Risiko* befassen.

Wie bereits in Abschnitt 18.3 gesehen erlaubt uns die Layer–Identität, den erwarteten Schadenbedarf für einen limitierten Layer a xs h als Differenz der Schadenbedarfe zweier unlimitierter Layer ill xs a und ill xs $a+h$ zu berechnen. In Abhängigkeit von der Schadenerfahrung und der Layerstruktur werden verschiedene Quotierungsverfahren eingesetzt.

– *Exposure Rating*: Aufgrund eines *Risikoprofils* (*portefeuille split*) wird mit Hilfe von Exposurekurven, die sich aus allgemeiner Schadenerfahrung am Markt ergeben, auf die Exposure des rückzuversichernden Portefeuilles für die angegebene Deckung geschlossen.
– *Experience Rating*: Aus der individuellen Schadenerfahrung der Vergangenheit wird auf das Schadenpotential der Zukunft geschlossen.
– *Extrapolationsverfahren*: Auf der Basis von Verteilungsannahmen hinsichtlich Schadenfrequenz und Schadenhöhe werden Layerteile quotiert, für die keine Schadenerfahrung zur Verfügung steht.

Exposure Rating

Das Exposure–Verfahren wird angewandt, falls für den zu quotierenden Layer keine oder eine zu geringe Schadenerfahrung für das rückzuversichernde Portefeuille vorliegt. Es wird auf eine für dieses Portefeuille passende Exposurekurve zurückgegriffen, aus der die Schadenbelastung für den Rückversicherer nach allgemeiner Marktinformation abgelesen werden kann.

Um solche Exposurekurven sinnvoll einsetzen zu können, muss dem Rückversicherer die Zusammensetzung des gedeckten Portefeuilles bekannt sein. Dazu sollte das Portefeuille in möglichst homogene Teilkollektive (Risikoklassen) mit Angaben zu Versicherungssummen, Deckungssummen, PML und den Originalbeiträgen aufgeteilt werden. Es muss erkennbar sein, wie sehr die Risiken durch die Höhe ihrer Versicherungssumme, ihrer Deckungssumme oder ihres PML die Priorität exponieren (gefährden); vgl. Mack [2002; S. 359]. Die Zusammenstellung dieser Informationen heißt *Risikoprofil*.

20.2.1 Beispiel (Feuerversicherung). Wir betrachten das folgende Risikoprofil für fünf Risikoklassen:

Risiko-klasse i	VS/PML Band von	bis	Anzahl Risiken	Original-prämie	VS/PML total
1	0	1'000	6'000	12'000	3'000'000
2	1'000	2'500	2'800	19'600	4'760'000
3	2'500	5'000	1'200	15'600	3'960'000
4	5'000	10'000	420	11'760	2'940'000
5	10'000	15'000	90	4'320	1'080'000
Summe				63'280	

Wenn das Portefeuille aus I Risikoklassen besteht, so soll aus den Angaben für Risikoklasse $i \in \{1, \ldots, I\}$ die mittlere Versicherungssumme v_i und der Originalschadenbedarf b_i zu entnehmen sein. Unter Umständen muss abgeschätzt werden, welche Schwankungs-, Gewinn- und Kostenzuschläge in der Originalprämie enthalten sind, und geprüft werden, ob die Originalprämie ausreichend kalkuliert wurde.

20.2.2 Beispiel (Feuerversicherung). Wir legen das Risikoprofil aus Beispiel 20.2.1 zugrunde und nehmen an, dass der Schadenbedarf 75% des GNPI beträgt. Damit erhalten wir für jede Risikoklasse i die folgenden Werte für die mittlere Versicherungssumme v_i und den Originalschadenbedarf b_i:

i	v_i	b_i
1	500	9′000
2	1′700	14′700
3	3′300	11′700
4	7′000	8′820
5	12′000	3′240

Wir unterstellen, dass jede Risikoklasse durch ein kollektives Modell $\langle N_i, \{X_{i,j}\}_{j \in \mathbb{N}} \rangle$ modelliert werden kann. Dann ergibt sich für den Gesamtschaden

$$S = \sum_{i=1}^{I} S_i = \sum_{i=1}^{I} \sum_{j=1}^{N_i} X_{i,j}$$

Wir bezeichnen die typische Schadenhöhe des kollektiven Modells $\langle N_i, \{X_{i,j}\}_{j \in \mathbb{N}} \rangle$ mit X_i. Für die Schadenlast eines Schadenexzedenten mit Priorität a und unbegrenzter Haftung gilt dann

$$S'' = \sum_{i=1}^{I} \sum_{j=1}^{N_i} (X_{i,j} - a)^+$$

und damit

$$\begin{aligned}
E[S''] &= \sum_{i=1}^{I} E[N_i]\, E[(X_i - a)^+] \\
&= \sum_{i=1}^{I} E[N_i]\, \frac{E[(X_i - a)^+]}{E[N_i]\, E[X_i]}\, E[S_i] \\
&= \sum_{i=1}^{I} \frac{E[X_i] - E[\min\{X_i, a\}]}{E[X_i]}\, E[S_i] \\
&= \sum_{i=1}^{I} (1 - r_i(a))\, E[S_i]
\end{aligned}$$

wobei $r_i : \mathbb{R}_+ \to [0,1]$ mit

$$r_i(a) := \frac{E[\min\{X_i, a\}]}{E[X_i]}$$

die Entlastungseffektfunktion für die i–te Risikoklasse ist. Mit $b_i := E[S_i]$ erhalten wir die erwartete Schadenlast des Rückversicherers, indem auf jede Originalnettorisikoprämie b_i der Risikokoeffizient

$$1 - r_i(a)$$

angewendet wird und die resultierenden Werte $(1 - r_i(a))\, b_i$ über alle Risikoklassen aufsummiert werden. Für einen limitierten Layer h xs a ergibt sich die erwartete Schadenlast für den Rückversicherer nach der Layer–Identität entsprechend zu

$$\sum_{i=1}^{I} \Big(r_i(a+h) - r_i(a) \Big)\, b_i$$

Bereits eine geringe Anzahl von aus Marktdaten abgeleiteten empirischen Exposurekurven reicht aus, um typische Portefeuilles zu beschreiben; vgl. Guggisberg [2004].

Wir wollen nun durch zusätzliche praxisnahe und spartenabhängige Annahmen erreichen, dass unter Berücksichtigung der mittleren Versicherungssumme je Risikoklasse nur eine Exposurekurve – unabhängig von der Risikoklasse – benötigt wird, um den erwarteten Schadenbedarf zu schätzen.

In der *Sachversicherung* ist es üblich anzunehmen, dass die *Schadengrade*

$$Y_i := \frac{X_i}{v_i}$$

identisch verteilt sind; vgl. Mack [2002; S. 359]. Mit der *Schadengradentlastungsfunktion* $r^* : [0,1] \to [0,1]$ mit

$$r^*(y) := \frac{E[\min\{Y, y\}]}{E[Y]}$$

gilt dann für alle $a \in \mathbb{R}_+$

$$r_i(a) = \frac{E[\min\{X_i, a\}]}{E[X_i]} = \frac{E\left[\min\left\{Y_i, \dfrac{a}{v_i}\right\}\right]}{E[Y_i]} = \begin{cases} r^*\left(\dfrac{a}{v_i}\right) & \text{falls } a < v_i \\ 1 & \text{falls } a \geq v_i \end{cases}$$

Es wird also nur eine Exposurekurve benötigt

20.2.3 Beispiel (Feuerversicherung). Wir betrachten ein Portefeuille mit dem Risikoprofil laut Beispiel 20.2.1 und 20.2.2. Für einen unlimitierten Schadenexzedenten mit Priorität $a := 2'500$ und einem GNPI von $63'280$ ergibt sich für jede Risikoklasse i der XL Schadenbedarf als

$$b_i^{\mathrm{XL}} = b_i\,(1 - r^*(c_i))$$

mit

$$c_i := \min\left\{1, \frac{a}{v_i}\right\}$$

Man erhält die folgende Tabelle:

i	v_i	b_i	c_i	$r^*(c_i)$	b_i^{XL}
1	500	9'000	100.0%	100.0%	0
2	1'700	14'700	100.0%	100.0%	0
3	3'300	11'700	75.8%	93.1%	808
4	7'000	8'820	35.7%	74.7%	2'232
5	12'000	3'240	20.8%	61.9%	1'233
Summe					4'273

Die technische Rate beträgt damit

$$\frac{4'273}{63'280} = 6.8\%$$

Als Exposurekurve wurde eine zum Portefeuille passende Marktkurve verwendet.

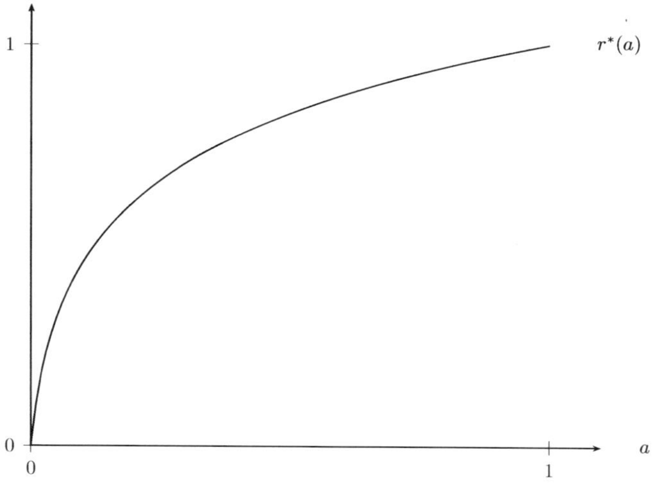

In der *Haftpflichtversicherung* ist es üblich anzunehmen, dass die Originalhaftpflichtschäden (nicht durch die Deckungssumme limitierte Schäden) identisch verteilt sind mit der typischen Schadenhöhe Z und dass für jede Risikoklasse $i \in \{1, 2, \ldots, I\}$ die Zufallsvariablen X_i und $\min\{Z, v_i\}$ dieselbe Verteilung besitzen; vgl. Fackler und Mack [2003]. Mit der Originalschadenentlastungsfunktion $r : \mathbb{R}_+ \to [0, 1]$ mit

$$r(x) := \frac{E[\min\{Z, x\}]}{E[Z]}$$

gilt dann für alle $a \in \mathbb{R}_+$

$$
\begin{aligned}
r_i(a) &= \frac{E[\min\{X_i, a\}]}{E[X_i]} \\
&= \frac{E[\min\{\min\{Z, v_i\}, a\}]}{E[\min\{Z, v_i\}]} \\
&= \begin{cases} \dfrac{E[\min\{Z, a\}]}{E[\min\{Z, v_i\}]} & \text{falls } a < v_i \\ 1 & \text{falls } a \geq v_i \end{cases} \\
&= \begin{cases} \dfrac{r(a)}{r(v_i)} & \text{falls } a < v_i \\ 1 & \text{falls } a \geq v_i \end{cases}
\end{aligned}
$$

Es wird also nur eine Schadenentlastungskurve für alle Risikoklassen benötigt.

In der Erstversicherung ist es weit verbreitet, Tarifierungen in der *Haftpflichtversicherung* nach der *Zuschlagsmethode* von Riebesell [1936] vorzunehmen. Dabei wird angenommen, dass jede Verdoppelung der Deckungssummen denselben prozentualen Zuschlag $z \in (0, 1)$ auf die Nettorisikoprämie erfordert; die Größe z heißt *Zuschlagssatz*.

Ist also $b(v_0)$ die Nettorisikoprämie für eine Standardversicherungssumme v_0, so gilt für alle $k \in \mathbb{N}$

$$
b(2^k v_0) = b(v_0)\,(1+z)^k
$$

Als Verallgemeinerung dieser Gleichung erhalten wir eine *Prämienfunktion* $b : (0, \infty) \to \mathbb{R}_+$ mit

$$
b(v) := b(v_0)\,(1+z)^{\log_2(v/v_0)}
$$

und damit

$$
\frac{b(v)}{b(v_0)} = \left(\frac{v}{v_0}\right)^{\log_2(1+z)}
$$

Allgemein werden Quotienten der Form

$$
\frac{\text{erwartete Schadenaufwendungen bei einem Limit } v}{\text{erwartete Schadenaufwendungen bei einem Basislimit } v_0}
$$

als *Increased Limit Factors* (ILF) bezeichnet und in sogenannten ISO–Kurven dargestellt; vgl. Riegel [2008].

Wendet man diese Methode bei der Quotierung eines Schadenexzedenten *ill* xs a an, so ergibt sich der erwartete XL Schadenaufwand b_i^{XL} in der Risikogruppe i als

$$b_i^{\mathrm{XL}} = b(v_i) - b(a) = b_i - b_i \left(\frac{a}{v_i}\right)^{\log_2(1+z)} = b_i\left(1 - R\left(\frac{a}{v_i}\right)\right)$$

wobei die *Zuschlagsfunktion* $R : \mathbb{R}_+ \to \mathbb{R}_+$ durch

$$R(x) := \begin{cases} x^{\log_2(1+z)} & \text{für } 0 \leq x < 1 \\ 1 & \text{für } 1 \leq x \end{cases}$$

definiert ist. Hier stellt sich die Frage, ob die Funktion R als Schadenentlastungsfunktion angesehen werden kann. Dies muss wegen $\lim_{x \downarrow 0} R'(x) = \infty$ verneint werden.

Wird die Funktion b allerdings durch eine Linearisierung in einem beliebig kleinen Intervall $(0, u)$ modifiziert, wobei $u \in (0, 1)$ frei gewählt werden kann, so lässt sich diese Frage positiv beantworten; vgl. Riegel [2008]. In diesem Fall gibt es ein kollektives Modell $\langle N, \{X_j\}_{j \in \mathbb{N}} \rangle$ derart, dass für die modifizierte Prämienfunktion $b^{\mathrm{mod}} : \mathbb{R}_+ \to \mathbb{R}_+$

$$b^{\mathrm{mod}}(v) = E[N]\, E[\min\{X, v\}]$$

gilt. Eine Zuschlagstarifierung in der Erstversicherung bedeutet somit für den Schadenentlastungskoeffizienten

$$r_i(a) = \frac{E[\min\{X, a\}]}{E[\min\{X, v_i\}]} = \frac{b^{\mathrm{mod}}(a)}{b^{\mathrm{mod}}(v_i)} = \left(\frac{a}{v_i}\right)^{\log_2(1+z)} = R\left(\frac{a}{v_i}\right)$$

bei hinreichend kleiner Wahl von u.

Es macht also Sinn, die Zuschlagsfunktion R (keine echte Exposurekurve) zur Quotierung von Schadenexzedenten in der *Haftpflichtversicherung* einzusetzen.

Zu beachten ist, dass eine Schadenentlastungsfunktion, die auf einer Zuschlagsfunktion basiert, besagt, dass die bedingte Verteilung der Schadenhöhe X unter $\{X > u\}$ die Pareto–Verteilung $\mathbf{Par}(u, \beta)$ mit $\beta := 1 - \log_2(1+z) < 1$ ist; vgl. Fackler und Mack [2003] sowie Riegel [2008].

20.2.4 Beispiel (Haftpflichtversicherung). Für ein *Haftpflichtportefeuille* besteht eine XL Rückversicherung mit Priorität $a := 20'000$ und Haftung $h := 20'000$. Das GNPI beträgt 82'500. Gegeben ist ein Risikoprofil des Bestandes mit 8 Risikoklassen. Für die i–te Risikoklasse ist die mittlere Deckungssumme v_i und der Originalschadenbedarf b_i bekannt. Für die Quotierung nach dem Zuschlagsverfahren wird ein Zuschlagssatz von 20% verwendet. Für die Zuschlagsfunktion gilt damit

$$R(x) = x^{\log_2(1.2)}$$

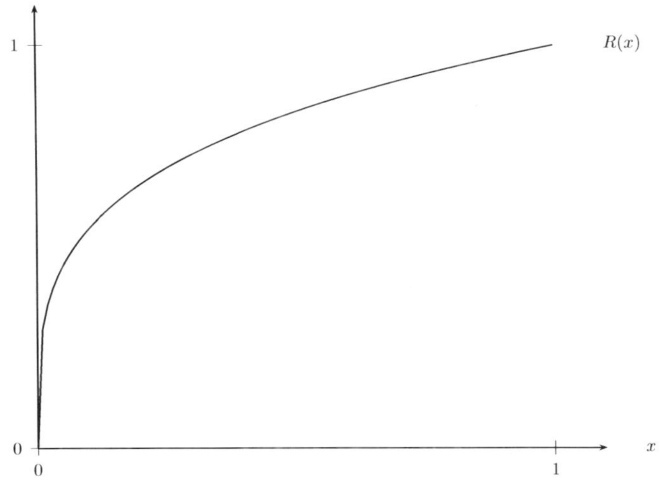

Der XL Schadenbedarf für die i–te Risikoklasse ergibt sich somit als

$$b_i^{\mathrm{XL}} = b_i \left(R(c_i^{(1)}) - R(c_i^{(2)}) \right)$$

mit

$$c_i^{(1)} := \min\left\{1, \frac{a+h}{v_i}\right\}$$
$$c_i^{(2)} := \min\left\{1, \frac{a}{v_i}\right\}$$

Wir erhalten die folgende Tabelle:

i	v_i	b_i	$c_i^{(1)}$	$c_i^{(2)}$	$R(c_i^{(1)}) - R(c_i^{(2)})$	b_i^{XL}
1	2′500	17′000	100.0%	100.0%	0.00%	0.00
2	7′500	12′500	100.0%	100.0%	0.00%	0.00
3	15′000	10′000	100.0%	100.0%	0.00%	0.00
4	25′000	8′500	100.0%	80.0%	5.70%	484.54
5	35′000	6′000	100.0%	57.1%	13.69%	821.26
6	50′000	5′000	80.0%	40.0%	15.72%	785.83
7	70′000	3′000	57.1%	28.6%	14.39%	431.56
8	115′000	4′000	34.8%	17.4%	12.62%	504.09
Summe						3′028.17

Die technische Rate beträgt damit

$$\frac{3'028.17}{82'500} = 3.67\%$$

Experience Rating (Burning–Cost Quotierung)

In der Erfahrungstarifierung (Experience Rating) wird mit Hilfe der *Burning–Cost Quotierung* aus der individuellen Schadenerfahrung auf das Schadenpotential der Zukunft geschlossen. Der Rückversicherer stützt sich ausschließlich auf die Schadenerfahrung des gedeckten Portefeuilles des Erstversicherers oberhalb einer *Schadenmeldegrenze*, die beispielsweise 50% der Priorität beträgt. Herangezogen werden typische Schäden der letzten 5 bis 12 Jahre. Dabei sollten genügend viele xs–Schäden vorliegen und der Haftungsbereich sollte möglichst ganz bestrichen sein. In Branchen mit langen Schadenabwicklungszeiten (*Long–Tail Business*) müssen neben den Schadenzahlungen zusätzlich die Spätschäden berücksichtigt werden.

Faktoren, die in dem Beobachtungszeitraum Schäden und Prämien beeinflusst haben wie

- *Technologische Veränderungen* (z. B. Gefahrengrad bei Ver- und Bearbeitung, Gefahrengrad durch Bautechnik, Feuerschutz),
- *Veränderungen der Underwritingpolitik* (z. B. Policenbedingungen, vorweggehende Rückversicherungsstruktur),
- *Wirtschaftliche Veränderungen* (z. B. Inflation bei Preisen, Löhnen, und Schadenkosten, allgemeine Einflüsse wie Brandstiftung) und
- *Portefeuilleveränderungen* (z. B. Zusammensetzung, Wachstum und Geschäftsrückgang),

sollen so weit wie möglich berücksichtigt werden (*as–if Korrektur*).

Wirtschaftliche Veränderungen und Portefeuilleveränderungen lassen sich durch

- *Portefeuillesegmentierung*,
- *Indexierung der Bruttoschäden*,
- *Anwendung der Rückversicherungsstruktur auf das Quotierungsjahr* und
- *Revalorisierung des GNPI*

erfassen. Technologische Veränderungen und Veränderungen der Underwritingpolitik sind dagegen kaum oder nur sehr schwierig zu erfassen.

Damit ergeben sich die als Arbeitsschritte die *Projektion der Schäden* und die *Projektion der Prämien*.

Projektion der Schäden: Bruttoschäden (gegebenenfalls unter Berücksichtigung der Abwicklung) sowie deren Versicherungssumme oder PML sind mittels eines geeigneten *Schadenindexes* auf das Quotierungsjahr zu indexieren. Liegt eine Vorwegrückversicherung vor, so muss die Rückversicherungsstruktur des Quotierungsjahres auf die as–if korrigierten Bruttoschäden angewendet werden. Dann erst können die as–if xs–Schäden bestimmt werden.

Projektion der Prämien: Beitragsvolumina (GNPIs) der einzelnen Beobachtungsjahre müssen bei einer vorweggehenden Rückversicherung auf Basis der

Rückversicherungsstruktur des Quotierungsjahres angepasst und mittels eines geeigneten *Prämienindexes* auf das Quotierungsjahr indexiert werden. Diese Anpassung wird *Revalorisierung* genannt.

Prämien- und Schadenindizes müssen passend zu dem rückgedeckten Portefeuille gewählt und im Long–Tail Business für die Zukunft geschätzt werden.

Für einen Schadenexzedenten seien die folgenden Größen bekannt:
- die Anzahl J der Beobachungsjahre,
- der as–if xs–Schadenaufwand $\overline{S}_j$ des Beobachtungsjahres j und
- das revalorisierte GNPI $\overline{P}_j$ des Beobachtungsjahres j.

Dann ist
- $J+1$ das (relative) aktuelle Jahr und
- $Q := J+2$ das (relative) Quotierungsjahr

und der *gewichtete Burning–Cost*

$$\widehat{BC} := \frac{\sum_{j=1}^J \overline{S}_j}{\sum_{j=1}^J \overline{P}_j} = \sum_{j=1}^J \frac{\overline{P}_j}{\sum_{h=1}^J \overline{P}_h} \frac{\overline{S}_j}{\overline{P}_j}$$

ist ein Schätzer für die relative Schadenerwartung (technische Rate) des Schadenexzedenten im Quotierungsjahr Q. Da die Quotierung für das Jahr Q im Jahr $J+1$ durchgeführt wird, stehen für das Jahr $J+1$ noch keine vollständigen Schadendaten zur Verfügung.

Zur Behandlung von Beispielen legen wir noch weitere Bezeichnungen fest:

I_j^P	Prämienindex für das Jahr j
I_j^S	Schadenindex für das Jahr j
K_j	Anzahl der vom EV für das Jahr j gemeldeten Schäden
X_{jk}	k–ter Bruttoschaden im Jahr j
X_{jk}^I	indexierter Bruttoschaden
v_{jk}	zum k–ten Bruttoschaden im Jahr j gehörige Versicherungssumme oder zugehöriger PML
v_{jk}^I	indexierte Versicherungssumme oder indexierter PML
SB_j	Maximum eines vorweggehenden Summenexzedenten im Jahr j
SB_j^I	indexiertes Maximum
P_j	GNPI im Jahr j
P_j^I	indexiertes GNPI

Dann gilt für alle $j = 1, \dots, J$ und $k = 1, \dots, K_j$

$$X_{jk}^I = X_{jk} \frac{I_Q^S}{I_j^S}$$

$$v_{jk}^I = v_{jk}\frac{I_Q^S}{I_j^S}$$

$$\mathrm{SB}_j^I = \mathrm{SB}_j\frac{I_Q^P}{I_j^P}$$

$$P_j^I = P_j\frac{I_Q^P}{I_j^P}$$

Wir geben nun ein Beispiel:

20.2.5 Beispiel (Sachversicherung Short–Tail). Für ein *Sachversicherungsportefeuille* soll für zwei Layer einer XL Rückversicherung mit

Layer 1: 15'000 xs 10'000
Layer 2: 25'000 xs 25'000

der relative Schadenbedarf für das Jahr 2014 geschätzt werden. Eine proportionale Rückversicherung geht nicht vorweg. Für die $J = 6$ Beobachtungsjahre 2007–2012 liegen die folgenden Daten vor:

j	X_{j1}	X_{j2}	P_j	I_j^S	I_j^P
1	5'600	8'000	26'000	87	287
2	0	0	28'300	96	317
3	14'000	0	30'000	106	356
4	33'000	0	37'500	115	382
5	38'000	45'000	42'500	120	394
6	16'000	0	78'900	138	426
7				140	460
8				147	472

Da alle Werte auf das Jahr Q zu indexieren sind, werden die Indizes für $Q = J+2 = 8$ Jahre benötigt. Für alle $j \in \{1, \ldots, J\}$ gilt $K_j \leq 2$. Die Projektion der Schäden und Prämien auf das Quotierungsjahr ergibt

j	X_{j1}^I	X_{j2}^I	P_j^I
1	9'462	13'517	42'760
2	0	0	42'138
3	19'415	0	39'775
4	42'183	0	46'335
5	46'550	55'125	50'914
6	17'043	0	87'420

Die as–if xs–Schadenlasten der beiden Layer sind durch

$$\overline{S}_j^{(1)} := \sum_{k=1}^{K_j} \min\Big\{(\overline{X}_{jk} - 10'000)^+, 15'000\Big\}$$

$$\overline{S}_j^{(2)} := \sum_{k=1}^{K_j} \min\Big\{(\overline{X}_{jk} - 25'000)^+, 25'000\Big\}$$

gegeben. Da keine proportionale Rückversicherung vorweggeht, gilt $\overline{X}_{jk} = X_{jk}^I$ und $\overline{P}_j = P_j^I$. Man erhält die folgende Tabelle:

j	$\overline{P}_j$	$\overline{S}_j^{(1)}$	$\overline{S}_j^{(2)}$
1	42'760	3'517	0
2	42'138	0	0
3	39'775	9'415	0
4	46'335	15'000	17'183
5	50'914	30'000	46'550
6	87'420	7'043	0
Summe	309'342	64'975	63'733

Für den gewichteten Burning–Cost der beiden Layer erhält man damit

$$\widehat{BC}^{(1)} = \frac{64'975}{309'342} = 21.0\%$$

$$\widehat{BC}^{(2)} = \frac{63'733}{309'342} = 20.6\%$$

20.2.6 Beispiel (Sachversicherung Short–Tail mit Summenexzedent). Für ein *Sachversicherungsportefeuille* soll für einen Schadenexzedenten 1'000 xs 500 auf den Selbstbehalt eines Summenexzedenten mit einem Maximum von 1'500 der relative Schadenbedarf für das Jahr 2014 geschätzt werden. Aus den $J = 4$ Beobachtungsjahren 2009–2012 liegen die folgenden Daten vor:

j	X_{j1}	X_{j2}	X_{j3}	v_{j1}	v_{j2}	v_{j3}	I_j^S
1	3'528	2'123	0	8'000	4'000	0	356
2	6'007	0	0	10'000	0	0	374
3	4'123	2'826	2'000	6'000	6'000	2'000	389
4	3'000	1'200	0	3'000	7'000	0	402
5							422
6							438

Es gilt $Q = 6$ und für alle $j \in \{1, \ldots, J\}$ gilt $K_j \leq 3$.

j	SB_j	P_j	I_j^P
1	500	13'948	356
2	1'000	17'386	374
3	1'000	24'990	389
4	1'200	32'874	402
5	1'200		422
6	1'500		438

Für die Projektion der Schäden und Versicherungssummen auf das Quotierungsjahr ergibt sich

j	X_{j1}^I	X_{j2}^I	X_{j3}^I	v_{j1}^I	v_{j2}^I	v_{j3}^I
1	4'341	2'612	0	9'843	4'921	0
2	7'035	0	0	11'711	0	0
3	4'642	3'182	2'252	6'756	6'756	2'252
4	3'269	1'307	0	3'269	7'627	0

Die indexierten Schäden $\overline{X}_{jk}$ nach Summenexzedent mit Maximum $\text{SB}_Q = 1'500$ erhalten wir aus der Gleichung

$$\overline{X}_{jk} = \min\left\{\frac{SB_Q}{v_{jk}^I}, 1\right\} X_{jk}^I$$

Für die as–if xs–Schadenlast des Schadenexzedenten gilt

$$\overline{S}_j := \sum_{k=1}^{K_j} \min\left\{(\overline{X}_{jk} - 500)^+, 1'000\right\}$$

Daraus erhalten wir

j	$\overline{X}_{j1}$	$\overline{X}_{j2}$	$\overline{X}_{j3}$	$\overline{S}_j$
1	662	796	0	458
2	901	0	0	401
3	1'031	706	1'500	1'737
4	1'500	257	0	1'000
Summe				3'596

Steht für die einzelnen Beobachtungsjahre ein Risikoprofil zur Verfügung, so kann man aus diesem nach *Reindexierung* des Selbstbehalts SB_Q auf die Jahre $j = 1, \ldots, J$ das zugehörige GNPI und durch anschließendes Indexieren das jährliche revalorisierte GNPI $\overline{P}_j$ für alle $j = 1, \ldots, J$ ermitteln. Ist wie im vorliegenden Fall kein Risikoprofil vorhanden, so kann man das revalorisierte GNPI näherungsweise durch

$$\overline{P}_j := P_j^I \sqrt{\frac{\text{SB}_Q}{\text{SB}_j^I}}$$

bestimmen und man erhält

j	P_j^I	SB_j^I	$\overline{P}_j$
1	17'161	615	26'801
2	20'361	1'171	23'044
3	28'138	1'126	32'477
4	35'818	1'307	38'372
Summe			120'693

Für den gewichteten Burning–Cost ergibt sich daraus

$$\widehat{BC} = \frac{3'596}{120'693} = 3.0\%$$

Extrapolationsverfahren

Erfahrungsgemäß liegt für eine Burning–Cost Quotierung nur in niedrigeren Layern eine signifikante Schadenerfahrung vor. Obere Layer haben niedrige Betroffenheitsfrequenzen, bleiben häufig sogar schadenfrei oder haben nur teilweise bestrichene Deckungen. Ziel des Extrapolationsverfahrens ist es, mittels eines geeigneten Modells die Schadenerfahrung von einem niedrigeren Layer nach einen oberen zu quotierenden Layer zu extrapolieren.

Dazu wollen wir voraussetzen:
- Für einen niedrigeren Layer ist der erwartete Schadenbedarf bekannt, ermittelt z. B. anhand einer Burning–Cost Quotierung.
- Anhand der vorliegenden wertberichtigten Schadendaten kann auf eine bestimmte Schadenhöhenverteilung geschlossen werden.

Wir nehmen außerdem an, dass Schäden dem Rückversicherer bereits ab einer bestimmten Schadenmeldegrenze angezeigt werden. Nach Wertberichtigung sind damit alle Schäden bekannt, die größer als ein gewisser Schwellenwert (threshold) $d > 0$ sind.

Wir betrachten wieder J Beobachtungsjahre und nehmen an, dass für jedes Jahr $j \in \{1, \ldots, J\}$ für die Schäden, die größer sind als d, ein kollektives Modell

$$\langle K_j, \{X^I_{jk}\}_{k\in\mathbb{N}}\rangle$$

vorliegt, dass
- die Familien $\{\{K_j\} \cup \{X^I_{jk}\}_{k\in\mathbb{N}}\}_{j\in\{1,\ldots,J}$ unabhängig sind,
- die Familie $\{K_j\}_{j\in\{1,\ldots,J}$ identisch verteilt ist und auch
- die Familie $\{X^I_{jk}\}_{j\in\{1,\ldots,J\},\, k\in\mathbb{N}}$ identisch verteilt ist.

Mit anderen Worten: Diese J kollektiven Modelle sind unabhängige Kopien eines kollektiven Modells $\langle N_d, \{X_k\}_{k\in\mathbb{N}}\rangle$.

Erfahrungsgemäß kann man im Bereich der Großschäden sehr häufig als Verteilung der Schadenhöhen eine Pareto–Verteilung europäischer Art unterstellen. Wir nehmen daher an, dass $P_X = \mathbf{Par}(d, \beta)$ gilt. Unbekannt ist damit nur noch der Parameter β. Als Maximum Likelihood Schätzer für β erhalten wir

$$\widehat{\beta} = \frac{\sum_{j=1}^J K_j}{\sum_{j=1}^J \sum_{k=1}^{K_j} \ln(X^I_{jk}/d)}$$

In der Praxis sind für einige Sparten typische Bereiche für den Parameter β festgestellt worden:
- Feuer (pro Risiko): $1.5 \leq \beta \leq 2.5$
- Sturm (pro Ereignis): $0.7 \leq \beta \leq 1.2$
- Erdbeben (pro Ereignis): $0.5 \leq \beta \leq 0.8$

Ist neben den obigen Daten auch das revalorisierte Originalprämienvolumen $\overline{P}_j$ für $j = 1, \ldots, J$ bekannt, so erhält man mit

$$\widehat{E[N_d]} := \frac{\sum_{j=1}^J K_j}{\sum_{j=1}^J \overline{P}_j/P_Q} = P_Q \frac{\sum_{j=1}^J K_j}{\sum_{j=1}^J \overline{P}_j}$$

einen Schätzer für die im Quotierungsjahr $Q = J + 2$ erwartete Anzahl $E[N_d]$ aller Schäden, die größer sind als d.

Für $a > d$ gilt

$$\begin{aligned} E[\min\{X,a\}] &= \int_0^a P[X > x]\,dx \\ &= d + \int_d^a P[X > x]\,dx \\ &= d + \int_d^a \left(\frac{d}{x}\right)^\beta dx \\ &= \begin{cases} d + \dfrac{d^\beta}{1-\beta}\Bigl(a^{1-\beta} - d^{1-\beta}\Bigr) & \text{für } \beta \neq 1 \\ d + d\Bigl(\ln(a) - \ln(d)\Bigr) & \text{für } \beta = 1 \end{cases} \end{aligned}$$

Für eine Priorität $a > d$ und eine Haftstrecke $h > 0$ erhalten wir für den Schadenbedarf des Layers h xs a

$$\begin{aligned} S''_{a,h} &= \sum_{k=1}^{N_d} \min\{(X_k - a)^+, h\} \\ &= \sum_{k=1}^{N_d} \min\{X_k, a+h\} - \sum_{k=1}^{N_d} \min\{X_k, a\} \end{aligned}$$

und damit

$$E[S''_{a,h}] = \begin{cases} E[N_d]\,\dfrac{d^\beta}{1-\beta}\Bigl((a+h)^{1-\beta} - a^{1-\beta}\Bigr) & \text{für } \beta \neq 1 \\ E[N_d]\,d\Bigl(\ln(a+h) - \ln(a)\Bigr) & \text{für } \beta = 1 \end{cases}$$

Für $a > d$ und $h_1, h_2 > 0$ folgt daraus

$$E[S''_{a+h_1,h2}] = \begin{cases} E[N_d]\,\dfrac{d^\beta}{1-\beta}\Bigl((a+h_1+h_2)^{1-\beta} - (a+h_1)^{1-\beta}\Bigr) & \text{für } \beta \neq 1 \\ E[N_d]\,d\Bigl(\ln(a+h_1+h_2) - \ln(a+h_1)\Bigr) & \text{für } \beta = 1 \end{cases}$$

und damit

$$\frac{E[S''_{a+h_1,h_2}]}{E[S''_{a,h_1}]} = \begin{cases} \dfrac{(a+h_1+h_2)^{1-\beta} - (a+h_1)^{1-\beta}}{(a+h_1)^{1-\beta} - a^{1-\beta}} & \text{für } \beta \neq 1 \\[2ex] \dfrac{\ln(a+h_1+h_2) - \ln(a+h_1)}{\ln(a+h_1) - \ln(a)} & \text{für } \beta = 1 \end{cases}$$

Damit kann bei bekanntem β aus einem Schätzwert für die erwartete Schadenlast des Layers h_1 xs a ein Schätzwert für den Schadenaufwand des höheren Layers h_2 xs $a + h_1$ ermittelt werden.

20.2.7 Beispiel (Extrapolation). Für zwei Layer einer Schadenexzedenrückversicherung ist der erwartete Schadenbedarf zu ermitteln.

Layer 1: 400 xs 600
Layer 2: 1000 xs 1000

Für Layer 1 sei aufgrund einer Burning–Cost Quotierung ein Schadenbedarf von 4% des GNPI ermittelt worden. Anhand der Schadendaten oberhalb einer Schadenmeldegrenze habe man für die Schadenhöhen auf eine Pareto–Verteilung $\mathbf{Par}(d,\beta)$ mit $\beta > 2$ schließen können. Damit ergibt sich als Schätzwert für den Schadenbedarf von Layer 2:

$$E[S''_{1000,1000}] = \frac{1000^{-1} - 2000^{-1}}{600^{-1} - 1000^{-1}}\, E[S''_{400,600}] = \frac{6-3}{10-6} \cdot 4\% = 3\%$$

des GNPI.

Für die Anzahl N_a der Schäden größer als $a > d$ gilt

$$E[N_a] = E\left[\sum_{k=1}^{N_d} \chi_{\{X_k > a\}}\right] = E[N_d]\, P[X > a] = E[N_d] \left(\frac{d}{a}\right)^{\beta}$$

Damit können wir aus einem Schätzwert für die Anzahl der Schäden oberhalb der Schwelle d einen Schätzwert für die Anzahl der Schäden oberhalb einer Priorität a ermitteln (*Frequenzextrapolation*).

Schadenexzedent pro Jahr

Nachdem wir uns bisher mit der Quotierung eines Schadenexzedenten pro Risiko befasst haben, wollen wir uns nun mit dem Schadenexzedenten pro Jahr, also dem Stop–Loss Vertrag beschäftigen. Die vorzustellenden Quotierungsmethoden können auch auf Stop–Loss ähnliche Formen der Risikoteilung wie Jahreslimit und Jahresselbstbehalt sowie auf Formen von variablen Rückversicherungsprämien übertragen werden.

Wir betrachten das kollektive Modell

$$\langle N, \{X_j\}_{j\in\mathbf{N}} \rangle$$

und wollen für eine Stop–Loss Deckung h xs a den erwarteten Exzessschaden

$$E[S''] = E[\min\{(S-a)^+, h\}] = E[(S-a)^+] - E[(S-(a+h))^+]$$

als auch den erwarteten Eigenbehalt

$$E[S'] = E[\min\{S, a\}]$$

bestimmen.

Wir nehmen im Folgenden an, dass
- P_N eine Verteilung der Panjer–Klasse ist und
- X nur Werte in $\mathbb{N}_0$ annimmt. (Die möglichen Werte der Schadenhöhe sind ganzzahlige Vielfache einer kleinsten Geldeinheit.)

Für $n \in \mathbb{N}_0$ setzen wir

$$\begin{aligned} p_n &:= P[N=n] \\ f_n &:= P[X=n] \\ g_n &:= P[S=n] \end{aligned}$$

Nach der Rekursion von Panjer kann die Folge $\{g_n\}_{n\in\mathbb{N}_0}$ rekursiv berechnet werden; vgl. Folgerung 3.5.2.

Für $n \in \mathbb{N}_0$ setzen wir des Weiteren

$$G_n := P[S \leq n]$$

Dann gilt für alle $n \in \mathbb{N}_0$

$$G_n = \sum_{k=0}^{n} g_k$$

und für alle $n \in \mathbb{N}$ gilt

$$G_n = G_{n-1} + g_n$$

Daher kann wegen $G_0 = g_0$ auch die Folge $\{G_n\}_{n\in\mathbb{N}_0}$ rekursiv berechnet werden.

Für $i \in \{1,2\}$ und $k \in \mathbb{N}_0$ setzen wir

$$\begin{aligned} m_k(i) &:= E[(\min\{S,k\})^i] \\ M_k(i) &:= E[((S-k)^+)^i] \end{aligned}$$

Dann gilt

$$\begin{aligned} m_k(i) &= \sum_{n=0}^{\infty} (\min\{n,k\})^i \, g_n \\ M_k(i) &= \sum_{n=0}^{\infty} ((n-k)^+)^i \, g_n \end{aligned}$$

Es gilt $m_0(i) = 0$ und für alle $k \in \mathbb{N}$ gilt

$$m_k(i) - m_{k-1}(i) = \sum_{n=0}^{\infty} (\min\{n,k\})^i \, g_n - \sum_{n=0}^{\infty} (\min\{n,k-1\})^i \, g_n$$

$$
\begin{aligned}
&= \sum_{n=0}^{\infty}\Big((\min\{n,k\})^i - (\min\{n,k-1\})^i\Big)\, g_n \\
&= \sum_{n=k}^{\infty}\Big((\min\{n,k\})^i - (\min\{n,k-1\})^i\Big)\, g_n \\
&= \sum_{n=k}^{\infty}\Big(k^i - (k-1)^i\Big)\, g_n \\
&= \Big(k^i - (k-1)^i\Big)\sum_{n=k}^{\infty} g_n \\
&= \Big(k^i - (k-1)^i\Big)\,(1-G_{k-1})
\end{aligned}
$$

Des Weiteren gilt $M_0(i) = E[S^i]$ und für alle $k \in \mathbb{N}$ gilt

$$
\begin{aligned}
M_k(i) - M_{k-1}(i) &= \sum_{n=0}^{\infty}((n-k)^+)^i\, g_n - \sum_{n=0}^{\infty}((n-k+1)^+)^i\, g_n \\
&= \sum_{n=0}^{\infty}\Big(((n-k)^+)^i - ((n-k+1)^+)^i\Big)\, g_n \\
&= -\,g_k + \sum_{n=k+1}^{\infty}\Big((n-k)^i - (n-k+1)^i\Big)\, g_n
\end{aligned}
$$

Insbesondere gilt für alle $k \in \mathbb{N}$

$$
\begin{aligned}
M_k(1) - M_{k-1}(i) &= -\,g_k + \sum_{n=k+1}^{\infty}\Big((n-k) - (n-k+1)\Big)\, g_n \\
&= -\,g_k - \sum_{n=k+1}^{\infty} g_n \\
&= -\sum_{n=k}^{\infty} g_n \\
&= -\,(1-G_{k-1})
\end{aligned}
$$

und

$$
\begin{aligned}
M_k(2) - M_{k-1}(2) &= -\,g_k + \sum_{n=k+1}^{\infty}\Big((n-k)^2 - (n-k+1)^2\Big)\, g_n \\
&= -\,g_k - \sum_{n=k+1}^{\infty}\Big(2(n-k)+1\Big)\, g_n
\end{aligned}
$$

$$
\begin{aligned}
&= -\sum_{n=k}^{\infty} g_n - 2 \sum_{n=k+1}^{\infty} (n-k)\, g_n \\
&= (1-G_{k-1}) - 2\, M_k(1)
\end{aligned}
$$

Daher können auch die Folgen $\{m_k(i)\}_{k\in\mathbb{N}_0}$ und $\{M_k(i)\}_{k\in\mathbb{N}_0}$ rekursiv berechnet werden.

Von großem Vorteil ist es, dass für die der Berechnung der Erwartungswerte $E[((S-k)^+)^i]$ mit $i \in \{1,2\}$ nur die Wahrscheinlichkeiten g_n mit $n \leq k$ benötigt werden.

Es existiert eine umfangreiche Literatur, die sich mit Abschätzungen und Approximationen der Nettorisikoprämie eines Stop–Loss Vertrages befasst; vgl. Kremer [2008] und Mack [2002; Unterabschnitt 4.3.4].

Zwei Verfahren wollen wir uns hier näher anschauen. Wir betrachten dabei einen Stop–Loss Vertrag *ill* xs a und setzen

$$
\begin{aligned}
\mu &:= E[S] \\
\sigma^2 &:= \mathrm{var}[S] \\
\gamma &:= \gamma[S]
\end{aligned}
$$

Wir betrachten zunächst eine Ungleichung, die auf Bowers [1969] zurückgeht. Sei

$$
I := E[(S-a)^+] = \int_{(a,\infty)} (s-a)\, dP_S(s)
$$

und

$$
J := \int_{(-\infty,a)} (s-a)\, dP_S(s)
$$

Dann gilt

$$
\begin{aligned}
I + J &= \int_{(a,\infty)} (s-a)\, dP_S(s) + \int_{(-\infty,a)} (s-a)\, dP_S(s) \\
&= \int_{\mathbb{R}} (s-a)\, dP_S(s) \\
&= \int_{\mathbb{R}} s\, dP_S(s) - a \\
&= \mu - a \\
&= \sigma\, \frac{\mu - a}{\sigma}
\end{aligned}
$$

und

$$
\begin{aligned}
I - J &= \int_{(a,\infty)} (s-a)\, dP_S(s) - \int_{(-\infty,a)} (s-a)\, dP_S(s) \\
&= \int_{\mathbb{R}} |s-a|\, dP_S(s) \\
&\leq \left(\int_{\mathbb{R}} (s-a)^2\, dP_S(s) \right)^{1/2} \\
&= \left(\int_{\mathbb{R}} \Bigl((s-\mu) + (\mu-a) \Bigr)^2 dP_S(s) \right)^{1/2} \\
&= \left(\int_{\mathbb{R}} \Bigl((s-\mu)^2 + (\mu-a)^2 \Bigr) dP_S(s) \right)^{1/2} \\
&= \Bigl(\sigma^2 + (\mu-a)^2 \Bigr)^{1/2} \\
&= \sigma \left(1 + \left(\frac{\mu-a}{\sigma} \right)^2 \right)^{1/2}
\end{aligned}
$$

und damit

$$
\begin{aligned}
I &\leq \frac{\sigma}{2} \left(\frac{\mu-a}{\sigma} + \left(1 + \left(\frac{\mu-a}{\sigma} \right)^2 \right)^{1/2} \right) \\
&= \frac{1}{2} \left(\mu - a + \Bigl(\sigma^2 + (\mu-a)^2 \Bigr)^{1/2} \right)
\end{aligned}
$$

Solch obere Schranken werden bei der Quotierung von hohen Layern (sogenannten *sleep–easy Layern*) benutzt, in die nach der Schadenhistorie noch kein Schaden gefallen ist. Zur weiteren Diskussion siehe Beispiel 17.2.8.

Als nächstes wollen wir uns eine Näherung mit Hilfe der Normal–Power Approximation verschaffen. Verwendet man für hinreichend große $s \in \mathbb{R}_+$ die Approximation

$$
P[S \leq s] \approx H(s)
$$

mit

$$
H(s) := \Phi(h(s))
$$

und

$$
h(s) := \frac{1}{\gamma} \left(\sqrt{\gamma^2 + 6\gamma \, \frac{s-\mu}{\sigma} + 9} - 3 \right)
$$

so erhält man wegen $H'(s) = \varphi(h(s))\, h'(s)$ für $a \geq \mu - ((\gamma^2+9)/(6\gamma))\, \sigma$

$$\begin{aligned}
I &= E[(S-a)^+] \\
&= \int_{(a,\infty)} (s-a)\, dP_S(s) \\
&\approx \int_{(a,\infty)} (s-a)\, dH(s) \\
&= \int_a^\infty (s-a)\, \varphi(h(s))\, h'(s)\, ds
\end{aligned}$$

Mit der Substitution $y := h(s)$ folgt

$$I \approx \int_{h(a)}^\infty \left(\sigma\left(y + \frac{\gamma}{6}(y^2-1)\right) + \mu - a\right) \varphi(y)\, dy$$

Wegen $\varphi'(y) = -y\,\varphi(y)$ und

$$\begin{aligned}
\int_z^\infty y\,\varphi(y)\, dy &= \varphi(z) \\
\int_z^\infty y^2\,\varphi(y)\, dy &= z\,\varphi(z) + (1-\Phi(z))
\end{aligned}$$

folgt

$$I \approx \sigma\left(1 + \frac{\gamma}{6}\, h(a)\right) \varphi(h(a)) - (a-\mu)\left(1 - \Phi(h(a))\right)$$

Über die Güte dieser Näherung gibt es keine allgemein gültigen Aussagen.

20.2.8 Beispiel (Stop–Loss Prämie). Der Gesamtschaden S besitze die Lognormalverteilung $\mathbf{LN}(3, 0.25)$. Mit

$$\begin{aligned}
\mu &:= E[S] \\
\sigma^2 &:= \text{var}[S] \\
\gamma &:= \gamma[S]
\end{aligned}$$

gilt dann

$$\begin{aligned}
\mu &= \exp(3 + 0.25/2) = 22.76 \\
\sigma^2 &= \mu^2\,(\exp(0.25) - 1) = 147.13 \\
\gamma &= \sqrt{\exp(0.25) - 1}\,(\exp(0.25) + 2) = 1.75
\end{aligned}$$

Für die Priorität $a := 40$ gilt

$$E[(S-40)^+] = \int_{\mathbb{R}} (s-40)^+\, dP_S(s) = \int_{(40,\infty)} s\, dP_S(s) - 40 \int_{(40,\infty)} dP_S(s)$$

Wegen

$$\begin{aligned}\int_{(40,\infty)} s\,dP_S(s) &= \int_{40}^{\infty} 2\,\varphi\Big(2\,(\ln(s)-3)\Big)\,ds \\ &= 2\int_{\ln(40)}^{\infty} \exp(u)\,\varphi\Big(2\,(u-3)\Big)\,du \\ &= 2\int_{\ln(40)}^{\infty} \exp(3+0.25)\,\varphi\Big(2\,(u-(3+0.25))\Big)\,du \\ &= \mu\,\Big(1-\Phi\Big(2\,(\ln(40)-3)-0.5\Big)\Big)\end{aligned}$$

folgt

$$\begin{aligned}E[(S-40)^+] &= \mu\,\Big(1-\Phi\Big(2\,(\ln(40)-3)-0.5\Big)\Big) - 40\Big(1-\varphi\Big(2\,(\ln(40)-3)\Big)\Big) \\ &= 0.96\end{aligned}$$

Mit den obigen Werten ergibt für die Schranke nach Bowers

$$E[(S-40)^+] \leq \frac{1}{2}\Big(\mu-40+\sqrt{\sigma^2+(\mu-40)^2}\Big) = 1.92$$

Nach der Normal–Power Approximation folgt mit $h(40) = 1.25$

$$E[(S-40)^+] = \sigma\Big(1+\frac{\gamma}{6}\,h(40)\Big)\varphi(h(40)) - (40-\mu)\Big(1-\Phi(h(40))\Big) = 1.20$$

Weitere Ergebnisse bei unveränderter Priorität $a = 40$:

Verteilung	μ	σ^2	γ	exakte Prämie	Bowers–Schranke	Normal–Power Approximation
$\mathbf{LN}(3.11, 0.47^2)$	25.04	154.99	1.61	1.23	2.25	1.49
$\mathbf{LN}(2.87, 0.83^2)$	24.89	614.24	3.97	4.42	6.96	7.79
$\mathbf{LN}(2.41, 1.27^2)$	24.94	2498.69	14.07	8.78	18.57	38.62

Mit wachsender Varianz des Gesamtschadens bzw. wachsender Schiefe der Verteilung werden die Schranke nach Bowers und die Näherung nach Normal–Power immer unbrauchbarer.

Sind Priorität und Haftung in Prozent des verdienten (Selbstbehalt–)Prämienvolumens angegeben und kann der Rückversicherer aus den vom Erstversicherer zur Verfügung gestellten Daten die as–if Schadenquoten Q_j der letzten n Jahre ermitteln, so lässt sich mit Hilfe der Schätzer

$$\begin{aligned}\widehat{\mu} &:= \frac{1}{n}\sum_{j=1}^{n} Q_j \\ \widehat{\sigma^2} &:= \frac{1}{n-1}\sum_{j=1}^{n}(Q_j-\widehat{\mu})^2 \\ \widehat{\gamma} &:= \frac{1}{n}\sum_{j=1}^{n}(Q_j-\widehat{\mu})^3 \Big/ \big(\widehat{\sigma^2}\big)^{3/2}\end{aligned}$$

und der Normal–Power Approximation der erwartete Schadenbedarf für den Stop–Loss Vertrag näherungsweise bestimmen.

Schadenexzedent pro Ereignis

In der Kumulschadenexzedentenrückversicherung stehen die Schäden durch *Sturm*, *Erdbeben*, *Überschwemmung* und *Hagel* im Vordergrund. Um Schadenhöhenverteilungen für solche Naturgefahrenereignisse zu schätzen, benötigt der Rückversicherer

- langjährige meteorologische und seismologische Aufzeichnungen,
- Statistiken über Lage und Intensität der Naturgefahrenereignisse,
- Erfahrungen über den Schadensatz pro Intensitätsstufe und
- eine geographische Aufteilung der Versicherungssummen und Prämien des gedeckten Portefeuilles;

vgl. Mack [2002; S. 376].

Wir wollen hier nur das *Payback–Verfahren* erläutern. Das Payback–Verfahren ist ein einfaches und sehr grobes Quotierungsverfahren, aber es liefert eine erste Risikoeinschätzung und hilft wegen seiner Einfachheit bei Vertragsverhandlungen mit dem Zedenten.

Anhand der oben genannten Statistiken sowie untersuchter Schadenszenarien kann vielfach eine Wiederkehrperiode (ein Payback–Zeitraum) eines Total- oder Teilschadens ermittelt werden.

- Unter der *Wiederkehrperiode* T eines Total- oder Teilschadens verstehen wir den Zeitraum, in dem im Mittel eine bestimmte Schwelle erreicht oder überschritten wird.
- Unter einem *Totalschaden* verstehen wir einen Schaden, der die gesamte Haftstrecke des Rückversicherers ausfüllt.

Ist T die Wiederkehrperiode für einen Totalschaden, so liefert der Quotient

$$\frac{\text{Haftstrecke des RV}}{E[T]}$$

einen Schätzwert für das minimale Rückversicherungsentgelt. Mit diesem Entgelt ist gesichert, dass der Rückversicherer bei gleichbleibender jährlicher Rückversicherungsprämie einen Totalschaden innerhalb einer Wiederkehrperiode rekuperieren, d. h. ausgleichen kann. Umgekehrt liefert bei gegebener Haftstrecke und bekannter Rückversicherungsprämie der Quotient

$$\frac{\text{Haftstrecke des RV}}{\text{Rückversicherungsprämie}}$$

einen Schätzwert für die erwartete Wiederkehrperiode eines Totalschadens. Den Kehrwert

$$\frac{\text{Rückversicherungsprämie}}{\text{Haftstrecke des RV}}$$

bezeichnet man als *Rate–on–Line* (ROL). Die Rate–on–Line ist ein Maß für das Rückversicherungsentgelt pro Haftungseinheit.

20.2.9 Beispiel (Rate–on–Line). Für ein Portefeuille mit einem GNPI von 20 besteht ein Cat–XL Vertrag 6 xs 4 mit einer Rückversicherungsrate von 4%. Dann beträgt die Rate–on–Line

$$\frac{0.8}{6} = 13.3\%$$

und die erwartete Wiederkehrperiode (Payback–Zeitraum) beträgt 7.5 Jahre.

20.2.10 Beispiel (Quotierung Cat–XL, Totalschaden). Wenn alle 25 Jahre ein *Erdbeben* auftritt, das einen Totalschaden bei einem Layer mit einer Haftstrecke von 50 Mio. verursacht, so sollte die Rückversicherungsprämie mindestens 2 Mio. pro Jahr betragen.

Kann nicht nur für einen Totalschaden sondern auch für Layerteilschäden X_i mit $i \in \{1, \dots, n\}$ eine Wiederkehrperiode T_i bestimmt werden, so liefert

$$\sum_{i=1}^{n} \frac{E[X_i]}{E[T_i]}$$

einen Schätzwert für die erwartete Schadenlast des Rückversicherers.

20.2.11 Beispiel (Quotierung Cat–XL, Teilschäden). *Erdbebenrisiken* sollen durch einen Cat–XL 15 xs 5 bei einer Versicherungssumme 500 gedeckt werden. Für die betroffene Region stehen die folgenden Daten zur Verfügung

Erdbeben-intensität	erwartete Wiederkehrperiode	erwarteter Schadensatz	erwarteter Schaden	erwarteter Layer–Schaden
VI	25	1%	5	0
VII	50	3%	15	10
VIII	150	10%	50	15

Für die Rückversicherungsprämie ergibt sich der Schätzwert

$$\frac{10}{50} + \frac{15}{150} = 0.3$$

Für weitere Verfahren sei auf Liebwein [2009] verwiesen.

21

Klausuraufgaben

21.A Aufgabe (DAV–Klausur 2008/7)

Ein Bestand von Risiken wird durch ein kollektives Modell

$$\langle N, \{X_j\}_{j\in\mathbb{N}}\rangle$$

beschrieben. Für diesen Bestand wird ein limitierter Excess–of–Loss Vertrag mit Priorität M und Limit L vereinbart, bei dem der Rückversicherer bei einem Schaden X das Minimum von $(X-M)^+$ und L bezahlt.

(a) Geben Sie eine Formel für die Nettorisikoprämie des Rückversicherers an.

(b) Bestimmen Sie die Nettorisikoprämie für den Fall, dass $E[N] = 1$ gilt und alle Schadenhöhen die Exponentialverteilung mit der Dichtefunktion f mit

$$f(x) := e^{-x}\,\chi_{(0,\infty)}(x)$$

besitzen.

(c) Bestimmen Sie die Nettorisikoprämie für den Fall, dass $E[N] = 1$ gilt und alle Schadenhöhen die Pareto–Verteilung mit der Dichtefunktion g mit

$$g(x) := 2\,(1+x)^{-3}\,\chi_{(0,\infty)}(x)$$

besitzen.

Lösung:

(a) Für den Rückversicherer liegt das kollektive Modell

$$\langle N, \{(X_j-M)^+ \wedge L\}_{j\in\mathbb{N}}\rangle$$

vor. Für den Gesamtschaden S'' des Rückversicherers gilt daher

H.-W. Goelden et al., *Schadenversicherungsmathematik*, DOI 10.1007/978-3-662-48860-7_22

$$\begin{aligned}
E[S''] &= E[N]\, E[(X-M)^+ \wedge L] \\
&= E[N] \int_0^\infty P\Big[(X-M)^+ \wedge L > t\Big]\, dt \\
&= E[N] \int_0^L P\Big[(X-M)^+ \wedge L > t\Big]\, dt \\
&= E[N] \int_0^L P[X-M > t]\, dt \\
&= E[N] \int_0^L P[X > M+t]\, dt
\end{aligned}$$

und im Fall $E[N] = 1$ ergibt sich daraus

$$E[S''] = \int_0^L P[X > M+t]\, dt$$

(b) Im Fall der Exponentialverteilung gilt für alle $x \in \mathbb{R}_+$

$$P[X > x] = e^{-x}$$

und damit

$$\begin{aligned}
E[S''] &= \int_0^L P[X > M+t]\, dt \\
&= \int_0^L e^{-(M+t)}\, dt \\
&= e^{-M} \int_0^L e^{-t}\, dt \\
&= e^{-M}\big(1-e^{-L}\big)
\end{aligned}$$

(c) Im Fall der Pareto–Verteilung gilt für alle $x \in \mathbb{R}_+$

$$P[X > x] = (1+x)^{-2}$$

und damit

$$\begin{aligned}
E[S''] &= \int_0^L P[X > M+t]\, dt \\
&= \int_0^L (1+M+t)^{-2}\, dt \\
&= \int_{1+M}^{1+M+L} y^{-2}\, dy \\
&= \frac{1}{1+M} - \frac{1}{1+M+L}
\end{aligned}$$

21.B Aufgabe (DAV–Klausur 2008/8)

Zwei Versicherer wollen ein Risiko S teilen, das durch ein kollektives Modell beschrieben wird, in dem die Schadenzahl eine Poisson–Verteilung besitzt. Zur Bewertung eines beliebigen Risikos Y verwendet Versicherer 1 das Erwartungswertprinzip

$$H_1[Y] = E[Y] + \gamma_1\, E[Y]$$

mit $\gamma_1 \in (0,\infty)$ während Versicherer 2 das Varianzprinzip

$$H_2[Y] = E[Y] + \gamma_2\, \mathrm{var}[Y]$$

mit $\gamma_2 \in (0,\infty)$ verwendet. Die Risikoteilung soll so erfolgen, dass die Summe der Prämien der beiden Versicherer minimal ist.

(a) Bestimmen Sie die optimale proportionale Risikoteilung

$$S = \alpha\, S + (1-\alpha)\, S$$

Verwenden Sie die Voraussetzung, dass die Schadenzahl eine Poisson–Verteilung besitzt, und geben Sie eine Bedingung an γ_1 und γ_2 an, unter der der optimale Wert von α im Intervall $(0,1)$ liegt.

(b) Bestimmen Sie die optimale proportionale Risikoteilung unter der Annahme, dass beide Versicherer das Risiko gleich bewerten. Ist es in diesem Fall wesentlich, dass die Schadenzahl eine Poisson–Verteilung besitzt?

Lösung:

(a) Für die Summe der Prämien gilt

$$\begin{aligned}
&H_1[\alpha S] + H_2[(1-\alpha)S] \\
&= E[\alpha S] + \gamma_1\, E[\alpha S] + E[(1-\alpha)S] + \gamma_2\, \mathrm{var}[(1-\alpha)S] \\
&= E[S] + \gamma_1\, E[S]\, \alpha + \gamma_2\, \mathrm{var}[S]\, (1-\alpha)^2
\end{aligned}$$

und sie wird durch

$$\alpha^* := 1 - \frac{\gamma_1}{2\gamma_2}\, \frac{E[S]}{\mathrm{var}[S]}$$

minimiert. Da S der Gesamtschaden im kollektiven Modell $\langle N, \{X_j\}_{j\in\mathbb{N}}\rangle$ ist, gilt

$$\begin{aligned}
E[S] &= E[N]\, E[X] \\
\mathrm{var}[S] &= E[N]\, \mathrm{var}[X] + \mathrm{var}[N]\, (E[X])^2
\end{aligned}$$

Da N eine Poisson–Verteilung besitzt, ergibt sich aus diesen Gleichungen

$$\begin{aligned}
E[S] &= E[N]\, E[X] \\
\mathrm{var}[S] &= E[N]\, E[X^2]
\end{aligned}$$

und damit

$$\alpha^* = 1 - \frac{\gamma_1}{2\,\gamma_2}\,\frac{E[X]}{E[X^2]}$$

Es gilt $\alpha^* \in (0,1)$ genau dann, wenn

$$\frac{\gamma_1}{\gamma_2} < \frac{2\,E[X^2]}{E[X]}$$

gilt.

(b) Wenn beide Versicherer das Risiko gleich bewerten, gilt

$$H_1[S] = H_2[S]$$

und damit

$$E[S] + \gamma_1\,E[S] = E[S] + \gamma_2\,\mathrm{var}[S]$$

Daraus folgt

$$\frac{\gamma_1}{\gamma_2} = \frac{\mathrm{var}[S]}{E[S]}$$

und damit

$$\alpha^* = 1/2$$

Für dieses Ergebnis ist die Annahme, dass die Schadenzahl eine Poisson–Verteilung besitzt, unwesentlich.

21.C Aufgabe (DAV–Klausur 2009/7)

In einem Versicherungsbestand gibt es 1000 Verträge mit unterschiedlichen Versicherungssummen (VS). Bei jedem Vertrag tritt mit Wahrscheinlichkeit ϑ ein Schaden der Höhe VS ein und mit Wahrscheinlichkeit $1-\vartheta$ tritt kein Schaden ein. Die Schadenzahlen dieser Verträge sind unabhängig und es gilt

Anzahl	VS	ϑ
500	200	0.0050
400	400	0.0025
100	1000	0.0010

(a) Berechnen Sie den Erwartungswert, die Varianz und den Variationskoeffizienten des beim Erstversicherer verbleibenden Gesamtschadens S
  (1) ohne Rückversicherung.

(2) mit einer Quotenrückversicherung mit einem Anteil des Erstversicherers von 0.1.
(3) mit einer Summenexzedentenrückversicherung mit Maximum 200 und unbegrenzter Kapazität.
(4) mit einer Einzelschadenexzedentenrückversicherung mit Priorität 100 und Limit 1000.

(b) Welche Variante ergibt für den Erstversicherer, gemessen am Variationskoeffizienten, das geringste Risiko?

Lösung:

(a) Es liegen drei Arten von Risiken vor. Wir bezeichnen mit n_i die Anzahl der Risiken, mit v_i die Versicherungssumme und mit ϑ_i die Schadeneintrittswahrscheinlichkeit eines Risikos der Art $i \in \{1, 2, 3\}$. In dieser Notation lautet die angegebene Tabelle

i	n_i	v_i	ϑ_i
1	500	200	0.0050
2	400	400	0.0025
3	100	1000	0.0010

Für Vertrag $j \in \{1, \ldots, 1000\}$ bezeichnen wir die Anzahl der Schäden mit N_j und die Versicherungssumme mit w_j und wir setzen

$$X_j := w_j \, \chi_{\{N_j=1\}}$$

Dann ist der Gesamtschaden gegeben durch

$$S := \sum_{j=1}^{1000} X_j$$

und es gilt

$$E[S] = \sum_{j=1}^{1000} E[X_j] = \sum_{j=1}^{1000} w_j \, E[\chi_{\{N_j=1\}}] = \sum_{i=1}^{3} n_i \, v_i \, \vartheta_i$$

Aufgrund der Unabhängigkeit der Familie $\{N_j\}_{j \in \{1,\ldots,1000\}}$ ist auch die Familie $\{X_j\}_{j \in \{1,\ldots,1000\}}$ unabhängig, und daraus folgt

$$\mathrm{var}[S] = \sum_{j=1}^{1000} \mathrm{var}[X_j] = \sum_{j=1}^{1000} w_j^2 \, \mathrm{var}[\chi_{\{N_j=1\}}] = \sum_{i=1}^{3} n_i \, v_i^2 \, \vartheta_i (1-\vartheta_i)$$

(1) Für den Fall ohne Rückversicherung gilt

$$E[S] = 1000$$
$$\mathrm{var}[S] = 359'000$$

und für den Variationskoeffizienten $v[S]$ erhält man

$$v[S] = \frac{\sqrt{\mathrm{var}[S]}}{E[S]} = \frac{\sqrt{359'000}}{1000} = 0.599$$

(2) Die Quotenrückversicherung bewirkt eine Skalierung des Gesamtschadens mit dem Faktor 0.1. Da der Variationskoeffizient sich durch eine Skalierung nicht ändert, gilt auch in diesem Fall

$$v[S] = 0.599$$

(3) Da alle Versicherungssummen mindestens so hoch sind wie das Maximum, trägt der Erstversicherer bei der Summenexzedentenrückversicherung mit Maximum 200 und unbegrenzter Kapazität bei jedem Vertrag der Art i den Anteil $200/v_i$ der Schadenhöhe. Da die Schadenhöhe im Fall eines Schadens gleich v_i ist, entfällt auf den Erstversicherer bei jedem Schaden der Betrag von 200. Mit $v_i^* := 200$ anstelle von v_i ergibt sich wie unter (1)

$$\begin{aligned} E[S] &= 720 \\ \mathrm{var}[S] &= 143'396 \end{aligned}$$

und für den Variationskoeffizienten $v[S]$ erhält man

$$v[S] = \frac{\sqrt{143'396}}{720} = 0.526$$

(4) Für die Einzelschadenexzedentenrückversicherung mit Priorität 300 und Limit 1000 ergibt sich wie unter (1) mit $v_i^* := \min\{v_i, 300\}$

$$\begin{aligned} E[S] &= 830 \\ \mathrm{var}[S] &= 198'500 \end{aligned}$$

und für den Variationskoeffizienten $v[S]$ erhält man

$$v[S] = \frac{\sqrt{198'500}}{830} = 0.537$$

(b) Offenbar ergibt Variante (3) den kleinsten Variationskoeffizienten.

21.D Aufgabe (DAV–Klausur 2009/8)

Zwei Investoren A und B managen jeweils ein Risiko X bzw. Y, wobei die Risiken als unabhängig angenommen werden. Die Investoren kooperieren und vereinbaren eine proportionale Risikoteilung, um ihr Risiko, gemessen an der Varianz, zu verringern.

(a) Wie können beide Investoren die Varianz ihrer Position halbieren, wenn $\text{var}[X] = \text{var}[Y]$ gilt?
(b) Wie kann man vorgehen, um im Fall $\text{var}[X] < \text{var}[Y]$ die Varianz von A zu halbieren und gleichzeitig die Varianz von B zu reduzieren?
(c) Gibt es auch im Fall $\text{var}[X] < \text{var}[Y]$ immer eine Risikoteilung, bei der die Varianzen für beide Investoren mindestens halbiert werden?

Lösung:

(a) Aufgrund der Unabhängigkeitsannahme und wegen $\text{var}[X] = \text{var}[Y]$ gilt

$$\text{var}\left[\frac{1}{2}X + \frac{1}{2}Y\right] = \frac{1}{4}\text{var}[X] + \frac{1}{4}\text{var}[Y] = \frac{1}{2}\text{var}[X] = \frac{1}{2}\text{var}[Y]$$

Damit halbieren beide Investoren die Varianz ihrer Position.

(b) Wir setzen

$$\begin{aligned}\sigma^2 &:= \text{var}[X]\\ \tau^2 &:= \text{var}[Y]\end{aligned}$$

und betrachten für $\alpha, \beta \in [0,1]$ das Risiko

$$\alpha X + \beta Y$$

von Investor A und das Risiko

$$(1-\alpha)\,X + (1-\beta)\,Y$$

von Investor B. Die Parameter α und β sind so zu wählen, dass

$$\text{var}\big[\alpha X + \beta Y\big] = \frac{1}{2}\text{var}[X]$$

gilt und $\text{var}[(1-\alpha)\,X + (1-\beta)\,Y]$ minimiert wird. Zu minimieren ist also

$$\begin{aligned}\text{var}\big[(1-\alpha)\,X + (1-\beta)\,Y\big] &= (1-\alpha)^2\,\text{var}[X] + (1-\beta)^2\,\text{var}[Y]\\ &= (1-\alpha)^2\sigma^2 + (1-\beta)^2\tau^2\end{aligned}$$

unter der Nebenbedingung

$$\begin{aligned}0 &= \text{var}\big[\alpha X + \beta Y\big] - \frac{1}{2}\text{var}[X]\\ &= \left(\alpha^2 - \frac{1}{2}\right)\text{var}[X] + \beta^2\text{var}[Y]\\ &= \left(\alpha^2 - \frac{1}{2}\right)\sigma^2 + \beta^2\tau^2\end{aligned}$$

Für die Lagrange–Funktion L gilt

$$L(\alpha,\beta,\lambda) = (1-\alpha)^2\sigma^2 + (1-\beta)^2\tau^2 + \lambda\left(\left(\alpha^2 - \frac{1}{2}\right)\sigma^2 + \beta^2\tau^2\right)$$

und für die partiellen Ableitungen ergibt sich

$$\begin{aligned}\frac{\partial L}{\partial \alpha}(\alpha,\beta,\lambda) &= -\,2\,(1-\alpha)\,\sigma^2 + 2\,\alpha\lambda\,\sigma^2 \\ \frac{\partial L}{\partial \beta}(\alpha,\beta,\lambda) &= -\,2\,(1-\beta)\,\tau^2 + 2\,\beta\lambda\,\tau^2 \\ \frac{\partial L}{\partial \lambda}(\alpha,\beta,\lambda) &= \left(\alpha^2 - \frac{1}{2}\right)\sigma^2 + \beta^2\tau^2\end{aligned}$$

Durch Nullsetzen der partiellen Ableitungen nach α und β ergibt sich $\alpha \neq 0 \neq \beta$ und

$$\frac{1-\alpha}{\alpha} = \lambda = \frac{1-\beta}{\beta}$$

und damit gilt $\alpha = \beta$. Aus der Nebenbedingung ergibt sich sodann

$$0 = \left(\alpha^2 - \frac{1}{2}\right)\sigma^2 + \beta^2\tau^2 = \left(\alpha^2 - \frac{1}{2}\right)\sigma^2 + \alpha^2\tau^2 = \alpha^2(\sigma^2+\tau^2) - \frac{1}{2}\,\sigma^2$$

und damit

$$\alpha^2 = \frac{1}{2}\,\frac{\sigma^2}{\sigma^2+\tau^2}$$

Für Investor B erhält man nun wegen $\alpha = \beta$ und $\sigma^2 < \tau^2$ die Abschätzung

$$\begin{aligned}\mathrm{var}\big[(1-\alpha)\,X + (1-\beta)\,Y\big] &= (1-\alpha)^2\sigma^2 + (1-\beta)^2\tau^2 \\ &= (1-\alpha)^2(\sigma^2+\tau^2) \\ &= \left(1 - \sqrt{\frac{1}{2}\,\frac{\sigma^2}{\sigma^2+\tau^2}}\right)^2 (\sigma^2+\tau^2) \\ &= \left(\sqrt{\sigma^2+\tau^2} - \sqrt{\frac{\sigma^2}{2}}\right)^2 \\ &= \sigma^2 + \tau^2 - 2\sqrt{(\sigma^2+\tau^2)\frac{\sigma^2}{2}} + \frac{\sigma^2}{2} \\ &< \sigma^2 + \tau^2 - 2\sqrt{(\sigma^2+\sigma^2)\frac{\sigma^2}{2}} + \frac{\sigma^2}{2} \\ &= \sigma^2 + \tau^2 - 2\,\sigma^2 + \frac{\sigma^2}{2} \\ &= \tau^2 - \frac{1}{2}\,\sigma^2\end{aligned}$$

und damit tatsächlich eine Reduktion der Varianz.

(c) Es liegt nahe zu vermuten, dass die gleichzeitige Halbierung der Varianzen beider Investoren nicht möglich ist, wenn die Varianzen der Risiken sehr unterschiedlich sind. Angenommen, es gibt $\alpha, \beta \in [0,1]$ mit

$$\begin{aligned} \mathrm{var}\big[\alpha\, X + \beta\, Y\big] &\leq \frac{1}{2}\,\mathrm{var}[X] \\ \mathrm{var}\big[(1-\alpha)\, X + (1-\beta)\, Y\big] &\leq \frac{1}{2}\,\mathrm{var}[Y] \end{aligned}$$

Dann gilt

$$\begin{aligned} \alpha^2\sigma^2 + \beta^2\tau^2 &\leq \frac{1}{2}\,\sigma^2 \\ (1-\alpha)^2\sigma^2 + (1-\beta)^2\tau^2 &\leq \frac{1}{2}\,\tau^2 \end{aligned}$$

Im Fall $\tau^2 = 8\sigma^2$ gilt daher

$$\begin{aligned} \alpha^2 + 8\beta^2 &\leq \frac{1}{2} \\ (1-\alpha)^2 + 8(1-\beta)^2 &\leq 4 \end{aligned}$$

Aus der ersten Ungleichung folgt $\beta \leq 1/4$ und damit $8(1-\beta)^2 \geq 9/2 > 4$; dies ist ein Widerspruch zur zweiten Ungleichung.
Die oben genannte Vermutung lässt sich auch beweisen, indem man auf die Untersuchung des Lagrange–Ansatzes unter (b) zurückgreift und

$$\gamma := \frac{\sigma^2}{\tau^2}$$

setzt. Dann gilt

$$\alpha = \sqrt{\frac{1}{2}\,\frac{\sigma^2}{\sigma^2+\tau^2}} = \sqrt{\frac{\gamma}{2(\gamma+1)}}$$

und damit

$$\begin{aligned} \mathrm{var}\big[(1-\alpha)\, X + (1-\beta)\, Y\big] &= (1-\alpha)^2(\sigma^2+\tau^2) \\ &= \left(1 - \sqrt{\frac{\gamma}{2(\gamma+1)}}\right)^2 (\gamma+1)\,\tau^2 \\ &= \frac{\tau^2}{2}\left(\sqrt{2(\gamma+1)} - \sqrt{\gamma}\right)^2 \end{aligned}$$

und der letzte Ausdruck konvergiert für $\gamma \to 0$ gegen τ^2.

21.E Aufgabe (DAV–Klausur 2009/10)

Der Versicherungsbestand eines Erstversicherers wird durch ein kollektives Modell mit Schadenzahl N, Schadenhöhen X_j und Gesamtschaden

$$S := \sum_{j=1}^{N} X_j$$

beschrieben. Die Schadenzahl besitzt die Poisson–Verteilung mit Erwartungswert 2 und für die Schadenhöhen gilt $P[X = k] = 0.1$ für alle $k \in \{1, \dots, 10\}$. Für diesen Bestand wird ein unlimitierter Einzelschadenexzedent mit Priorität 5 abgeschlossen.

(a) Berechnen Sie die Wahrscheinlichkeit, dass der Gesamtschaden 0 ist.
(b) Bestimmen Sie die Verteilung der Schadenzahl und der Schadenhöhen für die vom Erstversicherer selbstbehaltenen Risiken.
(c) Berechnen Sie den erwarteten Gesamtschaden für die selbstbehaltenen Risiken.
(d) Bestimmen Sie die Verteilung der Schadenzahl und der Schadenhöhen für die Risiken des Rückversicherers (oberhalb der Priorität).
(e) Berechnen Sie die Wahrscheinlichkeit, dass der Gesamtschaden des Rückversicherers gleich 0 ist.
(f) Berechnen Sie den erwarteten Gesamtschaden des Rückversicherers.

Lösung:

(a) Es gilt

$$P[S = 0] = P[N = 0] = \exp(-2) = 0.1353$$

(b) Für die Schadenzahl N' der selbstbehaltenen Risiken gilt

$$N' = N$$

und für die Schadenhöhen X'_j der selbstbehaltenen Risiken gilt

$$P[X' = k] = \begin{cases} 0.1 & \text{für } k \in \{1, \dots, 4\} \\ 0.6 & \text{für } k = 5 \end{cases}$$

(c) Es gilt $E[N] = 2$ und $E[X'] = 4$, und damit

$$E[S'] = E[N]\,E[X'] = 2 \cdot 4 = 8$$

(d) Wir betrachten das nach der Menge $(5, \infty)$ verdünnte kollektive Modell

$$\langle N^\circ, \{X_j^\circ\}_{j \in \mathbb{N}}$$

des Rückversicherers für die Schäden oberhalb der Priorität mit dem Gesamtschaden

$$S^\circ := \sum_{j=1}^{N^\circ} X_j^\circ$$

Es gilt

$$P[X > 5] = 0.5$$

Mit $\eta := P[X > 5] = 0.5$ erhält man

$$P_{N^\circ} = \mathbf{P}(2\eta) = \mathbf{P}(1)$$

und für alle $k \in \{1, \dots, 5\}$ erhält man

$$P[X^\circ = k] = P[X = 5{+}k | X > 5] = \frac{P[X = 5{+}k]}{P[X > 5]} = \frac{0.1}{0.5} = 0.2$$

(e) Wegen $P_{N^\circ} = \mathbf{P}(1)$ gilt

$$P[S^\circ = 0] = P[N^\circ = 0] = \exp(-1) = 0.3679$$

(f) Es gilt $E[N^\circ] = 1$ und $E[X^\circ] = 3$, und damit

$$E[S^\circ] = E[N^\circ]\, E[X^\circ] = 1 \cdot 3 = 3$$

21.F Aufgabe (DAV–Klausur 2010/9)

Versichert werden soll ein Risiko, das mit der Wahrscheinlichkeit 0.3 einen Schaden verursacht. Die Schadenhöhe ist unabhängig von der Anzahl der Schäden und auf dem Intervall $(0, 4)$ gleichverteilt.

(a) Bestimmen Sie den Entlastungseffekt einer Abzugsfranchise der Höhe a.

(b) Bei welcher Höhe der Abzugsfranchise beträgt die Entlastung des Versicherungsunternehmens 10%?

(c) Berechnen Sie für eine Abzugsfranchise der Höhe $a = 3$ die Bruttorisikoprämie nach dem Varianzprinzip mit dem Parameter $\beta = 0.2$.

(d) Bestimmen Sie den Entlastungseffekt einer Abzugsfranchise der Höhe a, wenn der Versicherer maximal bis zu einem Betrag der Höhe 3 haftet.

Lösung: Es liegt ein kollektives Modell $\langle N, \{X_j\}_{j\in\mathbb{N}}\rangle$ mit Schadenzahl N und Schadenhöhen X_j vor, wobei $P_N = \mathbf{B}(1, 0.3)$ und $P_X = \mathbf{U}(0, 4)$ gilt.

(a) Der Entlastungseffekt wird durch die Entlastungseffektfunktion auf dem Intervall $[0, 4]$ beschrieben. Wegen $E[X] = 2$ gilt für alle $a \in [0, 4]$

$$\begin{aligned} r_1(a) &= \frac{E[X \wedge a]}{E[X]} \\ &= \frac{1}{E[X]} \int_{-\infty}^{\infty} (x \wedge a) \cdot \frac{1}{4}\, \chi_{(0,4)}(x)\, dx \end{aligned}$$

$$
\begin{aligned}
&= \frac{1}{2} \cdot \frac{1}{4} \left(\int_0^a x\,dx + \int_a^4 a\,dx \right) \\
&= \frac{1}{8} \left(\frac{a^2}{2} + (4-a)\,a \right) \\
&= \frac{8\,a - a^2}{16}
\end{aligned}
$$

(b) Die quadratische Gleichung

$$\frac{8\,a - a^2}{16} = 0.1$$

besitzt im Intervall $[0, 4]$ die eindeutige Lösung $a = 0.2053$.

(c) Für die Schadenhöhe $X'' := (X-3)^+$ des transferierten Risikos gilt für alle $m \in \mathbb{N}$

$$
\begin{aligned}
E[(X'')^m] &= E[((X-3)^+)^m] \\
&= \int_{-\infty}^{\infty} ((x-3)^+)^m \cdot \frac{1}{4}\,\chi_{(0,4)}(x)\,dx \\
&= \frac{1}{4} \int_3^4 (x-3)^m\,dx \\
&= \frac{1}{4} \int_0^1 y^m\,dy \\
&= \frac{1}{4\,(m+1)}
\end{aligned}
$$

Daraus folgt

$$
\begin{aligned}
E[X''] &= \frac{1}{4\,(1+1)} = 0.125 \\
E[(X'')^2] &= \frac{1}{4\,(2+1)} = 0.833
\end{aligned}
$$

und damit

$$\mathrm{var}[X''] = E[(X'')^2] - (E[X''])^2 = 0.0833 - 0.125^2 = 0.0677$$

Für den Gesamtschaden S'' des transferierten Risikos gilt daher

$$E[S''] = E[N]\,E[X''] = 0.3 \cdot 0.125 = 0.0375$$

und

$$
\begin{aligned}
\mathrm{var}[S''] &= E[N]\,\mathrm{var}[X''] + \mathrm{var}[N]\,(E[X''])^2 \\
&= 0.3 \cdot 0.0677 + 0.21 \cdot 0.125^2 \\
&= 0.0236
\end{aligned}
$$

Damit beträgt die Bruttorisikoprämie

$$E[S''] + \beta \operatorname{var}[S''] = 0.0375 + 0.2 \cdot 0.0236 = 0.0422$$

(d) Der Entlastungseffekt wird durch die Entlastungseffektfunktion auf dem Intervall $[0, 3]$ beschrieben. Es gilt

$$r_2(a) = \frac{E[(X \wedge 3) \wedge a]}{E[X \wedge 3]} = \frac{E[X \wedge a]}{E[X \wedge 3]} = \frac{r_1(a)}{r_1(3)} = \frac{r_1(a)}{15/16} = \frac{16}{15}\, r_1(a)$$

21.G Aufgabe (DAV–Klausur 2011/7)

Ein Rückversicherer bietet einem Zedenten in der Hagelversicherung einen Stop–Loss Vertrag mit Priorität d und Haftstrecke h an. Für die Schadenquote X wird angenommen, dass sie eine um $x_0 \in (0, d)$ nach rechts verschobene Exponentialverteilung besitzt.

(a) Geben Sie eine allgemeine Formel für die Schadenerwartung des Stop–Loss Vertrages an.

(b) Berechnen sie die Schadenerwartung für den Fall, dass

$$d = 95\%, \qquad h = 45\%, \qquad E[X] = 90\%, \qquad \sqrt{\operatorname{var}[X]} = 40\%$$

gilt.

Lösung: Grundlage für die Berechnung der Schadenerwartung des Stop–Loss Vertrages ist die Layer–Identität

$$(x-d)^+ \wedge h = (x-d)^+ - (x-(d+h))^+$$

(a) Wegen $P_{X-x_0} = \mathbf{Exp}(\alpha)$ gilt für alle $x \in (x_0, \infty)$

$$P[X > x] = P[X-x_0 > x-x_0] = \int_{x-x_0}^{\infty} \alpha\, e^{-\alpha t}\, dt = e^{-\alpha(x-x_0)}$$

Daraus folgt für alle $c \in (x_0, \infty)$

$$E[(X-c)^+] = \int_c^{\infty} P[X > x]\, dx = \int_c^{\infty} e^{-\alpha(x-x_0)}\, dx$$

Aus den Layer–Identität folgt nun

$$\begin{aligned} E[(X-d)^+ \wedge h] &= E[(X-d)^+] - E[(X-(d+h))^+] \\ &= \int_d^{\infty} e^{-\alpha(x-x_0)}\, dx - \int_{d+h}^{\infty} e^{-\alpha(x-x_0)}\, dx \\ &= \int_d^{d+h} e^{-\alpha(x-x_0)}\, dx \end{aligned}$$

$$\begin{aligned}
&= e^{\alpha x_0} \int_d^{d+h} e^{-\alpha x} \, dx \\
&= e^{\alpha x_0} \left(-\frac{1}{\alpha}\right) \left(e^{-\alpha d} - e^{-\alpha(d+h)}\right) \\
&= \frac{1}{\alpha} \, e^{-\alpha(d-x_0)} \left(1 - e^{-\alpha h}\right)
\end{aligned}$$

(b) Es gilt

$$E[X] = E[X-x_0] + x_0 = \frac{1}{\alpha} + x_0$$

und

$$\mathrm{var}[X] = \mathrm{var}[X-x_0] = \frac{1}{\alpha^2}$$

und nach Voraussetzung gilt

$$\begin{aligned}
E[X] &= 0.9 \\
\mathrm{var}[X] &= 0.4^2
\end{aligned}$$

Daraus ergibt sich zunächst $1/\alpha = 0.4$, und damit $\alpha = 2.5$, und sodann $x_0 = 0.5$. Man erhält daher

$$\begin{aligned}
E[(X-d)^+ \wedge h] &= \frac{1}{\alpha} \, e^{-\alpha(d-x_0)} \left(1 - e^{-\alpha h}\right) \\
&= 0.4 \cdot e^{-2.5 \cdot (0.95-0.5)} \cdot \left(1 - e^{-2.5 \cdot 0.45}\right) \\
&= 0.4 \cdot e^{-1.125} \cdot \left(1 - e^{-1.125}\right) \\
&= 0.0877
\end{aligned}$$

Es gilt also $E[(X-d)^+ \wedge h] = 8.77\%$.

21.H Aufgabe (DAV–Klausur 2011/8)

Ein Rückversicherer erwartet für eine unlimitierte Einzelschadenexzedentenrückversicherung mit Priorität d eine Exzessschadenlast

$$S := \sum_{j=1}^{N} (X_j - d)^+$$

in Höhe von 4. Er möchte mit dem Zedenten eine Gleitprämie

$$G := m + S \wedge M - S \wedge m$$

mit einer Mindestprämie $m > 0$ und einer Maximalprämie $M > m$ vereinbaren. Ein Sicherheitszuschlag soll nicht berücksichtigt werden.

(a) Beschreiben Sie die Wirkung der Gleitprämie.
(b) Berechnen Sie die Höhe der Maximalprämie unter der Annahme, dass $m = 3$ sowie

$$P[S = 0] = 0.2$$

und für alle $s \geq 0$

$$P[S > s] = 0.8 \left(\frac{5}{5+s}\right)^{\beta}$$

mit $\beta \in (1, \infty)$ gilt und dass der Zedent im Mittel nicht mehr bezahlt, als wenn eine feste Prämie vereinbart wäre.

Lösung:
(a) Für die Gleitprämie gilt

$$G = \begin{cases} m & \text{falls } S \leq m \\ S & \text{falls } m < S \leq M \\ M & \text{falls } M < S \end{cases}$$

Anstelle der festen Prämie $E[S]$ zahlt der Erstversicherer dem Rückversicherer eine von der Schadenlast abhängige Prämie, die durch die Mindestprämie m und die Maximalprämie M beschränkt ist und im Laufe der Abwicklung adjustiert wird. (In der Praxis wird eine Vorausprämie in Höhe der Minimalprämie erhoben und die endgültige Prämie wird nach Ablauf des Versicherungsjahres berechnet.)
(b) Die Verteilung von S ist eine Mischung aus der Dirac–Verteilung $\boldsymbol{\delta}_0$ und der Pareto–Verteilung $\mathbf{Par}^*(5, \beta)$. Es gilt

$$\begin{aligned} 4 &= E[S] \\ &= \int_0^{\infty} P[S > s]\, ds \\ &= \int_0^{\infty} 0.8 \left(\frac{5}{5+s}\right)^{\beta} ds \\ &= 0.8\, \frac{5}{\beta - 1} \int_0^{\infty} \frac{\beta - 1}{5} \left(\frac{5}{5+s}\right)^{\beta} ds \\ &= \frac{4}{\beta - 1} \end{aligned}$$

und damit $\beta = 2$. Daher gilt für alle $c > 0$

$$E[S \wedge c] = \int_0^c P[S > s]\, ds = \int_0^c 0.8 \left(\frac{5}{5+s}\right)^2 ds = 4 - \frac{20}{5+c}$$

Daraus folgt wegen $m = 3$

$$\begin{aligned}
4 &= E[G] \\
&= m + E[S \wedge M] - E[S \wedge m] \\
&= 3 + E[S \wedge M] - E[S \wedge 3] \\
&= 3 + \left(4 - \frac{20}{5+M}\right) - \left(4 - \frac{20}{5+3}\right)
\end{aligned}$$

und damit $M = 25/3$.

21.I Aufgabe (DAV–Klausur 2012/7)

Ein Versicherungsbestand wird durch ein kollektives Modell $\langle N, \{X_j\}_{j\in\mathbb{N}}\rangle$ mit dem Gesamtschaden

$$S := \sum_{j=1}^{N} X_j$$

beschrieben. Für diesen Bestand wird eine Einzelschadenexzedentenrückversicherung mit der Priorität M vereinbart, bei dem der Rückversicherer bei jedem Schaden mit $X > M$ den Betrag $X - M$ bezahlt.

(a) Geben Sie eine Formel für die Nettorisikoprämie des Rückversicherers an.

(b) Berechnen Sie die Nettorisikoprämie des Rückversicherers als Funktion von M für den Fall, dass $E[N] = 1$ gilt und die Schadenhöhen X_k eine amerikanische Pareto–Verteilung mit der Dichtefunktion f mit

$$f(x) := 3\,(1+x)^{-4}\,\chi_{(0,\infty)}(x)$$

besitzen.

(c) Betrachten Sie den Fall $E[N] = 1$ und $M = 1$. Wie verändert sich die Nettorisikoprämie des Rückversicherers unter (b), wenn jeder Schaden der Höhe X auf $1.03\,X$ anwächst? Warum erhöht sich die Nettorisikoprämie des Rückversicherers um mehr als 3%.

Lösung:

(a) Für den Rückversicherer liegt das kollektive Modell $\langle N, \{(X_j - M)^+\}_{j\in\mathbb{N}}\rangle$ vor und der Gesamtschaden des Rückversicherers ist durch

$$S''_M := \sum_{j=1}^{N} (X_j - M)^+$$

gegeben. Nach der ersten Gleichung von Wald gilt daher

$$E[S''_M] = E[N]\,E[(X-M)^+]$$

Dabei gilt

$$E[(X-M)^+] = \int_0^\infty P[(X-M)^+ > x]\,dx = \int_M^\infty P[X > t]\,dt$$

(b) Aus der Annahme an die Verteilung der Schadenhöhe ergibt sich für alle $x \in (0,\infty)$

$$P[X \le x] = 1 - (1+x)^{-3}$$

und damit

$$P[X > x] = (1+x)^{-3}$$

Mit $E[N] = 1$ ergibt sich daraus

$$\begin{aligned} E[S''_M] &= E[N]\,E[(X-M)^+] \\ &= E[(X-M)^+] \\ &= \int_M^\infty P[X > t]\,dt \\ &= \int_M^\infty (1+t)^{-3}\,dt \\ &= \frac{1}{2}\,(1+M)^{-2} \end{aligned}$$

(c) Für $M = 1$ ergibt sich aus (b)

$$E[S''_1] = \frac{1}{2}\cdot(1+1)^{-2} = 0.125$$

Unter Berücksichtigung der Inflation liegt für den Rückversicherer das kollektive Modell $\langle N, \{(1.03\,X_j - M)^+\}_{j\in\mathbb{N}}\rangle$ vor und der Gesamtschaden des Rückversicherers ist durch

$$S^{*\prime\prime}_M := \sum_{j=1}^N (1.03\,X_j - M)^+$$

gegeben. Mit $E[N] = 1$ und unter Verwendung von (b) ergibt sich daraus

$$\begin{aligned} E[S^{*\prime\prime}_M] &= E[N]\,E[(1.03\,X - M)^+] \\ &= E[(1.03\,X - M)^+] \\ &= 1.03\,E\left[\left(X - \frac{M}{1.03}\right)^+\right] \\ &= 1.03\cdot\frac{1}{2}\left(1 + \frac{M}{1.03}\right)^{-2} \\ &= \frac{1}{2}\,\frac{1.03^3}{(1.03+M)^2} \end{aligned}$$

und für $M = 1$ erhält man

$$E[S_1^{*\prime\prime}] = \frac{1}{2} \cdot \frac{1.03^3}{2.03^2} = 0.13258$$

Wegen

$$1.03\, E[S_1''] = 1.03 \cdot 0.125 = 0.12875 < 0.13258 = E[S_1^{*\prime\prime}]$$

steigt die Nettorisikoprämie des Rückversicherers um mehr als 3%. Dies ist darauf zurückzuführen, dass die Priorität M aufgrund der Inflation mit größerer Wahrscheinlichkeit überschritten wird.

21.J Aufgabe (DAV–Klausur 2012/8)

Wir betrachten ein Risiko mit Schadenzahl N und Schadenhöhen X_j, wobei alle Schadenvariablen unabhängig sind. Die Verteilung der Schadenzahl ist gegeben durch

n	0	1	2
$P[N = n]$	0.50	0.25	0.25

und die Verteilung der Schadenhöhen ist gegeben durch

x	100	150	1000
$P[X = x]$	0.5	0.4	0.1

Der Versicherer verlangt eine Bruttoprämie von 200. Die Bruttoprämie setzt sich zusammen aus der Nettorisikoprämie in Höhe von 157.50 sowie einem Sicherheitszuschlag und der Abschlussprovision. Um das Produkt attraktiver zu machen, führt er eine Selbstbeteiligung in Höhe von 100 pro Schaden ein und gewährt eine Beitragsrückerstattung in Höhe von 100, wenn kein Schaden gemeldet wird.

(a) Bestimmen Sie die Nettorisikoprämie für den Vertrag mit Selbstbehalt und Beitragsrückerstattung für den Fall, dass ein Schaden genau dann gemeldet wird, wenn die Schadenhöhe größer ist als 100.

(b) Wie wird sich ein rationaler Versicherungsnehmer verhalten, wenn er am Ende der Versicherungsperiode entscheiden kann, welche Schäden er meldet?

(c) Ist dieses Produkt für den Versicherer eine Verbesserung gegenüber dem ursprünglichen Produkt? Neben Sie an, dass der Sicherheitszuschlag und die Abschlussprovision unverändert bleiben.

Lösung: Es gilt

$$E[N] = 0.75$$
$$E[X] = 210$$

Für den ursprünglichen Vertrag gilt für den Gesamtschaden

$$S := \sum_{j=1}^{N} X_j$$

nach der ersten Gleichung von Wald

$$E[S] = E[N]\,E[X] = 0.75 \cdot 210 = 157.50$$

(a) Wir betrachten nun den Vertrag mit Selbstbehalt und Beitragsrückerstattung und nehmen an, dass ein Schaden genau dann gemeldet wird, wenn er größer ist als 100. Bezeichnet man mit N^* die Anzahl der gemeldeten Schäden und mit X_j^* die Schadenhöhen der gemeldeten Schäden, so erhält man ein kollektives Modell $\langle N^*, \{X_j^*\}_{j\in\mathbb{N}}\rangle$ und unter Berücksichtigung des Selbstbehaltes und der Beitragsrückerstattung ergibt sich die Versicherungsleistung

$$S^* := \sum_{j=1}^{N^*}(X_j^* - 100) + 100\,\chi_{\{N^*=0\}}$$

Da die Schäden der Höhe 100 nicht gemeldet werden, gilt

$$\sum_{j=1}^{N^*}(X_j^* - 100) = \sum_{j=1}^{N}(X_j - 100)$$

und damit

$$S^* = \sum_{j=1}^{N}(X_j - 100) + 100\,\chi_{\{N^*=0\}}$$

Die Nettorisikoprämie ist daher durch

$$E[S^*] = E[N]\,E[X-100] + 100\,P[N^* = 0]$$

gegeben. Es gilt

$$\begin{aligned}\{N^* = 0\} &= \{N = 0\}\\ &\quad + \{N = 1\} \cap \{X_1 = 100\}\\ &\quad + \{N = 2\} \cap \{X_1 = 100\} \cap \{X_2 = 100\}\end{aligned}$$

und aus den Unabhängigkeitsannahmen ergibt sich

$$\begin{aligned}P[N^* = 0] &= P[N = 0]\\ &\quad + P[N = 1]\,P[X_1 = 100]\\ &\quad + P[N = 2]\,P[X_1 = 100]\,P[X_2 = 100]\\ &= 0.50 + 0.25 \cdot 0.5 + 0.25 \cdot 0.5 \cdot 0.5\\ &= 0.6875\end{aligned}$$

Daher gilt

$$\begin{aligned} E[S^*] &= E[N]\,E[X-100] + 100\,P[N^* = 0] \\ &= 0.75 \cdot (210-100) + 100 \cdot 0.6875 \\ &= 151.25 \end{aligned}$$

(b) Bei Vorliegen eines einzigen Schadens wird ein rationaler Versicherungsnehmer den Schaden nur dann melden, wenn die Schadenhöhe 1000 ist. Bei Vorliegen von zwei Schäden wird er jeden Schaden der Höhe 1000 melden und einen Schaden der Höhe 150 genau dann melden, wenn die Schadenhöhe des anderen Schadens 1000 ist.

(c) Bei rationalem Verhalten des Versicherungsnehmers erhöht sich die Versicherungsleistung um 50, wenn entweder genau ein Schaden vorliegt und die Schadenhöhe 150 ist oder aber zwei Schäden vorliegen und eine der Schadenhöhen 150 und die andere 100 ist. Für dieses Ereignis G gilt

$$\begin{aligned} G = &\{N = 1\} \cap \{X_1 = 150\} \\ &+ \{N = 2\} \cap \{X_1 = 150\} \cap \{X_2 = 100\} \\ &+ \{N = 2\} \cap \{X_1 = 100\} \cap \{X_2 = 150\} \end{aligned}$$

und damit

$$\begin{aligned} P[G] = &\, P[N = 1]\,P[X_1 = 150] \\ &+ P[N = 2]\,P[X_1 = 150]\,P[X_2 = 100] \\ &+ P[N = 2]\,P[X_1 = 100]\,P[X_2 = 150] \\ = &\, 0.25 \cdot 0.4 + 0.25 \cdot 0.4 \cdot 0.5 + 0.25 \cdot 0.5 \cdot 0.4 \\ = &\, 0.2 \end{aligned}$$

Bei rationalem Verhalten des Versicherungsnehmers erhöht sich daher die Nettorisikoprämie um $50 \cdot 0.2 = 10$. Für den Versicherer stellt dieses Produkt daher keine Verbesserung gegenüber dem ursprünglichen Produkt dar.

21.K Aufgabe (DAV–Klausur 2013/7)

Der Gesamtschaden X eines Risikos des Versicherers A besitzt die folgende Verteilung:

$$P[X = 0] = 0.90, \qquad P[X = 500] = 0.09, \qquad P[X = 3000] = 0.01$$

Für dieses Risiko schließt der Versicherer A mit dem Versicherer B einen Stop–Loss Vertrag mit Priorität $M := 500$ und Limit $L := 2000$ ab, und Versicherer B schließt für das übernommene Risiko mit Versicherer B' einen Stop–Loss Vertrag mit Priorität $M' := 500$ und Limit $L' := 1000$ ab.

(a) Wie wird der Gesamtschaden X zwischen den Versicherern A, B und B' aufgeteilt?
(b) Bestimmen Sie die Varianz von X.
(c) Bestimmen Sie die Varianzen der Zahlungen der drei Versicherer und vergleichen Sie das Ergebnis mit dem von (b).
(d) Bestimmen Sie eine Risikoteilung $X = X_A + X_B + X_{B'}$ mit

$$\text{var}[X_A] + \text{var}[X_B] + \text{var}[X_{B'}] = \text{var}[X]/3$$

Lösung:

(a) Der Versicherer B übernimmt vom Versicherer A das Risiko

$$Y := (X - 500)^+ \wedge 2000$$

Damit verbleibt beim Versicherer A das Risiko

$$X_A := X - Y = X - (X-500)^+ \wedge 2000$$

Der Versicherer B' übernimmt vom Versicherer B das Risiko

$$Y' := (Y-500)^+ \wedge 1000 = \Big((X-500)^+ \wedge 2000 - 500\Big)^+ \wedge 1000$$

Damit verbleibt beim Versicherer B das Risiko

$$\begin{aligned} X_B &:= Y - Y' \\ &= (X-500)^+ \wedge 2000 - \Big((X-500)^+ \wedge 2000 - 500\Big)^+ \wedge 1000 \end{aligned}$$

und der Versicherer B' übernimmt das Risiko

$$X_{B'} = \Big((X-500)^+ \wedge 2000 - 500\Big)^+ \wedge 1000$$

(b) Es gilt

$$\begin{aligned} E[X] &= 75 \\ E[X^2] &= 112'500 \\ \text{var}[X] &= 106'875 \end{aligned}$$

(c) Mit

$$\begin{aligned} x_A &:= x - (x-500)^+ \wedge 2000 \\ x_B &:= (x-500)^+ \wedge 2000 - ((x-500)^+ \wedge 2000-500)^+ \wedge 1000 \\ x_{B'} &:= ((x-500)^+ \wedge 2000-500)^+ \wedge 1000 \end{aligned}$$

gilt

x	$P[X=x]$	x_A	x_B	$x_{B'}$
0	0.90	0	0	0
500	0.09	500	0	0
3000	0.01	1000	1000	1000

Daraus folgt

$$\begin{aligned} E[X_A] &= 55 \\ E[X_A^2] &= 32'500 \\ \text{var}[X_A] &= 29'475 \end{aligned}$$

sowie

$$\begin{aligned} E[X_B] &= 10 \\ E[X_B^2] &= 10'000 \\ \text{var}[X_B] &= 9'900 \end{aligned}$$

und

$$\text{var}[X_{B'}] = 9'900$$

Es gilt also

$$\begin{aligned} \text{var}[X_A] + \text{var}[X_B] + \text{var}[X_{B'}] &= 29'475 + 9'900 + 9'900 \\ &< 106'875 \\ &= \text{var}[X] \end{aligned}$$

(d) Im Fall $X_A = X_B = X_{B'} := X/3$ gilt

$$\text{var}[X_A] + \text{var}[X_B] + \text{var}[X_{B'}] = 3\,\text{var}[X/3] = \text{var}[X]/3$$

21.L Aufgabe (DAV–Klausur 2014/8)

Ein Erstversicherer übernimmt ein Risiko $S = \sum_{j=1}^{N} X_j$ mit Schadenzahl N und Einzelschäden X_j, bei dem eine Selbstbeteiligung des Versicherungsnehmers in Höhe von 300 pro Schaden vereinbart ist. Für dieses Risiko kann der Erstversicherer eine Einzelschadenexzedentenrückversicherung mit Priorität M abschließen, bei der der Rückversicherer bei einer Schadenzahlung Y des Erstversicherers den M übersteigenden Teil $(Y-M)^+$ übernimmt.
Berechnen Sie den erwarteten Gewinn des Erstversicherers mit und ohne Rückversicherung unter den folgenden Annahmen:

- N ist Poisson–verteilt mit Erwartungswert 0.2.
- für die Einzelschäden gilt

$$P[X_j = 500] = 0.8 \qquad \text{und} \qquad P[X_j = 1000] = P[X_j = 5000] = 0.1$$

- Es gilt $M = 1000$.
- Die Erstversicherungsprämie ist 200.
- Die Rückversicherungsprämie beträgt 80.

Betrachten Sie hierbei den Gewinn als Differenz der Prämien und der Zahlungen, ohne Berücksichtigung von Kosten, Steuern und Zinserträgen.

Lösung: Der Gewinn ohne Rückversicherung ist wegen $X \geq 300$ durch

$$G_{\text{ohne}} := 200 - \sum_{j=1}^{N} (X_j - 300)$$

gegeben und daraus ergibt sich

$$\begin{aligned} E[G_{\text{ohne}}] &= E\left[200 - \sum_{j=1}^{N} (X_j - 300)\right] \\ &= 200 - E\left[\sum_{j=1}^{N} (X_j - 300)\right] \\ &= 200 - E[N]\, E[X - 300] \\ &= 200 - E[N]\, \Big(E[X] - 300\Big) \\ &= 200 - 0.2 \cdot (1000 - 300) \\ &= 60 \end{aligned}$$

Der Gewinn mit Rückversicherung ist durch

$$\begin{aligned} G_{\text{mit}} := G_{\text{ohne}} + \left(\sum_{j=1}^{N} \Big((X_j - 300) - 1000\Big)^+ - 80\right) \\ = G_{\text{ohne}} + 3700 \sum_{j=1}^{N} \chi_{\{X_j = 5000\}} - 80 \end{aligned}$$

gegeben und daraus ergibt sich

$$\begin{aligned} E[G_{\text{mit}}] &= E\left[G_{\text{ohne}} + 3700 \sum_{j=1}^{N} \chi_{\{X_j = 5000\}} - 80\right] \\ &= E[G_{\text{ohne}}] + 3700\, E\left[\sum_{j=1}^{N} \chi_{\{X_j = 5000\}}\right] - 80 \\ &= E[G_{\text{ohne}}] + 3700\, E[N]\, P[X = 5000] - 80 \\ &= 60 + 3700 \cdot 0.2 \cdot 0.1 - 80 \\ &= 54 \end{aligned}$$

Anhang

H.-W. Goelden et al., *Schadenversicherungsmathematik*, DOI 10.1007/978-3-662-48860-7

A

Maß- und Integrationstheorie

Maß und Integral bilden die unverzichtbaren Grundlagen der modernen Wahrscheinlichkeitstheorie.

In diesem Anhang stellen wir die grundlegenden Begriffe und Ergebnisse der Maßtheorie (Abschnitt A.1) und der darauf aufbauenden Integrationstheorie (Abschnitt A.2) bereit. Die Darstellung ist bewusst knapp gehalten, und viele Begriffe und Ergebnisse, die inhaltlich zur Maß- und Integrationstheorie gehören, aber in diesem Buch nur in der Wahrscheinlichkeitstheorie Anwendung finden, werden im Anhang B zur Wahrscheinlichkeitstheorie behandelt. Für eine ausführliche Darstellung der Maß- und Integrationstheorie verweisen wir auf Schmidt [2011].

A.1 Maßtheorie

Wir betrachten eine nichtleere Menge Ω und ihre Potenzmenge 2^Ω. Für $A, B \in 2^\Omega$ setzen wir

$$\begin{aligned} \overline{A} &:= \{\omega \in \Omega \mid \omega \notin A\} \\ A \setminus B &:= \{\omega \in A \mid \omega \notin B\} \end{aligned}$$

und nennen $\overline{A}$ das *Komplement* von A und $A \setminus B$ das *relative Komplement* von B in A. Es gilt $\overline{A} = \Omega \setminus A$. Zwei Mengen $A, B \in 2^\Omega$ heißen *disjunkt*, wenn $A \cap B = \emptyset$ gilt, und in diesem Fall schreiben wir

$$A + B$$

anstelle von $A \cup B$. Allgemeiner heißt eine Familie $\{A_i\}_{i \in I} \subseteq 2^\Omega$ mit einer beliebigen Indexmenge I *disjunkt*, wenn für alle $i, j \in I$ mit $i \neq j$ die Gleichung $A_i \cap A_j = \emptyset$ gilt, und in diesem Fall schreiben wir

$$\sum_{i \in I} A_i$$

anstelle von $\bigcup_{i \in I} A_i$.

Mengensysteme

Ein *Mengensystem* auf Ω ist eine Teilmenge der Potenzmenge von Ω.

Ein Mengensystem $\mathcal{F} \subseteq 2^\Omega$ heißt *σ–Algebra* auf Ω, wenn es die folgenden Eigenschaften besitzt:
(i) Es gilt $\Omega \in \mathcal{F}$.
(ii) Für alle $A \in \mathcal{F}$ gilt $\overline{A} \in \mathcal{F}$.
(iii) Für jede Folge $\{A_n\}_{n\in\mathbb{N}} \subseteq \mathcal{F}$ gilt $\bigcup_{n=1}^\infty A_n \in \mathcal{F}$.
Offensichtlich ist jedes der Mengensysteme 2^Ω und $\{\emptyset, \Omega\}$ sowie $\{\emptyset, A, \overline{A}, \Omega\}$ mit $A \in 2^\Omega \setminus \{\emptyset, \Omega\}$ eine σ–Algebra.

A.1.1 Lemma. *Sei $\mathcal{F}$ eine σ–Algebra.*
(1) *Es gilt $\emptyset \in \mathcal{F}$.*
(2) *Für alle $A, B \in \mathcal{F}$ gilt $A \cup B, A \cap B, A \setminus B \in \mathcal{F}$.*
(3) *Für jede Folge $\{A_n\}_{n\in\mathbb{N}} \subseteq \mathcal{F}$ gilt $\bigcap_{n=1}^\infty A_n \in \mathcal{F}$.*

Im Fall $\Omega := \mathbb{R}^d$ mit $d \in \mathbb{N}$ ist die *Borelsche σ–Algebra*

$$\mathcal{B}(\mathbb{R}^d)$$

von besonderem Interesse. Sie ist die kleinste σ–Algebra, die alle halboffenen Intervalle

$$(\mathbf{a}, \mathbf{b}] := \Bigl\{ \mathbf{x} \in \mathbb{R}^d \Bigm| a_i < x_i \leq b_i \text{ für alle } i \in \{1, \ldots, d\} \Bigr\}$$

mit $\mathbf{a}, \mathbf{b} \in \mathbb{R}^d$ und $\mathbf{a} \leq \mathbf{b}$ enthält.[1] Dabei bezeichnet $\leq$ die *natürliche Ordnungsrelation* auf $\mathbb{R}^d$, die dadurch definiert ist, dass $\mathbf{a} \leq \mathbf{b}$ genau dann gilt, wenn für alle Koordinaten $a_i \leq b_i$ gilt.

Im Fall $\Omega := \overline{\mathbb{R}} = [-\infty, \infty]$ ist die *Borelsche σ–Algebra*

$$\mathcal{B}(\overline{\mathbb{R}})$$

von Interesse. Sie ist die kleinste σ–Algebra, die alle halboffenen Intervalle

$$(a, b] := \Bigl\{ x \in \overline{\mathbb{R}} \Bigm| a < x \leq b \Bigr\}$$

mit $a, b \in \overline{\mathbb{R}}$ und $a \leq b$ enthält.

[1] Dies ist nicht die Definition, sondern eine Eigenschaft der Borelschen σ–Algebra $\mathcal{B}(\mathbb{R}^d)$. Allgemein ist die Borelsche σ–Algebra auf einem topologischen Raum als die kleinste σ–Algebra definiert, die die Topologie enthält. Auf $\mathbb{R}^d$ sind alle Normen äquivalent, und daher sind alle Topologien auf $\mathbb{R}^d$, die von einer Norm erzeugt werden, identisch. Die Borelsche σ–Algebra $\mathcal{B}(\mathbb{R}^d)$ ist definiert als die kleinste σ–Algebra, die die von einer beliebigen Norm erzeugte Topologie enthält.

Ist auch Ω' eine nichtleere Menge und ist $f : \Omega \to \Omega'$ eine Abbildung, so heißt für $A' \subseteq \Omega'$ die Menge

$$f^{-1}(A') := \Big\{\omega \in \Omega \,\Big|\, f(\omega) \in A'\Big\}$$

das *Urbild* von A' unter f und für $\mathcal{F}' \subseteq 2^{\Omega'}$ heißt das Mengensystem

$$f^{-1}(\mathcal{F}') := \Big\{A \in \mathcal{F} \,\Big|\, A = f^{-1}(A') \text{ für ein } A' \in \mathcal{F}'\Big\}$$

das Urbild von $\mathcal{F}'$ unter f.

Für eine Funktion $f : \Omega \to \mathbb{R}$ und $a, b \in \mathbb{R}$ mit $a \leq b$ setzen wir

$$\{a < f \leq b\} := \Big\{\omega \in \Omega \,\Big|\, a < f(\omega) \leq b\Big\}$$

Dann gilt $\{a < f \leq b\} = f^{-1}((a, b])$. Analog definieren wir die Mengen $\{a < f\}$, $\{a \leq f\}$, $\{a = f\}$ etc., und entsprechende Bezeichnungen verwenden wir auch für Abbildungen $\Omega \to \overline{\mathbb{R}}$ und $\Omega \to \mathbb{R}^d$.

Messräume

Ist $\mathcal{F} \subseteq 2^\Omega$ eine σ–Algebra, so bezeichnen wir das Paar

$$(\Omega, \mathcal{F})$$

als *Messraum*.

Ist $(\Omega, \mathcal{F})$ ein Meßraum, so heißt eine Menge $A \in 2^\Omega$ *messbar*, wenn $A \in \mathcal{F}$ gilt, und ist auch $(\Omega', \mathcal{F}')$ ein Messraum, so heißt eine Abbildung $f : \Omega \to \Omega'$ *messbar*, wenn $f^{-1}(\mathcal{F}') \subseteq \mathcal{F}$ gilt.

A.1.2 Lemma. *Seien $(\Omega, \mathcal{F})$ sowie $(\Omega', \mathcal{F}')$ und $(\Omega'', \mathcal{F}'')$ Messräume. Sind $f : \Omega \to \Omega'$ und $g : \Omega' \to \Omega''$ messbar, so ist auch die Abbildung $g \circ f : \Omega \to \Omega''$ messbar.*

Ist $(\Omega, \mathcal{F})$ ein Messraum, so bezieht sich der Begriff der Messbarkeit für eine Funktion $f : \Omega \to \mathbb{R}$ auf den Messraum $(\mathbb{R}, \mathcal{B}(\mathbb{R}))$ und für eine Funktion $f : \Omega \to \overline{\mathbb{R}}$ auf den Messraum $(\overline{\mathbb{R}}, \mathcal{B}(\overline{\mathbb{R}}))$.

Für $A \subseteq 2^\Omega$ heißt die Funktion $\chi_A : \Omega \to \mathbb{R}$ mit

$$\chi_A(\omega) := \begin{cases} 1 & \text{falls } \omega \in A \\ 0 & \text{sonst} \end{cases}$$

die *Indikatorfunktion* von A.

A.1.3 Lemma. *Sei $A \in 2^\Omega$. Dann sind äquivalent:*
(a) *A ist messbar.*
(b) *χ_A ist messbar.*

Für Funktionen $f, g : \Omega \to \mathbb{R}$ und $a, b \in \mathbb{R}$ definieren wir die Funktion $af+bg : \Omega \to \mathbb{R}$ punktweise durch

$$(af+bg)(\omega) := af(\omega) + bg(\omega)$$

und für eine Folge $\{f_n\}_{n\in\mathbb{N}}$ von Funktionen $\Omega \to \mathbb{R}$ definieren wir die Funktionen $\inf_{n\in\mathbb{N}} f_n : \Omega \to \overline{\mathbb{R}}$ und $\sup_{n\in\mathbb{N}} f_n : \Omega \to \overline{\mathbb{R}}$ sowie die Funktionen $\liminf_{n\to\infty} f_n : \Omega \to \overline{\mathbb{R}}$ und $\limsup_{n\to\infty} f_n : \Omega \to \overline{\mathbb{R}}$ punktweise durch

$$\left(\inf_{n\in\mathbb{N}} f_n\right)(\omega) := \inf_{n\in\mathbb{N}} f_n(\omega)$$
$$\left(\sup_{n\in\mathbb{N}} f_n\right)(\omega) := \sup_{n\in\mathbb{N}} f_n(\omega)$$

und

$$\left(\liminf_{n\to\infty} f_n\right)(\omega) := \sup_{n\in\mathbb{N}} \inf_{k\in\mathbb{N}(n)} f_k(\omega)$$
$$\left(\limsup_{n\to\infty} f_n\right)(\omega) := \inf_{n\in\mathbb{N}} \sup_{k\in\mathbb{N}(n)} f_k(\omega)$$

Im Fall $\liminf_{n\to\infty} f_n = \limsup_{n\to\infty} f_n$ heißt die Folge $\{f_n\}_{n\in\mathbb{N}}$ *konvergent* und die Funktion $\lim_{n\to\infty} f_n : \Omega \to \overline{\mathbb{R}}$ mit

$$\lim_{n\to\infty} f_n := \liminf_{n\to\infty} f_n = \limsup_{n\to\infty} f_n$$

wird als *Limes* der Folge $\{f_n\}_{n\in\mathbb{N}}$ bezeichnet.

A.1.4 Lemma. *Sei $(\Omega, \mathcal{F})$ ein Messraum.*

(1) *Sind $f, g : \Omega \to \mathbb{R}$ messbare Funktionen, so ist für alle $a, b \in \mathbb{R}$ auch die Funktion $af+bg$ messbar.*

(2) *Ist $\{f_n\}_{n\in\mathbb{N}}$ eine Folge von messbaren Funktionen $\Omega \to \mathbb{R}$, so sind auch die Funktionen $\inf_{n\in\mathbb{N}} f_n$, $\sup_{n\in\mathbb{N}} f_n$ und $\liminf_{n\to\infty} f_n$, $\limsup_{n\to\infty} f_n$ messbar.*

(3) *Ist $\{f_n\}_{n\in\mathbb{N}}$ eine Folge von messbaren Funktionen $\Omega \to \mathbb{R}$ mit*

$$\liminf_{n\to\infty} f_n = \limsup_{n\to\infty} f_n$$

so ist auch die Funktion $\lim_{n\to\infty} f_n$ messbar.

Ist $(\Omega, \mathcal{F})$ ein Messraum, so ist für eine Abbildung $f : \Omega \to \mathbb{R}^d$ (und damit von $(\Omega, \mathcal{F})$ in den Messraum $(\mathbb{R}^d, \mathcal{B}(\mathbb{R}^d))$) die Messbarkeit von f mit der Messbarkeit ihrer Koordinatenabbildungen $f_i : \Omega \to \mathbb{R}$ (und damit von $(\Omega, \mathcal{F})$ in den Messraum $(\mathbb{R}, \mathcal{B}(\mathbb{R}))$) mit

$$f_i(\omega) := (f(\omega))_i$$

äquivalent:

A.1.5 Lemma. *Sei $(\Omega, \mathcal{F})$ ein Messraum und sei $f : \Omega \to \mathbb{R}^d$ eine Abbildung. Dann sind äquivalent:*
(a) *f ist messbar.*
(b) *Für alle $i \in \{1, \ldots, d\}$ ist die Koordinatenabbildung $f_i : \Omega \to \mathbb{R}$ messbar.*

Für eine Funktion $\mathbb{R} \to \mathbb{R}$ bezieht sich der Begriff der Messbarkeit sowohl im Definitionsbereich als auch im Bildbereich auf die Borelsche σ–Algebra $\mathcal{B}(\mathbb{R})$. Das folgende Lemma zeigt, dass viele Funktionen $\mathbb{R} \to \mathbb{R}$ messbar sind:

A.1.6 Lemma. *Sei $f : \mathbb{R} \to \mathbb{R}$ eine Funktion. Ist f stetig oder monoton oder nimmt f nur abzählbar viele Werte an, so ist f als Abbildung des Messraumes $(\mathbb{R}, \mathcal{B}(\mathbb{R}))$ in sich messbar.*

Maßräume

Sei $(\Omega, \mathcal{F})$ ein Messraum.

Eine Abbildung $\mu : \mathcal{F} \to [0, \infty]$ heißt *Maß* auf $\mathcal{F}$, wenn sie die folgenden Eigenschaften besitzt:
(i) Es gilt $\mu[\emptyset] = 0$.
(ii) Für jede disjunkte Folge $\{A_n\}_{n \in \mathbb{N}} \subseteq \mathcal{F}$ gilt $\mu[\sum_{n=1}^{\infty} A_n] = \sum_{n=1}^{\infty} \mu[A_n]$.
Die Eigenschaft (ii) wird als *σ–Additivität* bezeichnet.

Ist $(\Omega, \mathcal{F})$ ein Messraum und $\mu : \mathcal{F} \to [0, \infty]$ ein Maß, so bezeichnen wir das Tripel

$$(\Omega, \mathcal{F}, \mu)$$

als *Maßraum*.

Ist $(\Omega, \mathcal{F}, \mu)$ ein Maßraum und $(\Omega', \mathcal{F}')$ ein Messraum und ist $f : \Omega \to \Omega'$ eine messbare Abbildung, so ist die Abbildung $\mu_f : \mathcal{F}' \to [0, \infty]$ mit

$$\mu_f[A'] := \mu[f^{-1}(A')]$$

ein Maß; dieses Maß wird als *Bildmaß* von μ unter f bezeichnet.

A.1.7 Lemma. *Sei $(\Omega, \mathcal{F}, \mu)$ ein Maßraum und seien $(\Omega', \mathcal{F}')$ und $(\Omega'', \mathcal{F}'')$ Messräume. Sind $f : \Omega \to \Omega'$ und $g : \Omega' \to \Omega''$ messbar, so gilt $\mu_{g \circ f} = (\mu_f)_g$.*

Im Fall $(\Omega, \mathcal{B}(\mathbb{R}^d))$ gibt es genau ein Maß $\boldsymbol{\lambda}^d : \mathcal{B}(\mathbb{R}^d) \to [0, 1]$ mit der Eigenschaft, dass für jedes halboffene Intervall $(\mathbf{a}, \mathbf{b}]$ mit $\mathbf{a}, \mathbf{b} \in \mathbb{R}^d$ und $\mathbf{a} \leq \mathbf{b}$

$$\boldsymbol{\lambda}^d[(\mathbf{a}, \mathbf{b}]] = \prod_{i=1}^{d} (b_i - a_i)$$

gilt. Das Maß $\boldsymbol{\lambda}^d$ heißt *d–dimensionales Lebesgue–Maß*. Wir setzen

$$\boldsymbol{\lambda} := \boldsymbol{\lambda}^1$$

und bezeichnen das eindimensionale Lebesgue–Maß $\boldsymbol{\lambda}$ kurz als *Lebesgue–Maß*.

A.2 Integrationstheorie

Sei $(\Omega, \mathcal{F}, \mu)$ ein Maßraum.

Mit Hilfe des Maßes μ lässt sich für viele messbare Funktionen ein Integral konstruieren, das angenehme Konvergenzeigenschaften besitzt und außerdem im Fall $(\Omega, \mathcal{F}, \mu) = (\mathbb{R}, \mathcal{B}(\mathbb{R}), \boldsymbol{\lambda})$ in einer engen Beziehung zum Riemann–Integral steht.

Konstruktion des Integrals

Die Konstruktion des Integrals erfolgt in mehreren Schritten.

Für eine Indikatorfunktion χ_A mit $A \in \mathcal{F}$ setzen wir

$$\int_\Omega \chi_A(\omega)\, d\mu(\omega) := \mu[A]$$

Damit ist das Integral für messbare Indikatorfunktionen definiert.

Eine Funktion $f : \Omega \to \mathbb{R}$ heißt *einfach*, wenn sie messbar ist und nur endlich viele Werte annimmt, also das Bild $f(\Omega)$ von Ω unter f endlich ist.

Für eine positive einfache Funktion $f : \Omega \to \mathbb{R}_+$ gilt

$$f = \sum_{a \in f(\Omega)} \chi_{\{f=a\}}$$

und wir setzen

$$\int_\Omega f(\omega)\, d\mu(\omega) := \sum_{a \in f(\Omega)} a\, \mu[f = a]$$

Damit ist das Integral für positive einfache Funktionen definiert.

Für eine beliebige positive messbare Funktion $f : \Omega \to \mathbb{R}_+$ setzen wir

$$\int_\Omega f(\omega)\, d\mu(\omega) := \sup\left\{ \int_\Omega g(\omega)\, d\mu(\omega) \,\middle|\, g \text{ ist einfach mit } 0 \leq g \leq f \right\}$$

Damit ist das Integral für beliebige positive messbare Funktionen definiert.

Wir betrachten abschließend beliebige messbare Funktionen $f : \Omega \to \mathbb{R}$. Die Funktionen $f^+, f^-, |f| : \Omega \to \mathbb{R}$ mit

$$\begin{aligned} f^+(\omega) &:= \max\{f(\omega), 0\} \\ f^-(\omega) &:= \max\{-f(\omega), 0\} \\ |f|(\omega) &:= \max\{f(\omega), -f(\omega)\} = |f(\omega)| \end{aligned}$$

sind messbar und positiv, und es gilt

$$\begin{aligned} f &= f^+ - f^- \\ |f| &= f^+ + f^- \end{aligned}$$

Wir bezeichnen f^+ als *Positivteil*, f^- als *Negativteil* und $|f|$ als *Betrag* von f.

Eine messbare Funktion $f : \Omega \to \mathbb{R}$ heißt *integrierbar*, wenn

$$\max\left\{\int_\Omega f^+(\omega)\, d\mu(\omega), \int_\Omega f^-(\omega)\, d\mu(\omega)\right\} < \infty$$

gilt, und in diesem Fall setzen wir

$$\int_\Omega f(\omega)\, d\mu(\omega) := \int_\Omega f^+(\omega)\, d\mu(\omega) - \int_\Omega f^-(\omega)\, d\mu(\omega)$$

Eine messbare Funktion ist genau dann integrierbar, wenn

$$\int_\Omega |f|(\omega)\, d\mu(\omega) < \infty$$

gilt.

Das für eine positive messbare oder eine integrierbare Funktion f definierte Integral $\int_\Omega f(\omega)\, d\mu(\omega)$ wird als *Lebesgue–Integral* (bezüglich μ) bezeichnet. Im Fall $(\Omega, \mathcal{F}, \mu) = (\mathbb{R}, \mathcal{B}(\mathbb{R}), \boldsymbol{\lambda})$ erhält man das Lebesgue–Integral bezüglich dem Lebesgue–Maß; im allgemeinen Fall hat aber das Lebesgue–Integral mit dem Lebesgue–Maß nichts zu tun.

A.2.1 Lemma. *Seien $f, g : \Omega \to \mathbb{R}$ messbare Funktionen.*

(1) *Sind f und g positiv, so gilt für alle $a, b \in \mathbb{R}_+$*

$$\int_\Omega (af+bg)(\omega)\, d\mu(\omega) = a \int_\Omega f(\omega)\, d\mu(\omega) + b \int_\Omega g(\omega)\, d\mu(\omega)$$

(2) *Sind f und g integrierbar, so ist für alle $a, b \in \mathbb{R}$ auch $af+bg$ integrierbar und es gilt*

$$\int_\Omega (af+bg)(\omega)\, d\mu(\omega) = a \int_\Omega f(\omega)\, d\mu(\omega) + b \int_\Omega g(\omega)\, d\mu(\omega)$$

(3) *Sind f und g positiv oder integrierbar mit $f \leq g$, so gilt*

$$\int_\Omega f(\omega)\, d\mu(\omega) \leq \int_\Omega g(\omega)\, d\mu(\omega)$$

Zur Vereinfachung der Notation setzen wir für eine positive oder integrierbare Funktion $f : \Omega \to \bar{\mathbb{R}}$ und eine (messbare) Menge $A \in \mathcal{F}$

$$\int_A f(\omega)\, d\mu(\omega) := \int_\Omega f(\omega)\chi_A(\omega)\, d\mu(\omega)$$

Ist f positiv, so ist die Abbildung $\nu : \mathcal{F} \to [0, \infty]$ mit

$$\nu[A] := \int_A f(\omega)\, d\mu(\omega)$$

ein Maß und wir schreiben kurz

$$\nu := \int f(\omega)\, d\mu(\omega)$$

Das Maß ν ist *absolutstetig* bezüglich μ, denn für alle $A \in \mathcal{F}$ mit $\mu[A] = 0$ gilt $\nu[A] = 0$, und die Funktion f heißt *Dichte* von ν bezüglich μ.

Konvergenzsätze

Ein grundlegendes Problem jeder Definition eines Integrals besteht in der Übertragung der Konvergenz einer Folge von Funktionen auf die Konvergenz ihrer Integrale. Für das Lebesgue–Integral gibt es zwei Konvergenzsätze, die dies gewährleisten.

Der folgende Satz über die monotone Konvergenz ist das zentrale Ergebnis der Integrationstheorie für das Lebesgue–Integral:

A.2.2 Satz (Satz über die monotone Konvergenz). *Sei $\{f_n\}_{n\in\mathbb{N}}$ eine monoton wachsende Folge von positiven messbaren Funktionen. Dann gilt*

$$\int_\Omega \left(\sup_{n\in\mathbb{N}} f_n\right)(\omega)\, d\mu(\omega) = \sup_{n\in\mathbb{N}} \int_\Omega f_n(\omega)\, d\mu(\omega)$$

Aus dem Satz über die monotone Konvergenz ergibt sich eine Darstellung des Integrals einer unendlichen Reihe von positiven messbaren Funktionen:

A.2.3 Folgerung. *Sei $\{g_n\}_{n\in\mathbb{N}}$ eine Folge von positiven messbaren Funktionen. Dann gilt*

$$\int_\Omega \left(\sum_{n=1}^\infty g_n\right)(\omega)\, d\mu(\omega) = \sum_{n=1}^\infty \int_\Omega g_n(\omega)\, d\mu(\omega)$$

Der zweite Konvergenzsatz ist der Satz über die majorisierte Konvergenz:

A.2.4 Satz (Satz über die majorisierte Konvergenz). *Sei* $\{f_n\}_{n\in\mathbb{N}}$ *eine konvergente Folge von messbaren Funktionen. Ist* $\sup_{n\in\mathbb{N}} |f_n|$ *integrierbar, so ist auch* $\lim_{n\to\infty} f_n$ *integrierbar und es gilt*

$$\int_\Omega \left(\lim_{n\to\infty} f_n\right)(\omega)\, d\mu(\omega) = \lim_{n\to\infty} \int_\Omega f_n(\omega)\, d\mu(\omega)$$

Aufgrund der Sätze über die monotone Konvergenz und über die majorisierte Konvergenz besitzt das Lebesgue–Integral sehr angenehme Konvergenzeigenschaften.

Beziehung zwischen Lebesgue–Integral und Riemann–Integral

Zur Berechnung des Lebesgue–Integrals einer messbaren Funktion $\mathbb{R} \to \mathbb{R}$ muss man in den meisten Fällen auf das Riemann–Integral oder das uneigentliche Riemann–Integral zurückgreifen.

Für ein Intervall $J \subseteq \mathbb{R}$ und eine Funktion $f : J \to \mathbb{R}$ betrachten wir im Definitionsbereich den Maßraum $(J, \mathcal{B}(J), \boldsymbol{\lambda}|_{\mathcal{B}(J)})$ mit der σ–Algebra

$$\mathcal{B}(J) := \left\{A \in 2^J \;\middle|\; A = J \cap B \text{ für ein } B \in \mathcal{B}(\mathbb{R})\right\}$$

und der Restriktion $\boldsymbol{\lambda}|_{\mathcal{B}(J)}$ des Lebesgue–Maßes auf $\mathcal{B}(J)$.

A.2.5 Satz. *Sei* $f : [a,b] \to \mathbb{R}$ *Riemann–integrierbar und messbar. Dann ist* f *integrierbar und es gilt*

$$\int_{[a,b]} f(x)\, d\boldsymbol{\lambda}(x) = \int_a^b f(x)\, dx$$

Desweiteren gilt für positive messbare reelle Funktionen auf einem offenen Intervall der folgende Satz:

A.2.6 Satz. *Sei* $f : (a,b) \to \mathbb{R}$ *eine positive messbare Funktion derart, dass für jedes Intervall* $[c,d] \subseteq J$ *die Funktion* $f|_J$ *Riemann–integrierbar ist. Dann sind folgende Aussagen äquivalent:*
(a) f *ist uneigentlich Riemann–integrierbar.*
(b) f *ist integrierbar.*
In diesem Fall gilt

$$\int_{(a,b)} f(x)\, d\boldsymbol{\lambda}(x) = \int_a^b f(x)\, dx$$

In diesem Satz sind die Werte $a = -\infty$ und $b = \infty$ zugelassen.

B

Wahrscheinlichkeitstheorie

Die Wahrscheinlichkeit befasst sich mit der Konstruktion und der Untersuchung mathematischer Modelle zur Beschreibung des Zufalls. Sie beruht auf der Maß- und Integrationstheorie.

In diesem Anhang stellen wir die grundlegenden Begriffe und Ergebnisse der Wahrscheinlichkeitstheorie bereit. Auch hier ist die Darstellung bewusst knapp gehalten. Für eine ausführliche Darstellung der Wahrscheinlichkeitstheorie verweisen wir auf Schmidt [2011].

B.1 Wahrscheinlichkeit

Wir betrachten eine nichtleere *Grundmenge* Ω und eine σ–Algebra $\mathcal{F} \subseteq 2^\Omega$, also einen Messraum $(\Omega, \mathcal{F})$. Eine Teilmenge $A \subseteq \Omega$ heißt *Ereignis*, wenn $A \in \mathcal{F}$ gilt.

Eine Abbildung $P : \mathcal{F} \to \mathbb{R}$ heißt *Wahrscheinlichkeitsmaß* (auf $\mathcal{F}$), wenn sie folgende Eigenschaften besitzt:
(i) Für alle $A \in \mathcal{F}$ gilt $0 \leq P[A] \leq 1$.
(ii) Es gilt $P[\Omega] = 1$.
(iii) Für jede disjunkte Folge $\{A_n\}_{n\in\mathbb{N}} \subseteq \mathcal{F}$ gilt $P[\sum_{n=1}^\infty A_n] = \sum_{n=1}^\infty P[A_n]$.
Für $A \in \mathcal{F}$ heißt $P[A]$ die *Wahrscheinlichkeit* von A.

Jedes Wahrscheinlichkeitsmaß ist ein Maß. Wahrscheinlichkeitsmaße auf $\mathcal{B}(\mathbb{R})$ oder $\mathcal{B}(\mathbb{R}^d)$ werden auch als *Wahrscheinlichkeitsverteilungen* oder kurz als *Verteilungen* bezeichnet.

B.1.1 Satz. *Sei $P : \mathcal{F} \to [0,1]$ ein Wahrscheinlichkeitsmaß.*
(1) *Für alle $A, B \in \mathcal{F}$ gilt $P[A \cup B] = P[A] + P[B] - P[A \cap B]$.*
(2) *Für alle $A, B \in \mathcal{F}$ mit $A \cap B = \emptyset$ gilt $P[A + B] = P[A] + P[B]$.*
(3) *Für alle $A \in \mathcal{F}$ gilt $P[\overline{A}] = 1 - P[A]$.*

(4) *Es gilt* $P[\emptyset] = 0$.
(5) *Für alle* $A, B \in \mathcal{F}$ *mit* $P[B] = 1$ *gilt* $P[A] = P[A \cap B]$.
(6) *Für alle* $A, B \in \mathcal{F}$ *mit* $B \subseteq A$ *gilt* $P[A \setminus B] = P[A] - P[B]$.
(7) *Für alle* $A, B \in \mathcal{F}$ *mit* $B \subseteq A$ *gilt* $P[B] \leq P[A]$.

Ist $(\Omega, \mathcal{F})$ ein Messraum und $P : \mathcal{F} \to [0,1]$ ein Wahrscheinlichkeitsmaß, so bezeichnen wir das Tripel

$$(\Omega, \mathcal{F}, P)$$

als *Wahrscheinlichkeitsraum*.

In der Wahrscheinlichkeitstheorie spielt der Begriff der Unabhängigkeit eine zentrale Rolle. Wir betrachten zunächst die Unabhängigkeit von Ereignissen:

Sei I eine nichtleere Indexmenge und sei $\mathcal{H}(I)$ die Familie aller nichtleeren endlichen Teilmengen von I.

Eine Familie von Ereignissen $\{A_i\}_{i \in I} \subseteq \mathcal{F}$ heißt *unabhängig*, wenn für alle $J \in \mathcal{H}(I)$

$$P\left[\bigcap_{i \in J} A_i\right] = \prod_{i \in J} P[A_i]$$

gilt; anderenfalls heißt sie *abhängig*.

B.1.2 Satz. *Für eine Familie von Ereignissen* $\{A_i\}_{i \in I} \subseteq \mathcal{F}$ *sind äquivalent:*
(a) $\{A_i\}_{i \in I}$ *ist unabhängig.*
(b) *Für jede nichtleere Menge* $K \subseteq I$ *ist* $\{A_i\}_{i \in K}$ *unabhängig.*
(c) *Für alle* $K \in \mathcal{H}(I)$ *ist* $\{A_i\}_{i \in K}$ *unabhängig.*

Aus dem Satz ergibt sich insbesondere, dass je zwei Ereignisse einer unabhängigen Familie von Ereignissen unabhängig sind; die Umkehrung gilt jedoch nicht.

B.1.3 Satz. *Seien* $\{A_i\}_{i \in I} \subseteq \mathcal{F}$ *und* $\{B_i\}_{i \in I} \subseteq \mathcal{F}$ *Familien von Ereignissen mit* $B_i \in \{A_i, \overline{A_i}\}$ *für alle* $i \in I$. *Dann sind äquivalent:*
(a) $\{A_i\}_{i \in I}$ *ist unabhängig.*
(b) $\{B_i\}_{i \in I}$ *ist unabhängig.*

Der Satz besagt, dass für eine Familie von Ereignissen die Unabhängigkeit erhalten bleibt, wenn man beliebig viele Ereignisse durch ihr Komplement ersetzt.

B.2 Zufallsvariable und deren Verteilungen

Eine Abbildung $U : \Omega \to \mathbb{R}$ heißt *Zufallsvariable*, wenn sie messbar ist; dies ist genau dann der Fall, wenn für alle $u \in \mathbb{R}$

$$\{U \leq u\} \in \mathcal{F}$$

gilt. Für eine Zufallsvariable U und $\omega \in \Omega$ heißt die reelle Zahl $U(\omega)$ *Realisation* von U.

Für eine Zufallsvariable $U : \Omega \to \mathbb{R}$ ist die Abbildung $P_U : \mathcal{B}(\mathbb{R}) \to \mathbb{R}$ mit

$$P_U[B] := P[U \in B]$$

ein Wahrscheinlichkeitsmaß auf $\mathcal{B}(\mathbb{R})$ und damit eine Verteilung; dieses Wahrscheinlichkeitsmaß wird auch als *Verteilung von U* bezeichnet.

Für eine Zufallsvariable U heißt die Funktion $F_U : \mathbb{R} \to [0, 1]$ mit

$$F_U(u) := P[U \leq u]$$

die *Verteilungsfunktion* von U. Die Verteilungsfunktion ist monoton wachsend und rechtsseitig stetig mit $\lim_{u\to-\infty} F_U(u) = 0$ und $\lim_{u\to\infty} F_U(u) = 1$. Für alle $u \in \mathbb{R}$ gilt $F_U(u) = P_U[(-\infty, u]]$, und für alle $a, b \in \mathbb{R}$ mit $a \leq b$ gilt $P_U[(a, b]] = F_U(b) - F_U(a)$.

Eine Zufallsvariable U heißt *diskret verteilt* oder kurz *diskret*, wenn es eine abzählbare (also endliche oder abzählbar unendliche) Menge $D \subseteq \mathbb{R}$ gibt mit $P[U \in D] = 1$; in diesem Fall heißt die Funktion $f_U : \mathbb{R} \to \mathbb{R}$ mit

$$f_U(u) := P[U = u]$$

Zähldichte von U und man sagt auch, U sei eine *diskrete Zufallsvariable mit Werten in D*. Für die Verteilungsfunktion von U gilt dann

$$F_U(u) = \sum_{z\in(-\infty,u]\cap D} f_U(z)$$

Diese Funktion ist stückweise konstant und besitzt an den Stellen $u \in \mathbb{R}$ mit $P[U = u] > 0$ Sprünge der Höhe $f_U(u)$. Von besonderem Interesse sind diskrete Zufallsvariable mit Werten in $\mathbb{N}_0$; vgl. Abschnitt C.1.

Eine Zufallsvariable U heißt *absolutstetig verteilt* oder kurz *stetig*, wenn es eine messbare Funktion $f_U : \mathbb{R} \to \mathbb{R}_+$ gibt mit

$$F_U(u) = \int_{(-\infty,u]} f_U(t)\, d\boldsymbol{\lambda}(t)$$

für alle $u \in \mathbb{R}$; in diesem Fall ist die Verteilung von U absolutstetig bezüglich dem Lebesgue–Maß und die Funktion f_U heißt *Dichtefunktion* von U. Von besonderem Interesse sind stetige Zufallsvariable mit einer Dichtefunktion, die auf einem offenen Intervall (a, b) stetig ist und außerhalb dieses Intervalls verschwindet; in diesem Fall sind die Werte $a = -\infty$ und $b = \infty$ zugelassen und es gilt

$$F_U(u) = \int_{-\infty}^{u} f_U(t)\, dt$$

wobei das Integral das uneigentliche Riemann–Integral ist; vgl. Abschnitt C.2.

Eine Abbildung $\mathbf{U} : \Omega \to \mathbb{R}^d$ heißt *Zufallsvektor*, wenn sie messbar ist; nach Lemma A.1.5 ist dies genau dann der Fall, wenn jede ihrer Koordinatenabbildungen $U_1, \ldots, U_d : \Omega \to \mathbb{R}$ eine Zufallsvariable ist. Die für Zufallsvariable eingeführten Begriffe lassen sich ohne Weiteres auf Zufallsvektoren übertragen; die Beschreibung ihrer Eigenschaften ist für $d \geq 2$ jedoch etwas komplizierter als für $d = 1$.

B.3 Unabhängigkeit von Zufallsvariablen

Eine Familie von Zufallsvariablen $\{U_i\}_{i \in I}$ heißt *unabhängig*, wenn für alle $J \in \mathcal{H}(I)$ und für jede Familie $\{B_i\}_{i \in I} \subseteq \mathcal{B}(\mathbb{R})$

$$P\left[\bigcap_{i \in J} \{U_i \in B_i\}\right] = \prod_{i \in J} P[U_i \in B_i]$$

gilt; anderenfalls heißt sie *abhängig*. Die Familie $\{U_i\}_{i \in I}$ ist daher genau dann unabhängig, wenn für jede Familie $\{B_i\}_{i \in I} \subseteq \mathcal{B}(\mathbb{R})$ die Familie der Ereignisse $\{\{U_i \in B_i\}\}_{i \in I}$ unabhängig ist, und dies ist genau dann der Fall, wenn für alle $J \in \mathcal{H}(I)$ und für jede Familie $\{u_i\}_{i \in I} \subseteq \mathbb{R}$

$$P\left[\bigcap_{i \in J} \{U_i \leq u_i\}\right] = \prod_{i \in J} P[U_i \leq u_i]$$

gilt.

Ein Zufallsvektor $\mathbf{U}$ besitzt genau dann unabhängige Koordinaten, wenn für jede Familie $\{B_i\}_{i \in \{1, \ldots, d\}} \subseteq \mathcal{B}(\mathbb{R})$

$$P\left[\bigcap_{i=1}^{n} \{U_i \in B_i\}\right] = \prod_{i=1}^{n} P[U_i \in B_i]$$

gilt, und dies ist genau dann der Fall, wenn für jede Familie $\{u_i\}_{i \in \{1, \ldots, d\}} \subseteq \mathbb{R}$

$$P\left[\bigcap_{i=1}^{n}\{U_i \le u_i\}\right] = \prod_{i=1}^{n} P[U_i \le u_i]$$

gilt.

Für unabhängige Zufallsvariable U und V lässt sich die Verteilung ihrer Summe $U + V$ mit Hilfe der Faltung bestimmen:

Seien U und V Zufallsvariable.

– Sind U und V diskret mit Werten in $\mathbb{Z}$ und den Zähldichten f_U und f_V, so heißt die Funktion $f_U * f_V : \mathbb{R} \to \mathbb{R}_+$ mit

$$(f_U * f_V)(z) := \sum_{k \in \mathbb{Z}} f_U(z-k)\, f_V(k)$$

die *Faltung* von f_U und f_V, und die Abbildung $P_U * P_V : \mathcal{B}(\mathbb{R}) \to [0,1]$ mit

$$(P_U * P_V)[B] := \sum_{z \in B \cap \mathbb{Z}} (f_U * f_V)(z)$$

ist eine Verteilung, die als *Faltung* der Verteilungen P_U und P_V bezeichnet wird.

– Sind U und V stetig mit den Dichtefunktionen f_U und f_V, so heißt die Funktion $f_U * f_V : \mathbb{R} \to \mathbb{R}_+$ mit

$$(f_U * f_V)(z) := \int_{\mathbb{R}} f_U(z-t)\, f_V(t)\, d\boldsymbol{\lambda}(t)$$

die *Faltung* von f_U und f_V, und die Abbildung $P_U * P_V : \mathcal{B}(\mathbb{R}) \to [0,1]$ mit

$$(P_U * P_V)[B] := \int_B (f_U * f_V)(z)\, d\boldsymbol{\lambda}(z)$$

ist eine Verteilung, die als *Faltung* der Verteilungen P_U und P_V bezeichnet wird.

Es gilt der folgende Satz:

B.3.1 Satz. *Seien U und V unabhängige Zufallsvariable.*

(1) *Sind U und V diskret mit Werten in $\mathbb{Z}$ und den Zähldichten f_U und f_V, dann ist auch $U + V$ diskret und für die Zähldichte von $U + V$ gilt*

$$f_{U+V} = f_U * f_V$$

(2) *Sind U und V stetig mit den Dichtefunktionen f_U und f_V, dann ist auch $U + V$ stetig und für die Dichtefunktion von $U + V$ gilt*

$$f_{U+V} = f_U * f_V$$

In beiden Fällen gilt $P_{U+V} = P_U * P_V$.

Für eine Folge $\{U_i\}_{i\in\mathbb{N}}$ von Zufallsvariablen, die entweder alle diskret mit Werten in $\mathbb{Z}$ oder alle stetig sind, setzen wir für alle $n \in \mathbb{N}_0$

$$\mathop{\ast}_{i=1}^{n} P_{U_i} := \begin{cases} \boldsymbol{\delta}_0 & \text{falls } n = 0 \\ \left(\mathop{\ast}\limits_{i=1}^{n-1} P_{U_i} \right) \ast P_{U_n} & \text{sonst} \end{cases}$$

Im Fall der Unabhängigkeit von $U_1, \ldots, U_n$ gilt dann

$$P_{\sum_{i=1}^n U_i} = \mathop{\ast}_{i=1}^{n} P_{U_i}$$

In diesem Fall ergibt sich also die Verteilung der Summe $\sum_{i=1}^n U_i$ durch sukzessive Faltung. Für den Fall, dass alle Zufallsvariablen dieselbe Verteilung P_U besitzen, setzen wir

$$P_U^{*n} := \mathop{\ast}_{i=1}^{n} P_U$$

und nennen P_U^{*n} die *n–te Faltungspotenz* von P_U.

B.4 Quantile und Momente

Bestimmte Eigenschaften der Verteilung einer Zufallsvariablen lassen sich durch geeignete Kenngrößen darstellen.

Quantile

Sei U eine Zufallsvariable. Für $\gamma \in (0,1)$ heißt

$$q_\gamma := \inf\Big\{ u \in \mathbb{R} \,\Big|\, F_U(u) \geq \gamma \Big\}$$

das *γ–Quantil* der Verteilung von U. Ist F_U stetig, so gilt $F_U(q_\gamma) = \gamma$; ist F_U stetig und streng monoton wachsend, so gilt auch $q_\gamma = F_U^{-1}(\gamma)$.

Erwartungswert

Sei U eine Zufallsvariable. Ist U positiv oder integrierbar, so existiert das Integral

$$\int_\Omega U(\omega)\, dP(\omega)$$

und man sagt, dass U einen Erwartungswert besitzt, und bezeichnet

$$E[U] := \int_\Omega U(\omega)\, dP(\omega)$$

als *Erwartungswert* von U.

Ist U eine integrierbare Zufallsvariable, so gilt $E[U] \in \mathbb{R}$ und man sagt, dass U einen *endlichen Erwartungswert* besitzt.

Sei U eine positive oder integrierbare Zufallsvariable. Dann gilt

$$E[U] = \int_{\mathbb{R}} u \, dP_U(u)$$

– Ist U diskret mit Werten in $D \subseteq \mathbb{R}$ und der Zähldichte f_U, so gilt

$$E[U] = \sum_{u \in D} u \, f_U(u)$$

– Ist U stetig mit der Dichtefunktion f_U, so gilt

$$E[U] = \int_{\mathbb{R}} u \, f_U(u) \, du$$

Für die der Berechnung des Erwartungswertes einer messbaren Funktion einer Zufallsvariablen ist der folgende Satz hilfreich:

B.4.1 Satz. *Sei U eine Zufallsvariable und sei $h : \mathbb{R} \to \mathbb{R}$ eine messbare Funktion derart, dass $h \circ U$ positiv oder integrierbar ist.*
– *Ist U diskret mit Werten in D und der Zähldichte f_U, so gilt*

$$E[h \circ U] = \sum_{z \in D} h(z) \, f_U(z)$$

– *Ist U stetig mit der Dichtefunktion f_U, so gilt*

$$E[h \circ U] = \int_{\mathbb{R}} h(u) \, f_U(u) \, du$$

Der Erwartungswert besitzt die folgenden Eigenschaften:

B.4.2 Satz (Erwartungswert). *Seien U und V Zufallsvariable mit einem endlichen Erwartungswert und seien $a, b, c \in \mathbb{R}$. Dann gilt*

$$E[a + b\,U + c\,V] = a + b\,E[U] + c\,E[V]$$

Sind U und V unabhängig, so gilt $E[UV] = E[U]\,E[V]$.

Insbesondere ist der Erwartungswert linear.

Für eine positive Zufallsvariable lässt sich der Erwartungswert auch mit Hilfe der Verteilungsfunktion berechnen:

B.4.3 Satz. *Sei U eine positive Zufallsvariable. Dann gilt*

$$E[U] = \int_{(0,\infty)} (1-F_U(u))\, du$$

und für alle $a \in \mathbb{R}_+$ gilt

$$E[\min\{U,a\}] = \int_{(0,a)} (1-F_U(u))\, du$$

und

$$E[(U-a)^+] = \int_{(a,\infty)} (1-F_U(u))\, du$$

Potenzmomente und zentrale Momente

Sei U eine Zufallsvariable und $k \in \mathbb{N}$ mit $E[|U|^k] < \infty$. Dann heißt

$$E[U^k]$$

das *k–te Potenzmoment* oder auch das *k–te Moment* von U und man sagt, dass U ein *endliches k–tes Moment* besitzt.

Ist U eine Zufallsvariable mit einem endlichen k–ten Moment, so besitzt U auch für alle $h \in \{1,\dots,k\}$ ein endliches h–tes Moment.

Ist U eine Zufallsvariable mit einem endlichen k–ten Moment, so heißt

$$E[(U-E[U])^k]$$

das *k–te zentrale Moment* von U.

Varianz, Standardabweichung und Variationskoeffizient

Sei U eine Zufallsvariable mit einem endlichen zweiten Moment. Dann heißt die reelle Zahl

$$\mathrm{var}[U] := E[(U-E[U])^2]$$

die *Varianz* von U. Die Varianz ist also gerade das zweite zentrale Moment.

B.4.4 Satz (Varianz). *Sei U und V Zufallsvariable mit einem endlichen zweiten Moment. Dann gilt*

$$\mathrm{var}[U] = E[U^2] - (E[U])^2$$

und für alle $a,b \in \mathbb{R}$ gilt

$$\mathrm{var}[a+b\,U] = b^2\, \mathrm{var}[U]$$

Sind U und V unabhängig, so gilt $\mathrm{var}[U+V] = \mathrm{var}[U] + \mathrm{var}[V]$.

Für eine Zufallsvariable U mit einem endlichen zweiten Moment heißt

$$\sqrt{\mathrm{var}[U]}$$

die *Standardabweichung* von U. Die Standardabweichung besitzt im Gegensatz zur Varianz dieselbe Dimension wie die Zufallsvariable (und ihr Erwartungswert).

Für eine Zufallsvariable U mit einem endlichen zweiten Moment heißt

$$Z := \frac{U - E[U]}{\sqrt{\mathrm{var}[U]}}$$

die zu U gehörige *standardisierte Zufallsvariable*. Es gilt $E[Z] = 0$ und $\mathrm{var}[Z] = 1$.

Für eine Zufallsvariable U mit einem endlichen zweiten Moment und $E[U] > 0$ heißt

$$v[U] := \frac{\sqrt{\mathrm{var}[U]}}{E[U]}$$

der *Variationskoeffizient* von U. Der Variationskoeffizient ist eine dimensionslose Alternative zur Standardabweichung, die es ermöglicht, die Variabilität von Zufallsvariablen mit unterschiedlichen Dimensionen zu vergleichen.

Absolute Schiefe und relative Schiefe

Sei U eine Zufallsvariable mit einem endlichen dritten Moment. Dann heißt die reelle Zahl

$$E[(U - E[U])^3]$$

die *absolute Schiefe* von U, und im Fall $\mathrm{var}[U] > 0$ bezeichnet man

$$\gamma[U] := \frac{E[(U - E[U])^3]}{(\sqrt{\mathrm{var}[U]})^3}$$

als *relative Schiefe* von U. Es gilt

$$\gamma[U] = E\left[\left(\frac{U - E[U]}{\sqrt{\mathrm{var}[U]}}\right)^3\right]$$

Insbesondere ist die relative Schiefe dimensionslos.

B.4.5 Lemma (Absolute Schiefe). *Sei U und V Zufallsvariable mit einem endlichen dritten Moment. Dann gilt*

$$E[(U - E[U])^3] = E[U^3] - 3\,E[U]\,\mathrm{var}[U] - (E[U])^3$$

Sind U und V unabhängig, so gilt

$$E\Big[\Big((U+V) - E[U+V]\Big)^3\Big] = E[(U - E[U])^3] + E[(V - E[V])^3]$$

Binomialmomente

Ist U eine diskrete Zufallsvariable mit Werten in $\mathbb{N}_0$ und sei $k \in \mathbb{N}$. Dann heißt

$$E\left[\binom{U}{k}\right] := E\left[\prod_{i=0}^{k-1} \frac{U-i}{k-i}\right]$$

das k–*te Binomialmoment* von U. Es gilt

$$E[U] = E\left[\binom{U}{1}\right]$$

und

$$\mathrm{var}[U] = 2\,E\left[\binom{U}{2}\right] + E\left[\binom{U}{1}\right] - \left(E\left[\binom{U}{1}\right]\right)^2$$

Das k–te Binomialmoment von U ist genau dann endlich, wenn U ein endliches k–tes Moment besitzt.

Kovarianz und Korrelationskoeffizient

Seien U und V Zufallsvariable mit einem endlichen zweiten Moment. Dann heißt die reelle Zahl

$$\mathrm{cov}[U,V] := E\Big[(U-E[U])(V-E[V])\Big]$$

die *Kovarianz* von U und V. Die Kovarianz besitzt folgende Eigenschaften:

B.4.6 Satz (Kovarianz). *Seien U, V, W Zufallsvariable mit einem endlichen zweiten Moment und seien $a, b, c \in \mathbb{R}$. Dann gilt:*
(1) $\mathrm{cov}[U,U] = \mathrm{var}[U]$
(2) $\mathrm{cov}[U,V] = \mathrm{cov}[V,U]$
(3) $\mathrm{cov}[U,V] = E[UV] - E[U]E[V]$
(4) $\mathrm{cov}[a+b\,U+c\,V, W] = b\,\mathrm{cov}[U,W] + c\,\mathrm{cov}[V,W]$
(5) $\mathrm{var}[U+V] = \mathrm{var}[U] + 2\,\mathrm{cov}[U,V] + \mathrm{var}[V]$
Insbesondere ist die Kovarianz symmetrisch und bilinear.

B.4.7 Lemma (Ungleichung von Cauchy und Schwarz). *Seien U und V Zufallsvariable mit einem endlichen zweiten Moment. Dann gilt*

$$(\mathrm{cov}[U,V])^2 \leq \mathrm{var}[U]\,\mathrm{var}[V]$$

Insbesondere gilt

$$\sqrt{\mathrm{var}[U+V]} \leq \sqrt{\mathrm{var}[U]} + \sqrt{\mathrm{var}[V]}$$

Zwei Zufallsvariable U und V mit einem endlichen zweiten Moment heißen *unkorreliert*, wenn

$$\mathrm{cov}[U,V] = 0$$

gilt. Nach Satz B.4.6 ist diese Bedingung genau dann erfüllt, wenn

$$E[UV] = E[U]\,E[V]$$

gilt, und aus Satz B.4.2 folgt nun, dass unabhängige Zufallsvariable mit einem endlichen zweiten Moment unkorreliert sind; die Umkehrung dieser Implikation ist jedoch falsch.

Für Zufallsvariable U und V mit einem endlichen zweiten Moment sowie $\mathrm{var}[U] > 0$ und $\mathrm{var}[V] > 0$ heißt

$$\varrho[U,V] := \frac{\mathrm{cov}[U,V]}{\sqrt{\mathrm{var}[U]}\sqrt{\mathrm{var}[V]}}$$

der *Korrelationskoeffizient* von U und V. Der Korrelationskoeffizient ist eine dimensionslose Alternative zur Kovarianz.

B.4.8 Satz (Korrelationskoeffizient). *Seien U und V Zufallsvariable mit einem endlichen zweiten Moment sowie* $\mathrm{var}[U] > 0$ *und* $\mathrm{var}[V] > 0$.

(1) *Es gilt*

$$\varrho[U,V] = \mathrm{cov}\left[\frac{U-E[U]}{\sqrt{\mathrm{var}[U]}}, \frac{V-E[V]}{\sqrt{\mathrm{var}[V]}}\right]$$

(2) *Es gilt* $-1 \leq \varrho[U,V] \leq 1$.

(3) *Sind U und V unkorreliert, so gilt* $\varrho[U,V] = 0$.

(4) *Es gilt* $|\varrho[U,V]| = 1$ *genau dann, wenn es* $a,b \in \mathbb{R}\setminus\{0\}$ *und ein* $c \in \mathbb{R}$ *gibt mit* $aU + bV = c$.

Insbesondere ist der Korrelationskoeffizient dimensionslos und im Gegensatz zur Kovarianz ein normiertes Zusammenhangsmaß.

Momente von Zufallsvektoren

Sei $\mathbf{U} : \Omega \to \mathbb{R}^d$ ein Zufallsvektor mit den Koordinaten $U_1, \dots, U_d$. Besitzen alle Koordinaten von $\mathbf{U}$ einen endlichen Erwartungswert, so heißt der Vektor

$$E[\mathbf{U}] := \begin{pmatrix} E[U_1] \\ \vdots \\ E[U_d] \end{pmatrix}$$

die *Erwartung* von $\mathbf{U}$. Besitzen alle Koordinaten sogar ein endliches zweites Moment, so heißt die quadratische und symmetrische Matrix

$$\mathrm{var}[\mathbf{U}] := \Big(\mathrm{cov}[U_i, U_j]\Big)_{i,j\in\{1,\dots,d\}}$$

die *Varianz* von $\mathbf{U}$.

Sind $\mathbf{U} : \Omega \to \mathbb{R}^d$ und $\mathbf{V} : \Omega \to \mathbb{R}^k$ Zufallsvektoren, deren Koordinaten alle ein endliches zweites Moment besitzen, so heißt die Matrix

$$\mathrm{cov}[\mathbf{U}, \mathbf{V}] := \Big(\mathrm{cov}[U_i, V_j]\Big)_{i \in \{1,\ldots,d\}, j \in \{1,\ldots,k\}}$$

die *Kovarianz* von $\mathbf{U}$ und $\mathbf{V}$.

Die Eigenschaften dieser Momente von Zufallsvektoren ergeben sich aus den Eigenschaften der entsprechenden Momente für Zufallsvariable.

B.5 Ungleichungen

Die folgenden Ungleichungen geben Abschätzungen für Wahrscheinlichkeiten dafür an, dass eine Zufallsvariable oder ihr Betrag einen bestimmten Wert überschreitet; die Abschätzungen liefern obere Schranken für die Wahrscheinlichkeiten und sind durch Erwartungswerte von geeigneten Transformationen der Zufallsvariablen gegeben. Die Grundlage all dieser Ungleichungen ist die Ungleichung von Markov:

B.5.1 Satz (Ungleichung von Markov). *Sei U eine Zufallsvariable. Dann gilt für alle $c \in (0, \infty)$*

$$P[|U| \geq c] \leq \frac{E[|U|]}{c}$$

Durch die nachfolgende Verallgemeinerung der Ungleichung von Markov erhält man für ein und dieselbe Wahrscheinlichkeit beliebig viele obere Schranken:

B.5.2 Folgerung (Ungleichung von Markov). *Sei U eine Zufallsvariable und sei $h : \mathbb{R}_+ \to \mathbb{R}_+$ eine monoton wachsende Funktion mit $h(u) > 0$ für alle $u \in (0, \infty)$. Dann gilt für alle $c \in (0, \infty)$*

$$P[|U| \geq c] \leq \frac{E[h(|U|)]}{h(c)}$$

Neben der Wahrscheinlichkeit einer Abweichung von 0 lässt sich auch die Wahrscheinlichkeit einer Abweichung vom Erwartungswert abschätzen:

B.5.3 Satz (Ungleichung von Tschebyschev). *Sei U eine Zufallsvariable mit einem endlichen zweiten Moment. Dann gilt für alle $c \in (0, \infty)$*

$$P[|U - E[U]| \geq c] \leq \frac{\mathrm{var}[U]}{c^2}$$

Die Ungleichung von Tschebyschev besitzt eine einseitige Variante:

B.5.4 Satz (Ungleichung von Cantelli). *Sei U eine Zufallsvariable mit einem endlichen zweiten Moment. Dann gilt für alle $c \in (0, \infty)$*

$$P[U - E[U] \geq c] \leq \frac{\text{var}[U]}{c^2 + \text{var}[U]}$$

Während die Ungleichung von Tschebyschev die Wahrscheinlichkeit dafür abschätzt, dass eine Zufallsvariable um den Betrag $c \in (0, \infty)$ von ihrem Erwartungswert abweicht, schätzt die Ungleichung von Cantelli die Wahrscheinlichkeit dafür ab, dass eine Zufallsvariable ihren Erwartungswert um den Betrag $c \in (0, \infty)$ übersteigt. Im Gegensatz zur Tschebyschev–Schranke ist die Cantelli–Schranke stets kleiner als 1.

B.6 Approximationen von Verteilungen

Sei U eine Zufallsvariable mit einem endlichen dritten Moment und sei

$$\begin{aligned} \mu &:= E[U] \\ \sigma^2 &:= \text{var}[U] \\ \gamma &:= \gamma[U] \end{aligned}$$

Des Weiteren sei V eine Zufallsvariable mit $P_V = \mathbf{N}(0, 1)$.

Normalapproximation

Wir betrachten die Zufallsvariable

$$T := \mu + \sigma V$$

Dann gilt $P_T = \mathbf{N}(\mu, \sigma^2)$ und damit

$$\begin{aligned} E[T] &= \mu \\ \text{var}[T] &= \sigma^2 \\ \gamma[T] &= 0 \end{aligned}$$

Daher stimmt der Erwartungswert von T mit dem Erwartungswert von U und die Varianz von T mit der Varianz von U überein; dagegen stimmt die relative Schiefe von T im Allgemeinen *nicht* mit der relativen Schiefe von U überein. Für alle $u \in \mathbb{R}$ gilt

$$P[T \leq u] = P\left[\frac{T - \mu}{\sigma} \leq \frac{u - \mu}{\sigma}\right] = \Phi\left(\frac{u - \mu}{\sigma}\right)$$

Die *Normalapproximation* ist die Approximation

$$P[U \leq u] \approx P[T \leq u] = \Phi\left(\frac{u - \mu}{\sigma}\right)$$

der Verteilung von U durch eine Normalverteilung, die denselben Erwartungswert und dieselbe Varianz wie die Verteilung von U besitzt.

Normal–Power Approximation

Wir betrachten nun eine Approximation, die auch die relative Schiefe γ der Verteilung von U berücksichtigt.

Wir nehmen dabei an, dass

$$\gamma > 0$$

gilt, und betrachten die Zufallsvariable

$$W := \mu + \sigma V + \frac{\sigma\gamma}{6}(V^2 - 1)$$

Dann gilt

$$W = \mu - \frac{\gamma^2 + 9}{6\gamma}\,\sigma + \frac{\sigma\gamma}{6}\left(V + \frac{3}{\gamma}\right)^2 \geq \mu - \frac{\gamma^2 + 9}{6\gamma}\,\sigma$$

Daher ist die Zufallsvariable W nach unten beschränkt. Des Weiteren gilt

$$E[W] = \mu$$

Daher stimmt der Erwartungswert von W mit dem Erwartungswert von U überein. Des Weiteren gilt

$$\text{var}[W] = \sigma^2 \left(1 + \frac{\gamma^2}{18}\right) > \sigma^2$$

und

$$\gamma[W] = \gamma\,(27 + \gamma^2)\left(\frac{2}{18 + \gamma^2}\right)^{3/2} < \gamma$$

Daher ist die Varianz von W größer als die Varianz von U, und die relative Schiefe von W ist kleiner als die relative Schiefe von U. Für alle

$$u \geq \mu - \frac{\gamma^2 + 9}{6\gamma}\,\sigma$$

gilt

$$\begin{aligned}
P[W \leq u] &= P\left[\frac{W - \mu}{\sigma} \leq \frac{u - \mu}{\sigma}\right] \\
&= P\left[\left(V + \frac{3}{\gamma}\right)^2 \leq \frac{1}{\gamma^2}\left(\gamma^2 + 6\gamma\,\frac{u - \mu}{\sigma} + 9\right)\right] \\
&= \Phi\left(\frac{1}{\gamma}\left(\sqrt{\gamma^2 + 6\gamma\,\frac{u - \mu}{\sigma} + 9} - 3\right)\right) \\
&\qquad - \Phi\left(\frac{1}{\gamma}\left(-\sqrt{\gamma^2 + 6\gamma\,\frac{u - \mu}{\sigma} + 9} - 3\right)\right)
\end{aligned}$$

Die *Normal–Power Approximation* ist die Approximation

$$P[U \leq u] \approx \Phi\biggl(\frac{1}{\gamma}\biggl(\sqrt{\gamma^2 + 6\gamma\,\frac{u-\mu}{\sigma} + 9} - 3\biggr)\biggr)\,\chi_{[\mu-(\gamma^2+9)\sigma/(6\gamma),\infty)}(u)$$

Hier wird also neben der Approximation der Verteilungsfunktion von U durch die Verteilungsfunktion von W auch noch der zweite Term in der Darstellung der Verteilungsfunktion von W weggelassen.

Bei Anwendungen ist zu beachten, dass die Verteilungsfunktion auf der rechten Seite an der Stelle $u = \mu - (\gamma^2 + 9)\,\sigma/(6\gamma)$ einen Sprung der Höhe $\Phi(-3/\gamma)$ besitzt.

Bemerkung

Ob die Normalapproximation oder die Normal–Power Approximation für die Verteilung einer gegebenen Zufallsvariablen sinnvoll ist oder nicht, und ob eine dieser Approximationen besser ist als die andere, lässt sich nur anhand der Struktur der Zufallsvariablen oder anhand der Eigenschaften ihrer Verteilung entscheiden; vgl. Abschnitte B.8 und 2.5.

B.7 Erzeugende Funktionen

Erzeugende Funktionen sind reelle oder komplexe Funktionen, die Verteilungen charakterisieren. Für Zufallsvariable, die nur Werte in den natürlichen Zahlen annehmen, lässt sich die Verteilung in recht einfacher Weise durch die (reelle) wahrscheinlichkeitserzeugende Funktion darstellen; für beliebige Zufallsvariable ist das geeignete Instrument die (im Allgemeinen komplexe) charakteristische Funktion.

Wahrscheinlichkeitserzeugende Funktion

Sei U eine diskrete Zufallsvariable mit Werten in $\mathbb{N}_0$. Dann heißt die Funktion $m_U : [0,1] \to \mathbb{R}$ mit

$$m_U(t) := E\bigl[t^U\bigr]$$

die *wahrscheinlichkeitserzeugende Funktion* (der Verteilung) von U. Es gilt

$$m_U(t) = \sum_{k=0}^{\infty} t^k\, P[U = k] = \sum_{k=0}^{\infty} f_U(k)\, t^k$$

und $0 \leq m_U(t) \leq m_U(1) = 1$. Die Funktion m_U ist stetig, monoton wachsend und auf $[0,1)$ unendlich oft differenzierbar.

Die wahrscheinlichkeitserzeugende Funktion ist eine Potenzreihe mit Konvergenzradius ≥ 1, die auf das Intervall $[-1, 1]$ und sogar auf die komplexe Einheitskreisscheibe fortgesetzt werden kann.

Durch die wahrscheinlichkeitserzeugende Funktion ist die Verteilung einer diskreten Zufallsvariablen mit Werten in $\mathbb{N}_0$ eindeutig bestimmt:

B.7.1 Lemma. *Sei U eine diskrete Zufallsvariable mit Werten in $\mathbb{N}_0$. Dann gilt für alle $k \in \mathbb{N}_0$*

$$P[U = k] = \frac{1}{k!}\, m_U^{(k)}(0)$$

Aus der wahrscheinlichkeitserzeugenden Funktion können auch die Binomialmomente bestimmt werden:

B.7.2 Lemma. *Sei U eine diskrete Zufallsvariable mit Werten in $\mathbb{N}_0$ und sei $k \in \mathbb{N}$. Wenn m_U an der Stelle $t = 1$ k–mal differenzierbar ist, dann ist das k–te Binomialmoment von U endlich und es gilt*

$$E\left[\binom{U}{k}\right] = \frac{1}{k!}\, m_U^{(k)}(1)$$

Damit lassen sich der Erwartungswert und die Varianz einer diskreten Zufallsvariablen mit Werten in $\mathbb{N}_0$ mit Hilfe der wahrscheinlichkeitserzeugenden Funktion bestimmen:

B.7.3 Folgerung. *Sei U eine diskrete Zufallsvariable mit Werten in $\mathbb{N}_0$.*
(1) *Ist m_U an der Stelle $t = 1$ differenzierbar, so gilt*

$$E[U] = m'_U(1)$$

(2) *Ist m_U an der Stelle $t = 1$ zweimal differenzierbar, so gilt*

$$\text{var}[U] = m''_U(1) + m'_U(1) - (m'_U(1))^2$$

Der folgende Satz liefert die wahrscheinlichkeitserzeugende Funktion einer Summe von unabhängigen Zufallsvariablen:

B.7.4 Satz. *Seien U und V unabhängige diskrete Zufallsvariable mit Werten in $\mathbb{N}_0$. Dann gilt*

$$m_{U+V}(t) = m_U(t)\, m_V(t)$$

Charakteristische Funktion

Sei U eine beliebige Zufallsvariable. Dann heißt die Funktion $\psi_U : \mathbb{R} \to \mathbb{C}$ mit

$$\psi_U(t) := E[\exp(itU)] = E[\cos(tU)] + i\,E[\sin(tU)]$$

die *charakteristische Funktion* (der Verteilung) von U. Es gilt $|\psi_U(t)| \leq 1$ und $\psi_U(0) = 1$.

B.7.5 Lemma. *Sei U eine Zufallsvariable und $n \in \mathbb{N}$. Besitzt U ein endliches n–tes Moment, so gilt*

$$E[U^n] = (-i)^n\,\psi_U^{(n)}(0)$$

Durch die charakteristische Funktion ist die Verteilung einer Zufallsvariablen eindeutig bestimmt:

B.7.6 Satz (Eindeutigkeitssatz). *Seien U und V Zufallsvariable. Dann stimmen die Verteilungen von U und V genau dann überein, wenn $\psi_U = \psi_V$ gilt.*

Der folgende Satz liefert die charakteristische Funktion einer Summe von unabhängigen Zufallsvariablen:

B.7.7 Satz. *Seien U und V unabhängige Zufallsvariable. Dann gilt*

$$\psi_{U+V}(t) = \psi_U(t)\,\psi_V(t)$$

B.8 Grenzwertsätze

Grenzwertsätze beschreiben im einfachsten Fall die asymptotischen Eigenschaften der Folge der Partialsummen oder Mittel einer unabhängig und identisch verteilten Folge von Zufallsvariablen. Dabei können unterschiedliche Arten der Konvergenz betrachtet werden, und einige Grenzwertsätze gelten auch unter schwächeren Verteilungsannahmen.

Verteilungsannahmen

Eine Familie von Zufallsvariablen $\{U_i\}_{i \in I}$ heißt
- *identisch verteilt*, wenn alle Zufallsvariablen dieselbe Verteilung besitzen, also $P_{U_i} = P_{U_j}$ bzw. $F_{U_i} = F_{U_j}$ für alle $i, j \in I$ gilt, und sie heißt
- *(paarweise) unkorreliert*, wenn je zwei verschiedene Zufallsvariable unkorreliert sind.

Jede unabhängige Familie von Zufallsvariablen mit einem endlichen zweiten Moment ist unkorreliert.

Stichprobenmittel

Für eine Folge von Zufallsvariablen $\{U_k\}_{k\in\mathbb{N}}$ und $n \in \mathbb{N}$ bezeichnen wir die Zufallsvariable

$$\overline{U}(n) := \frac{1}{n}\sum_{k=1}^{n} U_k$$

als *Stichprobenmittel* zum *Stichprobenumfang* n.

B.8.1 Lemma.

(1) *Sei $\{U_k\}_{k\in\mathbb{N}}$ eine Folge von Zufallsvariablen mit einem endlichen Erwartungswert. Gilt $E[U_k] = \mu$ für alle $k \in \mathbb{N}$, so gilt für alle $n \in \mathbb{N}$*

$$E[\overline{U}(n)] = \mu$$

(2) *Sei $\{U_k\}_{k\in\mathbb{N}}$ eine Folge von Zufallsvariablen mit einem endlichen zweiten Moment. Ist die Folge $\{U_k\}_{k\in\mathbb{N}}$ unkorreliert mit $\mathrm{var}[U_k] = \sigma^2$ für alle $k \in \mathbb{N}$, so gilt für alle $n \in \mathbb{N}$*

$$\mathrm{var}[\overline{U}(n)] = \frac{\sigma^2}{n}$$

Die Voraussetzungen des Lemmas sind insbesondere dann erfüllt, wenn die Folge $\{U_k\}_{k\in\mathbb{N}}$ unabhängig und identisch verteilt ist und alle Zufallsvariablen ein endliches zweites Moment besitzen.

Gesetze der großen Zahlen

Die Gesetze der großen Zahlen besagen im Wesentlichen, dass sich bei der wiederholten Durchführung eines Zufallsexperimentes die Stichprobenmittel der Beobachtungen stabilisieren, wenn die einzelnen Versuche einander nicht beeinflussen und die Anzahl der Versuche über alle Grenzen wächst. Gesetze der großen Zahlen existieren in mehreren Varianten; sie unterscheiden sich in den Annahmen an die gemeinsame Verteilung der Zufallsvariablen, die bei den einzelnen Versuchen beobachtet werden, und in der Art der Konvergenz der Stichprobenmittel.

B.8.2 Satz (Gesetz der großen Zahlen im quadratischen Mittel). *Sei $\{U_k\}_{k\in\mathbb{N}}$ eine Folge von Zufallsvariablen mit einem endlichen zweiten Moment. Ist die Folge $\{U_k\}_{k\in\mathbb{N}}$ unkorreliert mit $E[U_k] = \mu$ und $\mathrm{var}[U_k] = \sigma^2$ für alle $k \in \mathbb{N}$, so gilt*

$$\lim_{n\to\infty} E\Big[\big(\overline{U}(n) - \mu\big)^2\Big] = 0$$

Das Gesetz der großen Zahlen im quadratischen Mittel ergibt sich unmittelbar aus Lemma B.8.1, und aus dem Gesetz der großen Zahlen im quadratischen

Mittel erhält man mit Hilfe der Ungleichung von Tschebyschev das schwache Gesetz der großen Zahlen:

B.8.3 Satz (Schwaches Gesetz der großen Zahlen). *Sei* $\{U_k\}_{k\in\mathbb{N}}$ *eine Folge von Zufallsvariablen mit einem endlichen zweiten Moment. Ist die Folge* $\{U_k\}_{k\in\mathbb{N}}$ *unkorreliert mit* $E[U_k] = \mu$ *und* $\mathrm{var}[U_k] = \sigma^2$ *für alle* $k \in \mathbb{N}$, *so gilt für alle* $c \in (0,\infty)$

$$\lim_{n\to\infty} P\Big[\big|\overline{U}(n) - \mu\big| \geq c\Big] = 0$$

Die Art der Konvergenz im schwachen Gesetz der großen Zahlen bezeichnet man als *stochastische Konvergenz.*

B.8.4 Folgerung. *Sei* $\{U_k\}_{k\in\mathbb{N}}$ *eine Folge von Zufallsvariablen mit einem endlichen zweiten Moment. Ist die Folge* $\{U_k\}_{k\in\mathbb{N}}$ *unkorreliert mit* $E[U_k] = \mu$ *und* $\mathrm{var}[U_k] = \sigma^2$ *für alle* $k \in \mathbb{N}$, *so gilt für alle* $c \in (0,\infty)$

$$\lim_{n\to\infty} P\Big[\overline{U}(n) \geq \mu + c\Big] = 0$$

Diese Folgerung ist im individuellen Modell für einen homogenen Bestand von Interesse; vgl. Satz 2.5.1.

Das bekannteste Gesetz der großen Zahlen ist die folgende Version des starken Gesetzes der großen Zahlen, die oft kurz als *das* Gesetz der großen Zahlen bezeichnet wird:

B.8.5 Satz (Starkes Gesetz der großen Zahlen). *Sei* $\{U_k\}_{k\in\mathbb{N}}$ *eine Folge von Zufallsvariablen mit einem endlichen Erwartungswert. Ist die Folge* $\{U_k\}_{k\in\mathbb{N}}$ *unabhängig und identisch verteilt mit* $E[U_k] = \mu$, *so gilt*

$$P\Big[\lim_{n\to\infty} \overline{U}(n) = \mu\Big] = 1$$

Die Art der Konvergenz im starken Gesetz der großen Zahlen bezeichnet man als *fast sichere Konvergenz.*

Zentraler Grenzwertsatz

Die Gesetze der großen Zahlen liefern keine Information über die Verteilung des Stichprobenmittels. Um die Verteilung des Stichprobenmittels bei einem hinreichend großen Stichprobenumfang approximieren zu können, betrachtet man die standardisierten Stichprobenmittel

$$\frac{\overline{U}(n) - E[\overline{U}(n)]}{\sqrt{\mathrm{var}[\overline{U}(n)]}}$$

und erhält den folgenden Satz:

B.8.6 Satz (Zentraler Grenzwertsatz). *Sei* $\{U_k\}_{k\in\mathbb{N}}$ *eine Folge von Zufallsvariablen mit einem endlichen zweiten Moment. Ist die Folge* $\{U_k\}_{k\in\mathbb{N}}$ *unabhängig und identisch verteilt mit* $\mathrm{var}[U_k] > 0$, *so gilt für alle* $t \in \mathbb{R}$

$$\lim_{n\to\infty} P\left[\frac{\overline{U}(n) - E[\overline{U}(n)]}{\sqrt{\mathrm{var}[\overline{U}(n)]}} \leq t\right] = \Phi(t)$$

Unter den Voraussetzungen des Zentralen Grenzwertsatzes erhält man mit $\mu := E[U_k]$ und $\sigma^2 := \mathrm{var}[U_k]$ und Lemma B.8.1 für einen hinreichend großen Stichprobenumfang n die Rechenformel

$$P\left[\frac{\overline{U}(n) - \mu}{\sigma}\sqrt{n} \leq t\right] \approx \Phi(t)$$

Der Zentrale Grenzwertsatz zeigt also, dass für die Stichprobenmittel einer unabhängig und identisch verteilten Folge von Zufallsvariablen mit einem endlichen zweiten Moment und strikt positiver Varianz bei hinreichend großem Stichprobenumfang die *Normalapproximation* gerechtfertigt ist.

Stichprobenvarianz

Für eine Folge von Zufallsvariablen $\{U_k\}_{k\in\mathbb{N}}$ und $n \in \mathbb{N}$ mit $n \geq 2$ bezeichnen wir die Zufallsvariable

$$S^2(n) := \frac{1}{n-1}\sum_{k=1}^{n}\Bigl(U_k - \overline{U}(n)\Bigr)^2$$

als *Stichprobenvarianz* zum Stichprobenumfang n.

B.8.7 Lemma. *Sei* $\{U_k\}_{k\in\mathbb{N}}$ *eine Folge von Zufallsvariablen mit einem endlichen zweiten Moment. Ist die Folge* $\{U_k\}_{k\in\mathbb{N}}$ *unkorreliert mit* $E[U_k] = \mu$ *und* $\mathrm{var}[U_k] = \sigma^2$ *für alle* $k \in \mathbb{N}$, *so gilt für alle* $n \in \mathbb{N}$ *mit* $n \geq 2$

$$E[S^2(n)] = \sigma^2$$

Wegen

$$S^2(n) = \frac{n}{n-1}\left(\frac{1}{n}\sum_{k=1}^{n}U_k^2 - \bigl(\overline{U}(n)\bigr)^2\right)$$

erhält man aus den vorher angegebenen Gesetzen der großen Zahlen für Stichprobenmittel analoge Gesetze der großen Zahlen für Stichprobenvarianzen, mit Konvergenz gegen σ^2 statt μ.

B.9 Bedingte Wahrscheinlichkeit unter einem Ereignis

Im gesamten Abschnitt sei $C \in \mathcal{F}$ ein Ereignis mit $P[C] > 0$.

Bedingte Wahrscheinlichkeit

Die Abbildung $P[\,.\,|C] : \mathcal{F} \to [0,1]$ mit

$$P[A|C] := \int_A \frac{\chi_C(\omega)}{P[C]}\, dP(\omega)$$

ist ein Wahrscheinlichkeitsmaß und heißt *bedingte Wahrscheinlichkeit* unter C. Für alle $A \in \mathcal{F}$ gilt

$$P[A|C] = \frac{P[A \cap C]}{P[C]}$$

und der Wert $P[A|C]$ heißt *bedingte Wahrscheinlichkeit* von A unter C. Es gilt $P[C|C] = 1$ und $P[\overline{C}|C] = 0$.

Bedingte Unabhängigkeit

Eine Familie von Ereignissen $\{A_i\}_{i\in I} \subseteq \mathcal{F}$ heißt *bedingt unabhängig* unter C, wenn für alle $J \in \mathcal{H}(I)$

$$P\left[\bigcap_{i\in J} A_i \,\middle|\, C\right] = \prod_{i\in J} P[A_i|C]$$

gilt; die Familie $\{A_i\}_{i\in I}$ ist daher genau dann bedingt unabhängig unter C, wenn sie bezüglich dem Wahrscheinlichkeitsmaß $P[\,.\,|C]$ unabhängig ist. Daher heißt eine Familie von Zufallsvariablen *bedingt unabhängig* unter C, wenn sie bezüglich dem Wahrscheinlichkeitsmaß $P[\,.\,|C]$ unabhängig ist.

Bedingter Erwartungswert

Für eine Zufallsvariable U mit einem endlichen Erwartungswert heißt

$$E[U|C] := \int_\Omega U(\omega)\, dP[\omega|C]$$

der *bedingte Erwartungswert* von U unter C. Es gilt

$$\begin{aligned} E[U|C] &= \int_\Omega U(\omega)\, dP[\omega|C] \\ &= \int_\Omega U(\omega)\, \frac{\chi_C(\omega)}{P[C]}\, dP(\omega) \end{aligned}$$

$$
\begin{aligned}
&= \frac{1}{P[C]} \int_\Omega U(\omega)\, \chi_C(\omega)\, dP(\omega) \\
&= \frac{1}{P[C]}\, E[U \chi_C]
\end{aligned}
$$

Im Allgemeinen stimmt der bedingte Erwartungswert von U unter C nicht mit dem Erwartungswert von U überein. Es gibt jedoch eine Ausnahme: Sind U und χ_C unabhängig, so gilt $E[U\chi_C] = E[U]\, E[\chi_C] = E[U]\, P[C]$ und damit $E[U|C] = E[U]$.

Bedingte Varianz und bedingte Kovarianz

Zum Begriff des bedingten Erwartungswertes gehören auch die Begriffe der bedingten Varianz und der bedingten Kovarianz: Sind U und V Zufallsvariable mit einem endlichen zweiten Moment, so heißt

$$
\mathrm{var}[U|C] := E\Big[\big(U - E[U|C]\big)^2 \,\Big|\, C\Big]
$$

die *bedingte Varianz* von U unter C und

$$
\mathrm{cov}[U,V|C] := E\Big[\big(U - E[U|C]\big)\big(V - E[V|C]\big) \,\Big|\, C\Big]
$$

heißt die *bedingte Kovarianz* von U und V unter C.

Formel von der totalen Wahrscheinlichkeit und Formel von Bayes

Mit Hilfe von bedingten Wahrscheinlichkeiten lässt sich auch die (unbedingte) Wahrscheinlichkeit eines Ereignisses darstellen:

B.9.1 Satz (Formel von der totalen Wahrscheinlichkeit). *Sei $A \in \mathcal{F}$ ein Ereignis und sei $\{C_k\}_{k\in\{1,\dots,m\}} \subseteq \mathcal{F}$ disjunkt mit $P[\sum_{k=1}^m C_k] = 1$ und $P[C_k] > 0$ für alle $k \in \{1,\dots,m\}$. Dann gilt*

$$
P[A] = \sum_{k=1}^{m} P[A|C_k]\, P[C_k]
$$

Dieser Satz besitzt ein Analogon für bedingte Erwartungswerte:

B.9.2 Satz. *Sei U eine Zufallsvariable mit einem endlichen Erwartungswert und sei $\{C_k\}_{k\in\{1,\dots,m\}} \subseteq \mathcal{F}$ disjunkt mit $P[\sum_{k=1}^m C_k] = 1$ und $P[C_k] > 0$ für alle $k \in \{1,\dots,m\}$. Dann gilt*

$$
E[U] = \sum_{k=1}^{m} E[U|C_k]\, P[C_k]
$$

Aus der Formel von der totalen Wahrscheinlichkeit erhält man wegen

$$P[C|A] = \frac{P[C \cap A]}{P[A]} = \frac{P[A \cap C]}{P[A]} = \frac{P[A|C]\,P[C]}{P[A]}$$

außerdem das folgende Ergebnis:

B.9.3 Satz (Formel von Bayes). *Sei $A \in \mathcal{F}$ ein Ereignis mit $P[A] > 0$ und sei $\{C_k\}_{k\in\{1,\dots,m\}} \subseteq \mathcal{F}$ disjunkt mit $P[\sum_{k=1}^m C_k] = 1$ und $P[C_k] > 0$ für alle $k \in \{1,\dots,m\}$. Dann gilt für alle $i \in \{1,\dots,m\}$*

$$P[C_i|A] = \frac{P[A|C_i]\,P[C_i]}{\sum_{k=1}^m P[A|C_k]\,P[C_k]}$$

Diese Ergebnisse gelten auch dann, wenn man die endliche disjunkte Familie $\{C_k\}_{k\in\{1,\dots,m\}} \subseteq \mathcal{F}$ durch eine abzählbare disjunkte Familie von Ereignissen ersetzt.

B.10 Bedingte Wahrscheinlichkeit unter einer σ–Algebra

Wesentlich wichtiger als der Begriff der bedingten Wahrscheinlichkeit unter einem Ereignis ist der Begriff der bedingten Wahrscheinlichkeit unter einer Unter–σ–Algebra.

Während der Begriff der bedingten Wahrscheinlichkeit unter einem Ereignis in natürlicher Weise auf den Begriff des bedingten Erwartungswertes unter einem Ereignis führt, steht im Fall einer bedingenden Unter–σ–Algebra der Begriff der bedingten Erwartung im Vordergrund, aus dem sich in natürlicher Weise der Begriff der bedingten Wahrscheinlichkeit ergibt.

Im gesamten Abschnitt sei $\mathcal{G} \subseteq \mathcal{F}$ eine Unter–σ–Algebra von $\mathcal{F}$.

Eine Abbildung $Y : \Omega \to \mathbb{R}$ heißt $\mathcal{G}$*–messbar*, wenn $Y^{-1}(\mathcal{B}(\mathbb{R})) \subseteq \mathcal{G}$ gilt. Jede konstante Abbildung ist $\mathcal{G}$–messbar, und wegen $\mathcal{G} \subseteq \mathcal{F}$ ist jede $\mathcal{G}$–messbare Abbildung eine Zufallsvariable.

Bedingte Erwartung

Sei U eine positive Zufallsvariable. Dann gibt es eine $\mathcal{G}$–messbare positive Zufallsvariable Y derart, dass für alle $G \in \mathcal{G}$

$$\int_G Y(\omega)\,dP(\omega) = \int_G U(\omega)\,dP(\omega)$$

gilt, und jede solche Zufallsvariable wird als *bedingte Erwartung* von U unter $\mathcal{G}$ bezeichnet. Es ist möglich, dass U mehrere bedingte Erwartungen besitzt; dies ist jedoch unproblematisch, denn für je zwei bedingte Erwartungen Y_1 und Y_2 von U gilt $P[Y_1 = Y_2] = 1$. Wir vernachlässigen im Folgenden diese Feinheit und sprechen von *der* bedingten Erwartung von U und bezeichnen sie mit

$$E(U|\,\mathcal{G})$$

Die bedingte Erwartung der Zufallsvariablen U ist also wieder eine Zufallsvariable und es gilt

$$E\big[E(U|\,\mathcal{G})\big] = E[U]$$

Ist U $\mathcal{G}$–messbar, so gilt $E(U|\,\mathcal{G}) = U$.

Eine Zufallsvariable U heißt *$\mathcal{G}$–bedingt integrierbar*, wenn

$$\max\Big\{E(U^+|\,\mathcal{G}), E(U^-|\,\mathcal{G})\Big\} < \infty$$

gilt, und in diesem Fall setzen wir

$$E(U|\,\mathcal{G}) := E(U^+|\,\mathcal{G}) - E(U^-|\,\mathcal{G})$$

und bezeichnen die $\mathcal{G}$–messbare Zufallsvariable $E(U|\,\mathcal{G})$ als die *bedingte Erwartung* von U unter $\mathcal{G}$. Eine Zufallsvariable U ist genau dann $\mathcal{G}$–bedingt integrierbar, wenn $E(|U|\,|\,\mathcal{G}) < \infty$ gilt. Ist U $\mathcal{G}$–messbar, so gilt $E(U|\,\mathcal{G}) = U$.

Jede Zufallsvariable U mit einem endlichen Erwartungswert ist $\mathcal{G}$–bedingt integrierbar und es gilt

$$E\big[E(U|\,\mathcal{G})\big] = E[U]$$

Im Folgenden betrachten wir bedingte Erwartungen nur für Zufallsvariable mit einem endlichen Erwartungswert.

Die letzte Gleichung besitzt eine äußerst nützliche Verallgemeinerung:

B.10.1 Satz (David schlägt Goliath). *Sei $\mathcal{D}$ eine Unter–σ–Algebra von $\mathcal{F}$ mit $\mathcal{D} \subseteq \mathcal{G}$. Dann gilt für jede Zufallsvariable U mit einem endlichen Erwartungswert*

$$E\Big(E(U|\,\mathcal{G})\,\Big|\,\mathcal{D}\Big) = E(U|\,\mathcal{D}) = E\Big(E(U|\,\mathcal{D})\,\Big|\,\mathcal{G}\Big)$$

Das folgende Ergebnis zeigt, dass die Definition der bedingten Erwartung einer Zufallsvariablen unter einer σ–Algebra mit der Definition ihres bedingten Erwartungswertes bezüglich einem Ereignis im Einklang steht:

B.10.2 Lemma (Fourier–Entwicklung). *Sei* $\{G_k\}_{k\in\{1,\ldots,m\}} \subseteq \mathcal{F}$ *eine disjunkte Familie von Ereignissen mit* $P[\sum_{k=1}^m G_k] = 1$ *und* $P[G_k] > 0$ *für alle* $k \in \{1,\ldots,m\}$ *und sei* $\mathcal{G}$ *die kleinste* σ*–Algebra mit* $\{G_k\}_{k\in\{1,\ldots,m\}} \subseteq \mathcal{G}$. *Dann gilt für jede Zufallsvariable* U *mit einem endlichen Erwartungswert*

$$E(U|\,\mathcal{G}) = \sum_{k=1}^m E[U|G_k]\,\chi_{G_k}$$

Ist Θ eine Zufallsvariable, so gibt es eine kleinste σ–Algebra, die das Mengensystem $\Theta^{-1}(\mathcal{B}(\mathbb{R}))$ enthält. Wir bezeichnen diese σ–Algebra mit $\sigma(\Theta)$ und nennen sie *die von* Θ *erzeugte* σ–Algebra. Es gilt $\sigma(\Theta) = \Theta^{-1}(\mathcal{B}(\mathbb{R})) \subseteq \mathcal{F}$. Für eine Zufallsvariable U mit einem endlichen Erwartungswert verwenden wir auch die Notation

$$E(U|\Theta) := E(U|\sigma(\Theta))$$

und nennen $E(U|\Theta)$ die *bedingte Erwartung* von U unter Θ. Entsprechend argumentiert und verfährt man in dem Fall, dass Θ ein Zufallsvektor oder eine messbare Abbildung mit Werten in einem beliebigen Messraum ist.

B.10.3 Beispiel. Sei Θ eine Zufallsvariable, die nur endliche viele Werte annimmt. Dann gibt es eine Menge $\{\vartheta_1,\ldots,\vartheta_m\} \subseteq \mathbb{R}$ mit $P[\Theta \in \{\vartheta_1,\ldots,\vartheta_m\}] = 1$ und $P[\Theta = \vartheta_k] > 0$ für alle $k \in \{1,\ldots,m\}$, und für jede Zufallsvariable U mit einem endlichen Erwartungswert gilt

$$E(U|\Theta) = \sum_{k=1}^m E[U|\Theta = \vartheta_k]\,\chi_{\{\Theta=\vartheta_k\}}$$

Des Weiteren ist die Funktion $h : \mathbb{R} \to \mathbb{R}$ mit

$$h(\vartheta) := \begin{cases} E[U|\Theta = \vartheta_k] & \text{falls } \vartheta = \vartheta_k \text{ für ein } k \in \{1,\ldots,m\} \\ 0 & \text{sonst} \end{cases}$$

messbar und es gilt

$$E(U|\Theta) = h \circ \Theta$$

Die bedingte Erwartung von U unter der von der Zufallsvariablen Θ erzeugten σ–Algebra ist also eine messbare Transformation der Zufallsvariablen Θ.

Die letzte Bemerkung aus dem Beispiel lässt sich verallgemeinern:

B.10.4 Satz (Faktorisierungssatz). *Sei* Θ *eine Zufallsvariable. Dann gibt es zu jeder Zufallsvariablen* U *mit einem endlichen Erwartungswert eine messbare Funktion* $h : \mathbb{R} \to \mathbb{R}$ *mit*

$$E(U|\Theta) = h \circ \Theta$$

Im Allgemeinen stimmt die bedingte Erwartung einer Zufallsvariablen mit einem endlichen Erwartungswert nicht mit ihrem Erwartungswert überein. Es gibt jedoch eine Ausnahme:

B.10.5 Satz. *Sei Θ eine Zufallsvariable und sei U eine Zufallsvariable mit einem endlichen Erwartungswert. Sind U und Θ unabhängig, so gilt*

$$E(U|\Theta) = E[U]$$

Das folgende Lemma fasst die wichtigsten Eigenschaften der bedingten Erwartung zusammen:

B.10.6 Lemma. *Seien U und V Zufallsvariable mit einem endlichen Erwartungswert. Dann gilt:*
(1) $E(E(U|\mathcal{G})|\mathcal{G}) = E(U|\mathcal{G})$.
(2) *Für alle $a, b \in \mathbb{R}$ gilt $E(aU+bV|\mathcal{G}) = a\,E(U|\mathcal{G}) + b\,E(V|\mathcal{G})$.*
(3) *Für jede $\mathcal{G}$–messbare Zufallsvariable W gilt $E(WU|\mathcal{G}) = W E(U|\mathcal{G})$.*
(4) *Im Fall $U \leq V$ gilt $E(U|\mathcal{G}) \leq E(V|\mathcal{G})$.*

Bedingte Varianz und bedingte Kovarianz

Zum Begriff der bedingten Erwartung gehören auch die Begriffe der bedingten Varianz und der bedingten Kovarianz: Sind U und V Zufallsvariable mit einem endlichen zweiten Moment, so heißt die Zufallsvariable

$$\text{var}(U|\mathcal{G}) := E\Big(\big(U - E(U|\mathcal{G})\big)^2 \,\Big|\, \mathcal{G}\Big)$$

die *bedingte Varianz* von U unter $\mathcal{G}$, und die Zufallsvariable

$$\text{cov}(U,V|\mathcal{G}) := E\Big(\big(U - E(U|\mathcal{G})\big)\big(V - E(V|\mathcal{G})\big) \,\Big|\, \mathcal{G}\Big)$$

heißt die *bedingte Kovarianz* von U und V unter $\mathcal{G}$.

Das folgende Lemma klärt den Zusammenhang zwischen unbedingten und bedingten Varianzen oder Kovarianzen:

B.10.7 Lemma (Kovarianz–Zerlegung und Varianz–Zerlegung). *Seien U und V Zufallsvariable mit einem endlichen zweiten Moment. Dann gilt*

$$\text{cov}[U,V] = E\big[\text{cov}(U,V|\mathcal{G})\big] + \text{cov}\big[E(U|\mathcal{G}), E(V|\mathcal{G})\big]$$

und insbesondere

$$\text{var}[U] = E\big[\text{var}(U|\mathcal{G})\big] + \text{var}\big[E(U|\mathcal{G})\big]$$

Der Zusammenhang zwischen unbedingten und bedingten Kovarianzen oder Varianzen ist daher etwas komplizierter als der durch die Gleichung

$$E[U] = E\big[E(U|\,\mathcal{G})\big]$$

gegebene Zusammenhang zwischen dem Erwartungswert und der bedingten Erwartung.

Bedingte Wahrscheinlichkeit

Für jedes Ereignis $A \in \mathcal{F}$ ist die Indikatorfunktion χ_A eine Zufallsvariable mit $E[\chi_A] = P[A]$; insbesondere besitzt χ_A einen endlichen Erwartungswert, und damit ist die bedingte Erwartung von χ_A definiert. Wir setzen

$$P(A|\,\mathcal{G}) := E(\chi_A|\,\mathcal{G})$$

und bezeichnen $P(A|\,\mathcal{G})$ als die *bedingte Wahrscheinlichkeit* von A unter $\mathcal{G}$. Diese Begriffswahl ist durch das folgende Lemma gerechtfertigt:

B.10.8 Lemma.
(1) *Es gilt* $P(\Omega|\,\mathcal{G}) = 1$ *und* $P(\emptyset|\,\mathcal{G}) = 0$.
(2) *Für alle* $A \in \mathcal{F}$ *gilt* $0 \leq P(A|\,\mathcal{G}) \leq 1$.
(3) *Für jede disjunkte Folge* $\{A_n\}_{n\in\mathbb{N}} \subseteq \mathcal{F}$ *gilt*

$$P\left(\sum_{n=1}^{\infty} A_n \,\middle|\, \mathcal{G}\right) = \sum_{n=1}^{\infty} P(A_n|\,\mathcal{G})$$

Das folgende Ergebnis ergibt sich unmittelbar aus Lemma B.10.2 und zeigt, dass die Definition der bedingten Wahrscheinlichkeit unter einer σ–Algebra mit der Definition der bedingten Wahrscheinlichkeit unter einem Ereignis im Einklang steht:

B.10.9 Lemma (Fourier–Entwicklung). *Sei* $\{G_k\}_{k\in\{1,\ldots,m\}} \subseteq \mathcal{F}$ *eine disjunkte Familie von Ereignissen mit* $P[\sum_{k=1}^m G_k] = 1$ *und* $P[G_k] > 0$ *für alle* $k \in \{1,\ldots,m\}$ *und sei* $\mathcal{G}$ *die kleinste* σ*–Algebra mit* $\{G_k\}_{k\in\{1,\ldots,m\}} \subseteq \mathcal{G}$. *Dann gilt für jedes Ereignis* $A \in \mathcal{F}$

$$P(A|\,\mathcal{G}) = \sum_{k=1}^{m} P[A|G_k]\,\chi_{G_k}$$

Ist Θ eine Zufallsvariable und $A \in \mathcal{F}$ ein Ereignis, so verwenden wir auch die Notation

$$P(A|\Theta) := P(A|\,\sigma(\Theta))$$

und nennen $P(A|\Theta)$ die *bedingte Wahrscheinlichkeit* von A unter Θ. Entsprechend verfährt man im dem Fall, dass Θ ein Zufallsvektor oder eine messbare Abbildung in einen beliebigen Messraum ist.

Bedingte Unabhängigkeit

Eine Familie von Ereignissen $\{A_i\}_{i\in I} \subseteq \mathcal{F}$ heißt *bedingt unabhängig* unter $\mathcal{G}$, wenn für alle $J \in \mathcal{H}(I)$

$$P\left(\bigcap_{i\in J} A_i \,\middle|\, \mathcal{G}\right) = \prod_{i\in J} P(A_i|\,\mathcal{G})$$

gilt.

Das folgende Ergebnis zeigt, dass die Definition der bedingten Unabhängigkeit unter einer σ–Algebra mit der Definition der bedingten Unabhängigkeit unter einem Ereignis im Einklang steht:

B.10.10 Lemma. *Sei $\{G_k\}_{k\in\{1,\ldots,m\}} \subseteq \mathcal{F}$ eine disjunkte Familie von Ereignissen mit $P[\sum_{k=1}^m G_k] = 1$ und $P[G_k] > 0$ für alle $k \in \{1,\ldots,m\}$ und sei $\mathcal{G}$ die kleinste σ–Algebra mit $\{G_k\}_{k\in\{1,\ldots,m\}} \subseteq \mathcal{G}$. Dann sind für jede Familie von Ereignissen $\{A_i\}_{i\in I} \subseteq \mathcal{F}$ folgende Aussagen äquivalent:*
(a) *$\{A_i\}_{i\in I}$ ist bedingt unabhängig unter $\mathcal{G}$.*
(b) *Für alle $k \in \{1,\ldots,m\}$ ist $\{A_i\}_{i\in I}$ bedingt unabhängig unter G_k.*

Eine Familie von Zufallsvariablen $\{U_i\}_{i\in I}$ heißt *bedingt unabhängig* unter $\mathcal{G}$, wenn für alle $J \in \mathcal{H}(I)$ und für jede Familie $\{B_i\}_{i\in I} \subseteq \mathcal{B}(\mathbb{R})$

$$P\left(\bigcap_{i\in J}\{U_i \in B_i\} \,\middle|\, \mathcal{G}\right) = \prod_{i\in J} P(U_i \in B_i|\,\mathcal{G})$$

gilt.

Im Fall $\mathcal{G} = \sigma(\Theta)$ mit einer Zufallsvariablen Θ bezeichnet man die bedingte Unabhängigkeit unter $\sigma(\Theta)$ auch als *bedingte Unabhängigkeit unter* Θ.

Im Allgemeinen besteht keine Beziehung zwischen der unbedingten und der bedingten Unabhängigkeit:

B.10.11 Beispiele. Sei Θ eine Zufallsvariable mit $P_\Theta = \mathbf{B}(1/2)$ und seien $A, B \in \mathcal{F}$ zwei Ereignisse.
(1) Im Fall

$$\begin{aligned} P(A\cap B|\Theta) &= (1{+}3\Theta)/9 \\ P(A\cap \overline{B}|\Theta) &= 2/9 \\ P(\overline{A}\cap B|\Theta) &= 2/9 \\ P(\overline{A}\cap \overline{B}|\Theta) &= (4{-}3\Theta)/9 \end{aligned}$$

gilt wegen $\Theta^2 = \Theta$

$$P(A \cap B|\Theta) = (1+3\Theta)/9 = P(A|\Theta)\, P(B|\Theta)$$

Daher ist $\{A, B\}$ bedingt unabhängig unter Θ. Andererseits gilt

$$P[A \cap B] = 5/18 \neq 1/4 = P[A]\, P[B]$$

Daher ist $\{A, B\}$ nicht unabhängig.

(2) Im Fall

$$\begin{aligned} P(A \cap B|\Theta) &= (1-\Theta)/2 \\ P(A \cap \overline{B}|\Theta) &= \Theta/2 \\ P(\overline{A} \cap B|\Theta) &= \Theta/2 \\ P(\overline{A} \cap \overline{B}|\Theta) &= (1-\Theta)/2 \end{aligned}$$

gilt damit

$$P(A \cap B|\Theta) = (1-\Theta)/2 \neq 1/4 = P(A|\Theta)\, P(B|\Theta)$$

Daher ist $\{A, B\}$ nicht bedingt unabhängig unter Θ. Andererseits gilt

$$P[A \cap B] = 1/4 = P[A]\, P[B]$$

Daher ist $\{A, B\}$ unabhängig.

Bedingte Verteilung

Eine Abbildung $K : \mathcal{B}(\mathbb{R}) \times \Omega \to [0, 1]$ heißt *$\mathcal{G}$–Markov–Kern*, wenn

(i) für jedes $\omega \in \Omega$ die Abbildung $K(\,.\,, \omega) : \mathcal{B}(\mathbb{R}) \to [0, 1]$ ein Wahrscheinlichkeitsmaß ist und

(ii) für jedes $B \in \mathcal{B}(\mathbb{R})$ die Abbildung $K(B, \,.\,) : \Omega \to [0, 1]$ $\mathcal{G}$–messbar ist.

Ist U eine Zufallsvariable, so heißt eine Abbildung $K : \mathcal{B}(\mathbb{R}) \times \Omega \to [0, 1]$ *bedingte Verteilung* von U unter $\mathcal{G}$, wenn

(i) K ein $\mathcal{G}$–Markov–Kern ist und

(ii) für alle $B \in \mathcal{B}(\mathbb{R})$

$$K(B, \,.\,) = P(U^{-1}(B)|\,\mathcal{G})$$

gilt.

Jede Zufallsvariable U besitzt eine im Wesentlichen eindeutig bestimmte bedingte Verteilung unter $\mathcal{G}$ und diese wird mit

$$P_{U|\mathcal{G}}$$

bezeichnet.

Mit Hilfe der bedingten Verteilung einer Zufallsvariablen kann man leicht ihre bedingten Momente bestimmen:

B.10.12 Satz. *Sei U eine Zufallsvariable und sei $h : \mathbb{R} \to \mathbb{R}$ eine messbare Funktion. Besitzt $h \circ U$ einen endlichen Erwartungswert, so gilt*

$$E(h \circ U | \mathcal{G}) = \int_{\mathbb{R}} h(u) \, dP_{U|\mathcal{G}}(u)$$

Für Zufallsvariable Θ und U setzen wir

$$P_{U|\Theta} := P_{U|\sigma(\mathcal{G})}$$

und nennen $P_{U|\Theta}$ die *bedingte Verteilung* von U unter Θ.

C

Verteilungen

In diesem Anhang stellen wir die Definitionen und die wichtigsten Eigenschaften der in diesem Buch verwendeten parametrische Klassen von Verteilungen zusammen. In der Regel werden die Parameter von Verteilungen mit griechischen Buchstaben

$$\alpha, \beta, \gamma, \ldots$$

bezeichnet. Des Weiteren bezeichnen wir mit

$$\gamma[U] := E\left[\left(\frac{U - E[U]}{\sqrt{\text{var}[U]}}\right)^3\right]$$

die *relative Schiefe* der Zufallsvariablen U. Achtung: Wird γ als Parameter der Verteilung einer Zufallsvariablen U verwendet, so bedeutet dies im Allgemeinen *nicht*, dass $\gamma[U] = \gamma$ gilt.

C.1 Diskrete Verteilungen

Eine Verteilung $Q : \mathcal{B}(\mathbb{R}) \to [0,1]$ heißt *diskret*, wenn es eine abzählbare Menge $D \subseteq \mathbb{R}$ gibt mit $Q[D] = 1$. Von besonderem Interesse ist der Fall $Q[\mathbb{N}_0] = 1$.

Bernoulli–Verteilung: Eine Zufallsvariable besitzt die *Bernoulli–Verteilung*

$$\mathbf{B}(\vartheta)$$

mit dem Parameter $\vartheta \in (0,1)$, wenn sie die Binomialverteilung $\mathbf{B}(1,\vartheta)$ besitzt.

Binomialverteilung: Eine Zufallsvariable U besitzt die *Binomialverteilung*

$$\mathbf{B}(m, \vartheta)$$

mit den Parametern $m \in \mathbb{N}$ und $\vartheta \in (0,1)$, wenn für alle $k \in \{0,1,\dots,m\}$

$$P[U = k] = \binom{m}{k} \vartheta^k (1-\vartheta)^{m-k}$$

gilt. In diesem Fall gilt

$$\begin{aligned} E[U] &= m\,\vartheta \\ \mathrm{var}[U] &= m\,\vartheta(1-\vartheta) \end{aligned}$$

und

$$m_U(t) = \Big((1-\vartheta) + \vartheta t\Big)^m$$

Es gilt $\mathbf{B}(1,\vartheta) = \mathbf{B}(\vartheta)$.

Dirac–Verteilung: Eine Zufallsvariable U besitzt die *Dirac–Verteilung*

$$\boldsymbol{\delta}_\alpha$$

mit dem Parameter $\alpha \in \mathbb{R}$, wenn

$$P[U = \alpha] = 1$$

gilt.

Negativbinomialverteilung: Eine Zufallsvariable U besitzt die *Negativbinomialverteilung*

$$\mathbf{NB}(\beta, \vartheta)$$

mit den Parametern $\beta \in (0,\infty)$ und $\vartheta \in (0,1)$, wenn für alle $k \in \mathbb{N}_0$

$$P[U = k] = \binom{\beta + k - 1}{k} (1-\vartheta)^\beta\, \vartheta^k$$

gilt. In diesem Fall gilt

$$\begin{aligned} E[U] &= \beta\,\frac{\vartheta}{1-\vartheta} \\ \mathrm{var}[U] &= \beta\,\frac{\vartheta}{(1-\vartheta)^2} \end{aligned}$$

und

$$m_U(t) = \left(\frac{1-\vartheta}{1-\vartheta t}\right)^\beta$$

Poisson–Verteilung: Eine Zufallsvariable U besitzt die *Poisson–Verteilung*

$$\mathbf{P}(\alpha)$$

mit dem Parameter $\alpha \in (0, \infty)$, wenn für alle $k \in \mathbb{N}_0$

$$P[U = k] = e^{-\alpha} \frac{\alpha^k}{k!}$$

gilt. In diesem Fall gilt

$$\begin{aligned} E[U] &= \alpha \\ \mathrm{var}[U] &= \alpha \end{aligned}$$

und

$$m_U(t) = e^{-\alpha(1-t)}$$

C.2 Absolutstetige Verteilungen

Eine Verteilung $Q : \mathcal{B}(\mathbb{R}) \to [0,1]$ heißt *absolutstetig*, wenn es eine messbare Funktion $f : \mathbb{R} \to \mathbb{R}_+$ gibt mit

$$Q = \int f(u)\, d\boldsymbol{\lambda}(u)$$

In diesem Fall heißt die Funktion f *Dichtefunktion* von Q und es gilt $\int_{\mathbb{R}} f(u)\, d\boldsymbol{\lambda}(u) = 1$.

Exponentialverteilung: Eine Zufallsvariable U besitzt die *Exponentialverteilung*

$$\mathbf{Exp}(\alpha)$$

mit dem Parameter $\alpha \in (0, \infty)$, wenn

$$P_U = \int \alpha\, e^{-\alpha u}\, \chi_{(0,\infty)}(u)\, d\boldsymbol{\lambda}(u)$$

gilt. In diesem Fall gilt

$$P[U > u] = \begin{cases} 1 & \text{falls } u \leq 0 \\ e^{-\alpha u} & \text{falls } 0 < u \end{cases}$$

sowie

$$\begin{aligned} E[U] &= 1/\alpha \\ \mathrm{var}[U] &= 1/\alpha^2 \\ \gamma[U] &= 2 \end{aligned}$$

und

$$\psi_U(t) = \frac{\alpha}{\alpha - it}$$

Es gilt $\mathbf{Exp}(\alpha) = \mathbf{Ga}(\alpha, 1)$.

Gamma–Verteilung: Eine Zufallsvariable U besitzt die *Gamma–Verteilung*

$$\mathbf{Ga}(\alpha, \beta)$$

mit den Parametern $\alpha, \beta \in (0, \infty)$, wenn

$$P_U = \int \frac{\alpha^\beta}{\Gamma(\beta)}\, e^{-\alpha u}\, u^{\beta-1}\, \chi_{(0,\infty)}(u)\, d\boldsymbol{\lambda}(u)$$

gilt. In diesem Fall gilt

$$\begin{aligned} E[U] &= \beta/\alpha \\ \mathrm{var}[U] &= \beta/\alpha^2 \\ \gamma[U] &= 2/\sqrt{\beta} \end{aligned}$$

und

$$\psi_U(t) = \left(\frac{\alpha}{\alpha - it}\right)^\gamma$$

Es gilt $\mathbf{Ga}(\alpha, 1) = \mathbf{Exp}(\alpha)$.

Lognormalverteilung: Eine Zufallsvariable U besitzt die *Lognormalverteilung*

$$\mathbf{LN}(\mu, \sigma^2)$$

mit den Parametern $\mu \in \mathbb{R}$ und $\sigma^2 \in (0, \infty)$, wenn

$$P_U = \int \frac{1}{\sqrt{2\pi\sigma^2}\, u} \exp\biggl(-\frac{1}{2}\left(\frac{\ln(u) - \mu}{\sigma}\right)^2\biggr)\, \chi_{(0,\infty)}(u)\, d\boldsymbol{\lambda}(u)$$

gilt. In diesem Fall gilt

$$\begin{aligned} E[U] &= \exp\biggl(\mu + \frac{\sigma^2}{2}\biggr) \\ \mathrm{var}[U] &= \exp\Bigl(2\mu + \sigma^2\Bigr)\Bigl(\exp(\sigma^2) - 1\Bigr) \\ \gamma[U] &= \Bigl(\exp(\sigma^2) + 2\Bigr)\Bigl(\exp(\sigma^2) - 1\Bigr)^{1/2} \end{aligned}$$

Die Zufallsvariable U besitzt genau dann die Lognormalverteilung $\mathbf{LN}(\mu, \sigma^2)$, wenn $P[U > 0] = 1$ gilt und die Zufallsvariable $\ln(U)$ die Normalverteilung $\mathbf{N}(\mu, \sigma^2)$ besitzt.

Normalverteilung: Eine Zufallsvariable U besitzt die *Normalverteilung*

$$\mathbf{N}(\mu, \sigma^2)$$

mit den Parametern $\mu \in \mathbb{R}$ und $\sigma^2 \in (0, \infty)$, wenn

$$P_U = \int \frac{1}{\sqrt{2\pi\sigma^2}} \exp\left(-\frac{1}{2}\left(\frac{u-\mu}{\sigma}\right)^2\right) d\boldsymbol{\lambda}(u)$$

gilt. In diesem Fall gilt

$$\begin{aligned} E[U] &= \mu \\ \operatorname{var}[U] &= \sigma^2 \\ \gamma[U] &= 0 \end{aligned}$$

und

$$\psi_U(t) = \exp\left(i\mu t - \frac{1}{2}\sigma^2 t^2\right)$$

Die Verteilung $\mathbf{N}(0,1)$ heißt *Standardnormalverteilung*. Im Allgemeinen wird die Dichtefunktion der Standardnormalverteilung mit φ und die Verteilungsfunktion mit Φ bezeichnet. Es gilt also

$$\varphi(u) = \frac{1}{\sqrt{2\pi}} e^{-u^2/2}$$

und

$$\Phi(z) = \int_{-\infty}^{z} \frac{1}{\sqrt{2\pi}} e^{-u^2/2} \, d\boldsymbol{\lambda}(u)$$

Die Funktion Φ ist für $z \geq 0$ tabelliert, und für $z \leq 0$ erhält man ihre Werte aus der Gleichung

$$\Phi(z) = 1 - \Phi(-z)$$

Die Funktion Φ ist streng monoton wachsend. Daher gibt es für alle $\alpha \in (0,1)$ genau ein $z_{1-\alpha} \in \mathbb{R}$ mit

$$\Phi(z_{1-\alpha}) = 1 - \alpha$$

Der Wert $z_{1-\alpha}$ ist gerade das $(1-\alpha)$–Quantil der Verteilungsfunktion Φ.

Pareto–Verteilung amerikanischer Art: Eine Zufallsvariable U besitzt die *Pareto–Verteilung amerikanischer Art*

$$\mathbf{Par}^*(\alpha, \beta)$$

mit den Parametern $\alpha, \beta \in (0, \infty)$, wenn

$$P_U = \int \frac{\beta}{\alpha} \left(\frac{\alpha}{\alpha + u} \right)^{\beta+1} \chi_{(0,\infty)}(u)\, d\boldsymbol{\lambda}(u)$$

gilt. In diesem Fall gilt

$$P[U > u] = \begin{cases} 1 & \text{falls } u \leq 0 \\ \left(\dfrac{\alpha}{\alpha + u} \right)^{\beta} & \text{falls } 0 < u \end{cases}$$

sowie

$$\begin{aligned} E[U] &= \alpha \, \frac{1}{\beta - 1} && \text{für } \beta > 1 \\ \mathrm{var}[U] &= \alpha^2 \, \frac{\beta}{(\beta-1)^2\,(\beta-2)} && \text{für } \beta > 2 \\ \gamma[U] &= 2 \, \frac{\beta+1}{\beta-3} \left(\frac{\beta-2}{\beta} \right)^{1/2} && \text{für } \beta > 3 \end{aligned}$$

Pareto–Verteilung europäischer Art: Eine Zufallsvariable U besitzt die *Pareto–Verteilung europäischer Art*

$$\mathbf{Par}(\alpha, \beta)$$

mit den Parametern $\alpha, \beta \in (0, \infty)$, wenn

$$P_U = \int \frac{\beta}{\alpha} \left(\frac{\alpha}{u} \right)^{\beta+1} \chi_{(\alpha,\infty)}(u)\, d\boldsymbol{\lambda}(u)$$

gilt. In diesem Fall gilt

$$P[U > u] = \begin{cases} 1 & \text{falls } u \leq \alpha \\ \left(\dfrac{\alpha}{u} \right)^{\beta} & \text{falls } \alpha < u \end{cases}$$

sowie

$$\begin{aligned} E[U] &= \alpha \, \frac{\beta}{\beta - 1} && \text{für } \beta > 1 \\ \mathrm{var}[U] &= \alpha^2 \, \frac{\beta}{(\beta-1)^2\,(\beta-2)} && \text{für } \beta > 2 \\ \gamma[U] &= 2 \, \frac{\beta+1}{\beta-3} \left(\frac{\beta-2}{\beta} \right)^{1/2} && \text{für } \beta > 3 \end{aligned}$$

Uniforme Verteilung: Eine Zufallsvariable U besitzt die *uniforme Verteilung*

$$\mathbf{U}(\alpha, \beta)$$

mit den Parametern $\alpha, \beta \in (0, \infty)$ mit $\alpha < \beta$, wenn

$$P_U = \int \frac{1}{\beta - \alpha} \chi_{(\alpha,\beta)}(u) \, d\boldsymbol{\lambda}(u)$$

gilt. In diesem Fall gilt

$$E[U] = \frac{\alpha + \beta}{2}$$
$$\mathrm{var}[U] = \frac{(\beta - \alpha)^2}{12}$$
$$\gamma[U] = 0$$

und

$$\psi_U(t) = \frac{e^{i\beta t} - e^{i\alpha t}}{i(\beta - \alpha)t}$$

D

Tabellen

D.1 Verteilungsfunktion der Standardnormalverteilung

Die folgende Tabelle enthält ausgewählte Werte $\Phi(z)$ der Verteilungsfunktion Φ der Standardnormalverteilung:

z	0.00	0.01	0.02	0.03	0.04	0.05	0.06	0.07	0.08	0.09
0.0	0.5000	0.5040	0.5080	0.5120	0.5160	0.5199	0.5239	0.5279	0.5319	0.5359
0.1	0.5398	0.5438	0.5478	0.5517	0.5557	0.5596	0.5636	0.5675	0.5714	0.5753
0.2	0.5793	0.5832	0.5871	0.5910	0.5948	0.5987	0.6026	0.6064	0.6103	0.6141
0.3	0.6179	0.6217	0.6255	0.6293	0.6331	0.6368	0.6406	0.6443	0.6480	0.6517
0.4	0.6554	0.6591	0.6628	0.6664	0.6700	0.6736	0.6772	0.6808	0.6844	0.6879
0.5	0.6915	0.6950	0.6985	0.7019	0.7054	0.7088	0.7123	0.7157	0.7190	0.7224
0.6	0.7257	0.7291	0.7324	0.7357	0.7389	0.7422	0.7454	0.7486	0.7517	0.7549
0.7	0.7580	0.7611	0.7642	0.7673	0.7704	0.7734	0.7764	0.7794	0.7823	0.7852
0.8	0.7881	0.7910	0.7939	0.7967	0.7995	0.8023	0.8051	0.8078	0.8106	0.8133
0.9	0.8159	0.8186	0.8212	0.8238	0.8264	0.8289	0.8315	0.8340	0.8365	0.8389
1.0	0.8413	0.8438	0.8461	0.8485	0.8508	0.8531	0.8554	0.8577	0.8599	0.8621
1.1	0.8643	0.8665	0.8686	0.8708	0.8729	0.8749	0.8770	0.8790	0.8810	0.8830
1.2	0.8849	0.8869	0.8888	0.8907	0.8925	0.8944	0.8962	0.8980	0.8997	0.9015
1.3	0.9032	0.9049	0.9066	0.9082	0.9099	0.9115	0.9131	0.9147	0.9162	0.9177
1.4	0.9192	0.9207	0.9222	0.9236	0.9251	0.9265	0.9279	0.9292	0.9306	0.9319
1.5	0.9332	0.9345	0.9357	0.9370	0.9382	0.9394	0.9406	0.9418	0.9429	0.9441
1.6	0.9452	0.9463	0.9474	0.9484	0.9495	0.9505	0.9515	0.9525	0.9535	0.9545
1.7	0.9554	0.9564	0.9573	0.9582	0.9591	0.9599	0.9608	0.9616	0.9625	0.9633
1.8	0.9641	0.9649	0.9656	0.9664	0.9671	0.9678	0.9686	0.9693	0.9699	0.9706
1.9	0.9713	0.9719	0.9726	0.9732	0.9738	0.9744	0.9750	0.9756	0.9761	0.9767
2.0	0.9772	0.9778	0.9783	0.9788	0.9793	0.9798	0.9803	0.9808	0.9812	0.9817
2.1	0.9821	0.9826	0.9830	0.9834	0.9838	0.9842	0.9846	0.9850	0.9854	0.9857
2.2	0.9861	0.9864	0.9868	0.9871	0.9875	0.9878	0.9881	0.9884	0.9887	0.9890
2.3	0.9893	0.9896	0.9898	0.9901	0.9904	0.9906	0.9909	0.9911	0.9913	0.9916
2.4	0.9918	0.9920	0.9922	0.9925	0.9927	0.9929	0.9931	0.9932	0.9934	0.9936
2.5	0.9938	0.9940	0.9941	0.9943	0.9945	0.9946	0.9948	0.9949	0.9951	0.9952
2.6	0.9953	0.9955	0.9956	0.9957	0.9959	0.9960	0.9961	0.9962	0.9963	0.9964
2.7	0.9965	0.9966	0.9967	0.9968	0.9969	0.9970	0.9971	0.9972	0.9973	0.9974
2.8	0.9974	0.9975	0.9976	0.9977	0.9977	0.9978	0.9979	0.9979	0.9980	0.9981
2.9	0.9981	0.9982	0.9982	0.9983	0.9984	0.9984	0.9985	0.9985	0.9986	0.9986
3.0	0.9987	0.9987	0.9987	0.9988	0.9988	0.9989	0.9989	0.9989	0.9990	0.9990
3.1	0.9990	0.9991	0.9991	0.9991	0.9992	0.9992	0.9992	0.9992	0.9993	0.9993
3.2	0.9993	0.9993	0.9994	0.9994	0.9994	0.9994	0.9994	0.9995	0.9995	0.9995
3.3	0.9995	0.9995	0.9995	0.9996	0.9996	0.9996	0.9996	0.9996	0.9996	0.9997
3.4	0.9997	0.9997	0.9997	0.9997	0.9997	0.9997	0.9997	0.9997	0.9997	0.9998

D.2 Dichtefunktion der Standardnormalverteilung

Die folgende Tabelle enthält ausgewählte Werte $\varphi(z)$ der Dichtefunktion φ der Standardnormalverteilung:

z	0.00	0.01	0.02	0.03	0.04	0.05	0.06	0.07	0.08	0.09
0.0	0.3989	0.3989	0.3989	0.3988	0.3986	0.3984	0.3982	0.3980	0.3977	0.3973
0.1	0.3970	0.3965	0.3961	0.3956	0.3951	0.3945	0.3939	0.3932	0.3925	0.3918
0.2	0.3910	0.3902	0.3894	0.3885	0.3876	0.3867	0.3857	0.3847	0.3836	0.3825
0.3	0.3814	0.3802	0.3790	0.3778	0.3765	0.3752	0.3739	0.3725	0.3712	0.3697
0.4	0.3683	0.3668	0.3653	0.3637	0.3621	0.3605	0.3589	0.3572	0.3555	0.3538
0.5	0.3521	0.3503	0.3485	0.3467	0.3448	0.3429	0.3410	0.3391	0.3372	0.3352
0.6	0.3332	0.3312	0.3292	0.3271	0.3251	0.3230	0.3209	0.3187	0.3166	0.3144
0.7	0.3123	0.3101	0.3079	0.3056	0.3034	0.3011	0.2989	0.2966	0.2943	0.2920
0.8	0.2897	0.2874	0.2850	0.2827	0.2803	0.2780	0.2756	0.2732	0.2709	0.2685
0.9	0.2661	0.2637	0.2613	0.2589	0.2565	0.2541	0.2516	0.2492	0.2468	0.2444
1.0	0.2420	0.2396	0.2371	0.2347	0.2323	0.2299	0.2275	0.2251	0.2227	0.2203
1.1	0.2179	0.2155	0.2131	0.2107	0.2083	0.2059	0.2036	0.2012	0.1989	0.1965
1.2	0.1942	0.1919	0.1895	0.1872	0.1849	0.1826	0.1804	0.1781	0.1758	0.1736
1.3	0.1714	0.1691	0.1669	0.1647	0.1626	0.1604	0.1582	0.1561	0.1539	0.1518
1.4	0.1497	0.1476	0.1456	0.1435	0.1415	0.1394	0.1374	0.1354	0.1334	0.1315
1.5	0.1295	0.1276	0.1257	0.1238	0.1219	0.1200	0.1182	0.1163	0.1145	0.1127
1.6	0.1109	0.1092	0.1074	0.1057	0.1040	0.1023	0.1006	0.0989	0.0973	0.0957
1.7	0.0940	0.0925	0.0909	0.0893	0.0878	0.0863	0.0848	0.0833	0.0818	0.0804
1.8	0.0790	0.0775	0.0761	0.0748	0.0734	0.0721	0.0707	0.0694	0.0681	0.0669
1.9	0.0656	0.0644	0.0632	0.0620	0.0608	0.0596	0.0584	0.0573	0.0562	0.0551
2.0	0.0540	0.0529	0.0519	0.0508	0.0498	0.0488	0.0478	0.0468	0.0459	0.0449
2.1	0.0440	0.0431	0.0422	0.0413	0.0404	0.0396	0.0387	0.0379	0.0371	0.0363
2.2	0.0355	0.0347	0.0339	0.0332	0.0325	0.0317	0.0310	0.0303	0.0297	0.0290
2.3	0.0283	0.0277	0.0270	0.0264	0.0258	0.0252	0.0246	0.0241	0.0235	0.0229
2.4	0.0224	0.0219	0.0213	0.0208	0.0203	0.0198	0.0194	0.0189	0.0184	0.0180
2.5	0.0175	0.0171	0.0167	0.0163	0.0158	0.0154	0.0151	0.0147	0.0143	0.0139
2.6	0.0136	0.0132	0.0129	0.0126	0.0122	0.0119	0.0116	0.0113	0.0110	0.0107
2.7	0.0104	0.0101	0.0099	0.0096	0.0093	0.0091	0.0088	0.0086	0.0084	0.0081
2.8	0.0079	0.0077	0.0075	0.0073	0.0071	0.0069	0.0067	0.0065	0.0063	0.0061
2.9	0.0060	0.0058	0.0056	0.0055	0.0053	0.0051	0.0050	0.0048	0.0047	0.0046
3.0	0.0044	0.0043	0.0042	0.0040	0.0039	0.0038	0.0037	0.0036	0.0035	0.0034
3.1	0.0033	0.0032	0.0031	0.0030	0.0029	0.0028	0.0027	0.0026	0.0025	0.0025
3.2	0.0024	0.0023	0.0022	0.0022	0.0021	0.0020	0.0020	0.0019	0.0018	0.0018
3.3	0.0017	0.0017	0.0016	0.0016	0.0015	0.0015	0.0014	0.0014	0.0013	0.0013
3.4	0.0012	0.0012	0.0012	0.0011	0.0011	0.0010	0.0010	0.0010	0.0009	0.0009

Literaturverzeichnis

Bailey RA, Simon L [1960]: *Two studies in automobile insurance ratemaking.* ASTIN Bull. 1, 192–217.

Berliner B [1982]: *Limits of Insurability of Risks.* Englewood Cliffs (N. J.): Prentice Hall.

Bichsel F [1964]: *Erfahrungstarifierung in der Motorfahrzeughaftpflichtversicherung.* Mitt. SVVM 64, 119–130.

Bornhuetter RL, Ferguson RE [1972]: *The actuary and IBNR.* Proc. CAS 59, 181–195.

Bowers NL [1969]: *An upper bound on the stop–loss net premium.* Trans. Soc. Actuaries 21, 211–217.

Bühlmann H [1970]: *Mathematical Methods in Risk Theory.* Berlin – Heidelberg – New York: Springer.

Bühlmann H, Gisler A [2005]: *A Course in Credibility Theory and its Applications.* Berlin – Heidelberg – New York: Springer.

Bühlmann H, Straub E [1970]: *Glaubwürdigkeit für Schadensätze.* Mitt. SVVM 70, 111–133.

DePril N [1986]: *Moments of a class of compound distributions.* Scand. Actuar. J., 117–120.

Dietze S, Riedrich T, Schmidt KD [2006]: *On the solution of marginal–sum equations.* Dresdner Schriften zur Versicherungsmathematik 1/2006.

Dietze S, Riedrich T, Schmidt KD [2012]: *Marginal–sum equations and related fixed–point problems.* Nonlinear Analysis, Series A: Theory, Methods and Applications 75, 6088–6102.

Fackler M, Mack T [2003]: *Exposure rating in liability reinsurance.* Blätter DGVFM 26, 229–238.

Farny D [2011]: *Versicherungsbetriebslehre.* 5. Auflage. Karlsruhe: Verlag Versicherungswirtschaft.

Farny D et al. (Hrsg.) [1988]: *Handwörterbuch der Versicherung.* Karlsruhe: Verlag Versicherungswirtschaft.

Guggisberg D [2004]: *Exposure Rating.* Swiss Re.

Hachemeister CA, Stanard JN [1975]: *IBNR claims count estimation with static lag functions.* Unveröffentlicht.

Heilmann WR [1989]: *Versicherungsmathematische Methoden des Risk Management.* Blätter DGVM 19, 141–159.

Heilmann WR, Schröter KJ [2013]: *Grundbegriffe der Risikotheorie.* 2. Auflage. Karlsruhe: Verlag Versicherungswirtschaft.

Hess KT [2000]: *Random partitions of samples.* Dresdner Schriften zur Versicherungsmathematik 1/2000.

Hess KT [2003]: *Das kollektive Modell der Risikotheorie in der Schadenexzedentenrückversicherung.* Allg. Statist. Archiv 87, 309–320.

Hess KT [2009]: *Marginal–sum and maximum–likelihood estimation in a multiplicative tariff.* ASTA Adv. Statist. Analysis 93, 221–233.

Hess KT [2012]: *Maximum–likelihood and marginal–sum estimation in some particular collective models.* ASTA Adv. Statist. Analysis 96, 311–326.

Hess KT, Schmidt KD [2001]: *Credibility–Modelle in Tarifierung und Reservierung.* Allg. Statist. Archiv 85, 225–246.

Hess KT, Schmidt KD [2004]: *Optimal premium plans for reinsurance with reinstatements.* ASTIN Bull. 34, 299–313.

Hess KT, Schmidt KD [2006]: *Risikoteilung und Rückversicherung.* Wiss. Z. TU Dresden 55, 19–23.

Klemmt HJ, Radtke M, Schnaus A [2012]: *Nachlauf.* In: Radtke M, Schmidt KD (Hrsg.): *Handbuch zur Schadenreservierung.* 2. Auflage. Karlsruhe: Verlag Versicherungswirtschaft.

Kremer E [2008]: *Einführung in die Risikotheorie des Stop–Loss Vertrages.* Tönning: Der Andere Verlag.

Liebwein P [2009]: *Klassische und moderne Formen der Rückversicherung.* 2. Auflage. Karlsruhe: Verlag Versicherungswirtschaft.

Lorenz H, Schmidt KD [1999]: *Grossing–up, chain–ladder and marginal–sum estimation.* Blätter DGVM 24, 195–200.

Ludwig A, Schmeißer C, Thänert K [2009]: *Linear Models in Loss Reserving.* Research Report TU Dresden (unpublished).

Mack T [1993]: *Distribution–free calculation of the standard error of chain–ladder reserve estimates.* ASTIN Bull. 23, 213–225.

Mack T [1994]: *Which stochastic model is underlying the chain–ladder method?* Insurance Math. Econom. 15, 133–138.

Mack T [2002]: *Schadenversicherungsmathematik.* 2. Auflage. Karlsruhe: Verlag Versicherungswirtschaft.

Nguyen T [2008]: *Rechnungslegung von Versicherungsunternehmen.* Karlsruhe: Verlag Versicherungswirtschaft.

Panjer HH [1981]: *Recursive evaluation of a family of compound distributions.* ASTIN Bull. 12, 22–26.

Radtke M [2012]: *Separationsverfahren.* In: Radtke M, Schmidt KD (Hrsg.): *Handbuch zur Schadenreservierung.* 2. Auflage. Karlsruhe: Verlag Versicherungswirtschaft.

Radtke M, Schmidt KD (Hrsg.) [2004, 2012]: *Handbuch zur Schadenreservierung.* Karlsruhe: Verlag Versicherungswirtschaft.

Riebesell P [1936]: *Einführung in die Sachversicherungsmathematik.* Berlin: Verlag Mittler & Sohn.

Riegel U [2008]: *Generalizations of common ILF models.* Blätter DGVFM 29, 45–71.

Rolski T, Schmidli H, Schmidt V, Teugels J [1999]: *Stochastic Processes for Insurance and Finance.* New York – Chichester: Wiley.

Schlittgen R [2009]: *Multivariate Statistik.* München – Wien: Oldenbourg.

Schmidt KD [1996]: *Lectures on Risk Theory.* Stuttgart: Teubner.

Schmidt KD [2009]: *Versicherungsmathematik.* 3. Auflage. Berlin – Heidelberg – New York: Springer.

Schmidt KD [2011]: *Maß und Wahrscheinlichkeit.* 2. Auflage. Berlin – Heidelberg – New York: Springer.

Schmidt KD [2012]: *Loss prediction based on run–off triangles.* ASTA Adv. Statist. Analysis 96, 265–310..

Schmidt KD, Schnaus A [1996]: *An extension of Mack's model for the chain ladder method.* ASTIN Bull. 26, 247–262.

Schmidt KD, Wünsche A [1998]: *Chain–ladder, marginal–sum and maximum–likelihood estimation.* Blätter DGVM 23, 267–277.

Schmidt KD, Zocher M [2008]: *The Bornhuetter–Ferguson principle.* Variance 2, 85–110.

Schmidt–Salzer J [1984]: *IBNR und Spätschadenreservierung in der Allgemeinen Haftpflichtversicherung.* Karlsruhe: Verlag Versicherungswirtschaft.

Schnaus A [2004]: *Bornhuetter–Ferguson Verfahren.* In: Radtke M, Schmidt KD (Hrsg.): *Handbuch zur Schadenreservierung.* 1. Auflage. Karlsruhe: Verlag Versicherungswirtschaft.

Schröter KJ [1995]: *Verfahren zur Approximation der Gesamtschadenverteilung.* Karlsruhe: Verlag Versicherungswirtschaft.

Schwepcke A [2001]: *Rückversicherung – Grundlagen und aktuelles Wissen.* Karlsruhe: Verlag Versicherungswirtschaft.

Stienen U et al. [2008]: *Methoden zur Schätzung von Schaden- und Prämienrückstellungen.* Berlin: GDV.

Straub E [1988]: *Non–Life Insurance Mathematics.* Berlin – Heidelberg – New York: Springer.

Sundt B [1993]: *An Introduction to Non–Life Insurance Mathematics.* Third Edition. Karlsruhe: Verlag Versicherungswirtschaft.

Sussmann G et al. [2011]: *Aktuarielle Methoden der Tarifgestaltung in der Schaden- und Unfallversicherung.* Karlsruhe: Verlag Versicherungswirtschaft.

Tarbell TF [1934]: *Incurred but not reported claims reserves.* Proc. Casualty Actuarial Society 20, 275–280.

Zocher M [2006]: *Risikoadäquate Tarifierung in der Kraftfahrthaftpflichtversicherung.* Wiss. Z. TU Dresden 55, 131–135.

Zweifel P, Eisen R [2003]: *Versicherungsökonomie.* 2. Auflage. Berlin – Heidelberg – New York: Springer.

Namenverzeichnis

Sachverzeichnis

16350153R00289

Printed in Poland
by Amazon Fulfillment
Poland Sp. z o.o., Wrocław